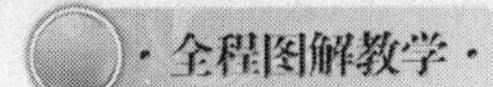

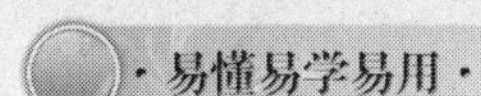

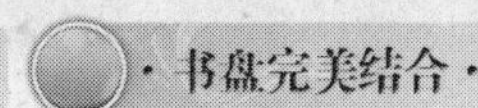

Windows Vista+Office 2007 综合应用从新手到高手

韩　娟　陈铿锵　胡玲霞　鲁东成　编著

本书5大特色

- 全新体例、轻松自学
- 精练实用、易学易用
- 双栏排版、内容完备
- 图解教学、无师自通
- 互动光盘、超长播放

双栏大容量

内 容 简 介

本书引导Windows Vista、Office 2007初学者从实用操作着手，帮助读者掌握Windows Vista系统安装、系统基本操作、系统文件管理、系统基本设置、系统程序管理，以及系统娱乐功能的应用等知识，并深入学习Office 2007中5个常用组件（Word 2007、Excel 2007、PowerPoint 2007、Access 2007和Outlook 2007）的应用方法和使用技巧。

本书面向电脑初、中级用户，不仅适合广大电脑初学者从零开始学习电脑知识，而且适合有一定基础的读者学习，以帮助他们掌握更多的实用技能。另外，本书还可作为大中专院校或者社会培训班的学习教材。

图书在版编目（CIP）数据

Windows Vista+Office 2007综合应用从新手到高手/韩娟，陈铿锵，胡玲霞等编著.—北京：中国铁道出版社，2009.3

ISBN 978-7-113-09863-6

Ⅰ.W… Ⅱ.①韩…②陈…③胡… Ⅲ.①窗口软件，Windows Vista ②办公室—自动化—应用软件，Office 2007 Ⅳ.TP316.7 TP317.1

中国版本图书馆CIP数据核字（2009）第046112号

书　　名：Windows Vista+Office 2007综合应用从新手到高手
作　　者：韩　娟　陈铿锵　胡玲霞　鲁东成　编著

责任编辑：苏　茜　鲍　闻　　**编辑部电话**：（010）63583215
封面设计：九天科技　　**封面制作**：李　路
责任印制：李　佳

出版发行：中国铁道出版社（北京市宣武区右安门西街8号　　邮政编码：100054）
印　　刷：北京鑫正大印刷有限公司
版　　次：2009年6月第1版　　2009年6月第1次印刷
开　　本：787mm×1092mm　1/16　**印张**：24　**字数**：556千
印　　数：4 000册
书　　号：ISBN 978-7-113-09863-6/TP・3200
定　　价：45.00元（附赠光盘）

前言 PREFACE

知识综述

本书引领 Windows Vista、Office 2007 初学者从实用操作着手，帮助读者掌握 Windows Vista 系统安装、系统基本操作、系统文件管理、系统基本设置、系统程序管理，以及系统娱乐功能的应用等知识，并深入学习 Office 2007 中 5 个常用组件（Word 2007、Excel 2007、PowerPoint 2007、Access 2007 和 Outlook 2007）的应用方法和使用技巧。全书内容信息量大，立足实用，并通过综合实例对书中重点知识进行实践练习，让读者边学变练，举一反三，熟练掌握 Windows Vista 操作系统和 Office 2007 办公软件的应用知识，成为电脑应用高手。

内容导读

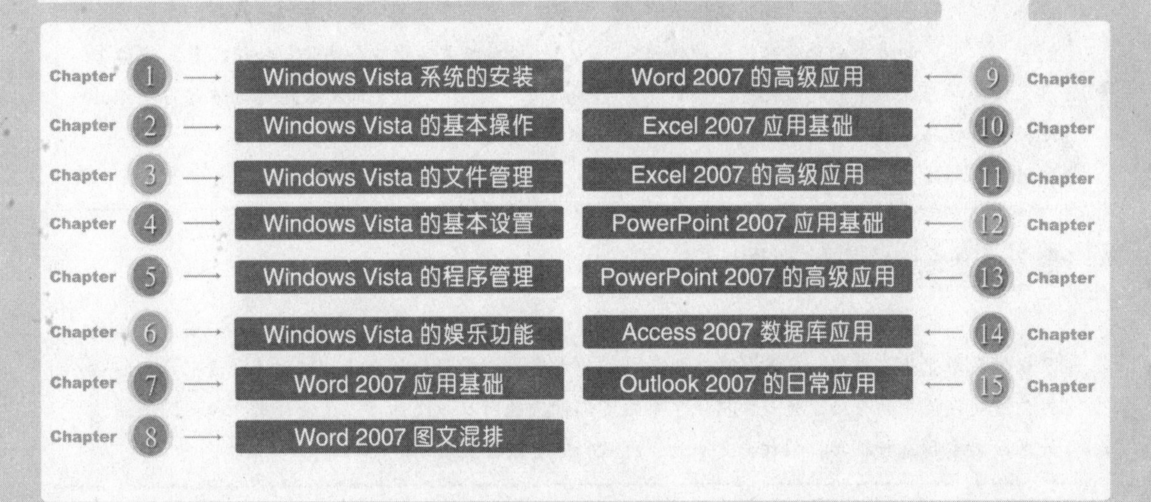

本书体例

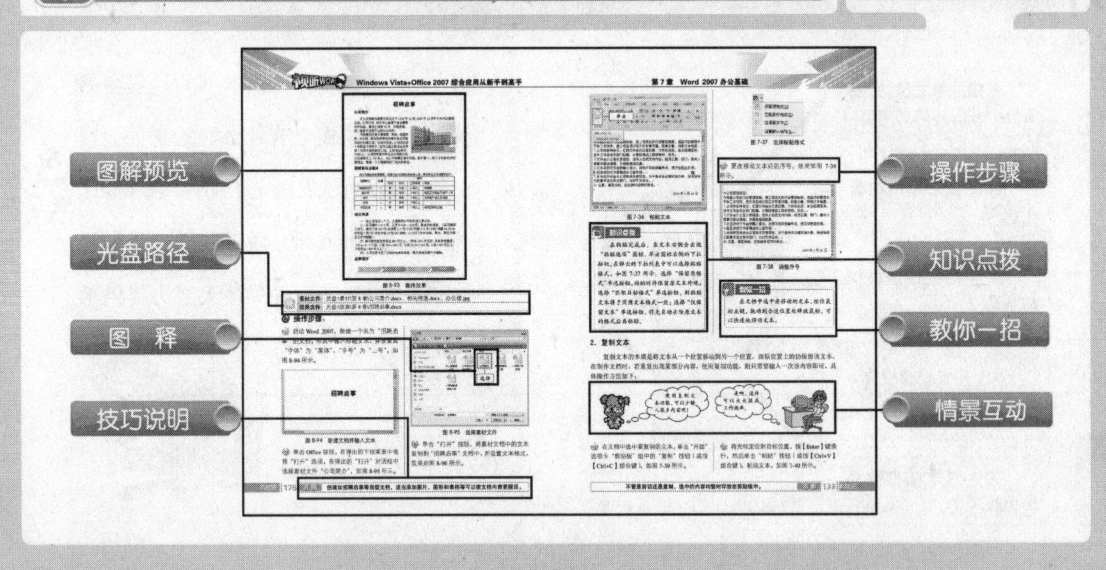

特色展示

1 精练实用、易学易用

本书摒弃了以往电脑办公书籍的理论文字描述，从实用、专业的角度出发，精心选出各个知识点。每个知识点都配合实例进行讲解，不但使读者更加容易理解，而且可以亲手上机进行验证，得到更直观的认知。

2 图解教学、无师自通

本书讲解以图为主，基本上是一步一图（或一步多图），同时在图中添加标注，并辅以简洁明了的文字说明，直观性强，使读者一目了然，在最短的时间内掌握所介绍的知识点及操作技巧。

3 全新体例、轻松自学

书中灵活穿插了“教你一招”、“知识点拨”等小栏目，体例形式活泼、新颖，以不同的方式向读者传达各种知识点，缓解学习过程中的枯燥之感。每页页脚处还提供“技巧”或“说明”，在拓宽读者知识面的同时，也增强了读者的实际工作能力。

4 双栏排版、内容完备

采用全程图解的双栏格式排版，重点突出图形与操作步骤，便于读者进行查找与阅读。最新流行的双栏排版更注重适合阅读与知识容量，使读者能更加有效地进行学习与操作，物超所值。

5 互动光盘、超长播放

本书配有交互式、播放时间超长的多媒体视听教学光盘，该光盘既是与图书知识完美结合的多媒体教学光盘，又是一套具备完整教学功能的电脑办公学习软件光盘，可以为读者的学习提供极为直观、便利的帮助。光盘中提供了书中实例涉及的所有源文件，以方便读者上机练习或者在此基础上重新进行编辑，创作出更专业、更精彩的实例效果。

适用读者

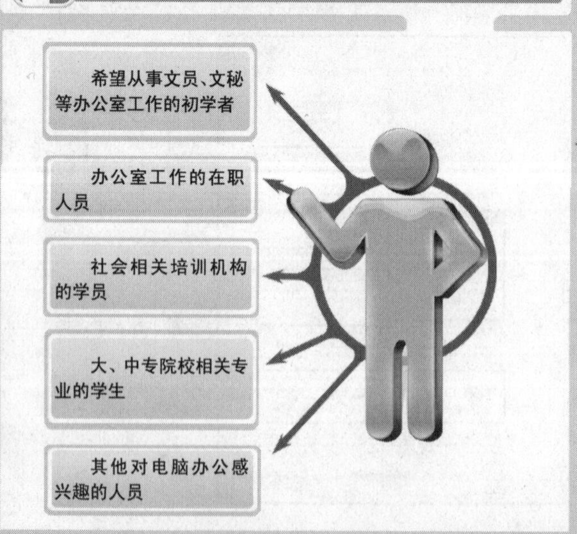

网上解疑

如果读者在使用本书的过程中遇见什么问题或者有什么好的意见、建议，可以通过发送电子邮件（E-mail：jtbook@yahoo.cn）联系我们，我们将及时予以回复，并尽最大努力提供学习上的指导与帮助。

第 1 章 Windows Vista 系统的安装

Windows Vista 提供了完善的安装机制和友好的安装界面，用户可以方便地进行安装操作。本章将介绍安装 Windows Vista 系统的硬件要求，以及如何安装 Windows Vista 和驱动程序。

1.1 Windows Vista 概述······2
1.2 安装 Windows Vista 系统的硬件要求··2
1.3 安装 Windows Vista 系统······10
1.3.1 全新安装······10
1.3.2 升级安装······18
1.4 安装驱动程序······23
1.4.1 安装芯片组驱动程序······23
1.4.2 安装显卡驱动程序······25
1.4.3 安装声卡驱动程序······26
巩固与练习······28

第 2 章 Windows Vista 的基本操作

本章首先讲解 Windows Vista 的启动与退出，然后学习 Windows Vista 中的基本操作，如桌面基本操作、任务栏和“开始”菜单基本操作、窗口基本操作等。

2.1 Windows Vista 的启动与退出······30
2.1.1 启动 Windows Vista······30
2.1.2 退出 Windows Vista······31
2.1.3 Windows Vista 的切换用户、注销、锁定、重新启动、睡眠等操作······32
2.2 Windows Vista 欢迎中心······32
2.2.1 进入 Windows Vista 欢迎中心······33
2.2.2 了解 Microsoft 产品······33
2.3 Windows Vista 桌面······34
2.3.1 桌面图标······34
2.3.2 设置桌面背景······38
2.3.3 设置屏幕保护程序······40
2.3.4 设置显示属性······41
2.4 “开始”菜单和任务栏······41
2.4.1 “开始”菜单······41
2.4.2 任务栏······43
2.5 Windows 边栏······47
2.5.1 关闭/显示 Windows 边栏······47
2.5.2 添加与删除 Windows 边栏小工具····47
2.6 Windows Vista 窗口的基本操作···48
2.6.1 认识 Windows Vista 窗口······48
2.6.2 最大化、最小化与关闭窗口······51
2.6.3 移动与调整窗口······53
2.6.4 排列与切换窗口······54
巩固与练习······58

第 3 章 Windows Vista 的文件管理

帮助用户管理各种文件是操作系统最基本的功能，而文件的管理又离不开文件夹管理功能的实现。本章将详细讲解在 Windows Vista 中如何对文件进行管理。

3.1 浏览文件和文件夹······60
3.1.1 查看磁盘信息······60
3.1.2 查看文件和文件夹······61
3.1.3 切换文件夹······62

3.2 新建文件夹……64
3.2.1 利用“组织”按钮创建文件夹……64
3.2.2 利用快捷菜单创建文件夹……65
3.3 选取与打开文件或文件夹……66
3.3.1 选取文件或文件夹……66
3.3.2 打开文件或文件夹……67
3.4 将文件或文件夹重命名……67
3.5 移动与复制文件或文件夹……69
3.5.1 移动文件或文件夹……69
3.5.2 复制文件或文件夹……70
3.6 删除与查找文件或文件夹……71
3.6.1 删除文件或文件夹……71
3.6.2 搜索文件或文件夹……72
3.7 查看与设置文件或文件夹的属性……73
3.7.1 设置文件夹隐藏属性……73
3.7.2 文件加密……75
巩固与练习……76

第4章 Windows Vista 的基本设置

在 Windows Vista 系统中，用户可以根据自己的需要进行账户管理，并对系统进行各种设置，如日期和时间设置、系统声音设置等，本章将分别详细进行介绍。

4.1 Windows Vista 的控制面板……78
4.2 用户账户管理……78
4.2.1 新建用户账户……79
4.2.2 管理用户账户……80
4.2.3 切换用户账户……84
4.2.4 认识两个特殊账户……85
4.2.5 设置家长控制功能……85
4.3 日期和时间设置……91
4.4 系统声音设置……92
巩固与练习……94

第5章 Windows Vista 的程序管理

安装与设置好系统之后，用户就可以根据自身需要安装和管理应用程序了。本章将讲解如何安装与卸载应用程序，如何打开 Windows 功能，以及如何检查程序兼容性等。

5.1 安装与卸载应用程序……96
5.1.1 安装金山词霸……96
5.1.2 卸载金山词霸……98
5.2 打开 Windows 功能……99
5.3 检查程序兼容性……100
巩固与练习……102

第6章 Windows Vista 的娱乐功能

Windows Vista 提供了更为强大的媒体与娱乐功能，可以让用户享受更完美的娱乐体验。例如，看电影、浏览图片、玩游戏等，使用户在工作学习中更加轻松。

6.1 Windows Media Player……104
6.1.1 启动 Windows Media Player……104

6.1.2 播放音频和视频文件 105
6.1.3 Windows Media Player 媒体库 107
6.2 Windows 照片库 108
6.2.1 使用 Windows 照片库浏览图片 108
6.2.2 将图片添加到 Windows 照片库 111
6.2.3 添加图片标记与设置分级 112
6.2.4 修复照片 113
6.3 Windows 媒体中心 115
6.3.1 启动 Windows 媒体中心 115
6.3.2 使用媒体中心浏览图片 117
6.3.3 使用媒体中心播放音乐 118
6.3.4 使用媒体中心播放视频 120
6.4 Windows Vista 自带的游戏 121
6.4.1 国际象棋 121
6.4.2 麻将游戏 122
6.4.3 小丑游戏 122
6.4.4 墨球游戏 123
巩固与练习 124

第 7 章 Word 2007 应用基础

Word 2007 是目前应用最为广泛的文字处理软件，本章将介绍 Word 2007 的基本操作，其中包括文本的基本操作、设置字符格式，以及设置段落格式等。

7.1 Word 2007 的工作界面 126
7.2 文本基本操作 127
7.2.1 输入文本 127
7.2.2 选择文本 130
7.2.3 移动和复制文本 132
7.2.4 查找和替换文本 134
7.3 设置字符格式 137
7.3.1 设置字体、字形和字号 137
7.3.2 设置边框和底纹 139
7.3.3 设置字符间距 139
7.3.4 使用格式刷复制格式 140
7.4 设置段落格式 141
7.4.1 设置段落的对齐方式 141
7.4.2 设置段落缩进和间距 143
7.4.3 插入项目符号和编号 146
7.4.4 设置换行和分页 148
7.5 综合实战——制作委托证明 149
巩固与练习 153

第 8 章 Word 2007 图文混排

在文档中插入各种对象，不仅可以起到丰富与美化文档的作用，还可以使文档的表意更准确、精练。本章将讲解在 Word 2007 进行图文混排的各种操作技巧。

8.1 添加文本框 156
8.1.1 插入文本框 156
8.1.2 编辑文本框 157
8.2 设置艺术字 158
8.2.1 插入艺术字 158
8.2.2 编辑艺术字 159
8.3 插入剪贴画和图片 161
8.3.1 插入剪贴画 161
8.3.2 插入图片 163
8.4 添加 SmartArt 图形 165
8.5 插入表格 167
8.5.1 创建表格与删除表格 167

8.5.2 设置表格的边框和底纹 169
8.5.3 套用表格样式 171
8.5.4 表格的对齐方式 172
8.5.5 单元格的合并与拆分 173
8.6 综合实战——制作招聘启事 175
巩固与练习 180

第 9 章 Word 2007 的高级应用

在 Word 2007 中，可以通过创建宏来执行频繁使用的任务；还可以通过使用邮件合并功能创建具有相同文本或图形的文档，如邀请函等。本章将介绍 Word 2007 的高级应用及打印输出的知识。

9.1 认识宏 182
9.1.1 添加“开发工具”选项卡 182
9.1.2 录制宏 183
9.1.3 保存和删除宏 184
9.1.4 运行宏 185
9.1.5 设置宏的安全性 186
9.2 使用域 187
9.2.1 插入域 187
9.2.2 切换域的显示方式 188
9.2.3 更新和锁定域 189
9.2.4 邮件合并 190
9.3 页面设置 194
9.3.1 设置文字方向 194
9.3.2 设置页边距 195
9.3.3 设置纸张大小和方向 195
9.3.4 设置分栏 196
9.3.5 设置页面背景 198
9.4 插入页眉和页脚 199
9.4.1 插入页眉 200
9.4.2 插入页脚 201
9.4.3 插入页码 202
9.5 打印 203
9.5.1 打印预览 203
9.5.2 打印文档 204
9.6 综合实战——制作物资管理规定 207
巩固与练习 213

第 10 章 Excel 2007 应用基础

Excel 2007 是强大的电子表格制作和数据分析软件，本章将介绍 Excel 2007 中的常用操作，其中包括数据的输入与格式设置、单元格的编辑，以及使用自动填充功能等。

10.1 Excel 2007 工作界面 216
10.2 数据的输入和格式设置 216
10.2.1 输入数据 217
10.2.2 设置数字格式 218
10.2.3 设置字体格式 219
10.2.4 设置对齐方式 222
10.3 单元格的编辑 223
10.3.1 插入与删除单元格 223
10.3.2 合并与拆分单元格 225
10.3.3 调整行高与列宽 227
10.3.4 应用单元格和表格样式 229
10.3.5 设置条件格式 231
10.4 使用自动填充功能 235
10.4.1 复制数据 235

10.4.2 填充等差序列 236
10.4.3 填充等比序列 237
10.4.4 自定义填充序列 237
10.5 综合实战——制作销售数据统计表 238
巩固与练习 243

第11章 Excel 2007的高级应用

Excel 2007具有强大的数据分析与处理功能，其中包括应用公式和函数、数据分析和处理，图表的创建和应用等，本章将详细介绍这些Excel 2007高级应用知识。

11.1 公式和函数的应用 246
11.1.1 输入公式 246
11.1.2 公式中的引用 246
11.1.3 插入函数 248
11.1.4 检查公式中的错误 249
11.2 数据分析和处理 250
11.2.1 数据排序 250
11.2.2 数据筛选 253
11.2.3 分类汇总 256
11.3 图表的应用 258
11.3.1 创建图表 258
11.3.2 更改图表类型 259
11.3.3 切换行和列 259
11.3.4 更改数据源 260
11.3.5 设置图表布局及样式 261
11.3.6 美化图表 262
11.4 工作表的打印 263
11.4.1 页面设置 263
11.4.2 设置打印区域 265
11.4.3 设置分页打印 266
11.4.4 打印预览及输出 267
11.5 综合实战——制作员工工资单 268
巩固与练习 274

第12章 PowerPoint 2007应用基础

PowerPoint 2007是一款强大的幻灯片制作软件，在办公等领域均被广泛应用。本章将讲解幻灯片的基本操作、文本内容的编辑、添加幻灯片，以及幻灯片的美化等内容。

12.1 PowerPoint 2007的工作界面 276
12.2 幻灯片的基本操作 277
12.2.1 插入幻灯片 277
12.2.2 复制与移动幻灯片 278
12.2.3 删除幻灯片 279
12.3 文本内容的编辑 280
12.3.1 输入文本 280
12.3.2 设置文本格式 281
12.4 添加其他幻灯片内容 282
12.4.1 添加文本框 282
12.4.2 添加艺术字 283
12.4.3 插入图片 283
12.4.4 插入表格 284
12.4.5 插入图表 285
12.4.6 添加声音 286
12.5 幻灯片的美化 287
12.5.1 应用主题 287
12.5.2 设置幻灯片背景 289
12.6 综合实战——制作公司企划方案幻灯片 290
巩固与练习 299

第13章 PowerPoint 2007的高级应用

本章将讲解PowerPoint 2007的高级应用知识，其中包括如何应用模板与母版，如何为幻灯片添加动画效果，如何放映幻灯片，以及幻灯片的打包与发布等。

13.1 应用模板与母版 …… 302
13.1.1 使用模板创建演示文稿 …… 302
13.1.2 根据主题创建演示文稿 …… 302
13.1.3 制作幻灯片母版 …… 303
13.2 为幻灯片添加动画效果 …… 305
13.2.1 选择切换动画的方式 …… 306
13.2.2 设置动画方案 …… 307
13.2.3 添加动作按钮 …… 307
13.3 幻灯片的放映 …… 308
13.3.1 排练计时 …… 308
13.3.2 设置放映方式 …… 309
13.3.3 自定义放映 …… 310
13.3.4 隐藏幻灯片 …… 310
13.4 幻灯片的打包与发布 …… 311
13.4.1 演示文稿打包 …… 311
13.4.2 发布演示文稿 …… 312
13.5 综合实战——制作公司发展演示幻灯片 …… 313
巩固与练习 …… 321

第14章 Access 2007数据库应用

Access是微软公司推出的基于Windows的桌面关系数据库管理系统，是Office系列应用软件之一，它在很多地方得到广泛的使用。本章将介绍Access 2007数据库应用知识。

14.1 认识Access 2007 …… 324
14.1.1 Access 2007工作界面 …… 324
14.1.2 Access 2007视图 …… 325
14.1.3 Access 2007对象 …… 325
14.2 创建数据库 …… 326
14.2.1 创建空白数据库 …… 327
14.2.2 创建基于模板的数据库 …… 328
14.3 编辑数据 …… 329
14.3.1 输入数据 …… 329
14.3.2 编辑字段 …… 330
14.3.3 添加表 …… 332
14.4 应用数据库管理系统 …… 333
14.4.1 创建查询 …… 333
14.4.2 使用数据库窗体 …… 336
14.4.3 使用报表 …… 338
14.5 综合实战——制作物资采购数据库 …… 340
巩固与练习 …… 345

第15章 Outlook 2007的日常应用

Outlook 2007不仅能够收发电子邮件，管理联系人，还可以管理用户日常工作和生活事务，并在其中添加RSS源，通过RSS源为用户提供相应的新闻和资讯等。

15.1 Outlook 2007 的工作界面 ······348

15.2 创建账户 ······348

15.2.1 创建新账户 ······348

15.2.2 创建多个账户 ······350

15.3 收发电子邮件 ······351

15.3.1 接收并阅读电子邮件 ······351

15.3.2 回复邮件 ······352

15.3.3 自动回复邮件 ······353

15.3.4 接收与发送电子邮件 ······356

15.4 管理联系人 ······356

15.4.1 添加联系人 ······357

15.4.2 从收到的电子邮件中创建联系人 ······357

15.4.3 查找联系人 ······358

15.4.4 通过使用联系人记录发送邮件 ······359

15.5 管理日常事务 ······360

15.5.1 创建便笺 ······360

15.5.2 创建约会 ······360

15.5.3 更改约会 ······361

15.5.4 创建并发送会议要求 ······362

15.5.5 分配任务 ······362

15.5.6 接受任务 ······363

15.6 订阅 RSS ······364

15.6.1 添加 RSS 源 ······364

15.6.2 查看 RSS 源 ······366

巩固与练习 ······367

附录 习题答案 ······369

第 1 章 Windows Vista 系统的安装

- Windows Vista 的安装条件
- 全新安装 Windows Vista 系统
- 升级安装 Windows Vista 系统

Yoyo，Vista 是什么？

Vista 是微软最新推出的操作系统，是 Windows Vista 的简称。

Vista 的中文含义为“远景、展望”，微软将这一代具有里程碑意义的操作系统命名为 Vista，其中寄予了“展望未来”的含义。

1.1 Windows Vista 概述

Windows Vista 是微软公司推出的最新 Windows 系列操作系统，它继承了 Windows XP 的标准性、安全性、可管理性和可靠性，以及即插即用、友好的用户界面和创新的支持服务性等特性，功能更加强大。

与先前的 Windows 操作系统相比，Windows Vista 操作系统开发了更多的新特性，主要体现在以下几个方面：

便捷的连接功能

Windows Vista 可紧密和快捷地将你和你的朋友、你所需要的信息，以及你的电子设备无缝连接起来，使所有的计算机（俗称电脑）和电子设备连为一体。

强大的安全功能

电脑数据安全一直是用户最关心的问题。Windows Vista 强大的安全功能可以有效地保护电脑，避免电脑数据受到间谍软件和计算机病毒的侵袭。

更清晰的操作

Windows Vista 所使用的用户界面看起来会有一种水晶的感觉，从用户界面上让人感到更加整洁。此外，Windows Vista 可以更加有效地处理和归类用户的数据，能为用户带来最快捷的个人数据服务，让用户更加快捷地管理自己的信息。

Microsoft 的 Windows Vista 操作系统有五种不同的版本在中国发售：Windows Vista Home Basic（家庭普通版）、Windows Vista Home Premium（家庭高级版）、Windows Vista Ultimate（旗舰版）、Windows Vista Business（商用版）和 Windows Vista Enterprise（大企业版）。不管用户使用电脑在家里娱乐、学习，还是商业办公，总有一款版本的 Windows Vista 适合您。

1.2 安装 Windows Vista 系统的硬件要求

Windows Vista 系统强大的功能需要强劲的硬件支持，这样才能更好地发挥其作用。

安装 Windows Vista 的最低配置要求（产品的某些功能在最低系统条件下不可用）如下：	
800MHz 处理器和 512MB 系统内存	具有至少 15GB 可用空间的 20GB 硬盘
支持高级 VGA 图形卡	DVD-ROM 驱动器

要想更好地发挥 Windows Vista 系统的强大功能，对各版本的硬件要求推荐如下：

1. Windows Vista Home Basic

Windows Vista Home Basic 的硬件要求推荐如下：	
1GHz 32 位（×86）或 64 位（×64）处理器	支持 DirectX 9 图形和 32MB 图形内存卡
1G 以上内存	DVD-ROM 驱动器
具有至少 15GB 可用空间的 80GB 以上硬盘	声卡
	Internet 访问能力

说明　Windows Vista Home Basic 系统适合一般个人使用。

2. Windows Vista Home Premium/Ultimate/Business/Enterprise

Windows Vista Home Premium/Ultimate/Business/Enterprise 硬件要求推荐如下：
1GHz 32 位（×86）或 64 位（×64）处理器 2GB 以上内存 25GB 可用空间的 80GB 或 160GB 硬盘 DirectX 9 图形支持（包括 WDDM 驱动程序，至少 128MB 显存，硬件支持 Pixel Shader 2.0，每像素 32 位） DVD-ROM 驱动器 声卡 Internet 访问能力

如果用户还需要 Windows Vista 系统的特定功能，还要配置相应的硬件：

- 使用电视功能需要的电视调谐器。
- 使用 Windows Tablet 和触摸技术需要具有一台 Tablet PC 或一个触摸屏。
- 使用 Windows BitLocker 驱动器加密需要具有 USB 闪存以及配置 TPM 1.2 芯片的系统。

用户的实际要求和产品功能会因系统配置的不同而有所不同，“Windows Vista 升级顾问”可以帮助用户确定 Windows Vista 的哪些功能和哪个版本可以在用户的电脑上运行，用户通过它可以查询相关详细信息。访问微软的网站即可下载“Windows Vista 升级顾问”。

① 下载后得到 WindowsVistaUpgradeAdvisor.msi 文件，双击运行此文件。

② 如果系统提示需要安装 msxml6.msi，可单击“下载并安装 msxml6.msi”按钮，打开微软下载网站，如图 1-1 所示。

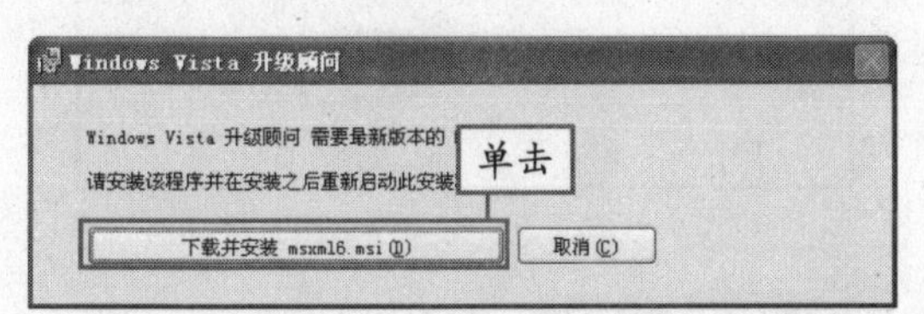

图 1-1 需要下载并安装 msxml6.msi 文件

③ 在网页中打开 msxml6.msi 的下载链接，单击“下载”按钮，下载 msxml6.msi 文件，如图 1-2 所示。

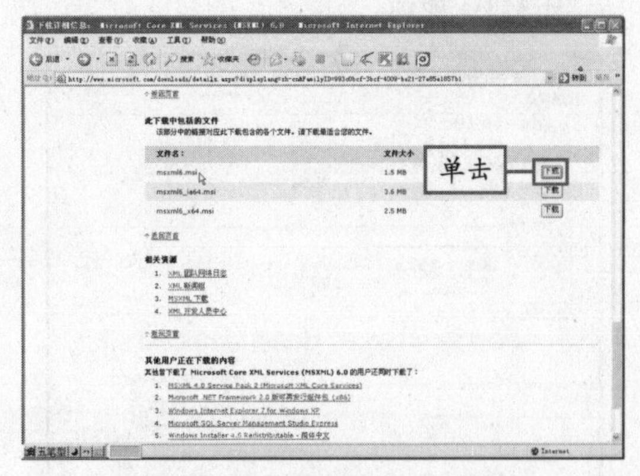

图 1-2 下载 msxml6.msi 文件

④ 下载完毕后双击 msxml6.msi 文件启动安装，单击“下一步”按钮继续，如图 1-3 所示。

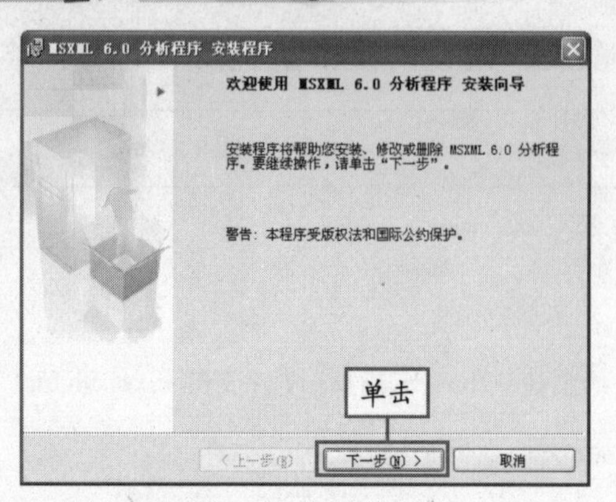

图 1-3 运行 msxml6.msi 文件

⑤ 在打开的"许可协议"对话框中选中"我同意许可协议中的条款"单选按钮，然后单击"下一步"按钮，如图 1-4 所示。

图 1-4 同意许可协议中的条款

⑥ 在打开的"注册信息"对话框中输入"姓名"和"公司"信息，然后单击"下一步"按钮，如图 1-5 所示。

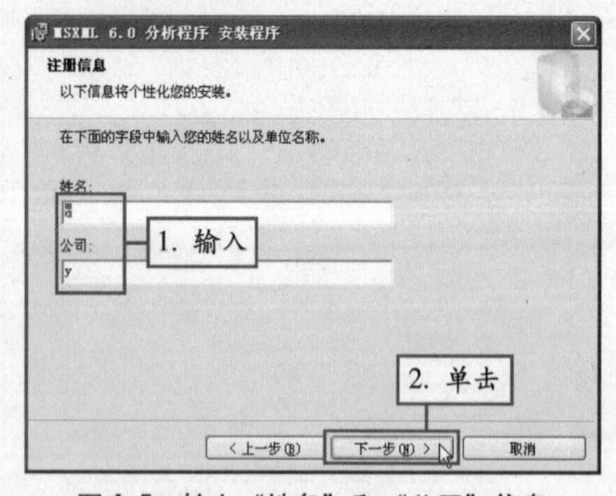

图 1-5 输入"姓名"和"公司"信息

⑦ 在打开的"准备安装程序"对话框中单击"安装"按钮开始安装，如图 1-6 所示。

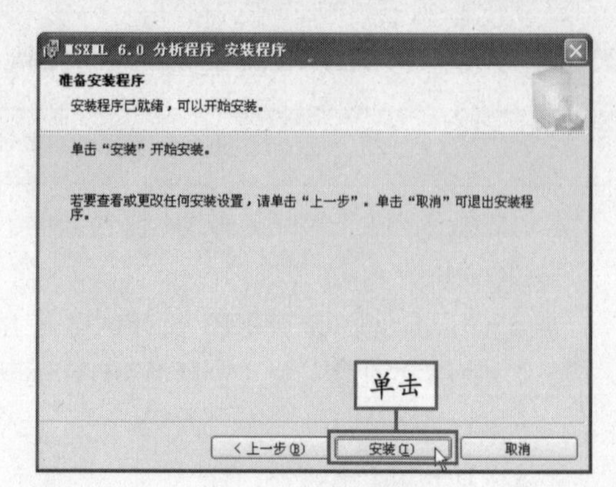

图 1-6 开始安装

⑧ 安装程序开始安装 MSXML 分析程序，如图 1-7 所示。

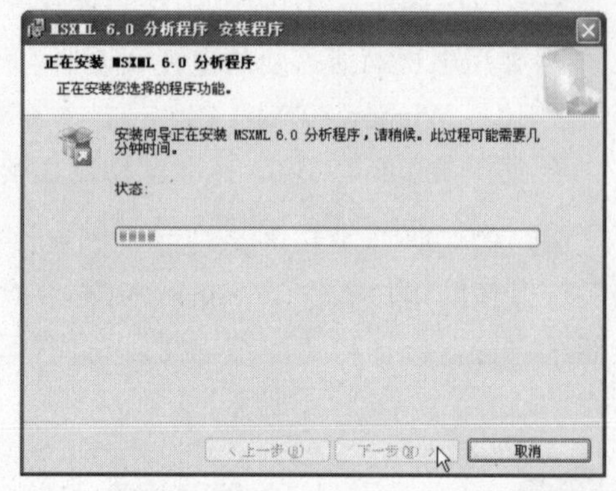

图 1-7 安装 MSXML 分析程序

⑨ 安装完毕后，单击"完成"按钮结束操作，如图 1-8 所示。

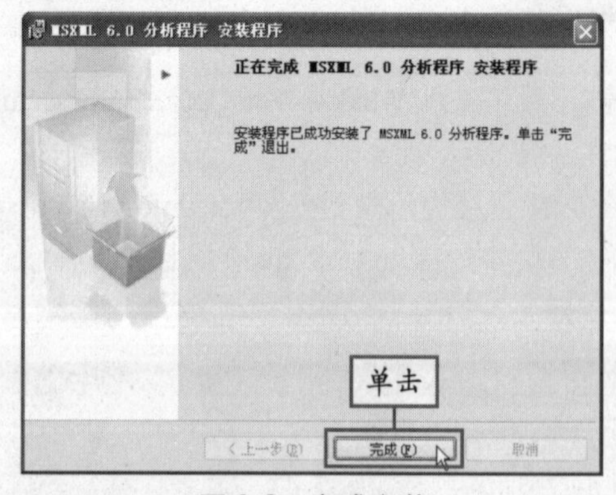

图 1-8 完成安装

在安装"Windows Vista 升级顾问"时需要联网，因为程序一般需要进行在线更新。

 说明 Windows Vista 升级顾问可以帮助用户快速了解自己适合的版本。

⑩ 再次双击 msxml6.msi 文件，如果系统提示安装.NET Framework，单击“安装.NET Framework”按钮，如图 1-9 所示。

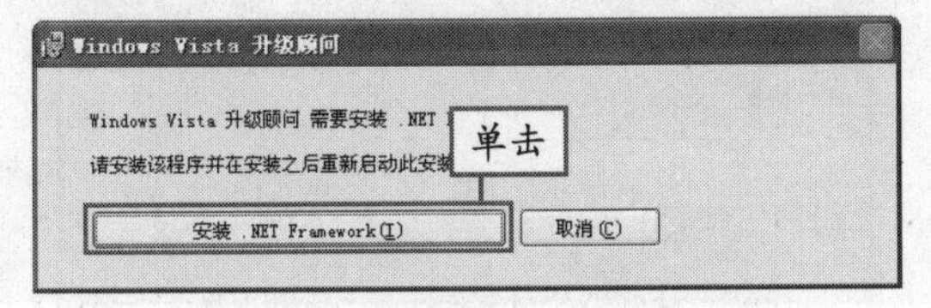

图 1-9　安装.NET Framework

⑪ 在弹出的“文件下载 － 安全警告”对话框中单击“运行”按钮，如图 1-10 所示。

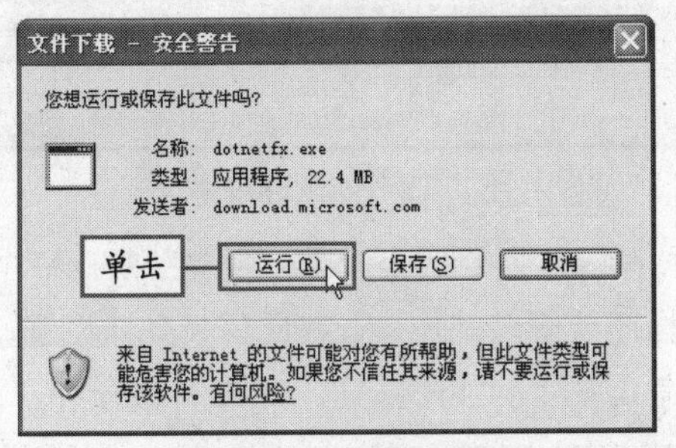

图 1-10　确认运行

⑫ 此时，系统将下载相关程序，如图 1-11 所示。

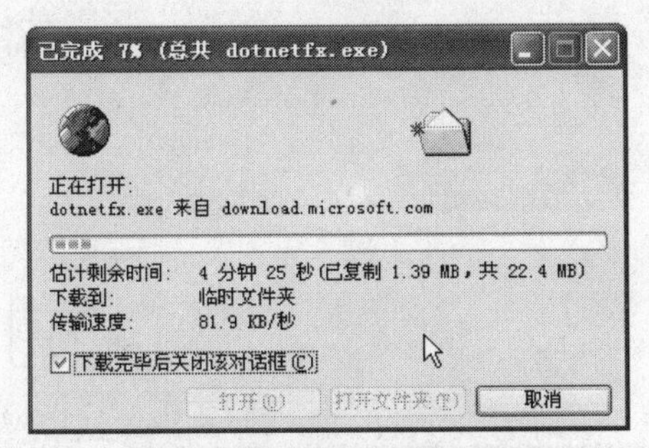

图 1-11　下载相关程序

⑬ 下载完毕后，在弹出的提示信息框中单击“运行”按钮，如图 1-12 所示。

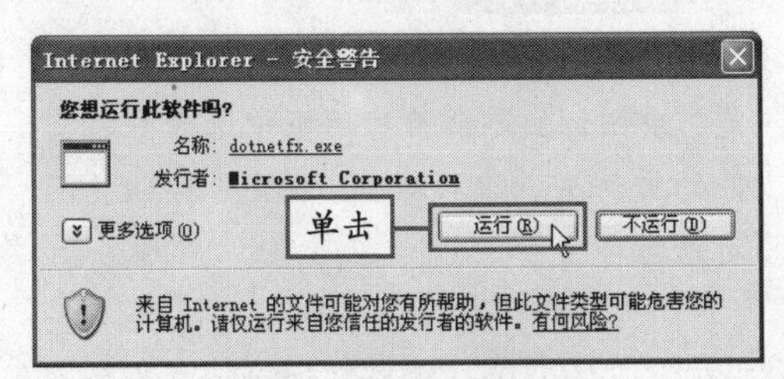

图 1-12　确认运行

⑭ 此时，.NET Framework 安装程序开始执行，单击“下一步”按钮，如图 1-13 所示。

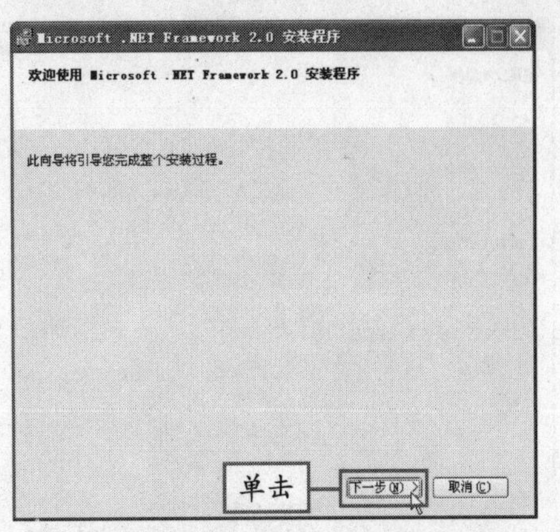

图 1-13　运行.NET Framework 安装程序

⑮ 在打开的“最终用户许可协议”对话框中选中“我接受许可协议中的条款”复选框，然后单击“安装”按钮，如图 1-14 所示。

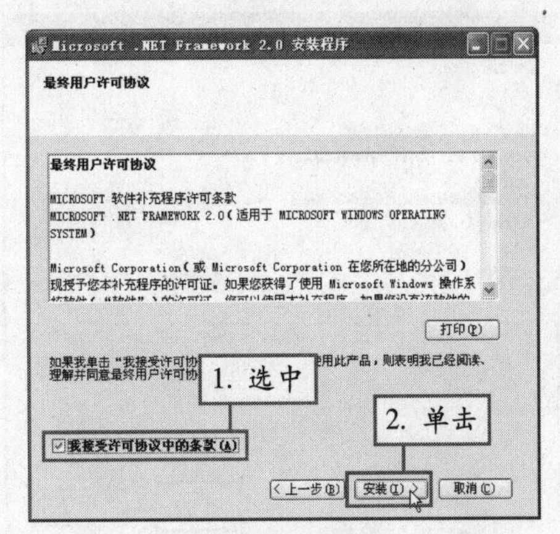

图 1-14　接受许可协议中的条款

⑯ 程序开始进行相关的配置，如图 1-15 所示。

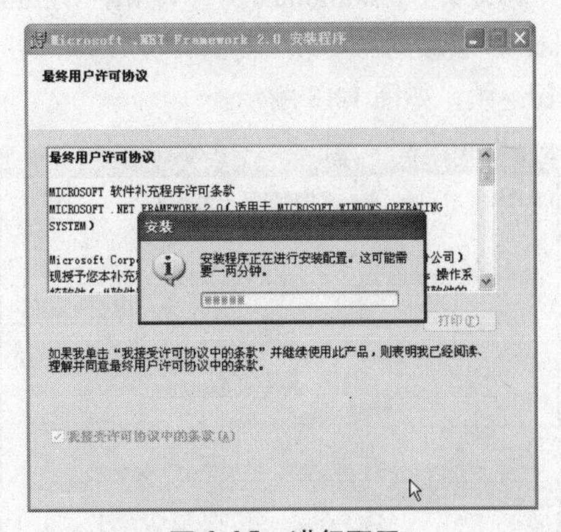

图 1-15　进行配置

⑰ 安装程序开始安装所有的程序和组件，如图 1-16 所示。

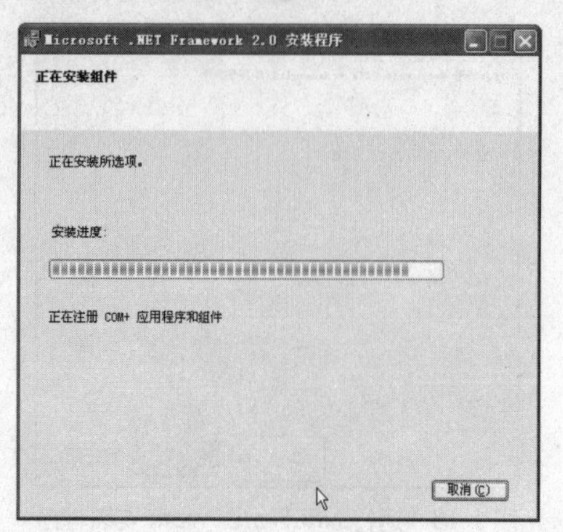

图 1-16　开始安装

⑱ 安装完成后，单击“完成”按钮结束操作，如图 1-17 所示。

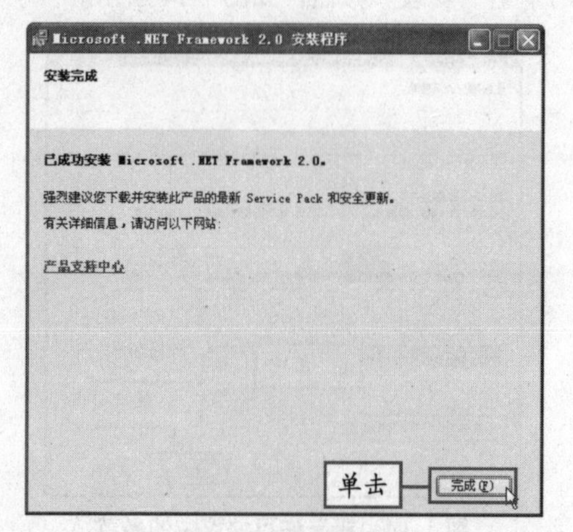

图 1-17　完成安装

⑲ 再次双击 msxml6.msi 文件，启动“Windows Vista 升级顾问”安装向导，单击“下一步”按钮继续，如图 1-18 所示。

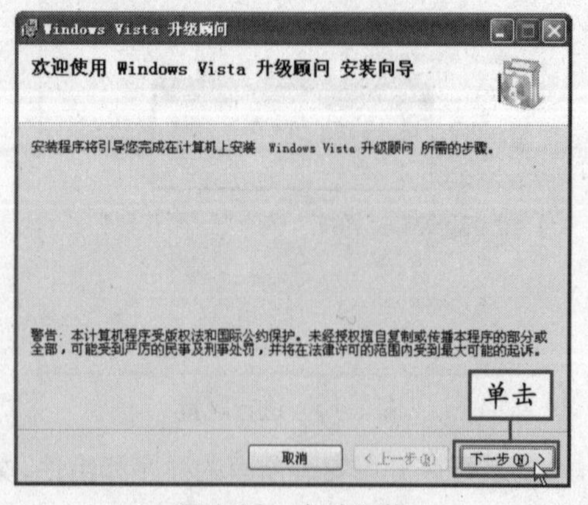

图 1-18　启动安装

⑳ 在打开的“许可协议”对话框中选中“我同意”单选按钮，然后单击“下一步”按钮，如图 1-19 所示。

图 1-19　同意许可协议

㉑ 在打开的“选择安装文件夹”对话框中设置程序要安装的位置，在此保持默认设置，然后单击“下一步”按钮，如图 1-20 所示。

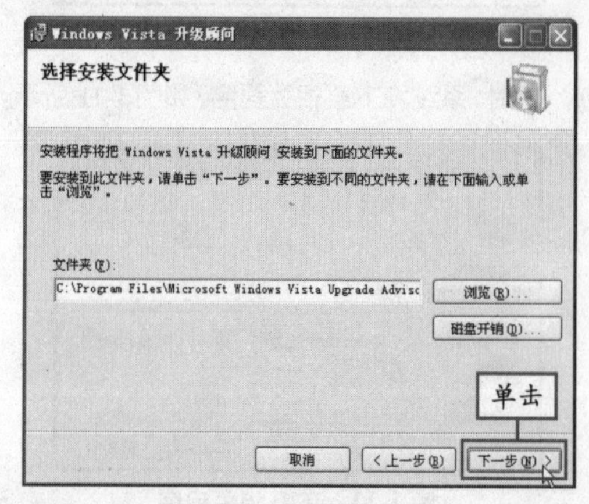

图 1-20　设置安装位置

知识点拨

用户也可以单击“文件夹”右侧的“浏览”按钮，在弹出的对话框中选择安装文件的文件夹，然后单击“确定”按钮关闭对话框即可。

㉒ 在打开的“确认安装”对话框中设置是否创建桌面快捷方式，选中相应的单选按钮，然后单击“下一步”按钮，如图 1-21 所示。

说明　安装 Windows Vista 升级顾问前往往需要安装一些支持程序。

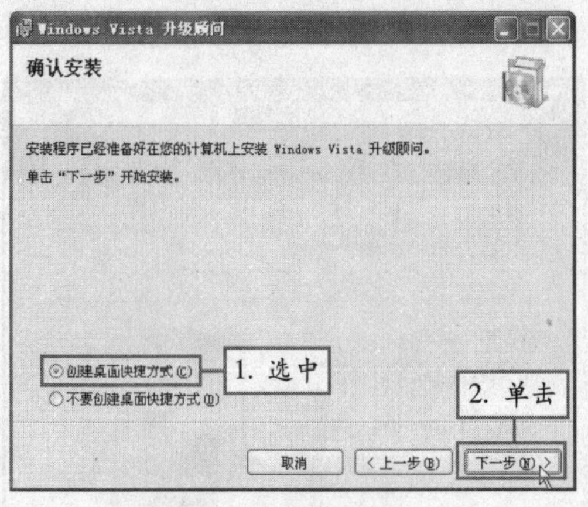

图 1-21　确认安装

㉓ 此时，Windows Vista 升级顾问开始进行安装，并显示安装进度，如图 1-22 所示。

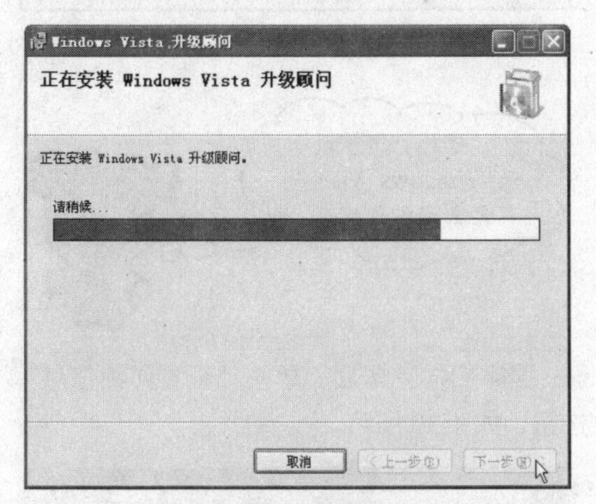

图 1-22　开始安装

㉔ 安装完成后，单击"关闭"按钮完成操作，如图 1-23 所示。

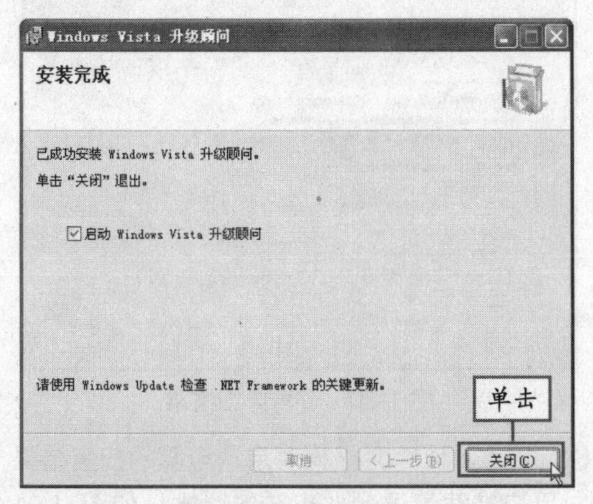

图 1-23　完成安装

㉕ 如果在上一步选中了"启动 Windows Vista 升级顾问"复选框，这时 Windows Vista 升级顾问将自动启动。也可以双击桌面上的快捷图标或单击"开始"|"所有程序"|"Windows Vista 升级顾问"命令启动程序，如图 1-24 所示。

图 1-24　启动 Windows Vista 升级顾问

㉖ 单击"开始扫描"按钮，程序开始扫描用户的电脑配置，如图 1-25 所示。

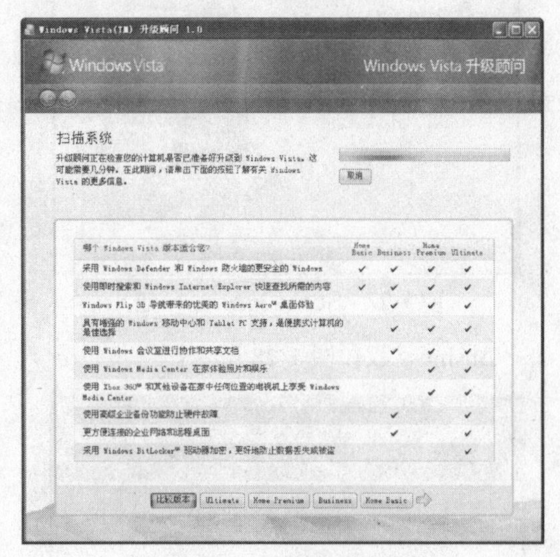

图 1-25　扫描电脑配置

㉗ 在扫描过程中，可以单击窗口下方的各个按钮查看 Windows Vista 各种版本的介绍及区别。

Ultimate 版如图 1-26 所示。

单击"开始扫描"按钮，即可自动扫描用户的电脑配置。　**技巧**

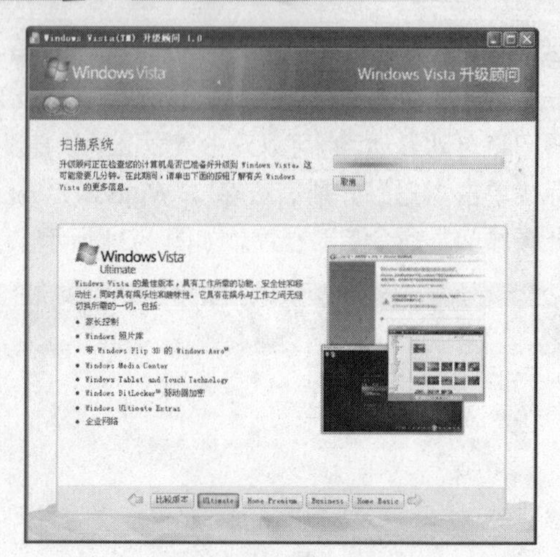

图 1-26　Ultimate 版

Home Premium 版如图 1-27 所示。

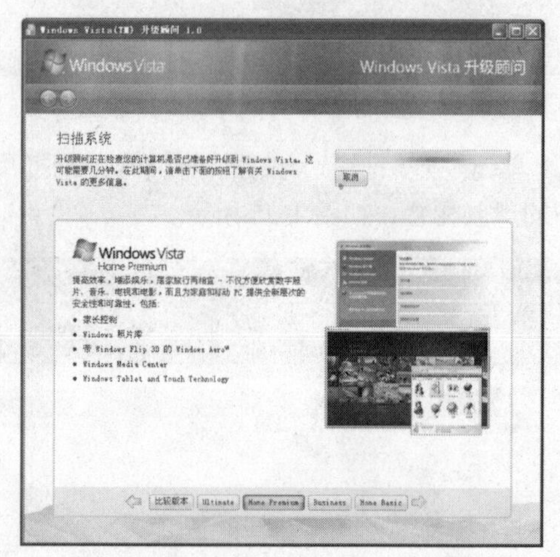

图 1-27　Home Premium 版

Business 版如图 1-28 所示。

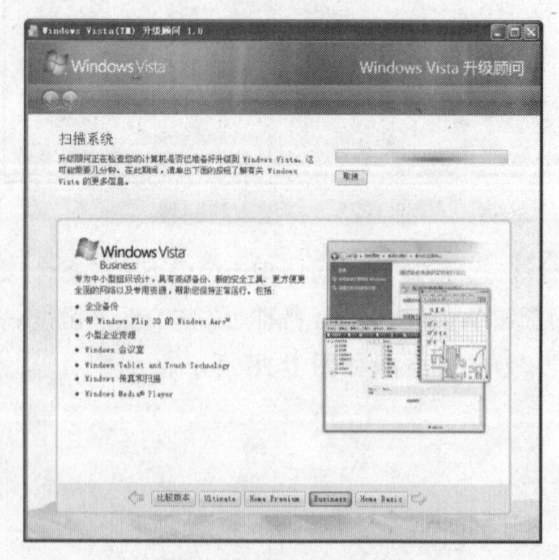

图 1-28　Business 版

Home Basic 版如图 1-29 所示。

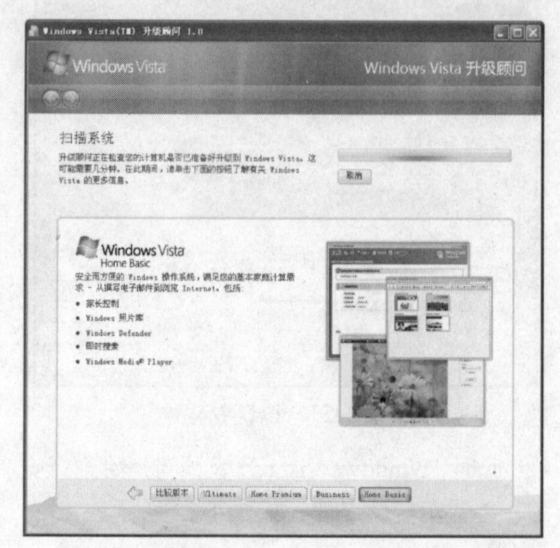

图 1-29　Home Basic 版

㉘ 程序扫描完毕后，单击“查看详细信息”按钮，如 1-30 所示。

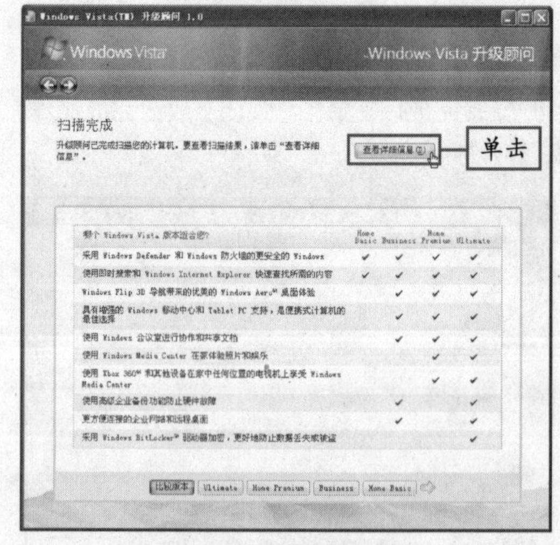

图 1-30　查看详细信息

㉙ 此时，程序会根据对用户电脑的扫描结果向用户推荐最适合此电脑的版本，如图 1-31 所示。

说明　Windows Vista 旗舰版是最完整的版本，包含 Windows Vista 的所有功能。

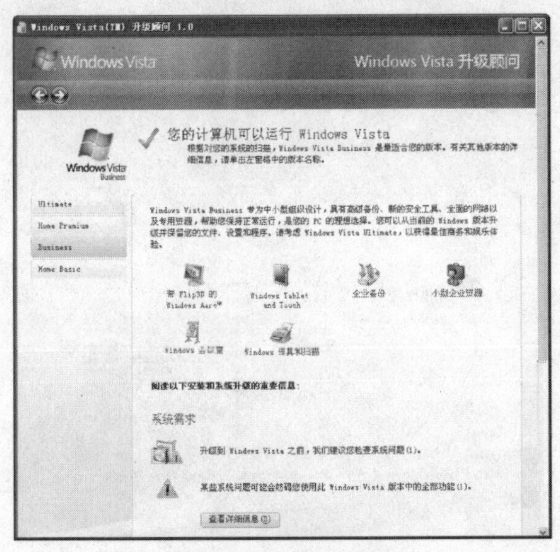

图 1-31　推荐信息

30 窗口中还显示了此版本的介绍，单击要了解信息的超链接，即可打开相应网页显示详细资料，如图 1-32 所示。此时，用户的电脑需要联网。

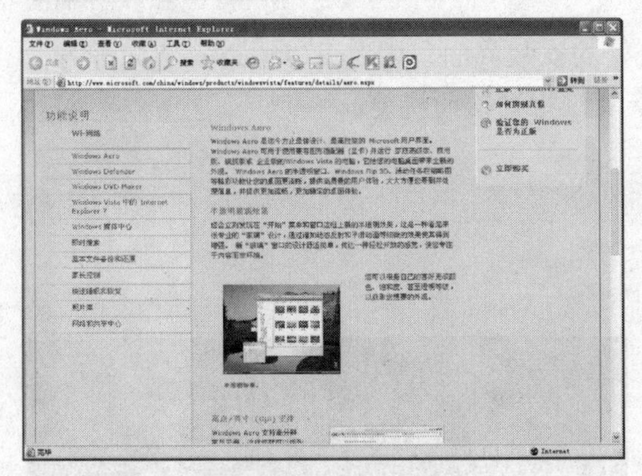

图 1-32　详细资料

31 在显示推荐版本的窗口中单击底部的“查看详细信息”按钮，可以查看更详细的资料。

知识点拨

对于“Windows Vista 升级顾问”推荐的版本，用户并没有必要一定要遵循。用户也可以选择更高一级的版本，在使用上也不会有太大的影响。

“系统”选项卡中描述了综合情况，如图 1-33 所示。

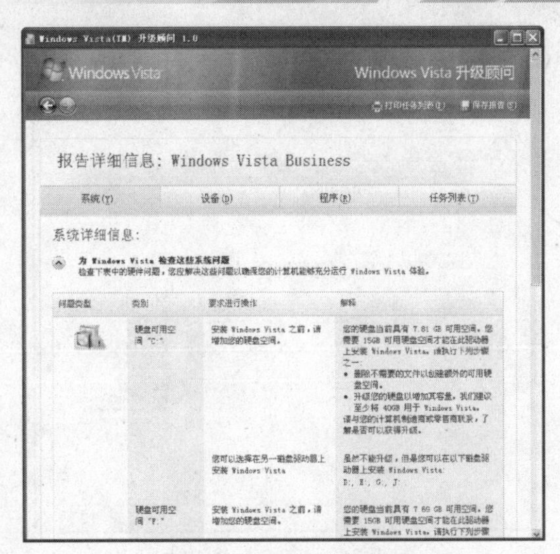

图 1-33　“系统”选项卡

“设备”选项卡中描述了电脑各硬件设置的情况，如图 1-34 所示。

图 1-34　“设备”选项卡

“程序”选项卡描述了电脑安装的软件情况，如图 1-35 所示。

图 1-35 “程序”选项卡

“任务列表”选项卡中描述了相关任务的情况，如图 1-36 所示。

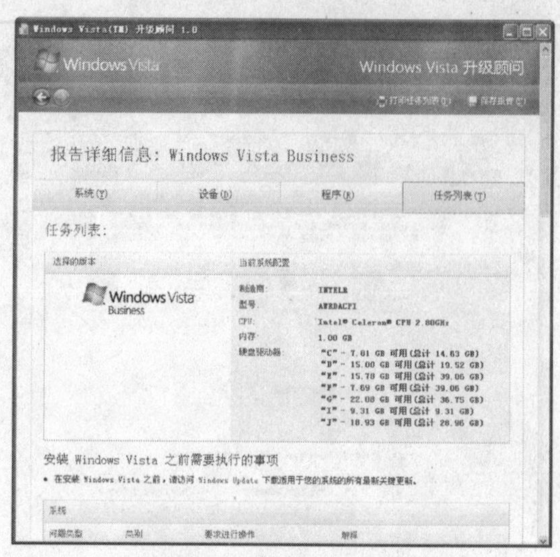

图 1-36 “任务列表”选项卡

㉜ 了解了自身的电脑配置后，关闭“Windows Vista 升级顾问”。

1.3 安装 Windows Vista 系统

Windows Vista 提供了完善的安装机制和友好的安装界面，用户可以通过安装向导方便地进行操作。其图形化的界面一目了然，整个安装过程轻松而快捷。

1.3.1 全新安装

全新安装 Windows Vista 系统的方法如下：

① 启动电脑，并将 Windows Vista 安装光盘放入 DVD 驱动器中，片刻后出现提示时按任意键从光盘启动，如图 1-37 所示。

图 1-37 从光盘启动

② 此时，安装程序开始加载所需文件，如图 1-38 所示。

③ 文件加载完毕后，显示启动界面，如图 1-39 所示。

图 1-38 加载所需文件

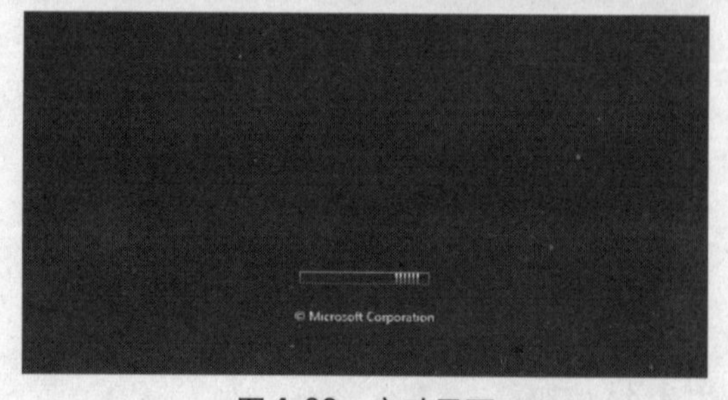

图 1-39 启动界面

说明 Windows Vista 的安装程序的媒体是 DVD 光盘，要 DVD 光驱才能读出。

④ 在“要安装的语言”下拉列表框中选择“中文”选项，在“时间和货币格式”下拉列表框中选择“中文（中国）”选项，在“键盘和输入方法”下拉列表框中选择“中文（简体）-美式键盘”选项，然后单击“下一步”按钮，如图 1-40 所示。

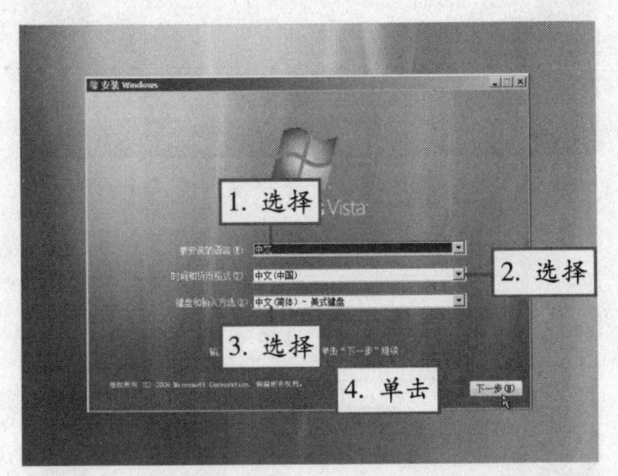

图 1-40　设置“语言”、“时间和货币格式”以及“键盘和输入方法”选项

⑤ 在安装界面中单击“现在安装”按钮，如图 1-41 所示。

图 1-41　开始安装

⑥ 在“键入产品密钥进行激活”对话框中的“产品密钥”文本框中输入 Windows Vista 密钥，然后单击“下一步”按钮，如图 1-42 所示。

用户也可以不输入产品密钥，等安装完毕后再激活。如果不激活产品，系统只能试用 30 天，如图 1-43 所示。

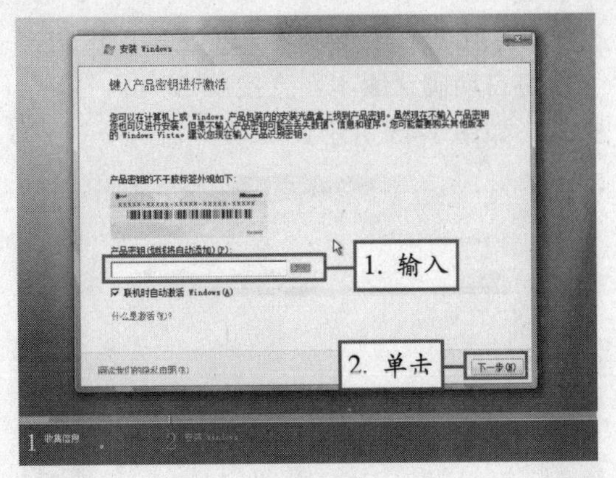

图 1-42　输入产品密钥

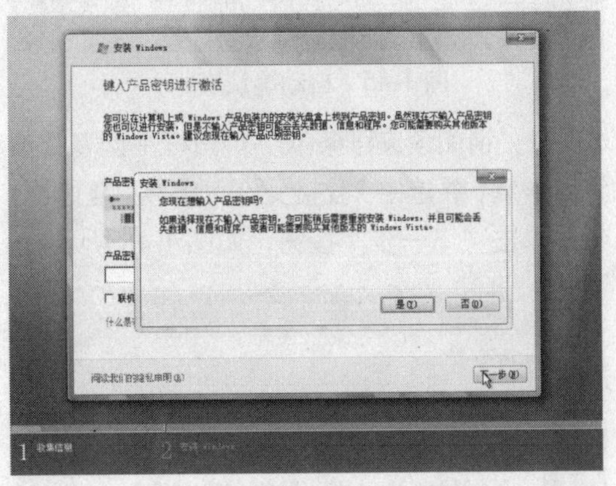

图 1-43　不输入产品密钥

⑦ 在“选择您购买的 Windows 版本”对话框的“Windows 版本”列表框中选择要安装的 Windows Vista 版本，然后单击“下一步”按钮，如图 1-44 所示。

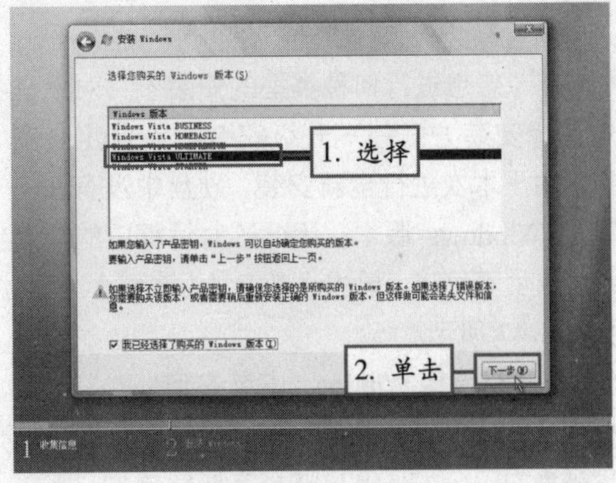

图 1-44　选择版本

输入产品密钥时候，短线不用输入。　说明

如果用户在上一步输入了正确的密钥，系统将自动确认版本，直接单击“下一步”按钮，如图 1-45 所示。

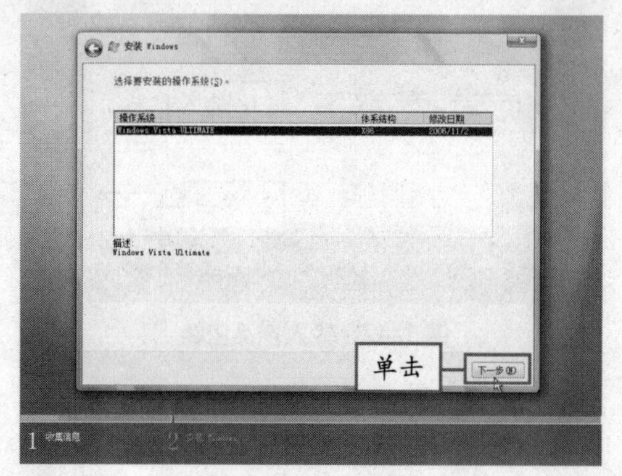

图 1-45　自动确认版本

⑧ 在“请阅读许可条款”对话框中认真阅读许可条款，并选中“我接受许可条款”复选框，然后单击“下一步”按钮，如图 1-46 所示。

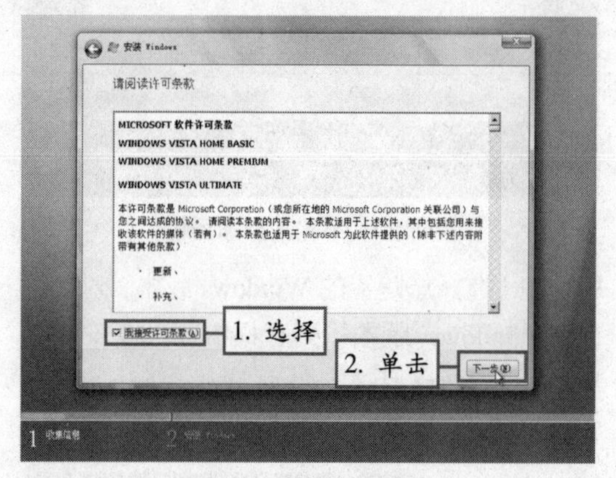

图 1-46　接受许可条款

⑨ 在“您想进行何种类型的安装？”对话框中选择安装方式——升级安装或者自定义安装。由于本次进行全新安装，硬盘中没有任何其他 Windows 版本，因此该对话框中的“升级”选项不可选。单击“自定义(高级)选项，如图 1-47 所示。

⑩ 在“您想将 Windows 安装在何处？”对话框中选择安装 Windows Vista 的磁盘分区，如果硬盘中已分好了区，选择完毕后单击“下一步”按钮(见图 1-48)，直接跳到步骤⑰。

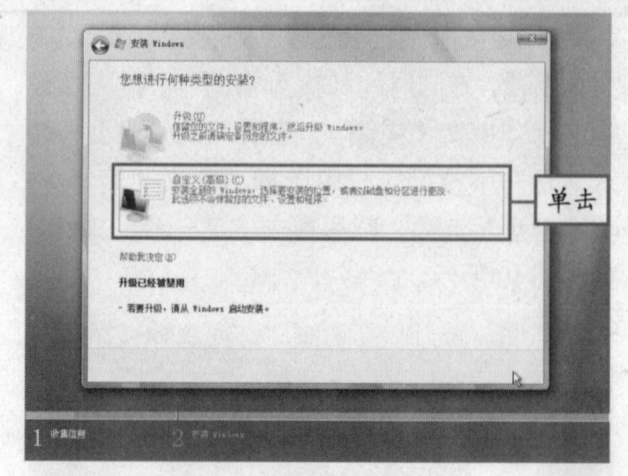

图 1-47　选择安装方式

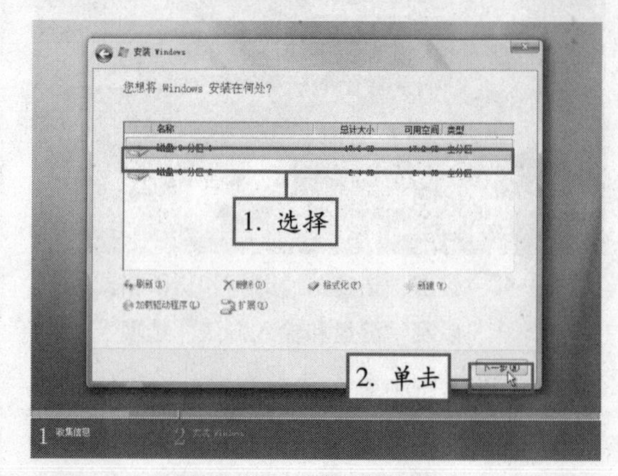

图 1-48　选择磁盘分区

⑪ 如果使用的是未分区的新磁盘，这种情况列表中只显示“磁盘 0 未分配空间”选项，选择此选项，再单击“驱动器选项(高级)”超链接，如图 1-49 所示。

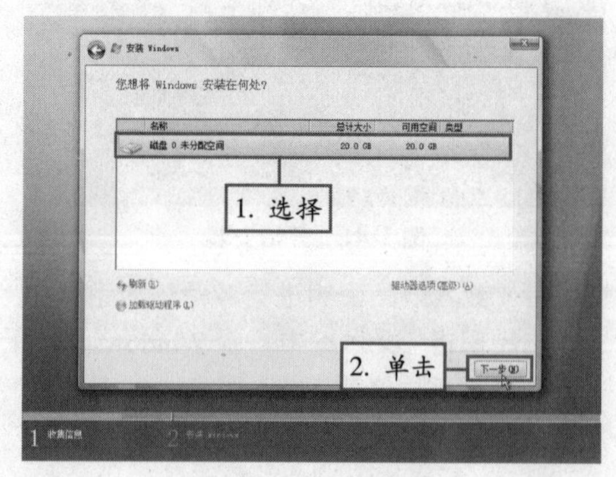

图 1-49　驱动器选项

说明　安装前请首先确认分区可用空间是否符合要求。

⑫ 在打开的高级对话框中单击“新建”超链接，准备新建分区，如图 1-50 所示。

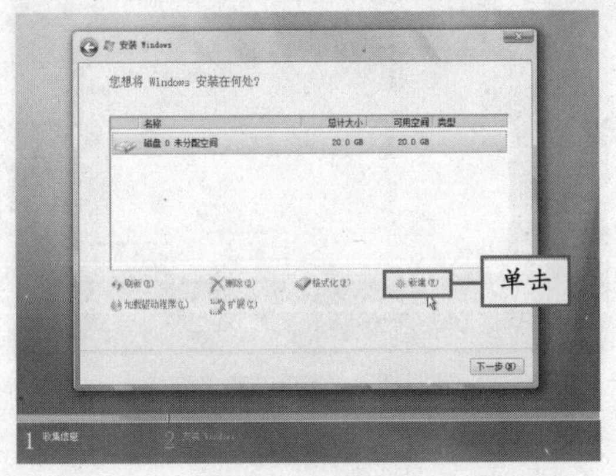

图 1-50　新建分区

⑬ 在“大小”数值框中设置新建分区的大小（以 MB 为单位），然后单击“应用”按钮，如图 1-51 所示。

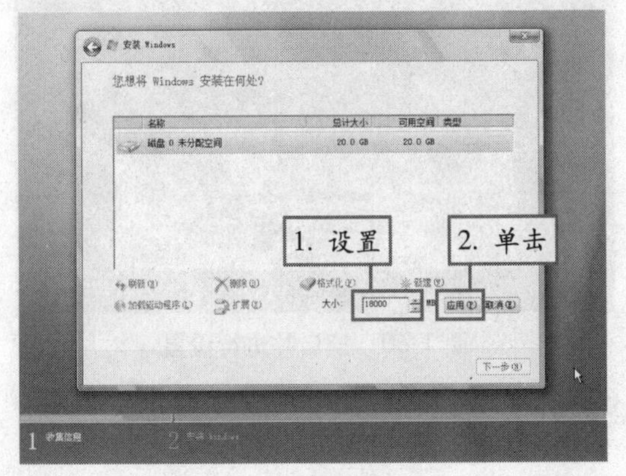

图 1-51　设置分区大小

⑭ 在列表中选择新建的分区，单击“格式化”按钮，对新建分区进行格式化操作，如图 1-52 所示。

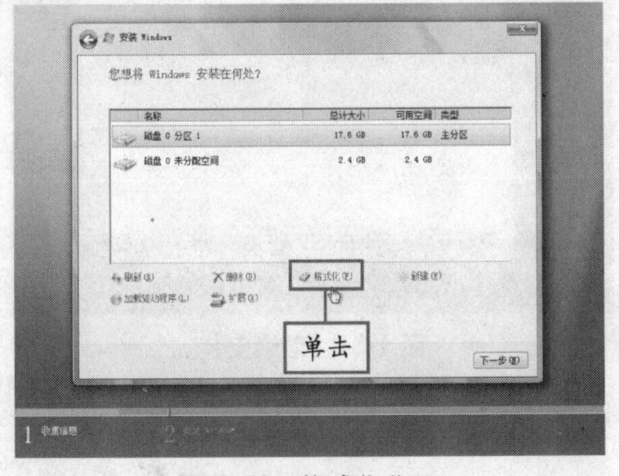

图 1-52　格式化分区

⑮ 在弹出的提示对话框中单击“确定”按钮，确认格式化操作，如图 1-53 所示。

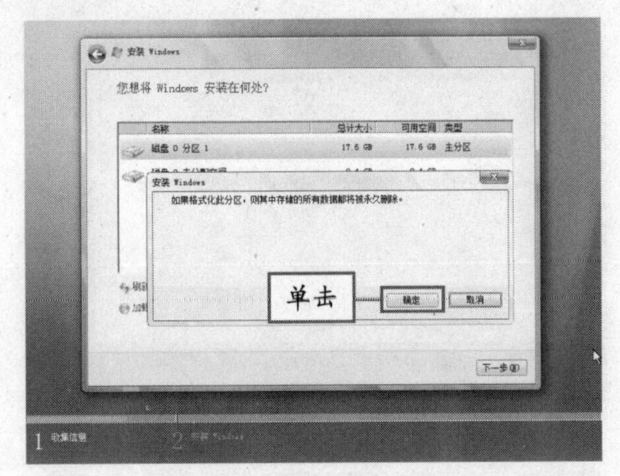

图 1-53　确认格式化操作

⑯ 格式化完毕后单击“下一步”按钮继续，如图 1-54 所示。

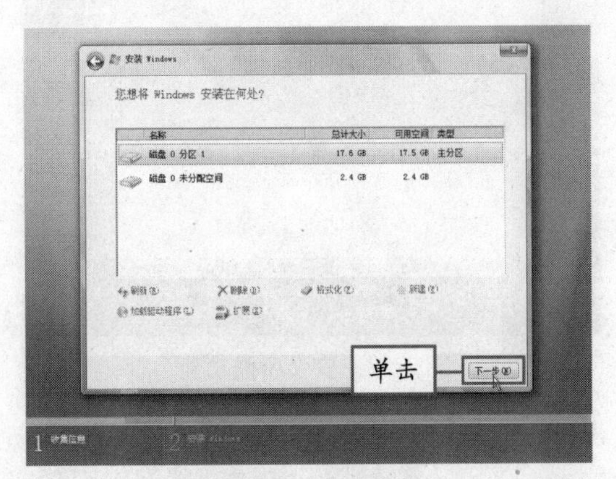

图 1-54　继续操作

⑰ 此时，安装程序开始复制相关文件，如图 1-55 所示。

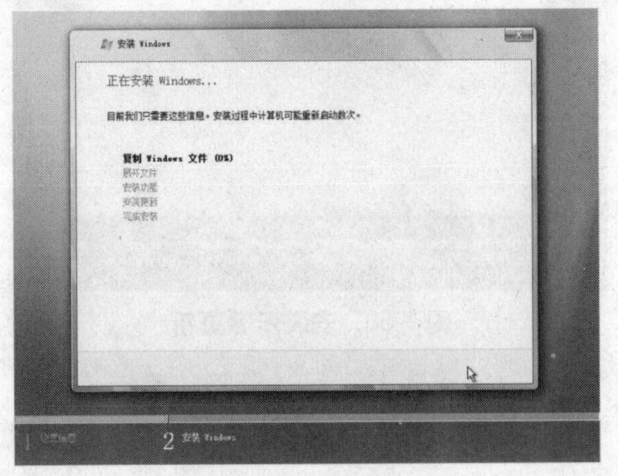

图 1-55　复制相关文件

使用 Windows Vista 安装程序可以轻松地完成分区工作。　说明

⑱ 展开相关文件，如图 1-56 所示。

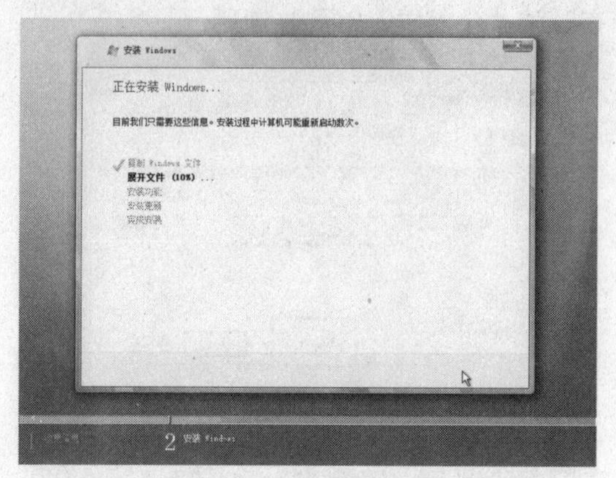

图 1-56　展开相关文件

⑲ 安装所需的功能，如图 1-57 所示。

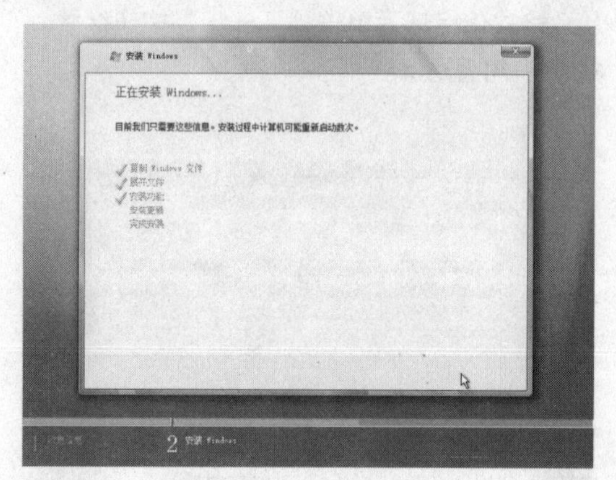

图 1-57　安装所需功能

⑳ 安装所需的更新，如图 1-58 所示。

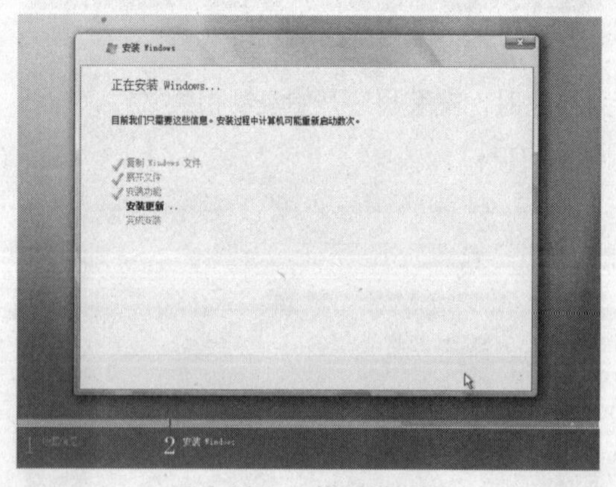

图 1-58　安装所需更新

㉑ 这时，需要重新启动电脑，单击“立即重新启动”按钮手动启动电脑，如图 1-59 所示。

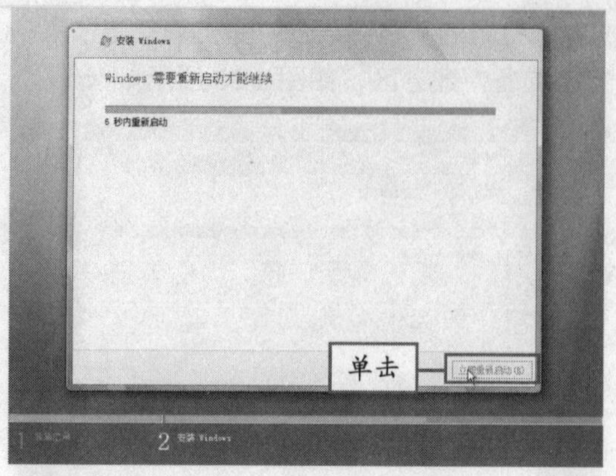

图 1-59　重新启动电脑

㉒ 此时电脑将重新启动，并进行相应的设置，如图 1-60 所示。

图 1-60　重启并进行设置

㉓ 安装程序继续安装，进行最后的安装，如图 1-61 所示。

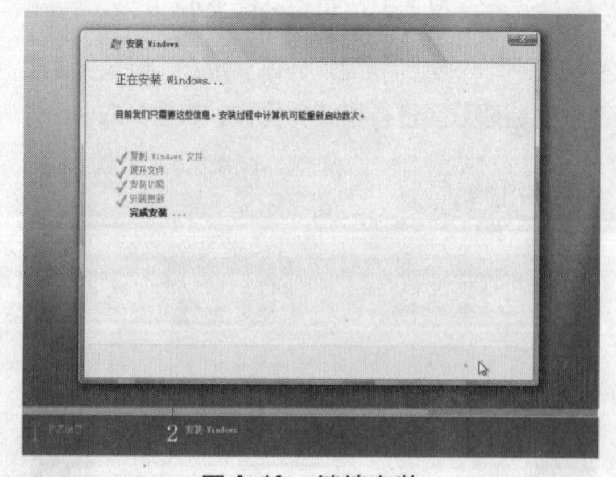

图 1-61　继续安装

说明　Windows Vista 安装过程中会自动重新启动几次。

㉔ 经过一段时间后，显示“选择一个用户名和图片”对话框。在“输入用户名(例如：John)”文本框中输入要使用的用户名称，在“输入密码(推荐)”和“重新输入密码”文本框中输入要设置的密码，在“输入密码提示(可选)”文本框中输入密码提示信息，然后单击“下一步”按钮，如图 1-62 所示。

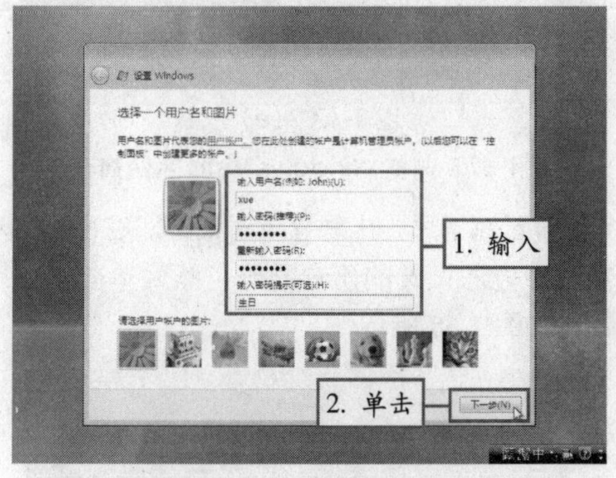

图 1-62　输入用户名和密码

㉕ 在“输入计算机名并选择桌面背景”对话框的“输入计算机名(例如：Office-PC)”文本框中输入要使用的计算机名称，然后单击“下一步”按钮，如图 1-63 所示。

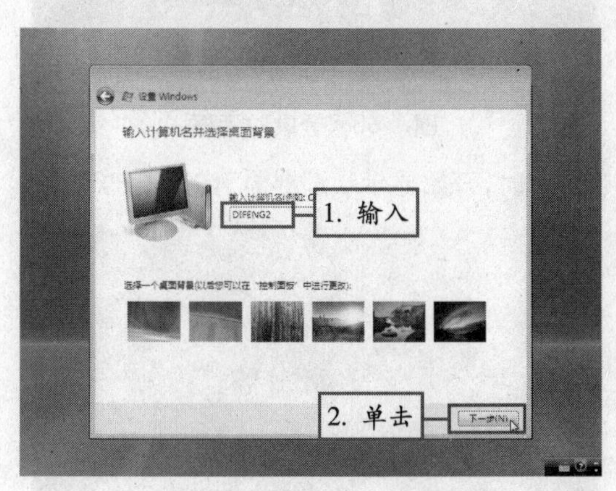

图 1-63　输入计算机名称

㉖ 在“帮助自动保护 Windows”对话框中选择更新方式，单击相应的选项即可，如图 1-64 所示。

㉗ 在“复查时间和日期设置”对话框中设置日期和时间，然后单击“下一步”按钮，如图 1-65 所示。

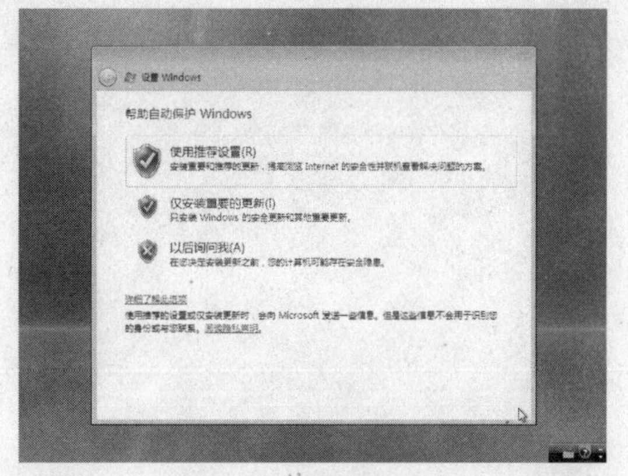

图 1-64　选择更新方式

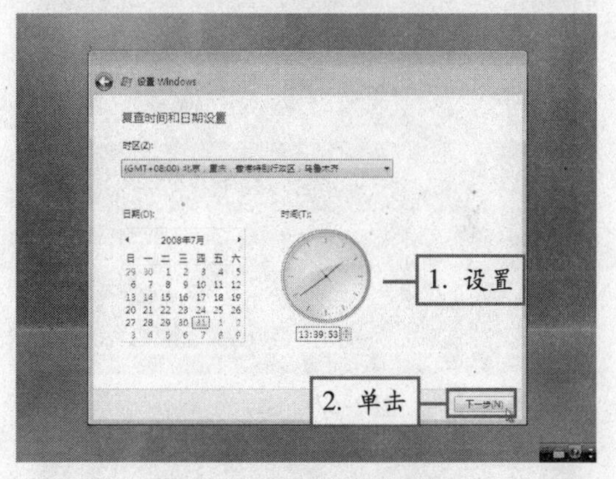

图 1-65　设置日期和时间

㉘ 在“非常感谢”对话框中单击“开始”按钮进行最后的设置，如图 1-66 所示。

图 1-66　感谢对话框

㉙ 安装程序进行最后的一系列设置，此时用户可以在出现的界面中浏览 Windows Vista 系统的简介，如图 1-67(a~e)所示。

设置密码时要多设置几位，而且要字母、数字混合使用，并区分大小写。　说明

图 1-67 (a)

图 1-67 (b)

图 1-67 (c)

图 1-67 (d)

图 1-67 (e)

图 1-67 浏览 Windows Vista 系统简介

㉚ 设置完毕后，出现登录对话框。在密码文本框中输入设置的用户密码，然后单击按钮，如图 1-68 所示。

图 1-68 登录对话框

㉛ 此时，开始显示欢迎界面，如图 1-69 所示。

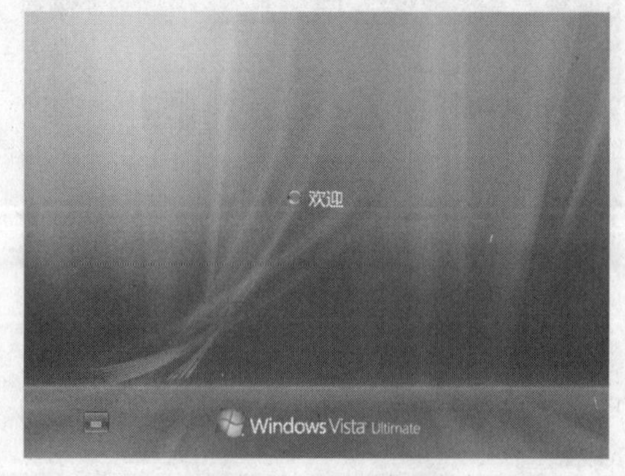

图 1-69 欢迎界面

㉜ 系统开始准备桌面，如图 1-70 所示。

说明 在进行最后的设置时，用户要简单浏览 Windows Vista 系统的介绍。

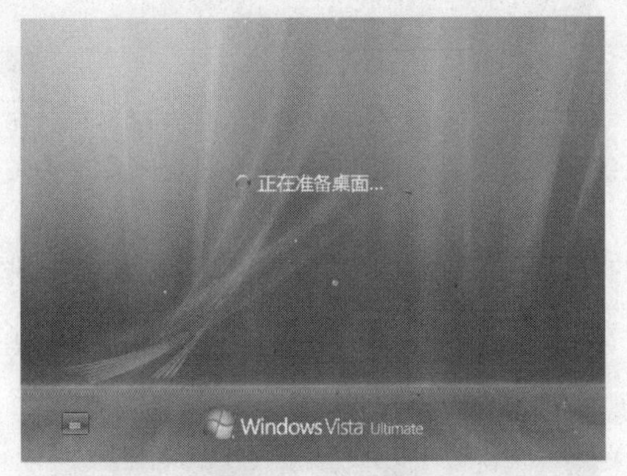

图 1-70 准备桌面

㉝ 系统开始进行必要的个人设置，如图 1-71 所示。

图 1-71 个人设置

Windows Vista 的欢迎中心是一项非常方便实用的功能。初学者对 Windows Vista 不是很熟悉，建议先不要关闭此功能。

㉞ 设置完毕后，安装工作全部结束，出现的是 Windows Vista 漂亮的桌面，如图 1-72 所示。

图 1-72 Windows Vista 桌面

㉟ 系统会自动打开欢迎中心，用户可以通过此工具了解 Windows Vista 的各项操作，如图 1-73 所示。

图 1-73 欢迎中心

㊱ 在默认设置下，每次启动系统都会打开欢迎中心，如果用户对其已经熟悉，不想让系统自动打开，可以取消选择下方的“启动时运行（在控制面板的系统和维护中心中可以找到欢迎中心）”复选框（见图 1-74），下次欢迎中心就不会自动启动。

图 1-74 取消启动时运行欢迎中心

1.3.2 升级安装

Windows 升级安装操作只能从当前的操作系统中进行，下面以在 Windows XP 系统中安装 Windows Vista 为例进行介绍。

Windows Vista 系统只能安装到 NTFS 格式的分区中，如果要安装的分区是 FAT32 等非 NTFS 分区，需要先将其转换为 NTFS 格式。

① 单击“开始”|“运行”命令，如图 1-75 所示。

图 1-75　单击“开始”|“运行”命令

② 打开“运行”对话框，在“打开”下拉列表框中输入 cmd，单击“确定”按钮，如图 1-76 所示。

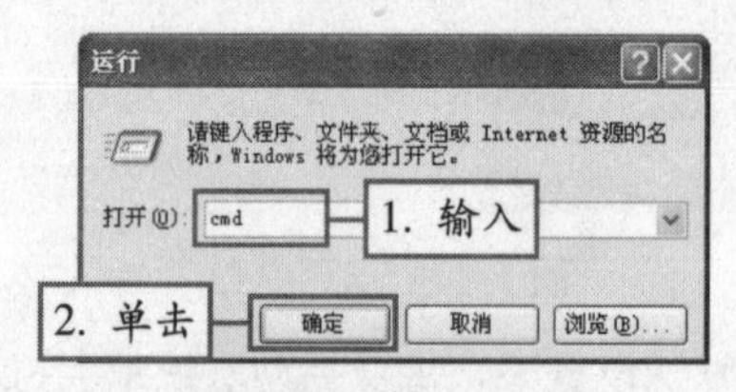

图 1-76　输入 cmd

③ 在打开的命令行窗口中输入 convert c:/fs: ntfs，并按【Enter】键，如图 1-77 所示。

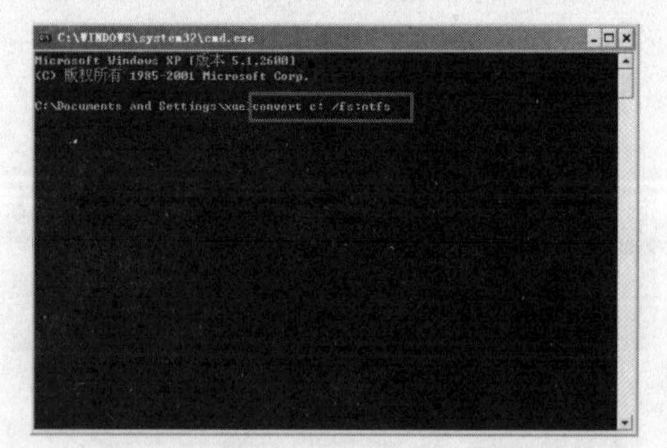

图 1-77　输入 convert c: /fs:ntfs

④ 由于这时系统正在运行，所以会出现“要强制卸下该卷吗？”的提示信息，输入 Y，并按【Enter】键，如图 1-78 所示。

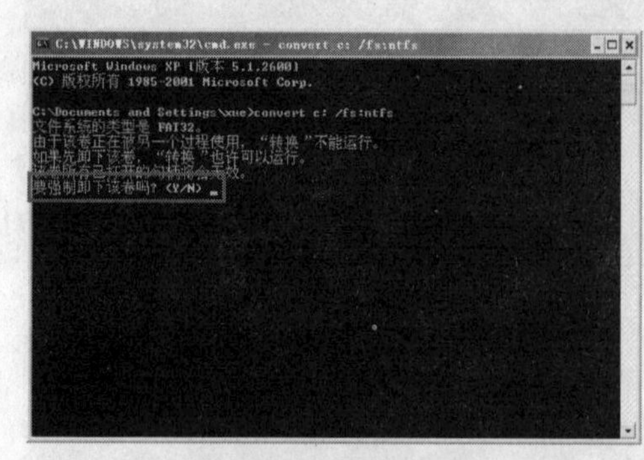

图 1-78　强制卸下卷

⑤ 系统提示现在不能转换，是否重新计划转换过程，以便在系统下次重新启动时进行转换，输入 Y，并按【Enter】键，如图 1-79 所示。

图 1-79　确认计划

⑥ 提示重新启动系统时，转换操作会自动运行，如图 1-80 所示。这时，将会重新启动电脑。

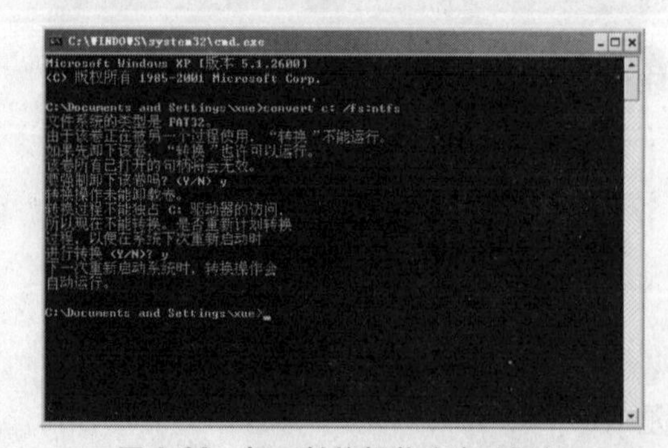

图 1-80　提示转换操作会自动运行

说明　Windows Vista 系统只能安装到 NTFS 格式的分区中。

⑦ 重新启动后，将自动启动转换操作，如图 1-81 所示。

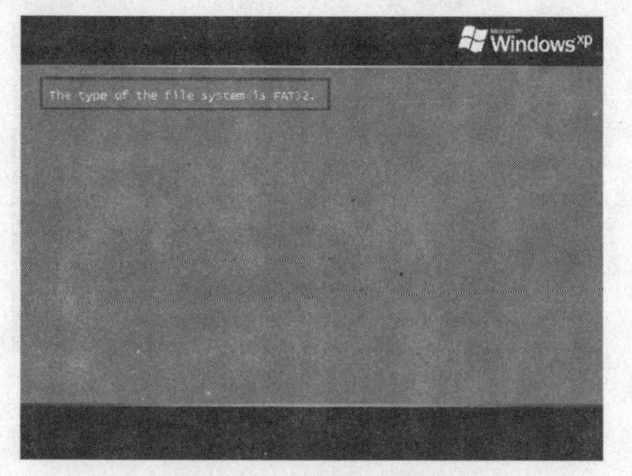

图 1-81 启动转换操作

⑧ 程序开始检查磁盘，如图 1-82 所示。

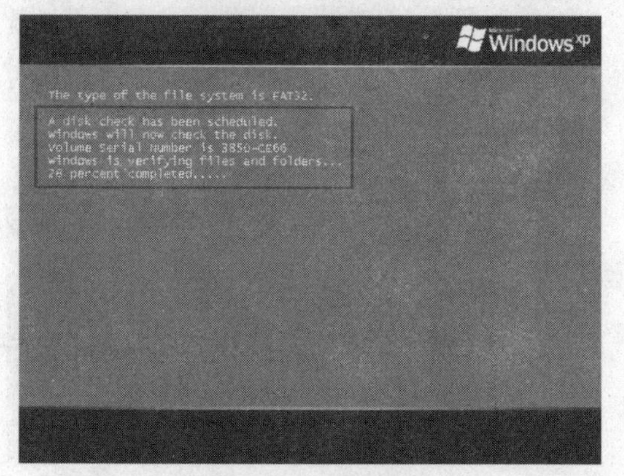

图 1-82 检查磁盘

⑨ 磁盘检查完毕后，开始转换分区格式，如图 1-83 所示。

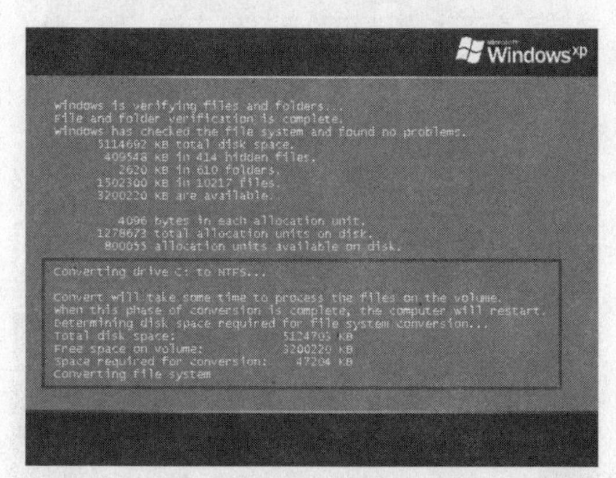

图 1-83 开始转换分区格式

⑩ 当出现 Conversion complete 信息时，格式转换操作完毕，系统将重新启动，如图 1-84 所示。

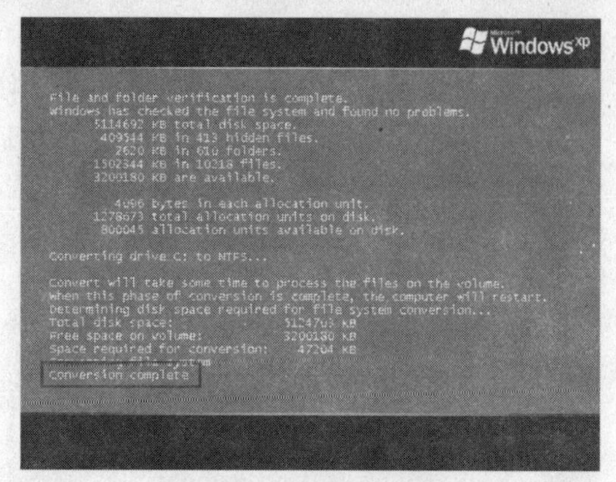

图 1-84 完成转换操作

⑪ 系统启动后，将 Windows Vista 安装光盘放入光驱，安装程序将自动启动。如果没有自动运行，可以在"我的电脑"中打开光盘，双击其中的 setup.exe 图标启动安装程序，如图 1-85 所示。

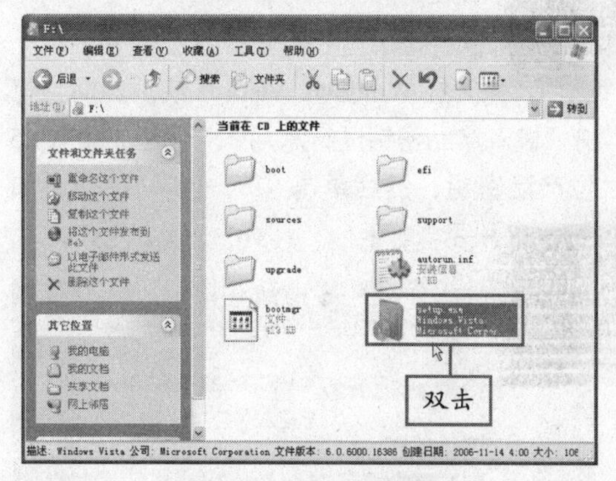

图 1-85 启动安装程序

⑫ 启动安装程序后，单击"现在安装"按钮开始安装，如图 1-86 所示。

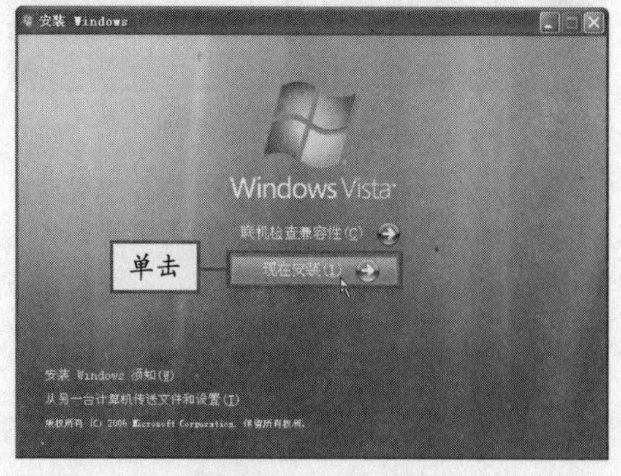

图 1-86 开始安装

⑬ 稍等片刻后，打开“获取安装的重要更新”对话框，如图 1-87 所示。用户可以先下载并安装更新程序，然后再进行安装。单击“联机以获取最新安装更新（推荐）”选项，安装程序会自动下载最新的安装更新。

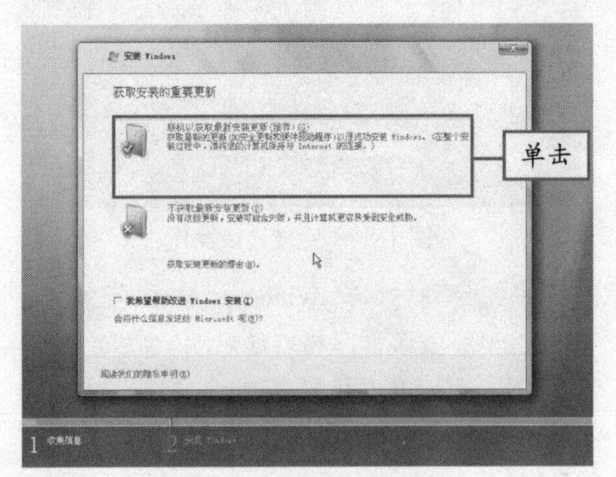

图 1-87　获取安装更新

⑭ 也可以直接单击“不获取新新安装更新”选项，先升级 Windows Vista 系统。这时会打开“键入产品密钥进行激活”对话框，输入 25 位产品密钥，然后单击“下一步”按钮，如图 1-88 所示。

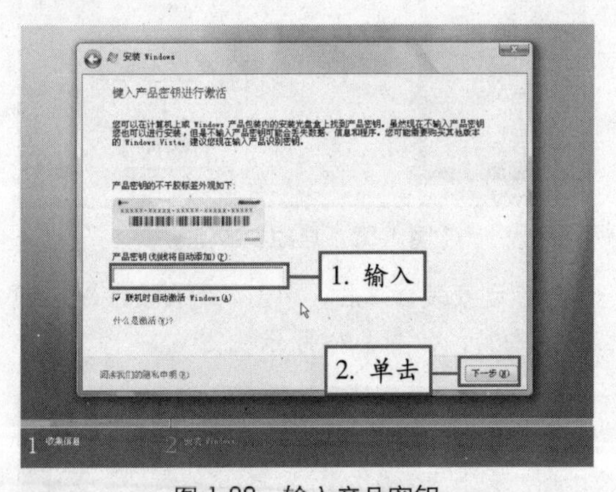

图 1-88　输入产品密钥

⑮ 在“选择您购买的 Windows 版本”对话框的“Windows 版本”列表框中选择要安装的 Windows Vista 版本，然后单击“下一步”按钮，如图 1-89 所示。

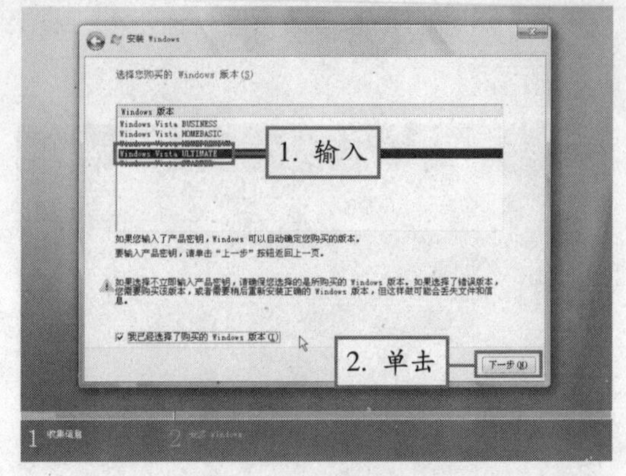

图 1-89　选择版本

⑯ 在“请阅读许可条款”对话框中认真阅读许可条款，并选中“我接受许可条款”复选框，然后单击“下一步”按钮，如图 1-90 所示。

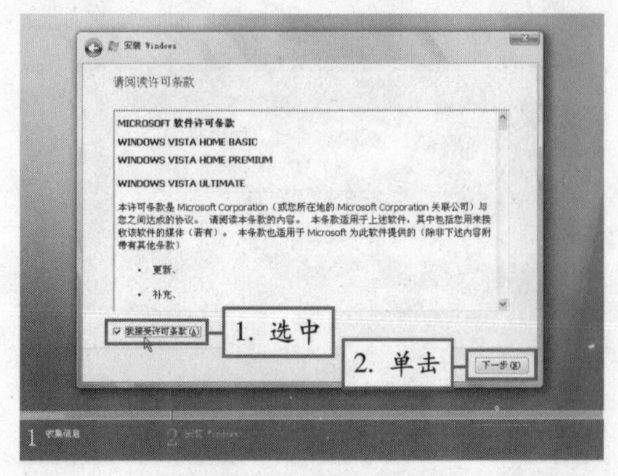

图 1-90　接受许可条款

⑰ 在“用户想进行何种类型的安装？”对话框中选择安装方式——升级安装还是自定义安装。由于本次进行的是升级安装，所以单击“升级”选项，如图 1-91 所示。

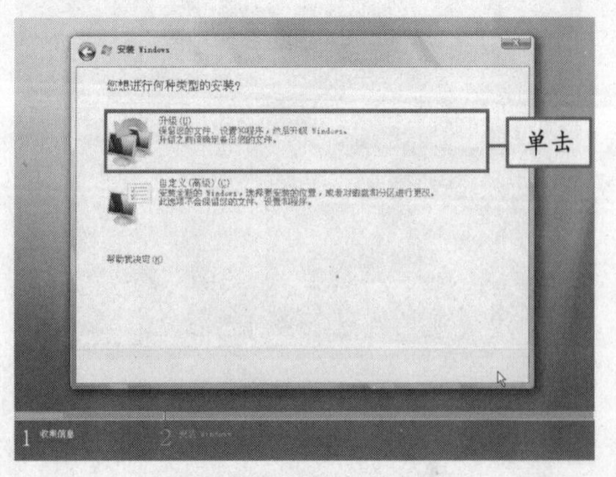

图 1-91　选择安装方式

说明　在现有操作系统安装 Windows Vista 时，升级选项才能被激活。

⑱ 此时，安装系统开始检查系统兼容性，如图 1-92 所示。

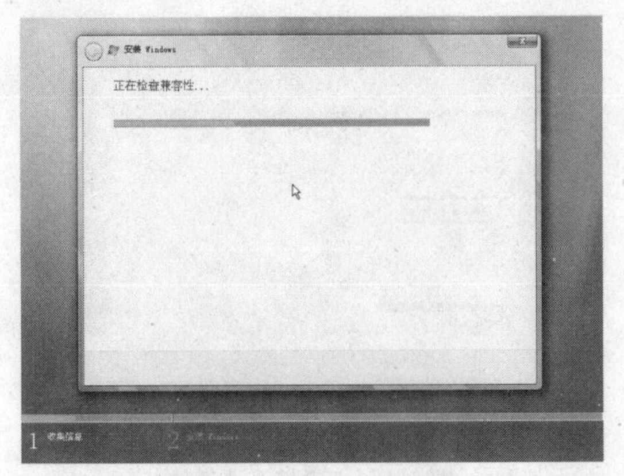

图 1-92 检查系统兼容性

⑲ 系统兼容性检查完毕后，将给出兼容性报告，单击“下一步”按钮，如图 1-93 所示。

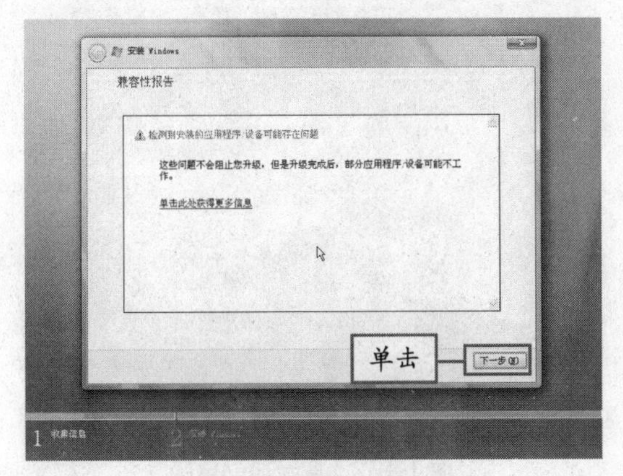

图 1-93 兼容性报告

⑳ 安装程序开始复制所需的 Windows 文件，如图 1-94 所示。

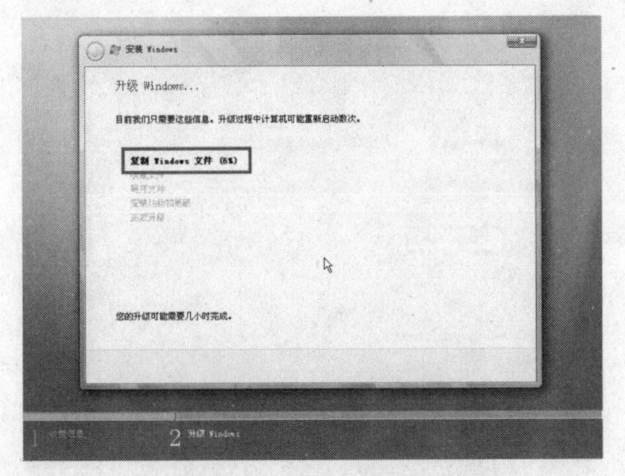

图 1-94 复制所需文件

㉑ 安装程序开始收集相关文件，如图 1-95 所示。

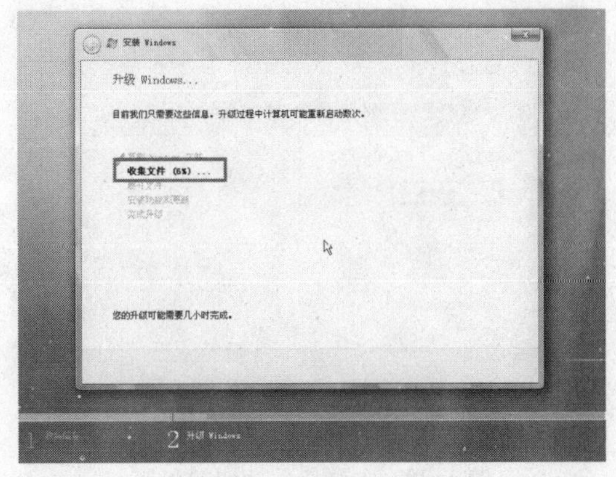

图 1-95 收集相关文件

㉒ 收集完所需要的文件后，将重新启动电脑，如图 1-96 所示。

图 1-96 重新启动电脑

㉓ 启动电脑后，开始展开文件操作，如图 1-97 所示。

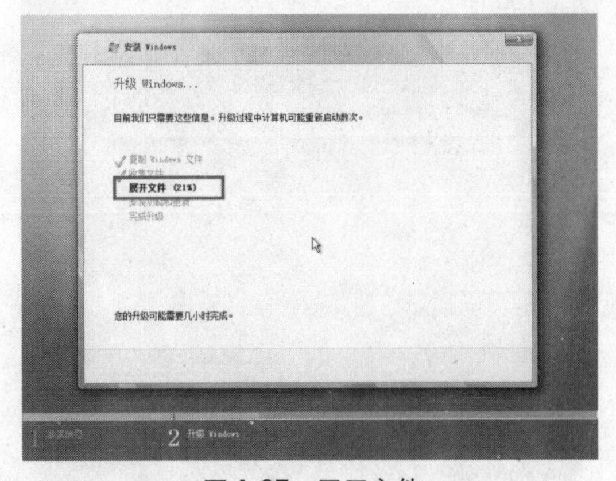

图 1-97 展开文件

安装程序首先要检查系统兼容性，并给出兼容性报告。 技巧

㉔ 安装程序开始安装相关功能和更新，如图 1-98 所示。

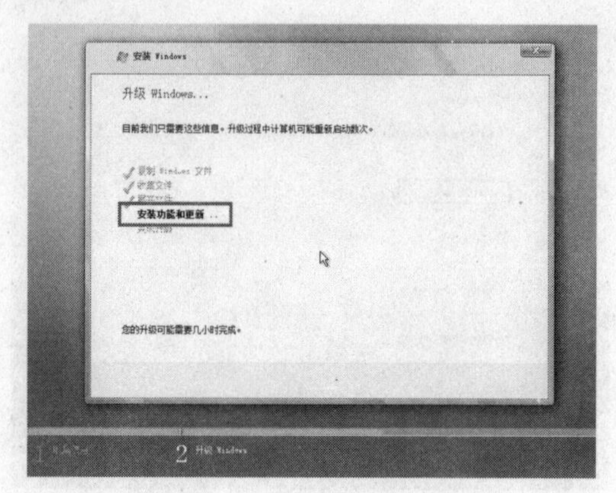

图 1-98　安装相关功能和更新

㉕ 安装好功能和更新后，进入完成升级阶段，如图 1-99 所示。

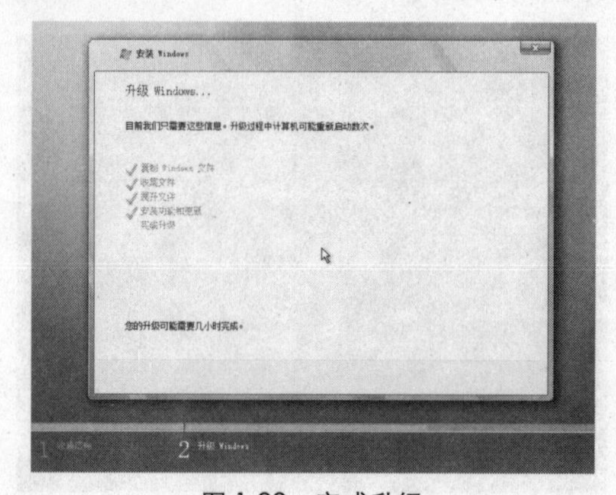

图 1-99　完成升级

㉖ 此时，安装程序要求重新启动电脑，单击“立即重新启动”按钮，重新启动电脑，如图 1-100 所示。

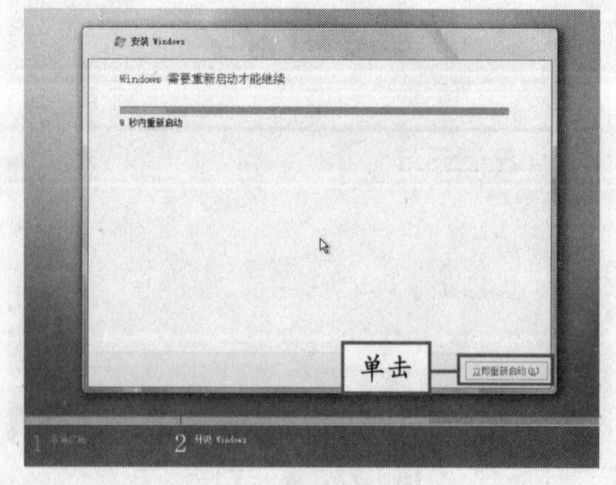

图 1-100　重新启动电脑

㉗ 重新启动电脑后，继续完成升级操作，如图 1-101 所示。

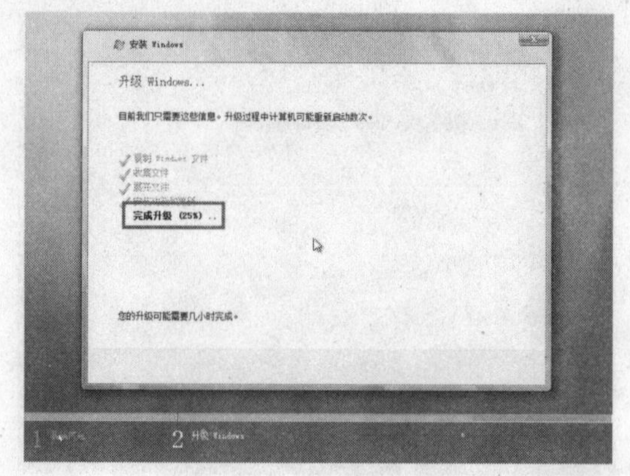

图 1-101　继续升级系统

㉘ 这时会再一次重新启动电脑，并进行相关的配置，如图 1-102 所示。

图 1-102　重新启动电脑

㉙ 继续进行配置完成升级操作，如图 1-103 所示。

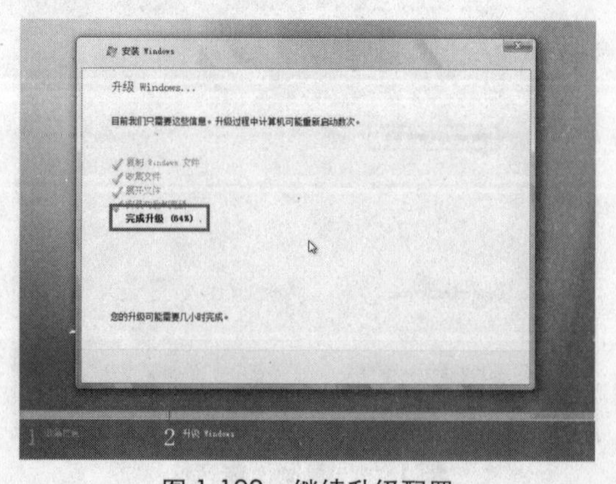

图 1-103　继续升级配置

技巧　在要求重新启动电脑时，单击“立即重新启动”按钮，可以节省安装时间。

㉚ 再一次重新启动电脑后，打开“设置 Windows”对话框，如图 1-104 所示。在该对话框中，用户可以根据自己的需要单击相应的选项。

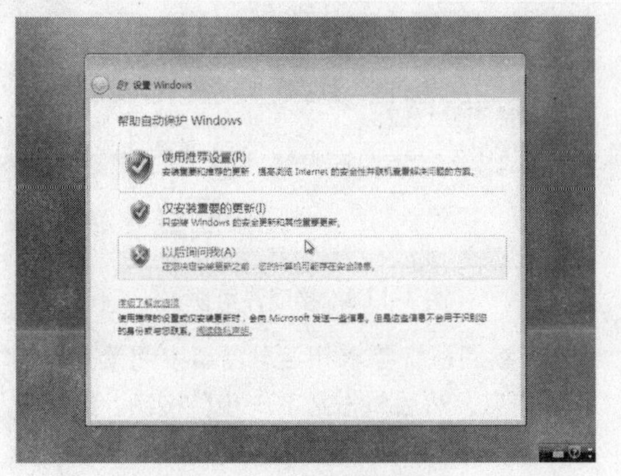

图 1-104　设置 Windows

㉛ 在打开的“复查时间和日期设置”对话框中设置系统日期和时间，然后单击“下一步”按钮，如图 1-105 所示。

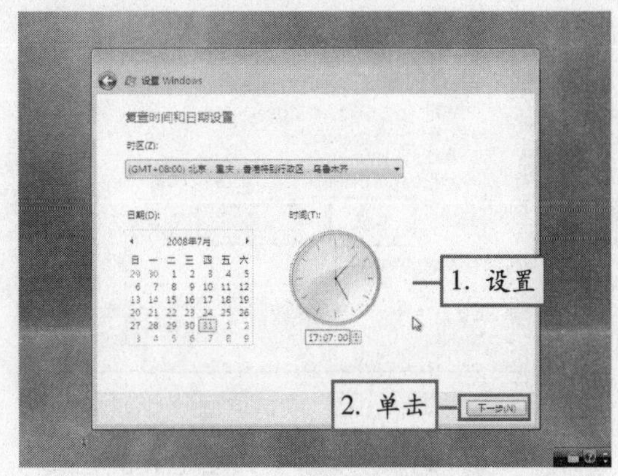

图 1-105　设置系统日期和时间

㉜ 之后的设置工作与全新安装 Windows Vista 的操作相同，在此不再赘述。

升级完成后就会发现，由于原操作系统桌面中显示了“我的文档”、“我的电脑”和“网上邻居”，所以升级后的 Windows Vista 的桌面也会显示对应的图标：xue（以用户账户名命名）、“计算机”和“网络”，如图 1-106 所示。

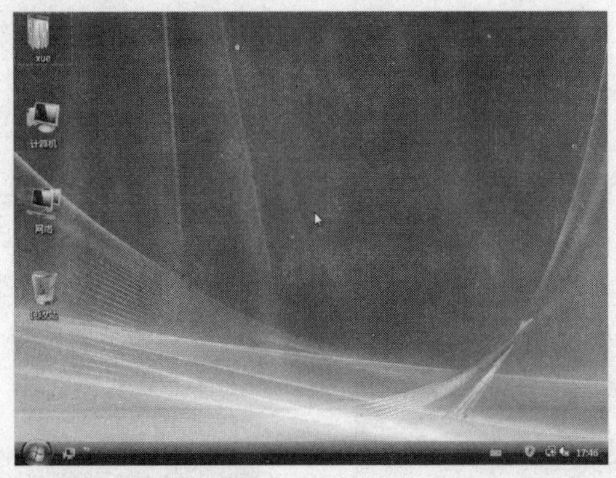

图 1-106　升级后的 Windows Vista 桌面

1.4　安装驱动程序

虽然 Windows Vista 集成了丰富的驱动程序，但有一些驱动程序还是需要另外安装的。特别是主板等硬件，安装配套的驱动程序可以极大地提高其性能。

1.4.1　安装芯片组驱动程序

安装芯片组驱动，可以大大提高系统的性能，保证系统正常、稳定地运行。下面以英特尔芯片组为例进行介绍。方法如下：

说明　升级安装的 Windows Vista 将保持原系统的桌面设置。

① 双击芯片组驱动程序安装文件，系统将弹出警告对话框，单击“运行”按钮，如图 1-107 所示。

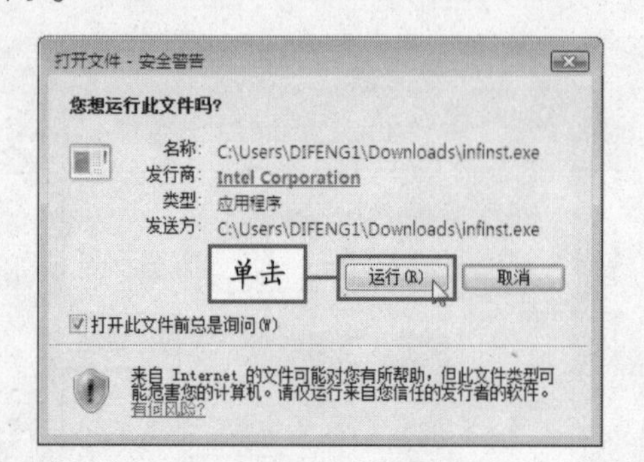

图 1-107 确认运行

② 程序将开始解压文件，如图 1-108 所示。

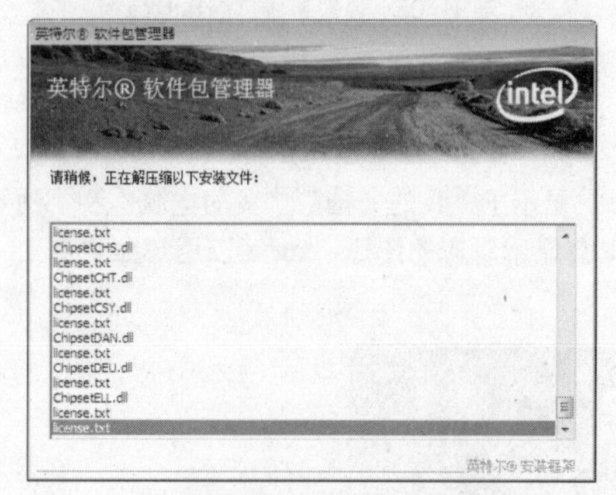

图 1-108 解压文件

③ 出现“欢迎使用安装程序”窗口后，单击“下一步”按钮继续，如图 1-109 所示。

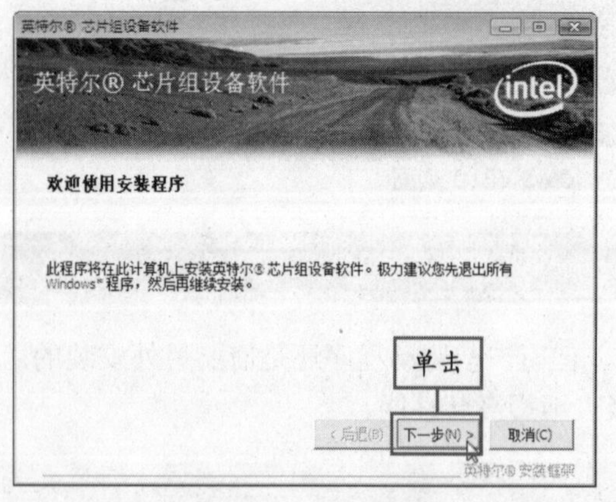

图 1-109 开始安装

④ 在许可协议窗口中单击“是”按钮，接受协议，如图 1-110 所示。

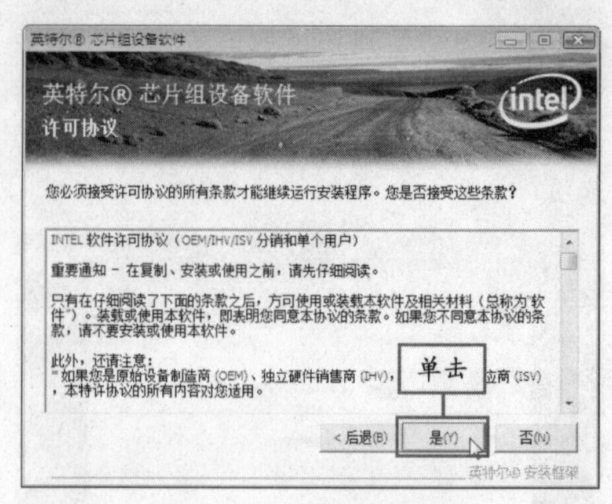

图 1-110 接受许可协议

⑤ 在参阅系统要求和信息窗口中阅读列出的各项信息，然后单击“下一步”按钮，继续安装，如图 1-111 所示。

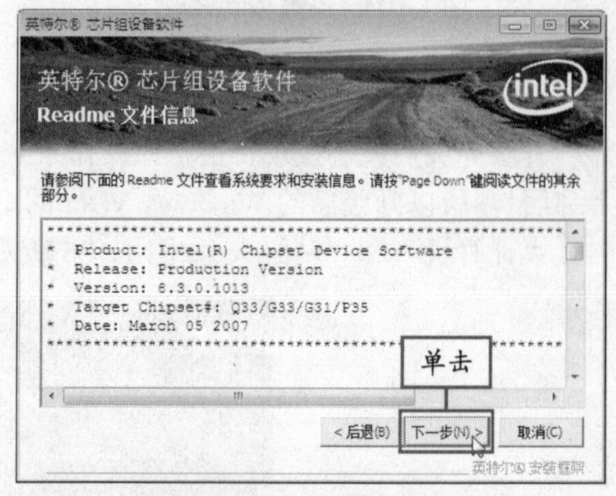

图 1-111 阅读信息

⑥ 程序继续进行安装，安装完毕后，在打开的成功安装窗口中单击“完成”按钮结束操作，如图 1-112 所示。

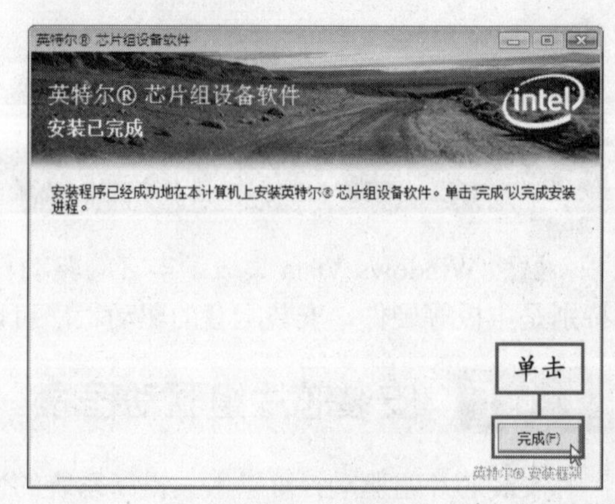

图 1-112 完成安装

说明 Windows Vista 的安全机制要求在运行程序前必须通知用户确认。

1.4.2　安装显卡驱动程序

下面以安装 ATI 的显卡驱动程序为例进行介绍，具体操作步骤如下：

① 双击显卡驱动程序安装的文件，开始安装，在“欢迎”对话框“语言支持”选项区中的下拉列表框中选择“中文（简体）(Chinese)”选项，如图 1-113 所示。

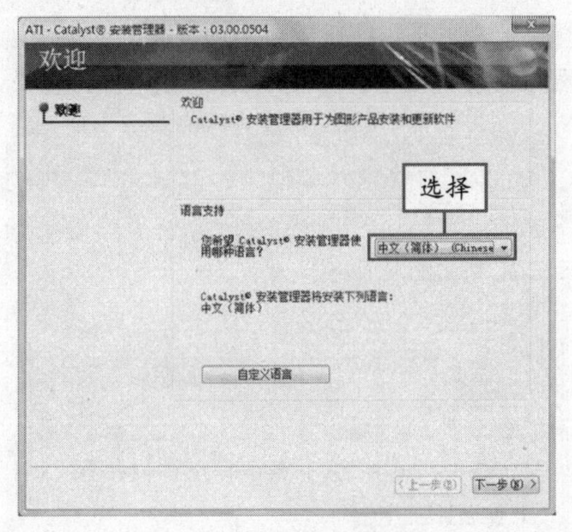

图 1-113　选择安装语言

② 单击“下一步”按钮，在打开的“您想要做什么呢？”对话框中单击“安装”图标，如图 1-114 所示。

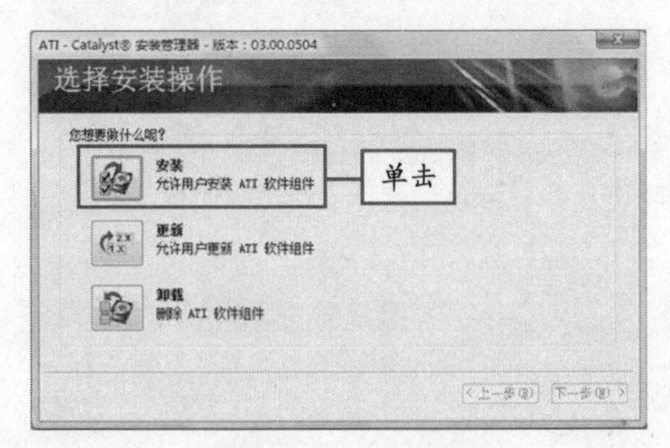

图 1-114　选择操作

③ 在打开的对话框中的“欢迎”选项区域中选中“快速”单选按钮，并在“默认安装位置”下拉列表框中设置要安装的位置，一般保持默认设置，如图 1-115 所示，然后单击“下一步”按钮。

④ 在打开的“最终用户许可协议”对话框中单击“接受”按钮，如图 1-116 所示。

图 1-115　设置安装方式

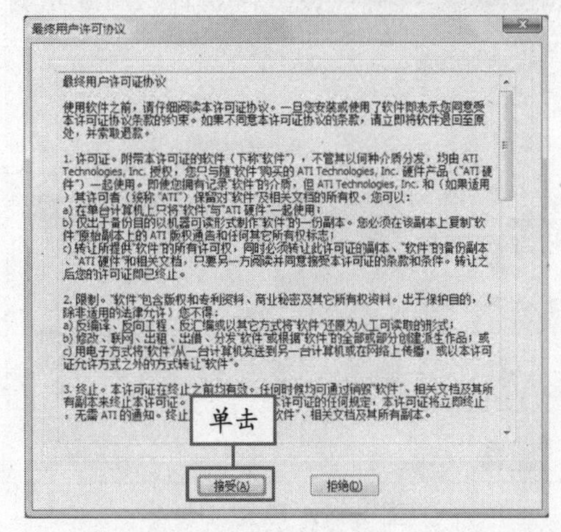

图 1-116　许可协议

⑤ 弹出如图 1-117 所示的“指定要安装到的目标文件夹”对话框，单击“是”按钮。

图 1-117　确认目标文件夹

⑥ 程序开始分析系统，并准备安装，如图 1-118 所示。

安装显卡附带的驱动程序有利于提高显卡的性能。　说明

图 1-118　准备安装

⑦ 安装完成后，在如图 1-119 所示的“完成”对话框中单击“完成”按钮。

图 1-119　完成安装

⑧ 程序要求重新启动电脑以使设置生效，如图 1-120 所示。

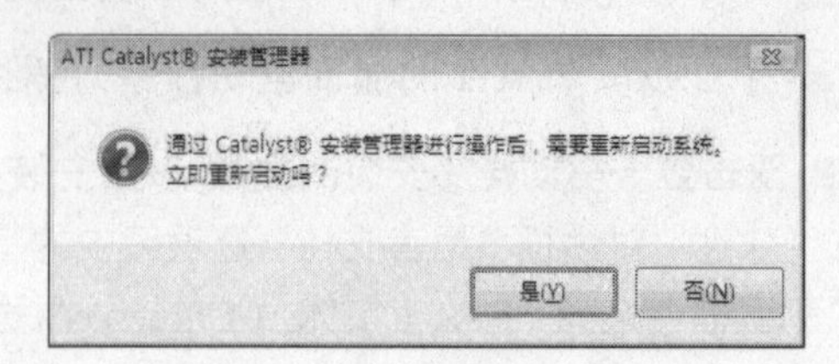

图 1-120　要求重新启动电脑

⑨ 单击“是”按钮重新启动电脑，显卡驱动程序就安装好了，如图 1-121 所示。

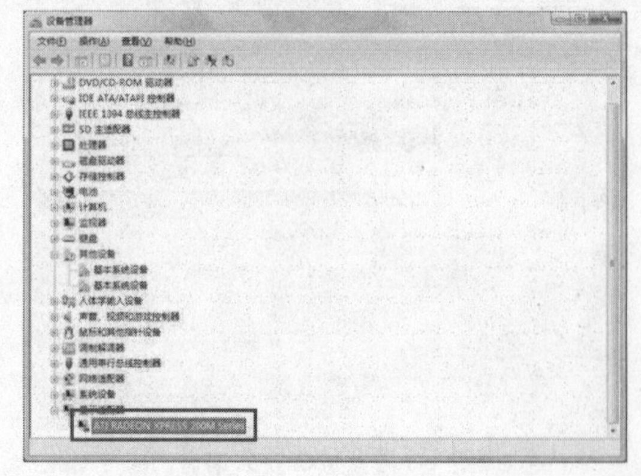

图 1-121　安装好的显卡驱动程序

1.4.3　安装声卡驱动程序

安装声卡驱动程序的方法如下：

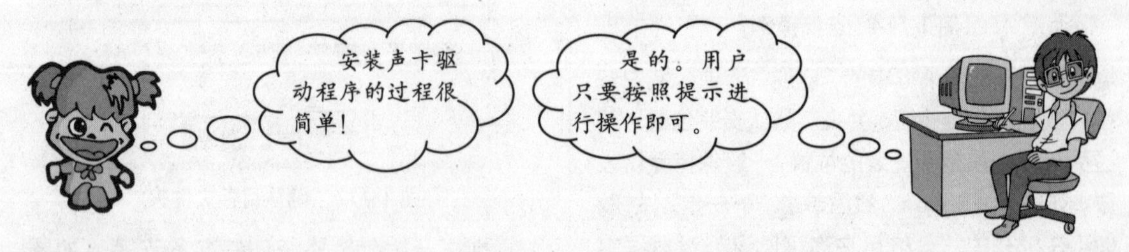

① 双击驱动程序安装文件，启动安装，如图 1-122 所示。

② 程序准备安装，如图 1-123 所示。

说明　安装声卡附带的驱动程序有利于提高声卡的性能。

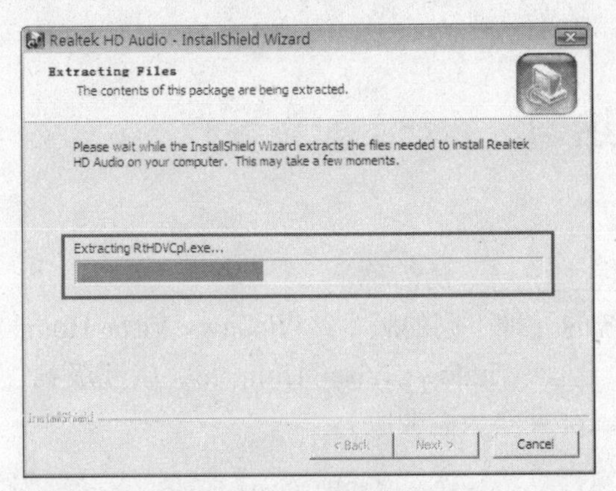

图 1-122　启动安装

图 1-123　准备安装

③ 出现欢迎界面后，单击“下一步”按钮继续，如图 1-124 所示。

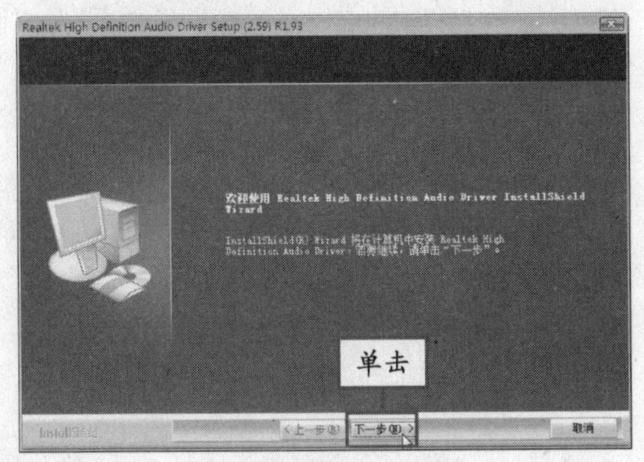

图 1-124　继续安装

④ 程序即开始安装，并显示安装进度，如图 1-125 所示。

图 1-125　安装过程

⑤ 安装完成后，选中“是，立即重新启动计算机”单选按钮，并单击“完成”按钮，如图 1-126 所示。

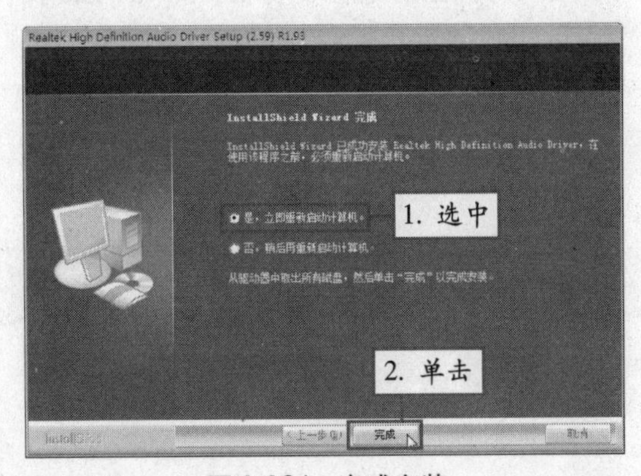

图 1-126　完成安装

⑥ 重新启动电脑后，声卡驱动程序就安装好了。

知识点拨

安装设备的驱动程序，没必要使用最新版本的，因为最新版本的驱动程序可能还会存在各种各样的问题。

用户应尽量选择经过时间验证的稳定的驱动程序。　说明

巩固与练习

一、填空题

1．Vista 是微软最新推出的操作系统________________的简称。

2．Microsoft 提供了 Windows Vista 操作系统的五种不同的版本：Windows Vista Home Basic（家庭普通版）、________________________、Windows Vista Ultimate（旗舰版）、________________________和 Windows Vista Enterprise（大企业版）。

二、简答题

1．安装 Windows Vista 的最低配置要求是什么？

2．Windows Vista Home Basic 版的硬件要求是什么？

三、上机操作

1．通过检测分析自己的电脑适合安装 Windows Vista 哪个版本。

2．为自己的电脑安装 Windows Vista 操作系统。

说明　Windows Vista 的系统需求较高，建议旧电脑起码要升级一下内存。

第2章 Windows Vista的基本操作

- Windows Vista的启动和退出
- Windows Vista欢迎中心
- Windows Vista桌面操作
- Windows Vista“开始”菜单和任务栏操作
- Windows边栏操作
- Windows Vista窗口的基本操作

安装完Windows Vista系统，下面我们该学习它的强大功能了吧？

是的。Windows Vista的很多操作都与Windows XP相同，只是Windows Vista在很多地方做了改进。

下面我们首先来认识一下Windows Vista的桌面，然后学习Windows Vista中的一些基本操作，如桌面基本操作、任务栏和“开始”菜单基本操作、窗口基本操作等。

2.1 Windows Vista 的启动与退出

在学习 Windows Vista 之前，我们首先来了解一下 Windows Vista 的启动与退出的方法。

2.1.1 启动 Windows Vista

要启动 Windows Vista，只要在安装了 Windows Vista 的电脑上按一下主机的电源键开机即可。如果用户只设置了一个账户，且没有设置密码，则 Windows Vista 会自动启动，直到出现系统桌面，如图 2-1 所示。

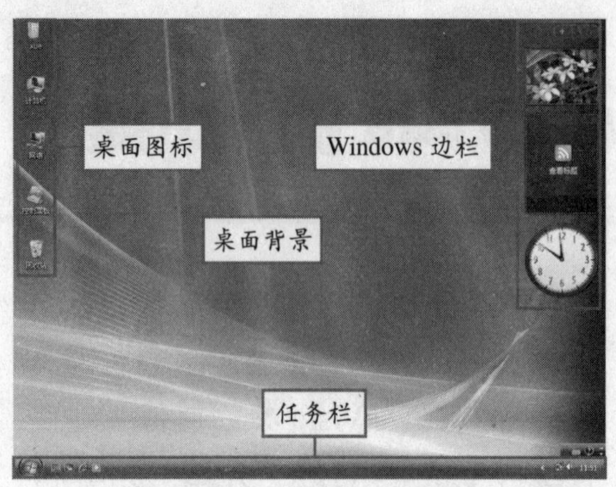

图 2-1 Windows Vista 的桌面

知识点拨

如果用户在系统中创建了多个账户，或者为账户设置了登录密码，则在启动后会显示一个登录界面，要求用户选择要使用的用户账户，并输入正确的密码。

下面分别介绍 Windows Vista 桌面的各个组成部分。

1. 桌面背景

桌面背景多为一张漂亮的图片，其用途就是增强系统的美观性，用户可以根据自己的个人喜好对其进行更换。图 2-2 所示为更换桌面背景后的效果。

图 2-2 更换桌面背景

2. 桌面图标

同 Windows XP 一样，双击 Windows Vista 桌面上的图标，可以打开对应的窗口或文件。图 2-3 所示为双击“计算机”图标后打开的对话框。

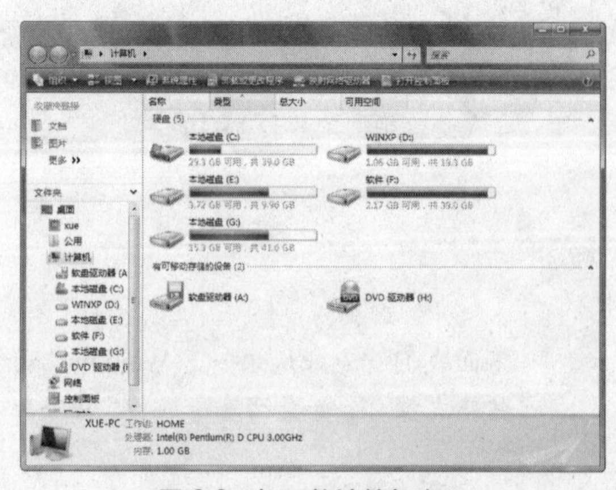

图 2-3 打开的计算机窗口

说明 启动电脑后，若长时间未选择账户登录，则系统会默认使用没有密码的第一个账户登录。

3. 任务栏

任务栏位于屏幕最下方，从左至右依次为“开始”按钮、快速启动栏、应用程序控制栏、通知区域和系统时间，如图 2-4 所示。

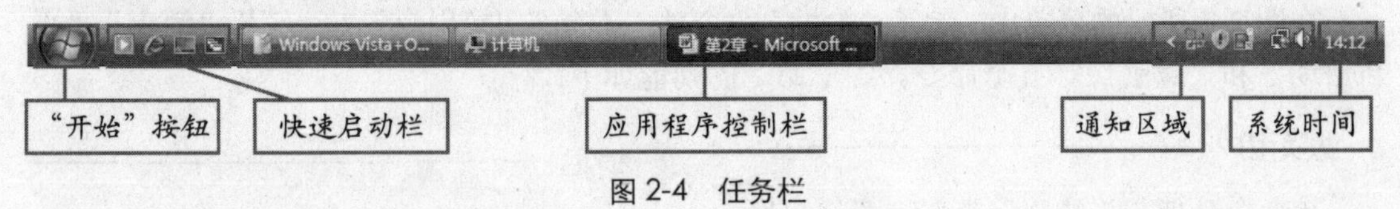

图 2-4　任务栏

- **“开始”按钮**：单击开始按钮，可打开“开始”菜单。
- **快速启动栏**：单击快速启动栏中的图标，可以快速启动对应的程序。
- **应用程序控制栏**：当打开窗口或运行程序后，应用程序控制栏即显示对应的窗口控制按钮。通过这些控制按钮，可以实现窗口的最大化、还原以及关闭操作。
- **通知区域**：显示一些系统和程序控制图标。
- **系统时间**：位于任务栏最右侧，用于显示系统时间。

4. “开始”菜单

“开始”菜单中集中了所有对 Windows Vista 以及程序的操作命令。单击“开始”按钮即可打开对应的“开始”菜单，如图 2-5 所示。单击菜单中的某个命令，即可打开对应的窗口或运行相应的程序。

5. Windows 边栏

这是 Windows Vista 新增的一个小功能，可以从中放置一些自己喜欢的小工具，方便用户查看指定信息或进行某些操作。

图 2-5　“开始”菜单

2.1.2　退出 Windows Vista

当电脑使用完毕后，要正确退出 Windows Vista，应按如下步骤进行操作：

① 单击任务栏中的“开始”按钮，打开“开始”菜单，如图 2-6 所示。

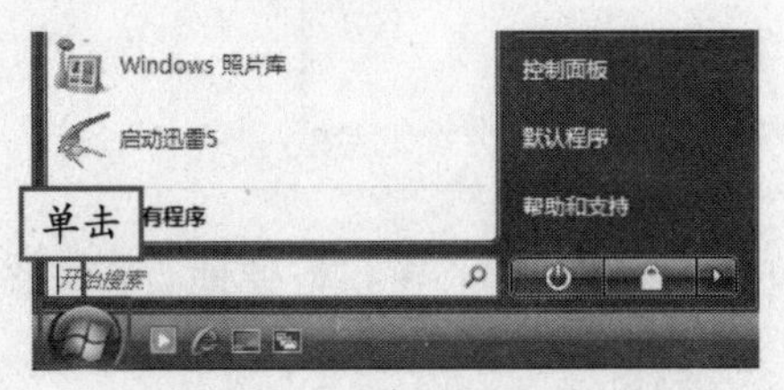

图 2-6　打开“开始”菜单

② 单击“开始”菜单右下角的按钮，在弹出的下拉菜单中选择“关机”命令即可退出 Windows Vista 系统，如图 2-7 所示。

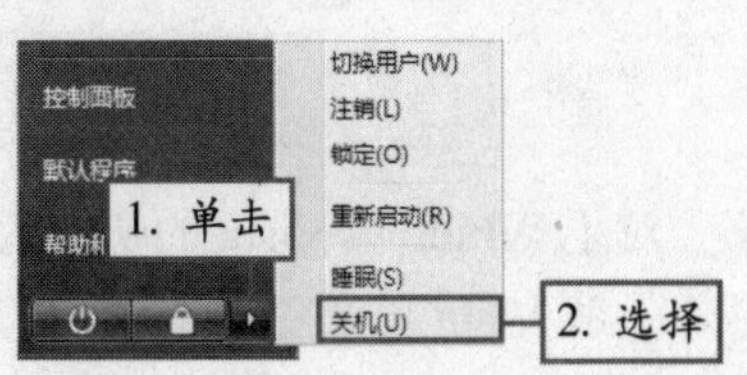

图 2-7　弹出的下拉菜单

用户可以根据自己的需要和使用习惯，在桌面上显示相应图标。　说明

2.1.3 Windows Vista 的切换用户、注销、锁定、重新启动、睡眠等操作

在图 2-7 所示的菜单中，除了“关机”命令外，还有“切换用户”、“注销”、“锁定”、“重新启动”和“睡眠”等五个命令。各个命令的功能如下：

切换用户

该命令功能与“注销”类似，都是切换一个账户进入系统。二者不同之处是：“注销”是退出当前登录的账户并关闭所有运行的程序，然后才可以使用另一个账户进入；而“切换账户”则可以保留当前账户运行的程序，并同时切换到另一个账户进入系统。

注销

选择该命令，可以注销当前账户，就是在不重新启动电脑的情况下退出当前登录的账户，并返回到登录界面，从而可以选择切换到其他账户进行登录。

锁定

“锁定”功能可以防止在用户离开电脑时，其他人偷看自己电脑中的资料。选择该命令，将返回到登录界面，只有正确输入用户账户密码才能解锁。

重新启动

选择该命令，可立即重新启动电脑。

睡眠

选择该命令，可将电脑进入节能状态。在睡眠状态下，可保存所有打开的文档和程序，当希望再次开始工作时，可使电脑快速回到平时的状态。

2.2 Windows Vista 欢迎中心

启动 Windows Vista 后，在桌面上会显示 Windows Vista 欢迎中心窗口，如图 2-8 所示。

图 2-8 Windows Vista 欢迎中心窗口

对于 Windows Vista 的初学者，可以通过 Windows Vista 欢迎中心窗口方便地查看系统信息、了解 Vista 以及对 Vista 进行基本设置。

Windows Vista 欢迎中心窗口分为两个部分：“Windows 入门”和“Windows 产品”。

技巧 系统睡眠后，按键盘上的任意按键可以恢复。

2.2.1　进入 Windows Vista 欢迎中心

在 Windows Vista 欢迎中心窗口的“1.Windows 入门（13）”选项区域中单击“显示全部 13 项” 超链接，将显示 13 项完整的 Vista 入门知识超链接，如图 2-9 所示。

图 2-9　Vista 入门知识超链接

单击某个图标上，将显示关于该图标的功能信息；双击某个图标，则可进入到其对应的界面。

2.2.2　了解 Microsoft 产品

在 Windows Vista 欢迎中心窗口的“2.Microsoft 产品（7）”选项区域中单击“显示全部 7 项”超链接，将显示 7 项完整的 Microsoft 产品介绍超链接，如图 2-10 所示。

图 2-10　Vista 入门知识超链接

Microsoft 产品选项区域主要提供了一些 Microsoft 的增值服务。　说明单击某个产品图标，可以在欢迎中心上方的信息区域中查看产品的功能和特性。如果需要某个产品，可以双击产品图标，这时将启动 IE 浏览器并载入产品相关页面，使用户了解更详尽的产品信息或下载试用该产品。

2.3 Windows Vista 桌面操作

桌面是用户启动 Windows Vista 后最先面对的对象。掌握有关 Windows Vista 桌面的一些操作，是用户学习 Windows Vista 的第一步。

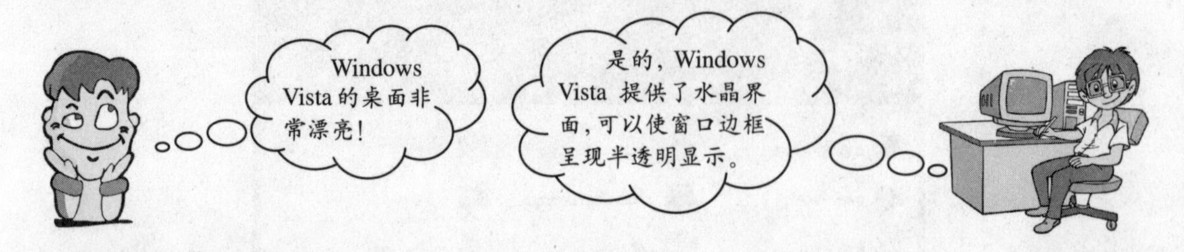

2.3.1 桌面图标

桌面上的图标种类和数量并不是固定的，用户可以在日常使用过程中根据自己的需要对它进行增减。最初安装 Windows Vista 系统后，系统默认只在桌面上显示“回收站”图标，如图 2-11 所示。

图 2-11 Windows Vista 初始桌面图标

1. 显示桌面图标

用户可以将系统图标以及任意程序或文件的图标显示在桌面中，下面分别进行介绍。

显示系统图标

要在桌面上显示出其他系统图标，方法如下：

说明 桌面上的图标是打开窗口、文档或运行程序的一种快捷方式。

① 在桌面上单击鼠标右键，在弹出的快捷菜单中选择“个性化”命令，如图 2-12 所示。

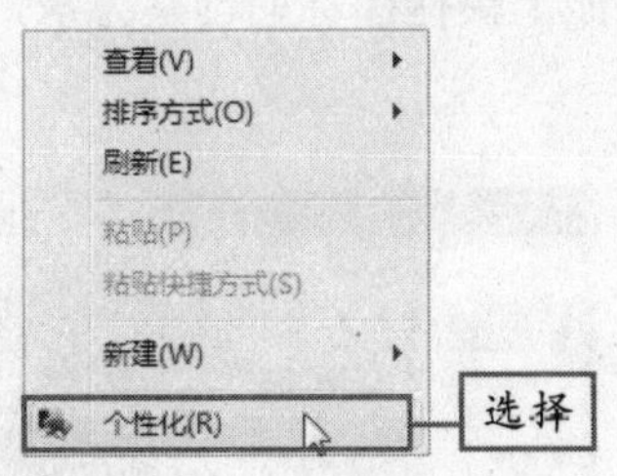

图 2-12　选择“个性化”命令

② 在弹出的窗口左侧的“任务”选项区域中单击“更改桌面图标”超链接，如图 2-13 所示。

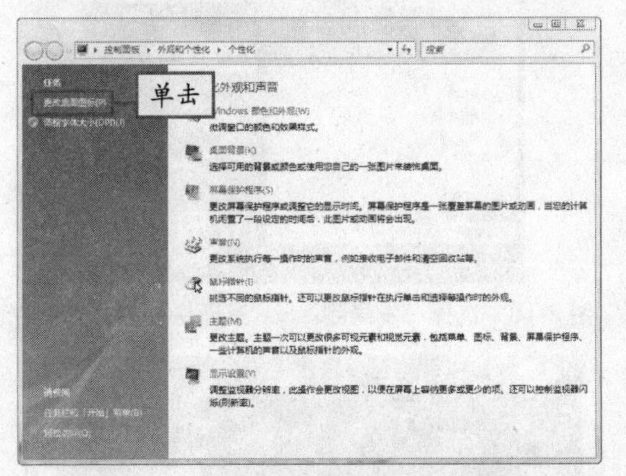

图 2-13　单击“更改桌面图标”超链接

③ 在弹出的“桌面图标设置”对话框中，选中要在桌面上显示的图标前面的复选框，如图 2-14 所示。

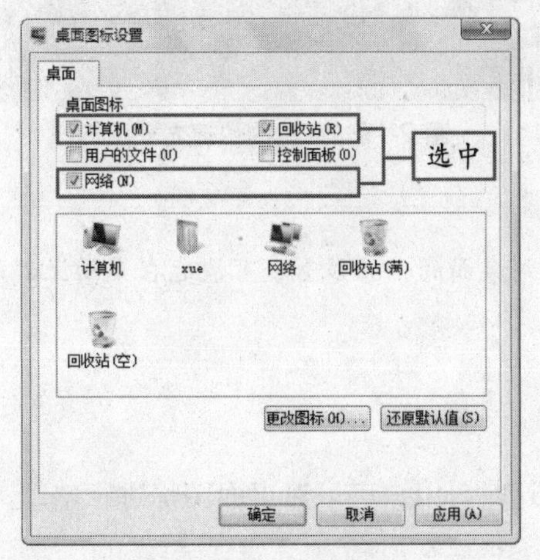

图 2-14　选择桌面图标

④ 单击“确定”按钮，即可在桌面上显示出相应的图标，如图 2-15 所示。

图 2-15　显示出的图标

知识点拨

在“桌面图标设置”对话框的中部选择一个图标，单击“更改图标”按钮，在弹出的对话框中，可以为该图标更换一个自己喜欢的样式，如图 2-16 所示。更改图标后，如果用户希望将图标恢复为原来的样式，可以单击“还原默认值”按钮。

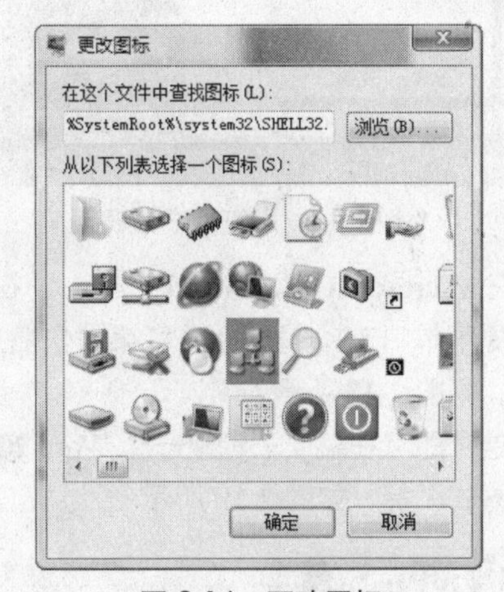

图 2-16　更改图标

说明　桌面上的图标除了系统图标，还包括程序图标。

创建应用程序桌面图标

下面以在桌面上创建 Word 应用程序为例介绍桌面上快捷图标的创建方法，具体操作步骤如下：

① 在“开始”菜单中单击“所有程序”命令，将显示出所有程序列表，在其中单击 Microsoft Office 命令，可以展开所有 Office 应用程序，如图 2-17 所示。

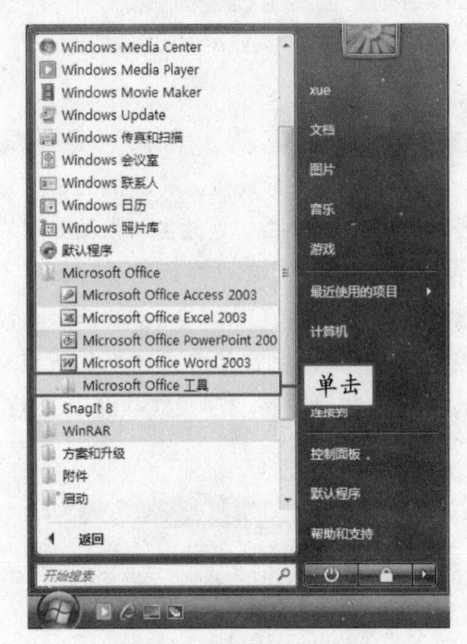

图 2-17　所有程序列表

② 在 Microsoft Office Word 上右击，在弹出的快捷菜单中选择“发送到”|“桌面快捷方式”命令，如图 2-18 所示。

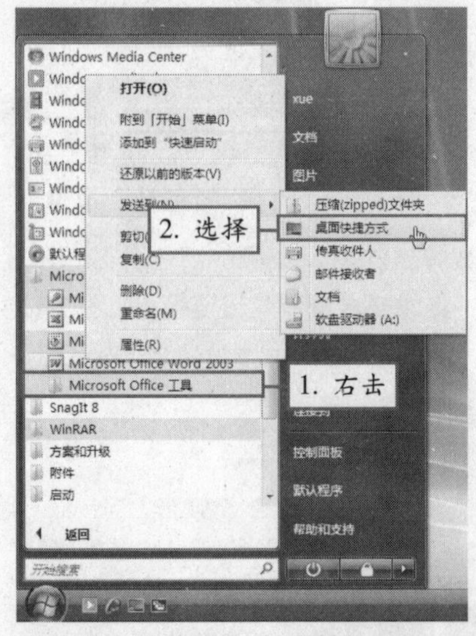

图 2-18　选择“发送到”|“桌面快捷方式”命令

这样即可在桌面上创建一个 Word 2003 的快捷方式图标，如图 2-19 所示。

图 2-19　创建的快捷方式图标

知识点拨

在“开始”菜单中用鼠标将某个项目直接拖动到桌面的任意位置，可快速在桌面上创建该项目的快捷方式图标。

2．排列桌面图标

当桌面上的图标过多时，就会显得杂乱无章。这时，用户可以对桌面图标进行整理，将它们按照一定的规则进行排列。方法如下：

在桌面的空白区域上右击，在弹出的快捷菜单中将鼠标指针指向“排列方式”菜单，打开其子菜单，在其中可以选择根据“名称”、“大小”、“类型”或者“修改日期”对桌面图标进行排列，如图 2-20 所示。

说明　程序图标的右下角会有一个标记，表示该图标为程序或文件的快捷方式。

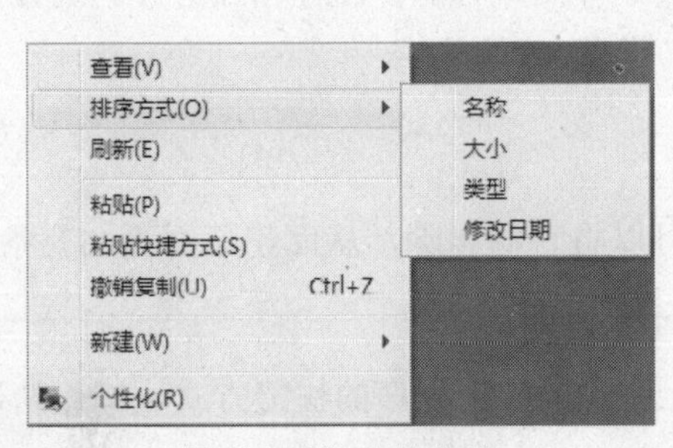

“排列方式”快捷菜单

桌面图标未排列前

按名称排列图标

按大小排列图标

按类型排列图标

按修改日期排列图标

图 2-20　排列桌面图标

在桌面快捷菜单中的“查看”菜单下，还有两个与排列图标有关的命令——“自动排列”命令与“对齐到网格”命令，如图 2-21 所示。

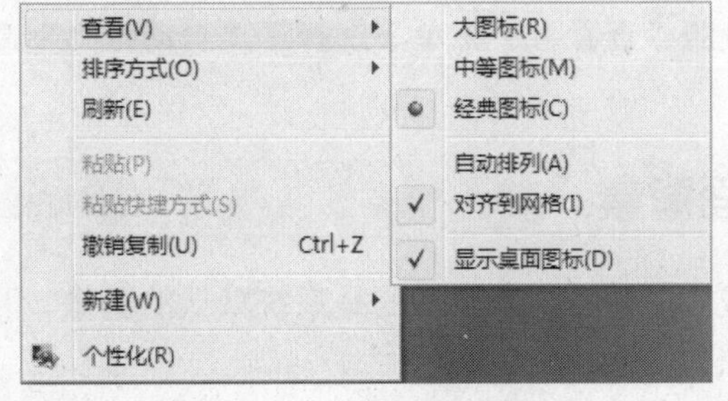

图 2-21　排列桌面图标

要使图标可以随意拖动，应取消选择“对齐到网格”命令。　技巧这两个命令的含义如下：

- **自动排列**：选择该命令，可以使桌面上所有的图标从左到右以列的方式进行排列。
- **对齐到网格**：网格在屏幕上存在但不可见，它能使图标相互对齐。选择此命令，可以将桌面上的各对象由网格固定在指派的位置上。

3. 删除和移动桌面图标

对于桌面上不再使用的图标，用户可以将它们删除，从而使桌面更加有条理。

删除桌面图标

删除桌面图标一般是指删除在桌面上添加的应用程序的快捷方式。一般情况下，不要删除系统默认的系统图标。

① 在要删除的快捷方式图标上右击，在弹出的快捷菜单中选择“删除”命令，如图 2-22 所示。

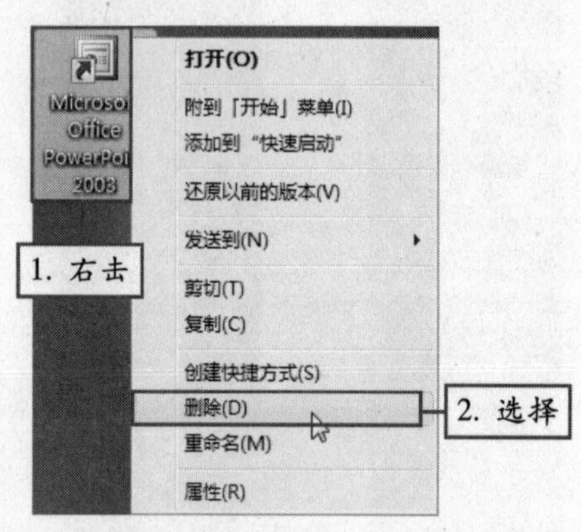

图 2-22 选择“删除”命令

② 在弹出的“删除快捷方式”对话框中单击“是”按钮，即可将该图标删除，如图 2-23 所示。

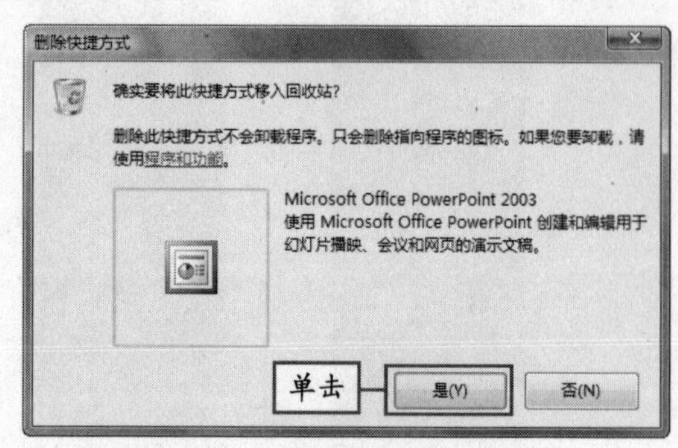

图 2-23 “删除快捷方式”对话框

知识点拨

删除后的图标放在了回收站中，如果需要将其恢复，可以在“回收站”中进行文件对象的还原操作。

移动桌面图标

要在桌面上移动图标，可以使用鼠标拖动的方法完成。

如果在桌面快捷菜单的“查看”子菜单下选择了“自动排列”命令，则只有先取消选择该命令，才能移动图标。

2.3.2 设置桌面背景

在系统最初安装完成时，桌面背景显示的是系统默认的图像。用户也可以将桌面背景换为自己喜欢的图像，方法如下：

技巧 要取消系统图标的显示状态，应该在“桌面图标设置”对话框中完成。

① 在桌面的空白区域右击，在弹出的快捷菜单中选择“个性化”命令，在弹出的窗口中单击“桌面背景”超链接，如图 2-24 所示。

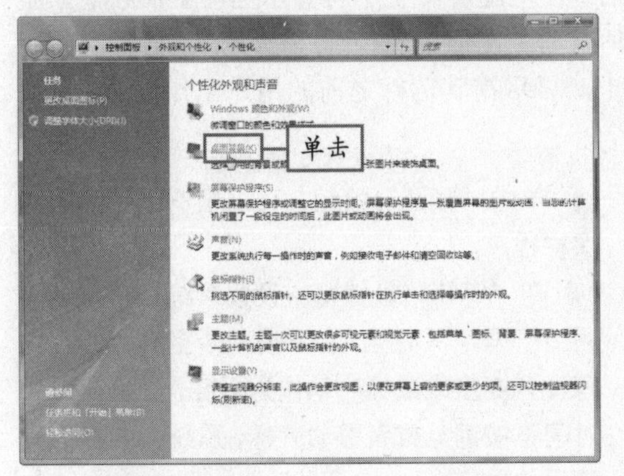

图 2-24　单击“桌面背景”超链接

② 在弹出的窗口中间的列表框中选择一副背景图片，如图 2-25 所示。

图 2-25　选择图片

③ 单击“确定”按钮，即可将选定的图片设置为桌面背景，如图 2-26 所示。

图 2-26　选择图片

如果用户想将自己保存在电脑中的图片设置为桌面，可以在选择桌面背景窗口中单击“浏览”按钮，在弹出的对话框中选择自定义的图片，如图 2-27 所示。

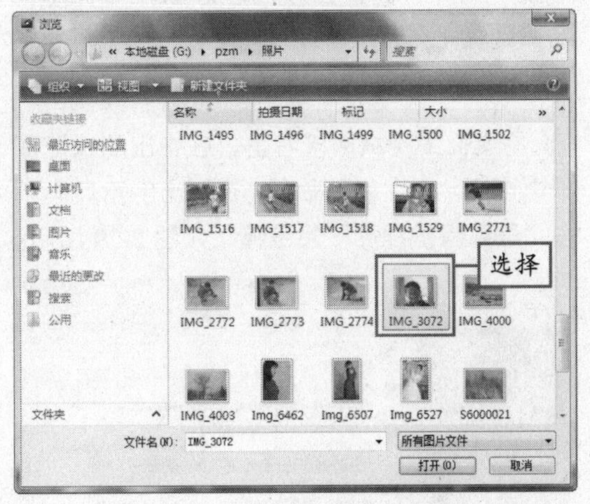

图 2-27　选择自定义图片

单击“打开”按钮，返回选择背景窗口，单击“确定”按钮即可更改桌面背景，如图 2-28 所示。

图 2-28　自定义背景

知识点拨

要快速将电脑中保存的某个图片设置为桌面背景，只要在图片上右击，在弹出的快捷菜单中选择“设置为桌面背景”命令，即可将其设置为桌面背景。

在“桌面背景”窗口下方有三个背景放置选项，依次位“平铺”、“拉伸”和“居中”。　说明

2.3.3 设置屏幕保护程序

屏幕保护程序可以在电脑空闲了一段时间后，使电脑屏幕上不再显示当前工作状态，而是被一些屏幕保护程序的静态或动态图形图像所代替。在屏幕保护程序启动后，当移动鼠标或按键盘上任意键后，屏幕保护程序将自动终止，显示在其运行之前的用户工作界面。

设置或修改屏幕保护程序的方法如下：

① 在桌面的空白区域右击，在弹出的快捷菜单中选择“个性化”命令，在弹出的窗口中单击“屏幕保护程序”超链接，如图 2-29 所示。

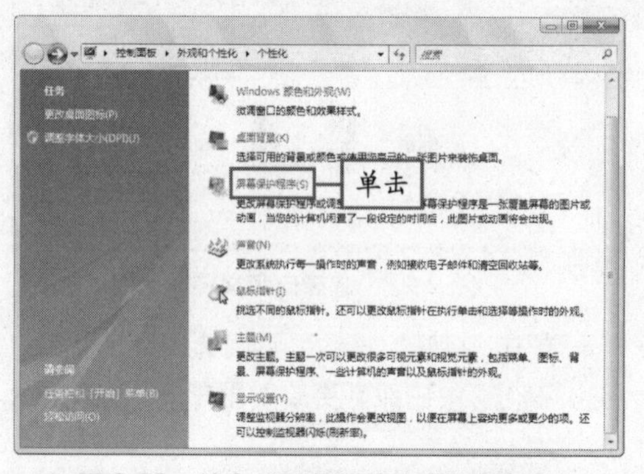

图 2-29　单击“屏幕保护程序”超链接

② 在打开的“屏幕保护程序”对话框中的“屏幕保护程序”下拉列表框中，列出了几种 Windows Vista 中自带的屏幕保护程序，如图 2-30 所示。用户可以在该列表中选择合适的屏幕保护程序，并将其选中。

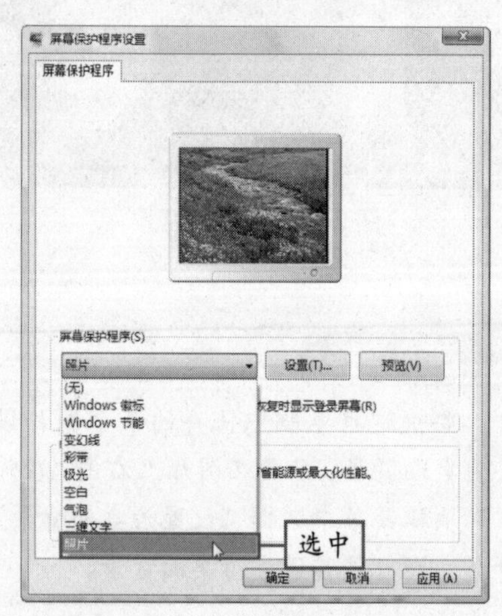

图 2-30　自带的屏幕保护程序

③ 单击“预览”按钮，可以预览选中的屏幕保护程序。

④ 在“等待”数值框中设置系统在空闲多久后运行屏幕保护程序。系统判断空闲时间根据有没有键盘或鼠标的动作为标准，一旦用户长时间不按键盘或者移动鼠标，系统就会启动屏幕保护程序。

⑤ 单击“设置”按钮，将打开“照片屏幕保护程序设置”对话框，在其中可以对照片屏幕保护程序进行设置，如图 2-31 所示。

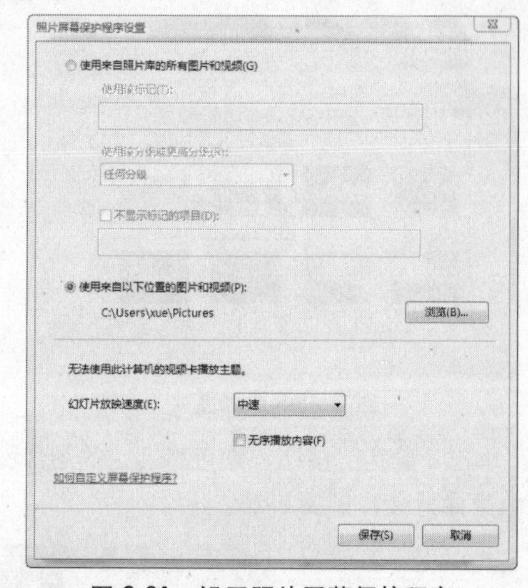

图 2-31　设置照片屏幕保护程序

专家解疑

Windows Vista 操作系统自带了一些屏幕保护程序，屏幕保护程序的扩展名为“.scr”。

技巧　晃动鼠标或按键盘上的任意键，即可退出屏保状态。

2.3.4 设置显示属性

系统的显示属性是指显示器的分辨率、刷新频率以及颜色位数。安装 Windows Vista 后，首先就要根据显示器来调整系统的显示属性。具体操作步骤如下：

① 在桌面的空白区域右击，在弹出的快捷菜单中选择“个性化”命令，在弹出的窗口中单击“显示设置”超链接，如图 2-32 所示。

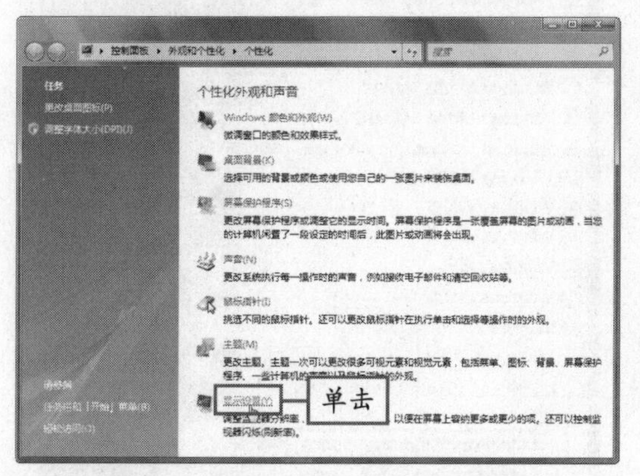

图 2-32　单击“显示设置”超链接

② 在弹出的“显示设置”对话框中，拖动“分辨率”滑块到合适的值，单击“颜色”下拉按钮，在弹出的下拉列表框中选择最高位的颜色，如图 2-33 所示。

③ 单击对话框中的“高级设置”按钮，在弹出的对话框中单击“监视器”选项卡，在“屏幕刷新频率”下拉列表框中选择合适的刷新频率，如图 2-34 所示。

④ 设置完成后，依次单击“确定”按钮即可使设置生效。

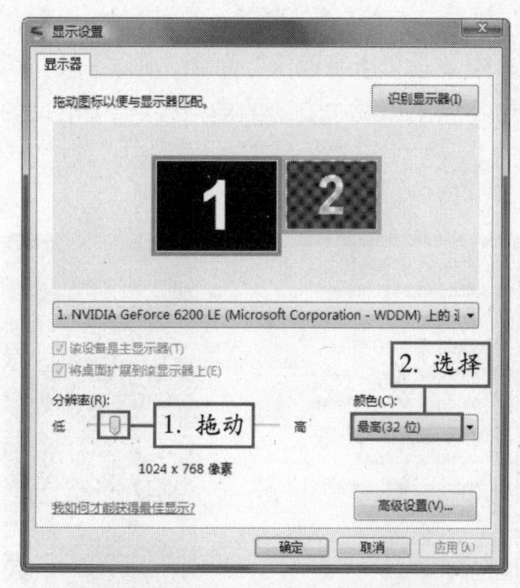

图 2-33　设置分辨率与颜色位数

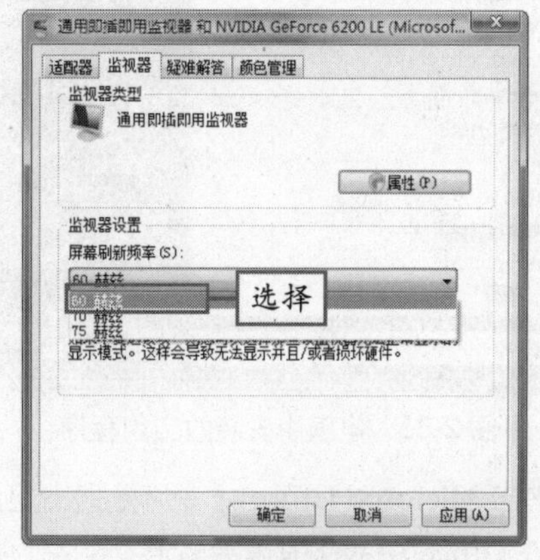

图 2-34　选择刷新频率

2.4 “开始”菜单和任务栏

“开始”菜单与任务栏是桌面中的重要组成部分，掌握它们的操作方法，对于初学者来说十分重要。

2.4.1 “开始”菜单

与 Windows XP 相似，Windows Vista 中的“开始”菜单也用于快速启动程序或打开一些系统窗口。

CRT 显示器可以支持多种分辨率，而 LCD 显示器则只有一个标准分辨率。　说明

1．启动应用程序

“开始”菜单中包含了 Windows Vista 的操作命令，通过“开始”菜单，可以启动电脑中安装的程序。

下面以 Word 为例，介绍如何使用“开始”菜单启用应用程序，具体操作步骤如下：

① 单击“开始”按钮，在打开的“开始”菜单中单击“所有程序”命令，则“开始”菜单中将列出电脑中安装的应用程序，如图 2-35 所示。

图 2-35　电脑中安装的应用程序

② 单击 Microsoft Office 命令，将列出电脑中安装在 Office 中的所有套装软件。

③ 在 Microsoft Office Word 2003 命令上单击（见图 2-36），即可启动该程序，如图 2-37 所示。

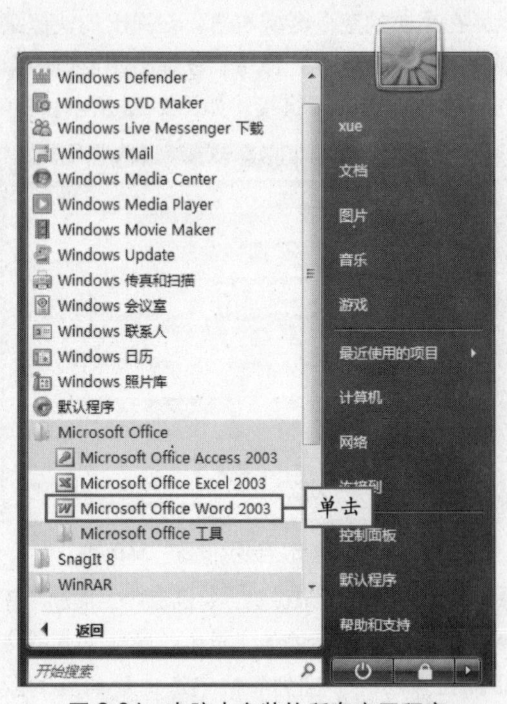

图 2-36　电脑中安装的所有应用程序

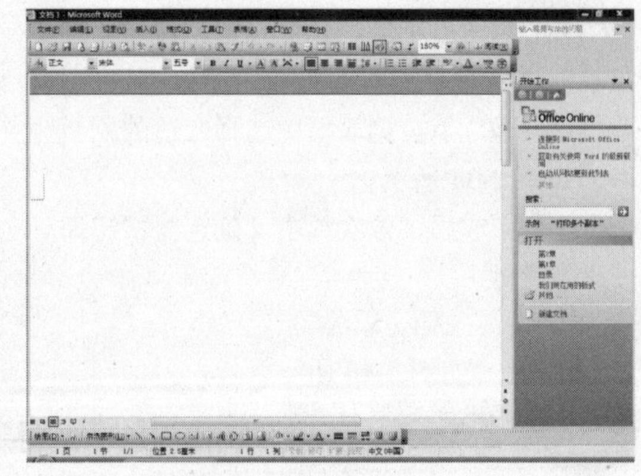

图 2-37　启动 Word 2003

2．设置“开始”菜单

Windows Vista“开始”菜单相对于以前版本，使用起来更加方便，但为了照顾以前的老用户的使用习惯，“开始”菜单同时提供了传统的样式。无论采用哪种菜单样式，用户都可以根据自己的使用习惯来自定义菜单中的显示项目，具体操作步骤如下：

 技巧　按键盘上的 Windows 徽标键，也可以弹出“开始”菜单。

① 在“开始”按钮图标上或任务栏的空白处右击，在弹出的快捷菜单中选择“属性”命令，如图 2-38 所示。

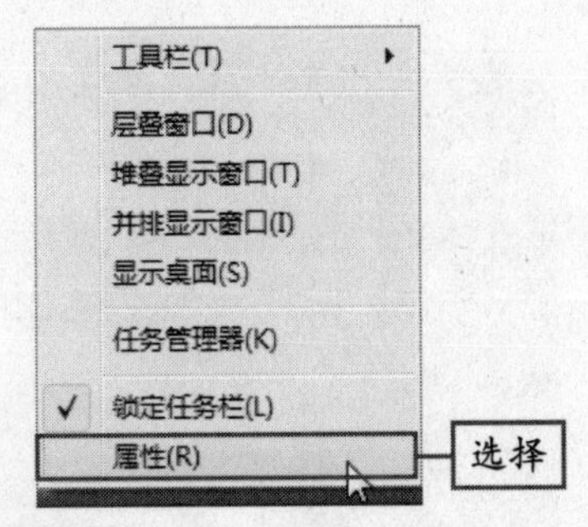

图 2-38　选择“属性”命令

② 在弹出的“任务栏和「开始」菜单属性”对话框中单击“「开始」菜单”选项卡，如图 2-39 所示。

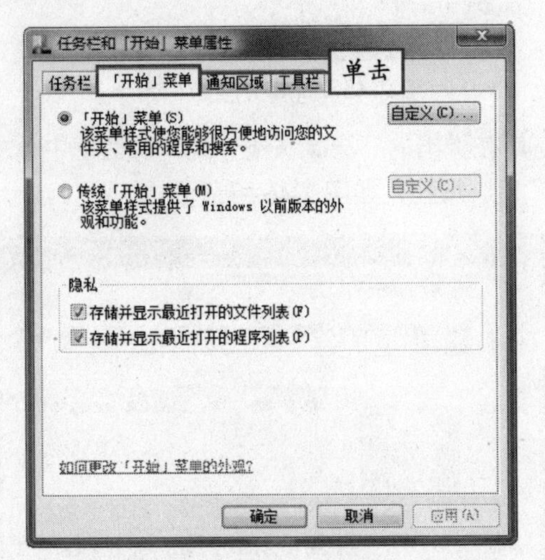

图 2-39　单击“「开始」菜单”选项卡

③ 选中“传统「开始」菜单”单选按钮，单击“确定”按钮，即可将“开始”菜单设置为传统样式，如图 2-40 所示。

图 2-40　设置为传统样式后的“开始”菜单

④ 重新打开“任务栏和「开始」菜单属性”对话框，在“「开始」菜单”选项卡选中“「开始」菜单”单选按钮，然后单击其后面的“自定义”按钮，弹出“自定义「开始」菜单”对话框，如图 2-41 所示。

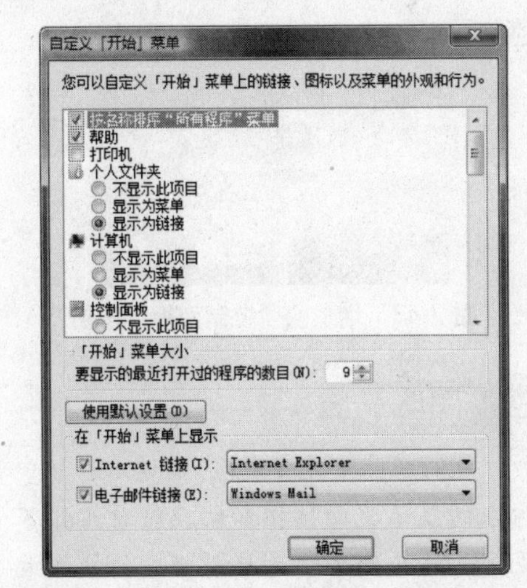

图 2-41　设置为传统样式后的“开始”菜单

⑤ 在该对话框中可以对“开始”菜单进行设置。设置完毕后，依次单击对话框中的“确定”按钮即可。

2.4.2　任务栏操作

任务栏用于显示一些系统信息和窗口按钮，主要包括快速启动区域、窗口按钮区域以及通知区域三个部分。用户可以根据需要分别对这三个区域进行设置。

1. 快速启动区域

快速启动区域默认显示 Windows Media Player 按钮、Internet Explorer 浏览器按钮、

快速启动区域用于放置程序图标，实现程序的快速启动。　说明

显示桌面按钮和切换窗口按钮4个快速按钮。用户也可以根据需要在快速启动区域中添加或删除按钮。下面以在快速启动区域中添加“控制面板”按钮并删除原有的 Windows Media Player 按钮为例进行介绍，具体操作步骤如下：

① 在桌面上显示出“控制面板”图标，然后将鼠标指针指向该图标，并按住鼠标左键不放，将图标拖动到快速启动栏中，此时快速启动栏中将显示一个竖线表示拖动后的位置，如图 2-42 所示。

图 2-42　设置为传统样式后的“开始”菜单

② 释放鼠标，可以看到快速启动栏中增加了“控制面板”按钮，如图 2-43 所示。

图 2-43　增加的“控制面板”按钮

知识点拨

这时用户可能会发现，快速启动栏中原来的显示桌面按钮和切换窗口按钮不见了，这是因为快速启动栏中的按钮太多，显示不下，系统将部分按钮隐藏起来了。单击快速启动栏右侧的图标，即可显示出隐藏的按钮，如图 2-44 所示。

图 2-44　显示隐藏的按钮

③ 右击 Windows Media Player 按钮，在弹出的快捷菜单中选择“删除”命令，如图 2-45 所示。

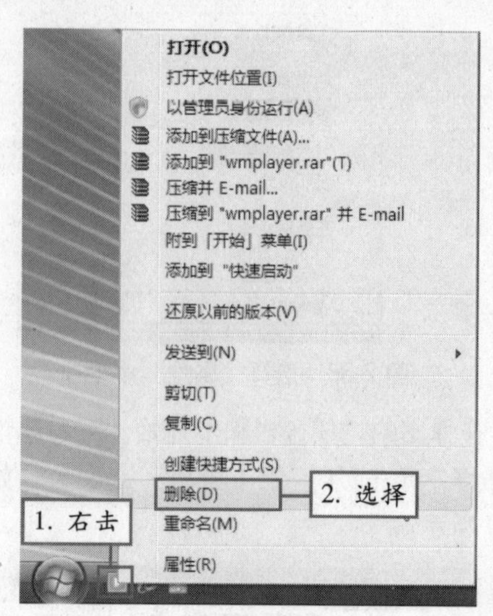

图 2-45　选择“删除”命令

④ 在弹出的“删除快捷方式”对话框中单击“是”按钮，如图 2-46 所示。

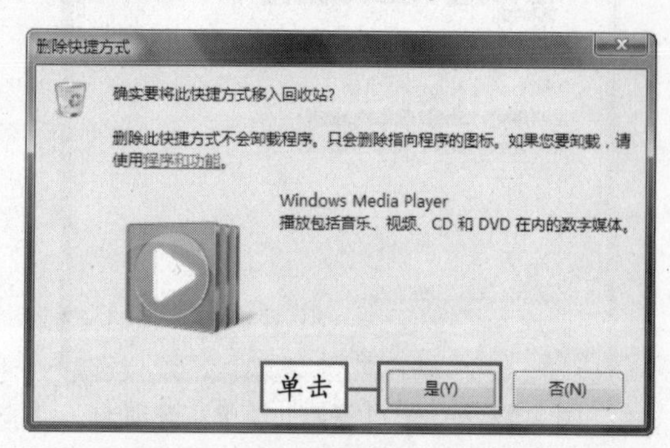

图 2-46　“删除快捷方式”对话框

⑤ 此时即可将快速启动栏中的 Windows Media Player 按钮删除，如图 2-47 所示。

图 2-47　删除 Windows Media Player 按钮后的效果

知识点拨

用鼠标将快速启动栏中的按钮拖动到桌面位置后释放鼠标，即可快速将按钮移动到桌面上，并显示为图标。

技巧　通过控制面板，用户也可以对“开始”菜单和任务栏进行设置。

2. 窗口按钮区域

当打开窗口或运行程序时，窗口按钮区域中显示对应的窗口按钮，用于快速实现对窗口最小化、还原、关闭以及切换等操作。

利用窗口按钮区域进行窗口的切换操作非常简单，只要单击要切换到的窗口对应的按钮即可。如果要对窗口进行还原、最大化/最小化等操作，只要在相应的窗口按钮上单击鼠标右键，在弹出的快捷菜单中选择相应的命令即可，如图 2-48 所示。

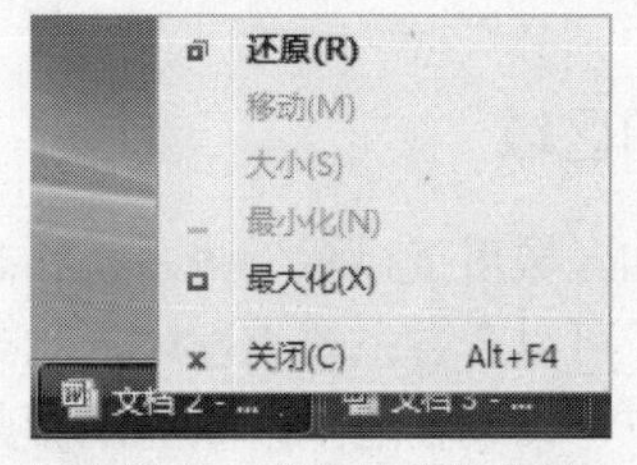

图 2-48 弹出的快捷菜单

若用户同时打开了多个同类型的窗口，则默认情况下这些窗口按钮会分组显示，以节约任务栏空间，如图 2-49 所示。

图 2-49 分组显示窗口按钮

单击组按钮，将弹出窗口标题菜单，单击某个菜单项，即可切换到对应的窗口，如图 2-50 所示。

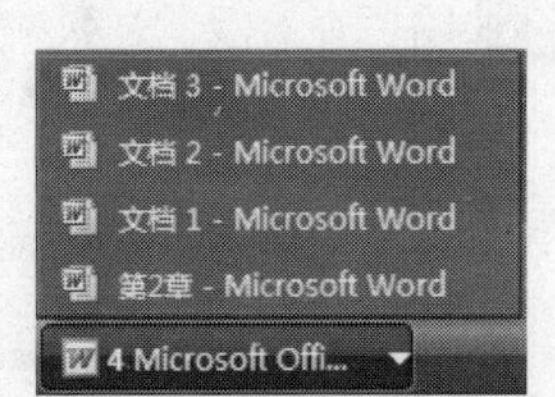

图 2-50 窗口标题菜单

用户也可以取消分组，方法如下：

① 在任务栏的空白处右击，在弹出的快捷菜单中选择“属性”命令，打开“任务栏和「开始」菜单属性”对话框，在“任务栏”选项卡中取消选择“分组相似任务栏”复选框，如图 2-51 所示。

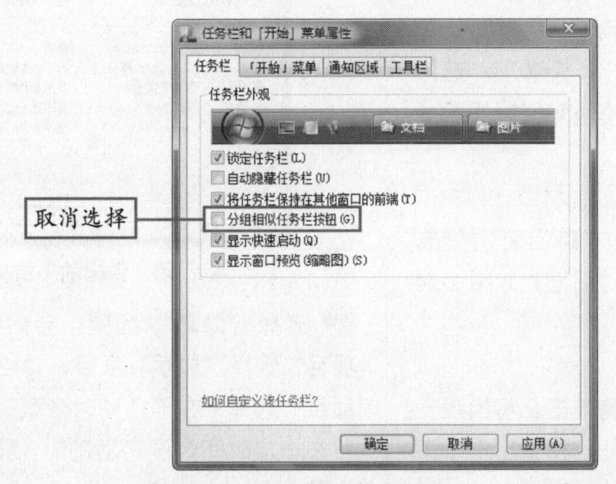

图 2-51 取消选择“分组相似任务栏”复选框

取消分组后，任务栏中将显示独立的窗口按钮，它会占据很大的任务栏空间。 **说明**

② 单击"确定"按钮关闭对话框，这时所有打开的窗口就会全部单独显示在任务栏中，如图 2-52 所示。

图 2-52　单独显示的窗口图标

3. 通知区域

通知区域用于显示一些系统状态图标与时间信息。用鼠标单击、双击或右击通知区域中的图标，可以查看系统或程序的状态并对系统或程序进行控制等。

用户可以设置通知区域显示哪些系统图标，或将通知区域中的某些图标进行隐藏。具体操作步骤如下：

① 在任务栏的空白区域右击，在弹出的快捷菜单中选择"属性"命令，在弹出的"任务栏和「开始」菜单属性"对话框中单击"通知区域"选项卡，如图 2-53 所示。

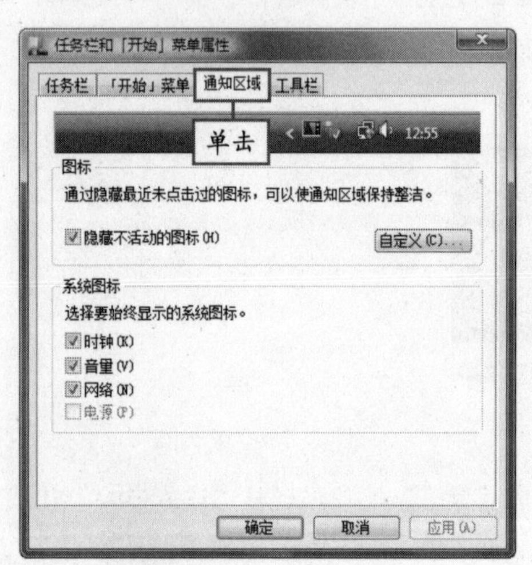

图 2-53　"通知区域"选项卡

② 在"系统图标"选项区域中包含"时钟"、"音量"、"网络"和"电源" 4 个选项。选中或取消选中某个复选框，可使通知区域显示或不显示该图标。

③ 单击"图标"选项区域的"自定义"按钮，将弹出"自定义通知图标"对话框，如图 2-54 所示。

④ 在列表中某个项目的右侧单击，将出现一个下拉按钮，单击该下拉按钮，将弹出一个下拉列表，如图 2-55 所示。

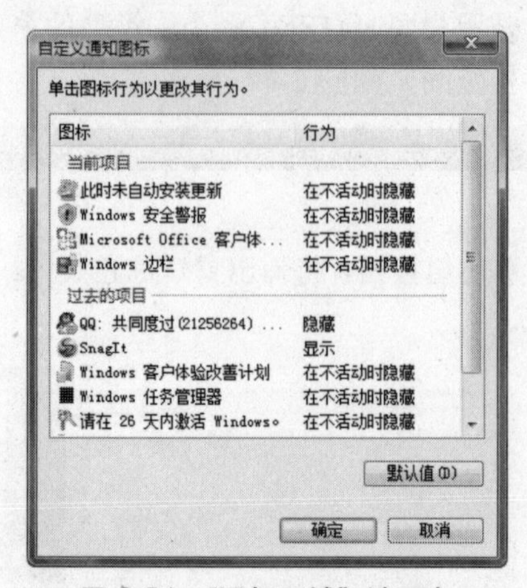

图 2-54　"通知区域"选项卡

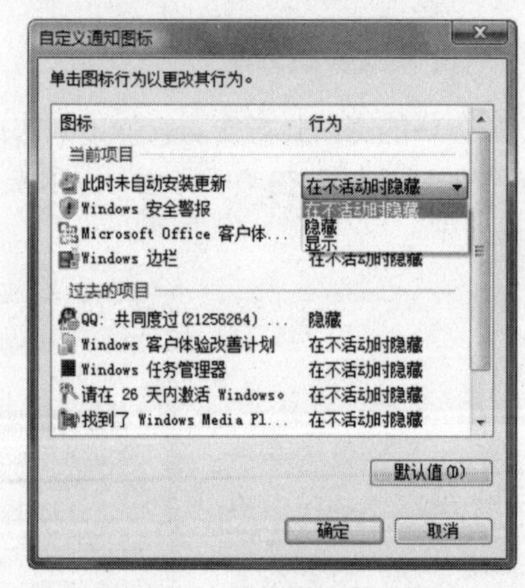

图 2-55　弹出的下拉列表

⑤ 选择"隐藏"选项，会始终隐藏对应的项目；选择"显示"项目，会始终显示对应的项目；选择"在不活动时隐藏"选项，当该项目在一定时间内没有活动时，系统会自动将其隐藏。

说明　有些程序启动后，也会在通知区域显示图标。

⑥ 隐藏图标后，通知区域左侧会显示一个◀按钮，单击该按钮，即可显示隐藏的项目，同时◀按钮会变为▶按钮，再次单击该按钮，或单击屏幕的其他位置，将恢复隐藏项目，如图 2-56 所示。

图 2-56 隐藏图标的通知区域与显示图标的通知区域

2.5 Windows 边栏操作

Windows 边栏是 Windows Vista 中新增的一个小功能，启动后显示在屏幕的右侧。用户可以根据自己的需要在其中显示一些实用的小工具，从而方便快捷地使用一些功能。

2.5.1 关闭/显示 Windows 边栏

一般情况下，启动 Windows Vista 会自动显示出 Windows 边栏。用户也可以将其关闭，方法如下：

① 在 Windows 边栏中的空白区域右击，在弹出的快捷菜单中选择“关闭边栏”命令，即可关闭 Windows 边栏，如图 2-57 所示。

图 2-57 “关闭边栏”命令

② 关闭边栏后，如果想将其再次显示出来，可在“开始”菜单中单击“所有程序”命令，再在出现的程序列表中单击“附件”|“Windows 边栏”命令即可，如图 2-58 所示。

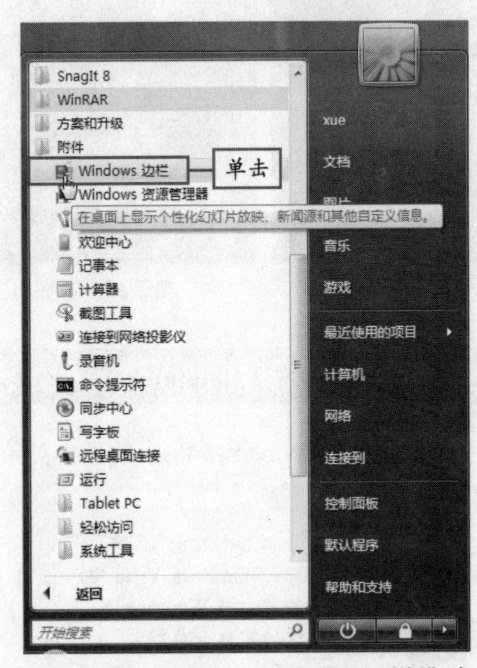

图 2-58 单击“附件”|“Windows 边栏”命令

2.5.2 添加与删除 Windows 边栏小工具

在 Windows 边栏默认显示“幻灯片放映”、“显示时钟”和“源标题”3 个小工具。实际上，Windows 小工具库中提供了许多其他的小工具供用户选择，用户可以将当前的小工具删除，然后添加其他的小工具。其具体操作步骤如下：

Windows 边栏是 Windows Vista 中新增的一个功能。 说明

① 在 Windows 边栏中将鼠标指针指向某个小工具，这时该工具的右上角将显示删除按钮，单击该按钮，即可将小工具从边栏中删除，如图 2-59 所示。

② 在 Windows 边栏上方的+按钮，将打开选择小工具库对话框，如图 2-60 所示。

③ 在要选择的小工具图标上双击，即可将其显示在 Windows 边栏中，如图 2-61 所示。

图 2-59 删除小工具

图 2-60 选择小工具库对话框

图 2-61 添加的小工具

2.6 Windows Vista 窗口的基本操作

窗口是操作 Windows Vista 的基本对象，在 Windows Vista 中，所有的应用程序都以窗口的形式出现。

2.6.1 认识 Windows Vista 窗口

在介绍中文版 Windows Vista 的窗口操作之前，先来介绍一下窗口的基本组成。下面以计算机窗口为例，来说明 Windows Vista 窗口的组成及特点。

在桌面上双击“计算机”图标，打开“计算机”窗口，如图 2-62 所示。

技巧 在小工具库中，直接将图标拖动到 Windows 边栏中，也可以添加小工具。

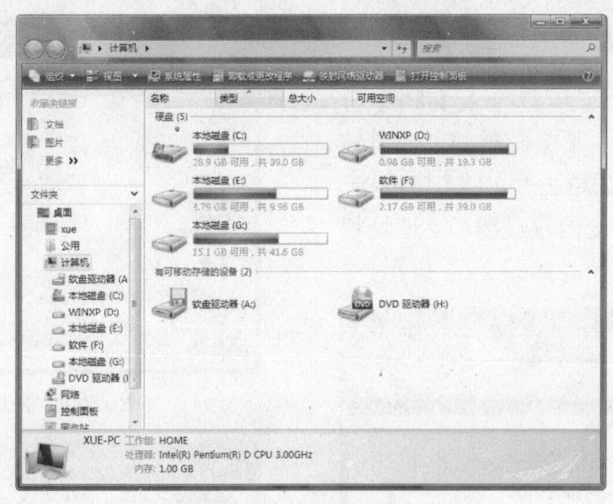

图 2-62　计算机窗口

1．标题栏

在 Windows Vista 窗口的标题栏中显示了最小化按钮、最大化按钮和关闭按钮。通过这 3 个按钮，可以对窗口的大小进行调整，并可以进行关闭窗口的操作，如图 2-63 所示。

图 2-63　窗口控制按钮

知识点拨

单击最大化按钮，将窗口最大化后，按钮将变为形状。单击按钮，可以将窗口还原。

2．地址栏

地址栏中显示了当前窗口文件或文件夹的路径。单击地址栏中的项目或下拉按钮，利用弹出的下拉菜单，可以快速返回到上层路径或转到其他位置，如图 2-64 所示。

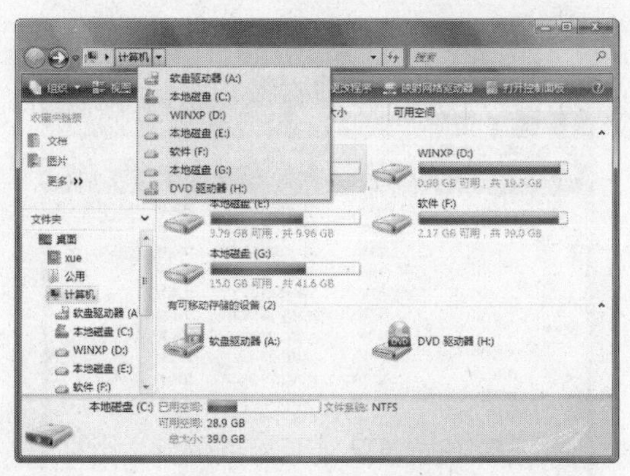

图 2-64　弹出下拉菜单

3．工具栏

使用工具栏中的按钮，可以对窗户视图和文件等进行相关才操作。在 Windows Vista 窗口中，根据选择对象的不同，在工具栏中会显示不同的按钮。图 2-65 所示为在窗口中选中一个文件夹后，工具栏中显示的按钮。

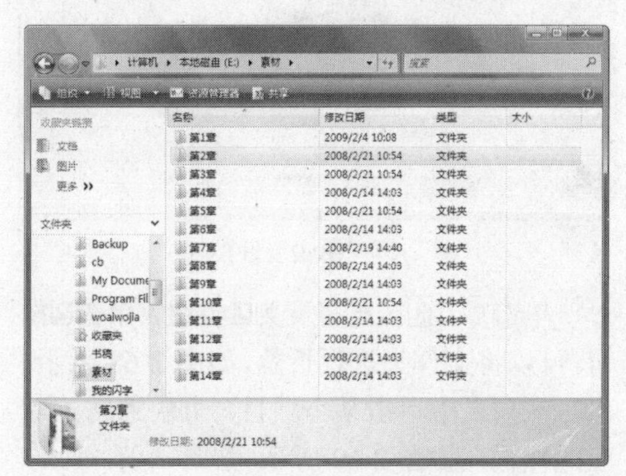

图 2-65　显示的工具按钮

技巧：右击“计算机”图标，在弹出的快捷菜单中选择“打开”命令，也可以打开“计算机”窗口。

4. 收藏夹连接面板

在该面板中显示了用户个人文档中分类目录的超链接。单击某个超链接，即可转到对应的窗口位置。如单击“文档”超链接，将转到用户文档下的文档收藏窗口，地址栏中也将显示相应的路径，如图 2-66 所示。

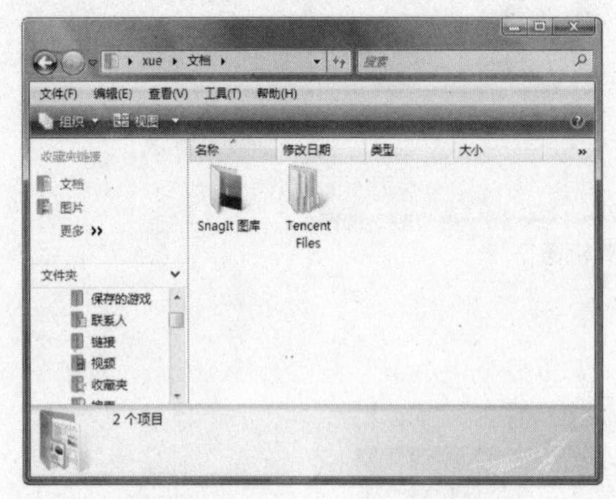

图 2-66 单击“文档”超链接

5. 文件夹列表

在文件夹列表中，以树状目录的结构显示了电脑中的文件或文件夹。单击▷按钮，可以将文件夹逐级展开，如图 2-67 所示。

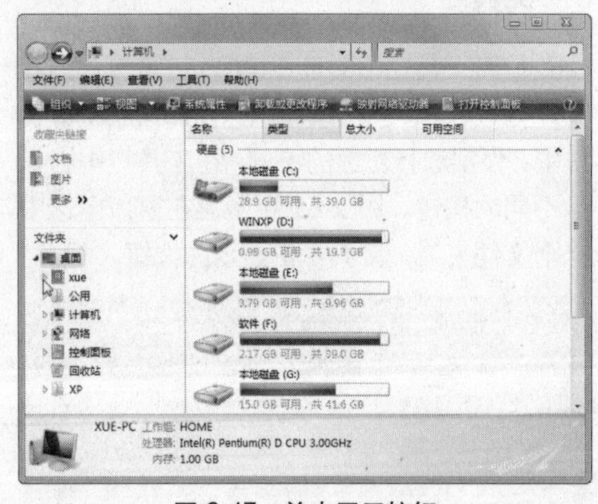

图 2-67 单击展开按钮

单击后，▷按钮将变为◢按钮，单击◢按钮，可以将文件夹进行折叠，如图 2-68 所示。

在列表中单击某个项目，可快速转到对应的位置，如图 2-69 所示。

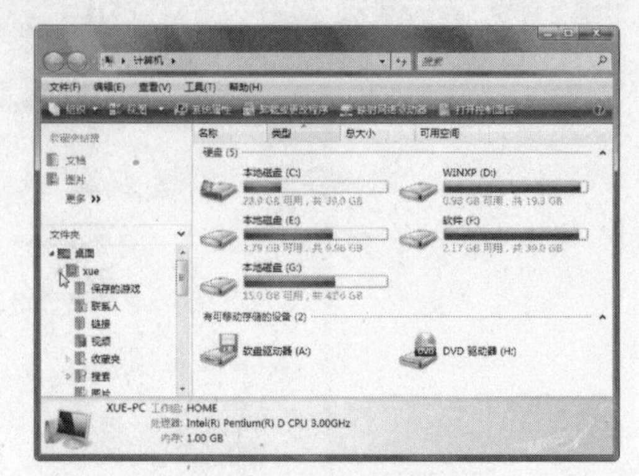

图 2-68 单击展开按钮

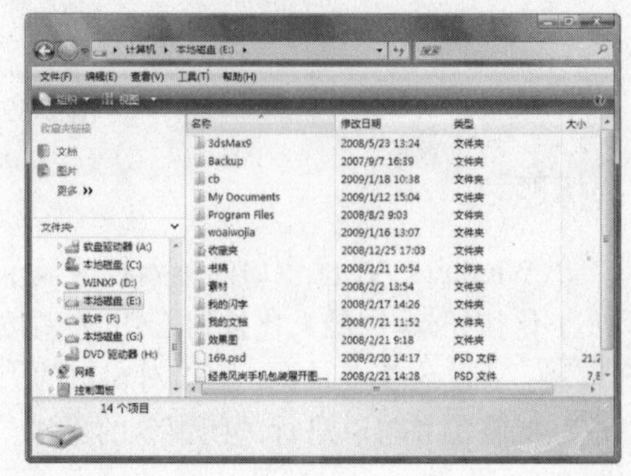

图 2-69 单击某个项目

6. 信息面板

刚刚打开计算机窗口时，信息面板中会显示电脑的基本信息，如图 2-70 所示。

图 2-70 信息面板

当单击某个项目后，信息面板中将显示与该项目有关的信息，如图 2-71 所示。

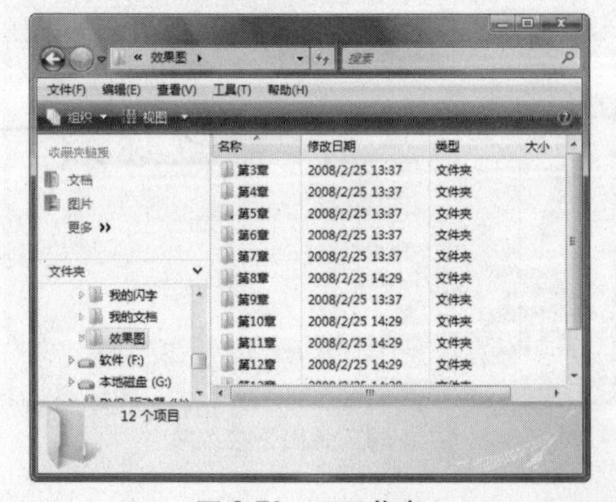

图 2-71 项目信息

说明 窗口正中的区域为窗口显示区域。

7. 窗口显示区域

在窗口区域中，会显示详细的窗口内容，包括磁盘、文件夹和文件等。在文件夹列表中单击不同的项目，窗口显示区域的内容将发生相应的变化，如图 2-72 所示。

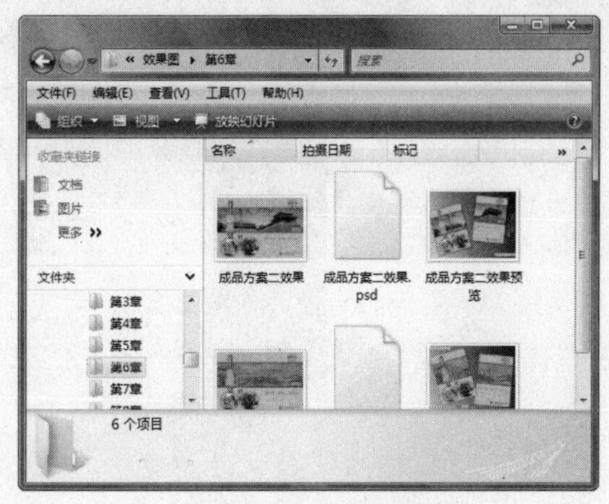

图 2-72　显示区域内容

2.6.2 最大化、最小化与关闭窗口

窗口一般以 3 种状态出现：正常大小、最大化和最小化。正常窗口是 Windows 系统的默认设置，最大化窗口可使窗口充满整个屏幕，最小化窗口可使窗口缩小为一个图标或按钮。对窗口的最大化与最小化操作，可以通过单击标题栏中的按钮来实现。

1. 最大化窗口

当窗口处于非全屏显示的状态时，单击标题栏右侧的“最大化”按钮▣，可使窗口最大化，同时最大化按钮变成还原按钮，如图 2-73 所示。

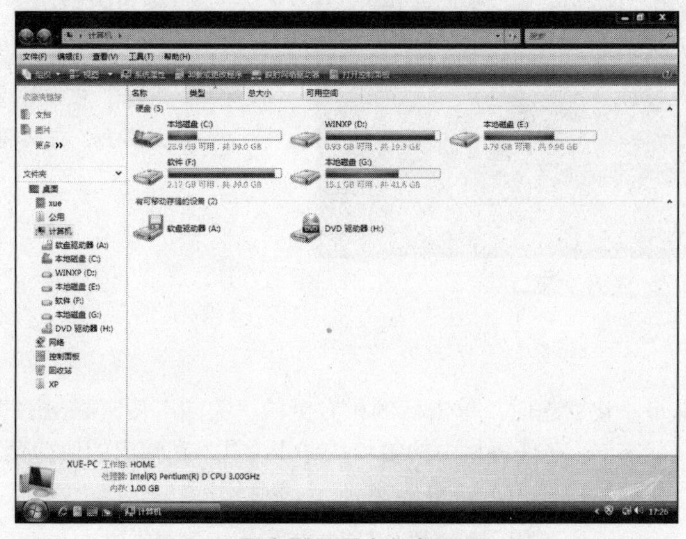

图 2-73　最大化窗口

2. 还原窗口

窗口处于最大化显示状态后，“最大化”按钮▣将变为“还原”按钮▣，单击“还原”按钮，可以将窗口还原到最大化之前的大小，如图 2-74 所示。还原窗口后，“还原”按钮▣将变为“最大化”按钮▣。

双击窗口标题栏的任意空白位置，可快速在最大化与还原状态间进行切换。　技巧

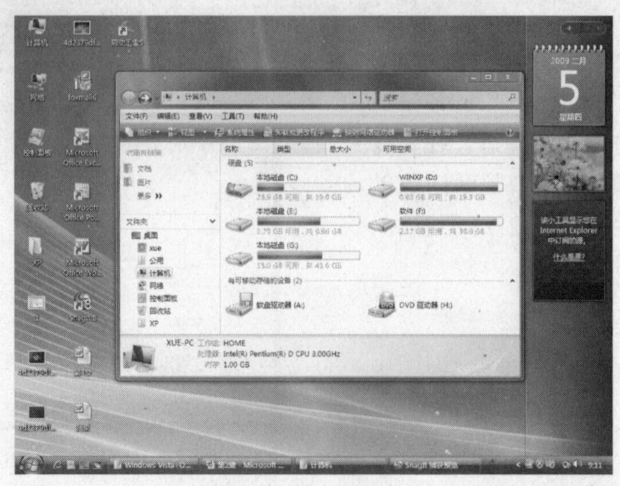

图 2-74　还原窗口

3. 最小化窗口

当窗口处于非最小化状态时，单击标题栏右侧的“最小化”按钮，可以将窗口最小化至任务栏中，如图 2-75 所示。

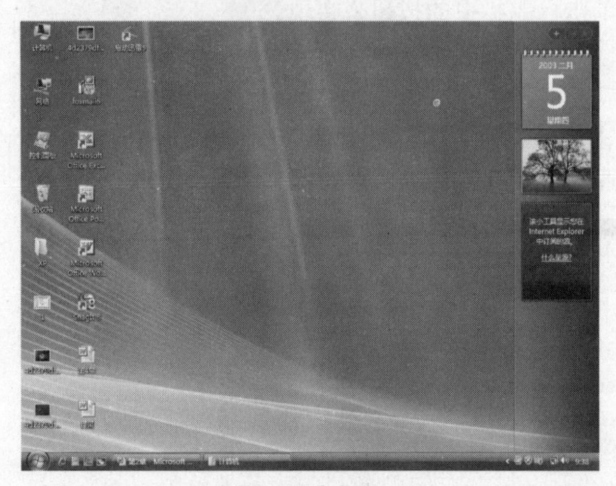

图 2-75　最小化窗口

知识点拨

单击任务栏中最小化后的窗口图标，可以恢复窗口的显示。再次单击，可又将窗口最小化。

4. 关闭窗口

当窗口处于非最小化状态时，单击标题栏右侧的“关闭”按钮，即可以关闭窗口。当窗口处于最小化状态时，在任务栏中的窗口按钮上右击，在弹出的快捷菜单中选择“关闭”命令，即可将最小化的窗口关闭，如图 2-76 所示。

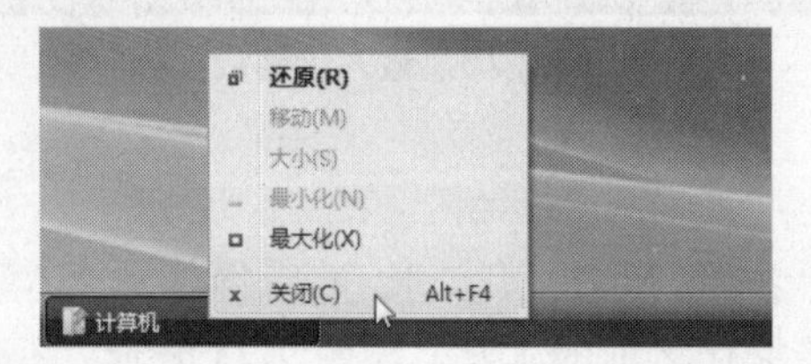

图 2-76　选择“关闭”命令

技巧　按【Alt+F4】组合键，也可将当前窗口关闭。

2.6.3 移动与调整窗口

当窗口处于还原状态时，用户可以根据需要移动窗口或调整窗口的尺寸，下面将进行详细介绍。

1. 移动窗口

移动窗口的方法十分简单，操作步骤如下：

① 将鼠标指针定位在待移动窗口的标题栏上，如图 2-77 所示。

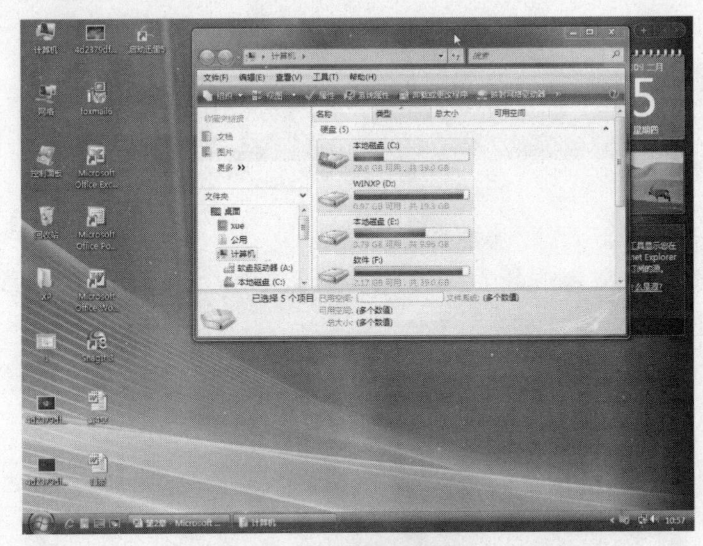

图 2-77 放置鼠标指针

② 按住鼠标左键将该窗口拖至指定位置，如图 2-78 所示。

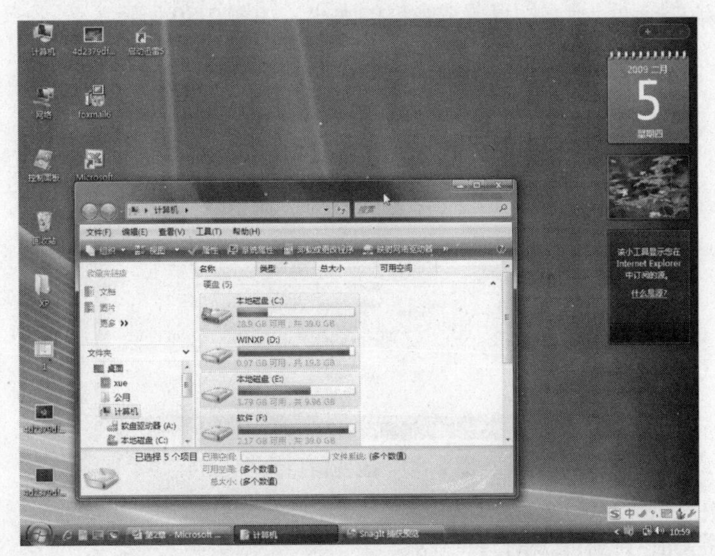

图 2-78 拖动窗口

③ 释放鼠标即可移动窗口。

右击标题栏，在弹出的快捷菜单中选择“关闭”命令，可以关闭窗口。 技巧

知识点拨

当窗口最大化时，无法移动窗口。

2. 调整窗口

用户也可以根据自己的需要调整窗口的大小，方法如下：

① 将鼠标指针移动到窗口的边框或对角线上，这时鼠标指针会变成双向箭头形状，如图 2-79 所示。

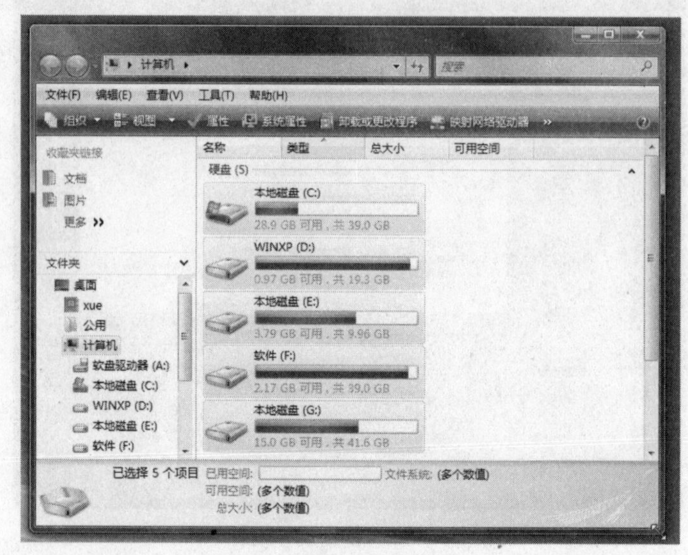

图 2-79 放置鼠标指针

② 按住鼠标左键并拖动鼠标，即可改变窗口的大小，如图 2-80 所示。

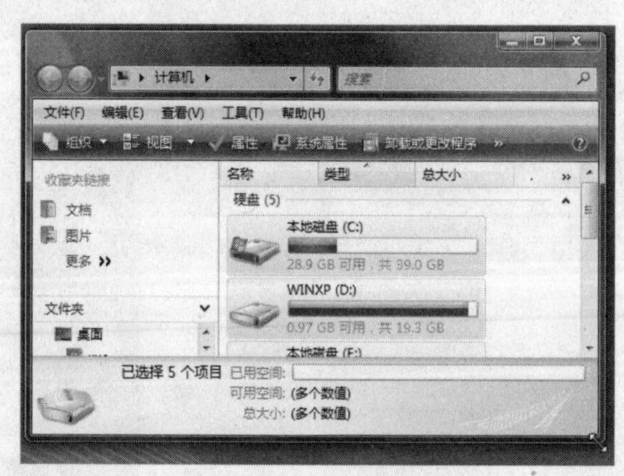

图 2-80 改变窗口大小

2.6.4 排列与切换窗口

为了便于在各个文件夹之间进行数据交换，用户还可以根据对窗口进行排列和切换。

说明 窗口处于最大化状态下，不可以改变大小。

1. 排列窗口

排列窗口的方法如下：

① 右击任务栏的空白处，在弹出的快捷菜单中可以选择合适的窗口排列方式，如图 2-81 所示。

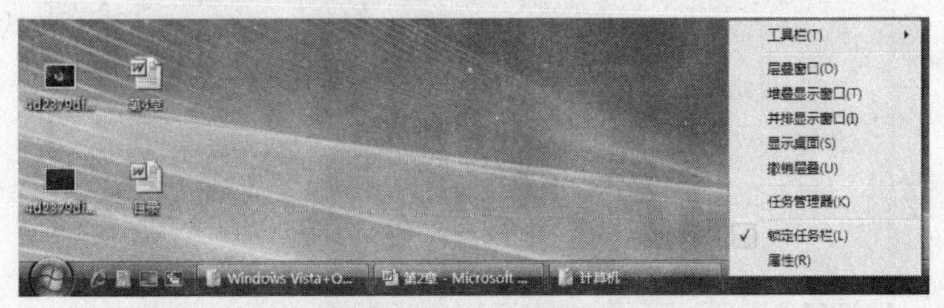

图 2-81　快捷菜单

② 在快捷菜单中选择“层叠窗口”命令，可将当前所有打开的窗口层叠显示，如图 2-82 所示。

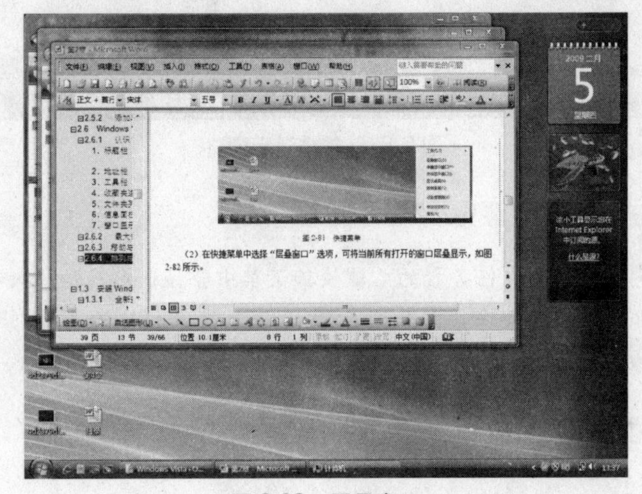

图 2-82　层叠窗口

③ 在快捷菜单中选择“堆叠显示窗口”命令，可将当前所有打开的窗口堆叠显示，如图 2-83 所示。

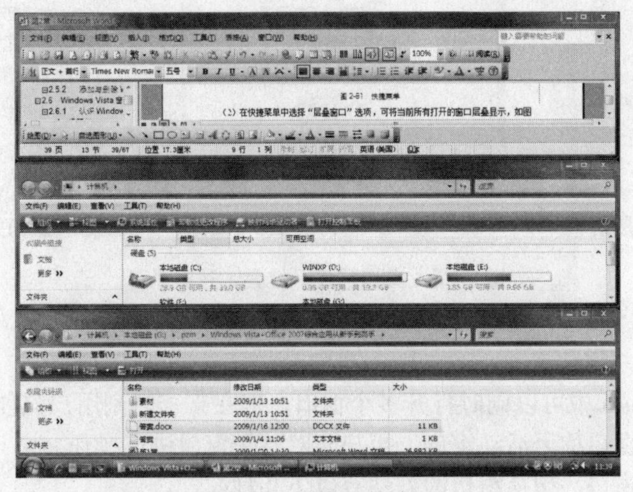

图 2-83　堆叠显示窗口

对窗口的层叠和排列只能作用于非最小化窗口。 说明

④ 在快捷菜单中选择“并排显示窗口”命令，可将当前所有打开的窗口并排显示，如图 2-84 所示。

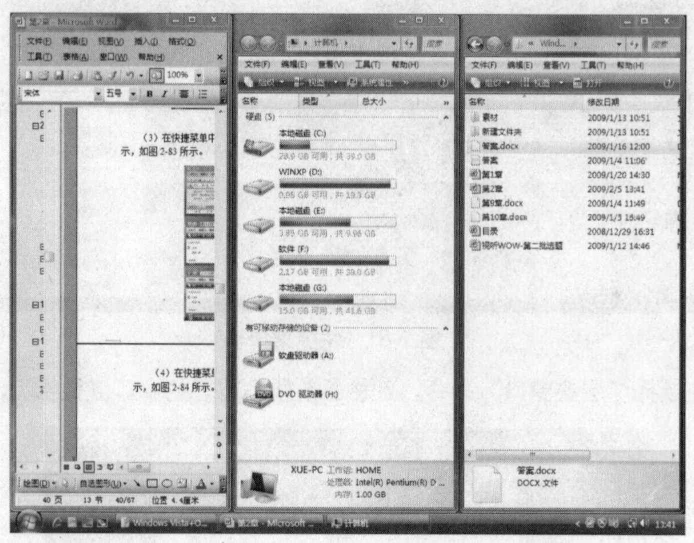

图 2-84　并排显示窗口

知识点拨

当层叠或排列窗口后，在任务栏的右键快捷菜单中会显示对应的“撤销层叠”、“撤销堆叠显示”或“撤销并排显示”命令，如图 2-85 所示。选择相应的选项，即可取消对窗口进行的层叠或排列操作。

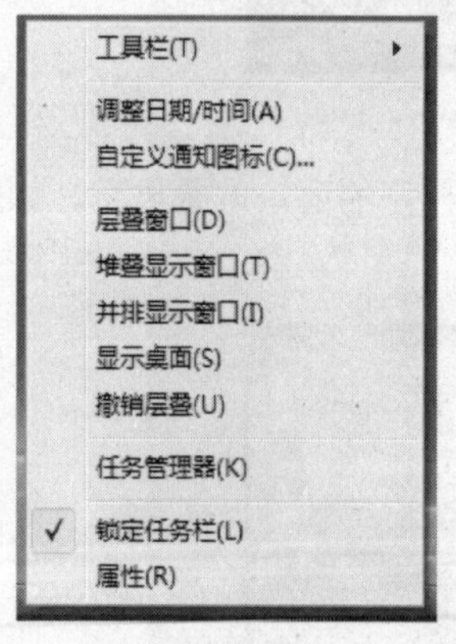

撤销层叠

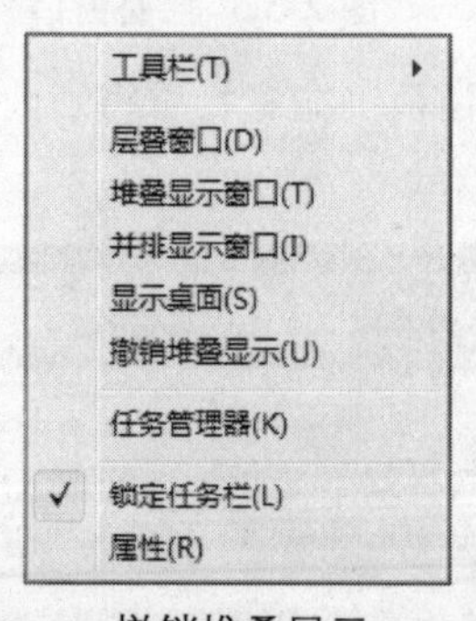

撤销堆叠显示

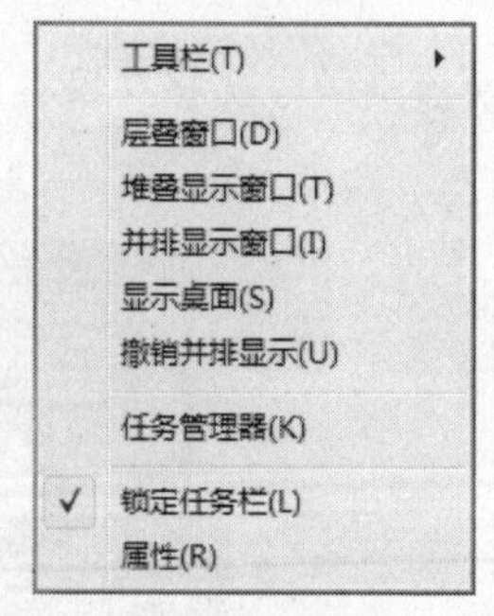

撤销并排显示

图 2-85　撤销层叠、堆叠、并排显示

2. 切换窗口

在 Windows Vista 中可以同时打开多个窗口，但在某一时刻用户只能对一个窗口进行操作，这个可操作的窗口称为活动窗口。用户要对某个窗口进行操作，必须先切换到该窗口，使其成为当前活动窗口。切换窗口的方法有以下几种：

说明　如果某个窗口处于最小化状态，则排列操作不会作用于该窗口。

方法 1：单击任务栏中的窗口按钮
在任务栏中单击某个窗口按钮，即可切换到对应的窗口，使其成为当前活动窗口。

方法 2：通过快捷键切换

按【Alt+Tab】组合键，将弹出窗口切换面板，如图 2-86 所示。

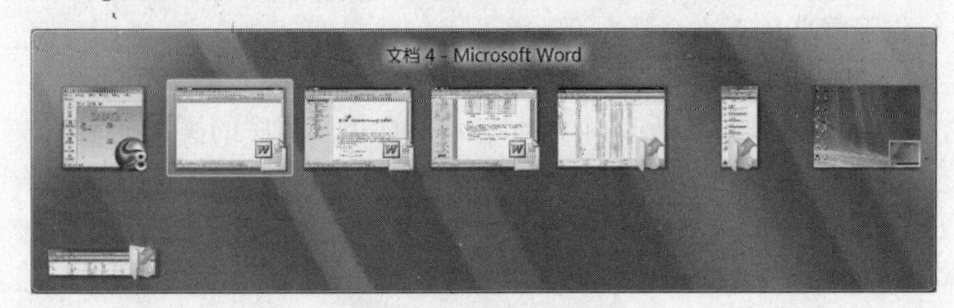

图 2-86　窗口切换面板

按住【Alt】键不放，并多次按【Tab】键，可以看到有一个蓝色框会依次在各个窗口图标上移动。选中需要切换到的窗口图标后，释放【Tab】键和【Alt】键，即可切换到对应的窗口。

方法 3：通过"在窗口之间切换"按钮切换

快速访问工具栏中有一个"在窗口之间切换"按钮，单击该按钮，会弹出一个立体的窗口切换面板，如图 2-87 所示。

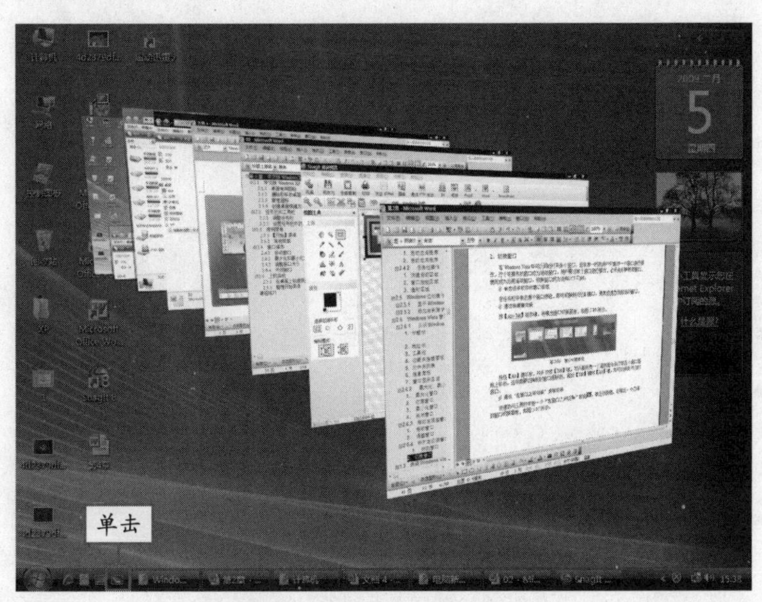

图 2-87　出现的立体切换面板

用鼠标单击某个窗口图标，即可切换到对应的窗口。

方法 4：单击窗口可见区域
如果窗口的任意部分区域在屏幕中可见，用鼠标单击该区域即可将窗口切换为活动窗口。

巩固与练习

一、填空题

1. ______________多为一张漂亮的图片，其用途就是使系统更加美观。

2. 任务栏位于屏幕最下方，从左至右依次为______________、______________、______________和通知区域。

3. ___________中集中了所有对 Windows Vista 以及程序的操作命令。

4. ___________是 Windows Vista 新增的一个小功能，可以从中放置一些自己喜欢的小工具，方便用户查看指定信息或进行某些操作。

5. Windows Vista 欢迎中心窗口分为两个部分：______________和______________。

二、简答题

1. 简述启动 Windows Vista 和退出 Windows Vista 的方法。

2. 如何开启和关闭 Windows Vista 边栏？

三、上机操作

1. 为自己的电脑设置一个漂亮的桌面。

2. 将自己最常用的程序添加到快速启动区域。

说明　打开太多侧窗口后，任务栏中将无法显示所有的窗口按钮。

第3章 Windows Vista的文件管理

- 浏览文件和文件夹
- 新建文件夹
- 选取与打开文件和文件夹
- 为文件和文件夹重命名
- 移动与复制文件和文件夹
- 删除与查找文件和文件夹
- 查看与设置文件和文件夹属性
- 加密文件

现在我们对Windows Vista已经有了一些了解，那么在Windows Vista中怎样对文件进行管理呢？

在Windows Vista中，主要是通过“计算机”窗口对文件进行查看和管理的。

是的，操作系统最基本的功能就是帮助用户管理各种文件，而文件的管理又离不开文件夹管理功能的实现。在本章中，我们将介绍如何对文件进行管理，这也是Windows Vista中很重要的基本操作之一。

3.1 浏览文件和文件夹

Windows Vista 中的“计算机”窗口相当于 Windows XP 中的“我的电脑”窗口，在其中可以非常直观地浏览文件和文件夹。

3.1.1 查看磁盘信息

在“计算机”窗口中可以方便地查看电脑的磁盘信息，具体操作步骤如下：

① 双击桌面上的“计算机”图标，或单击“开始”|“计算机”命令，如图 3-1 所示。

图 3-1 单击“开始”|“计算机”命令

② 在弹出的“计算机”窗口中显示了当前电脑中的磁盘和光驱图标，如图 3-2 所示。

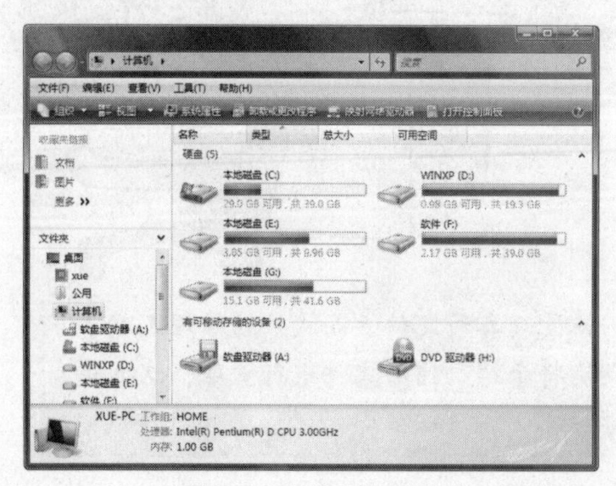

图 3-2 “计算机”窗口

③ 在窗口上方的工具栏中单击“视图”按钮右侧的按钮，在弹出的下拉菜单中可以选择磁盘图标的大小，如图 3-3 所示。

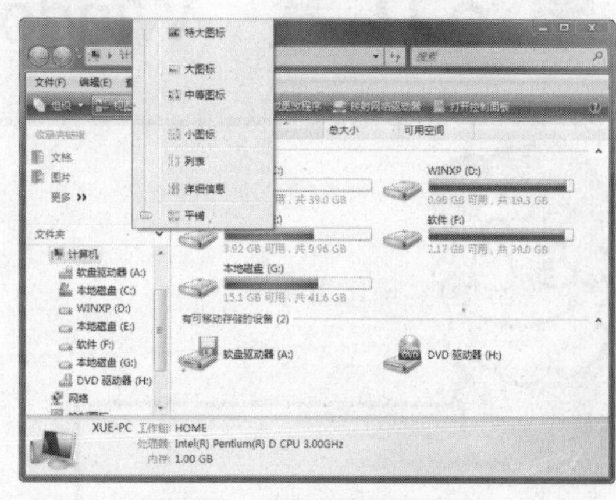

图 3-3 选择磁盘图标大小

④ 图 3-4 所示为中等图标效果。

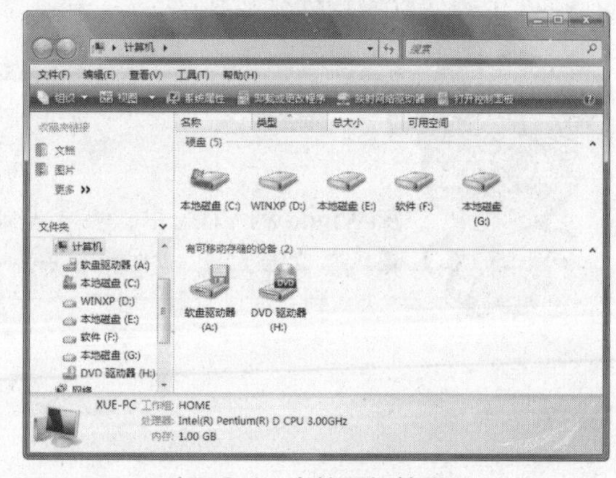

图 3-4 中等图标效果

⑤ 在“计算机”窗口的空白处右击，在弹出的快捷菜单中选择“排列方式”命令，在其子菜单中可以选择按照哪种方式来排列磁盘图标，如图 3-5 所示。

说明 打开“计算机”窗口后，窗口中即显示当前磁盘分区的相关信息。

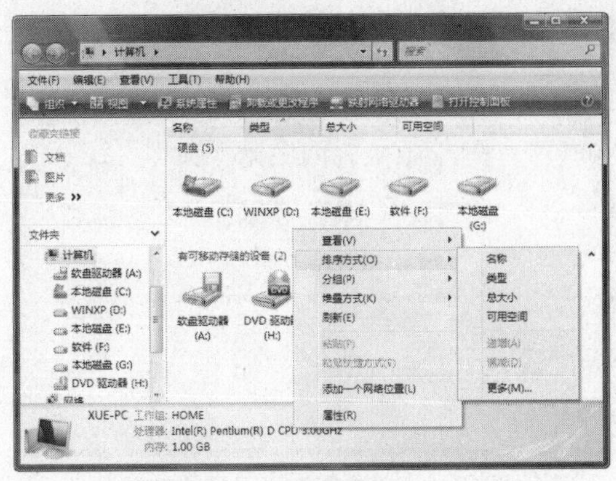

图 3-5 选择排列方式

⑥ 图 3-6 所示为按名称排列的效果。

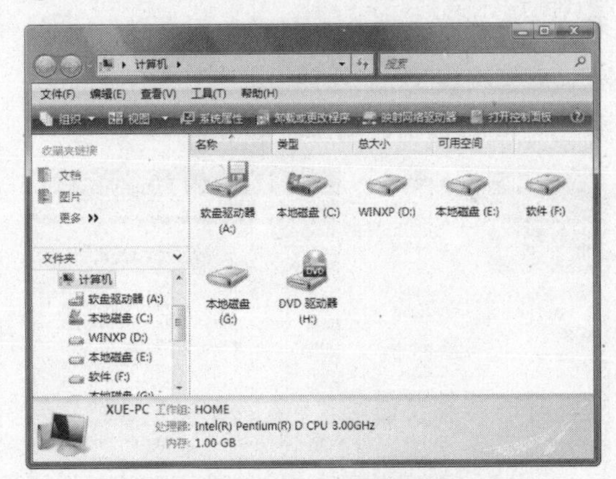

图 3-6 按名称排列效果

3.1.2 查看文件和文件夹

在 Windows Vista 中，所有的文件和文件夹都是存储在各个磁盘中的。要查看某个文件或文件夹，首先需要进入到该磁盘目录下。下面以查看 E 盘下“书稿”文件夹中的文件为例进行介绍。具体操作步骤如下：

① 在“计算机”窗口中双击“本地磁盘(E:)”图标，进入到该磁盘目录下，如图 3-7 所示。

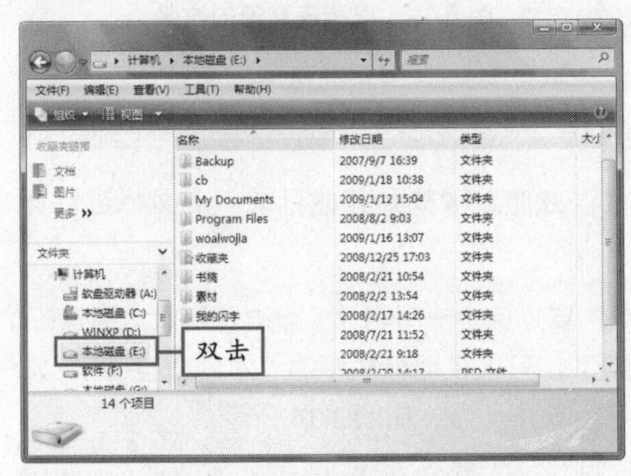

图 3-7 进入到 E 盘目录下

② 找到“书稿”文件夹，在其上双击，即可打开该文件夹，进入其目录下，如图 3-8 所示。

③ 在“书稿”文件夹的文件图标，即可打开对应的文件，如图 3-9 所示。

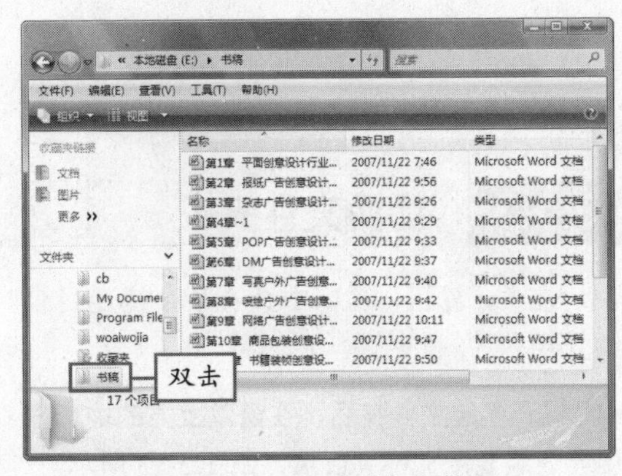

图 3-8 打开“书稿”文件夹

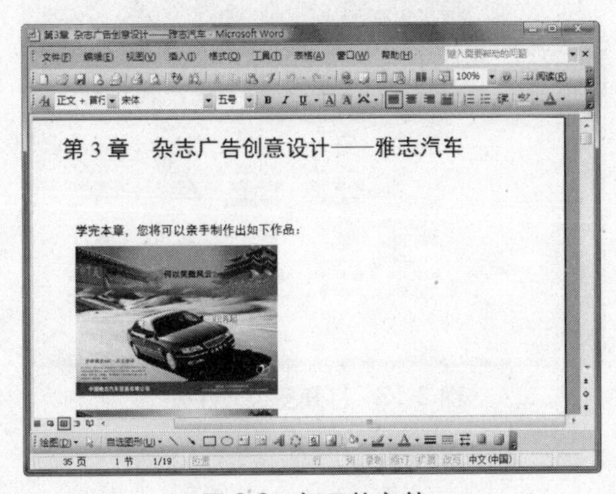

图 3-9 打开的文件

磁盘与文件的打开操作都是通过鼠标双击来实现的。 说明

④ 为了方便查看文件，用户也可以调整文件和文件夹的查看方式。只要单击工具栏中视图按钮右侧的▼按钮，在弹出的下拉菜单中选择合适的查看方式即可，如图 3-10 所示。

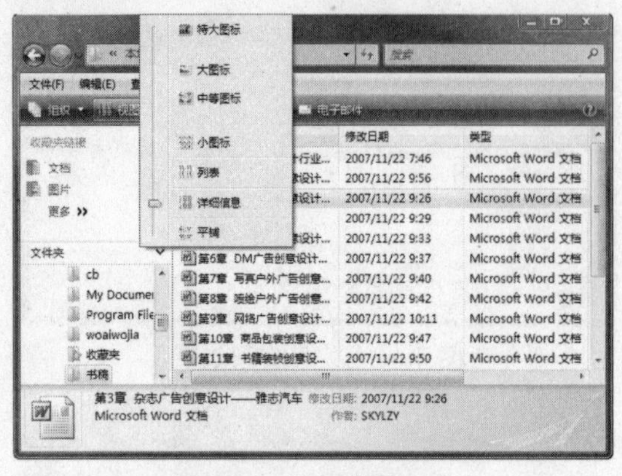

图 3-10　选择查看方式

⑤ 图 3-11 所示为以中等图标显示的效果；图 3-12 所示为以列表方式显示的效果。

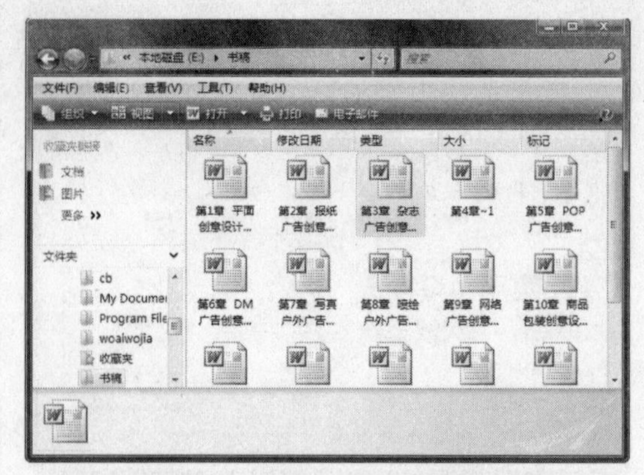

图 3-11　以中等图标显示的效果

图 3-12　以列表显示的效果

3.1.3 切换文件夹

在“计算机”窗口中查看某个特定目录时，可以方便地调整到其他目录。下面将进行详细介绍。

① 打开多层文件夹后，在窗口上方的地址栏中会逐级显示文件夹目录，如图 3-13 所示。

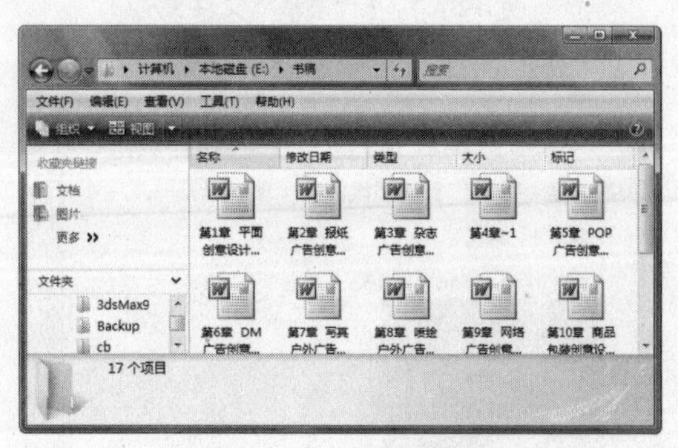

图 3-13　打开多级文件夹

② 要返回上一级目录，即进入到本地磁盘(E:)盘下，只须在地址栏中的“本地磁盘(E:)”文字上单击即可，如图 3-14 所示。

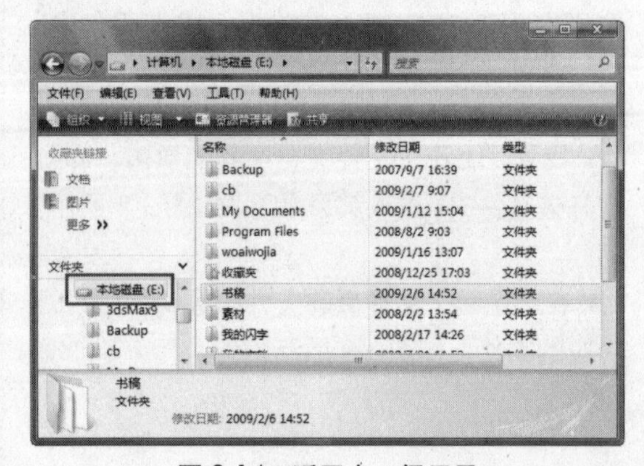

图 3-14　返回上一级目录

说明　不同的查看方式在窗口中显示的文件和文件夹不同。

③ 打开多个文件夹后，在地址栏中各目录名称后面会显示一个▶按钮。单击该按钮，在弹出的下拉菜单中可以选择进入▶按钮前的文件夹中的任意一个文件夹中。例如，在地址栏中单击“本地磁盘(E:)”选项后的▶按钮，在弹出的下拉菜单中可以选择进入到 E 盘下的其他文件夹中，如图 3-15 所示。

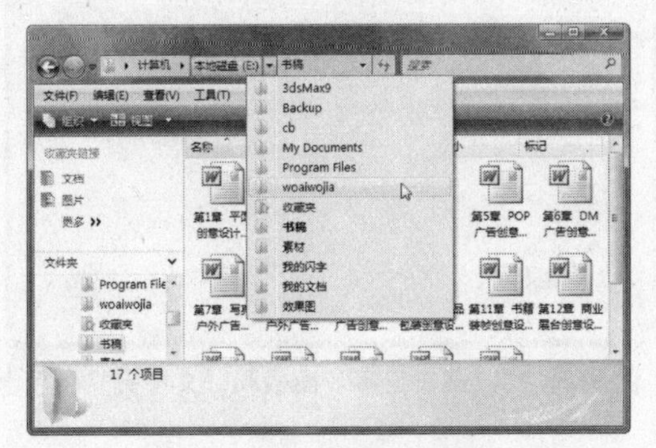

图 3-15　选择其他文件夹

④ 同样，单击地址栏中“计算机”后面的▶按钮，利用弹出的下拉菜单可以快速跳转到其他磁盘下，如图 3-16 所示。

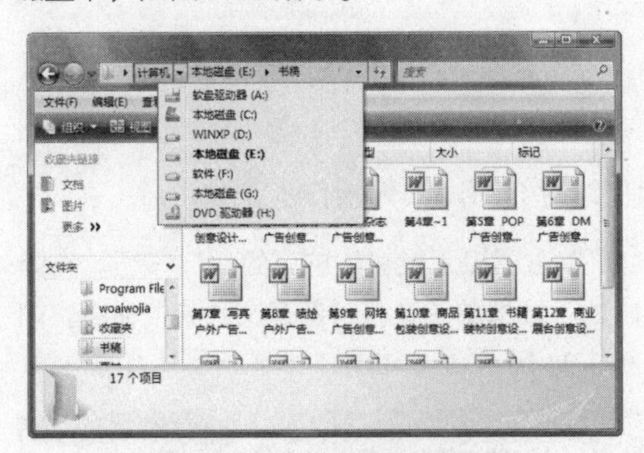

图 3-16　跳转到其他磁盘下

⑤ 在地址栏中，单击地址栏最左侧的按钮，可以快速返回到前面浏览的目录，如图 3-17 所示。

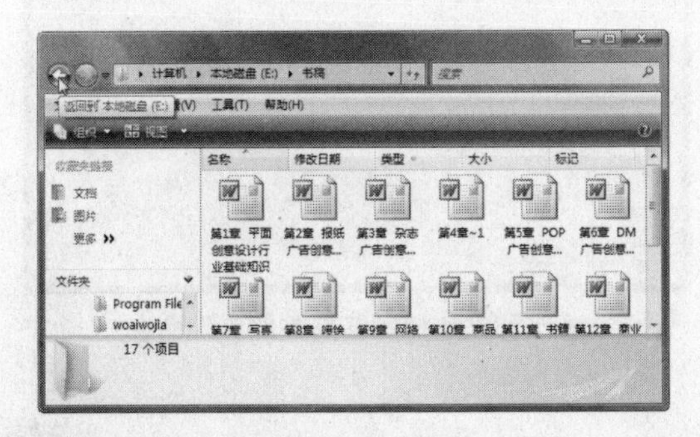

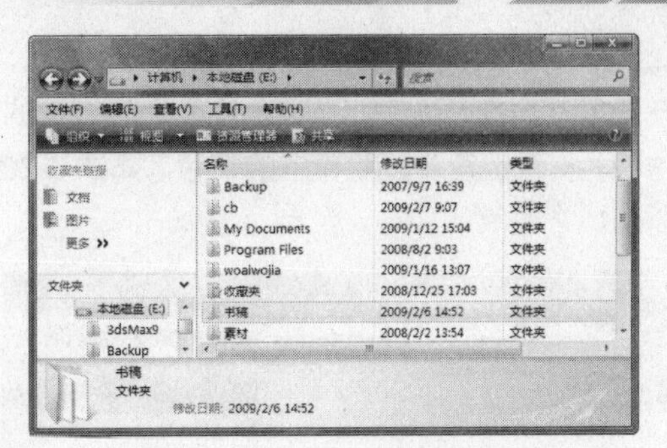

图 3-17　返回到前面浏览的目录

⑥ 这时，地址栏中的按钮变为可用状态，单击该按钮，可以返回到之前的状态，如图 3-18 所示。

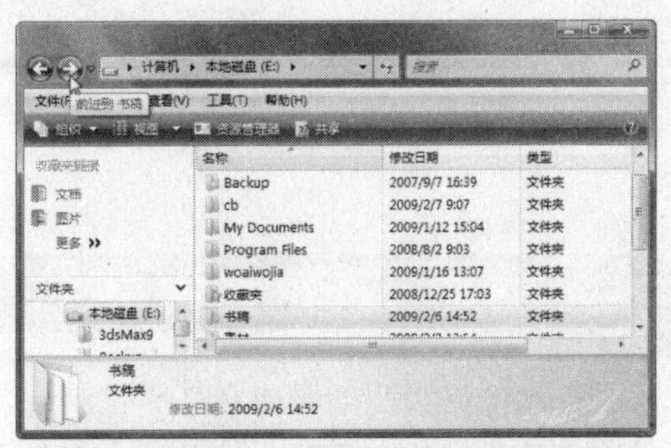

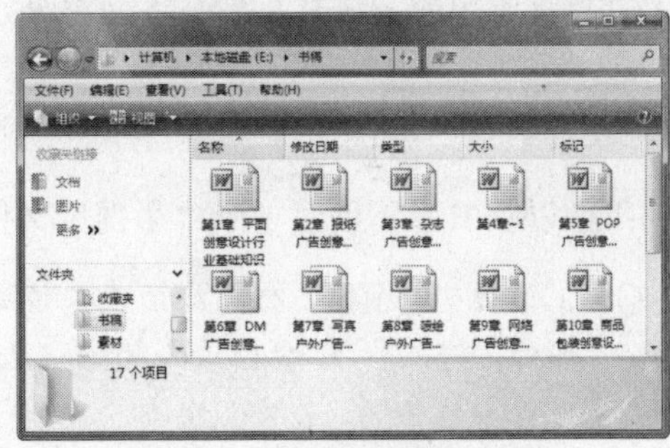

图 3-18　返回之前的目录

⑦ 单击按钮右侧的按钮，在弹出的下拉菜单中会显示最近查看过的文件夹，单击某个命令即可跳转到对应的位置，如图 3-19 所示。

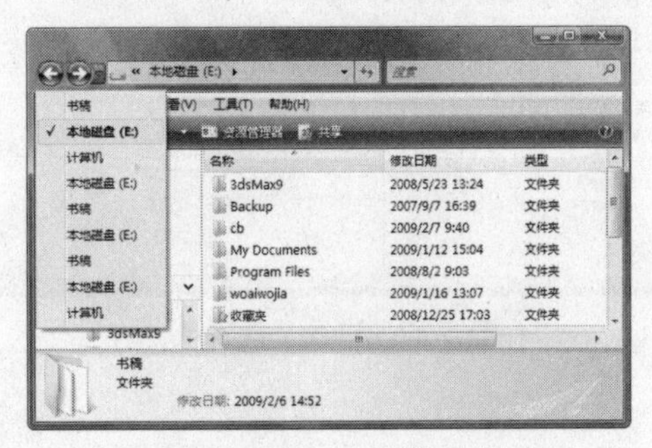

图 3-19　最近查看过的文件夹

若窗口中包含有太多的文件和文件夹，则以选择“列表“方式以显示更多信息。　技 巧

⑧ 在地址栏中，单击地址栏右侧的▼按钮，在弹出的下拉列表中，可以选择最近浏览过的地址，从而快速跳转到相应的目录，如图 3-20 所示。

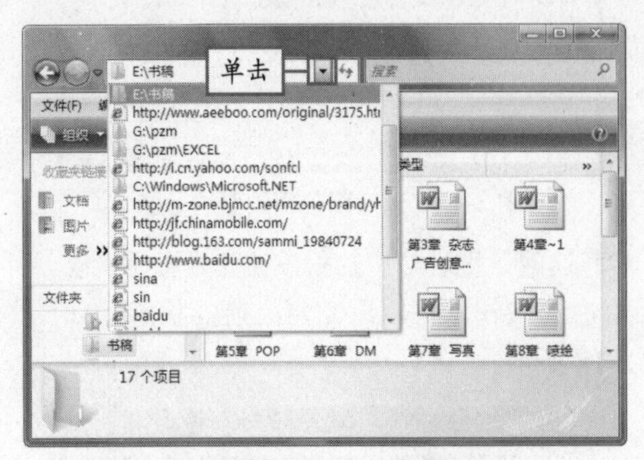

图 3-20　地址栏下拉菜单

⑨ 无论用户通过地址栏进入了哪级目录下，都可以通过“计算机”窗口左侧的“收藏夹链接”面板和“文件夹”面板来快速跳转到其他目录下，如图 3-21 所示。

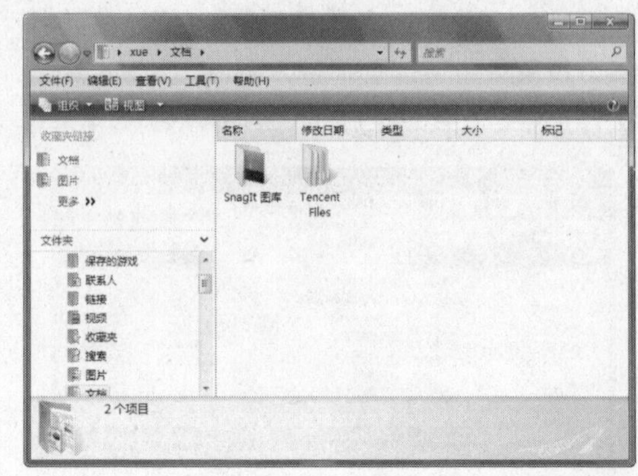

图 3-21　“收藏夹链接”面板和“文件夹”面板

3.2　新建文件夹

在任意的磁盘驱动器或文件夹目录下，都可以创建新的文件和文件夹，一般来说，创建新的文件夹常用的方法有两种，下面将分别进行介绍。

3.2.1　利用“组织”按钮创建文件夹

下面以在 E 盘下创建一个“影视”文件夹为例进行介绍，具体操作步骤如下：

① 打开“计算机”窗口，然后双击“本地磁盘(E:)”图标，进入到 E 盘目录，如图 3-22 所示。

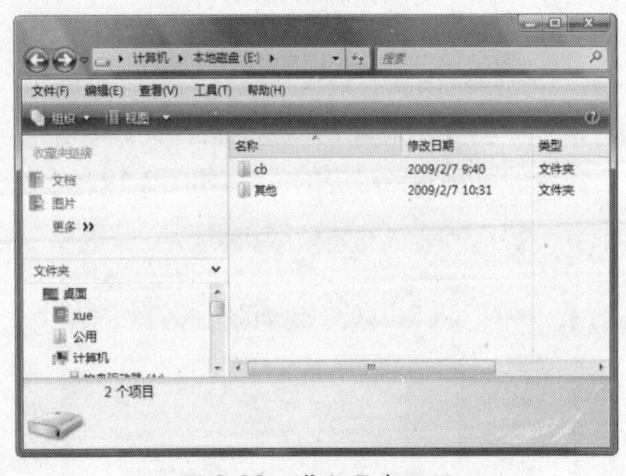

图 3-22　进入 E 盘目录

② 单击窗口工具栏中的“组织”按钮，在弹出的下拉菜单中选择“新建文件夹”命令，如图 3-23 所示。

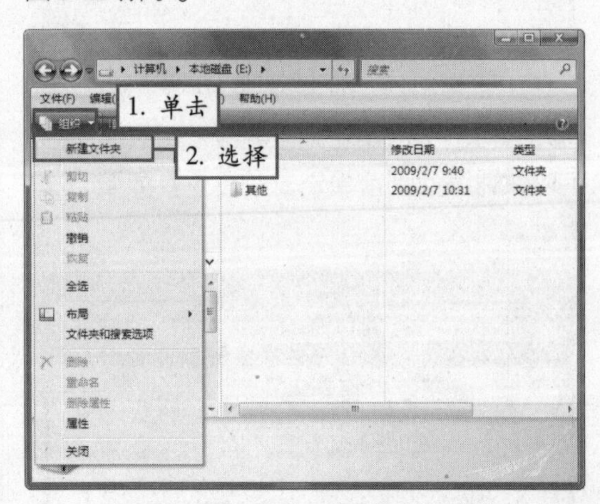

图 3-23　选择“新建文件夹”命令

说明　文件夹用来分类放置不同类型的文件。

③ 此时在窗口中将新建一个文件，且文件夹名处于可编辑状态，如图 3-24 所示。

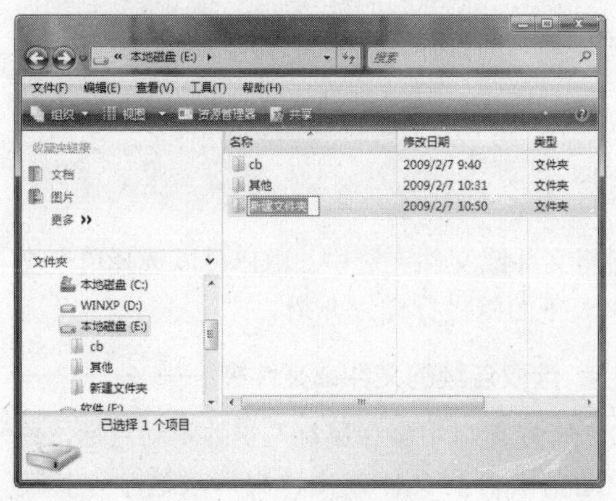

图 3-24　新建的文件夹

④ 选择合适的输入法，输入“影视”，然后用鼠标单击窗口的任意位置，即可完成文件夹的修改，如图 3-25 所示。

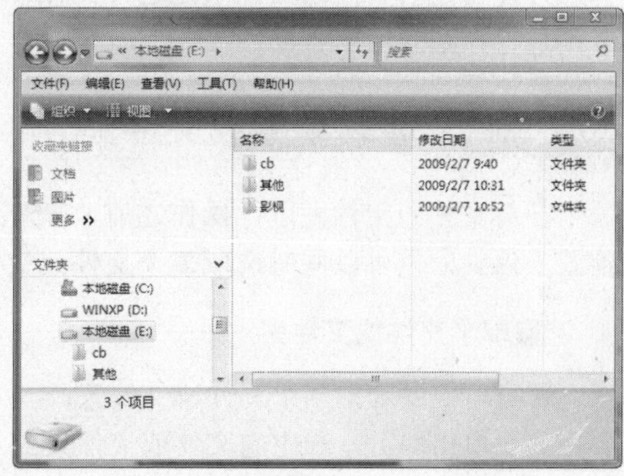

图 3-25　创建的“影视”文件夹

3.2.2　利用快捷菜单创建文件夹

用户也使用快捷菜单创建文件夹。E 盘下创建一个“歌曲”文件夹为例进行介绍，具体操作步骤如下：

① 打开“计算机”窗口，然后双击“本地磁盘(E:)”图标，进入到 E 盘目录下。

② 右击窗口的空白处，在弹出的快捷菜单中选择“新建”|“文件夹”命令，如图 3-26 所示。

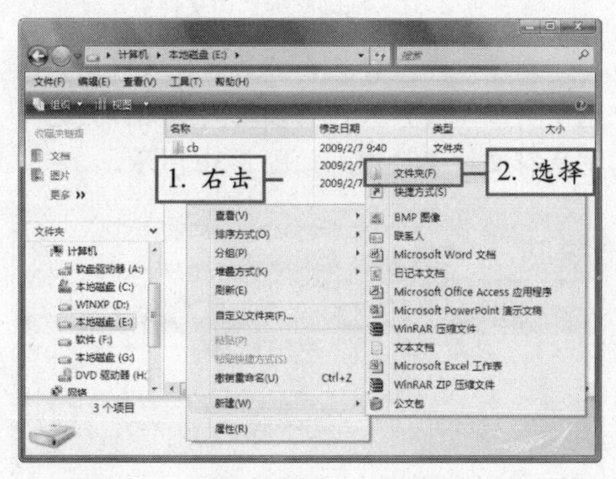

图 3-26　选择“新建”|“文件夹”命令

③ 此时在窗口中将新建一个文件，且文件夹名处于可编辑状态，如图 3-27 所示。

④ 选择合适的输入法，输入“歌曲”，然后单击窗口的任意位置，即可完成文件夹的修改，如图 3-28 所示。

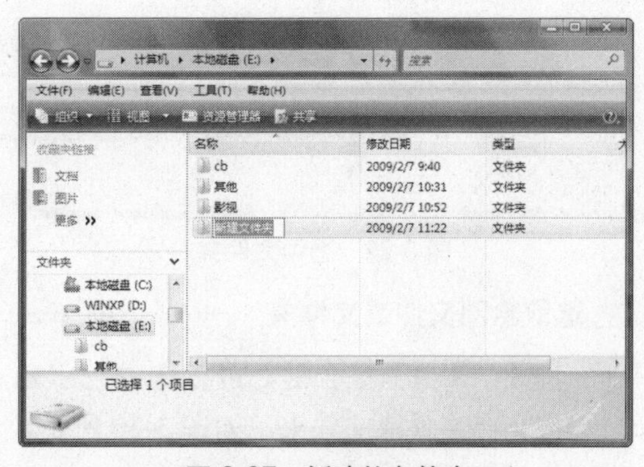

图 3-27　新建的文件夹

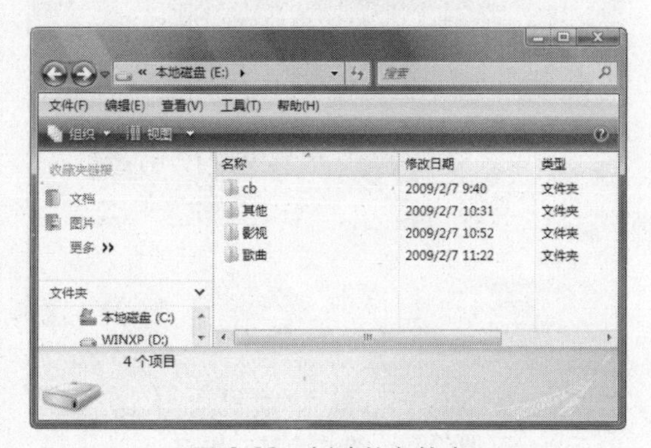

图 3-28　新建的文件夹

文件夹可以多级嵌套，即文件夹下还可以包含文件夹。　说明

3.3 选取与打开文件或文件夹

打开与选取文件或文件夹是进行文件管理的最基本的操作，也是最常用的操作。下面将分别进行详细介绍。

3.3.1 选取文件或文件夹

在对文件和文件夹进行操作之前，首先需要将文件或文件夹选中。用户可以选择单个文件或文件夹，也可以同时选取多个文件或文件夹。下面将进行详细介绍。

选取单个文件或文件夹

在窗口中要选中某个文件或文件夹，只要在其上单击即可，选中的文件或文件夹上将显示一个蓝色的框，如图 3-29 所示。

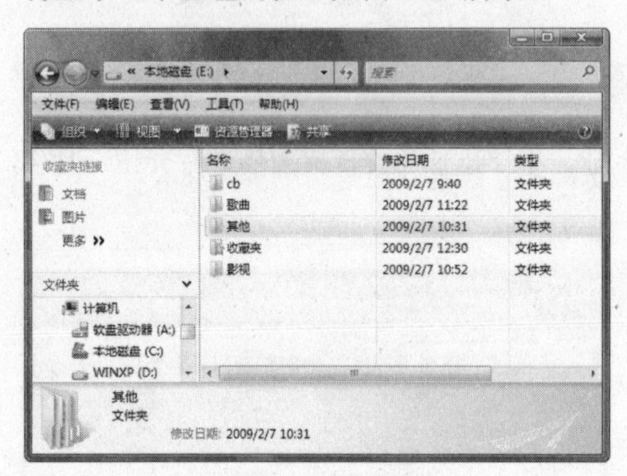

图 3-29　选中文件夹

选取全部文件或文件夹

按【Ctrl+A】组合键，可以选中当前窗口中的全部文件或文件夹，如图 3-30 所示。

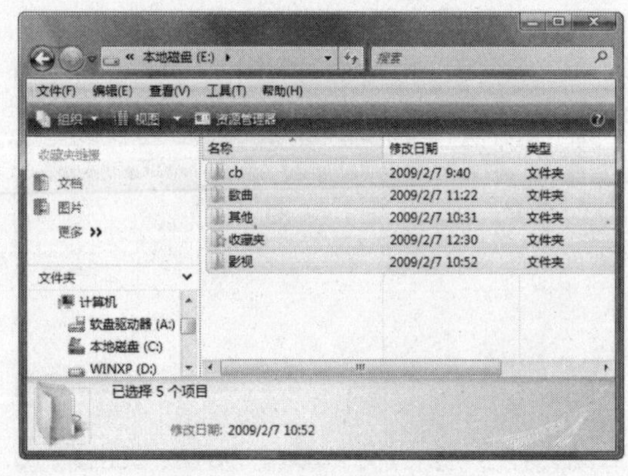

图 3-30　选中全部文件夹

选取连续的文件或文件夹

在窗口中按住鼠标左键并拖动鼠标，拖动范围内的文件或文件夹即被选中，如图 3-31 所示。

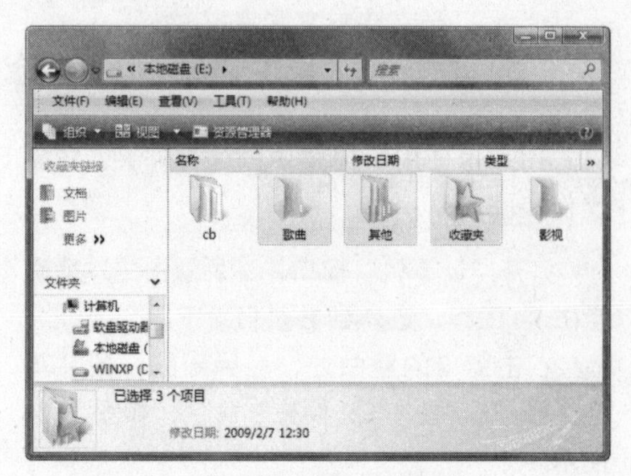

图 3-31　拖动鼠标选中文件夹

选中一个文件夹，然后按住【Shfit】键选中另一个文件夹，可以将两个文件夹之间的所有文件夹选中，如图 3-32 所示。

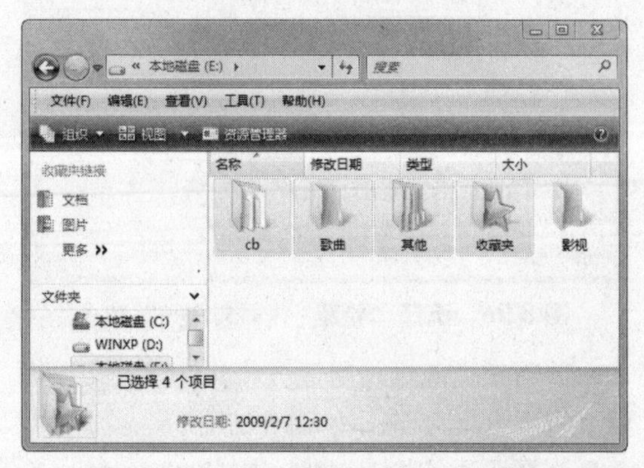

图 3-32　利用【Shfit】键选中文件夹

技巧　若要新建多个空白文件夹，可先创建一个文件夹，然后对其进行复制操作。

选取不连续的文件或文件夹

按住【Ctrl】键依次单击文件或文件夹，可以选中不连续的多个文件或文件夹，如图 3-33 所示。

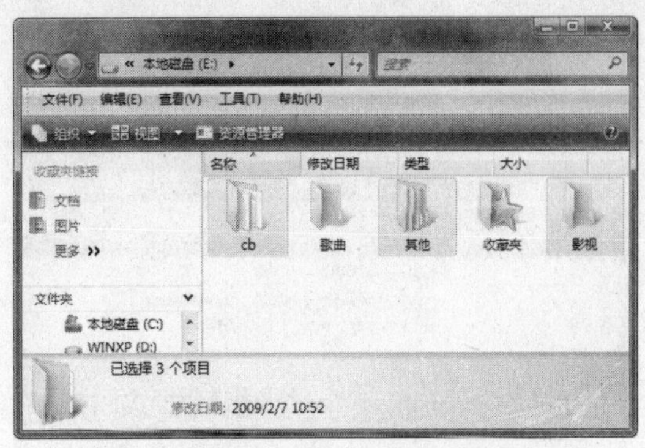

图 3-33 选中不连续的文件或文件夹

3.3.2 打开文件或文件夹

使用“计算机”窗口打开文件或文件夹的方法一般有两种，下面分别进行介绍。

用鼠标打开文件或文件夹

双击要打开的文件或文件夹，即可打开该文件或文件夹。如图 3-34 所示双击“其他”图标，打开“其他”文件夹。

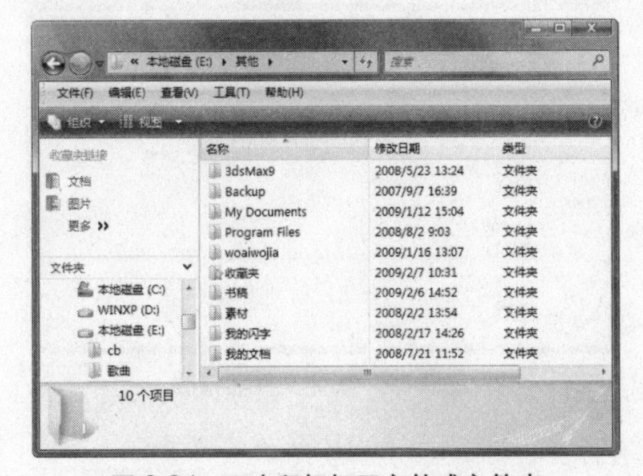

图 3-34 双击鼠标打开文件或文件夹

用快捷菜单打开文件或文件夹

右击目标文件或文件夹，然后从弹出的快捷菜单中选择“打开”命令，也可以打开文件或文件夹，如图 3-35 所示。

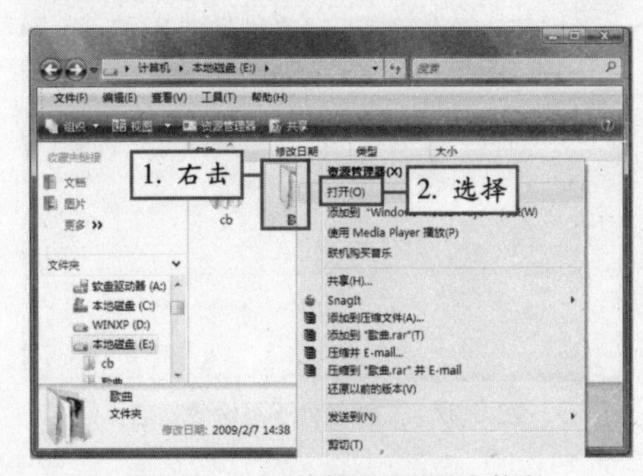

图 3-35 利用快捷菜单打开文件夹

3.4 将文件或文件夹重命名

在按照前面介绍的方法创建了新的文件或文件夹之后，系统会自动为其命名，但是，在使用过程中，由于各种原因，有可能需要将其中的某些文件或文件夹重命名。

1. 使用快捷菜单将文件或文件夹重命名

下面以将“其他”文件夹重命名为“资料”文件夹为例，开进行介绍，具体操作步骤如下：

在对文件重命名时，不要更改文件的扩展名。 说明

① 在“其他”文件夹上右击，在弹出的快捷菜单中选择“重命名”命令，如图 3-36 所示。

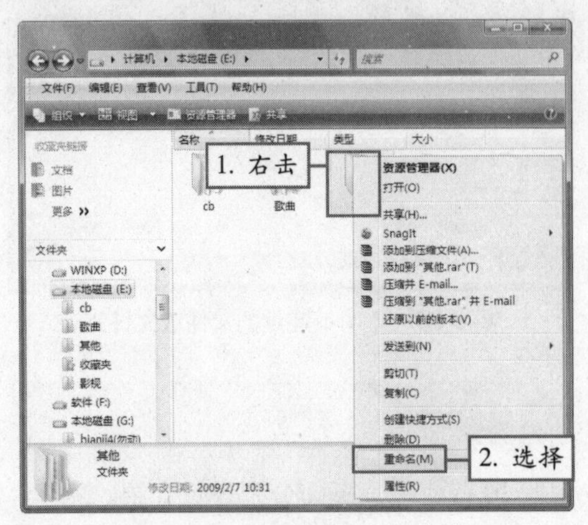

图 3-36 选择“重命名”命令

② 这时候的文件名处于可编辑状态，如图 3-37 所示。

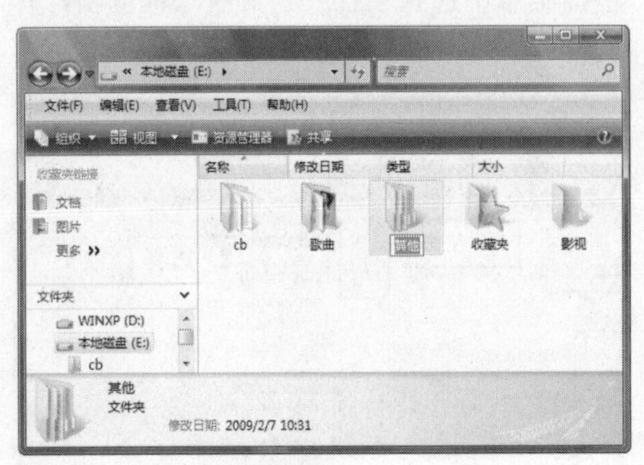

图 3-37 文件名处于可编辑状态

③ 切换到合适的输入法，输入文本“资料”，如图 3-38 所示。

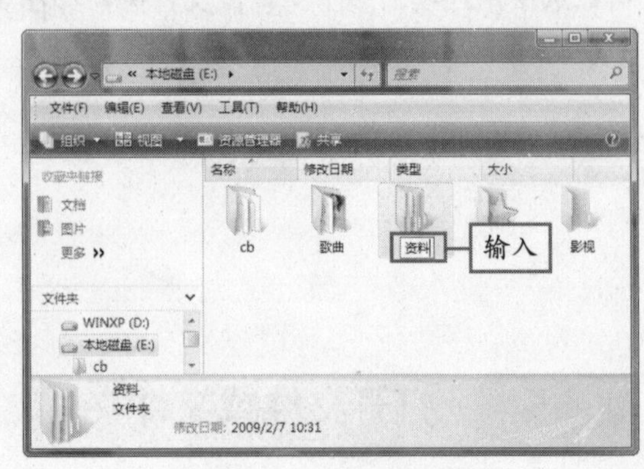

图 3-38 修改文件名

④ 单击窗口的任意位置，或按【Enter】键，确认对文件夹名称的修改，如图 3-39 所示。

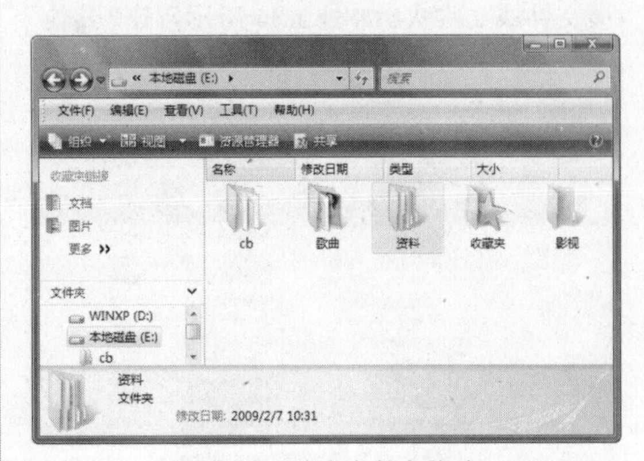

图 3-39 确定文件名修改

2. 使用菜单栏重命名文件或文件夹

选中要重命名的文件夹或文件，在窗口上方的菜单栏中单击“文件”|“重命名”命令（见图 3-40），也可以使文件或文件夹名处于重命名状态，然后输入新的名称即可。

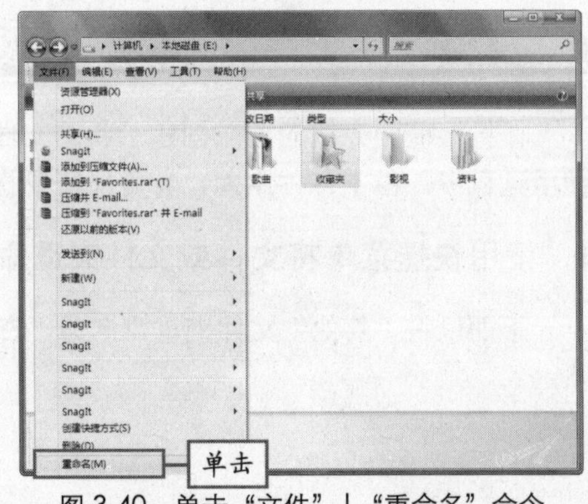

图 3-40 单击“文件”|“重命名”命令

技巧 Windows Vista 默认不显示文件的扩展名，重命名文件时，可以直接更改。

3.5 移动与复制文件或文件夹

移动与复制文件或文件夹，是进行文件管理最常用的操作，也是用户必须掌握的操作。下面将进行详细介绍。

3.5.1 移动文件或文件夹

移动文件或文件夹是指将文件或文件夹从原始目录下转移出来，放到其他的磁盘驱动器或目录下。这个工作通常都是在需要进行数据交换的时候进行的，下面以将歌曲文件夹中的“茉莉花”移动到“专辑”文件夹中为例，介绍移动文件或文件夹的方法。具体操作步骤如下：

① 打开“歌曲”文件夹，在其中的“茉莉花”文件上右击，在弹出的快捷菜单中选择“剪切”命令，如图 3-41 所示。

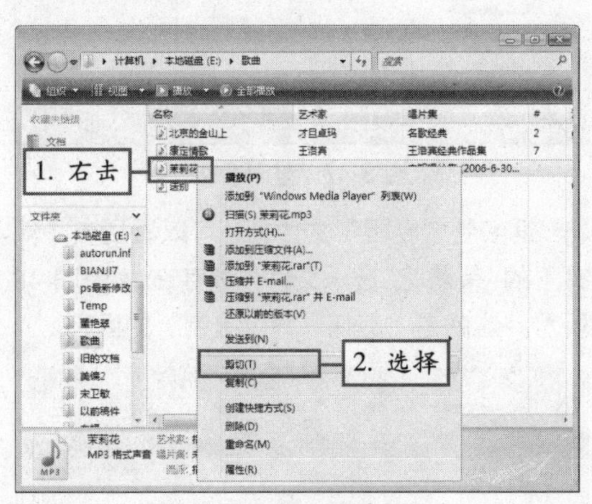

图 3-41 选择“剪切”命令

② 返回到 E 盘下，找到“专辑”文件夹并将其打开，然后在其中右击，在弹出的快捷菜单中选择“粘贴”命令，如图 3-42 所示。

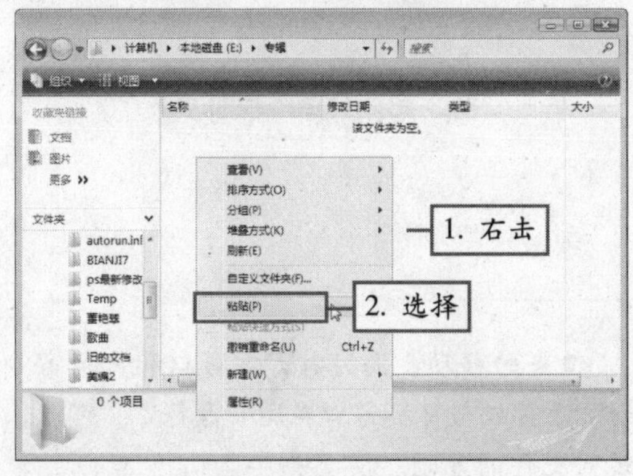

图 3-42 选择“粘贴”选项

③ 可以看到，这时候在“专辑”文件夹中出现了“茉莉花”音乐文件，如图 3-43 所示。

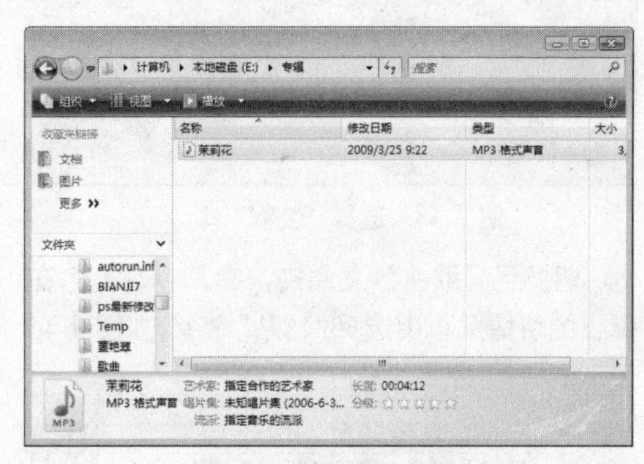

图 3-43 粘贴的文件

④ 再次返回到“歌曲”文件夹中，可以看到“茉莉花”音乐文件消失了，如图 3-44 所示所示。这样就把一个文件从一个文件夹移动到了另一个文件夹中。

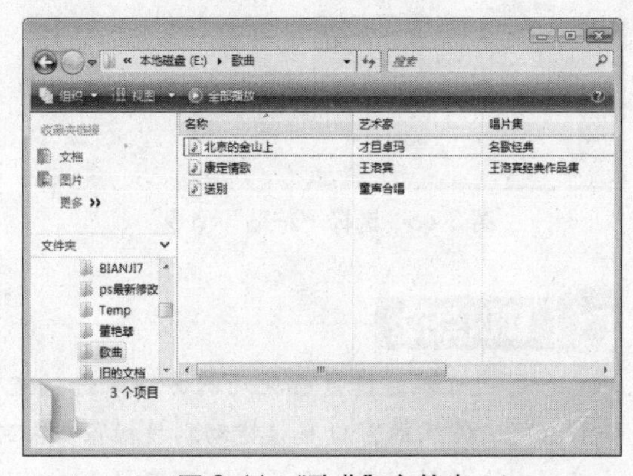

图 3-44 “歌曲”文件夹

文件的扩展名定义了该文件由哪个程序创建，以及由哪个程序打开。 说明

3.5.2 复制文件或文件夹

如果不想原文件夹中的文件消失，可以对文件进行复制，下面以“专辑”文件夹中的“茉莉花”文件复制到原来的“歌曲”文件夹中为例进行介绍，具体操作步骤如下：

① 打开“专辑”文件夹，在“茉莉花”音乐文件上右击，在弹出的快捷菜单中选择“复制”命令，如图 3-45 所示。

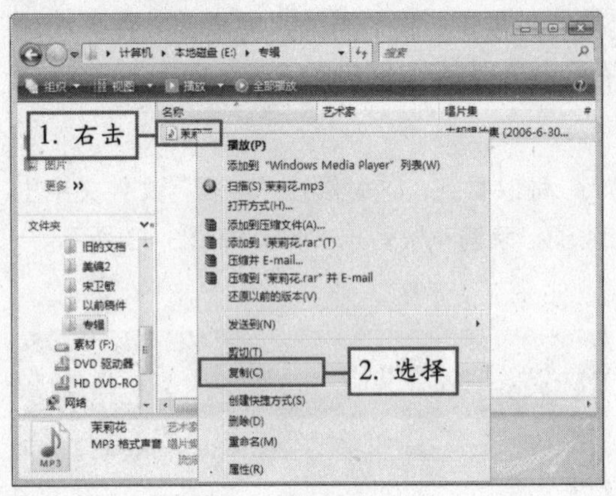

图 3-45 选择“复制”命令

② 切换到“歌曲”文件夹，在其中右击，在弹出的快捷菜单中选择“粘贴”命令，如图 3-46 所示。

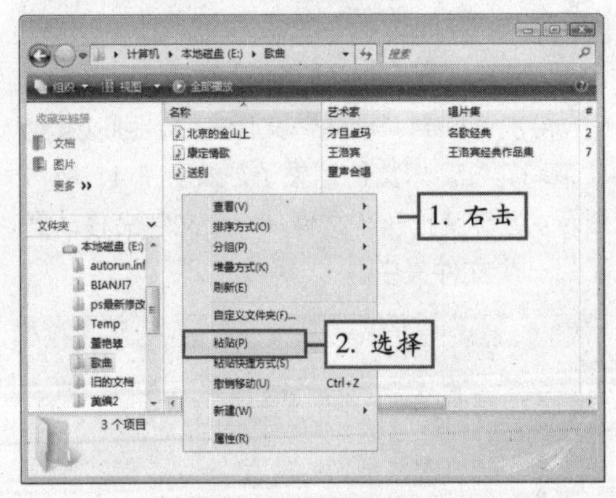

图 3-46 选择“粘贴”命令

③ 这时可以看到“茉莉花”音乐文件复制到了“歌曲”文件夹中，如图 3-47 所示。

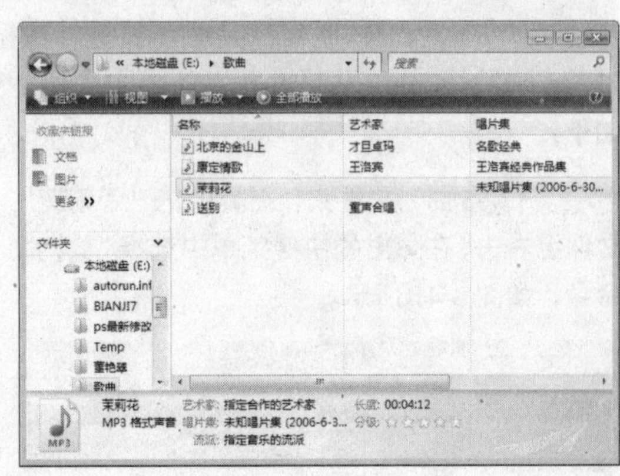

图 3-47 复制歌曲

④ 返回到“专辑”文件夹，可以看到该文件夹下的“茉莉花”音乐文件依然存在，如图 3-48 所示。这就是“剪切”和“复制”的区别。

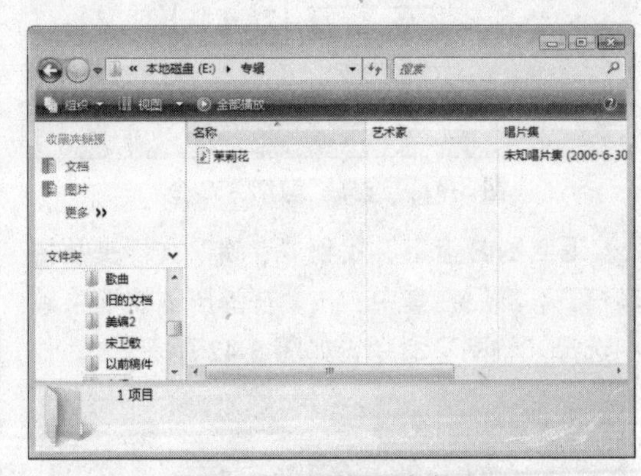

图 3-48 “专辑”文件夹

知识点拨

用户可以通过鼠标拖动的方法来进行文件或文件夹的移动，同时打开源窗口和目标窗口，将文件从源窗口直接拖动到目标窗口即可。如果源窗口与目标窗口在同一盘符下，可以实现对文件的移动；如果在不同盘符下，可以实现对文件的复制。

技巧 “剪切“命令的快捷键为【Ctrl+X】。

3.6 删除与查找文件或文件夹

在经过一段时间的操作之后，本地磁盘上可能会出现一些不再需要的文件和文件夹，对于这些文件和文件夹，可以将其删除以节省磁盘空间；如果用户不知道文件与文件夹的确切位置，使用“计算机”窗口来逐个查找文件与文件夹，效率会非常低，而且还很不方便，这个时候可以使用 Windows Vista 的搜索工具快速进行搜索。

3.6.1 删除文件或文件夹

下面以删除“专辑”文件夹为例，介绍删除文件或文件夹的方法，具体操作步骤如下：

① 在“周杰伦专辑”文件夹上右击，在弹出的快捷菜单中选择“删除”命令，如图 3-49 所示。

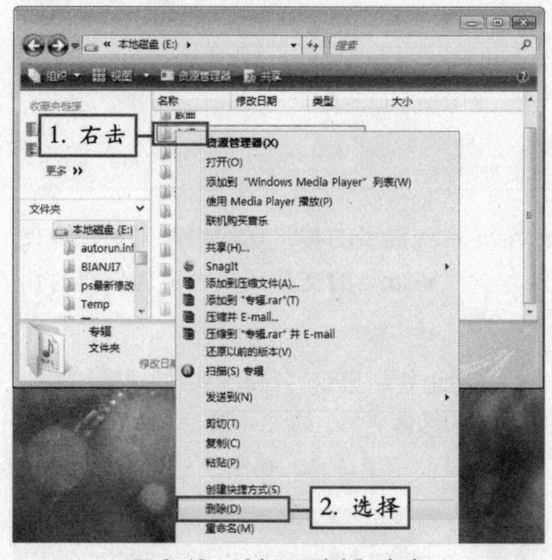

图 3-49 选择“删除”命令

② 这时将弹出一个对话框，询问是否确实要删除该文件夹，如图 3-50 所示。

图 3-50 “删除文件夹”对话框

③ 单击“是”按钮，即可确认将文件删除。这时可以看到“专辑”文件夹已被删除，如图 3-51 所示。

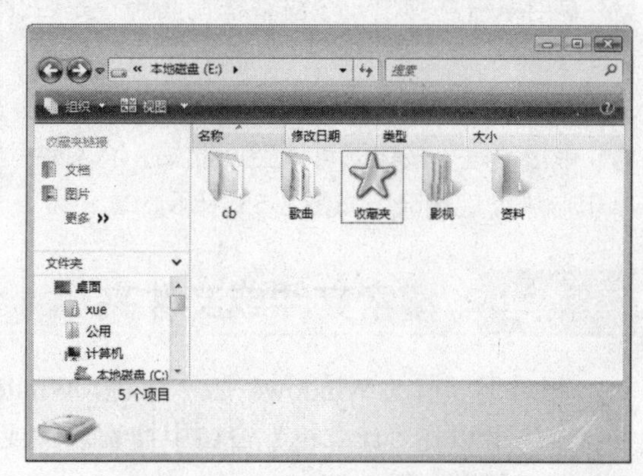

图 3-51 “专辑”文件夹已删除

④ 此时删除的文件夹或文件并不是真的从电脑中消失了，而是放到了“回收站”中。在桌面上双击“回收站”图标，打开“回收站”窗口，其中显示了删除的“专辑”文件夹以及之前删除的所有文件及文件夹，如图 3-52 所示。

图 3-52 “回收站”窗口

⑤ 单击窗口工具栏中的“清空回收站”超链接，如图 3-53 所示。

“复制“命令的快捷键为【Ctrl+C】。 技巧

图 3-53　单击“清空回收站”超链接

⑥ 这时系统将弹出一个对话框询问用户是否真的要将这些文件彻底从电脑中删除，如图 3-54 所示。

⑦ 单击“是”按钮即可清空回收站，将文件从电脑中彻底删除，如图 3-55 所示。

图 3-54　彻底删除对话框

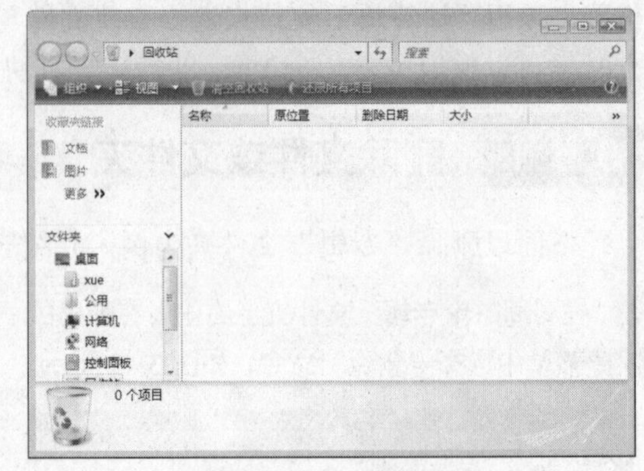

图 3-55　清空回收站

3.6.2　搜索文件或文件夹

相对于以前的 Windows 版本来说，Windows Vista 系统提供的搜索功使用起来更加方便快捷。下面以在“计算机”窗口中搜索名称或内容包含“Vista”的文件或文件夹为例进行讲解，具体操作步骤如下：

① 打开“计算机”窗口，在地址栏右侧的“搜索”文本框中输入要搜索的关键字 Vista。可以看到，随着用户的输入，系统即开始搜索符合条件的文件或文件夹，同时在地址栏中会显示绿色进度条”，如图 3-56 所示。

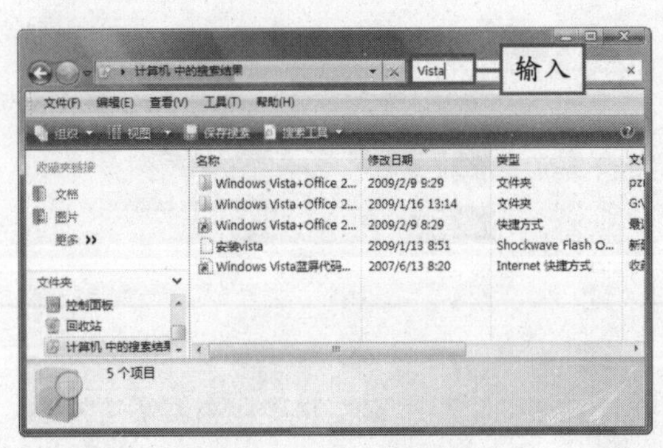

图 3-56　输入要搜索的内容

② 当地址栏中显示“计算机中的搜索结果”时，表示搜索完毕，窗口中将显示所有符合条件的结果及相关信息，如图 3-57 所示。

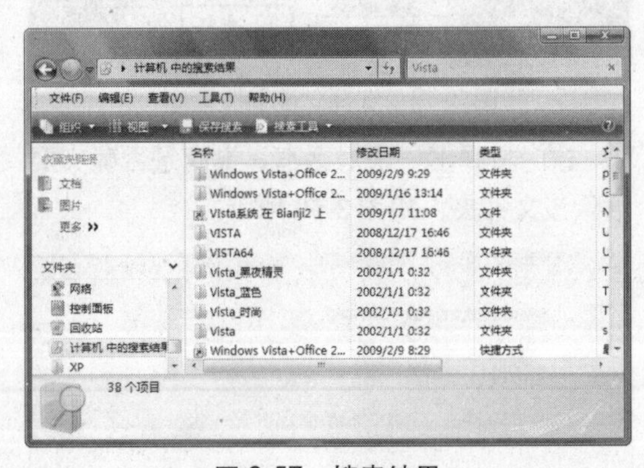

图 3-57　搜索结果

③ 单击窗口工具栏中的“保存搜索”按钮（见图 3-58），在打开的“另存为”对话框中设置保存路径和保存名称后，单击“保存”按钮，即可将搜索结果保存下来，如图 3-59 所示。

说明　文件和文件夹的属性是系统区别它们的标志，也是计算机进行查找的依据。

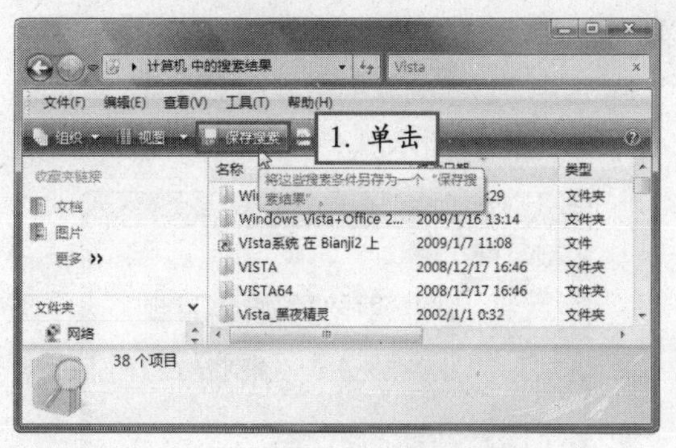

图 3-58 单击“保存搜索”按钮

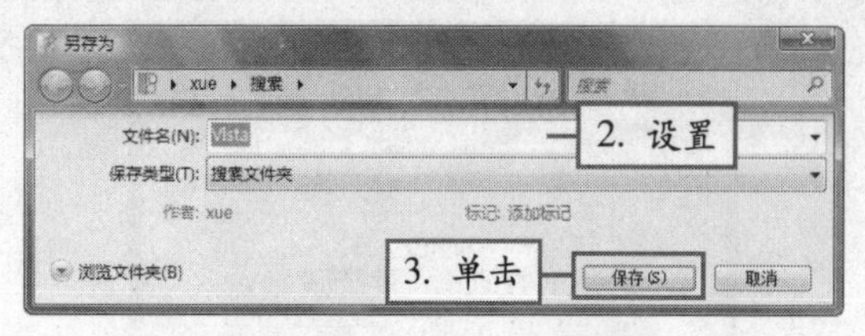

图 3-59 “另存为”对话框

④ 将搜索结果保存后，双击保存的文件，即可打开之前的搜索结果窗口，双击窗口中的文件或文件夹，即可将其打开。

3.7 查看与设置文件或文件夹的属性

在电脑中，每个文件和文件夹都有自己的属性，通过属性，用户可以了解文件的存储位置、大小、创建及修改时间、作者、主题等信息。在 Windows Vista 中，用户可以查看文件和文件夹的属性，也可以对其进行定制和修改。

3.7.1 设置文件夹隐藏属性

查看与设置文件和文件夹属性的具体操作步骤如下：

① 在要查属性的文件或文件夹上右击，在弹出的快捷菜单中选择“属性”命令，如图 3-60 所示。

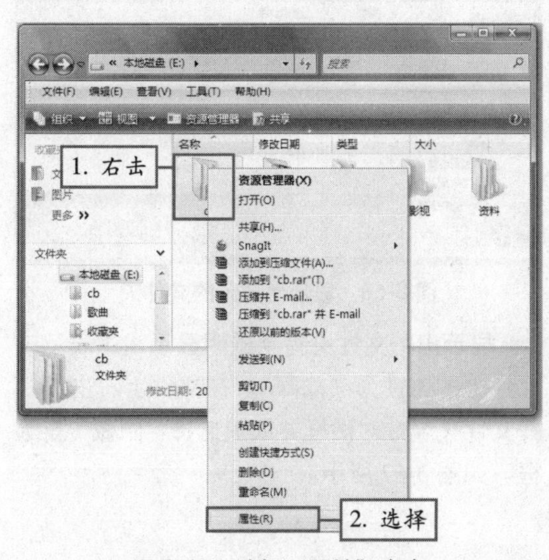

图 3-60 选择“属性”命令

② 此时将打开文件夹属性对话框，如图 3-61 所示。从中可以看出，文件夹属性包括“只读”与“隐藏”两项。

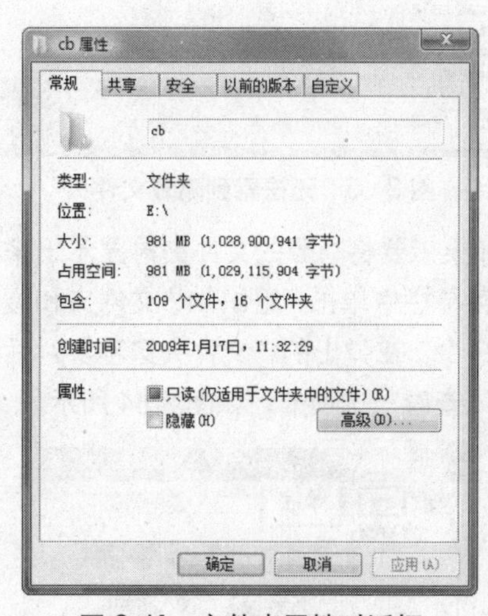

图 3-61 文件夹属性对话框

“只读”属性用于记录对文件或文件夹的某些定制信息，如背景、图标等；“隐藏”属性用于隐藏文件或文件夹，使其在 Windows Vista 下不可见。

③ 选中“隐藏”复选框，单击“确定”按钮，即可将该文件夹隐藏。如果该文件夹中包含子文件夹或文件，此时将弹出“确认属性更改”对话框，如图 3-62 所示。

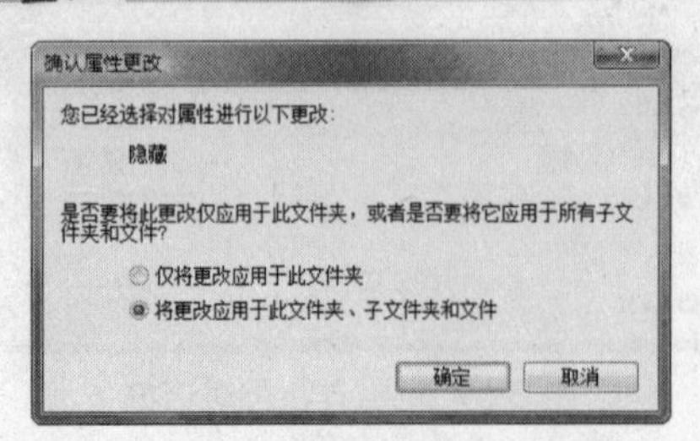

图 3-62 “确认属性更改”对话框

④ 在“确认属性更改”对话框中可以选择仅更改文件夹属性，或同时更改其中的子文件夹或文件属性，这里保持默认设置，然后单击“确定”按钮，此时将更改文件夹及其子文件夹或文件的属性，更改完毕后，将无法看到隐藏的文件夹，如图 3-63 所示。

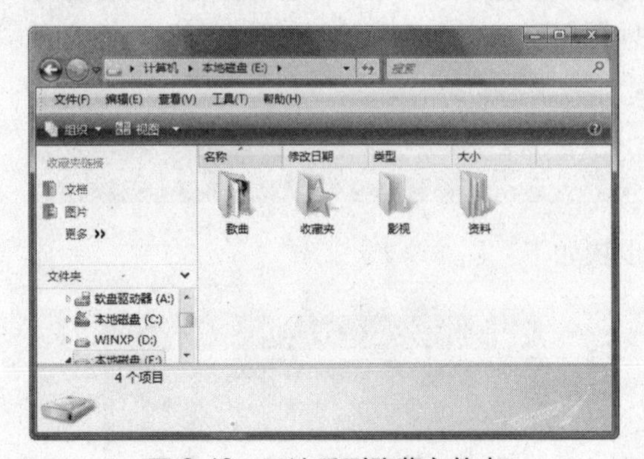

图 3-63 无法看到隐藏文件夹

⑤ 如果想要将隐藏的文件夹再显示出来，可以在菜单栏中单击“组织”|“文件夹和搜索选项”命令，在弹出的“文件夹选项”对话框中单击“查看”选项卡，如图 3-64 所示。

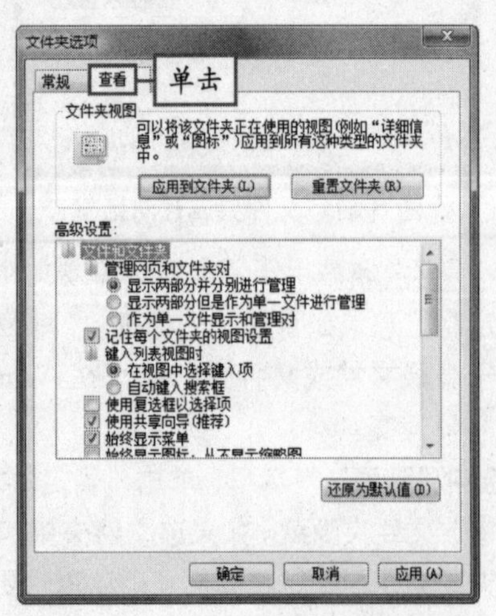

图 3-64 单击“查看”选项卡

⑥ 拖动“高级设置”列表框中的滚动条，找到并选中“显示隐藏的文件和文件夹”单选按钮，如图 3-65 所示。

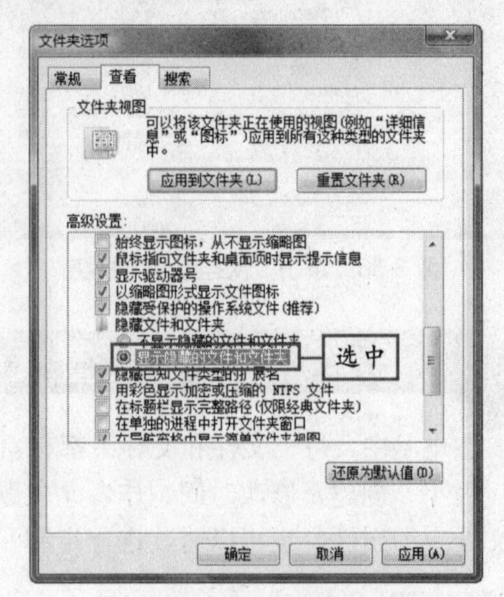

图 3-65 选中单选按钮

⑦ 单击“确定”按钮，即可将隐藏的文件再次显示出来，如图 3-66 所示。

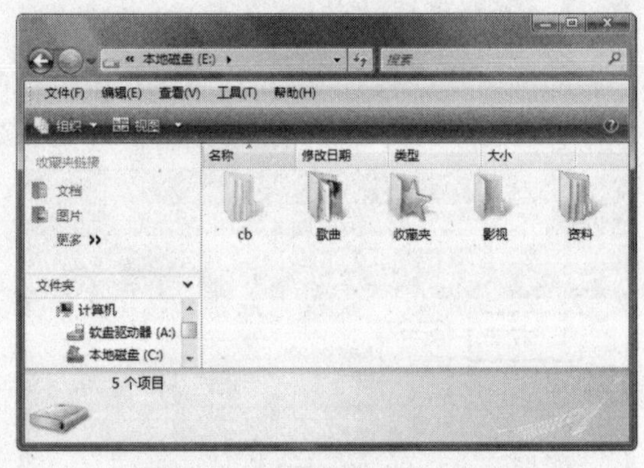

图 3-66 显示出隐藏的文件夹

⑧ 显示出的文件夹呈半透明显示，这表示该文件夹的属性为“隐藏”。在文件上右击，打开文件夹属性对话框并取消选择“隐藏”复选框，如图 3-67 所示。

说明 Windows Vista 系统安装分区着那个的部分系统文件是默认设置为隐藏的。

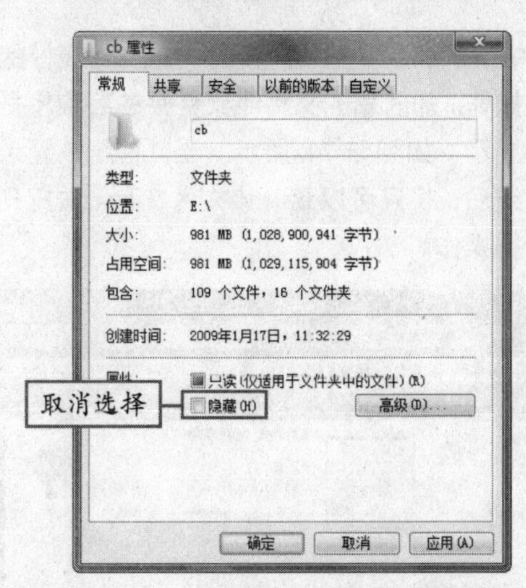

图 3-67　取消选择“隐藏”复选框

⑨ 单击“确定”按钮关闭对话框，这时将弹出“确认属性更改”对话框，如图 3-68 所示。

⑩ 单击“确定”按钮，可以看到半透明的文件夹图标变为了正常显示状态，如图 3-69 所示。

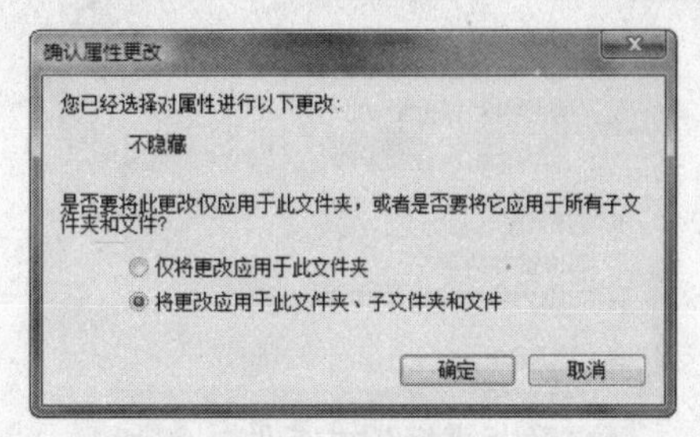

图 3-68　“确认属性更改”对话框

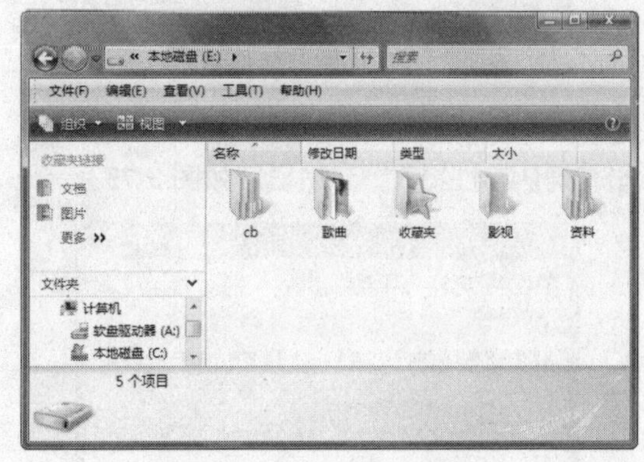

图 3-69　文件夹恢复正常显示

3.7.2　文件加密

如图用户是多人共用一台电脑，可以使用 Windows Vista 提供的加密功能将自己的文件加密，使其他用户无法打开。具体操作步骤如下：

① 在要更改图标的文件夹上右击，在弹出的快捷菜单中选择“属性”命令，如图 3-70 所示。

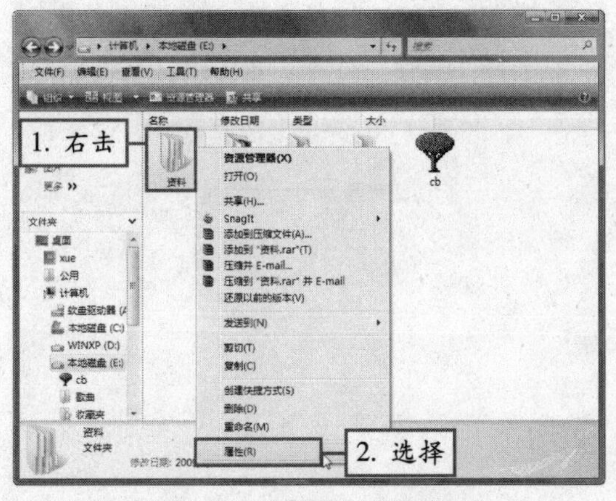

图 3-70　选择“属性”命令

② 在弹出的文件夹属性对话框中单击“高级”按钮，如图 3-71 所示。

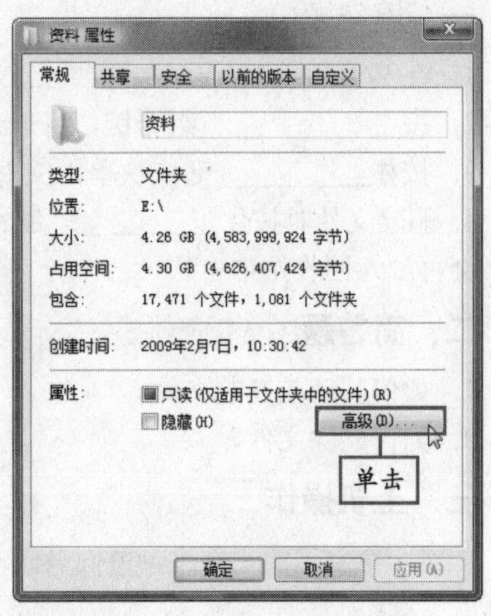

图 3-71　单击“高级”按钮

③ 在弹出的对话框中选中“加密内容以便保护数据”复选框，如图 3-72 所示。

将文件加密后，其他账户是无法解密的。　说明

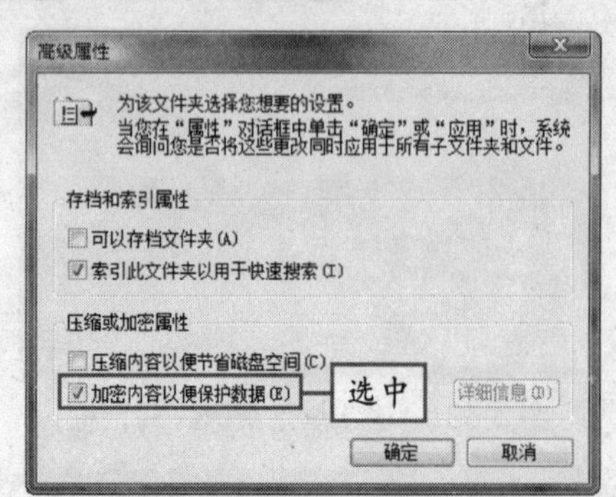

图 3-72　选中“加密内容以便保护数据”复选框

④ 依次单击“确定”按钮关闭对话框，将弹出“确认属性更改”对话框，如图 3-73 所示。

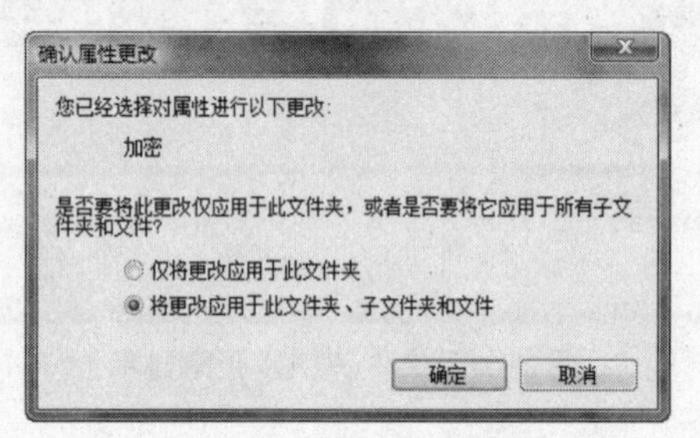

图 3-73　“确认属性更改”对话框

⑤ 单击“确定”按钮，即可完成文件属性的更改操作。加密后的文件或文件夹的名称将呈绿色显示，如图 3-74 所示。当其他账户登录到系统后，将只可以查看该文件，而无法打开或进行操作。

图 3-74　加密文件

巩固与练习

一、填空题

1．在 Windows Vista 中，主要通过__________窗口对文件进行查看和管理。

2．按__________组合键，可以选中当前窗口中的全部文件和文件夹。

3．按住________键依次单击文件或文件夹，可以选中不连续的多个文件或文件夹。

4．删除文件时按住_________键在快捷菜单中选择“删除”命令，可直接将文件删除，而不会再放入回收站中。

二、简答题

1．如何移动或复制文件？

2．如何删除文件？

三、上机操作

创建一个自己的文件夹，并对其进行加密。

技巧　用加密账户登录到系统，然后取消选择“加密内容以保护数据“复选框，可取消加密。

第4章 Windows Vista 的基本设置

- Windows Vista 的控制面板
- 用户账户管理
- 鼠标和键盘设置
- 日期和时间设置
- 系统声音设置

Yoyo，我想让自己的 Windows Vista 更有自己的个性，应该怎样做？

我们可以对 Vista 进行一些基本的设置。

是的。在 Windows Vista 中，所有的显示风格都是可以自己定义的，这样一来，每个人都会拥有一个与众不同的 Windows Vista。

4.1 Windows Vista 的控制面板

在 Windows Vista 中单击“开始”|“控制面板”命令，将弹出“控制面板”窗口，如图 4-1 所示。

图 4-1 “控制面板”窗口

系统默认显示的是 Windows Vista 风格的控制面板，如果用户希望将其切换到经典风格，则可以单击左侧的“经典视图”超链接，切换到经典视图模式，如图 4-2 所示。

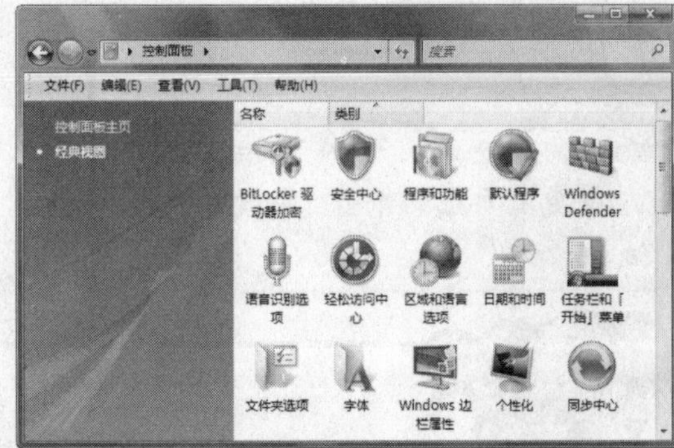

图 4-2 切换到经典视图模式

知识点拨

在经典视图下，单击“控制面板主页”超链接，可以重新切换回 Windows Vista 风格。

4.2 用户账户管理

Windows Vista 系统允许多个用户共享同一台计算机，用户的账户是登录到网络并使用网络资源的通行证。在 Windows Vista 中设立用户账户的目的是便于对使用计算机的行为进行管理，以便更好地保护计算机中的用户资料。可以说，用户账户是反映用户权限的基本单位，也是对用户浏览和访问网络资源权限的具体体现。

说明 用户对 Windows Vista 进行的所有设置操作，都可通过控制面板来进行。

4.2.1　新建用户账户

在安装 Windows Vista 时，系统会要求用户创建一个窗户，Windows Vista 将默认使用该账户登录。在电脑使用的过程中，用户可以随时根据需要创建新的账户，具体操作步骤如下：

① 单击“开始”|“控制面板”命令，打开“控制面板”窗口，从中单击“用户账户和家庭安全”超链接，如图 4-3 所示。

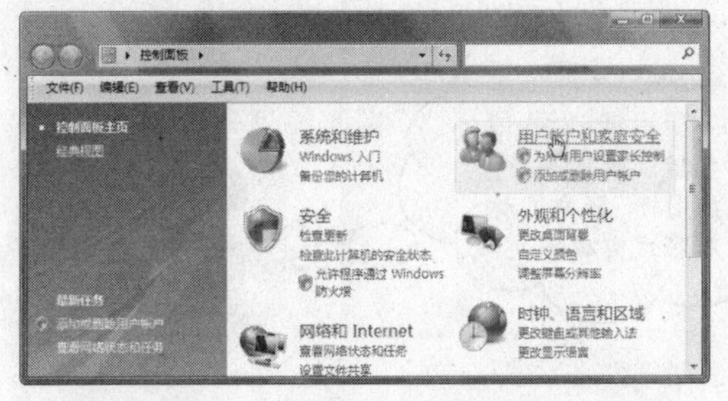

图 4-3　单击“用户账户和家庭安全”超链接

② 在弹出的窗口中单击“添加或删除用户账户”超链接，如图 4-4 所示。

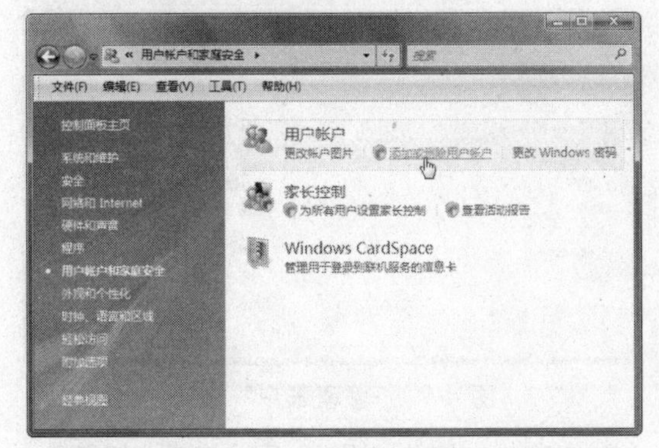

图 4-4　单击“添加或删除用户账户”超链接

③ 在弹出的“用户账户控制”对话框中单击“继续”按钮确认操作，打开管理账户窗口，如图 4-5 所示。

④ 单击下方的“创建一个新账户”超链接，在弹出的创建新账户窗口中输入新账户名，并选择一种账户类型，如图 4-6 所示。

⑤ 单击“创建账户”按钮即创建了一个新的账户，如图 4-7 所示。

图 4-5　管理账户窗口

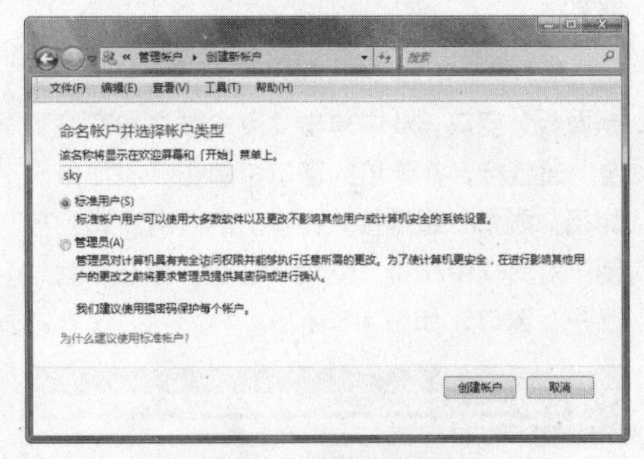

图 4-6　设置账户参数

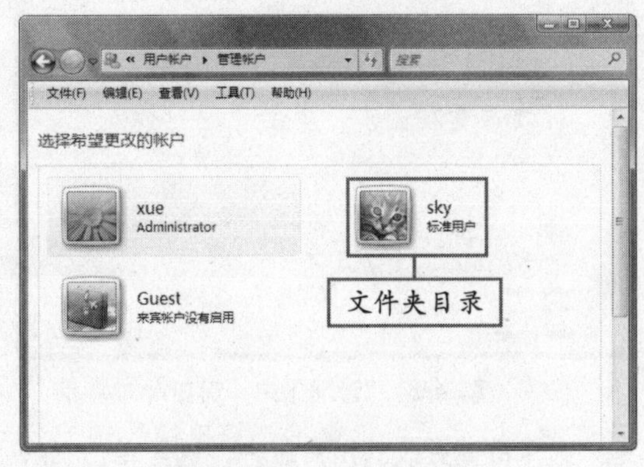

图 4-7　创建的账户

Windows Vista 中有两种账户类型：标准用户、管理员　说明

知识点拨

管理员账户与标准账户的区别是：管理员拥有对系统的最高权限，可以对系统进行任意的设置和更改，并可以更改或删除其他账户；而标准账户只能使用安装的各种软件，以及进行不影响其他账户的各种设置。

4.2.2 管理用户账户

创建好的账户需要有人管理才能使其发挥作用，因此管理用户账户也是 Windows Vista 用户应掌握的一种技能。

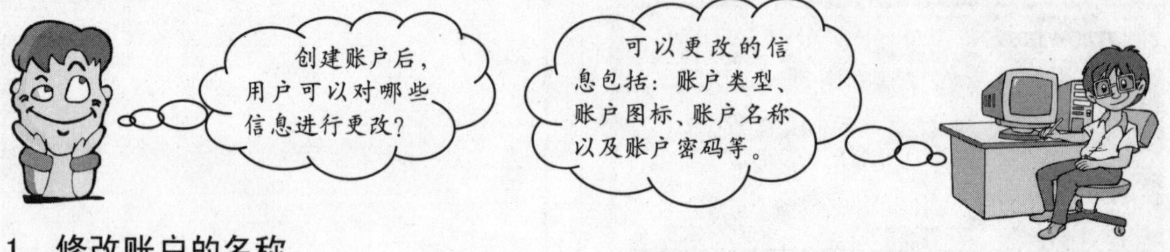

1. 修改账户的名称

用户在使用中可以对账户的属性进行修改，现在介绍一下修改账户名称的方法，操作步骤如下：

① 单击“开始”|“控制面板”命令，打开“控制面板”窗口，从中单击“用户账户和家庭安全”超链接，在弹出的窗口中单击“添加或删除用户账户”超链接，在弹出的“用户账户控制”对话框中单击“继续”按钮，打开“管理账户”窗口，如图 4-8 所示。

图 4-8 “管理账户”窗口

② 选择希望更改的用户账户，这里单击 sky 用户图片，打开的窗口如图 4-9 所示。

图 4-9 “管理账户”窗口

③ 在窗口左侧单击“更改账户名称”超链接，在弹出的“重命名账户”窗口中重新输入账户名称，如图 4-10 所示。

图 4-10 输入新账户名称

技巧 用户可以根据需求的不同配置不同的使用权限。

④ 单击“更改名称”按钮即可更改账户的名称，并返回到更改账户窗口，如图 4-11 所示。

图 4-11　更改账户名称

2. 修改账户图像

在 Windows Vista 中，每一个账户都由一个图像来表示，用户也可以为账户设置和修改对应的图像，操作步骤如下：

① 在更改的账户窗口中单击“更改图片”超链接，如图 4-12 所示。

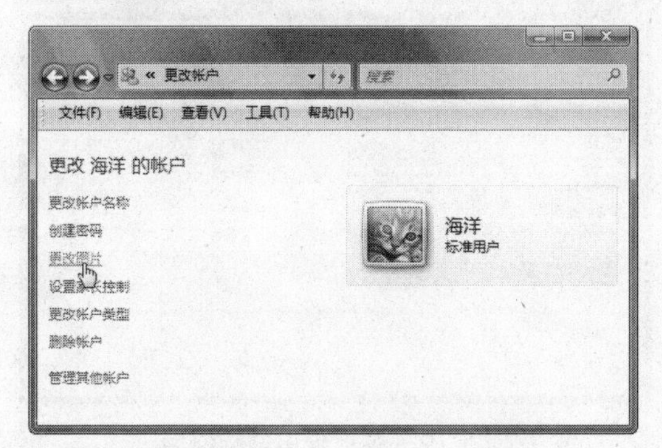

图 4-12　单击“更改图片”超链接

② 在弹出的选择图片窗口中选择一副图片，如图 4-13 所示。

图 4-13　选择账户图像

③ 单击“更改图片”按钮，即可完成账户图像的更改，如图 4-14 所示。

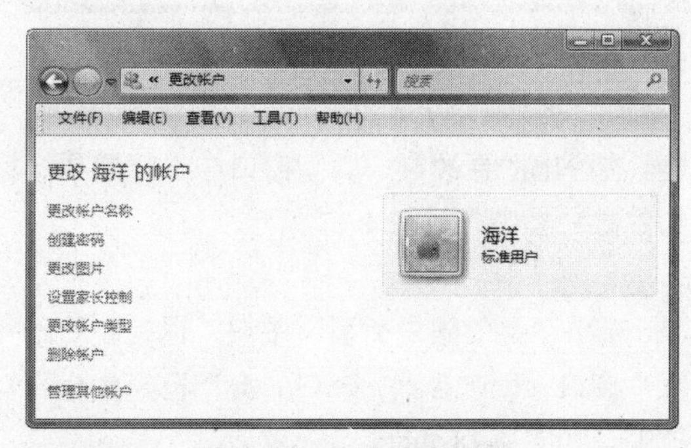

图 4-14　更改账户图像

知识点拨

在“选择图片”窗口中单击“浏览更多图片”超链接，在弹出的“打开”对话框中，用户可以选择更多的图片作为账户图像，如图 4-15 所示。

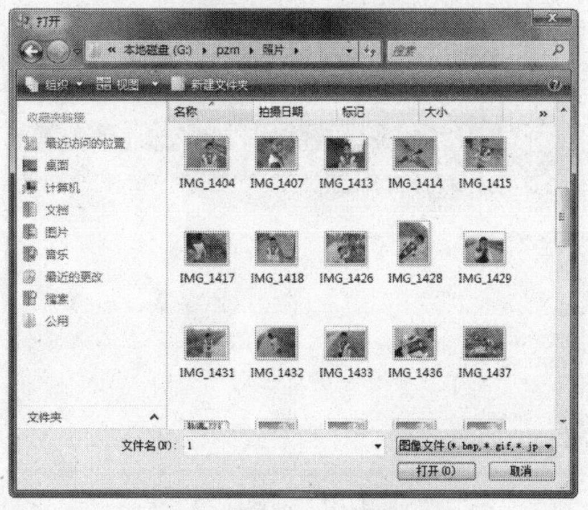

图 4-15　“打开”对话框

3. 修改账户类型

用户还可以在更改账户窗口中完成修改账户类型的操作，操作步骤如下：

① 在更改账户窗口中单击“更改账户类型”超链接，如图 4-16 所示。

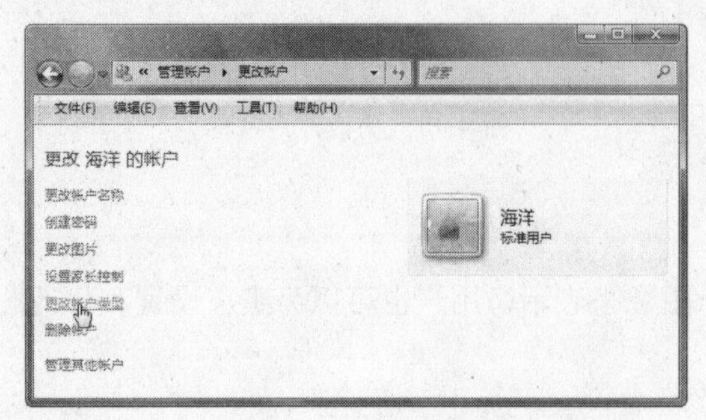

图 4-16 更改账户类型

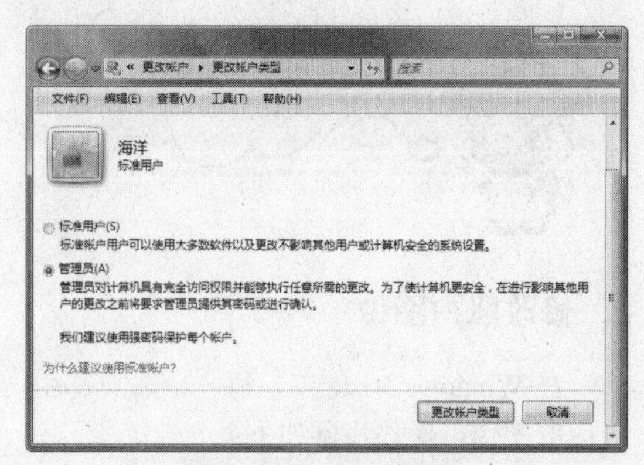

图 4-17 选择账户类型

② 在弹出的更改账户类型窗口中选择要更改为的账户类型，如图 4-17 所示。

③ 单击“更改账户类型”按钮，返回到更改账户窗口，可以看到，账户的类型已经发生了改变，如图 4-18 所示。

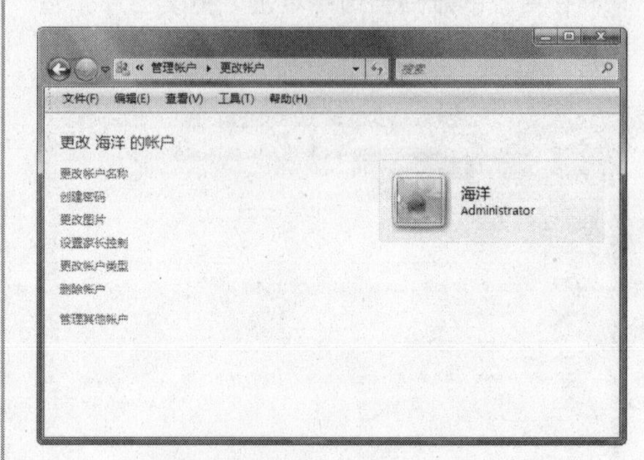

图 4-18 账户类型已经改变

4. 修改账户密码

因为在不修改登录模式的情况下，Windows Vista 的账户名是可见的，所以账户密码就是用户唯一的安全保障，创建或修改密码的操作步骤如下：

① 在更改账户窗口中单击“创建密码”超链接，如图 4-19 所示。

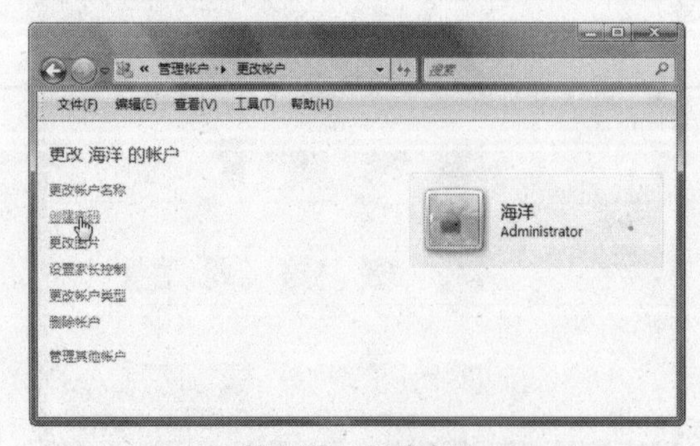

图 4-19 创建密码

② 在弹出的对话框中输入用户账户和密码，如图 4-20 所示。

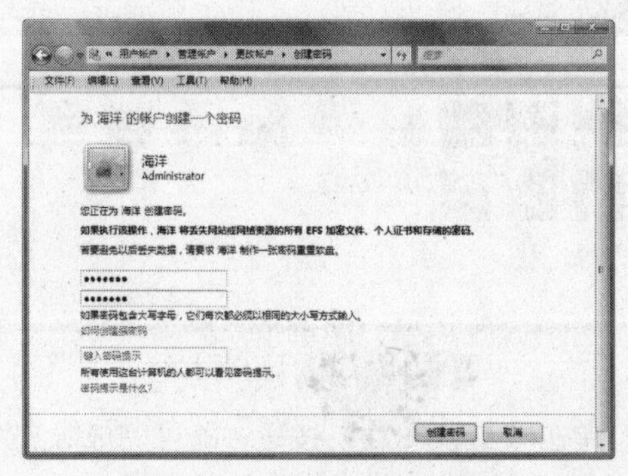

图 4-20 输入用户账户密码

说明 登录 Windows Vista 时，登录界面中会显示账户名称与账户图标。

③ 单击“创建密码”按钮，返回到更改账户窗口。此时，账户图标中显示了“密码保护”，并且左侧的“创建密码”超链接被“更改密码”和“删除密码”超链接所替代，如图 4-21 所示。

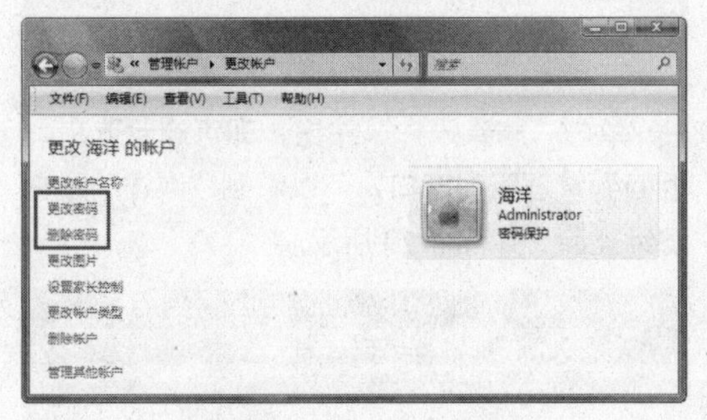

图 4-21　输入账户密码

④ 单击“更改密码”超链接，在弹出的对话框中输入新的密码，如图 4-22 所示。

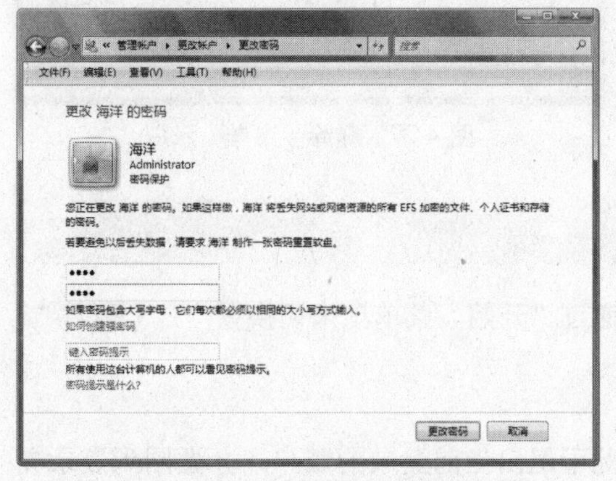

图 4-22　修改账户密码

⑤ 单击“更改密码”按钮，即可完成账户密码的修改操作，并返回到更改账户窗口，如图 4-23 所示。

⑥ 在窗口左侧单击“删除密码”超链接，打开“删除密码”窗口，如图 4-24 所示。

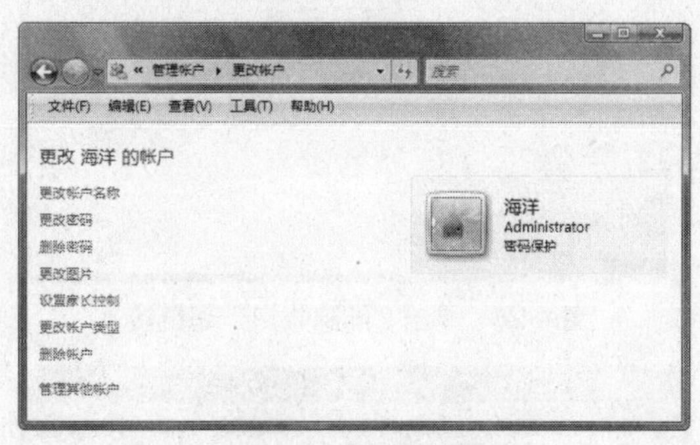

图 4-23　更改账户窗口

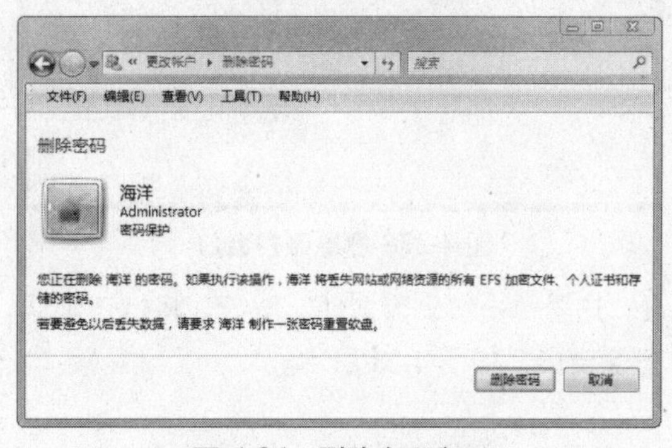

图 4-24　删除密码窗口

⑦ 单击“删除密码”按钮，返回到更改账户窗口，可以发现，账户图标中取消了“密码保护”文字的显示，如图 4-25 所示。

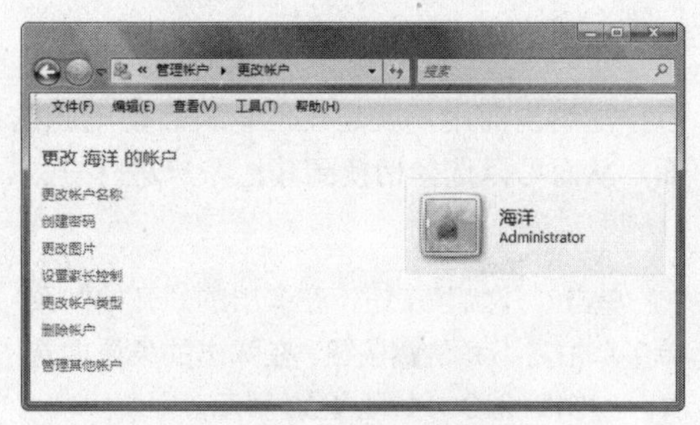

图 4-25　删除账户密码

5. 删除用户账户

如果一个用户账户已经不会再被使用，则可以将其从系统中删除，操作步骤如下：

① 在更改账户窗口中单击“删除账户”超链接，如图 4-26 所示。

② 在弹出的删除账户窗口中单击“删除”文件按钮，将删除账户文件；单击“保留文件”按钮，将保留该账户文件，如图 4-27 所示。

用户可以使用密码提示，以便忘记密码时候，可以通过密码提示想起密码。　技巧

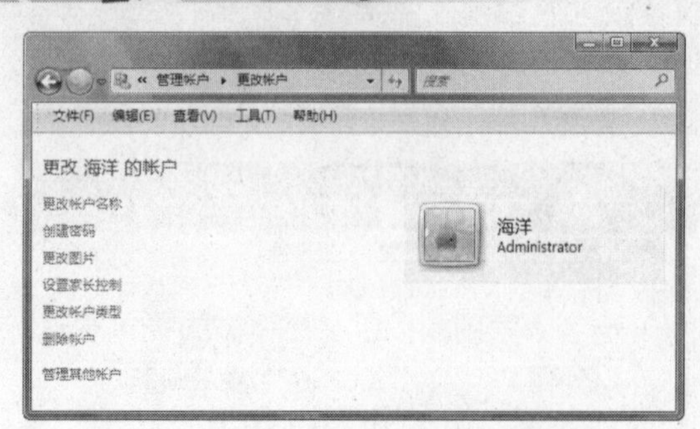

图 4-26 单击"删除账户"超链接

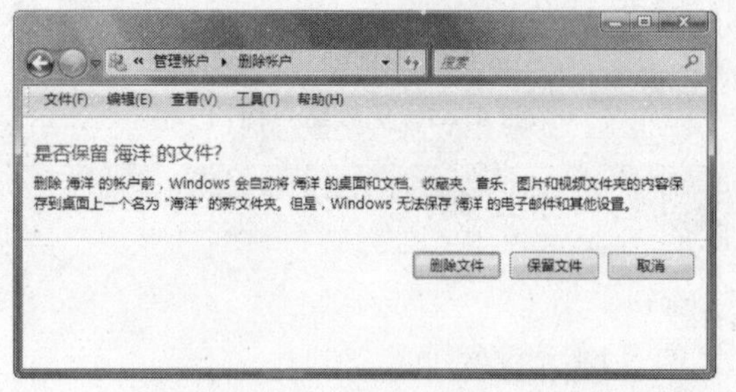

图 4-27 删除账户窗口

③ 这里单击"删除文件"按钮，将打开确认删除窗口，如图 4-28 所示。

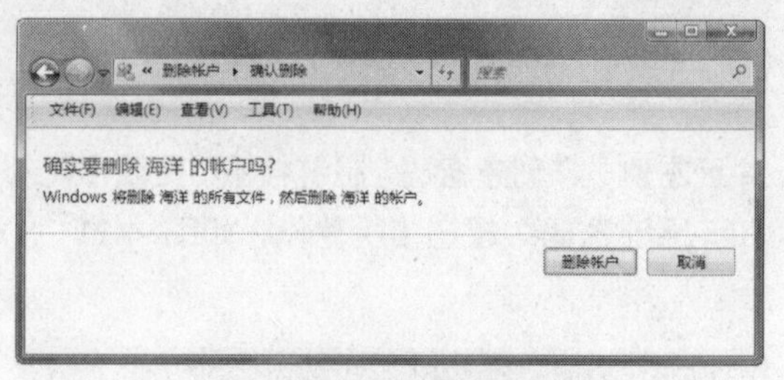

图 4-28 确认删除窗口

④ 单击"删除账户"按钮，即可删除账户。返回到管理账户窗口，可以看到"海洋"账户已经删除，如图 4-29 所示。

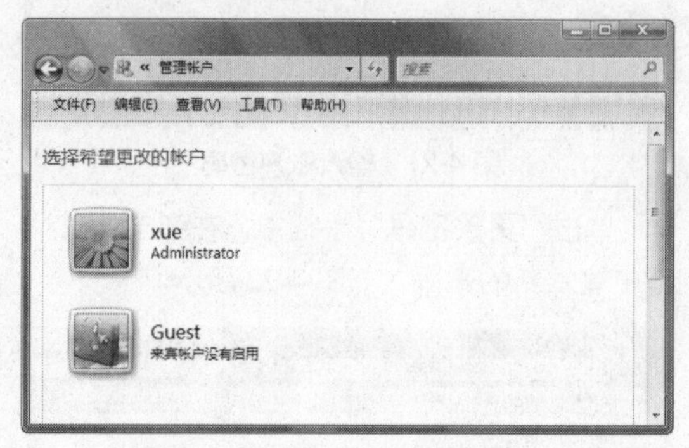

图 4-29 删除"海洋"账户

4.2.3 切换用户账户

Windows Vista 是多用户的操作系统，可以通过"开始"菜单项来切换用户。

1. 注销当前用户

注销当前用户就是在不重新启动电脑的情况下退出当前登录的账户，并返回到登录界面，从而可以选择切换到其他账户进行登录。具体操作步骤如下：

① 单击"开始"按钮，在弹出的"开始"菜单中单击右下角的▸按钮，在弹出的菜单中选择"注销"命令，如图 4-30 所示。

② 这时系统将关闭所有程序并退出当前账户，并打开账户选择页面，从中单击要切换到的账户图标即可。

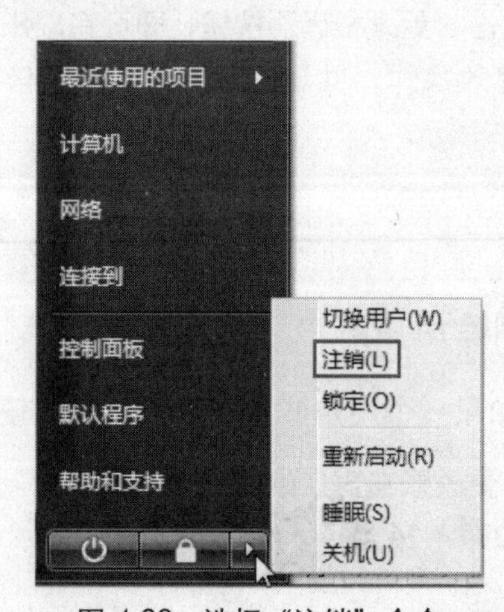

图 4-30 选择"注销"命令

说明 删除账户时，必须以系统管理员的身份登录。

2．切换用户账户

使用“注销”命令可以退出当前登录的账户并关闭所有运行的程序，然后才能使用另一个账户进入；而使用“切换账户”命令则可以保留当前账户运行的程序，并同时切换到另一个账户进入系统。

单击“开始”按钮，在弹出的“开始”菜单中单击右下角的▶按钮，在弹出的菜单中选择“切换用户”选项，系统将不关闭当前程序，并切换到用户切换页面，从中单击要切换到的账户图标即可。

4.2.4 认识两个特殊账户

系统中的账户分为两类：一类是管理员账户，另一类是受限账户。一个系统中可以设置多个管理员账户，每个管理员账户都拥有相同的权利。

1．Administrator 账户

Administrator 是在安装 Windows Vista 的过程中自动产生的一个管理员账户，这也是第一个管理员账户。在系统安装时，向导要求输入的密码就是一个管理员密码，用户必须牢记这个密码，因为只有用这个密码进入系统后才可以管理其他用户。

知识点拨

在计算机中，必须保证至少有一个管理员账户，当计算机中仅有一个管理员账户时，将不允许该账户降级为用户账户。

2．Guest 账户

Guest 账户是为没有用户账户的人使用电脑而准备的，这种账户没有密码，而且该账户只拥有使用电脑最小的权利。Guest 账户的用户可以快速地登录计算机，浏览 Internet 并可检查电子邮件，但只可以使用已经安装好的应用程序，可以更改用户账户的图片，却不能更改电脑中的任何应用程序和硬件配置。

知识点拨

Guest 账户的用户不能更改账户类型。

4.2.5 设置家长控制功能

Windows Vista 新提供了家长控制功能，通过这个功能家长可以有效地控制孩子使用电脑，其主要包括：不同账户的 Web 访问权限、使用电脑的时间限制、游戏控制和已经使用程序的限制 4 个方面。

1．启用家长控制功能

Windows Vista 默认设置并没有启用家长控制功能，当系统中创建了多个账户后，若要对账户进行控制，可以开启家长控制功能。需要注意的是，应以系统管理员账户登录到系统。启用家长控制的具体操作步骤如下：

在非家庭用户，家长控制台也可用于对系统的各个账户进行控制。 说明

① 单击“开始”|“控制面板”命令，打开“控制面板”窗口，从中单击“为所有用户设置家长控制”超链接，如图 4-31 所示。

图 4-31 单击“为所有用户设置家长控制”超链接

② 在弹出的用户账户和家庭安全控制窗口中单击“继续”按钮，弹出家长控制窗口，如图 4-32 所示。

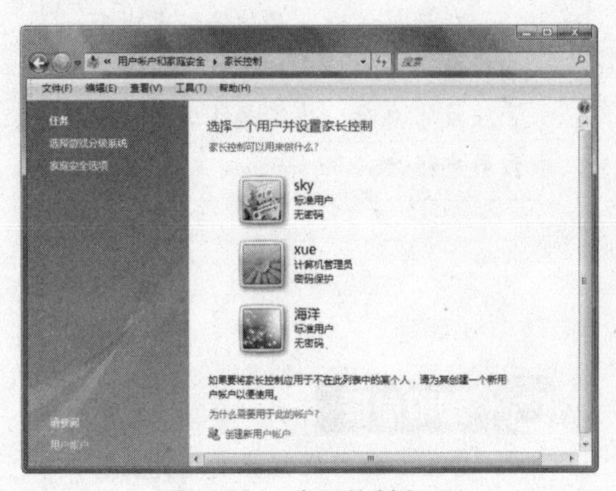

图 4-32 家长控制窗口

③ 在该窗口中单击要设置家长控制的用户账户图标（这里单击 sky 用户图标），打开用户控制窗口，如图 4-33 所示。

④ 在“家长控制”选项区域中选中“启用，强制当前设置”单选按钮，单击“确定”按钮，即可为该账户启用家长控制功能，如图 4-34 所示。

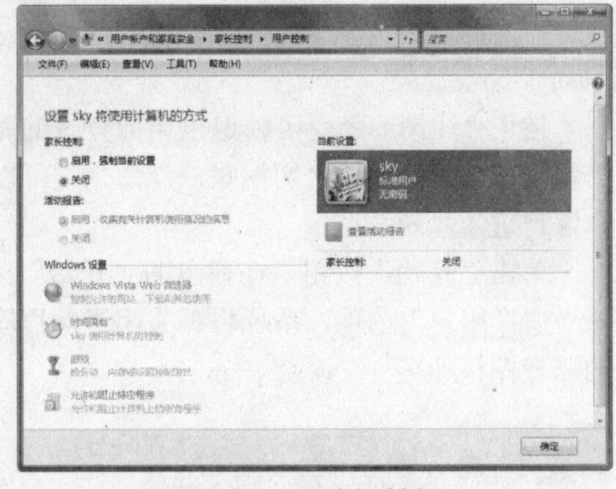

图 4-33 用户控制窗口

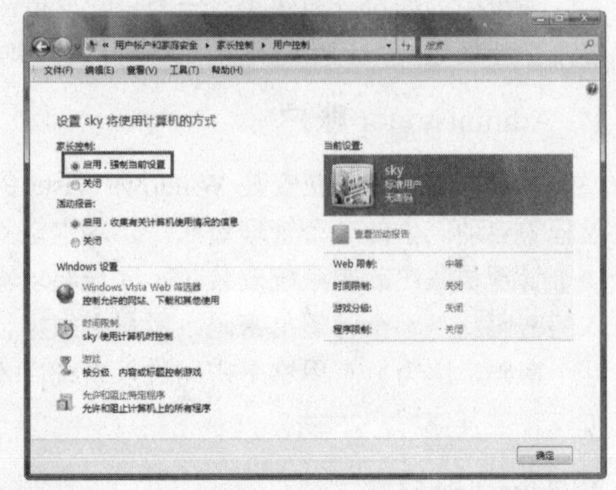

图 4-34 选中“启用，强制当前设置”单选按钮

⑤ 返回到家长控制窗口，可以看到 sky 账户添加了家长控制功能，如图 4-35 所示。

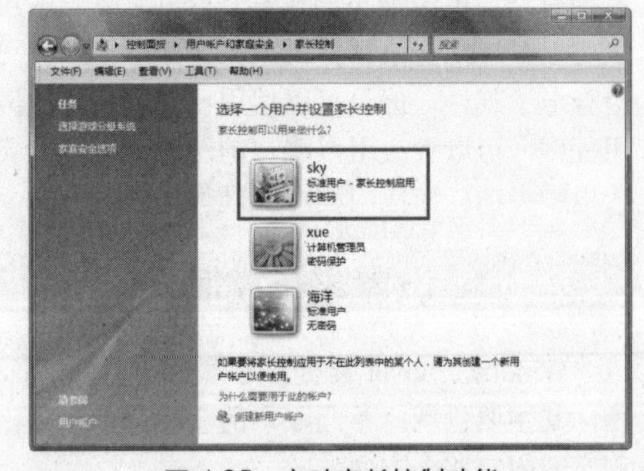

图 4-35 启动家长控制功能

2. 设置 Web 限制

Web 限制功能主要用于限制账户在访问 Internet 时的操作或浏览权限，可以允许或组织访问的站点，设置网页的内容级别以及阻止用户下载文件等。具体操作步骤如下：

说明 不能到系统管理员账户设置家长控制功能。

① 打开用户控制窗口，从中单击“Windows Vista Web 筛选器”超链接，如图 4-36 所示。

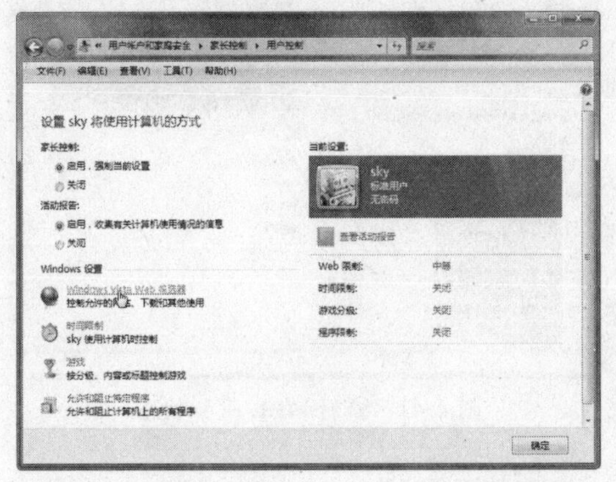

图 4-36　单击“Windows Vista Web 筛选器”超链接

② 在弹出的 Web 限制窗口中选中“阻止部分网站或内容”单选按钮，然后单击“编辑允许和阻止列表”超链接，如图 4-37 所示。

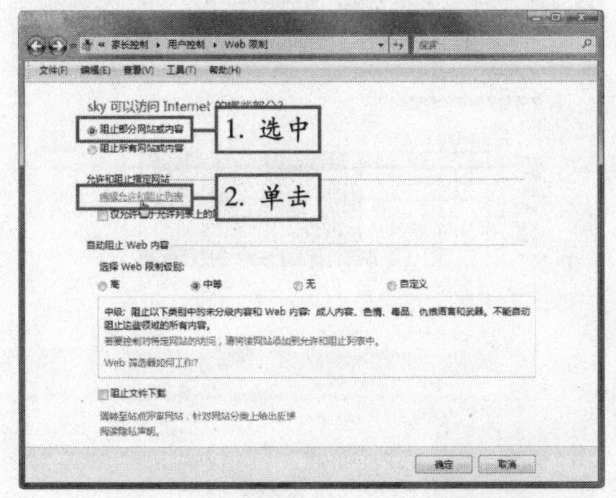

图 4-37　选中“阻止部分网站或内容”单选按钮

③ 在弹出的允许阻止网页窗口中的“网站地址”文本框中输入网站地址，单击“允许”按钮，即可将其添加到“允许的网站”列表中，如图 4-38 所示。

④ 在“网站地址”文本框中再次输入网址，单击“阻止”按钮，即可将其添加到“阻止的网站”列表中，如图 4-39 所示。

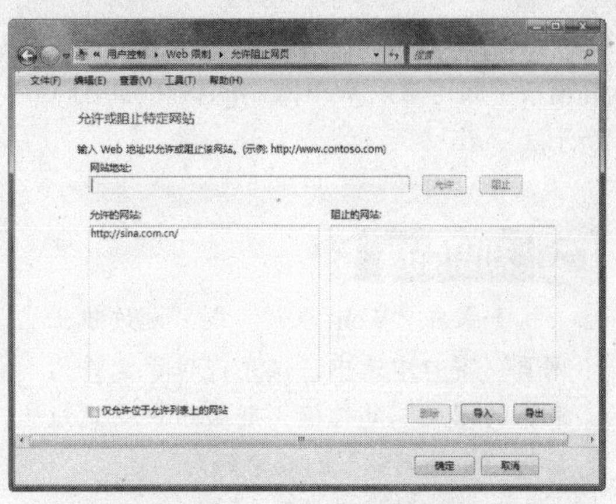

图 4-38　添加允许的网站

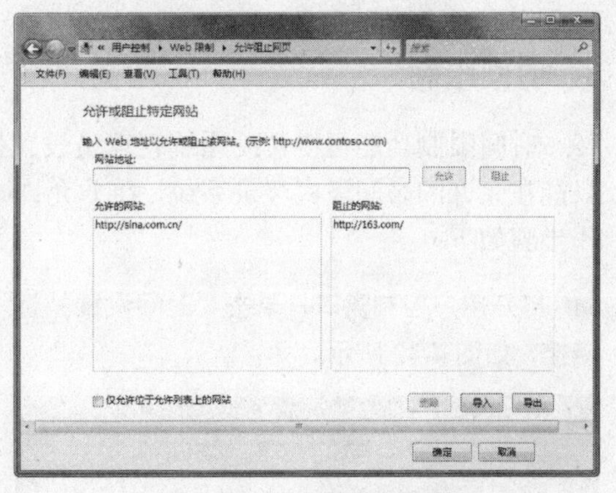

图 4-39　添加阻止的网站

⑤ 单击“确定”按钮，返回到 Web 限制窗口中，在“自动阻止 Web 内容”区域中选择 Web 限制级别；如果要阻止该账户下载文件，可选中“阻止文件下载”复选框，如图 4-40 所示。

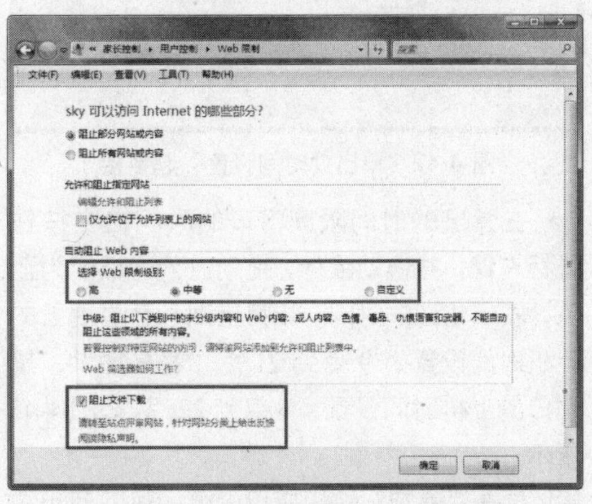

图 4-40　选择设置级别与文件下载

⑥ 设置完毕后单击“确定”按钮，在用户控制窗口中即可看到 Web 限制的状态，如图 4-41 所示。

知识点拨

如果在“Web 限制”或“允许阻止网页”窗口中选中“仅允许位于允许列表上的网站”复选框，则该账户就只能访问“允许网站”列表中的网站。

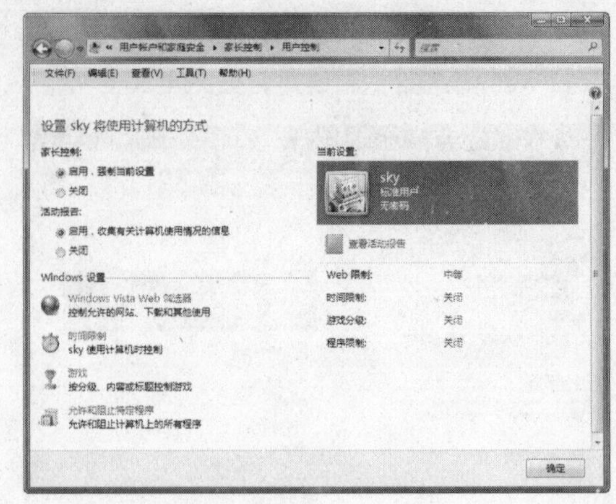
图 4-41　查看 Web 限制状态

3. 时间限制

时间限制功能可以帮助系统管理员设置指定账户每周中登录系统的时间，被设置的账户只能在允许的时间段内登录系统，在非允许时间段内无法登录系统。设置时间限制的具体操作步骤如下：

① 打开用户控制窗口，单击“时间设置”超链接，如图 4-42 所示。

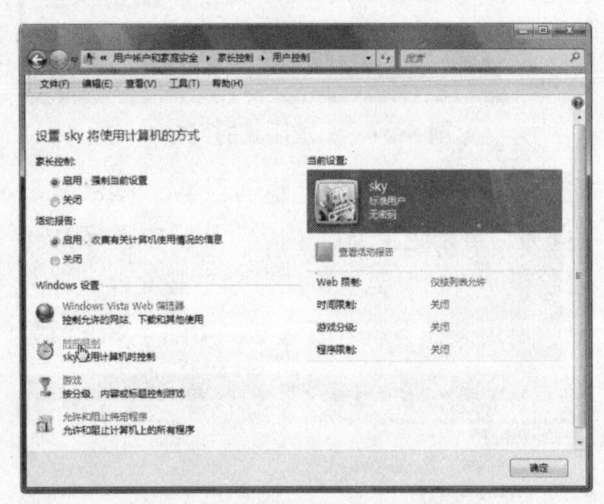
图 4-42　单击“时间设置”超链接

② 在弹出的时间限制窗口的时间格中按住鼠标左键，并拖动鼠标，拖动过的方格变为蓝色，表示允许的时间。如将星期一至星期五的上机时间设置为 9 点到 21 点，将星期六、星期日的上机时间设置为 8 点到 22 点，如图 4-43 所示。

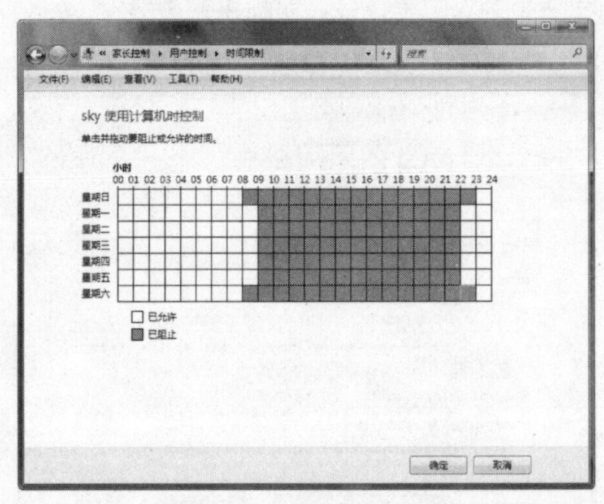
图 4-43　设置限制时间

③ 单击“确定”按钮应用设置，返回到用户控制窗口，在右侧即可看到时间限制的状态为“启用”，如图 4-44 所示。

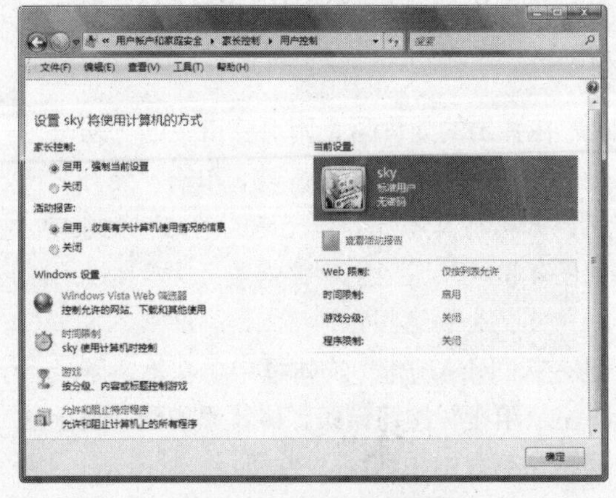
图 4-44　启用时间限制

技巧 在允许的蓝色时段上拖动鼠标，将其设置为白色，即表示该段时间禁止使用电脑。

4．游戏控制

Windows Vista 中内置了许多好玩的游戏，对以用户在电脑中安装的某些游戏，Windows Vista 也会自动检测。使用家长控制功能，可以控制孩子可以运行哪些游戏，其具体操作方法如下：

① 打开用户控制窗口，从中单击“游戏”超链接，如图 4-45 所示。

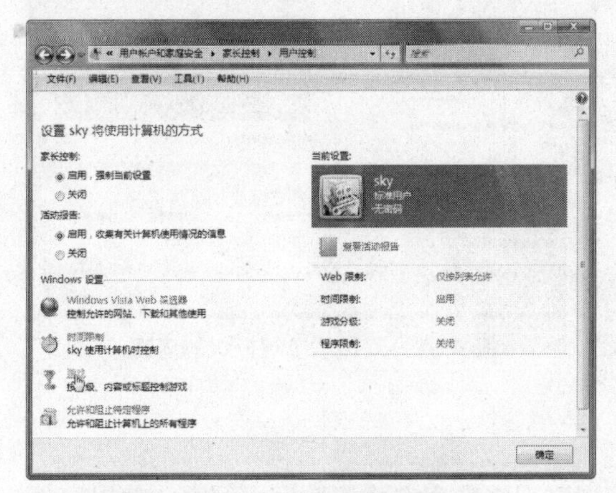

图 4-45　单击“游戏”超链接

② 在打开的游戏控制窗口中选中“是”单选按钮，并单击“设置游戏分级”超链接，如图 4-46 所示。

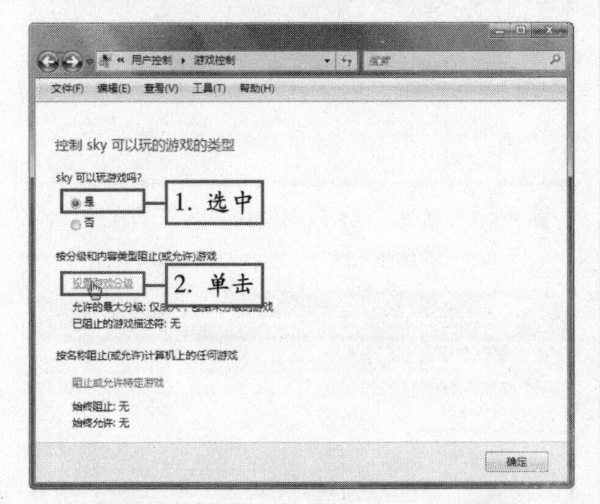

图 4-46　单击“设置游戏分级”超链接

③ 在弹出的游戏限制窗口中选中“阻止未分级的游戏”单选按钮，然后选择游戏限制的级别，如图 4-47 所示。

④ 拖动右侧的滚动条，显示出“阻止这些类型的内容”选项区，从中可以选择阻止包含哪些内容的游戏，如图 4-48 所示。

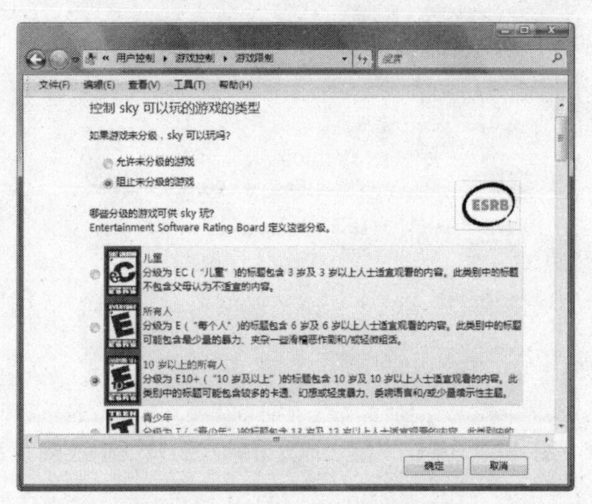

图 4-47　设置游戏限制级别

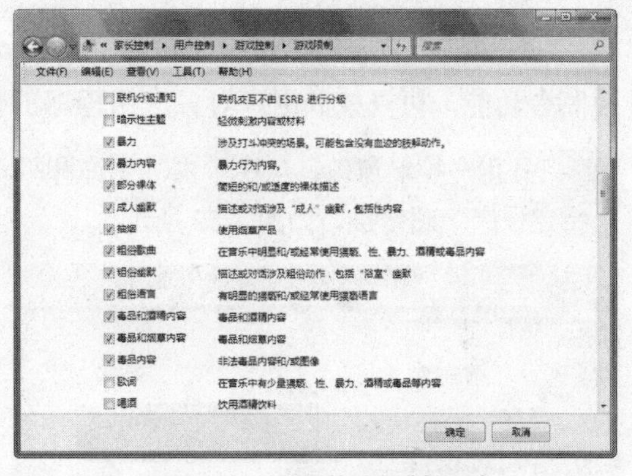

图 4-48　设置游戏限制级别

⑤ 单击“确定”按钮，返回到游戏控制窗口，从中单击“阻止或允许特定游戏”超链接，如图 4-49 所示。

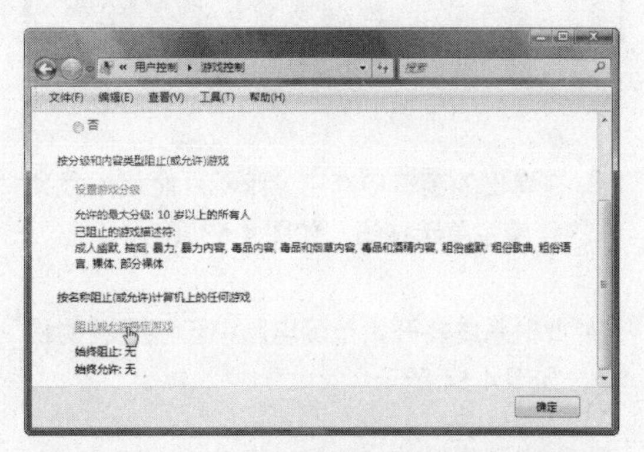

图 4-49　单击“阻止或允许特定游戏”超链接

用户在 Windows Vista 中安装的游戏，Windows Vista 也会自动检测。　说明

⑥ 在打开的游戏覆盖窗口中单击设置哪些游戏允许或禁止该用户玩，如图 4-50 所示。

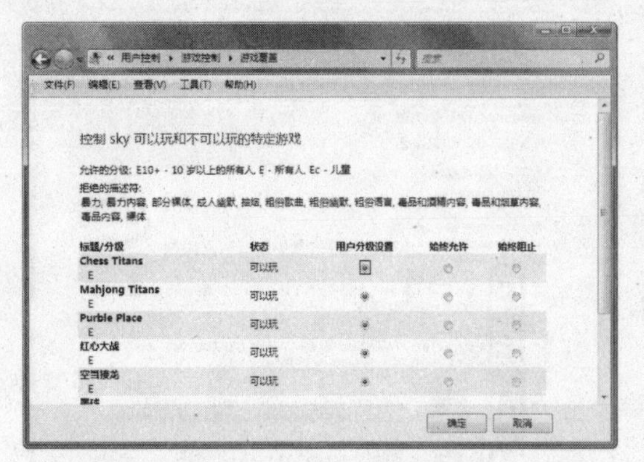

图 4-50　单击“阻止或允许特定游戏”超链接

⑦ 单击“确定”按钮返回到游戏控制窗口，再单击“确定”按钮返回到用户控制窗口，从中可以看到，用户账户的图标下添加了游戏分级的内容，如图 4-51 所示。

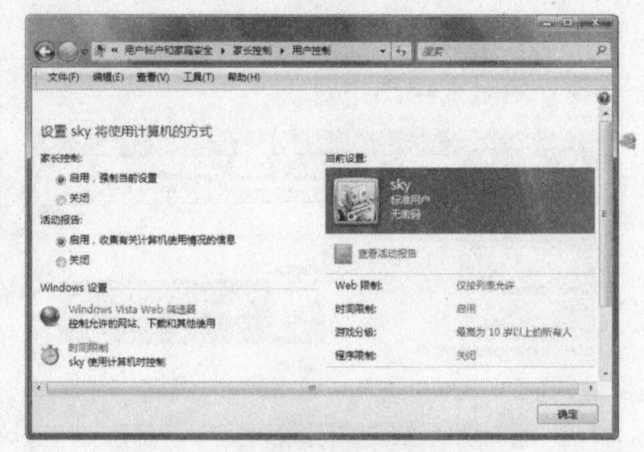

图 4-51　添加了游戏分级的内容

5. 程序限制

Windows Vista 自带了很多程序，用户在使用过程中也会安装各种应用程序。使用家长控制台功能，可以控制用户对各应用程序的使用，具体操作方法如下：

① 打开用户控制窗口，从中单击“允许和阻止特定程序”超链接，如图 4-52 所示。

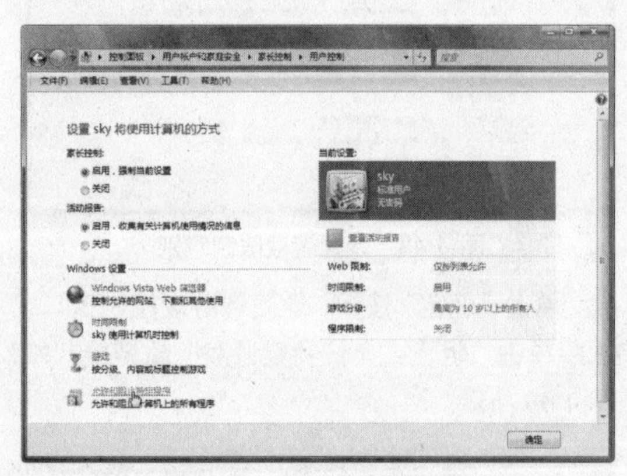

图 4-52　添加了游戏分级

② 在弹出的窗口中选中“sky 只能使用我允许的程序”单选按钮，如图 4-53 所示。

③ 此时系统将开始检测电脑中已经安装的程序，如图 4-54 所示。

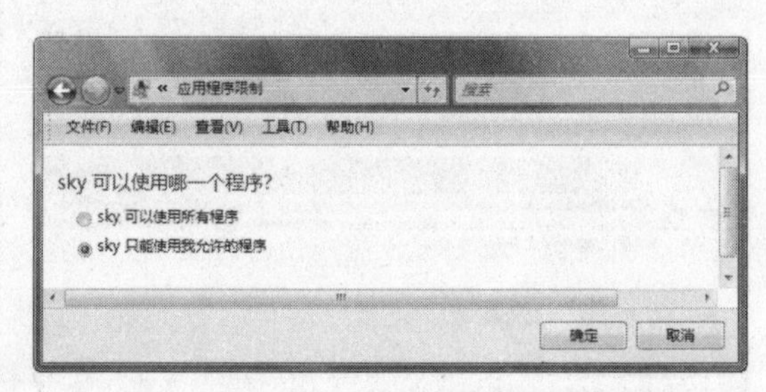

图 4-53　选中“sky 只能使用我允许的程序”单选按钮

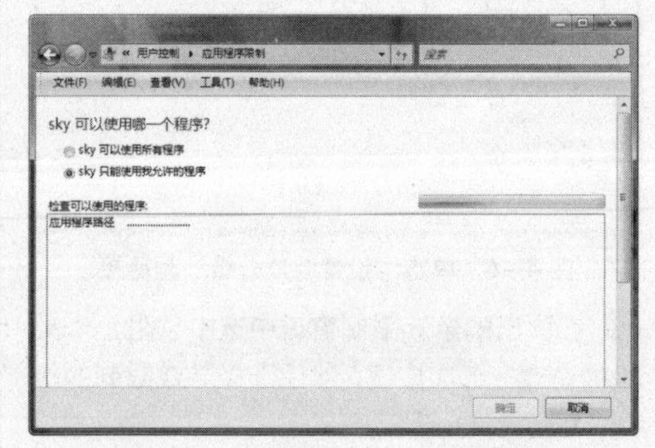

图 4-54　检测电脑中已经安装的程序

④ 检测完毕后，在列表框中即可显示当前应用的程序，如图 4-55 所示。

说明　Windows Vista 的游戏控制功能对用户自定义安装的游戏不会有太明显的限制作用。

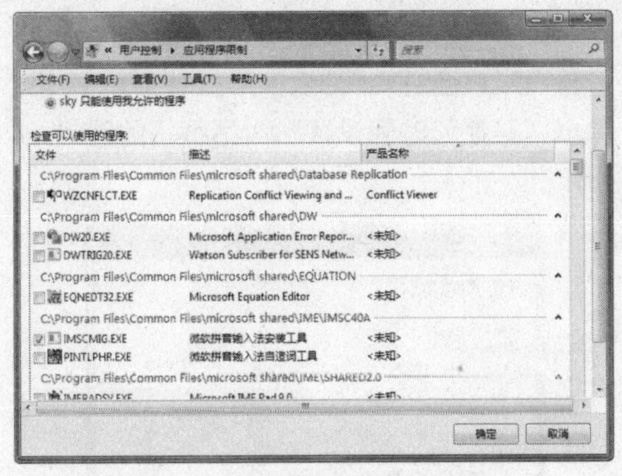

图 4-55　显示当前应用的程序

⑤ 在该窗口中选择允许该账户使用的程序，然后单击“确定”按钮，如图 4-56 所示。

图 4-56　选择允许用户使用的程序

⑥ 单击“确定”按钮返回用户控制窗口，可以看到账户图标下，程序限制显示为启用，如图 4-57 所示。

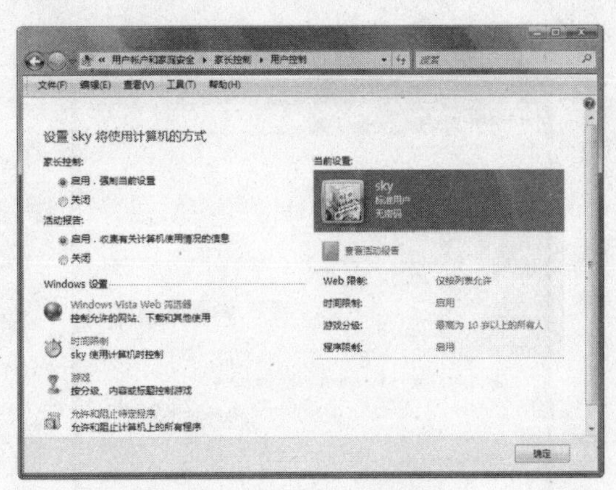

图 4-57　启用程序限制

4.3　日期和时间设置

登录到 Windows Vista 后，在任务栏右侧会显示当前系统时间。用户可以在使用电脑的过程中方便地对其进行查看和修改。具体操作步骤如下：

① 将鼠标指针指向时间区域并稍微停留一下，将弹出浮动框显示当前系统日期和星期，如图 4-58 所示。

图 4-58　显示系统日期和星期

② 单击时间区域，将弹出浮动框显示完整的日历和时钟，如图 4-59 所示。

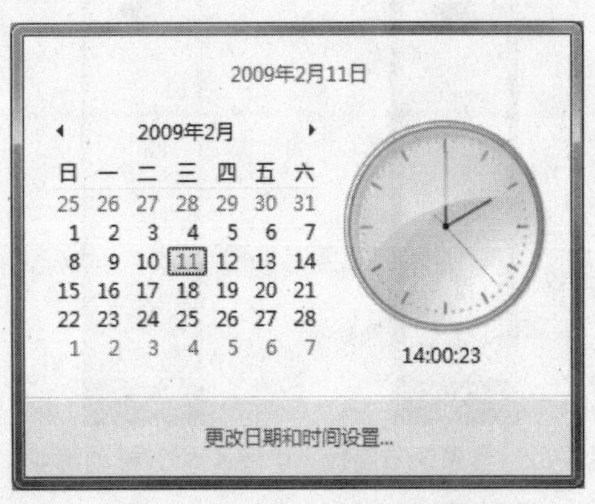

图 4-59　显示系统日期和星期

程序限制的功能与游戏分级类似，用于设置可以运行和使用的程序。　说明

③ 如果日期和时间不正确，用户可以对其进行修改。在图 4-59 中单击“更改日期和时间设置”超链接，将弹出“日期和时间”对话框，如图 4-60 所示。

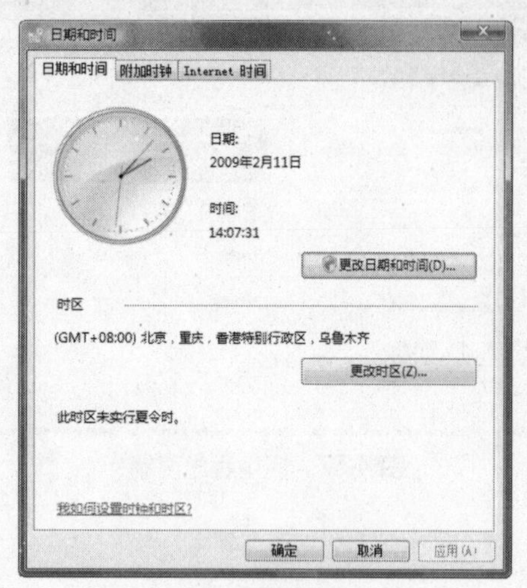

图 4-60 “日期和时间”对话框

④ 单击“更改日期和时间”按钮，在弹出的“用户账户控制”对话框中单击“继续”按钮，弹出“日期和时间设置”对话框，如图 4-61 所示。

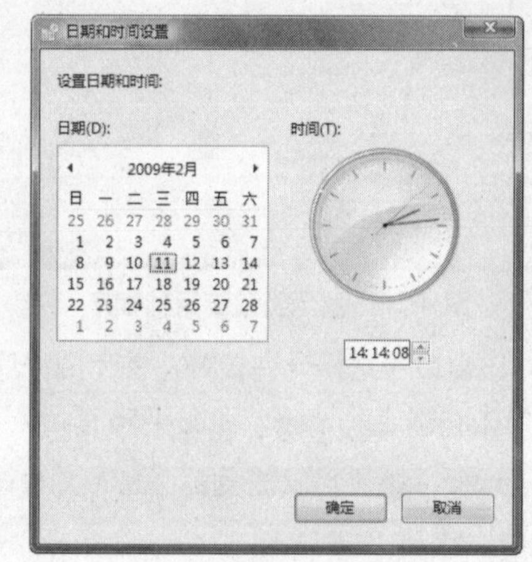

图 4-61 弹出“日期和时间设置”对话框

⑤ 从中设置正确的日期和时间后，单击“确定”按钮，关闭对话框即可。

4.4 系统声音设置

登录到 Windows Vista 后，在任务栏右侧会显示当前的系统时间。用户可以在使用电脑的过程中方便地对其进行查看和修改。具体操作步骤如下：

① 单击任务栏通知区域的音量图标，将打开音量调节面板，如图 4-62 所示。

② 上下拖动滑块，即可调整音量的大小，如图 4-63 所示。

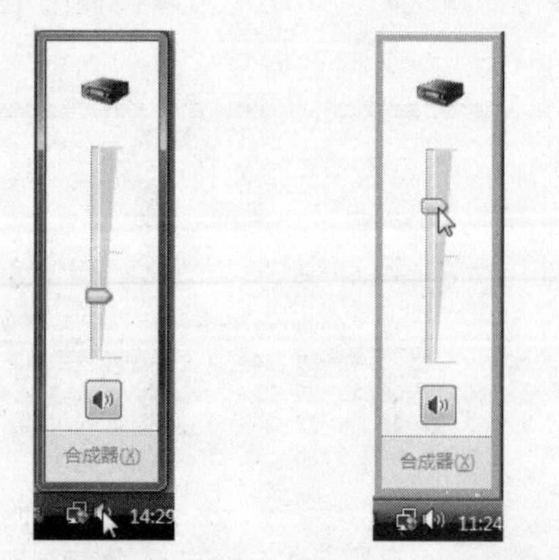

图 4-62 音量调节面板 图 4-63 拖动滑块

③ 单击声音调节板中的“合成器”超链接，可以在打开的“音量合成器”面板中分别调整当前每个程序的音量或调整系统的主音量，如图 4-64 所示。

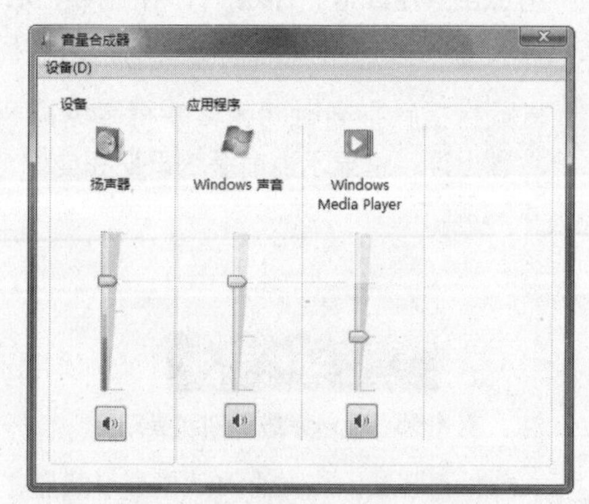

图 4-64 “音量合成器”面板

如果用户想对系统的声音进行详细的设置，具体操作步骤如下：

说明 光标闪烁的位置，即表示当前文本输入的位置。

① 单击“开始”|“控制面板”命令，打开“控制面板”窗口，从中单击“硬件和声音”超链接，如图 4-65 所示。

图 4-65　单击“硬件和声音”超链接

② 在弹出的硬件和声音窗口中单击“声音”超链接，如图 4-66 所示。

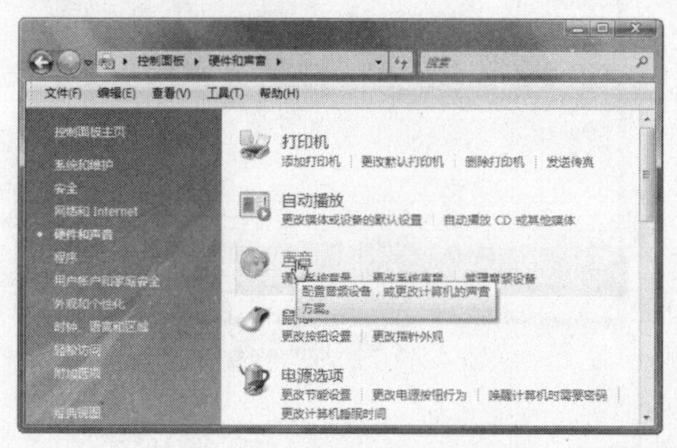

图 4-66　单击“声音”超链接

③ 在弹出的“声音”对话框的“播放”选项卡中，可以查看当前扬声器的状态，如图 4-67 所示。

图 4-67　“播放”选项卡

④ 选中对话框中的扬声器，然后单击下方的“属性”按钮，将弹出“扬声器属性”对话框，如图 4-68 所示。

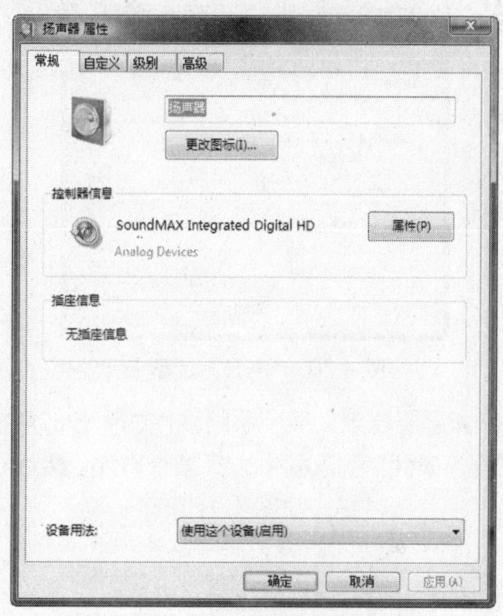

图 4-68　“扬声器属性”对话框

⑤ 单击“级别”选项卡，拖动其中的滑块，可以调整扬声器的音量，如图 4-69 所示，

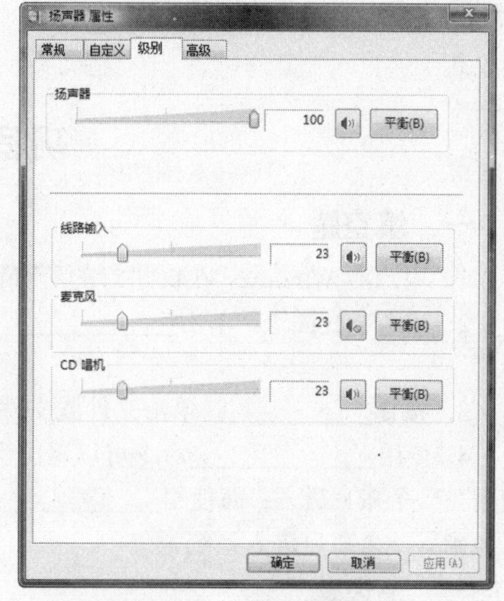

图 4-69　“级别”选项卡

⑥ 单击“确定”按钮返回到“声音”对话框，从中单击“声音”选项卡，在“声音方案”下拉列表框中可以选择系统声音方案，如图 4-70 所示。

在音量调节面板中单击按钮，可以将音量设置为静音。　技巧

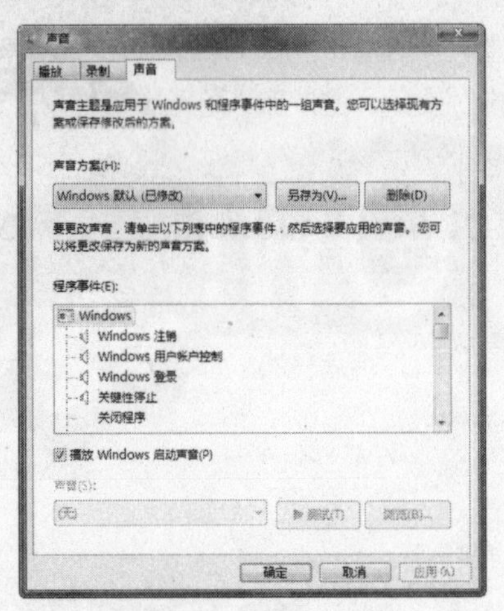

图 4-70 “声音”选项卡

⑦ 如果要自定义某个系统事件的声音，可在“程序事件”列表框中选择某个事件，然后单击“浏览”按钮，如图 4-71 所示。

⑧ 在弹出的对话框中选择声音文件，然后单击“打开”按钮，如图 4-72 所示。

⑨ 返回到“声音”对话框中单击“确定”按钮即可。

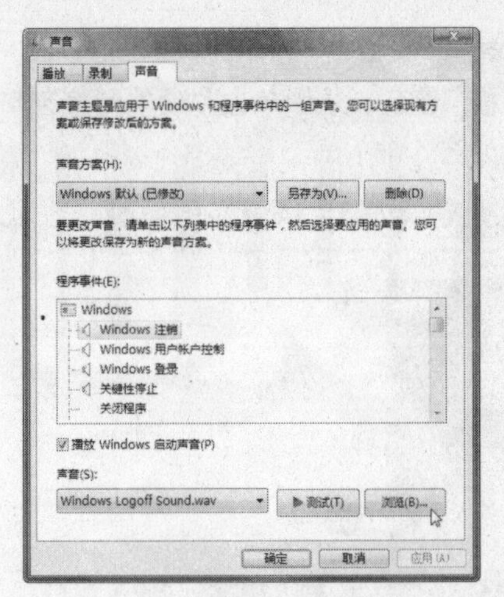

图 4-71 选择事件

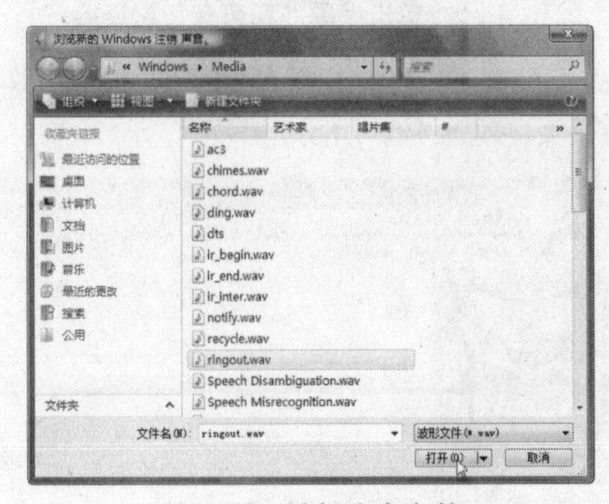

图 4-72 选择声音文件

巩固与练习

一、填空题

1. 用户对 Windows Vista 进行的所有设置，都可通过________________来实现。

2. 在经典视图下，单击________________超链接，可以重新切换回 Windows Vista 风格下。

3. 按住__________键单击文件或文件夹，可以选中不连续的多个文件或文件夹。

4. 使用_____________命令可以退出当前登录的账户并关闭所有运行的程序，然后才能使用另一个账户进入；而使用_______________命令则可以保留当前账户运行的程序，并同时切换到另一个账户进入系统。

二、简答题

1. 如何新建用户账户？

2. 简述受限账户和管理员账户的区别。

三、上机操作

新建一个账户，并练习修改账户的名称、图像、类型和密码。

说明　在“音频合成器”面板中调整音量，则其他程序的音量将随之改变。

第5章 Windows Vista的程序管理

- 安装与卸载应用程序
- 打开 Windows 功能
- 检查程序兼容性

登录到 Windows Vista 中，怎样在其中安装一些应用程序？

在 Windows Vista 中安装应用程序与在 Windows XP 中基本相同，只是其对安全性和兼容性有了更高的控制。

是的，在自己的电脑中安装一些必备的程序是十分必要的。本章介绍程序的安装、卸载与管理方法。

5.1 安装与卸载应用程序

大多数应用程序，只要能在 Windows XP 下运行，那么基本上都可以在 Windows Vista 下正常安装并运行。但也有些程序会因为不支持 Windows Vista 的架构而无法在 Windows Vista 下安装，或可正常安装但全部或部分功能无法使用。

同时需要注意的是，在 Windows Vista 中，如果以标准用户登录到系统，则无法进行安装操作，必须以管理员账户登录进行安装。或在安装程序图标上右击，在弹出的快捷菜单中选择“以管理员身份运行”命令来进行安装，如图 5-1 所示。

下面以在系统中安装金山词霸为例，介绍安装与卸载应用程序的方法。

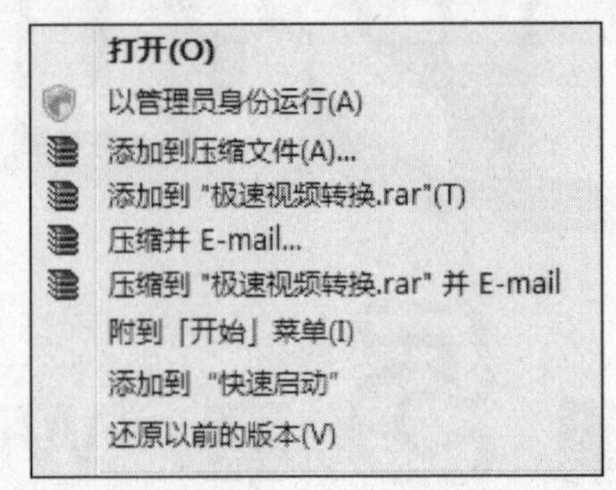

图 5-1 选择“以管理员身份运行”命令

5.1.1 安装金山词霸

谷歌金山词霸是金山与谷歌面向互联网翻译市场联合开发的，适用于个人用户的免费翻译软件，支持中、日、英三语查询，有取词、查词、查句、全文翻译、网页翻译等功能。下面以安装金山词霸为例，介绍在 Windows Vista 中安装程序的方法，具体操作步骤如下：

① 双击金山词霸的安装文件，在打开的对话框中单击“继续”按钮，弹出程序安装窗口，如图 5-2 所示。

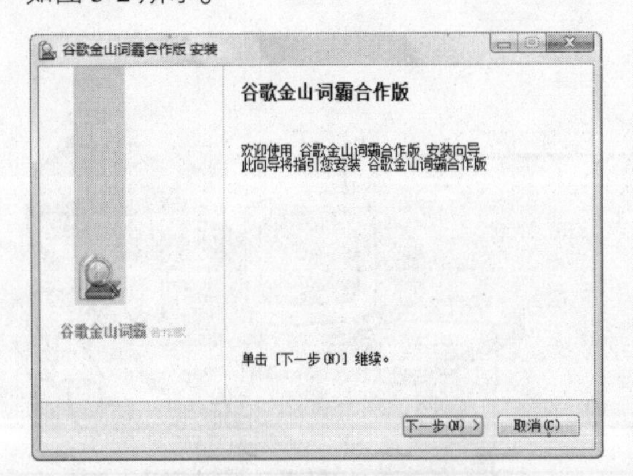

图 5-2 程序安装窗口

② 单击“下一步”按钮，在弹出的窗口中选中“我接受‘许可证协议’中的条款”复选框，如图 5-3 所示。

③ 单击“下一步”按钮，在弹出的窗口中选择目标文件夹，如图 5-4 所示。

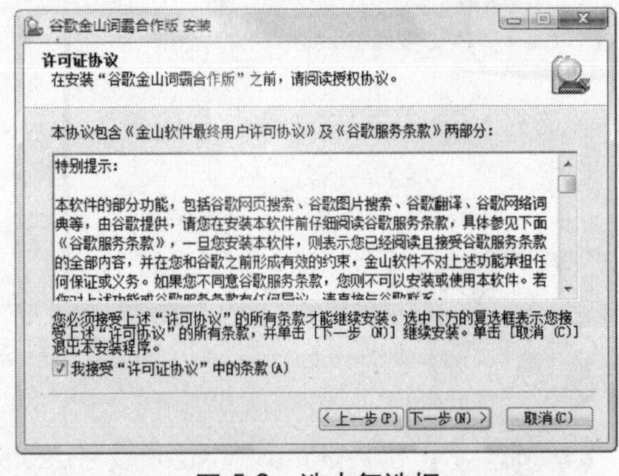

图 5-3 选中复选框

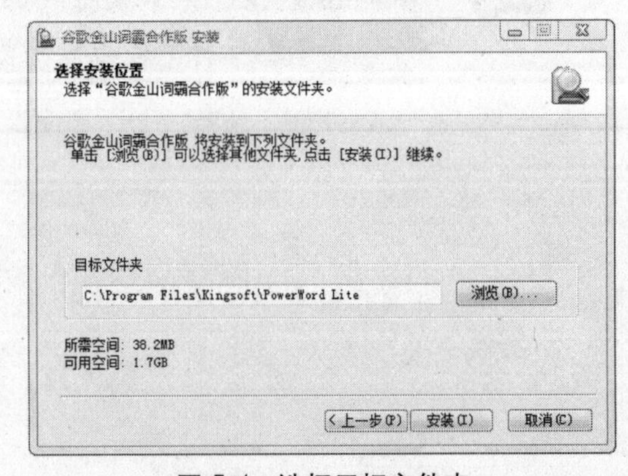

图 5-4 选择目标文件夹

说明 有些 Windows Vista 无法支持的程序在安装后，可能导致系统无法正常使用或登录。

④ 单击“安装”按钮即可进行安装，如图 5-5 所示。

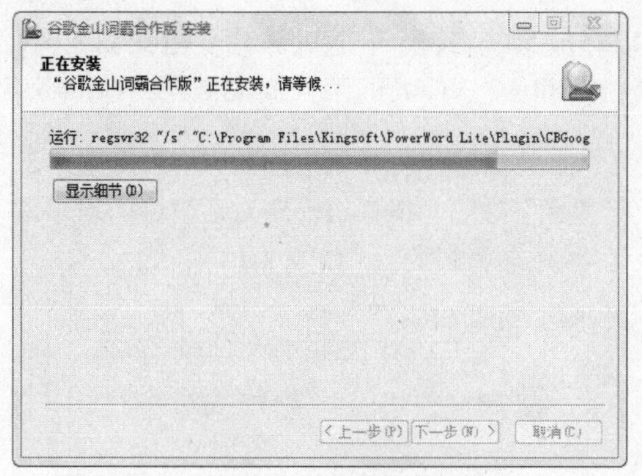

图 5-5　安装程序

⑤ 在弹出的窗口中根据需要选中相应的复选框，如图 5-6 所示。

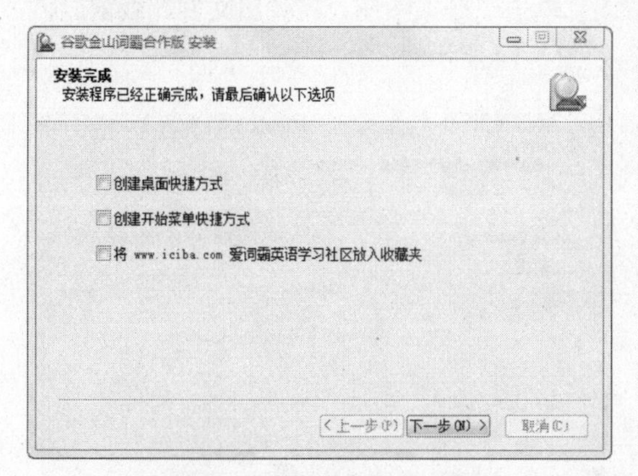

图 5-6　选择相应的复选框

⑥ 单击“下一步”按钮，在弹出的窗口中单击“完成”按钮，即可完成程序的安装，如图 5-7 所示。

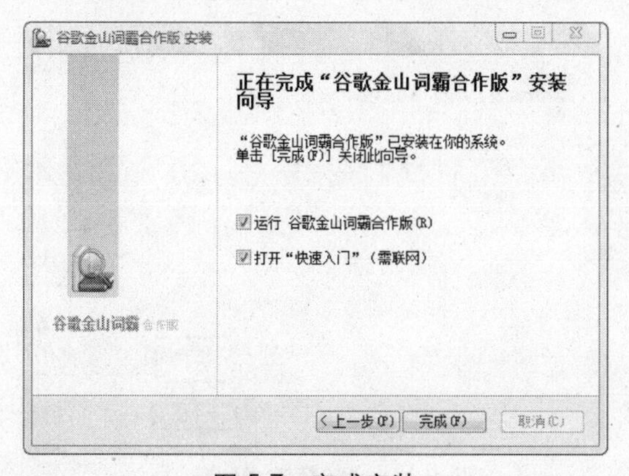

图 5-7　完成安装

⑦ 单击“开始”|“所有程序”命令，在弹出的菜单中单击“谷歌金山词霸合作版”命令，如图 5-8 所示。

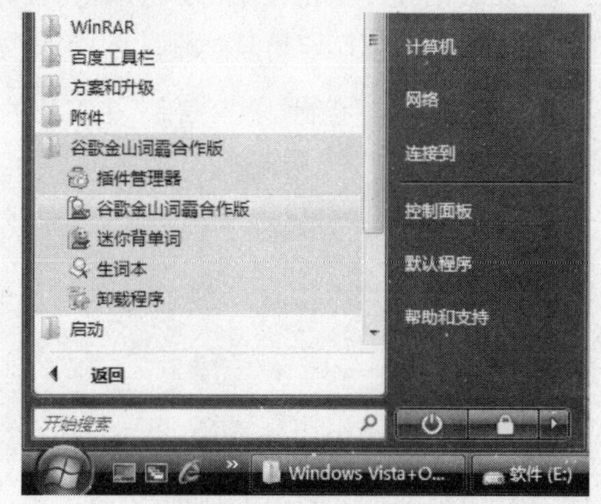

图 5-8　完成安装

⑧ 启动的金山词霸界面如图 5-9 所示。

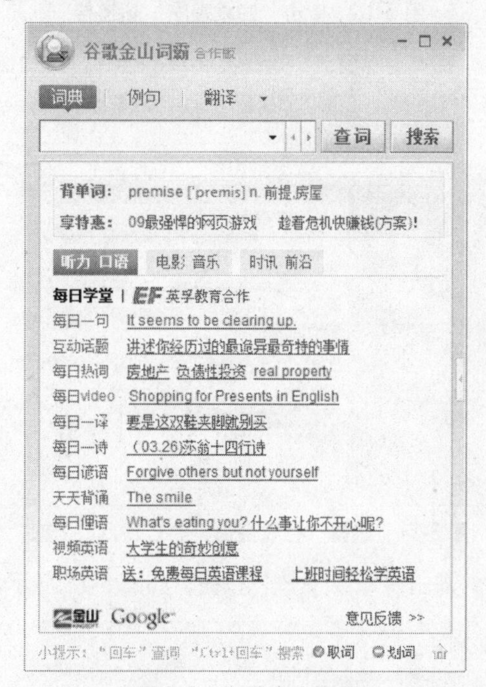

图 5-9　启动金山词霸

知识点拨

图 5-7 所示的两个复选框，可以全部选中，也可以选中其中的任意一个，或全部不选。

必须接受“许可证协议”中的条款，否则将无法继续安装。　**说 明**

5.1.2 卸载金山词霸

当安装的程序不再使用时，可以将其卸载，以释放系统资源。下面以卸载金山词霸为例，介绍卸载程序的方法。

① 单击“开始”|“控制面板”命令，在弹出的窗口中单击“卸载程序”超链接，如图5-10所示。

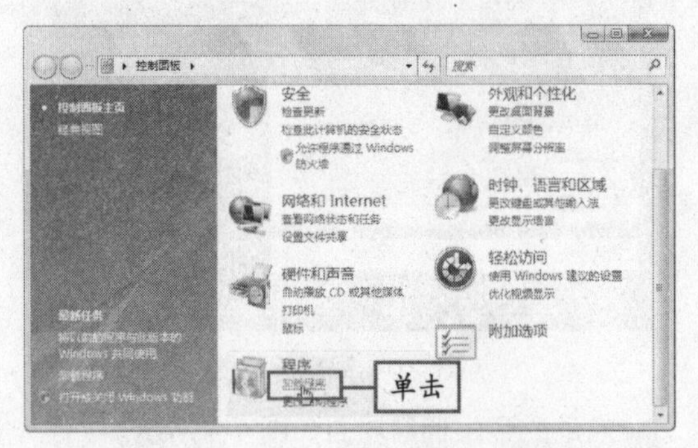

图5-10 单击“卸载程序”超链接

② 在弹出的窗口中选择要卸载的程序，这里选择“谷歌金山词霸合作版”选项，如图5-11所示。

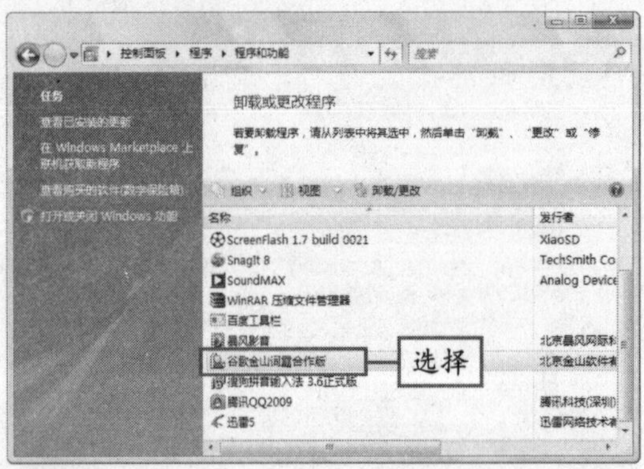

图5-11 选择“谷歌金山词霸合作版”选项

③ 单击“卸载/更改”按钮，如图5-12所示。

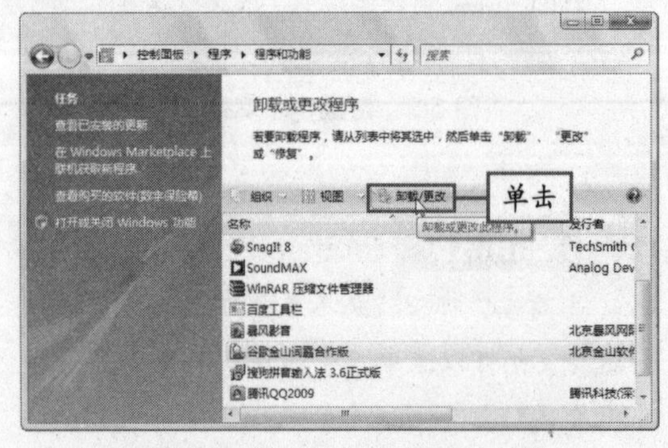

图5-12 单击“卸载/更改”按钮

④ 在弹出的“用户账户控制”对话框中单击“继续”按钮，将弹出一个对话框询问用户是否要确定删除程序，如图5-13所示。

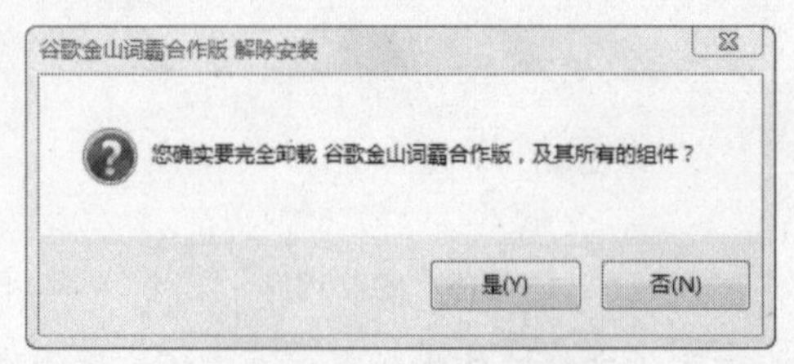

图5-13 确认删除对话框

⑤ 单击“是”按钮，将弹出文件卸载窗口，如图5-14所示。

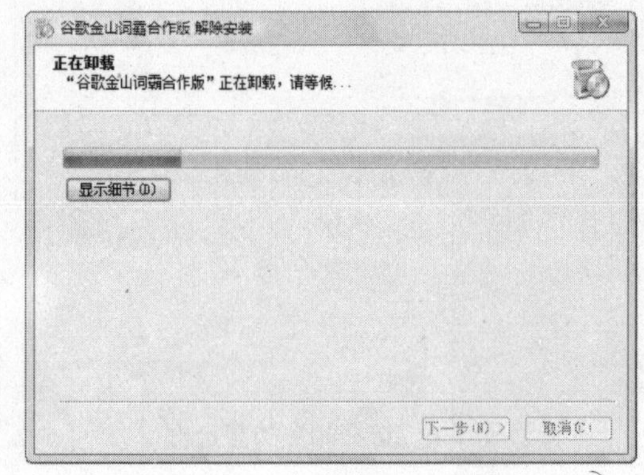

图5-14 “正在卸载”窗口

⑥ 卸载完成后，将弹出卸载完成窗口，从中单击“关闭”按钮即可，如图5-15所示。

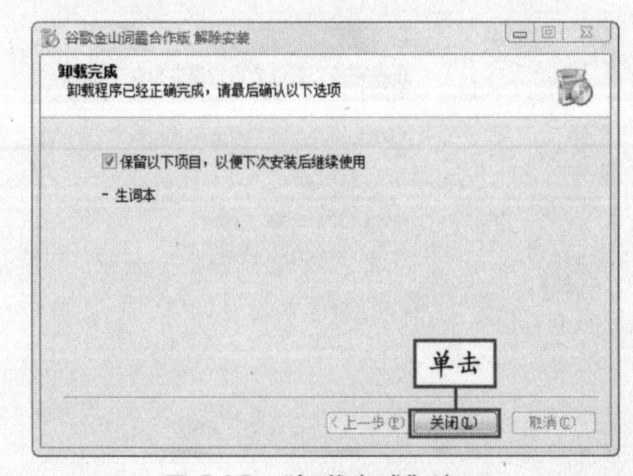

图5-15 “卸载完成”窗口

技巧 用户也可以使用安装程序提供的卸载功能卸载安装程序。

5.2 打开 Windows 功能

Windows Vista 中所有的功能相当于 Windows XP 中的 Windows 组件，用户可以根据需要打开或关闭某些 Windows 功能，其具体操作步骤如下：

① 单击“开始”|“控制面板”命令，打开“控制面板”窗口，在其中单击“程序”超链接，如图 5-16 所示。

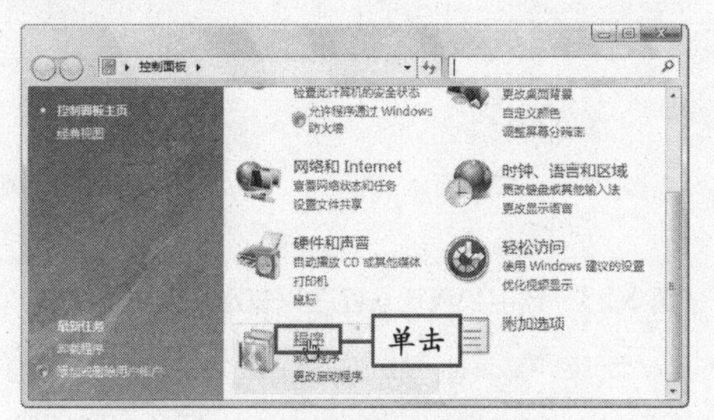

图 5-16 “控制面板”窗口

② 在打开的程序窗口中单击“打开或关闭 Windows 功能”超链接，如图 5-17 所示。

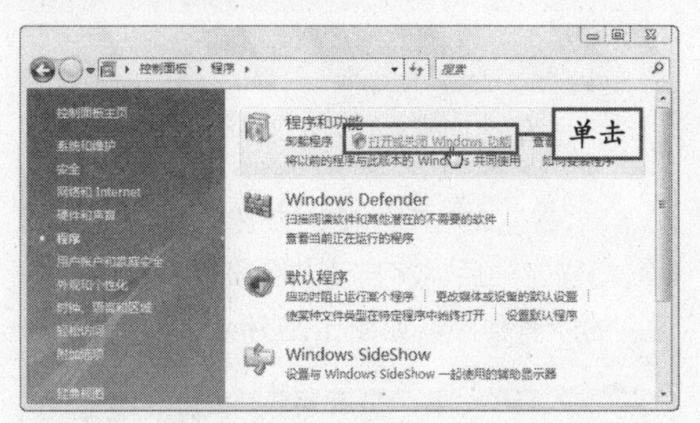

图 5-17 单击“打开或关闭 Windows 功能”超链接

③ 在弹出的“用户账户控制”对话框中单击“继续”按钮，打开“Windows 功能”对话框，并开始检测系统的功能，用户需要稍作等待，如图 5-18 所示。

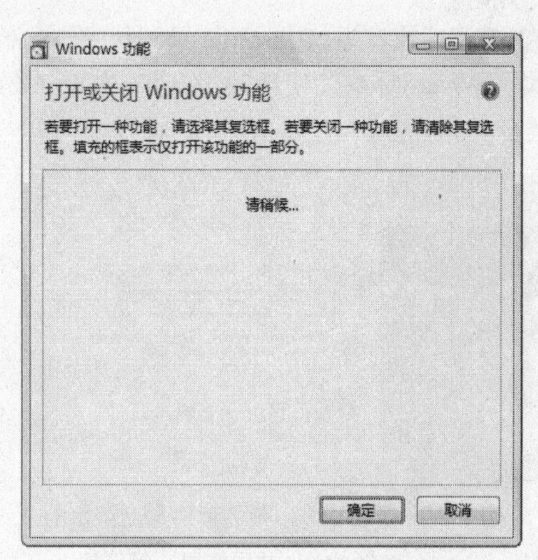

图 5-18 “Windows 功能”对话框

④ 在对话框中选中要打开的服务，如果要关闭某个功能，则取消其前面的复选框，如图 5-19 所示。

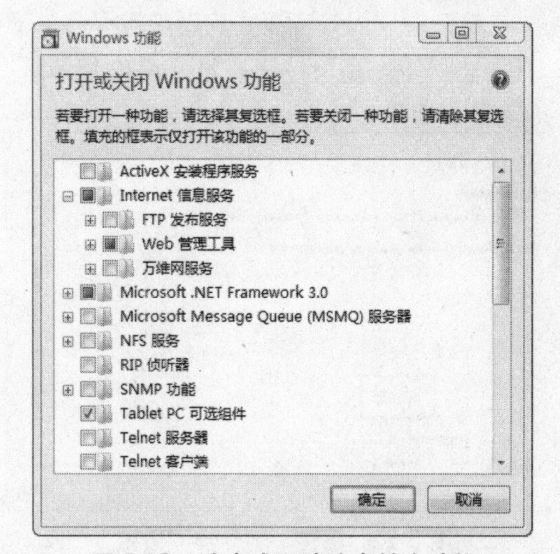

图 5-19 选中或取消选中某个功能

⑤ 单击“确定”按钮，此时系统将开始配置所选的功能，同时显示配置进度，耐心等待配置完成即可，如图 5-20 所示。

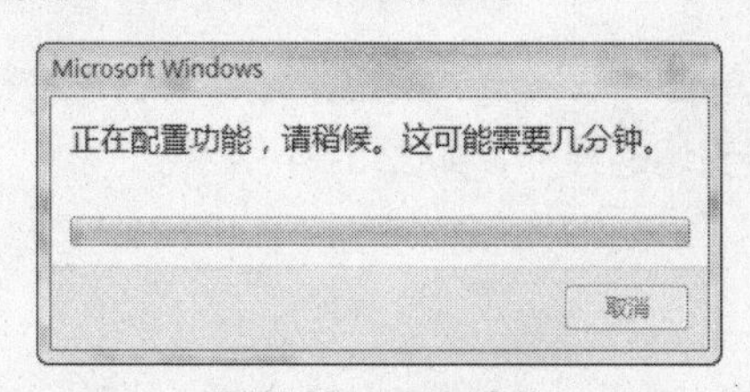

图 5-20 配置功能

Windows 功能多为网络辅助功能，普通用户一般无须设置。 说明

5.3 检查程序兼容性

在 Windows Vista 中可以检测电脑中已经安装的程序是否可以在系统中运行，如果无法运行，则可以进行修复，其具体操作步骤如下：

① 在程序窗口中单击“将以前的程序与此版本的 Windows 共同使用”超链接，如图 5-21 所示。

图 5-21 单击“将以前的程序与此版本的 Windows 共同使用”超链接

② 在打开的“以兼容模式启动应用程序”窗口中单击“下一步”按钮，如图 5-22 所示。

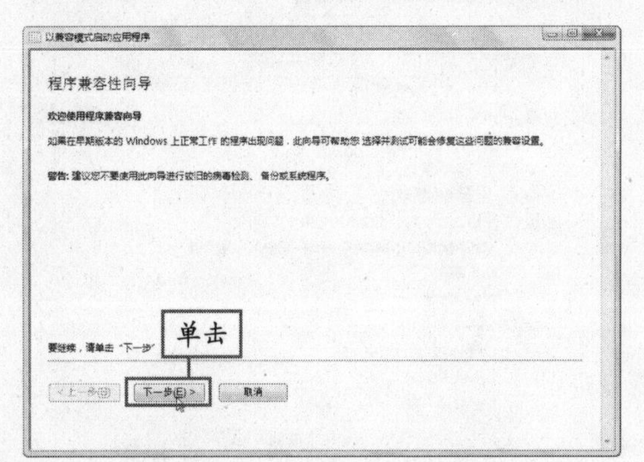

图 5-22 单击“下一步”按钮

③ 在打开的窗口中选中“我想从程序列表选择”单选按钮，如图 5-23 所示。

④ 单击“下一步”按钮，此时系统开始扫描已经安装的程序，如图 5-24 所示。

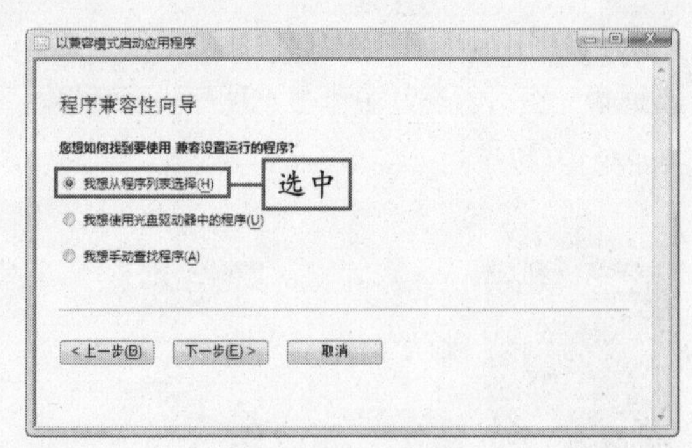

图 5-23 选中“我想从程序列表选择”单选按钮

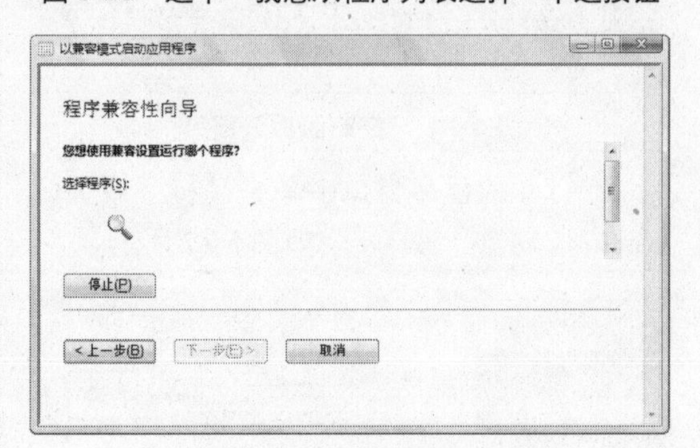

图 5-24 扫描程序

⑤ 扫描完成后，将自动在列表框中显示当前安装的所有程序，如图 5-25 所示。

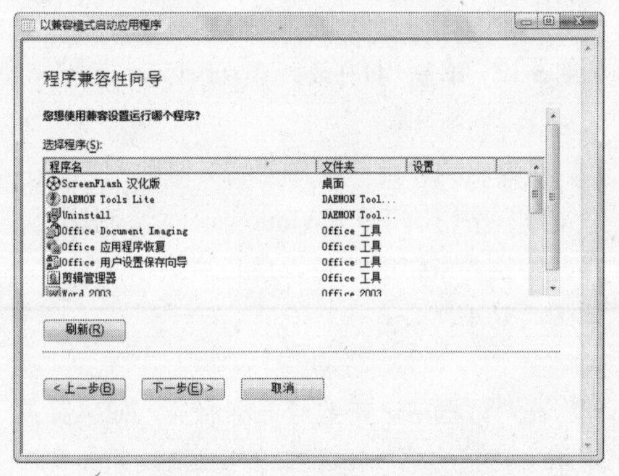

图 5-25 显示安装的程序

⑥ 在列表中选择要兼容使用的程序，单击“下一步”按钮，在弹出的窗口中选择之前能正常支持该程序的 Windows 版本，如图 5-26 所示。

 说明 不是所有的程序都可以通过兼容性检查实现在 Windows Vista 中正常运行。

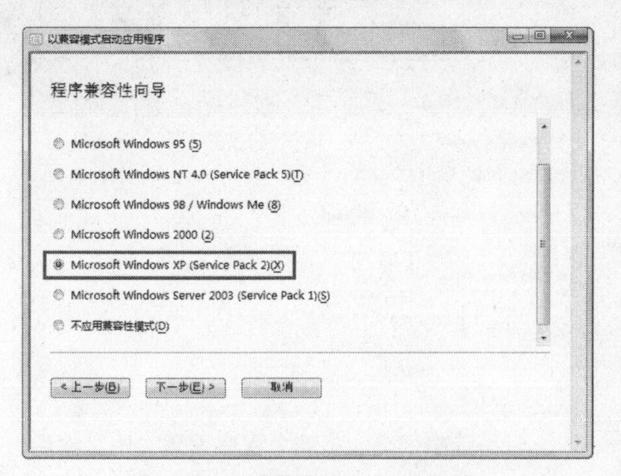

图 5-26　选择 Windows 版本

⑦ 单击“下一步”按钮，在打开的窗口中选择源程序能正确采用的显示设置，如图 5-27 所示。

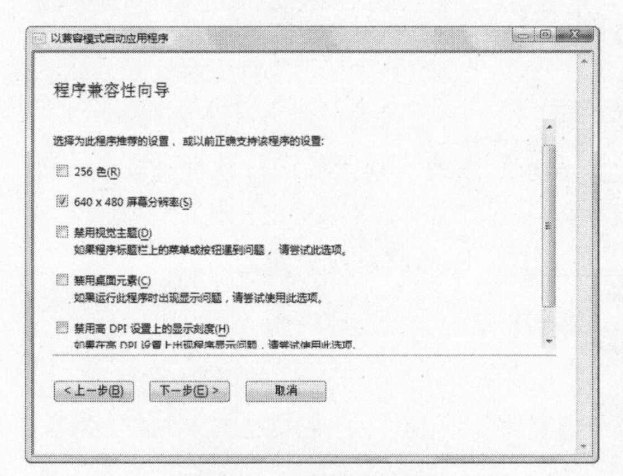

图 5-27　选择显示设置

⑧ 单击“下一步”按钮，在弹出的窗口中选择程序的运行权限，如果程序之前彻底无法运行，则最好选中“以管理员身份运行此程序”复选框，如图 5-28 所示。

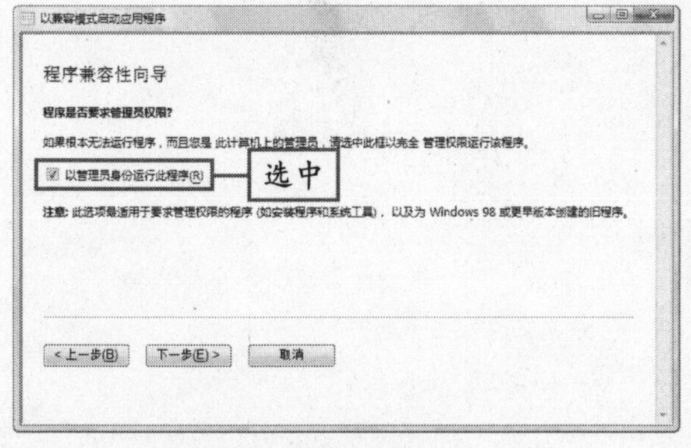

图 5-28　选择程序运行权限

⑨ 单击“下一步”按钮，在弹出的窗口中查看信息是否正确，然后单击“下一步”按钮，如图 5-29 所示。

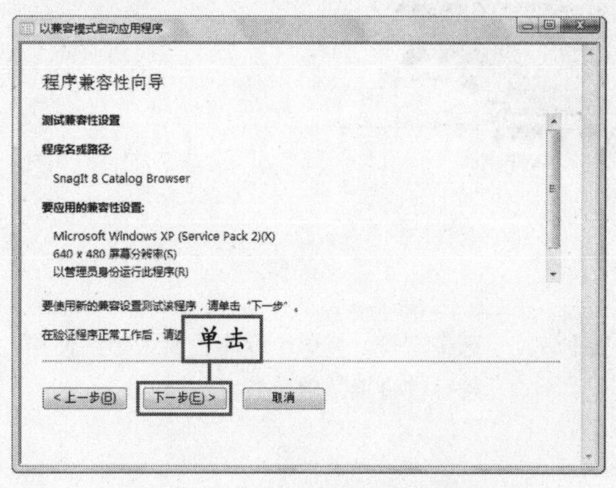

图 5- 29　选择程序运行权限

⑩ 单击“下一步”按钮，在弹出的窗口中选中“是，将这个程序设置为始终使用兼容性设置”单选按钮，如图 5-30 所示。

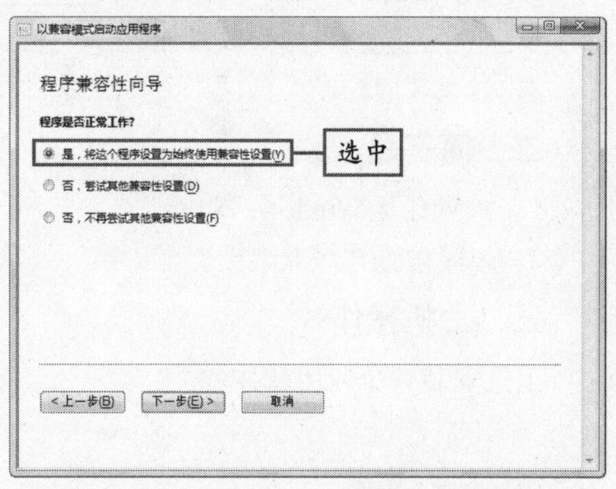

图 5-30　选中“是，将这个程序设置为始终使用兼容性设置”单选按钮

⑪ 单击“下一步”按钮，在弹出的对话框中选中“否”单选按钮，如图 5-31 所示。

⑫ 单击“下一步”按钮，在弹出的窗口中单击“完成”按钮即可，如图 5-32 所示。

在 Windows Vista 中安装应用程序时，建议安装最新版本的应用程序。　说明

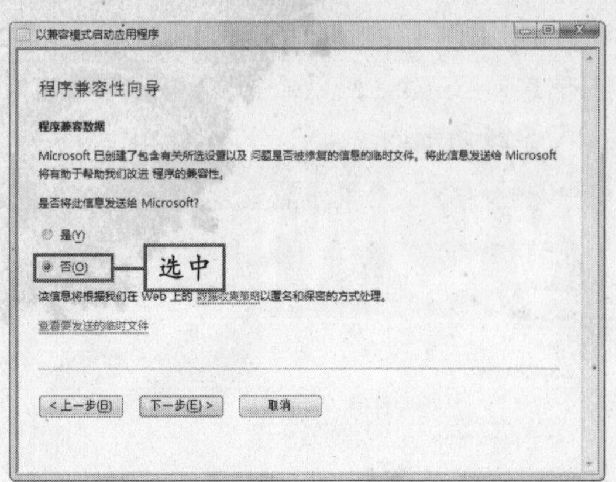

图 5-31　选中"是，将这个程序设置为始终使用兼容性设置"单选按钮

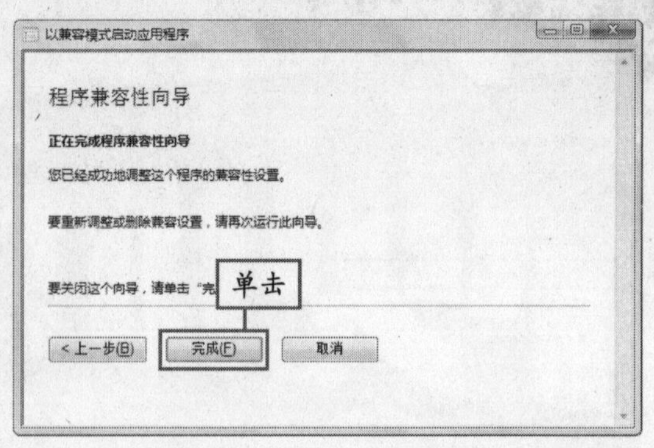

图 5-32　选中"是，将这个程序设置为始终使用兼容性设置"单选按钮

巩固与练习

一、填空题

1．在 Windows Vista 中，如果以__________登录到系统，则无法进行软件的安装，而必须以__________进行安装操作。

2．当安装的程序不再使用时，可以将其________，以释放系统资源。

二、简答题

1．如何打开 Windows 功能？

2．如何检查程序兼容性？

三、上机操作

上机安装一个应用软件。

说明　若运行的程序与 Windows Vista 不兼容，则会弹出"用户账户控制"对话框进行提示。

第6章 Windows Vista的娱乐功能

- Windows Media Player
- Windows 照片库
- Windows 媒体中心
- Windows Vista 自带的游戏

在 Windows Vista 中是否可以像以前那样进行休闲和娱乐呢?

在相对于 Windows XP，Windows Vista 中提供了更强大的媒体与娱乐功能，可以让用户享受更完美的娱乐体验。

是的，在 Windows Vista 中不仅可以看电影、浏览图片，还可以玩游戏，使用户在工作学习之余得到充分的放松。

6.1 Windows Media Player

Windows Vista 中提供的 Windows Media Player 是一款内嵌在系统中的媒体播放软件。使用该软件，可以播放电脑与 CD 中的音频文件，并可以进行翻录和刻录等操作。

6.1.1 启动 Windows Media Player

启动 Windows Media Player 的具体操作步骤如下：

① 单击“开始”菜单中的“所有程序”选项，在出现的程序列表中单击 Windows Media Player 命令，如图 6-1 所示。

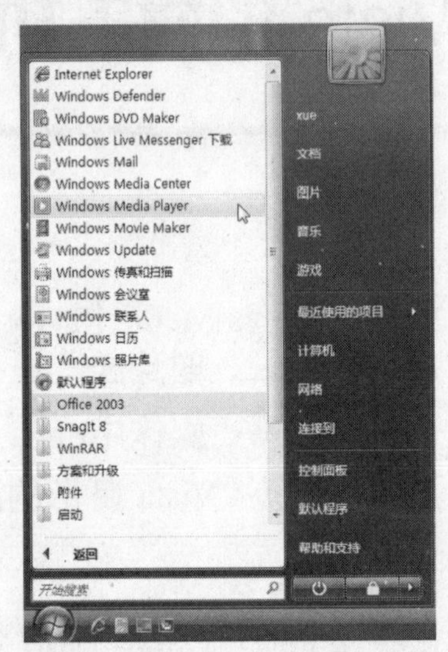

图 6-1 单击 Windows Media Player 命令

② 第一次启动 Windows Media Player，将会弹出 Windows Media Player 初始设置对话框，如图 6-2 所示。

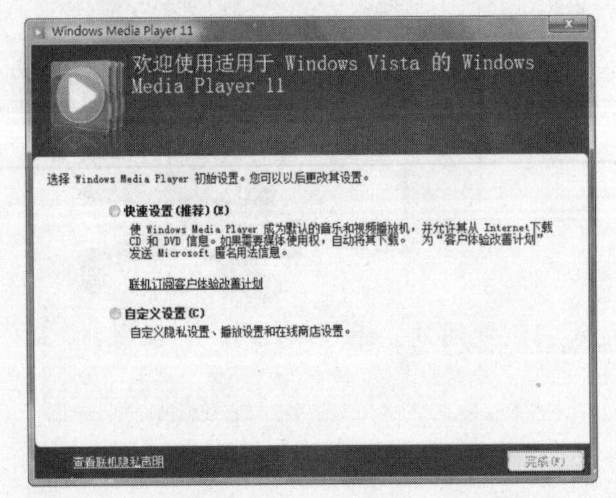

图 6-2 Windows Media Player 初始设置对话框

③ 选中“快速设置(推荐)”单选按钮，然后单击“完成”按钮，将显示出如图 6-3 所示的界面。

图 6-3 Windows Media Player 界面

④ 单击 Windows Media Player 界面的按钮，可以将 Windows Media Player 切换为最小化模式，如图 6-4 所示。

图 6-4 最小化的 Windows Media Player 界面

知识点拨

切换为最小化模式后，再次单击按钮，可以再次切换为完整模式。

说明 使用任意一个新账户登录系统后，第一次启动 Windows Media Player 都会要求用户设置。

6.1.2　播放音频和视频文件

拥有电脑的用户必不可少的一种娱乐方式就是欣赏视频和音乐。在认识了 Windows Media Player 播放器后，就可以使用它来播放视频和音频文件。

1．播放视频文件

Windows Media Player 支持多种视频文件格式，并可以同时载入多个视频文件，以播放列表的形式让用户来选择播放。具体操作步骤如下：

① 在 Windows Media Player 窗口中单击 按钮，在弹出的下拉菜单中选择“显示经典菜单”命令，如图 6-5 所示。

图 6-5　选择“显示经典菜单”命令

② 此时，在窗口上方将显示出程序控制菜单。从中选择“文件”|“打开”命令，如图 6-6 所示。

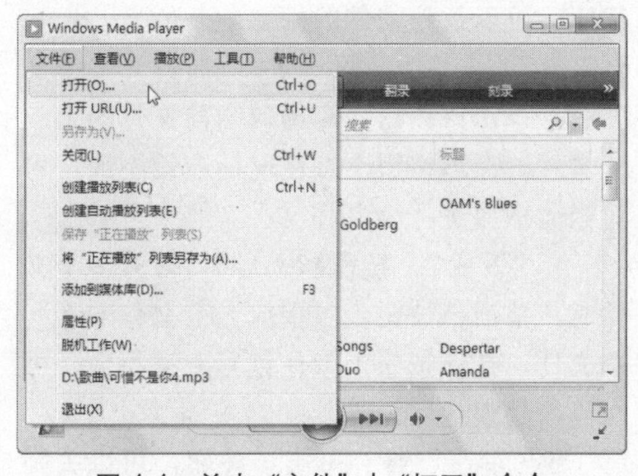

图 6-6　单击“文件”|“打开”命令

③ 在弹出的“打开”对话框中选择要播放的视频文件，如图 6-7 所示。

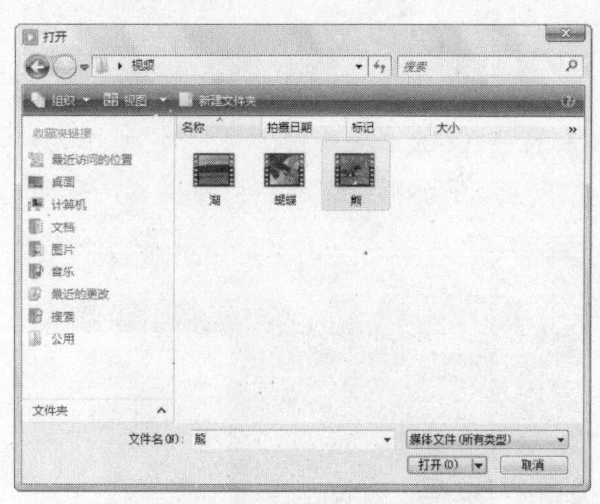

图 6-7　选择视频文件

④ 稍等之后，Windows Media Player 会载入视频文件并进行播放，如图 6-8 所示。

图 6-8　播放视频文件

2．播放音频文件

使用播放音频文件的方法与播放视频文件相同，下面通过播放一首“康定情歌”为例进行介绍，具体操作步骤如下：

Windows Media Player 还可播放来自 Internet 的流媒体文件。　说明

① 在窗口上方的程序控制菜单中单击“文件”|“打开”命令，在弹出的“打开”对话框中到音乐文件存放的文件夹，如图 6-9 所示。

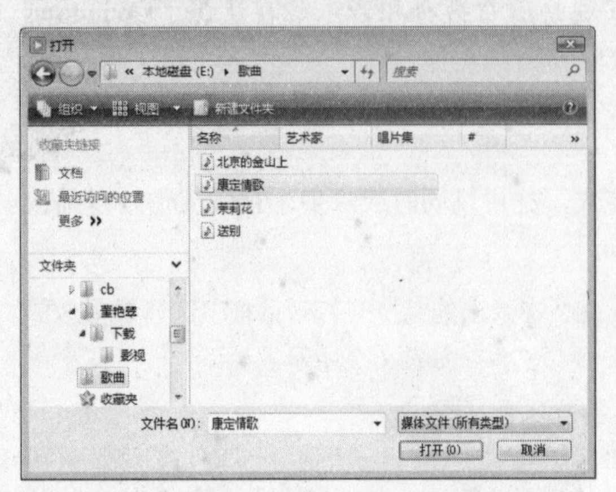

图 6-9 单击“文件”|“打开”命令

② 选择音频文件“康定情歌”，单击“打开”按钮，即可开始播放音频文件，如图 6-10 所示。

图 6-10 播放音频文件

知识点拨

如果在“打开”对话框中，若同时选中多个音频文件，单击“打开”按钮，将在右侧显示一个播放列表，依次播放该列表中的文件，如图 6-11 所示。

图 6-11 添加的播放列表

在播放窗口的下方有一排播放控制按钮，用于对播放进行控制。下面介绍各个按钮的功能。

- **“无序播放”按钮**：同时打开多个文件时，单击该按钮，可以让程序随机播放列表中的文件；而不是按列表的顺序播放。再次单击该按钮，可以让程序恢复按顺序播放。
- **“重复”按钮**：同时打开多个文件时，单击该按钮，可以重复播放当前播放的文件。再次单击该按钮，可以取消重复播放。
- **“停止”按钮**：单击此按钮，将停止播放文件。
- **“播放”按钮**：单击该按钮，将开始播放当前选择的音频文件。在播放音乐时，“播放”按钮将变成“暂停”按钮。单击按钮，可以暂停文件的播放。
- **“上一个”按钮**：同时打开多个文件时，单击该按钮，可播放当前文件的上一个文件。在该按钮上按住鼠标左键不放，可对当前播放进行快退。
- **“下一个”按钮**：同时打开多个文件时，单击该按钮，可播放当前文件的下一个文件。在该按钮上按住鼠标左键不放，可对当前播放进行快进。
- **“静音”**：单击该按钮，可以关闭声音的播放，再次单击可以恢复声音。
- **“音量”**：拖动该滑块，可以调整音量大小。

6.1.3　Windows Media Player 媒体库

使用 Windows Media Player 媒体库，可以对电脑中的视频、音频及图片等媒体文件进行管理，并可以创建媒体的播放列表。下面将进行详细介绍。

① 在 Windows Media Player 的界面中单击"媒体库"按钮，切换到"媒体库"选项卡，如图 6-12 所示。

图 6-12　"媒体库"选项卡

② 单击"媒体库"按钮下方的下拉按钮，在弹出的下拉菜单中，可以选择要进入的媒体库。例如，选择"音乐"命令，即可进入"音乐"媒体库，如图 6-13 所示。

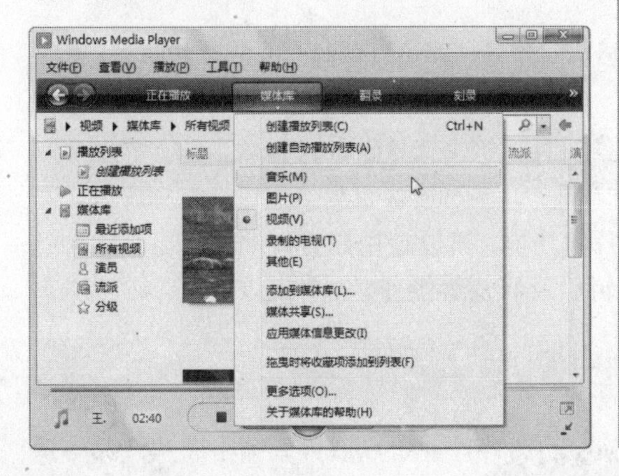

图 6-13　"音乐"媒体库

③ 在对话框中单击"创建播放列表"超链接，如图 6-14 所示。

图 6-14　单击"创建播放列表"超链接

④ 此时将创建一个播放列表，并且列表的名字处于可修改状态，如图 6-15 所示。

图 6-15　单击"创建播放列表"超链接

Windows Media Player 中播放过的媒体文件将被自动添加到媒体库中。　说明

⑤ 切换到合适的输入法，输入播放列表的名称“我的音乐”，如图 6-16 所示。

图 6-16 创建“我的音乐”播放列表

⑥ 用鼠标将当前媒体库中的音乐文件拖动至右侧窗格中，即可将音乐添加到播放列表中。用户也可以打开包含歌曲的窗口，将歌曲拖动到右侧窗格中，如图 6-17 所示。

图 6-17 创建的播放列表

⑦ 歌曲添加完毕后，单击右下角的“保存播放列表”按钮，即可将创建的播放列表保存到媒体库中，如图 6-18 所示。

图 6-18 创建的播放列表

⑧ 如果要播放某个播放列表中的歌曲，只须在左侧窗格中右击，在弹出的快捷菜单中选择“播放”命令即可，如图 6-19 所示。

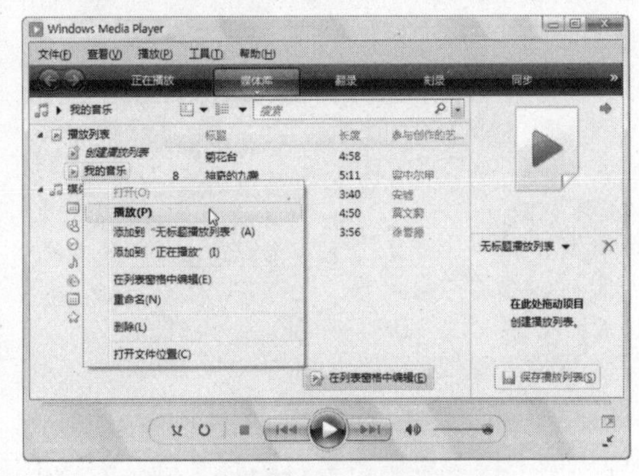

图 6-19 播放音乐列表中的歌曲

知识点拨

Windows Media Player 针对不同媒体有不同的媒体库，用户可根据需要进行切换。

6.2 Windows 照片库

Windows Vista 中新增了一个 Windows 照片库功能，可以让用户方便地浏览电脑中的各种图片资源，并允许用户对图片进行分级、编辑以及修复等操作。

6.2.1 使用 Windows 照片库浏览图片

使用 Windows 照片库可以直观地浏览电脑中的图片，并可以放大或缩小图片。具体操作步骤如下：

 说明 Windows 照片库是 Windows Vista 中新增的功能。

① 单击“开始”菜单中的“所有程序”选项，在出现的程序列表中单击“Windows 照片库”命令，如图 6-20 所示。

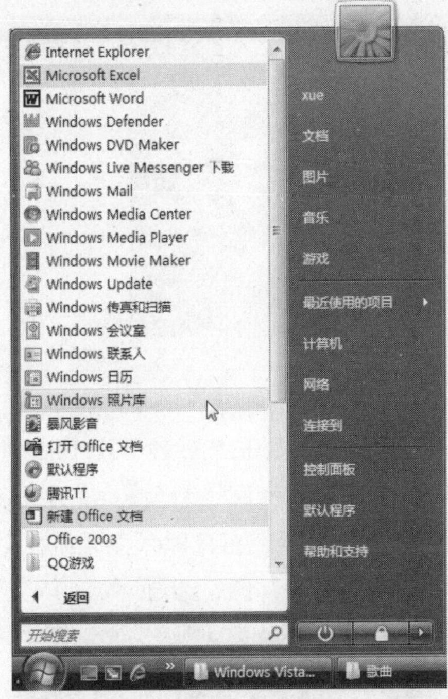

图 6-20　单击“Windows 照片库”命令

② 此时将启动 Windows 照片库，并默认显示用户文档中的图片，如图 6-21 所示。

图 6-21　Windows 照片库

③ 将鼠标指针指向窗口中的某个缩览图并稍停片刻，将弹出一个浮动框显示更大的缩览图，如图 6-22 所示。

④ 双击某个图片，即可在图片浏览器中打开并显示图片，如图 6-23 所示。

图 6-22　显示缩览图

图 6-23　打开图片

⑤ 单击界面下方控制按钮中的“更改显示大小”按钮，在弹出的列表中拖动滑块，可以选择图片的显示比例，如图 6-24 所示。

图 6-24　选择图片的显示比例

⑥ 打开图片时，默认将以适应窗口大小的方式来显示图片。单击界面下方控制按钮中的“实际大小”按钮，可以按实际大小显示图片，如图 6-25 所示。

图 6-25 单击“实际大小”按钮

⑦ 这时“实际大小”按钮将变为“按窗口大小显示”按钮，单击该按钮，可以再次以窗口大小显示图片，如图 6-26 所示。

图 6-26 单击“按窗口大小显示”按钮

⑧ 单击“上一个”按钮，可以浏览当前图片所在的上一张图片，如图 6-27 所示。

图 6-27 单击“上一个”按钮

⑨ 单击“下一个”按钮，可以浏览当前图片所在的下一张图片。这里单击两次该按钮，如图 6-28 所示。

图 6-28 单击“下一个”按钮

⑩ 单击“放映幻灯片”按钮，可以以幻灯片方式从当前图片按顺序播放图片所在文件夹的所有的图片，如图 6-29 所示。

图 6-29 以幻灯片方式浏览图片

⑪ 按【Esc】键，可以退出全屏方式，如图 6-30 所示。

图 6-30 退出全屏方式

说明 在 Windows 照片库中删除的图片将删除到回收站中。

⑫ 单击“逆时针旋转”按钮↺，可以将图片按逆时针旋转，如图 6-31 所示。

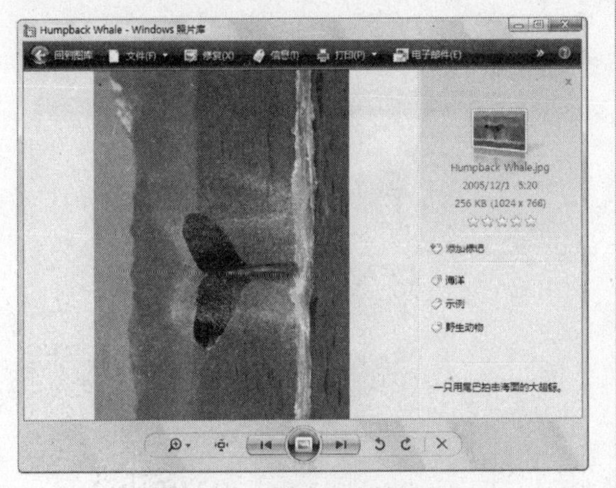

图 6-31　逆时针旋转图片

⑬ 单击“顺时针旋转”按钮↻，可以将图片按顺时针旋转。这里单击两次该按钮，效果如图 6-32 所示。

⑭ 浏览图片时，单击“删除”✕按钮，将弹出“删除文件”对话框，如图 6-33 所示。单击“是”按钮，即可将当前图片删除。

图 6-32　顺时针旋转图片

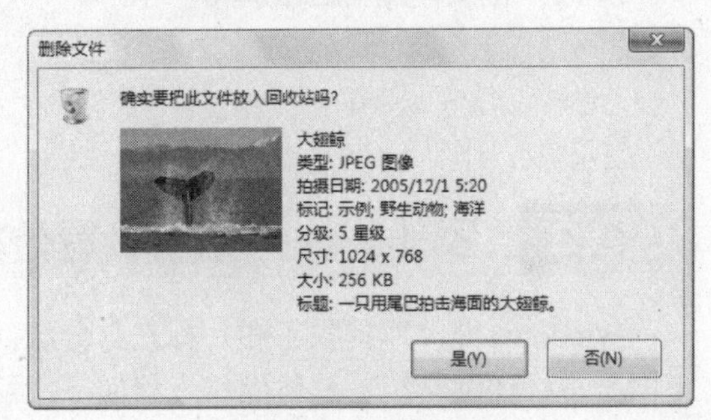

图 6-33　删除文件

6.2.2　将图片添加到 Windows 照片库

Windows 照片库默认显示的是 Windows Vista 中预置的图片，用户也可以将自己的图片添加到照片库中，具体操作步骤如下：

① 在 Windows 照片库中单击“文件”|“将文件夹添加到图库中”命令，如图 6-34 所示。

图 6-34　单击“文件”|“将文件夹添加到图库中”命令

② 此时将弹出“将文件夹添加到图库中”对话框，从中选择图片文件所在的文件夹，如图 6-35 所示。

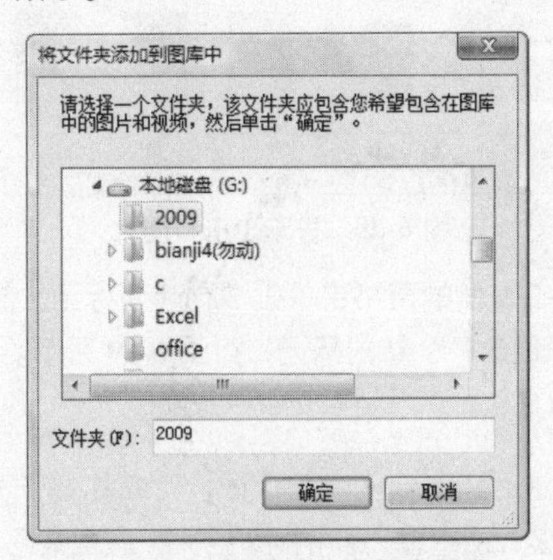

图 6-35　选择图片所在的文件夹

如果没有安装其他看图软件，则双击图像文件，即可自动启动 Windows 照片库。　技巧

③ 单击“确定”按钮，稍等片刻，将弹出“将文件夹添加到图库中”对话框，如图 6-36 所示。

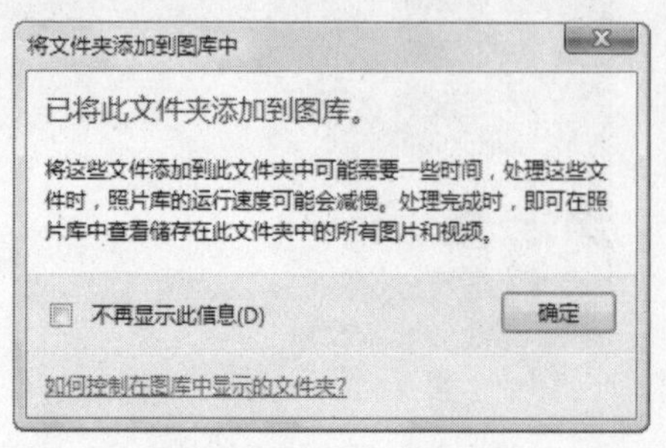

图 6-36 “将文件夹添加到图库中”对话框

④ 单击“确定”按钮，即可将文件夹添加到照片库，同时将显示该文件夹内图片的缩览图，如图 6-37 所示。

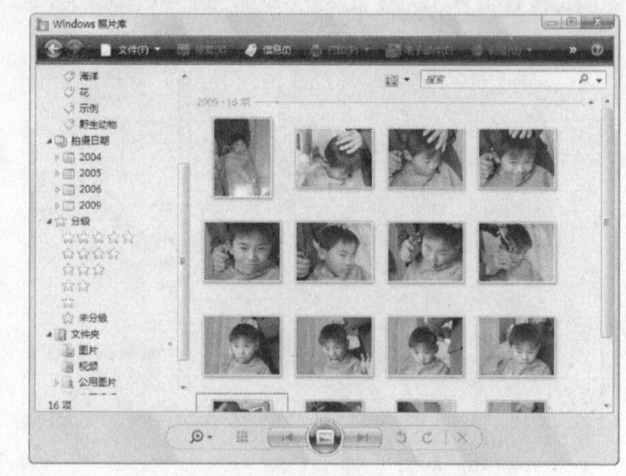

图 6-37 将文件夹添加到照片库

6.2.3 添加图片标记与设置分级

Windows 照片库提供了图片标记与分级功能，使用户可以更加方便地查看和管理图片。下面将进行详细介绍，具体操作步骤如下：

① 在 Windows 照片库左侧窗格中单击“图片”超链接，显示出所有图片，如图 6-38 所示。

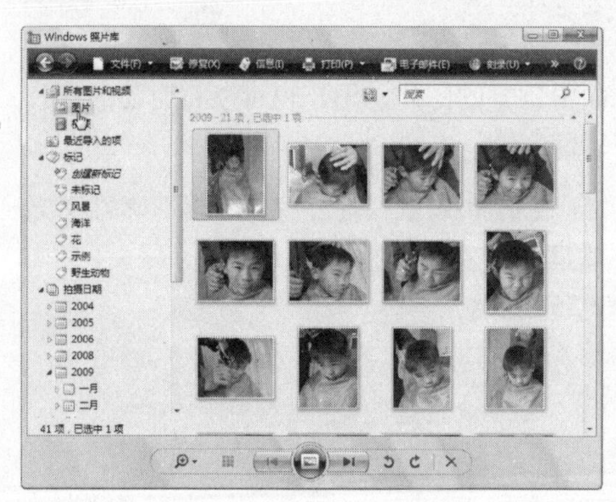

图 6-38 显示出所有图片

② 在左侧的窗格中单击“创建新标记”超链接，创建一个新的标记，如图 6-39 所示。

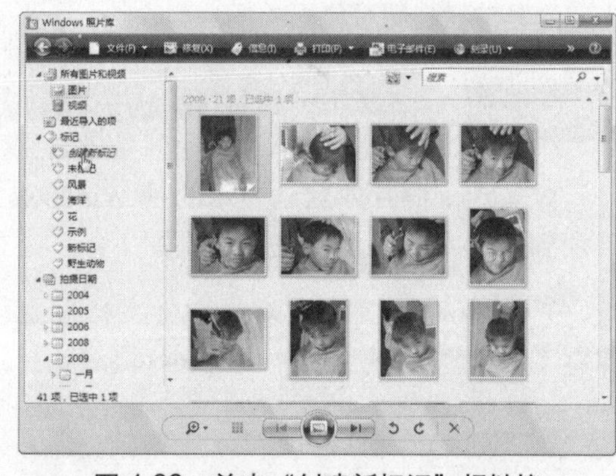

图 6-39 单击“创建新标记”超链接

③ 这时将创建一个新标记，且名称处于可编辑状态，从中输入新的标记名称(这里输入“儿童”)，如图 6-40 所示。

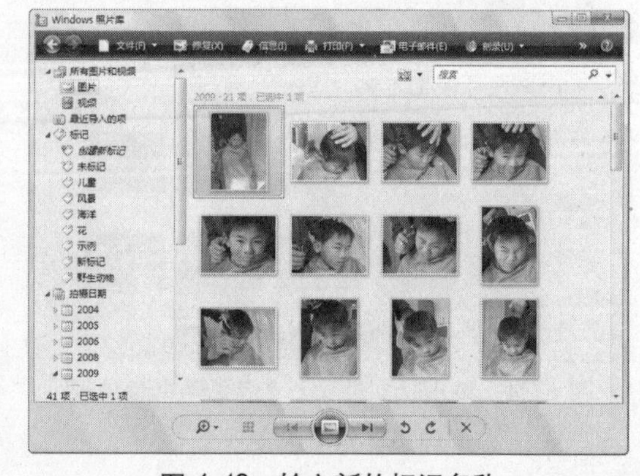

图 6-40 输入新的标记名称

 技巧 使用图片标记，可以将相同类型的图片分类显示。

④ 选中要标记的图片，然后将其拖放到“儿童”标记选项上，如图 6-41 所示。

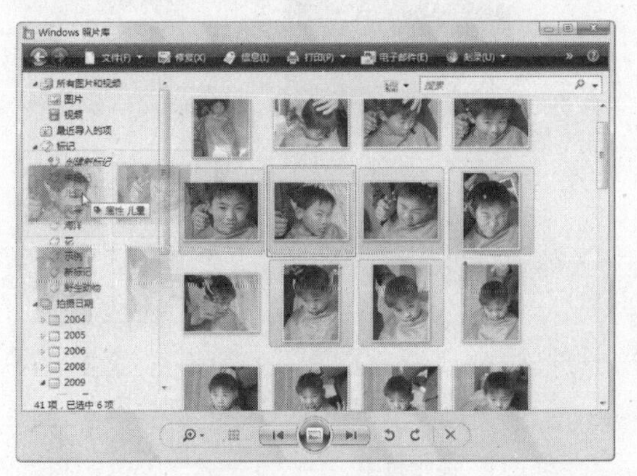

图 6-41 标记图片

⑤ 标记图片后，单击该标记，即可只查看标示了该标记的图片，如图 6-42 所示。

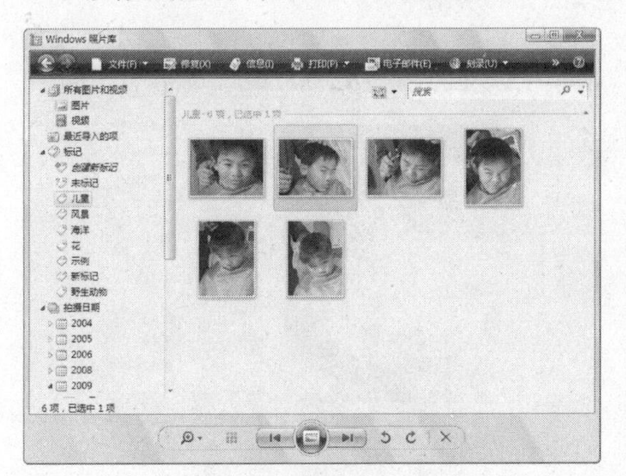

图 6-42 利用标记查看图片

⑥ 在 Windows 照片库中显示出要分级的图片，单击窗口上方工具栏中的“信息”按钮，显示出“信息”面板，如图 6-43 所示。

⑦ 单击星号级别，即可对图片进行分级，如图 6-44 所示。

图 6-43 “信息”面板

图 6-44 添加分级

⑧ 在左侧的分级列表中单击不同的分级，即可查看属于该分级的所有图片，如图 6-45 所示。

图 6-45 利用分级查看图片

6.2.4 修复照片

Windows 照片库提供了一些图片修复功能，可以对照片进行简单的编辑。下面通过一个实例进行介绍，具体操作步骤如下：

① 在 Windows 中选中要修复的照片，单击工具栏中的修复(X)按钮，切换到修复界面，如图 6-46 所示。

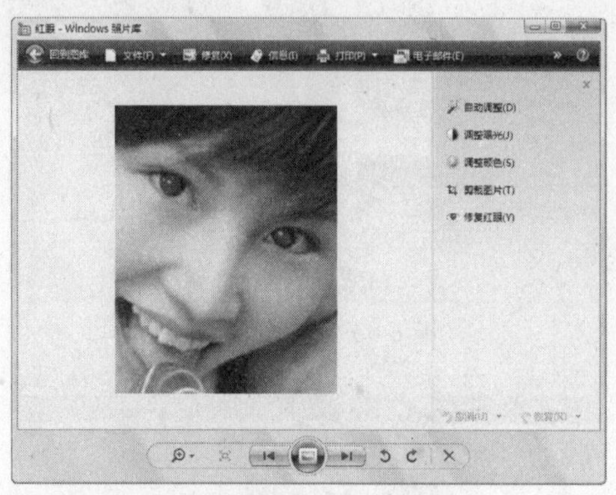

图 6-46 利用分级查看图片

② 在修复界面右侧单击“自动调整”按钮，将自动对照片进行综合修复，修复效果如图 6-47 所示。

图 6-47 自动修复图片

③ 单击“调整曝光”按钮调整曝光(J)，将显示出“亮度”与“对比度”滑块，调整滑块，可以调整图片的亮度与对比度，如图 6-48 所示。

图 6-48 调整图片的亮度与对比度

④ 单击“调整颜色”按钮调整颜色(S)，将显示出“色温”、“色彩”与“饱和度”滑块，调整滑块，可以调整图片的色温、色彩与饱和度，如图 6-49 所示。

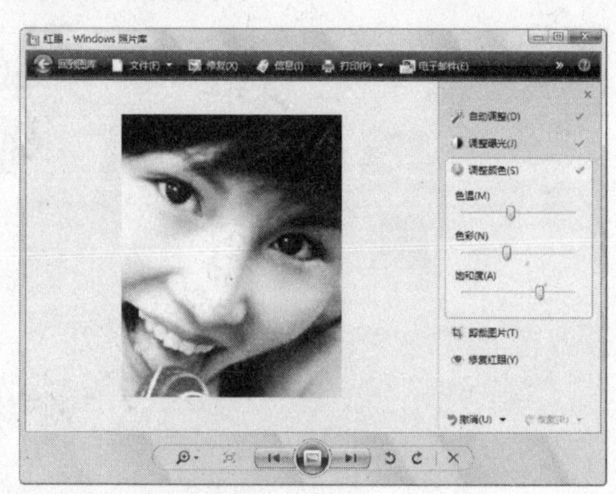

图 6-49 调整图片的色温、色彩与饱和度

⑤ 单击“裁剪图片”按钮剪裁图片(T)，在左侧的图像上将出现一个控制框，如图 6-50 所示。

图 6-50 出现的控制框

技巧 要想撤销对照片的修改，可以单击下方的“撤销”按钮。

⑥ 用鼠标调整控制框的大小与位置，单击“应用”按钮，即可将区域外的部分裁减掉，如图 6-51 所示。

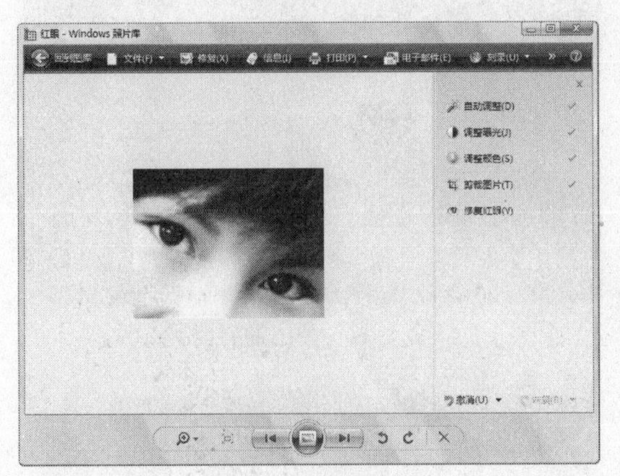

图 6-51 裁剪图像

⑦ 单击“修复红眼”按钮 修复红眼(Y)，拖动鼠标在要修复的红眼周围绘制一个矩形，如图 6-52 所示。

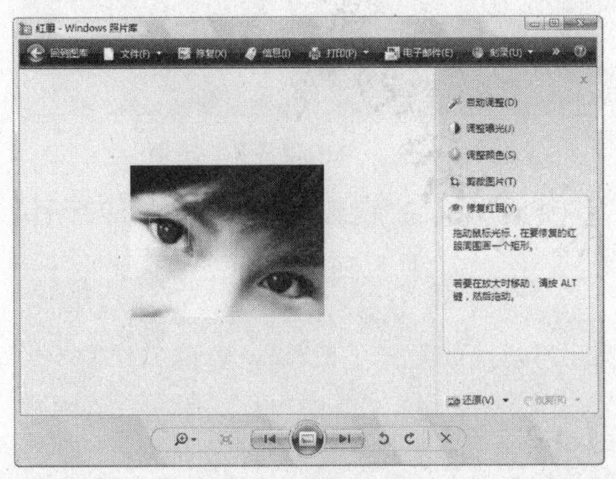

图 6-52 绘制矩形

⑧ 释放鼠标即可对选定的区域进行红眼修复操作。用同样的方法对另一只眼睛进行修复，效果如图 6-53 所示。

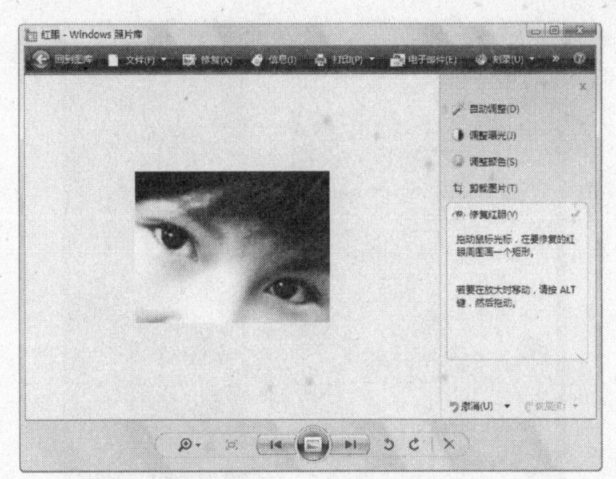

图 6-53 红眼修复效果

⑨ 图片调整完毕后，单击窗口左上方的“回到图库”按钮 回到图库，即可保存所进行的修复，并返回到 Windows 照片库中，如图 6-54 所示。

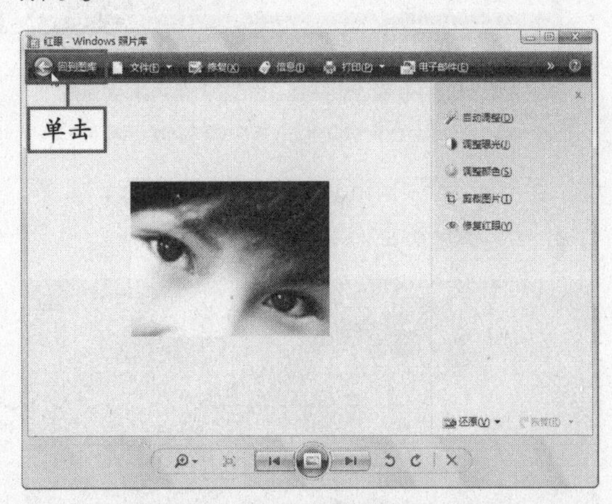

图 6-54 单击“回到图库”按钮

6.3 Windows 媒体中心

Windows 媒体中心是 Windows Vista 自带的集电视播放录制、照片浏览和音乐视频操作于一体的功能强大的媒体中心，可以让家庭媒体与娱乐完美结合。

6.3.1 启动 Windows 媒体中心

第一次登录媒体中心时，可以根据自己的需要对其进行设置，具体操作步骤如下：

① 单击“开始”菜单中的“所有程序”选项，在出现的程序列表中单击 Windows Media Center 命令，如图 6-55 所示。

图 6-55　单击 Windows Media Center 命令

② 第一次启动 Windows Media Center 时，将弹出一个欢迎界面，如图 6-56 所示。

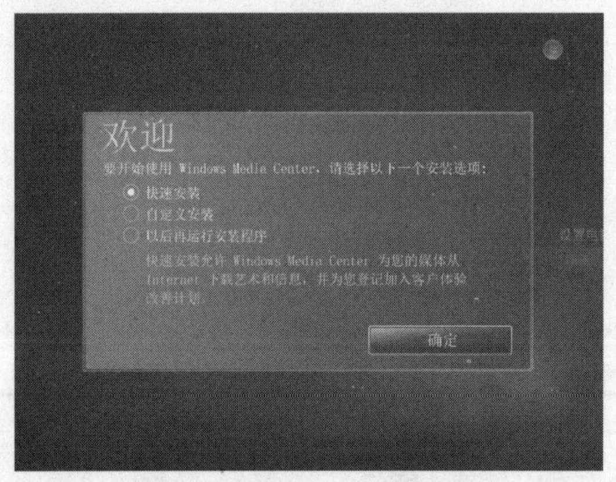

图 6-56　弹出的欢迎界面

③ 界面中默认选中了“快速安装”单选按钮，单击“确定”按钮，弹出的界面如图 6-57 所示。

④ 单击其中的“任务”按钮，如图 6-58 所示。

图 6-57　弹出的界面

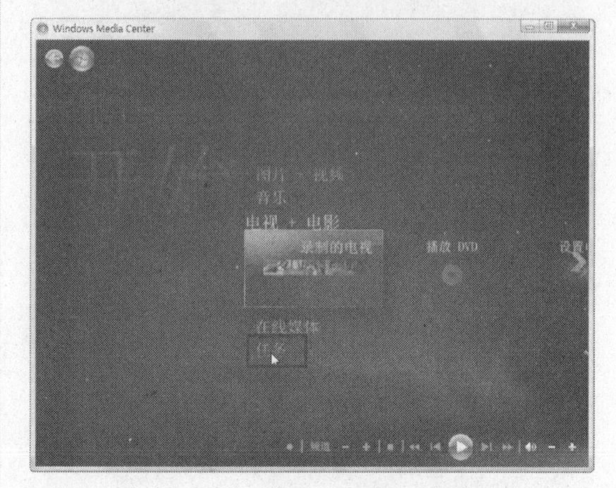

图 6-58　单击“任务”选项

⑤ 单击出现的“设置”按钮，如图 6-59 所示。

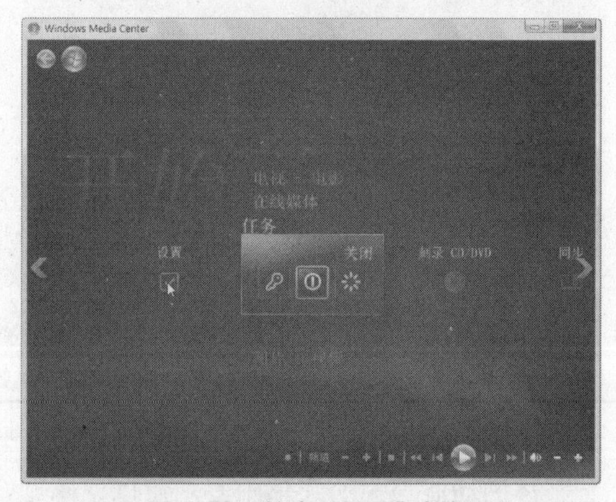

图 6-59　单击“设置”按钮

⑥ 在弹出的界面中选择“常规”选项，如图 6-60 所示。

⑦ 在弹出的常规界面中包含了对媒体中心各种综合设置的选项，如图 6-61 所示。

说明　界面中的控制按钮会根据鼠标的移动而自动显示或隐藏。

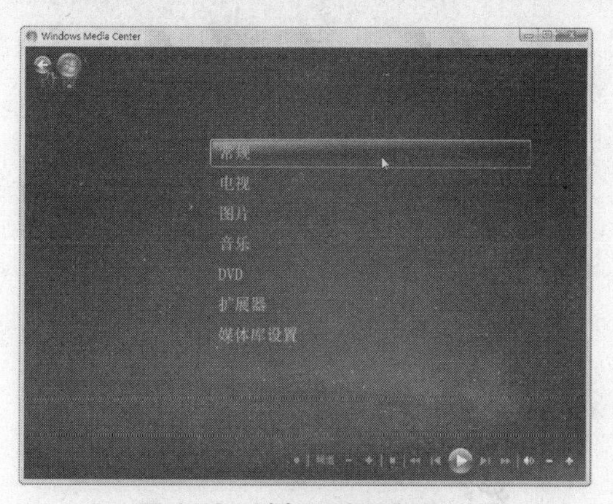

图 6-60　选择“常规”选项

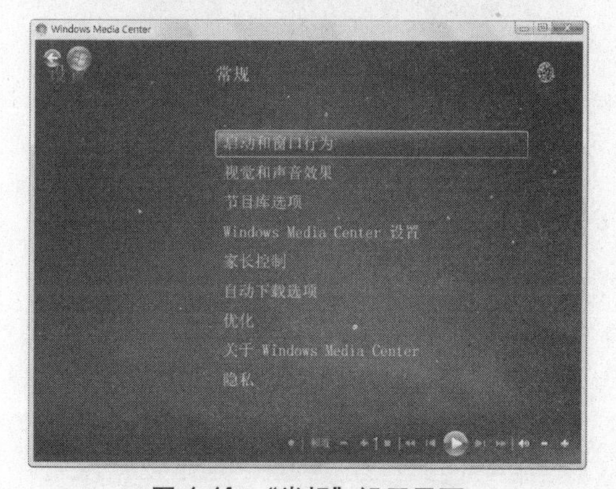

图 6-61　“常规”设置界面

⑧ 在界面中选择某个设置选项，即可进入到对应的设置界面，如图 6-62 所示。

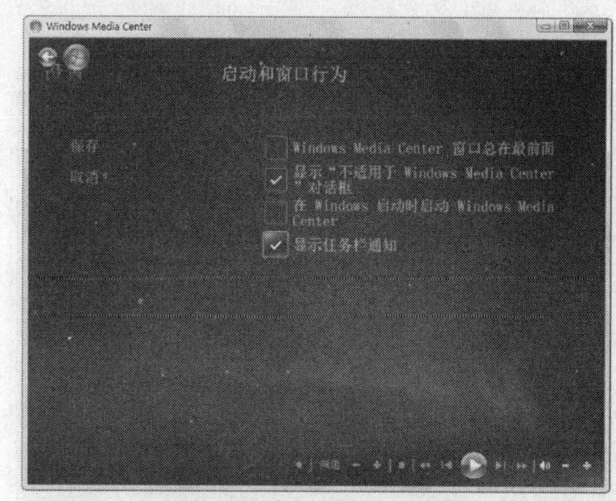

图 6-62　进入设置页面

⑨ 设置完成后，单击“保存”按钮即可应用配置。

6.3.2　使用媒体中心浏览图片

使用 Windows 媒体中心，用户可以轻松地浏览 Windows 照片库中浏览过的图片以及个人照片库中的所有图片，具体操作步骤如下：

① 在 Windows 媒体中心界面中单击“图片+视频”选项，如图 6-63 所示。

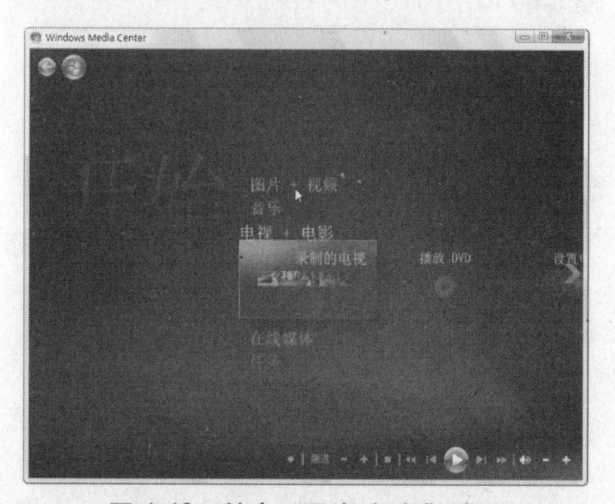

图 6-63　单击“图片+视频”选项

② 在弹出的界面中单击“图片库”选项，如图 6-64 所示。

图 6-64　单击“图片库”选项

③ 在打开的界面中将显示当前的照片库或曾在 Windows 照片库中浏览过的文件夹，如图 6-65 所示。

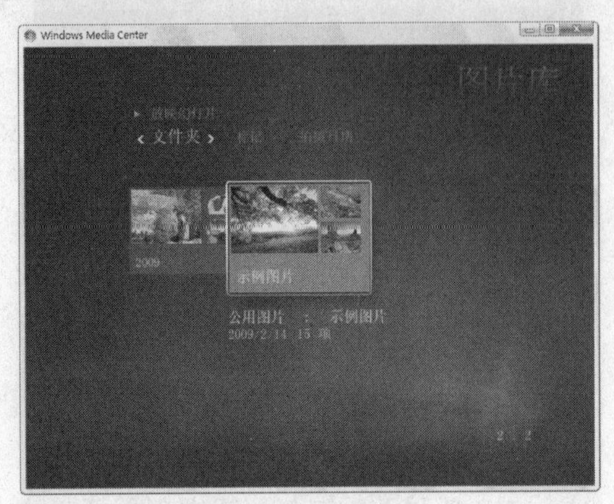

图 6-65 显示界面

④ 从中选择要浏览的文件夹，按【Enter】键，打开的界面如图 6-66 所示。

⑤ 选择某个图片，即可以幻灯片的方式放映图片，如图 6-67 所示。

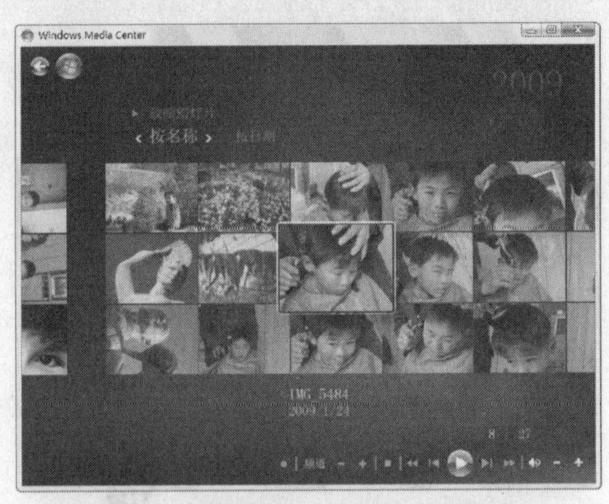

图 6-66 要浏览的文件夹中的图片

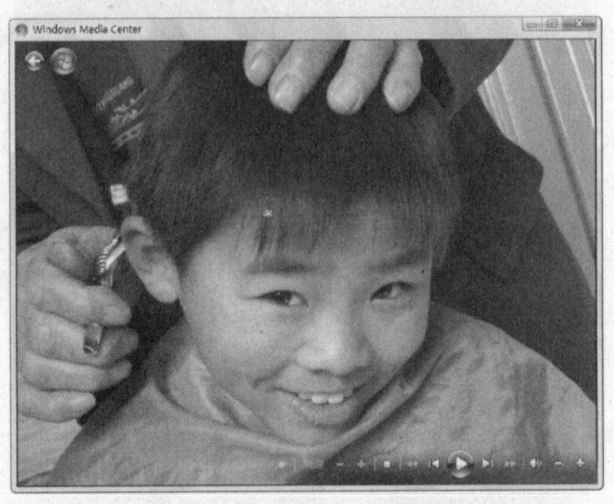

图 6-67 以幻灯片的方式放映图片

6.3.3 使用媒体中心播放音乐

使用 Windows 媒体中心，可以轻松地播放 Windows Media Player 媒体库和播放列表中的所有音乐文件，具体操作步骤如下：

① 在 Windows 媒体中心界面中单击“音乐”选项，如图 6-68 所示。

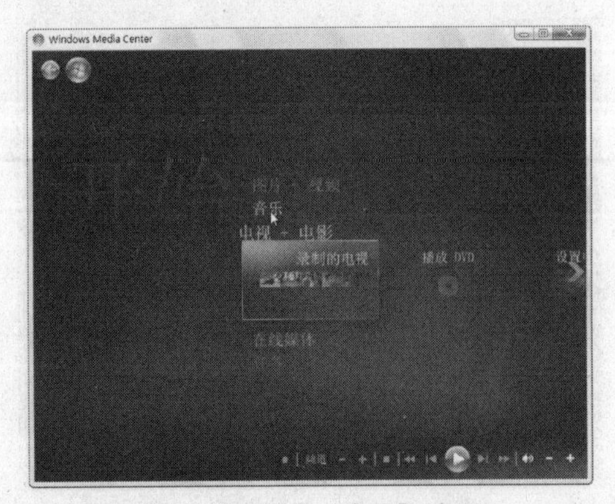

图 6-68 单击“音乐”选项

② 在弹出的界面中单击“音乐库”选项，如图 6-69 所示。

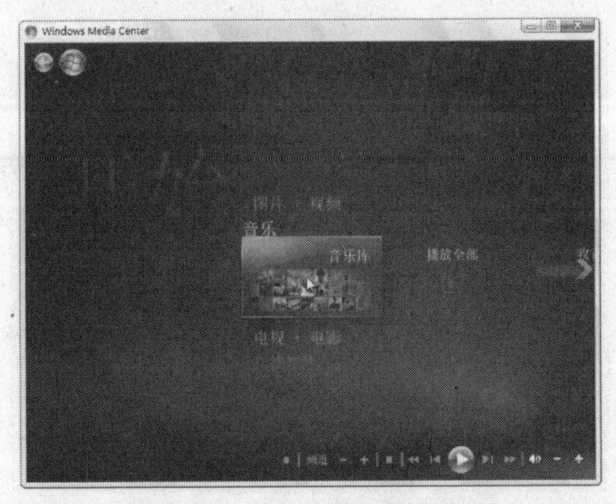

图 6-69 单击“音乐库”选项

技巧 单击 Windows Media Center 右上角的按钮，可以对界面进行最小化、还原及关闭操作。

③ 在弹出的界面中选择要播放的唱片库或音乐目录，如图 6-70 所示。

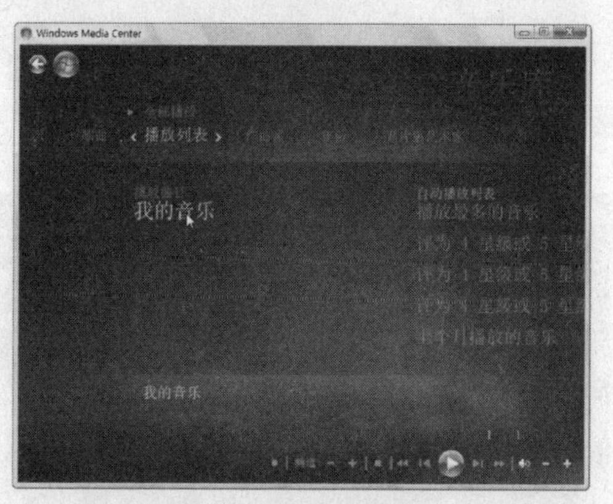

图 6-70　选择播放列表

④ 在弹出的界面中将显示曲目，如图 6-71 所示。

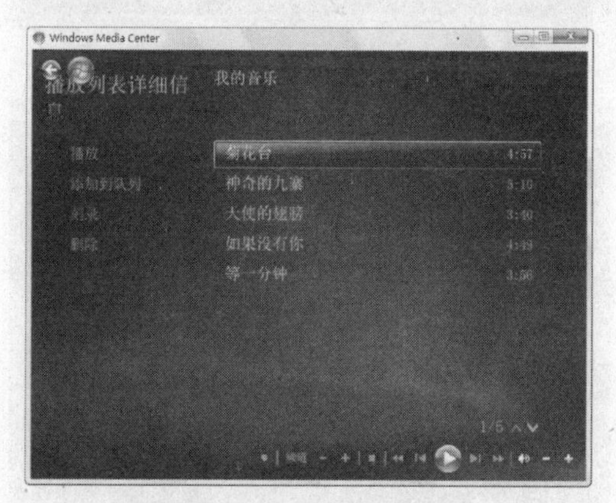

图 6-71　单击“音乐”选项

⑤ 从中选择一首歌曲，将显示出该歌曲的详细界面，如图 6-72 所示。

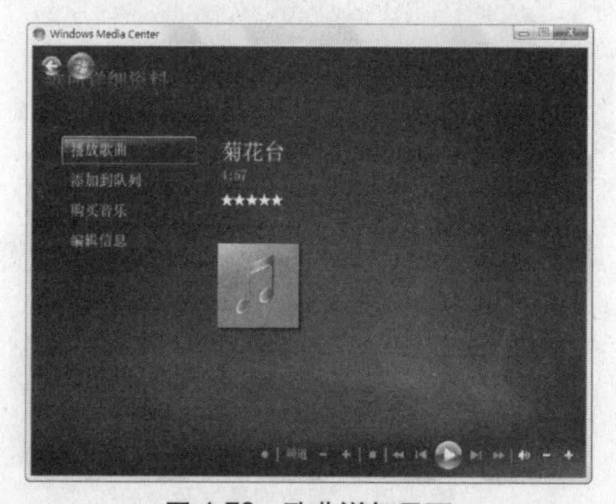

图 6-72　歌曲详细界面

⑥ 单击左侧的“播放歌曲”按钮，即可开始播放歌曲，如图 6-73 所示。

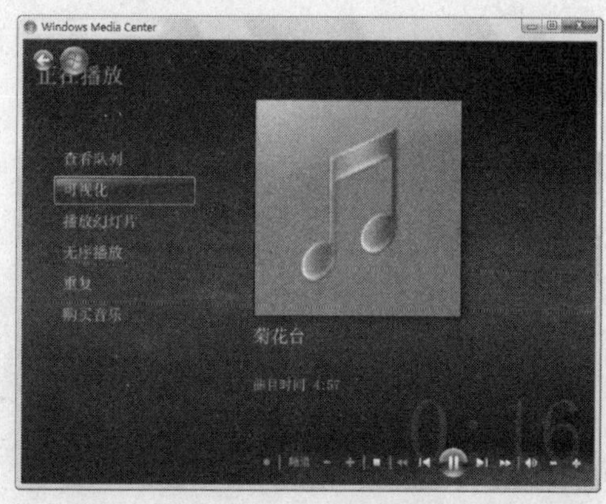

图 6-73　播放歌曲

⑦ 单击“可视化”按钮，可以在播放歌曲的同时显示各种可视化效果，如图 6-74 所示。

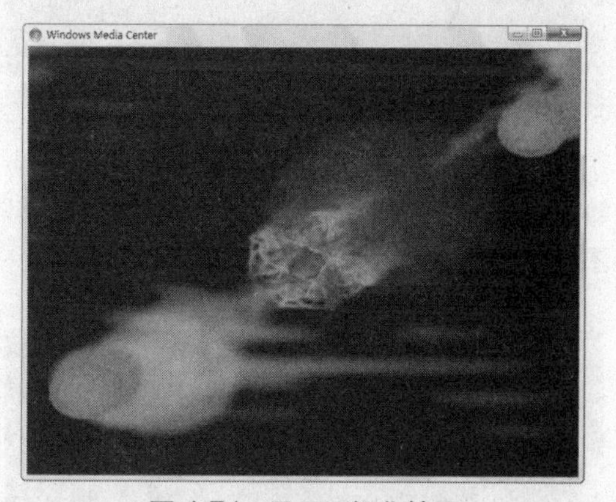

图 6-74　显示可视化效果

⑧ 单击“播放幻灯片”按钮，然后选择图片，可以在播放音乐的过程中同时展示图片，如图 6-75 所示。

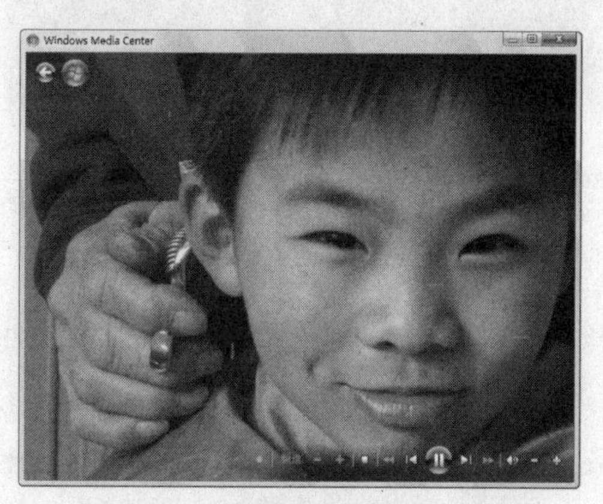

图 6-75　同时播放音乐和展示图片

可将电脑与电视相连，然后启动 Windows Media Center，在电视中浏览图片与播放媒体。技巧

6.3.4 使用媒体中心播放视频

使用 Windows 媒体中心，还可以轻松地播放 Windows Media Player 媒体库和播放列表中所有的视频文件，具体操作步骤如下：

① 在 Windows 媒体中心界面中单击“图片+视频”选项，如图 6-76 所示。

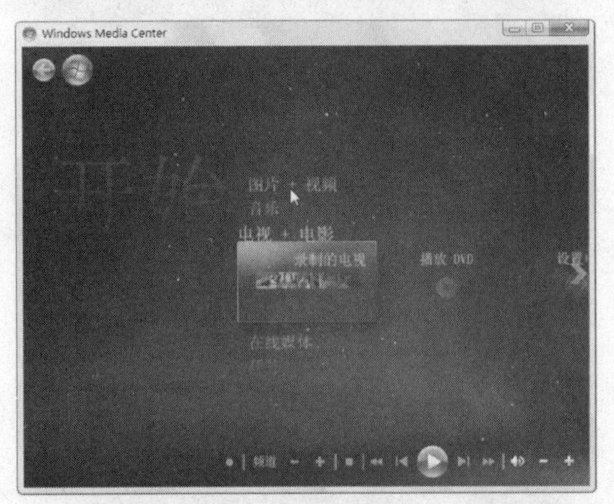

图 6-76 单击“图片+视频”选项

② 在弹出的界面中单击“视频库”选项，如图 6-77 所示。

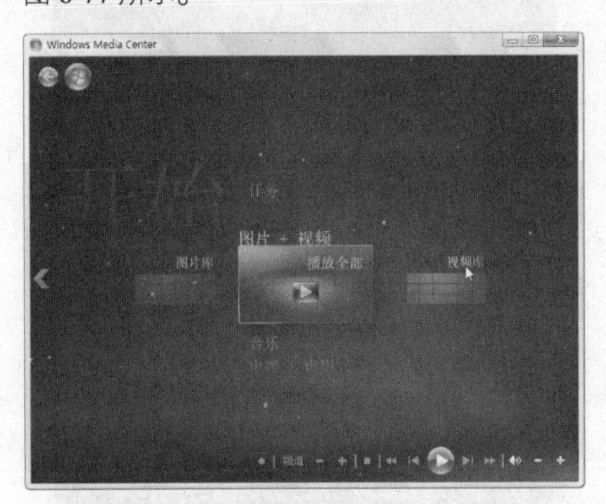

图 6-77 单击“视频库”选项

③ 进入目录后，在界面中将显示该目录下所有视频文件的截图缩览图，如图 6-78 所示。

④ 将鼠标放置在缩览图上，将显示详细文件信息，如图 6-79 所示。

⑤ 单击其中的某个视频文件，即可开始视频文件的播放，如图 6-80 所示。

图 6-78 显示文件缩览图

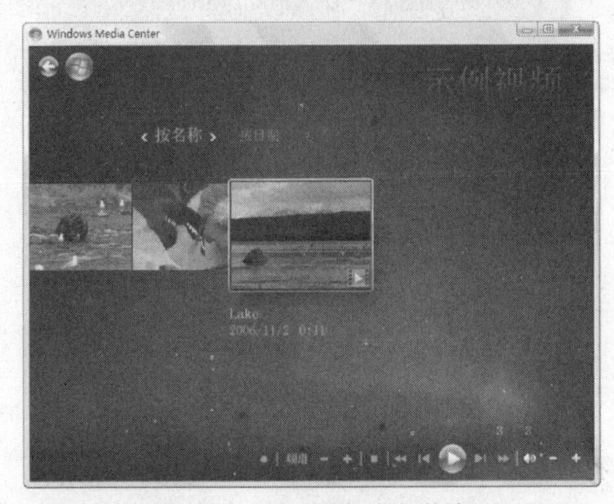

图 6-79 显示详细文件信息

图 6-80 播放视频文件

技巧 选择“电视+电影”|“播放 DVD”选项，可播放 DVD 中的内容。

6.4　Windows Vista 自带的游戏

同 Windows XP 中一样，Windows Vista 中也自带了多款有趣的游戏。单击“开始”菜单中的“游戏”命令，在打开的“游戏”窗口中即可看到 Windows Vista 自带的游戏，如图 6-81 所示。

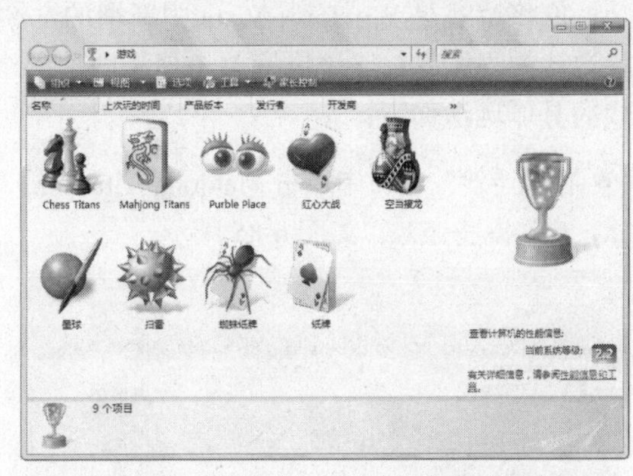

图 6-81　Windows Vista 自带的游戏

6.4.1　国际象棋

Windows Vista 中附带的国际象棋采用了逼真的三维显示效果，其具体玩法如下：

① 在“游戏”窗口中双击 Chess Titans 图标，即可加载国际象棋游戏，如图 6-82 所示。

图 6-82　Chess Titans 工作界面

② 用鼠标单击要移动的棋子，将会显示出该棋子的移动范围，单击范围内的方格，即可移动棋子，如图 6-83 所示。

图 6-83　移动棋子

③ 如果用户希望重新开局，单击“游戏”|“以计算机为对手的新游戏”命令即可，如图 6-84 所示。

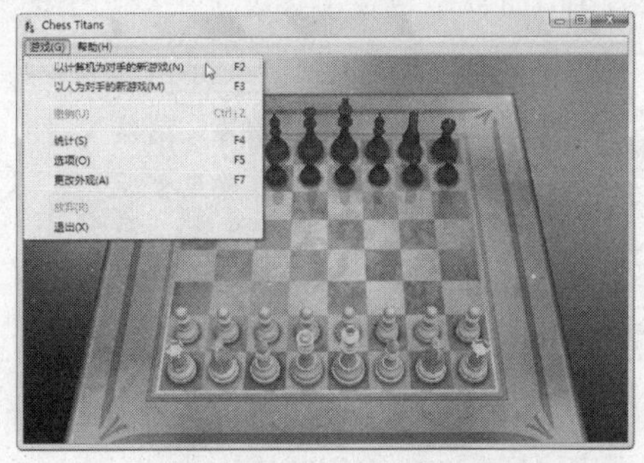

图 6-84　单击“游戏”|“以计算机为对手的新游戏”命令

说明　Windows Vista 中的国际象棋与标准国际象棋规则一致。

6.4.2 麻将游戏

麻将游戏是 Windows Vista 中新增的一款游戏，但它与现实生活中的麻将游戏不同。这款游戏的规则是：通过鼠标单击使相同的两个麻将牌消失，直到全部麻将牌消失为止。该游戏的具体玩法如下：

① 在“游戏”窗口中双击 Mahjong Titans 图标，启动麻将游戏，如图 6-85 所示。

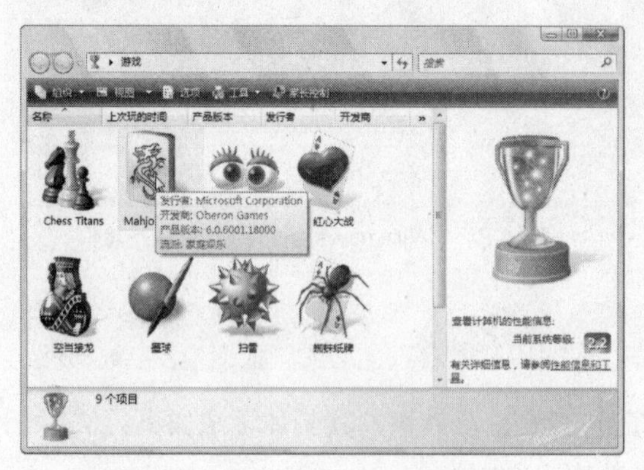

图 6-85 双击 Mahjong Titans 图标

② 界面中将显示 6 种不同的堆叠样式，如图 6-86 所示。

③ 选择一种样式后，即可开始游戏，然后按照规则进行操作即可，如图 6-87 所示。

图 6-86 显示堆叠样式

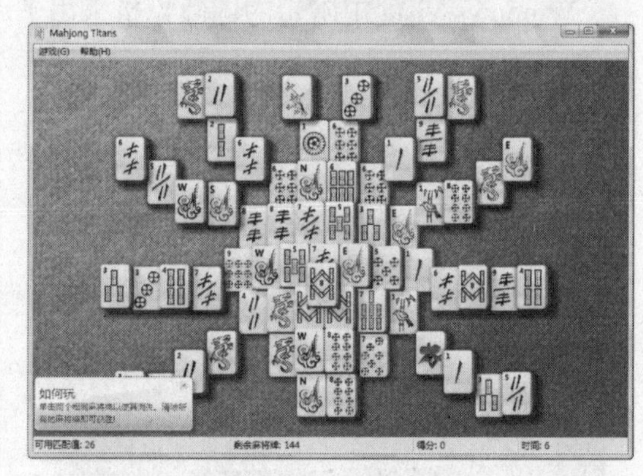

图 6-87 开始游戏

6.4.3 小丑游戏

小丑游戏中包含了 3 款子游戏，下面分别进行介绍，具体操作步骤如下：

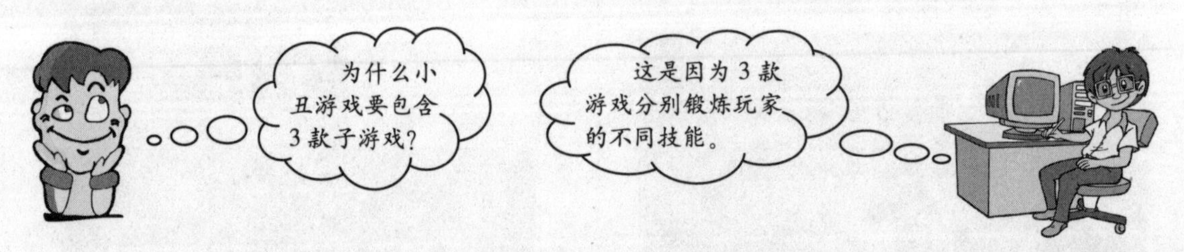

① 在“游戏”窗口中双击 Purble Place 图标，即可启动游戏，如图 6-88 所示。

② 在窗口右上角单击“游戏”菜单，在弹出的下拉菜单中可以选择三种游戏中的任意一种，如图 6-89 所示。

说明 Windows Vista 中的麻将游戏只是以麻将牌为基础，与传统麻将不同。

图 6-88　游戏开始

图 6-89　选择游戏

③ 单击 Comfy Cakes 命令，在弹出的游戏界面中，用户根据提供的蛋糕样式制作出相同的蛋糕即可过关，如图 6-90 所示。

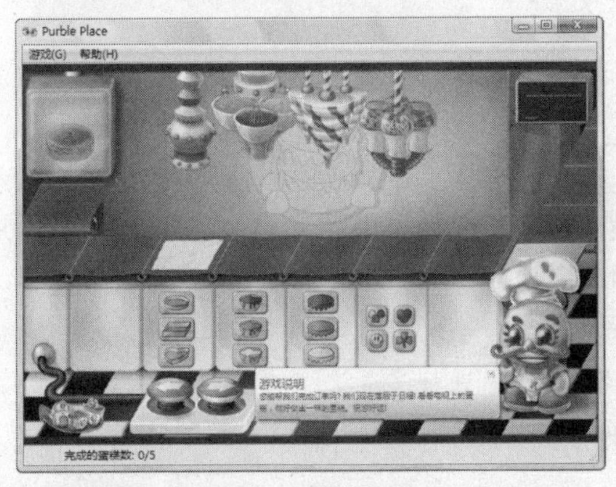

图 6-90　制作蛋糕

④ 单击 Purble Shop 命令，在弹出的游戏界面中，用户可以双击货柜中的眼镜、鼻子和嘴对小丑进行搭配，如图 6-91 所示。

图 6-91　搭配小丑

⑤ 单击 Purble Pairs 命令，将启动记忆测试游戏。开始游戏后，单击各个方框，可查看正面的图案。查看多个方框后，将相同的方框翻开，如图 6-92 所示。

图 6-92　记忆测试游戏

6.4.4　墨球游戏

墨球游戏也是 Windows Vista 中新增的一款有趣的游戏，该游戏要求用户用鼠标绘制墨线，将滚动的小球拦截到相同的颜色洞中。具体玩法如下：

Windows Vista 中的游戏可以中途保存退出，存档文件在用户文档“游戏”目录下。　说明

① 在“游戏”窗口中双击“墨球”图标，即可游戏，如图 6-93 所示。

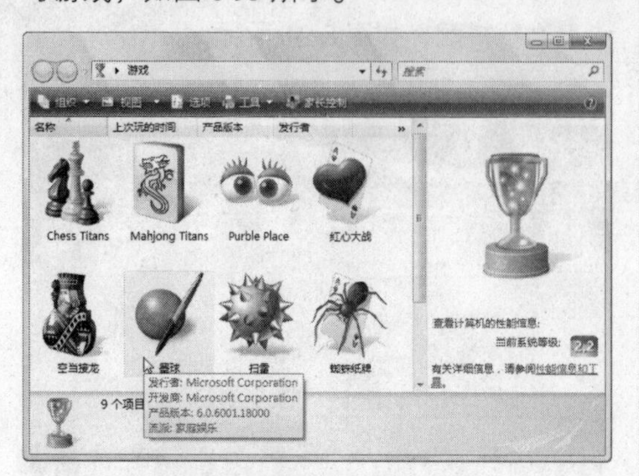

图 6-93 双击“墨球”图标

② 启动后的界面如图 6-94 所示。

③ 根据小球的滚动方向判断在什么地方绘制墨线可以拦截小球，并改变移动方向，使之向对应的洞移动，如图 6-95 所示。

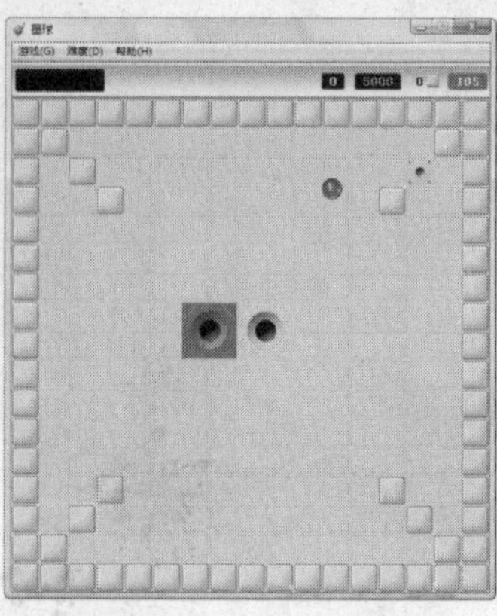

图 6-94 “墨球”游戏界面

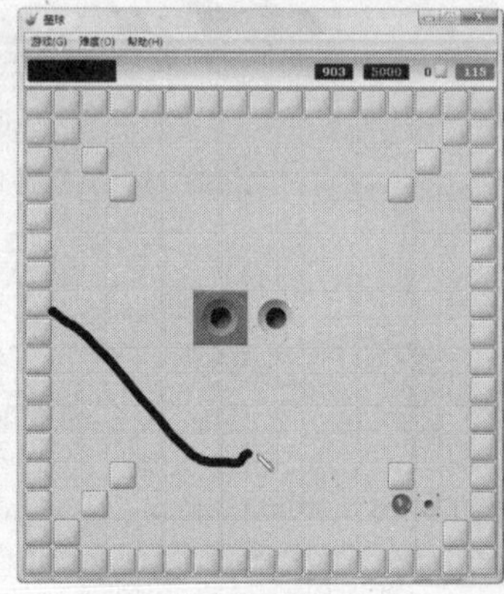

图 6-95 进行操作以使小球入洞

巩固与练习

一、填空题

1．Windows Vista 中的__________________是一款内嵌在系统中的媒体播放软件。

2．Windows Vista 中新增了_________________功能，可以让用户方便地浏览电脑中的各种图片资源，并允许用户对图片进行分级、编辑以及修复等操作。

3．_____________是 Windows Vista 自带的集电视播放录制、照片浏览和音乐视频操作于一体的功能强大的媒体中心，可以让家庭媒体播放与娱乐完美结合。

二、简答题

1．如何使用 Windows Media Player 播放音频文件？

2．如何使用 Windows 照片库浏览图片？

3．如何使用 Windows 媒体中心播放音乐？

三、上机操作

1．创建一个自己的音乐列表，并使用 Windows Media Player 播放。

2．将自己喜欢的图片导入 Windows 照片库中，并为图片添加标记并设置分级。

技巧 双击保存的游戏，可以接着上次继续玩。

第7章 Word 2007应用基础

- 熟悉 Word 2007 的工作界面
- 掌握文本的基本操作
- 掌握字符格式的设置
- 掌握段落格式的设置

yoyo，你对 Word 2007 了解吗?

当然了解了，它是现在人们办公过程中不可缺少的软件之一。

是的，Word 软件具备强大的文字处理功能，在输入文本、编辑文档的段落格式以及排版方面都很专业，其应用非常广泛，可以制作各种办公文档，比如调查表、邀请函、产品说明书等。

7.1 Word 2007 的工作界面

Word 2007 在 Word 2003 的基础上有了很大的改进，工作界面更加友好，功能也更加强大。Word 2007 的工作界面由 Office 按钮、快速访问工具栏、标题栏、功能区、文档编辑区、状态栏和视图栏组成，如图 7-1 所示。

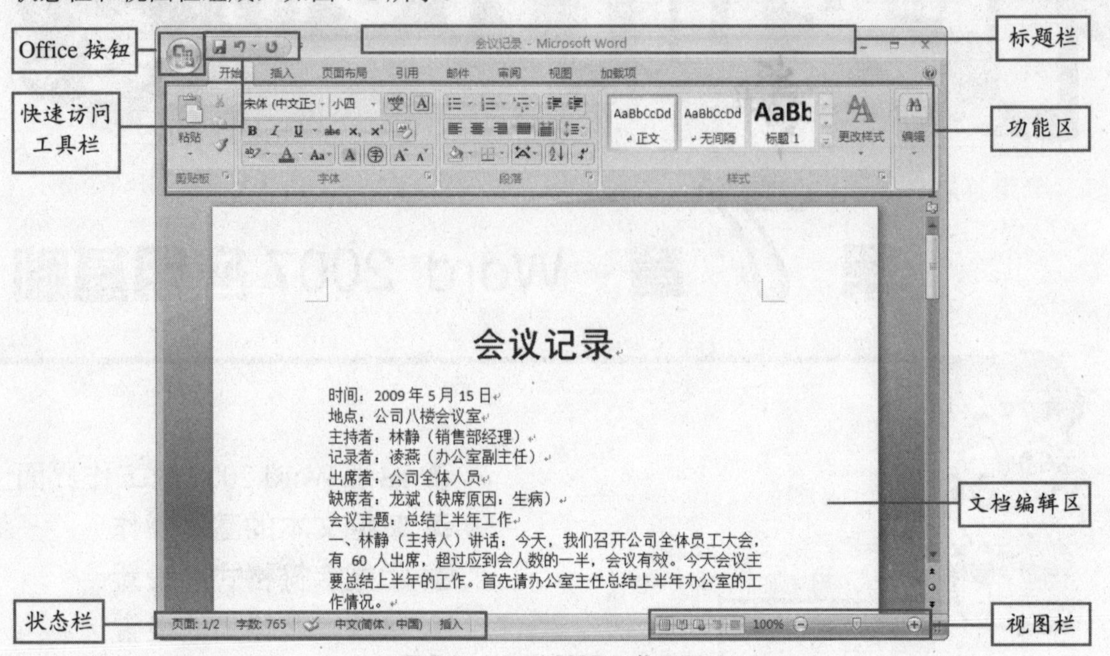

图 7-1　Word 2007 工作界面

Office 按钮

其位于工作界面左上角，单击它将弹出一个下拉菜单，如图 7-2 所示。

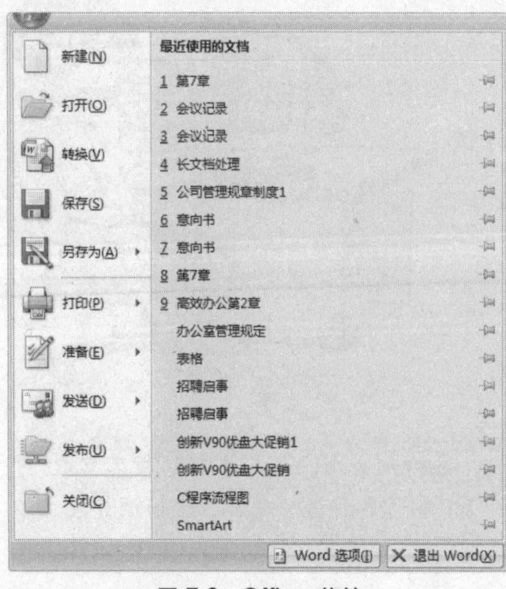

图 7-2　Office 菜单

快速访问工具栏

默认情况下，快速访问工具栏位于工作界面的顶部（见图 7-3），用于快速执行某些操作。快速访问工具栏中的工具按钮可按需要进行添加，单击其右侧的按钮，在弹出的图 7-4 所示的下拉菜单中选择需要添加的工具即可。

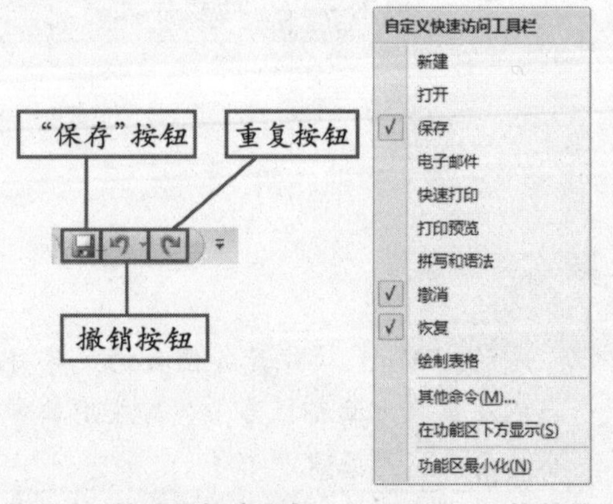

图 7-3　快速访问工具栏　　图 7-4　下拉菜单

技巧　按【Ctrl+W】或【Alt+F4】快捷键，可以快速关闭 Word 2007 程序。

标题栏

位于快速访问工具栏右侧，用于显示文档和程序名称以及窗口控制按钮，如图 7-5 所示。

图 7-5　标题栏

功能区

位于标题栏下方，几乎包含了 Word 2007 所有的编辑功能，如图 7-6 所示。单击功能区上方的选项卡，下方将显示对应的编辑工具。

图 7-6　功能区

状态栏

位于窗口左下角，用于显示文档页数、字数及校对等信息，如图 7-7 所示。

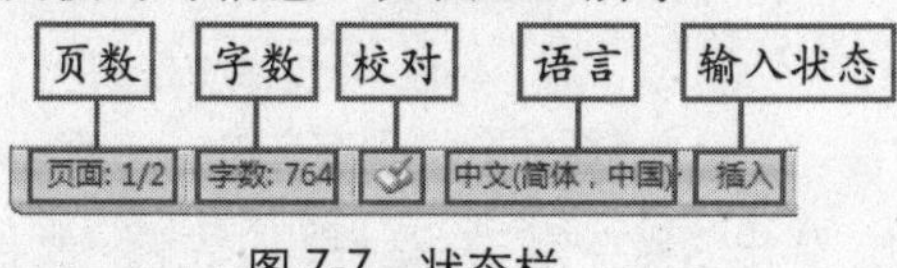

图 7-7　状态栏

视图栏

位于窗口右下角，用于切换视图的显示方式以及调整视图的显示比例，如图 7-8 所示。

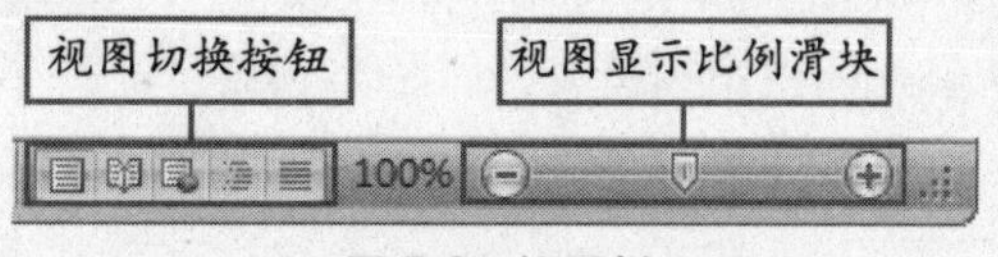

图 7-8　视图栏

文档编辑区

文档编辑区是 Word 的主要工作的场所，而标尺则是用于准确定位文档的位置，如图 7-9 所示。

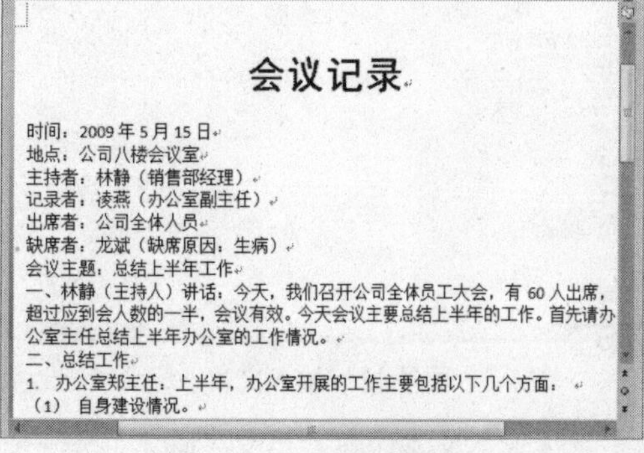

会议记录

时间：2009 年 5 月 15 日
地点：公司八楼会议室
主持者：林静（销售部经理）
记录者：凌燕（办公室副主任）
出席者：公司全体人员
缺席者：龙斌（缺席原因：生病）
会议主题：总结上半年工作
一、林静（主持人）讲话：今天，我们召开公司全体员工大会，有 60 人出席，超过应到会人数的一半，会议有效。今天会议主要总结上半年的工作。首先请办公室主任总结上半年办公室的工作情况。
二、总结工作
1. 办公室郑主任：上半年，办公室开展的工作主要包括以下几个方面：
（1） 自身建设情况。

图 7-9　文档编辑区

7.2　文本基本操作

Word 2007 最基本的操作就是输入文本，进一步就是编辑文本，其编辑操作主要包括复制、移动、查找与替换，以及字符和段落的格式设置等。

7.2.1　输入文本

文本是文档的主体，只有输入文本后，才能进行各种编辑操作。下面将以输入“办公室管理规定”为例，详细介绍文本的输入方法。

1．输入普通文字

① 启动 Word 2007，系统自动将光标定位到文档编辑区的第一行，切换到习惯使用的输入法，如图 7-10 所示。

② 在文档中输入文本“办公室管理规定”，按【Enter】键，将光标移到下一行，如图 7-11 所示。

按【Ctrl+F1】组合键，可以最小化功能区。　技巧

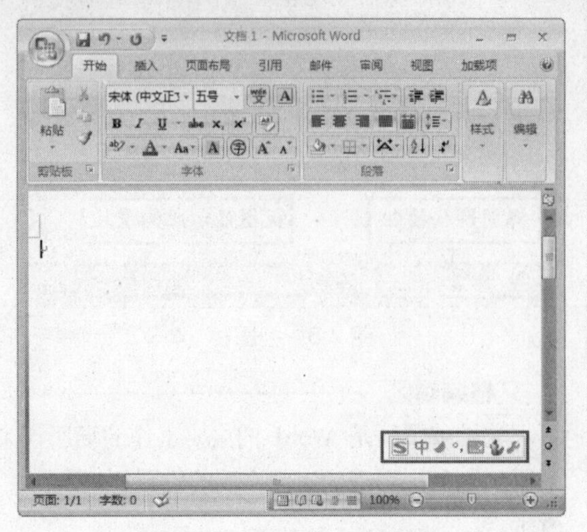

图 7-10　启动 Word 2007

图 7-11　输入文本

③ 继续输入文本内容，当文字输入到第一行末尾时系统会自动换行，输入完第一段的内容后，按【Enter】键将光标移至下一行，如图 7-12 所示。

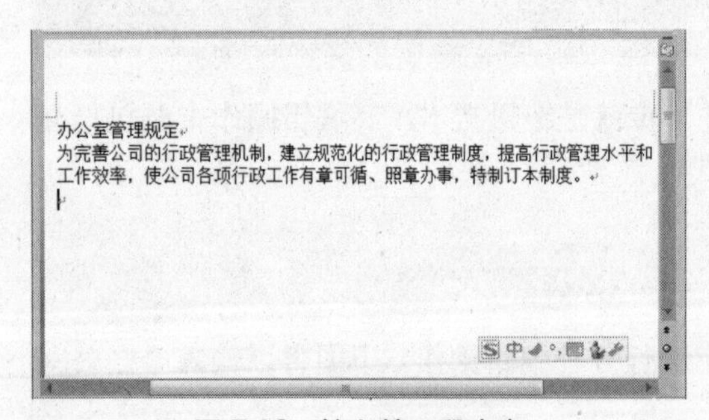

图 7-12　输入第一段内容

④ 用同样的方法，继续输入文档的其他内容，结果如图 7-13 所示。

⑤ 输入完毕后，单击 Office 按钮，在弹出的下拉菜单中选择“保存”命令，如图 7-14 所示。

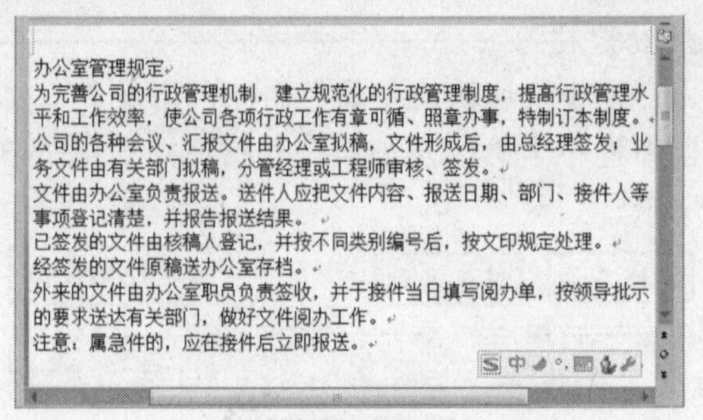
办公室管理规定
为完善公司的行政管理机制，建立规范化的行政管理制度，提高行政管理水平和工作效率，使公司各项行政工作有章可循、照章办事，特制订本制度。
公司的各种会议、汇报文件由办公室拟稿，文件形成后，由总经理签发，业务文件由有关部门拟稿，分管经理或工程师审核、签发。
文件由办公室负责报送。送件人应把文件内容、报送日期、部门、接件人等事项登记清楚，并报告报送结果。
已签发的文件由核稿人登记，并按不同类别编号后，按文印规定处理。
经签发的文件原稿送办公室存档。
外来的文件由办公室职员负责签收，并于接件当日填写阅办单，按领导批示的要求送达有关部门，做好文件阅办工作。
注意：属急件的，应在接件后立即报送。

图 7-13　输入文档其他内容

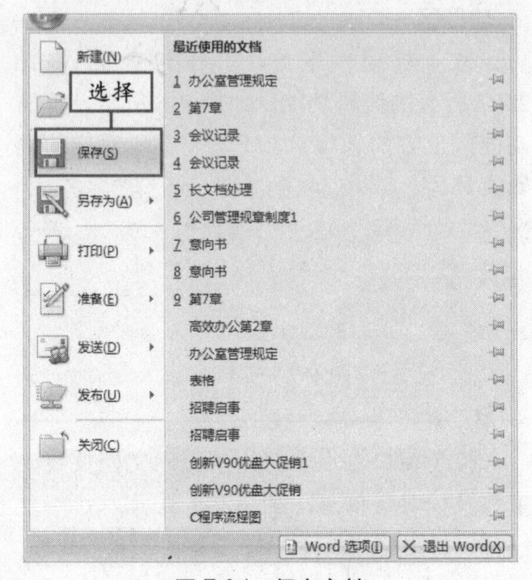

图 7-14　保存文档

⑥ 弹出“另存为”对话框，在左侧“文件夹”列表框中选择保存路径，并在“文件名”下拉列表框中输入文件名称，如图 7-15 所示。

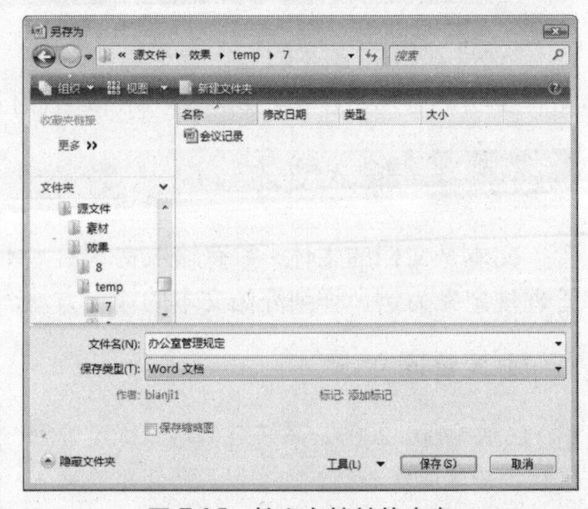

图 7-15　输入文档其他内容

⑦ 单击“保存”按钮，将文档保存到电脑中。

说明　在文档中输入文本时，文本占满一行后，光标将会自动移到下一行。

2. 输入特殊符号

在制作文档时，经常会遇到普通文本以外的特殊符号，如※、◎、㊣等，这些符号可通过 Word 提供的特殊符号功能进行输入。

① 将光标定位到第二段文字前，单击“插入”选项卡“特殊符号”组中的“符号”下拉按钮，在弹出的下拉面板中选择“更多”选项，如图 7-16 所示。

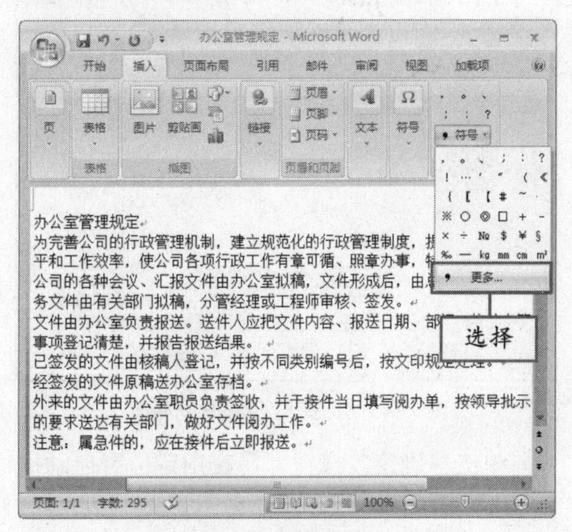

图 7-16 选择“更多”选项

② 弹出“插入特殊符号”对话框，单击“数学序号”选项卡，选择所需的特殊符号，如图 7-17 所示。

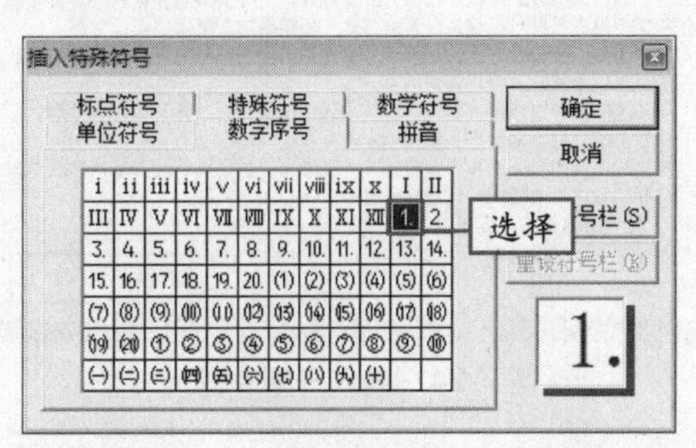

图 7-17 “插入特殊符号”对话框

③ 单击“确定”按钮，所选择的特殊符号就会插入到文本指定的位置，如图 7-18 所示。

④ 用同样的方法，在其他几段文本前插入特殊符号，效果如图 7-19 所示。

⑤ 若要插入的“符号”下拉面板中有需要插入的特殊符号，可直接选择该特殊符号，即可将其插入，如图 7-20 所示。

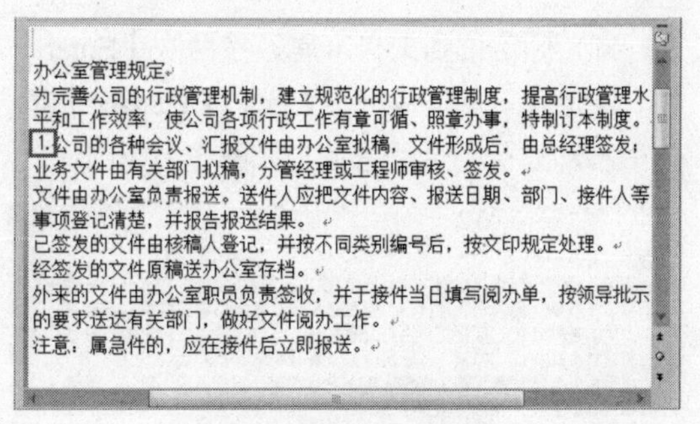

图 7-18 插入特殊符号

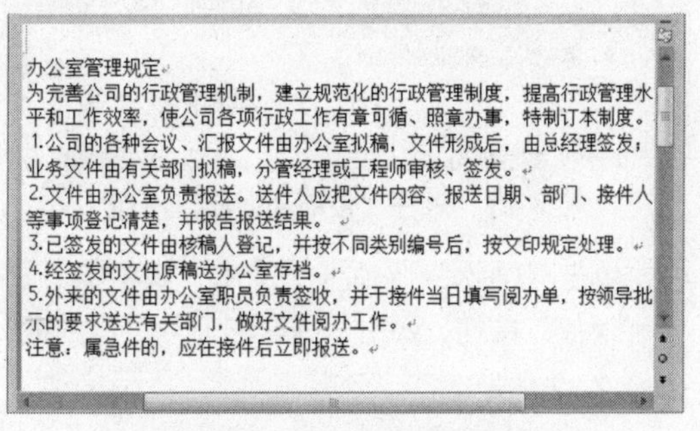

图 7-19 插入其他特殊符号

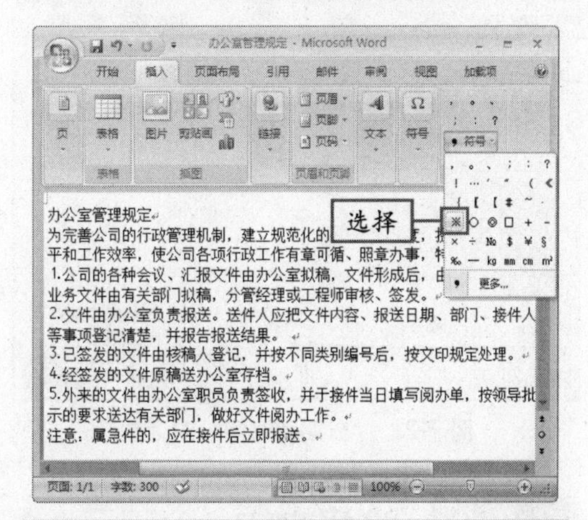

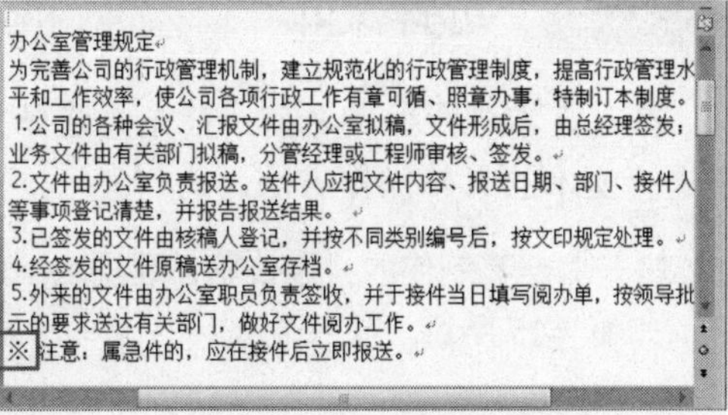

图 7-20 插入特殊符号※

用户还可以通过各种输入法提供的软键盘功能输入特殊符号。 技巧

3. 输入日期和时间

在文档中除了可以使用普通方法输入日期和时间外，还可以使用系统自带的日期和时间功能输入。

① 将光标定位到文档末尾，按两次【Enter】键，将光标向下移两行，按若干次【Space】键，向后移动光标到合适位置，如图7-21所示。

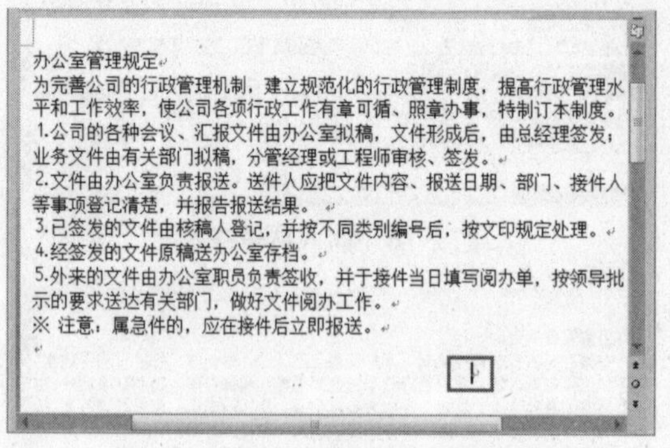
办公室管理规定
为完善公司的行政管理机制，建立规范化的行政管理制度，提高行政管理水平和工作效率，使公司各项行政工作有章可循、照章办事，特制订本制度。
1.公司的各种会议、汇报文件由办公室拟稿，文件形成后，由总经理签发；业务文件由有关部门拟稿，分管经理或工程师审核、签发。
2.文件由办公室负责报送。送件人应把文件内容、报送日期、部门、接件人等事项登记清楚，并报告报送结果。
3.已签发的文件由核稿人登记，并按不同类别编号后，按文印规定处理。
4.经签发的文件原稿送办公室存档。
5.外来的文件由办公室职员负责签收，并于接件当日填写阅办单，按领导批示的要求送达有关部门，做好文件阅办工作。
※ 注意：属急件的，应在接件后立即报送。

图7-21 单击“日期和时间”按钮

② 单击“插入”选项卡“文本”组中的“日期和时间”按钮，弹出“日期和时间”对话框，如图7-22所示。

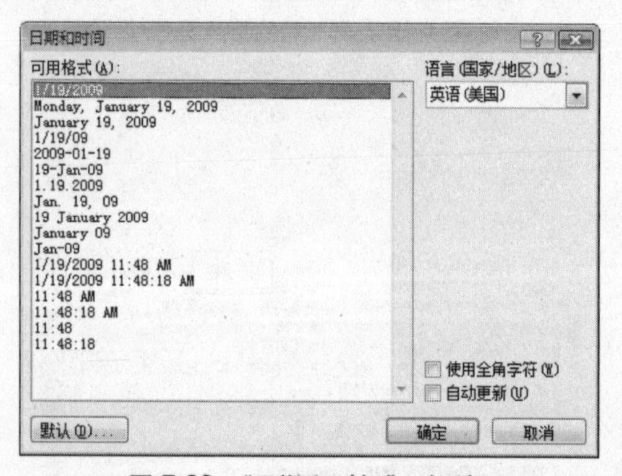

图7-22 “日期和时间”对话框

③ 在“语言(国家/地区)”下拉列表框中选择“中文(简体，中国)”选项，在“可用格式”列表框中选择图7-23所示的选项。

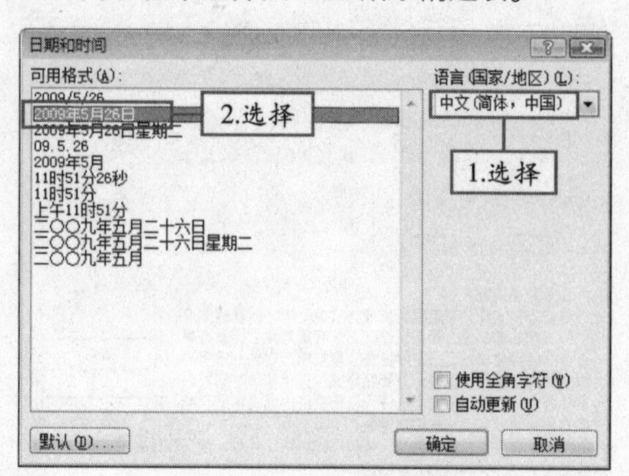

图7-23 选择日期和时间格式

④ 单击“确定”按钮，将在指定位置自动插入日期和时间，如图7-24所示。

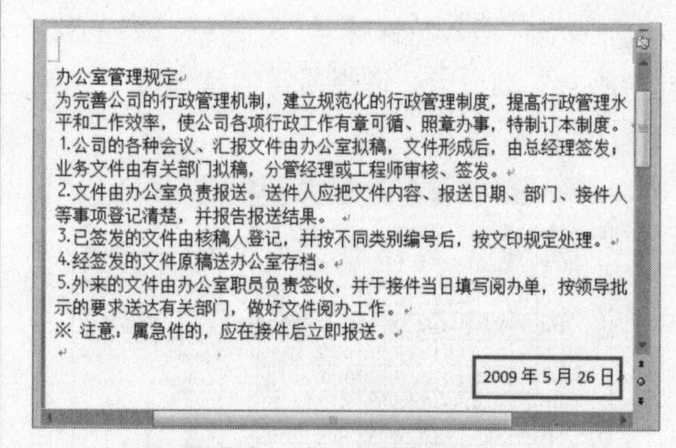
办公室管理规定
为完善公司的行政管理机制，建立规范化的行政管理制度，提高行政管理水平和工作效率，使公司各项行政工作有章可循、照章办事，特制订本制度。
1.公司的各种会议、汇报文件由办公室拟稿，文件形成后，由总经理签发；业务文件由有关部门拟稿，分管经理或工程师审核、签发。
2.文件由办公室负责报送。送件人应把文件内容、报送日期、部门、接件人等事项登记清楚，并报告报送结果。
3.已签发的文件由核稿人登记，并按不同类别编号后，按文印规定处理。
4.经签发的文件原稿送办公室存档。
5.外来的文件由办公室职员负责签收，并于接件当日填写阅办单，按领导批示的要求送达有关部门，做好文件阅办工作。
※ 注意：属急件的，应在接件后立即报送。
2009年5月26日

图7-24 插入日期和时间

7.2.2 选择文本

在对文本进行编辑之前，首先要选择文本，以便对指定的文本进行编辑。下面将详细介绍选择文本的具体操作方法。

① 打开上一节制作的“办公室管理规定”文档，如图7-25所示。

② 选择任意文本。将鼠标指针置于文档标题前，当其呈I形状时，按住鼠标左键并向右拖动，选中文档标题“办公室管理规定”，如图7-26所示。

说明 Word提供的插入时间和日期功能，使用的是电脑的系统时间。

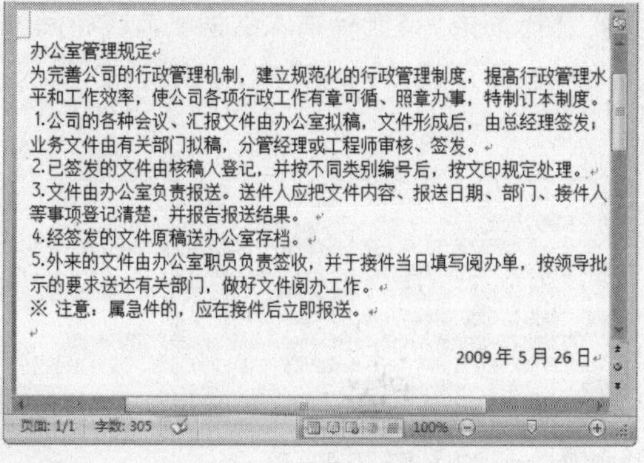

办公室管理规定

为完善公司的行政管理机制，建立规范化的行政管理制度，提高行政管理水平和工作效率，使公司各项行政工作有章可循、照章办事，特制订本制度。

1.公司的各种会议、汇报文件由办公室拟稿，文件形成后，由总经理签发；业务文件由有关部门拟稿，分管经理或工程师审核、签发。

2.已签发的文件由核稿人登记，并按不同类别编号后，按文印规定处理。

3.文件由办公室负责报送。送件人应把文件内容、报送日期、部门、接件人等事项登记清楚，并报告报送结果。

4.经签发的文件原稿送办公室存档。

5.外来的文件由办公室职员负责签收，并于接件当日填写阅办单，按领导批示的要求送达有关部门，做好文件阅办工作。

※ 注意：属急件的，应在接件后立即报送。

2009 年 5 月 26 日

图 7-25　打开文档

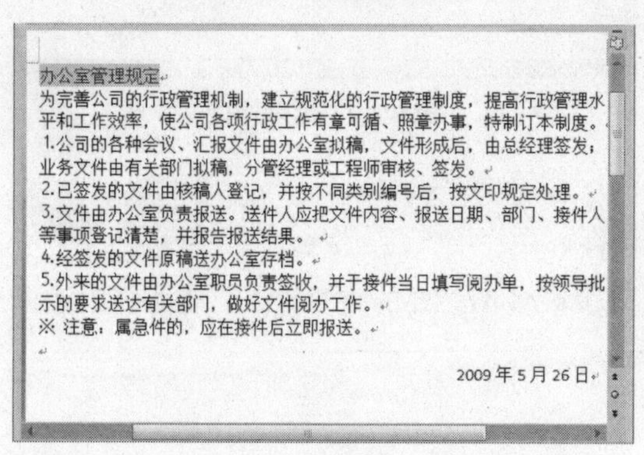

办公室管理规定

为完善公司的行政管理机制，建立规范化的行政管理制度，提高行政管理水平和工作效率，使公司各项行政工作有章可循、照章办事，特制订本制度。

1.公司的各种会议、汇报文件由办公室拟稿，文件形成后，由总经理签发；业务文件由有关部门拟稿，分管经理或工程师审核、签发。

2.已签发的文件由核稿人登记，并按不同类别编号后，按文印规定处理。

3.文件由办公室负责报送。送件人应把文件内容、报送日期、部门、接件人等事项登记清楚，并报告报送结果。

4.经签发的文件原稿送办公室存档。

5.外来的文件由办公室职员负责签收，并于接件当日填写阅办单，按领导批示的要求送达有关部门，做好文件阅办工作。

※ 注意：属急件的，应在接件后立即报送。

2009 年 5 月 26 日

图 7-26　选择任意文本

③ 选择一行文本。将鼠标指针移至要选定行左侧空白处，当指针呈⇗形状时，双击即可，可选中该行，如图 7-27 所示。

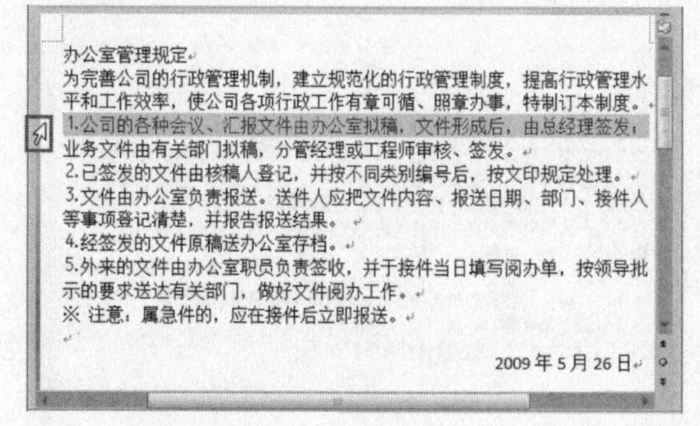

办公室管理规定

为完善公司的行政管理机制，建立规范化的行政管理制度，提高行政管理水平和工作效率，使公司各项行政工作有章可循、照章办事，特制订本制度。

1.公司的各种会议、汇报文件由办公室拟稿，文件形成后，由总经理签发；业务文件由有关部门拟稿，分管经理或工程师审核、签发。

2.已签发的文件由核稿人登记，并按不同类别编号后，按文印规定处理。

3.文件由办公室负责报送。送件人应把文件内容、报送日期、部门、接件人等事项登记清楚，并报告报送结果。

4.经签发的文件原稿送办公室存档。

5.外来的文件由办公室职员负责签收，并于接件当日填写阅办单，按领导批示的要求送达有关部门，做好文件阅办工作。

※ 注意：属急件的，应在接件后立即报送。

2009 年 5 月 26 日

图 7-27　选择一行文本

④ 选择段落文本。将鼠标指针移至第一段左侧空白处，当指针呈⇗形状时，双击即可选中该段落，如图 7-28 所示。

⑤ 选择整篇文档。将鼠标指针移至文档左侧空白处，当指针呈⇗形状时，连续单击 3 次鼠标，或按【Ctrl+A】组合键都可以选中整篇文档，如图 7-29 所示。

图 7-28　选择段落文本

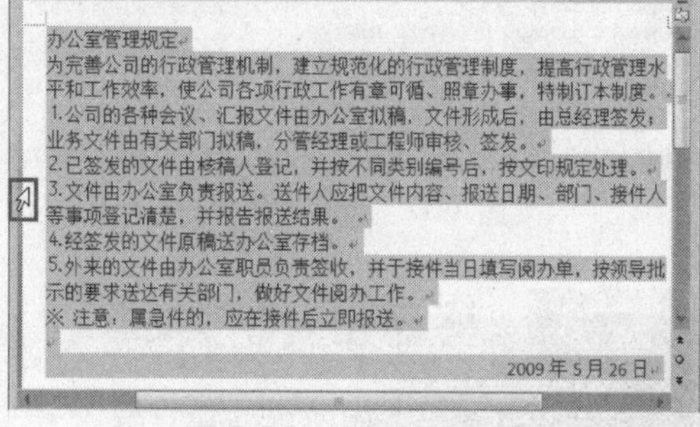

办公室管理规定

为完善公司的行政管理机制，建立规范化的行政管理制度，提高行政管理水平和工作效率，使公司各项行政工作有章可循、照章办事，特制订本制度。

1.公司的各种会议、汇报文件由办公室拟稿，文件形成后，由总经理签发；业务文件由有关部门拟稿，分管经理或工程师审核、签发。

2.已签发的文件由核稿人登记，并按不同类别编号后，按文印规定处理。

3.文件由办公室负责报送。送件人应把文件内容、报送日期、部门、接件人等事项登记清楚，并报告报送结果。

4.经签发的文件原稿送办公室存档。

5.外来的文件由办公室职员负责签收，并于接件当日填写阅办单，按领导批示的要求送达有关部门，做好文件阅办工作。

※ 注意：属急件的，应在接件后立即报送。

2009 年 5 月 26 日

图 7-29　选择整篇文档

⑥ 选择长文本。将光标定位到要选文本的起始处，然后拖动滚动条，找到要选择文本的末位置，在按住【Shift】键的同时单击该位置，选中文本，如图 7-30 所示。

图 7-30　选择长文本

⑦ 选择不连续文本。选中要选择的第一处文本，在按住【Ctrl】键的同时，选中其他要选择的文本，如图 7-31 所示。

图 7-31　选择不连续的文本

熟练使用键盘上的【→】、【←】、【↑】和【↓】这 4 个按键，可快速移动光标。　说明

⑧ 选择文本块。在按住【Alt】键的同时向右下方拖动鼠标，可选中鼠标经过区域的文本块，如图 7-32 所示。

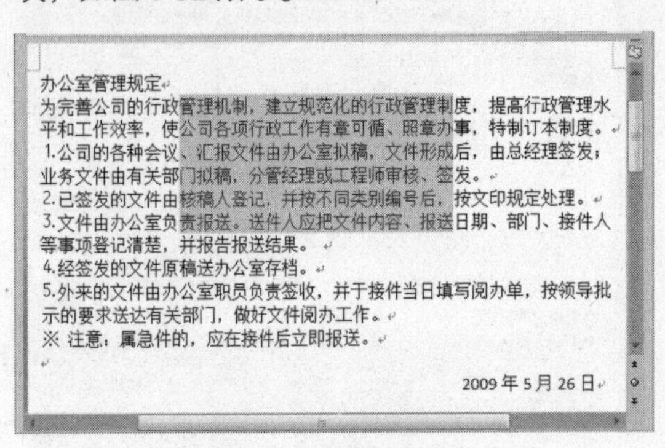

图 7-32　选择文本块

⑨ 选择词语。将光标插入到词语前或中间位置，双击即可将该词语选中，如图 7-33 所示。

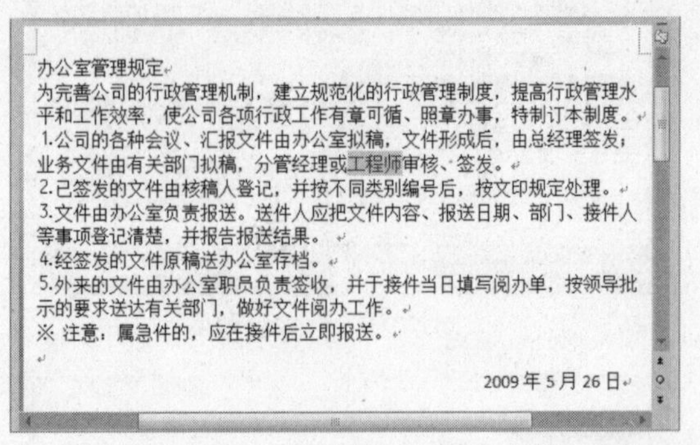

图 7-33　选择词语

7.2.3 移动和复制文本

在制作文档时，使用移动和复制文本功能可减少很多不必要的重复输入，从而极大地提高工作效率。

1. 移动文本

移动文本的本质是将文本从一个位置，移动到另一个位置，而原位置上的文本消失。其常用于调整文档内容的顺序等。其具体操作方法如下：

① 打开“办公室管理规定”素材文件，选中要移动的文本，单击“开始”选项卡“剪贴板”组中的“剪切”按钮（或按【Ctrl+X】组合键），如图 7-34 所示。

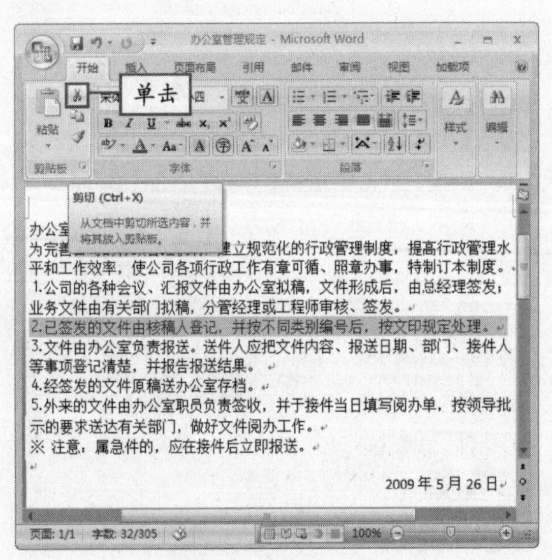

图 7-34　剪切文本

② 此时，文档中选中的文档已经消失，效果如图 7-35 所示。

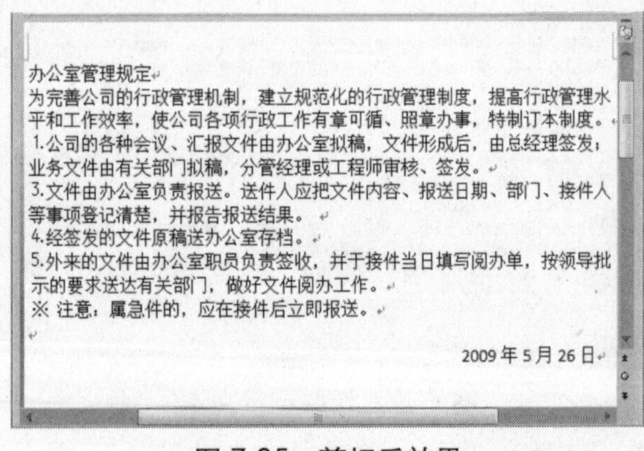

图 7-35　剪切后效果

③ 将光标定位到目标位置，单击“粘贴”按钮，将选中文本移动到目标位置，如图 7-36 所示。

技巧　在选中的文本上单击鼠标右键，在弹出的快捷菜单中选择相应选项，也可以移动文本。

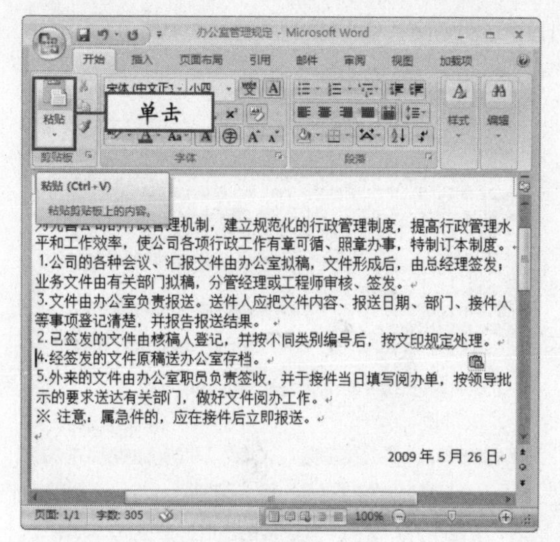

图 7-36　粘贴文本

知识点拨

粘贴完成后，在文本右侧会出现“粘贴选项”图标，单击图标右侧的下拉按钮，在弹出的下拉列表中可以选择粘贴格式，如图 7-37 所示。选择“保留原格式”单选按钮，粘贴时将保留原文本外观；选择“匹配目标格式”单选按钮，则粘贴文本将与周围文本格式一致；选择“仅保留文本”单选按钮，将先自动去除原文本的格式后再粘贴。

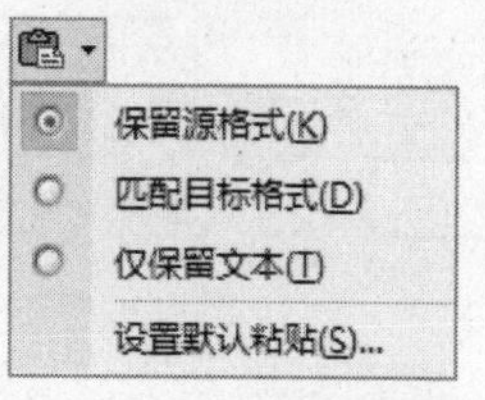

图 7-37　选择粘贴格式

④ 调整移动文本后的序号，效果如图 7-38 所示。

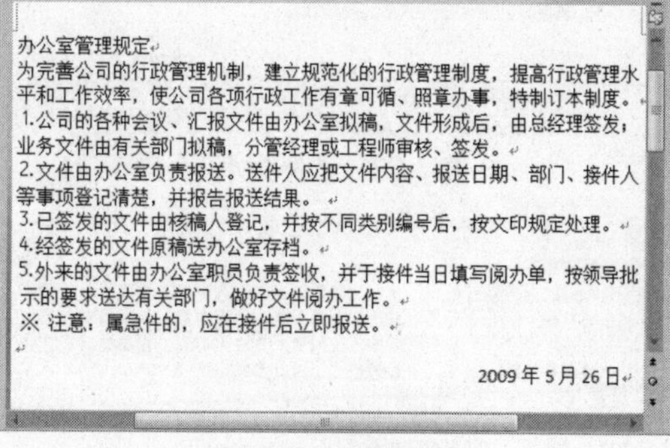

图 7-38　调整序号

教你一招

在文档中选中要移动的文本，按住鼠标左键拖动，到合适位置释放鼠标，可以快速地移动文本。

2. 复制文本

复制文本的本质是将文本从一个位置移动到另一个位置，而原位置上的仍保留该文本。在制作文档时，若重复出现某部分内容，使用复制功能，只需要输入一次该内容即可，具体操作方法如下：

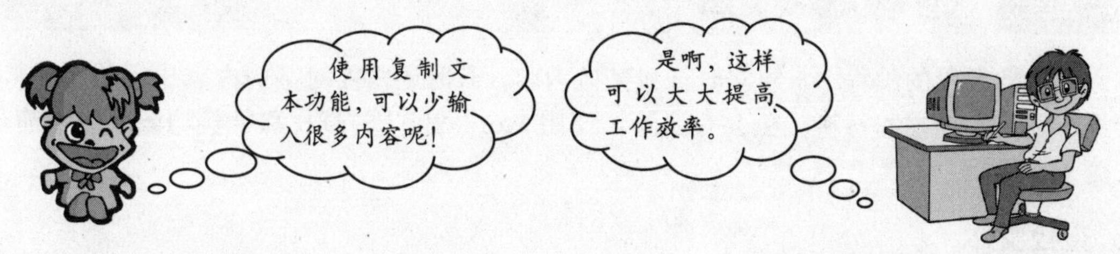

① 在文档中选中要复制的文本，单击“开始”选项卡“剪贴板”组中的“复制”按钮（或按【Ctrl+C】组合键），如图 7-39 所示。

② 将光标定位到目标位置，按【Enter】键换行，然后单击“粘贴”按钮（或按【Ctrl+V】组合键）粘贴文本，如图 7-40 所示。

无论剪切还是复制，选中的内容均暂时存放在剪贴板中。 说明

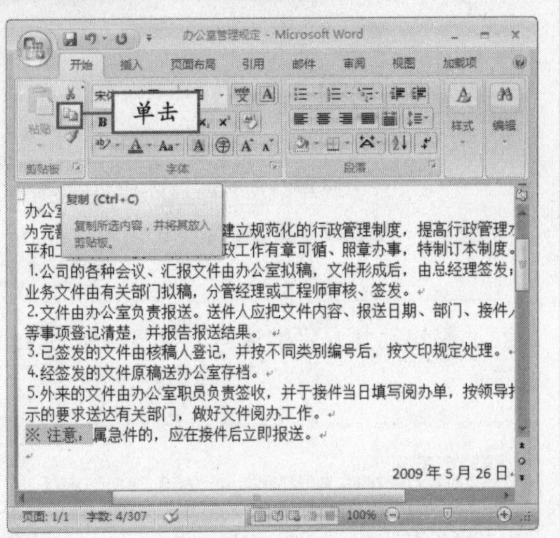

图 7-39 选择文本

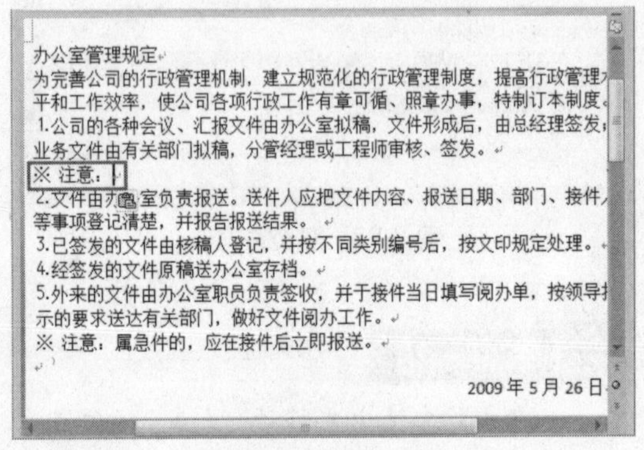

图 7-40 粘贴文本

③ 在复制文本的后面输入需要的文本，如图 7-41 所示。

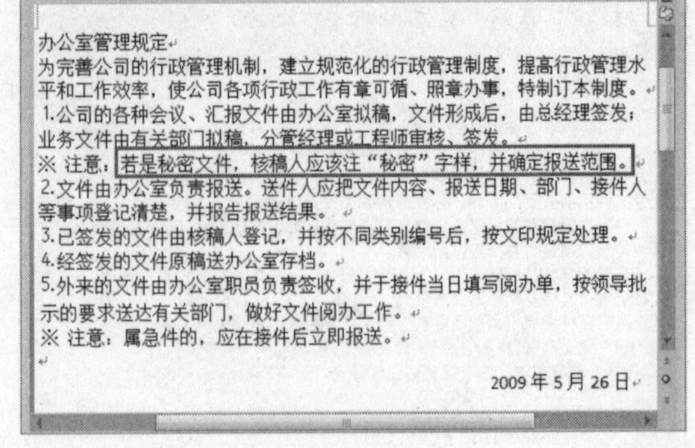

图 7-41 输入文本

④ 用同样的方法，完善文档，得到的效果如图 7-42 所示。

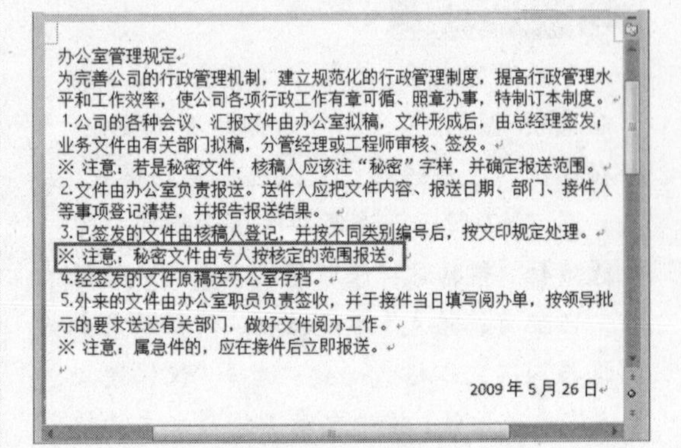

图 7-42 完善文档

知识点拨

选择文本并右击，在弹出的快捷菜单中选择"复制"命令，然后切换到要目标位置，再次右击，在弹出的快捷菜单中选择"粘贴"命令，也可以复制文本。

7.2.4 查找和替换文本

在文档编辑的过程中，经常要查找某些内容，有时还需要对某一内容进行统一替换。如果手工逐句查找和替换难免会有遗漏，使用 Word 2007 的查找和替换功能就非常简单快捷了。

1. 查找文本

① 打开"意向书"素材文件，选择要查找的范围，单击"开始"选项卡"编辑"组中的"查找"按钮（或按【Ctrl+F】组合键），如图 7-43 所示。

② 弹出"查找和替换"对话框，在"查找内容"文本框中输入要查找的内容，如图 7-44 所示。

说明　使用查找功能，可以快速在文档中找的所需文本。

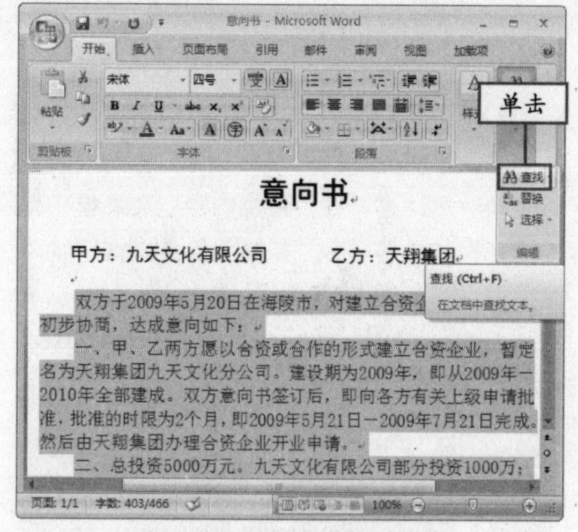

图 7-43　单击“查找”按钮

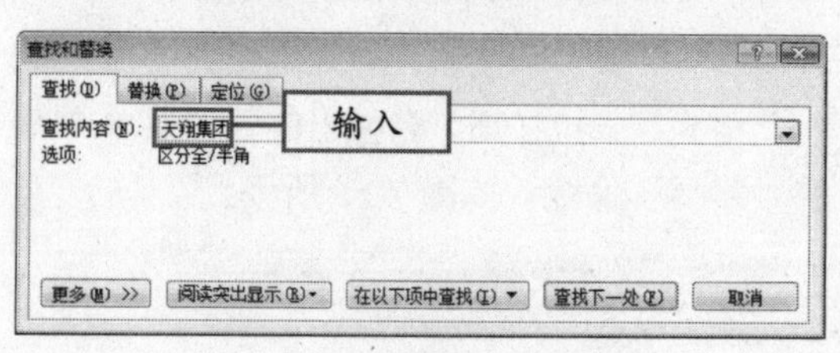

图 7-44　“查找和替换”对话框

③ 单击“查找下一处”按钮，在文档中查找指定的文本，并以高亮形式表示，如图 7-45 所示。

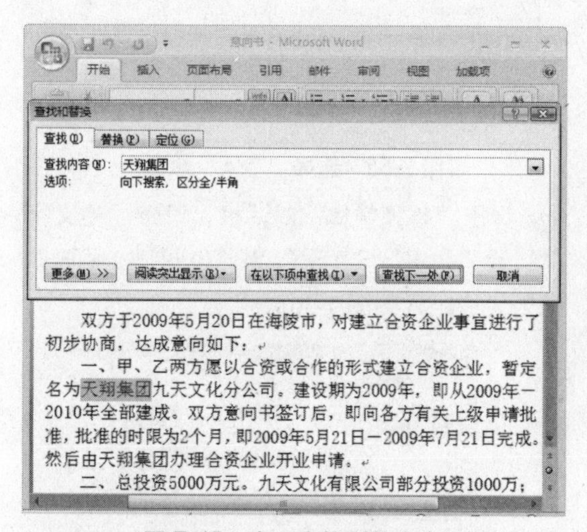

图 7-45　表示查找到的内容

单击“阅读突出显示”下拉按钮，在弹出的下拉菜单中选择“全部突出显示”命令，可突出显示所有查找到的文本。

④ 连续单击“查找下一处”按钮，直至搜索到选中文档的末尾为止，弹出如图 7-46 所示的提示信息框。

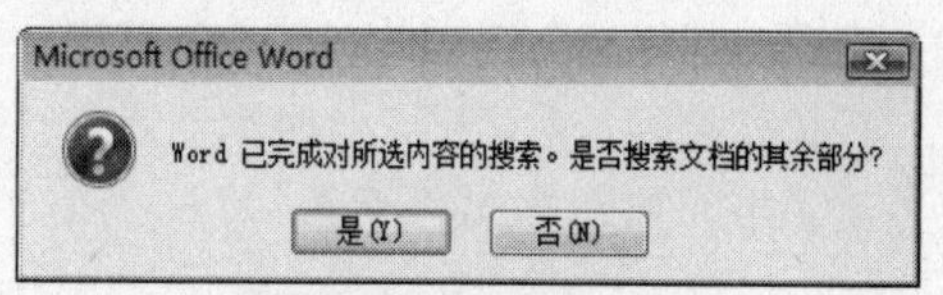

图 7-46　提示信息框 1

⑤ 单击“否”按钮，结束查找；单击“是”按钮，继续向下搜索文档其他部分，如图 7-47 所示。

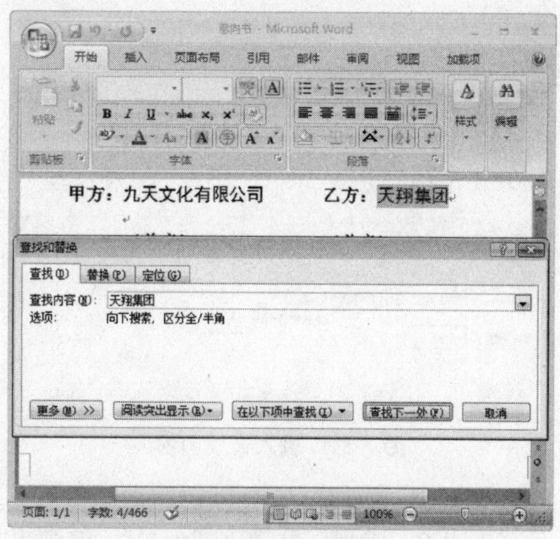

图 7-47　向下搜索

⑥ 至结尾处，将弹出如图 7-48 所示的提示信息框，单击“否”按钮，结束搜索；单击“是”按钮，将从文档的开始部分搜索。

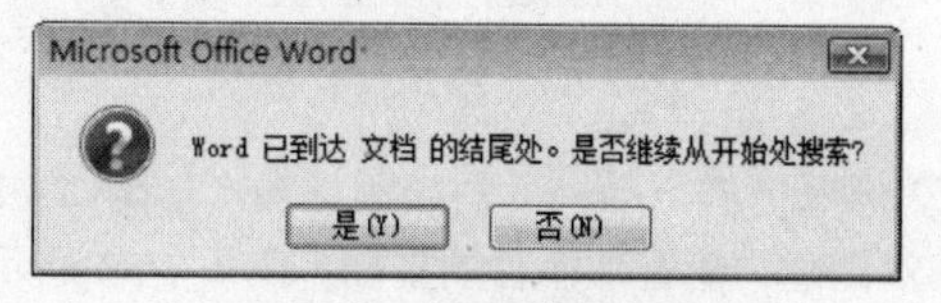

图 7-48　提示信息框 2

⑦ 但整篇文档搜索完毕后，将弹出如图 7-49 所示的提示信息框，单击“确定”按钮，完成文本的查找工作。

图 7-49　提示信息框 3

按【Ctrl+F】快捷键，可以快速打开“查找和替换”对话框，并选中“查找”选项卡。　技巧

2. 替换文本

① 选择要替换的文本所在的范围，单击“开始”选项卡“编辑”组中的“替换”按钮，弹出“查找和替换”对话框，此时默认选中“替换”选项卡，如图 7-50 所示。

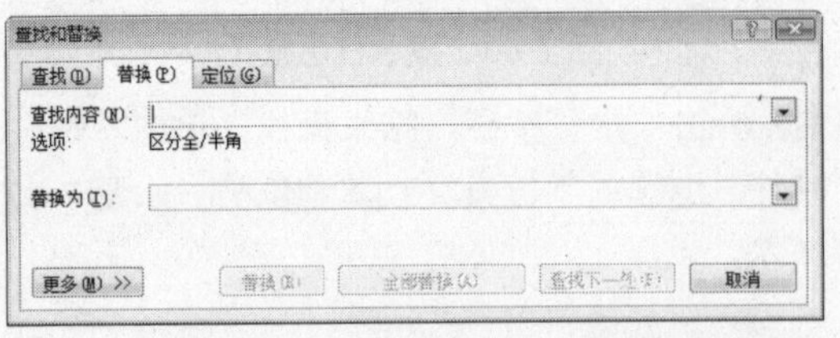

图 7-50 “查找和替换”对话框

② 在“查找内容”文本框中输入要替换的内容，在“替换为”文本框中输入替换文字，如图 7-51 所示。

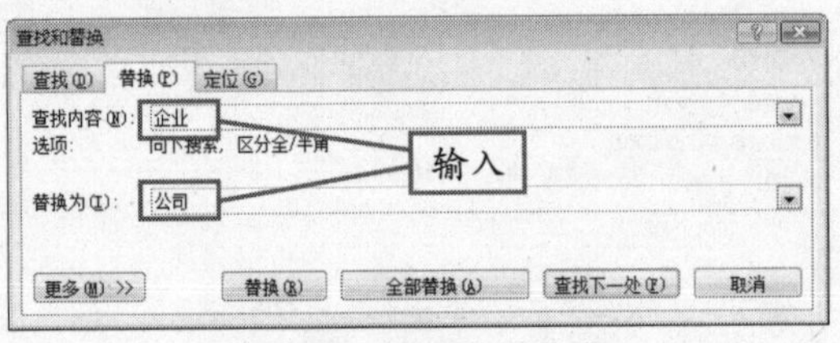

图 7-51 输入替换内容

③ 单击“全部替换”按钮，将文档中选中部分文本中的“企业”替换为“公司”，并弹出如图 7-52 所示的提示信息框。

图 7-52 提示信息框

④ 单击“否”按钮，再单击“关闭”按钮，关闭对话框，查看替换后的文档，如图 7-53 所示。

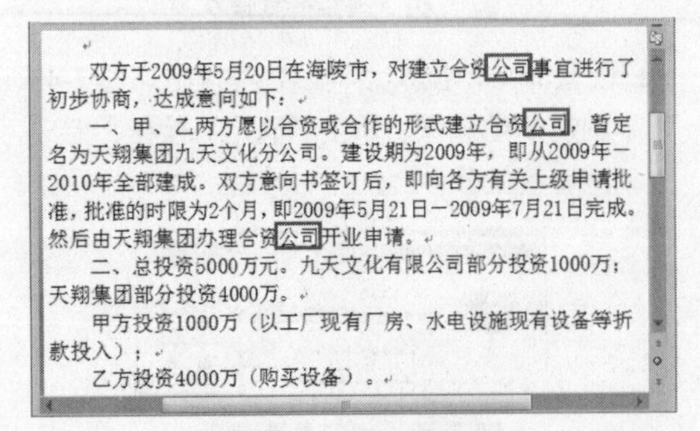

双方于2009年5月20日在海陵市，对建立合资公司事宜进行了初步协商，达成意向如下：

一、甲、乙两方愿以合资或合作的形式建立合资公司，暂定名为天翔集团九天文化分公司。建设期为2009年，即从2009年－2010年全部建成。双方意向书签订后，即向各方有关上级申请批准，批准的时限为2个月，即2009年5月21日－2009年7月21日完成。然后由天翔集团办理合资公司开业申请。

二、总投资5000万元。九天文化有限公司部分投资1000万；天翔集团部分投资4000万。

甲方投资1000万（以工厂现有厂房、水电设施现有设备等折款投入）；

乙方投资4000万（购买设备）。

图 7-53 替换后的文档

⑤ 若需要将文档中特定词语或短语设置为特殊格式，可将光标插入到文档中，打开“查找和替换”对话框，在“查找内容”文本框中输入要替换的内容，在“替换为”文本框中输入替换文字，如图 7-54 所示。

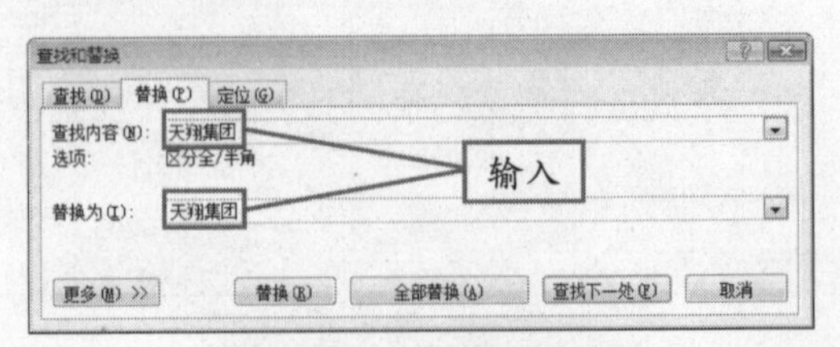

图 7-54 输入替换内容

⑥ 单击“更多”按钮，展开高级选项板，单击“格式”下拉按钮，在弹出的下拉菜单中选择“字体”命令，如图 7-55 所示。

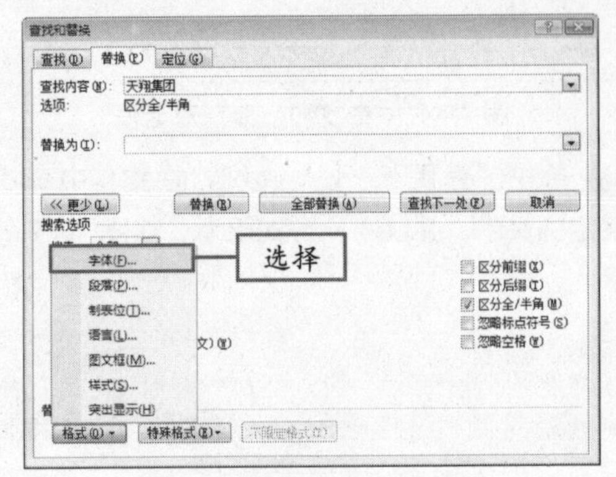

图 7-55 选择“字体”命令

⑦ 弹出“替换字体”对话框，设置“中文字体”为“隶书”，“字号”为“小四”，“字体颜色”为红色，如图 7-56 所示。

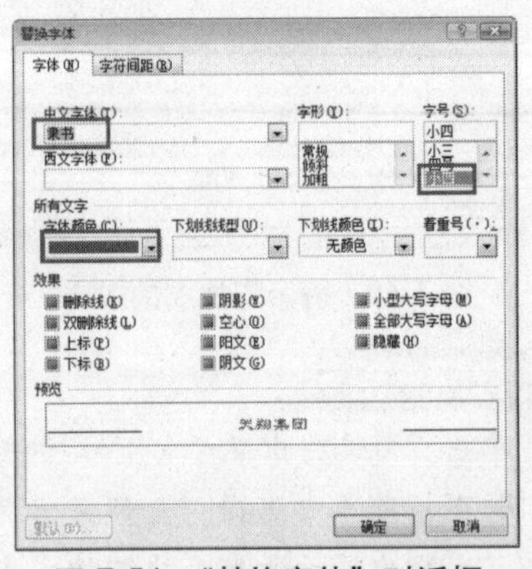

图 7-56 “替换字体”对话框

说 明 用户可以在“查找和替换”对话框的“搜索选项”选项区域中选择不同复选框，设定要求进行替换。

⑧ 单击“确定”按钮，返回“查找和替换”对话框，单击“全部替换”按钮，替换文本格式，弹出如图 7-57 所示的提示信息框。

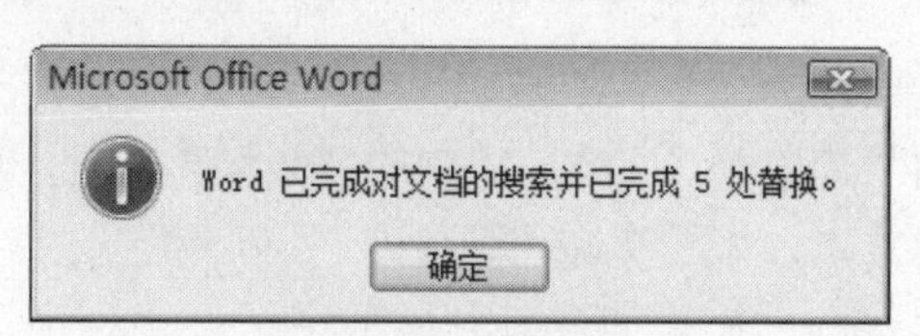

图 7-57 提示信息框

⑨ 单击“关闭”按钮，关闭对话框，此时文档效果如图 7-58 所示。

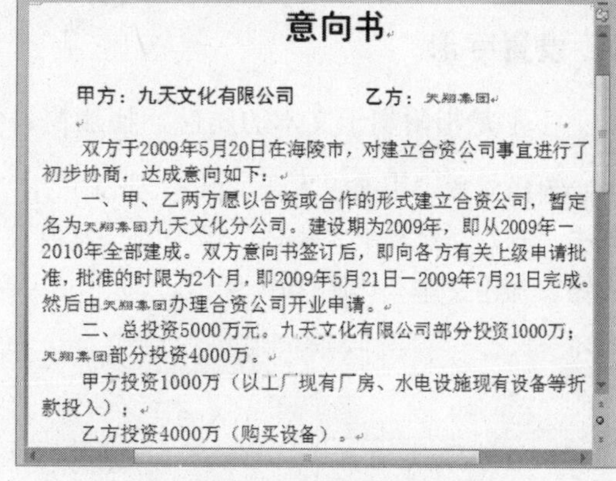

意向书

甲方：九天文化有限公司　　　乙方：天翔集团

双方于2009年5月20日在海陵市，对建立合资公司事宜进行了初步协商，达成意向如下：

一、甲、乙两方愿以合资或合作的形式建立合资公司，暂定名为天翔集团九天文化分公司。建设期为2009年，即从2009年—2010年全部建成。双方意向书签订后，即向各方有关上级申请批准，批准的时限为2个月，即2009年5月21日—2009年7月21日完成。然后由天翔集团办理合资公司开业申请。

二、总投资5000万元。九天文化有限公司部分投资1000万；天翔集团部分投资4000万。

甲方投资1000万（以工厂现有厂房、水电设施现有设备等折款投入）；

乙方投资4000万（购买设备）。

图 7-58 替换效果

7.3 设置字符格式

在 Word 2007 中对字体进行格式设置，可以更改字体的外观，从而使文档的效果更加多姿多彩。

7.3.1 设置字体、字形和字号

在 Word 文档中，用户可以根据需要自定义设置文本的字体、字形、字号等。

1. 设置字体

字体体现字符的形状，其具体设置方法如下：

① 打开“意向书”素材文件，选择标题，单击“开始”选项卡“字体”组中“字体”下拉列表框右侧的下拉按钮，在弹出的下拉列表中选择“楷体”命令，如图 7-59 所示。

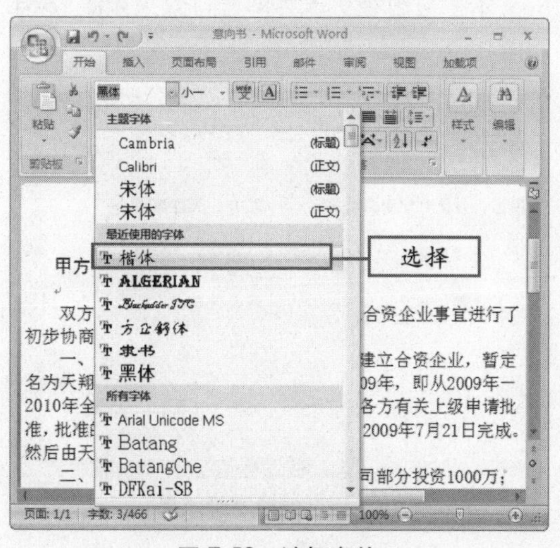

图 7-59 选择字体

② 此时，标题文本字体已经更改为楷体，效果如图 7-60 所示。

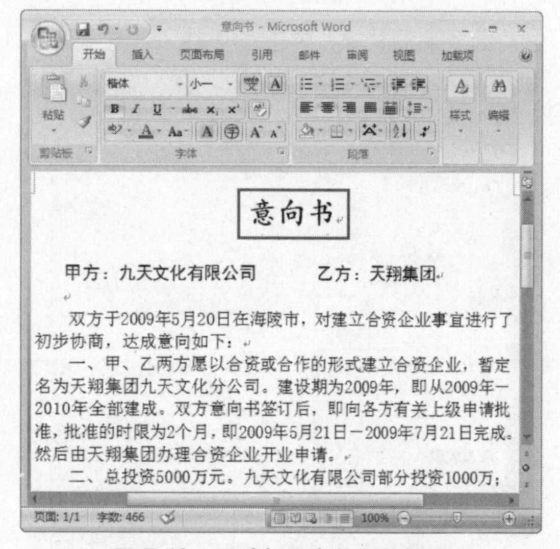

图 7-60 更改标题字体后的效果

选中文本后，用于设置文本格式的浮动工具栏会默认显示在 Word 中。　说明

2. 设置字形

字形是指附加于文本的属性，如加粗、倾斜等，其具体设置方如下：

① 选择文本“甲方：九天文化有限公司”，单击“开始”选项卡“字体”组中的“加粗”按钮，加粗文本，如图 7-61 所示。

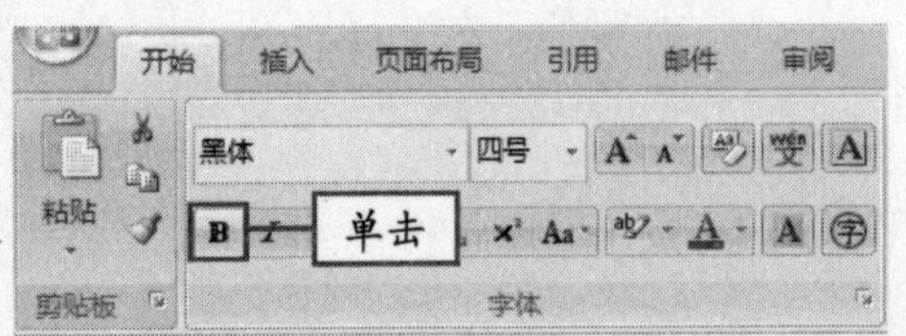

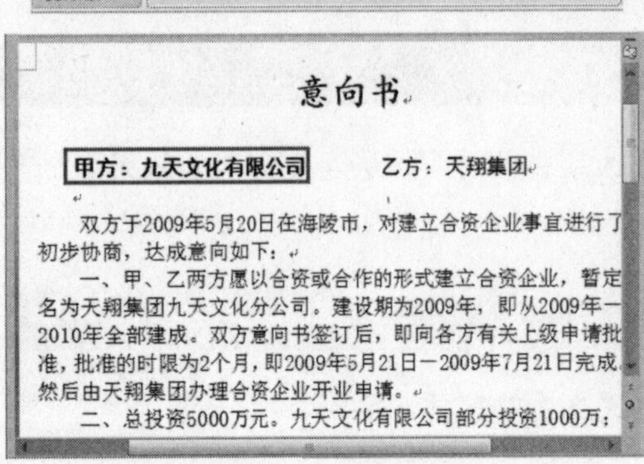

意向书

甲方：九天文化有限公司　　乙方：天翔集团

双方于2009年5月20日在海陵市，对建立合资企业事宜进行了初步协商，达成意向如下：

一、甲、乙两方愿以合资或合作的形式建立合资企业，暂定名为天翔集团九天文化分公司。建设期为2009年，即从2009年—2010年全部建成。双方意向书签订后，即向各方有关上级申请批准，批准的时限为2个月，即2009年5月21日—2009年7月21日完成。然后由天翔集团办理合资企业开业申请。

二、总投资5000万元。九天文化有限公司部分投资1000万；

图 7-61　加粗文本

② 选择文本“乙方：天翔集团”，单击“开始”选项卡“字体”组中的“倾斜”按钮，倾斜文本，如图 7-62 所示。

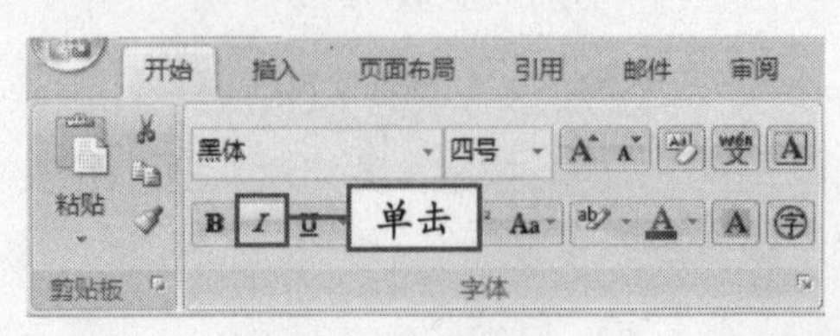

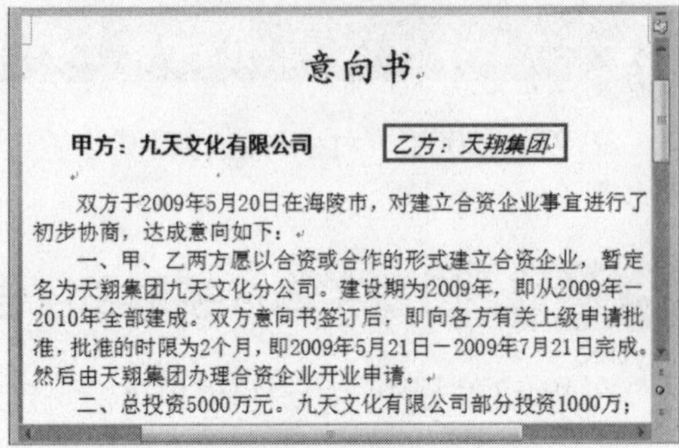

意向书

甲方：九天文化有限公司　　*乙方：天翔集团*

双方于2009年5月20日在海陵市，对建立合资企业事宜进行了初步协商，达成意向如下：

一、甲、乙两方愿以合资或合作的形式建立合资企业，暂定名为天翔集团九天文化分公司。建设期为2009年，即从2009年—2010年全部建成。双方意向书签订后，即向各方有关上级申请批准，批准的时限为2个月，即2009年5月21日—2009年7月21日完成。然后由天翔集团办理合资企业开业申请。

二、总投资5000万元。九天文化有限公司部分投资1000万；

图 7-62　倾斜文本

3. 设置字号

字号体现字符的大小，Word 默认的文本字号为五号，用户可根据需要更改文本的字号，具体设置方法如下：

① 选择落款文本，单击“开始”选项卡“字体”组中“字号”下拉按钮，弹出如图 7-63 所示的下拉列表。

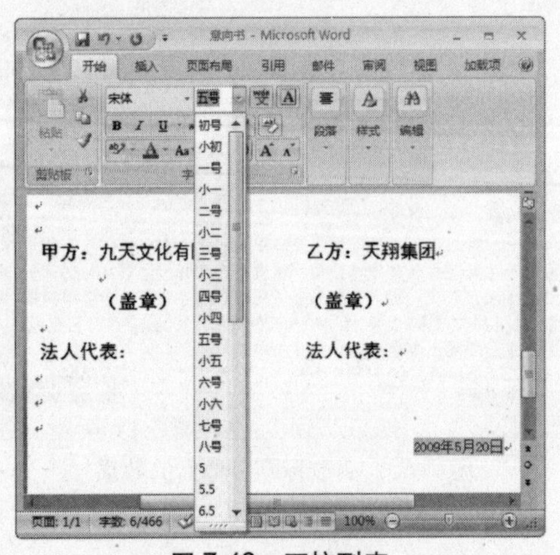

图 7-63　下拉列表

② 从中选择“四号”命令，此时文档中选中的文本字号已经更改为四号，效果如图 7-64 所示。

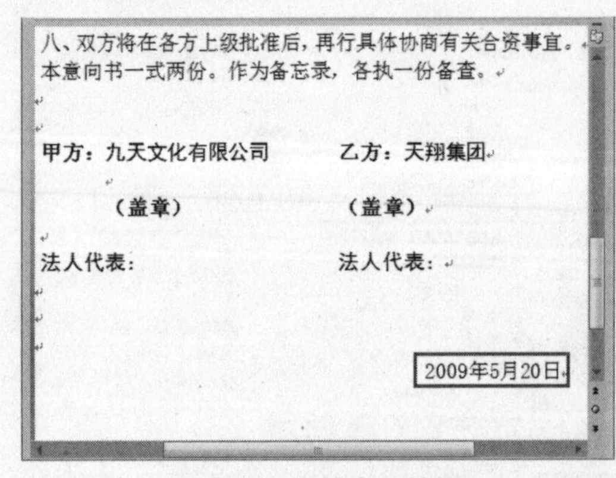

八、双方将在各方上级批准后，再行具体协商有关合资事宜。本意向书一式两份。作为备忘录，各执一份备查。

甲方：九天文化有限公司　　乙方：天翔集团

（盖章）　　（盖章）

法人代表：　　法人代表：

2009年5月20日

图 7-64　设置字号效果

技巧　单击“字体”组右下角的按钮，在弹出的“字体”对话框中也可以设置字体格式。

7.3.2 设置边框和底纹

用户可以为字符添加边框和底纹，以突出显示该字符，下面将详细介绍其操作方法。

① 打开名为“意向书”的素材文件，选择标题文本，单击“开始”选项卡“字体”组中的“字符边框”按钮，如图 7-65 所示。

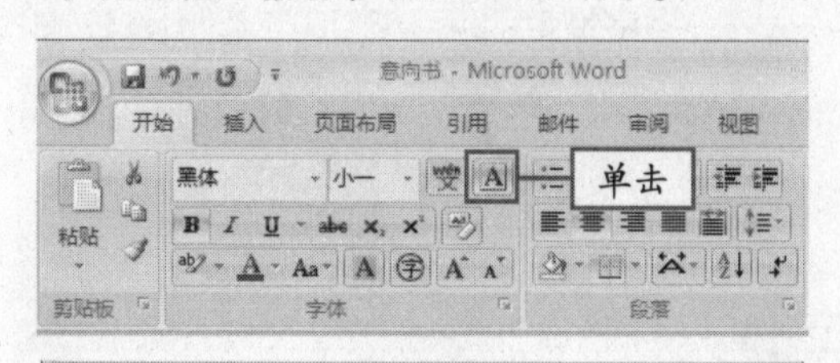

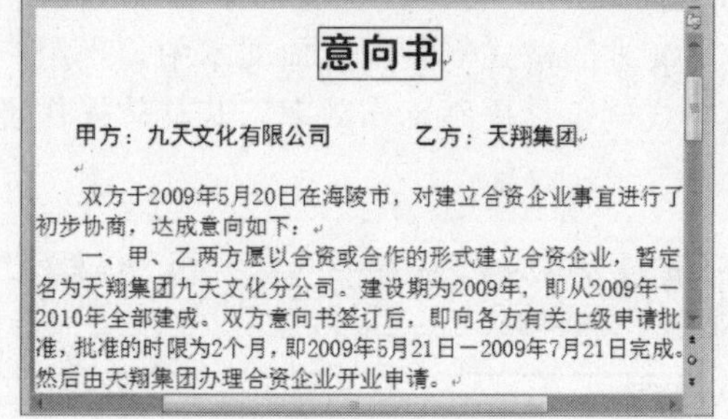

图 7-65 添加边框

② 再次选中标题文本，单击“字体”组中的“字符底纹”按钮，为选中的字符添加底纹，效果如图 7-66 所示。

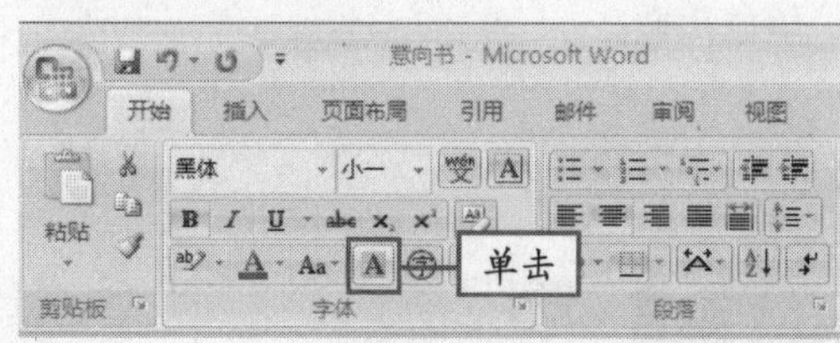

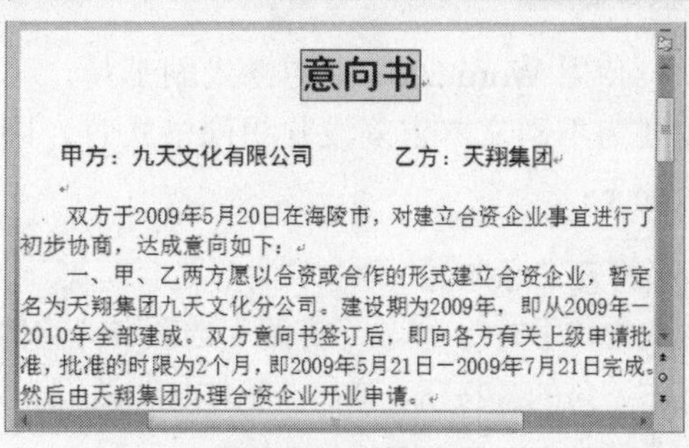

图 7-66 添加底纹

7.3.3 设置字符间距

通过设置 Word 文档中的字符间距，可以使 Word 文档的页面布局更符合实际需要。在 Word 2007 中设置字符间距的具体操作步骤如下：

① 打开“意向书”素材文件，选择标题文本，单击“开始”选项卡“字体”组右下角的按钮，弹出“字体”对话框，如图 7-67 所示。

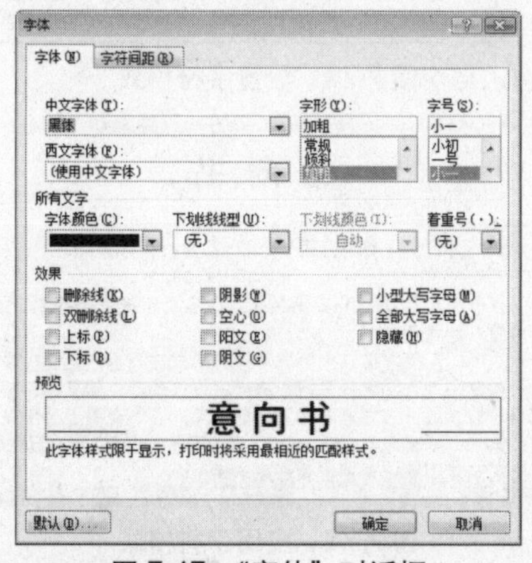

图 7-67 “字体”对话框

② 单击“字符间距”选项卡，在“间距”下拉列表框中选择“加宽”选项，在“磅值”数值框中输入 5，如图 7-68 所示。

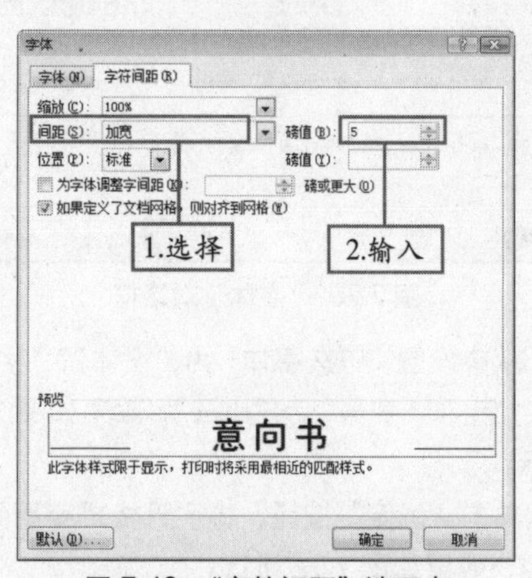

图 7-68 “字符间距”选项卡

在“字体”组中单击“以不同颜色突出显示文本”按钮，也可以突出显示文本。 说明

③ 单击“确定”按钮，此时所选文本之间的间距已经增大，效果如图 7-69 所示。

知识点拨

在“字体”对话框中单击“磅值”数值框右侧的微调按钮，可以微调加宽或紧缩的距离。

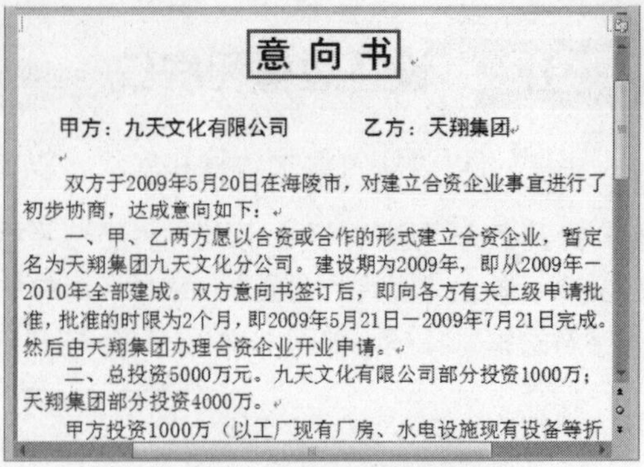

意 向 书

甲方：九天文化有限公司　　　乙方：天翔集团

双方于2009年5月20日在海陵市，对建立合资企业事宜进行了初步协商，达成意向如下：

一、甲、乙两方愿以合资或合作的形式建立合资企业，暂定名为天翔集团九天文化分公司。建设期为2009年，即从2009年—2010年全部建成。双方意向书签订后，即向各方有关上级申请批准，批准的时限为2个月，即2009年5月21日—2009年7月21日完成。然后由天翔集团办理合资企业开业申请。

二、总投资5000万元。九天文化有限公司部分投资1000万；天翔集团部分投资4000万。

甲方投资1000万（以工厂现有厂房、水电设施现有设备等折

图 7-69　增大字符间距

7.3.4 使用格式刷复制格式

使用 Word 2007 中的格式刷工具，可以将特定文本的格式复制到其他文本中。当用户需要为不同文本重复设置相同格式时，即可使用格式刷工具提高工作效率，其具体操作步骤如下：

① 打开“意向书”素材文件，选择标题下方的文本“甲方”，单击“开始”选项卡“字体”组右下角的按钮，弹出“字体”对话框，如图 7-70 所示。

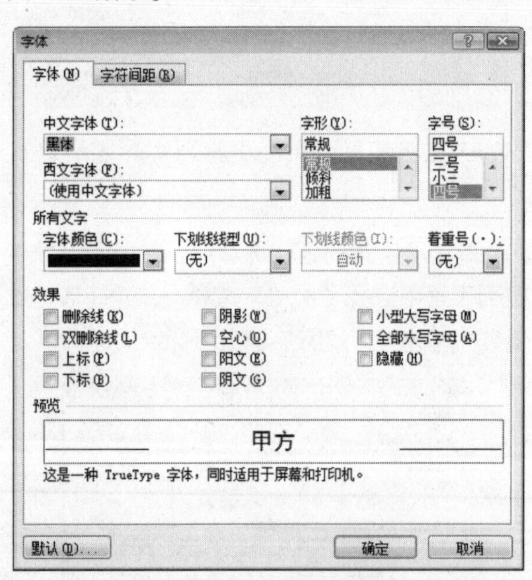

图 7-70　“字体”对话框

② 从中设置“中文字体”为“楷体”，“字形”为“加粗”，“字号”为“小三”，效果如图 7-71 所示。

③ 单击“确定”按钮，将字符格式应用到文档中，效果如图 7-72 所示。

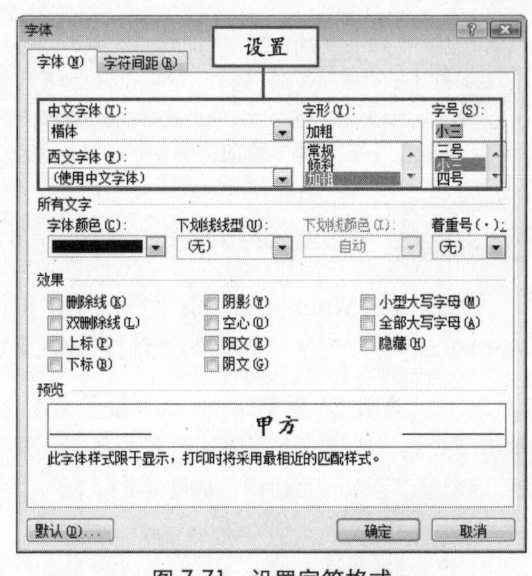

图 7-71　设置字符格式

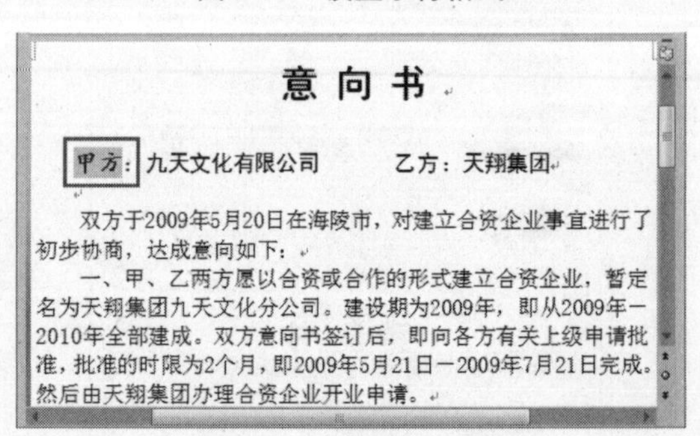

意 向 书

甲方：九天文化有限公司　　　乙方：天翔集团

双方于2009年5月20日在海陵市，对建立合资企业事宜进行了初步协商，达成意向如下：

一、甲、乙两方愿以合资或合作的形式建立合资企业，暂定名为天翔集团九天文化分公司。建设期为2009年，即从2009年—2010年全部建成。双方意向书签订后，即向各方有关上级申请批准，批准的时限为2个月，即2009年5月21日—2009年7月21日完成。然后由天翔集团办理合资企业开业申请。

图 7-72　应用字符格式

说明　使用“格式刷”功能，不能复制艺术字文本的字体和字号。

④ 单击“开始”选项卡“剪贴板”组中的“格式刷”按钮，此时鼠标指针呈形状，如图 7-73 所示。

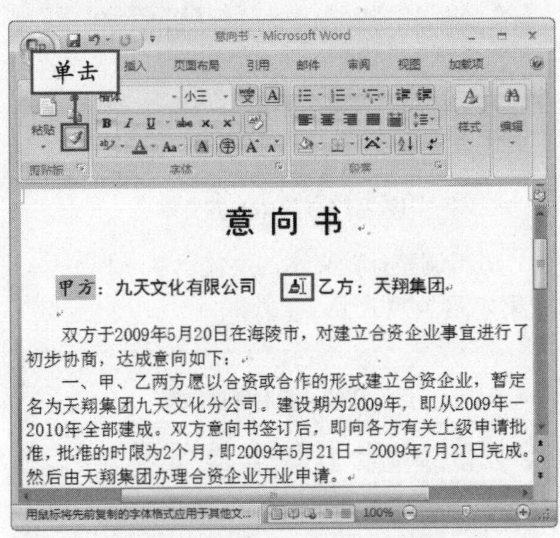

图 7-73 单击“格式刷”按钮

⑤ 选中文本“乙方”，此时文本“甲方”的格式已经复制到文本“乙方”中，效果如图 7-74 所示。

意向书

甲方：九天文化有限公司 乙方 天翔集团

双方于2009年5月20日在海陵市，对建立合资企业事宜进行了初步协商，达成意向如下：

一、甲、乙两方愿以合资或合作的形式建立合资企业，暂定名为天翔集团九天文化分公司。建设期为2009年，即从2009年—2010年全部建成。双方意向书签订后，即向各方有关上级申请批准，批准的时限为2个月，即2009年5月21日—2009年7月21日完成。然后由天翔集团办理合资企业开业申请。

图 7-74 复制格式

专家解疑

若需要将某一格式复制到多个地方，可先选中要复制格式的文本，然后双击“格式刷”按钮，当鼠标指针呈形状时，依次选中需要设置格式的字符即可。

7.4 设置段落格式

用户除了可以对字体进行设置外，还可以对段落文字进行格式设置，包括段落的对齐方式、段落缩进、间距和行距，以及插入编号和项目符号等。

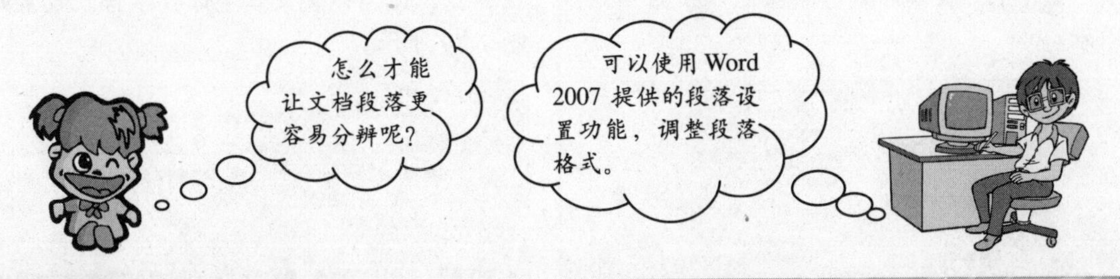

7.4.1 设置段落的对齐方式

对齐方式的应用范围为段落，在 Word 2007“开始”选项卡的“段落”组和“段落”对话框中均可以设置文本对齐方式，下面分别进行介绍。

1. 通过“段落”对话框进行设置

通过“段落”对话框设置段落对齐方式的具体操作方法如下：

说明 输入到文档中的文本，默认的对齐方式的为左对齐。

①打开“员工薪酬、福利管理制度”素材文件，将光标定位到标题文本中，单击“开始”选项卡“段落”组右下角的按钮，弹出“段落”对话框，在“常规”选项区“对齐方式”下拉列表框中选择“居中”选项，如图 7-75 所示。

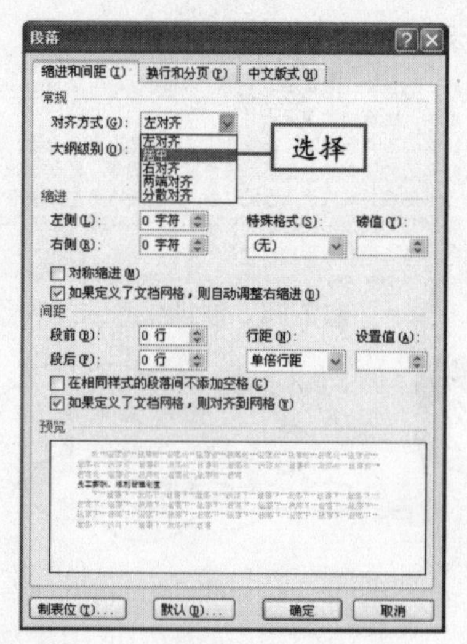

图 7-75　选择“居中”选项

②单击“确定”按钮，将标题文本对齐到文档中间位置，效果如图 7-76 所示。

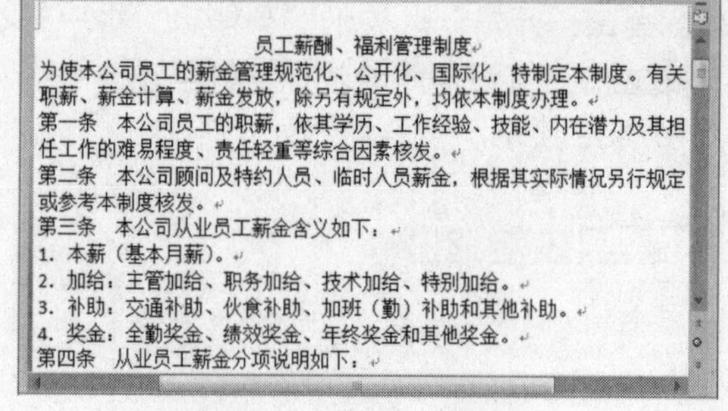

图 7-76　居中对齐文本

③ 适当调整标题文本的字体、字形和字号，效果如图 7-77 所示。

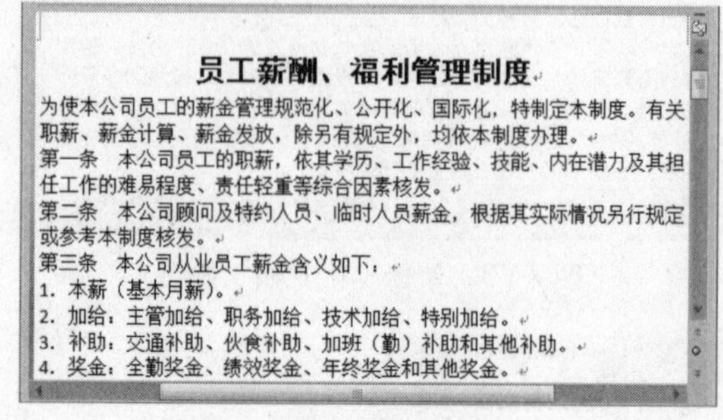

图 7-77　调整标题文本

2. 通过“段落”组进行设置

通过“段落”组设置段落对齐方式的具体操作方法如下：

① 选中落款文本，单击“开始”选项卡“段落”组中的“文本右对齐”按钮，如图 7-78 所示。

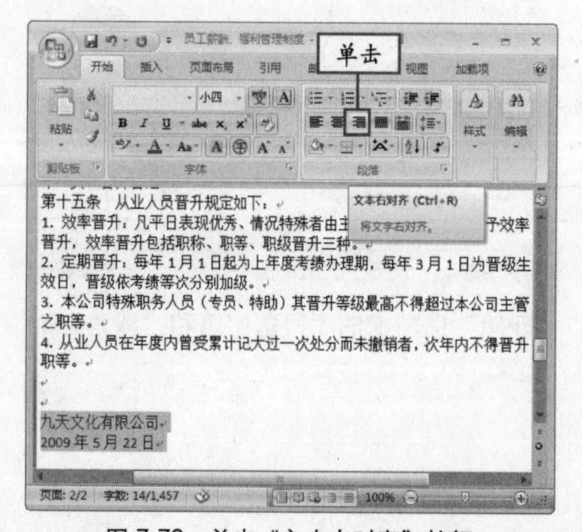

图 7-78　单击“文本右对齐”按钮

② 此时，先选中的落款文本已经对齐到文档右侧，适当调整文本字体和字号，效果如图 7-79 所示。

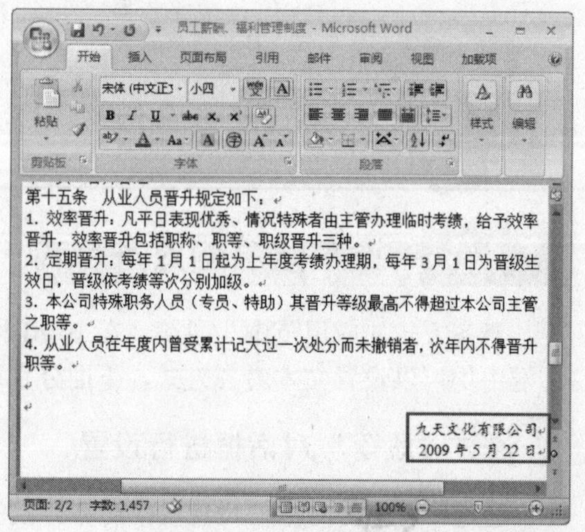

图 7-79　右对齐文本

说明　使用“段落”对话框设置段落格式，可以在“预览”选项区域中预览效果。

7.4.2 设置段落缩进和间距

使用 Word 的段落缩进和间距功能，可以按文档的常用格式调整文档，使其更加规范。

1. 设置段落缩进

通过设置段落缩进，可以调整 Word 文档正文内容与页边距之间的距离。下面介绍三种段落缩进方法。

方法 1：使用“段落”对话框进行设置

① 对“员工薪酬、福利管理制度”素材文档进行设置。将光标定位到正文第一段中任意位置，单击“开始”选项卡“段落”组右下角的按钮，弹出“段落”对话框，如图 7-80 所示。

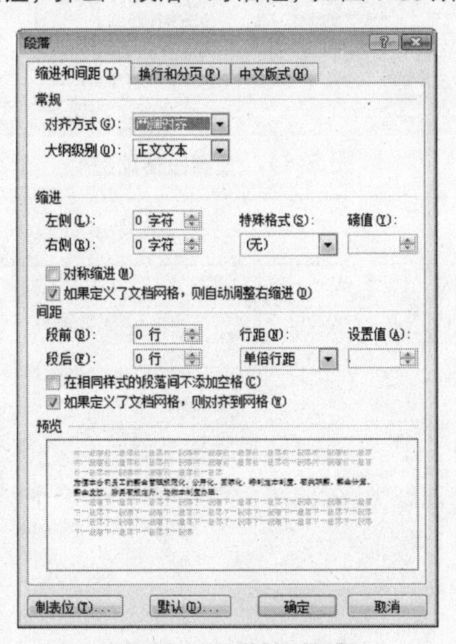

图 7-80 “段落”对话框

② 在“缩进”选项区中的“特殊格式”下拉列表框中选择“首行缩进”选项，“磅值”数值框中会自动填充为“2 字符”，如图 7-81 所示。

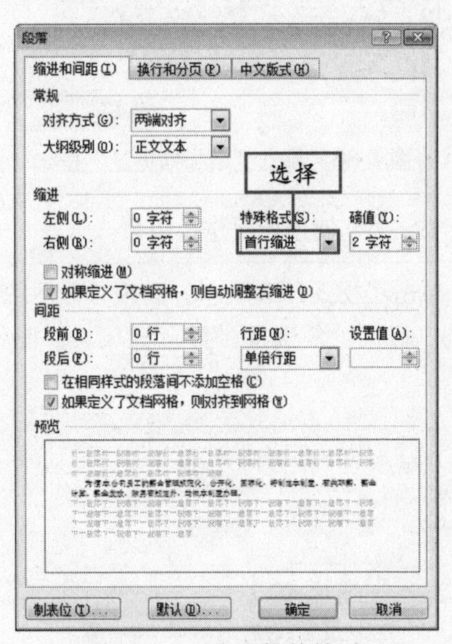

图 7-81 设置段落格式

③ 单击“确定”按钮，设置的段落格式效果如图 7-82 所示。

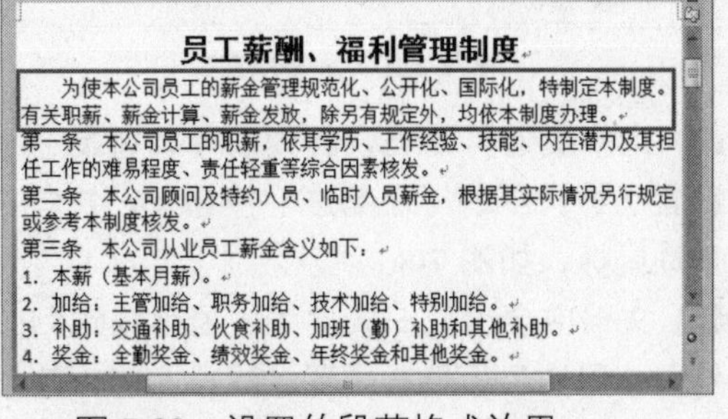

员工薪酬、福利管理制度

为使本公司员工的薪金管理规范化、公开化、国际化，特制定本制度。有关职薪、薪金计算、薪金发放，除另有规定外，均依本制度办理。

第一条 本公司员工的职薪，依其学历、工作经验、技能、内在潜力及其担任工作的难易程度、责任轻重等综合因素核发。

第二条 本公司顾问及特约人员、临时人员薪金，根据其实际情况另行规定或参考本制度核发。

第三条 本公司从业员工薪金含义如下：

1. 本薪（基本月薪）。
2. 加给：主管加给、职务加给、技术加给、特别加给。
3. 补助：交通补助、伙食补助、加班（勤）补助和其他补助。
4. 奖金：全勤奖金、绩效奖金、年终奖金和其他奖金。

图 7-82 设置的段落格式效果

说明：在“段落”对话框中，还可以设置段落的“特殊格式”为“悬挂缩进”。

方法 2：使用“段落”组中按钮设置

① 选中需要缩进的段落，单击“开始”选项卡“段落”组中的“增加缩进量”按钮，如图 7-83 所示。

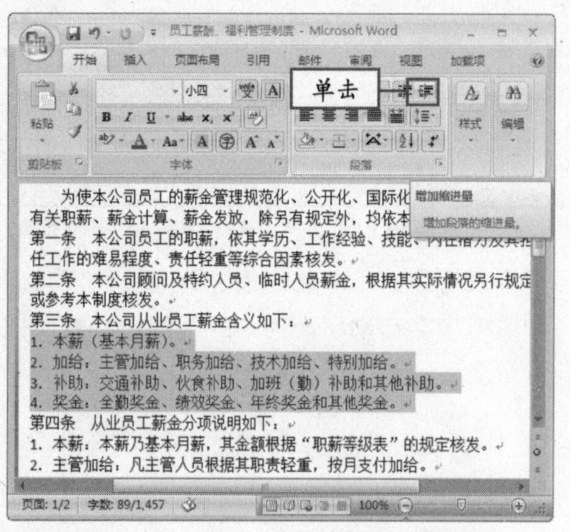

图 7-83 单击“增加缩进量”按钮

② 此时，文档中选中段落已经向右缩进一个字符，效果如图 7-84 所示。

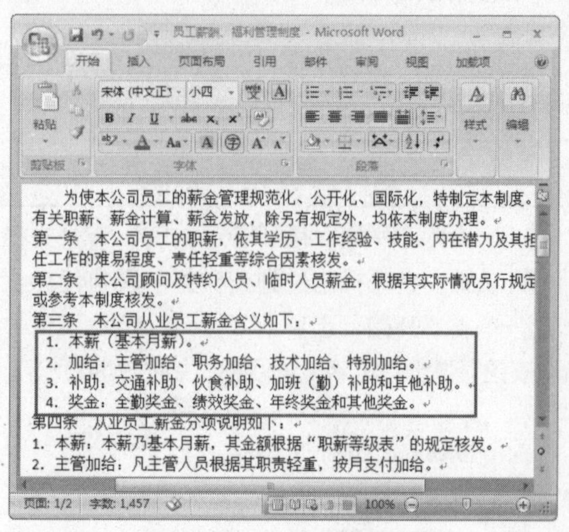

图 7-84 设置段落缩进

方法 3：使用标尺进行设置

① 单击“视图”选项卡，选中“显示/隐藏”组的“标尺”复选框，显示标尺，如图 7-85 所示。

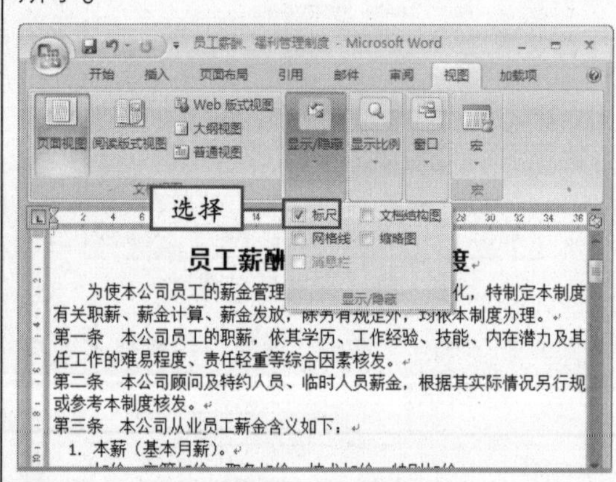

图 7-85 显示标尺

② 选中要进行缩进设置的段落，将鼠标指针置于标尺中的“左缩进”按钮上，并向右拖动鼠标，如图 7-86 所示。

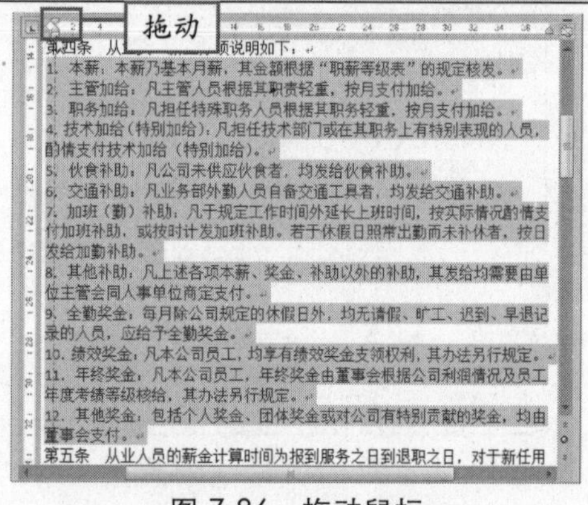

图 7-86 拖动鼠标

③ 文档中会出现一条虚线，显示拖动到的位置，到达目标位置后释放鼠标即可，效果如图 7-87 所示。

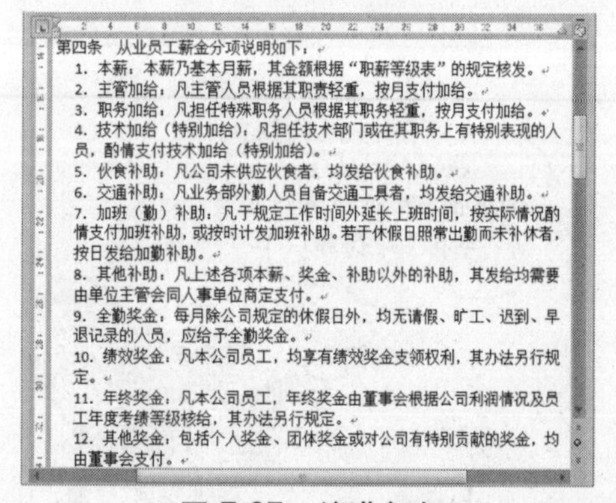

图 7-87 缩进文本

说明 一般的文档中，段落的首行均向内缩进两个字符。

2. 设置段落间距

段落间距包括段间距和行间距两种：段间距是指段落与段落之间的间距；而行间距是指段落中行与行之间的间距。下面详细介绍段落间距的设置方法。

① 将光标定位到标题行，单击“开始”选项卡“段落”组右下角的按钮，弹出“段落”对话框，如图 7-88 所示。

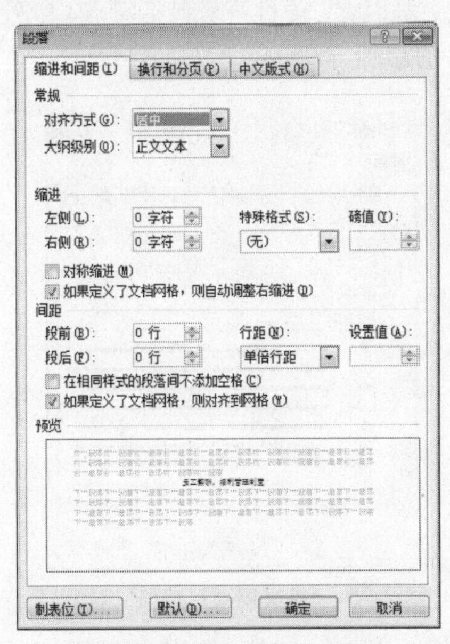

图 7-88　“段落”对话框

② 在“间距”选项区域中的“段后”数值框中输入 1，如图 7-89 所示。

图 7-89　设置间距

③ 单击“确定”按钮，设置的段落间距效果如图 7-90 所示。

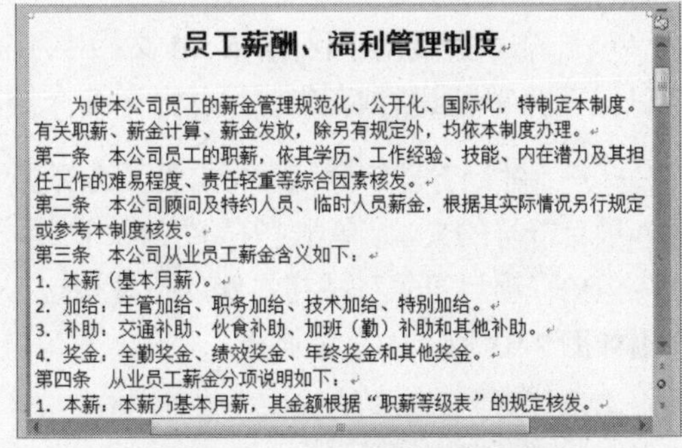

员工薪酬、福利管理制度

为使本公司员工的薪金管理规范化、公开化、国际化，特制定本制度。
有关职薪、薪金计算、薪金发放，除另有规定外，均依本制度办理。
第一条　本公司员工的职薪，依其学历、工作经验、技能、内在潜力及其担任工作的难易程度、责任轻重等综合因素核发。
第二条　本公司顾问及特约人员、临时人员薪金，根据其实际情况另行规定或参考本制度核发。
第三条　本公司从业员工薪金含义如下：
1. 本薪（基本月薪）。
2. 加给：主管加给、职务加给、技术加给、特别加给。
3. 补助：交通补助、伙食补助、加班（勤）补助和其他补助。
4. 奖金：全勤奖金、绩效奖金、年终奖金和其他奖金。
第四条　从业员工薪金分项说明如下：
1. 本薪：本薪乃基本月薪，其金额根据“职薪等级表”的规定核发。

图 7-90　设置段落间距效果

④ 选中所有正文文本，单击“开始”选项卡“段落”组中“行距”下拉按钮，在弹出的下拉列表中选择 1.15 选项，如图 7-91 所示。

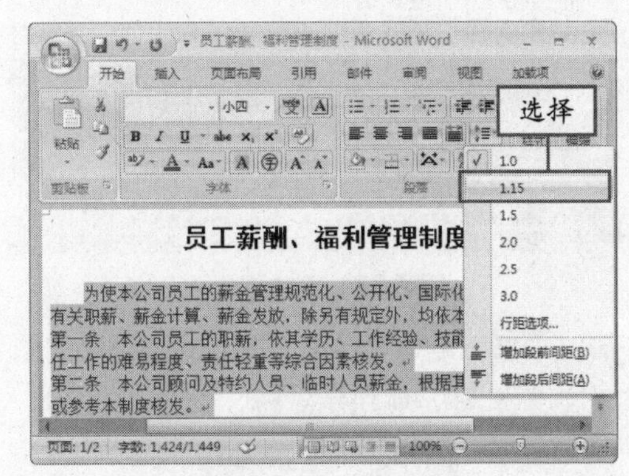

图 7-91　选择行距

⑤ 此时，正文中所有段落中的行与行之间的间距已增大，效果如图 7-92 所示。

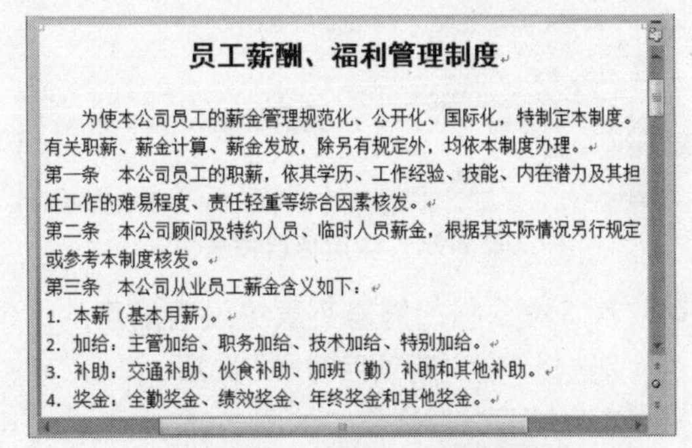

员工薪酬、福利管理制度

为使本公司员工的薪金管理规范化、公开化、国际化，特制定本制度。
有关职薪、薪金计算、薪金发放，除另有规定外，均依本制度办理。
第一条　本公司员工的职薪，依其学历、工作经验、技能、内在潜力及其担任工作的难易程度、责任轻重等综合因素核发。
第二条　本公司顾问及特约人员、临时人员薪金，根据其实际情况另行规定或参考本制度核发。
第三条　本公司从业员工薪金含义如下：
1. 本薪（基本月薪）。
2. 加给：主管加给、职务加给、技术加给、特别加给。
3. 补助：交通补助、伙食补助、加班（勤）补助和其他补助。
4. 奖金：全勤奖金、绩效奖金、年终奖金和其他奖金。

图 7-92　设置行间距效果

一般情况下，当行中出现图形或字体发生变化时，Word 会自动调节行间距。　说明

7.4.3 插入项目符号和编号

在文档中插入项目符号和编号，可以很清晰地显示出文档间的结构关系，在制作会议流程、管理条例和规章制度时非常有用。

1. 插入项目符号

项目符号主要用于区分 Word 文档中不同类别的文本内容，项目符号包括原点、星号等，并以段落为单位进行标识。下面将详细介绍项目符号的添加方法。

① 打开“考勤管理制度”素材文件，选择要插入项目符号的文本，单击“开始”选项卡“段落”组中“项目符号”按钮右侧的下拉按钮，弹出如图 7-93 所示的下拉面板。

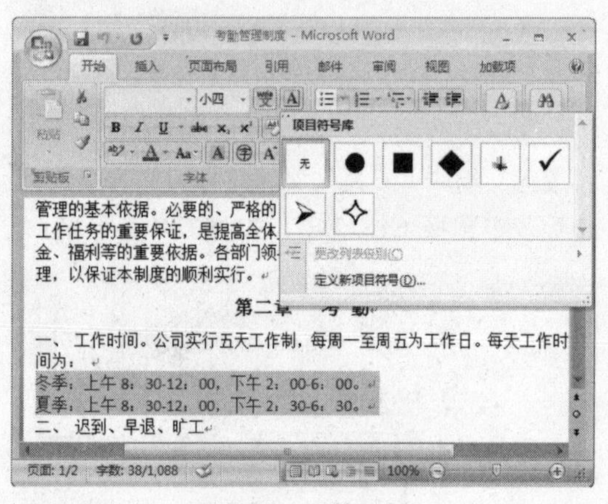

图 7-93　下拉面板

② 从中选择菱形项目符号，将其应用到文档中，效果如图 7-94 所示。

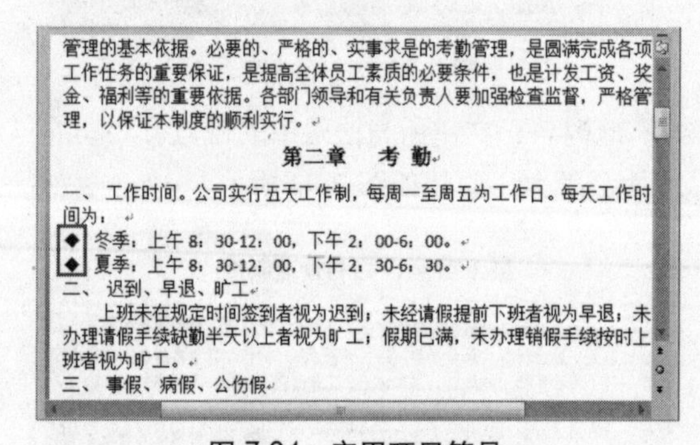

图 7-94　应用项目符号

③ 若下拉面板的符号列表中没有满意的选项，可选择“定义新项目符号”选项，弹出“定义新项目符号”对话框，如图 7-95 所示。

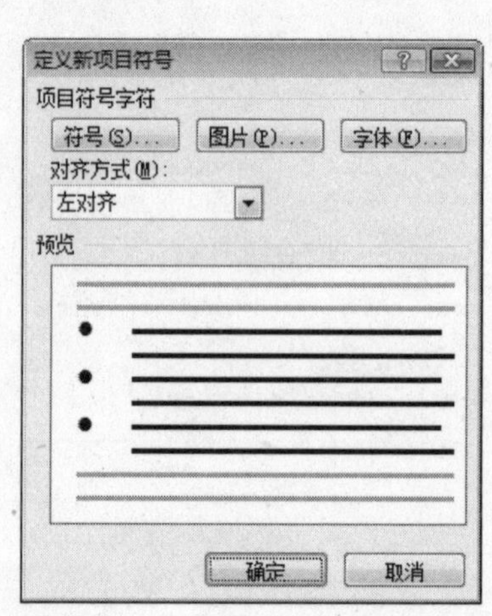

图 7-95　“定义新项目符号”对话框

④ 单击“图片”按钮，弹出“图片项目符号”对话框，在项目符号列表中选择如图 7-96 所示的选项。

图 7-96　选择项目符号

说明　添加项目符号的各个项目之间一般应为并列关系。

⑤ 依次单击"确定"按钮，将项目符号应用到文档中，效果如图 7-97 所示。

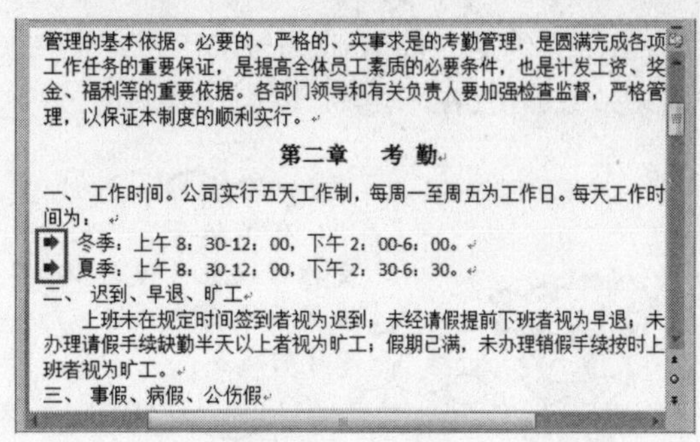

图 7-97 文档效果

2. 插入编号

编号主要用于 Word 文档中相同类别文本的不同内容，一般具有顺序性。编号通常使用阿拉伯数字、中文数字或英文字母，以段落为单位进行标识。下面将详细介绍添加编号的方法。

① 选择要插入编号的文本，单击"开始"选项卡"段落"组中"编号"按钮右侧的下拉按钮，弹出如图 7-98 所示的下拉面板。

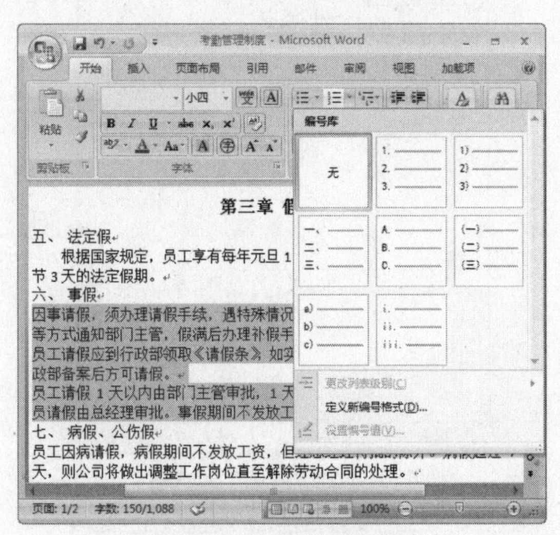

图 7-98 下拉面板

② 从中选择"定义新编号格式"选项，弹出"定义新编号格式"对话框，如图 7-99 所示。

③ 单击"编号样式"下拉列表框右侧的下拉按钮，在弹出的下拉列表中选择如图 7-100 所示的选项。

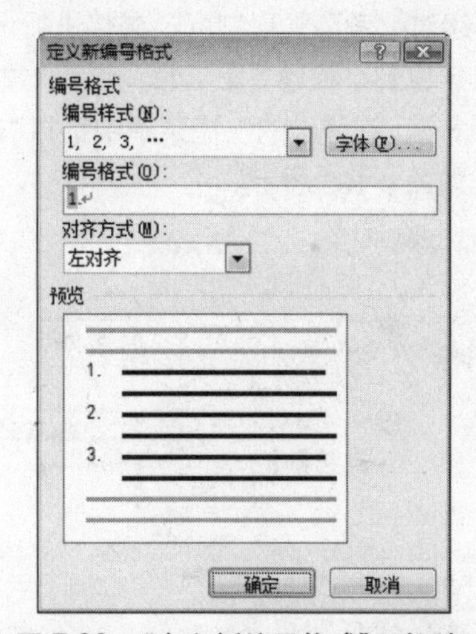

图 7-99 "定义新编号格式"对话框

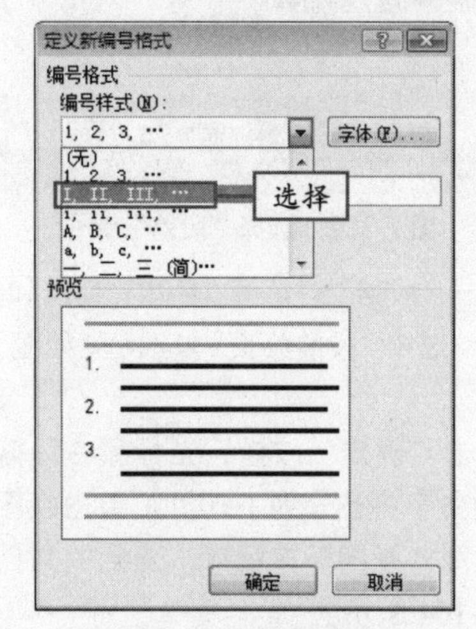

图 7-100 选择编号

④ 单击“确定”按钮，将编号应用到文档中，效果如图 7-101 所示。

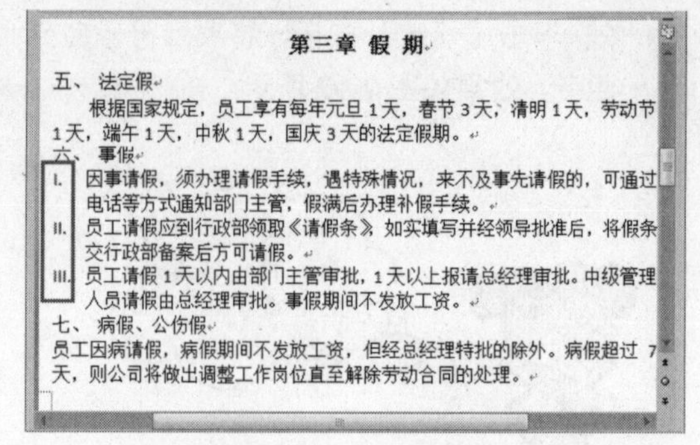

图 7-101　文档效果

7.4.4 设置换行和分页

当文字或图形填满一页时，Word 会自动插入一个分页符从而开始新的一页，如果文档比较长，要在特定的位置插入分页符，可以通过设置分页选项确定分页位置。

① 继续对“考勤管理制度”文档进行设置。将光标定位到小标题“第二章　考勤”中，单击鼠标右键，在弹出的快捷菜单中选择“段落”命令，如图 7-102 所示。

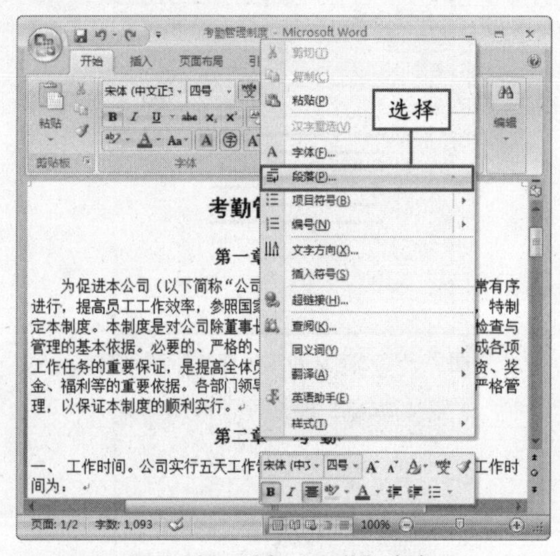

图 7-102　选择“段落”命令

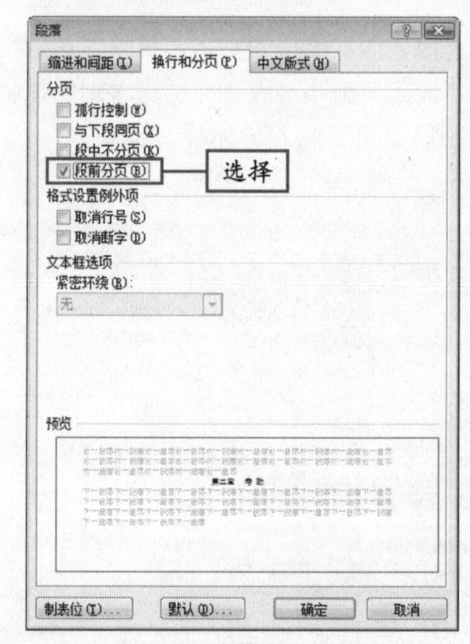

图 7-103　“段落”对话框

② 弹出“段落”对话框，单击“换行和分页”选项卡，选中“段前分页”复选框，如图 7-103 所示。

③ 单击“确定”按钮，光标所在段落以及后面的文字将被分到下一页，单击视图栏中“阅读版式视图”按钮，得到的文档效果如图 7-104 所示。

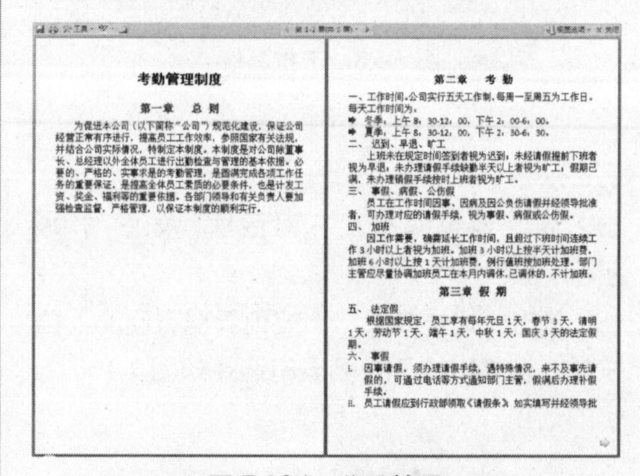

图 7-104　分页效果

技巧　在“分页”选项区域中选中“孤行控制”复选框，可避免段落的首行或尾行独立显示。

7.5　综合实战——制作委托证明

前面我们已经详细介绍了 Word 2007 中文档的各种基本设置方法，下面将通过委托证明实例，来帮助读者巩固前面所学知识。

实例效果：

本实例的最终效果如图 7-105 所示。

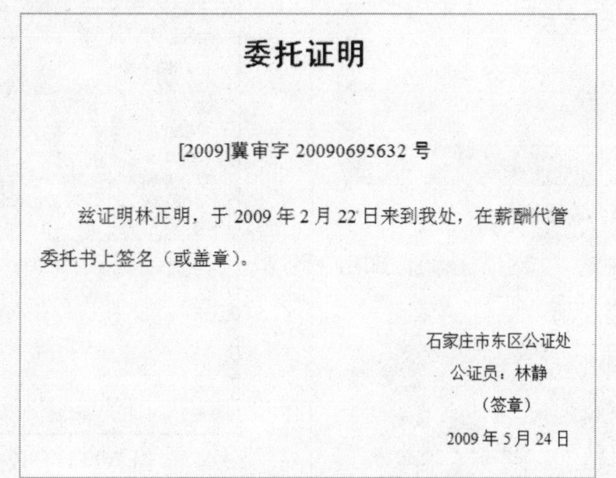

委托证明

[2009]冀审字 20090695632 号

兹证明林正明，于 2009 年 2 月 22 日来到我处，在薪酬代管委托书上签名（或盖章）。

石家庄市东区公证处
公证员：林静
（签章）
2009 年 5 月 24 日

图 7-105　最终效果

操作步骤：

素材文件	光盘:\素材\第 7 章\委托证明.docx
效果文件	光盘:\效果\第 7 章\委托证明.docx

① 启动 Word 2007，打开“委托证明”素材文件，如图 7-106 所示。

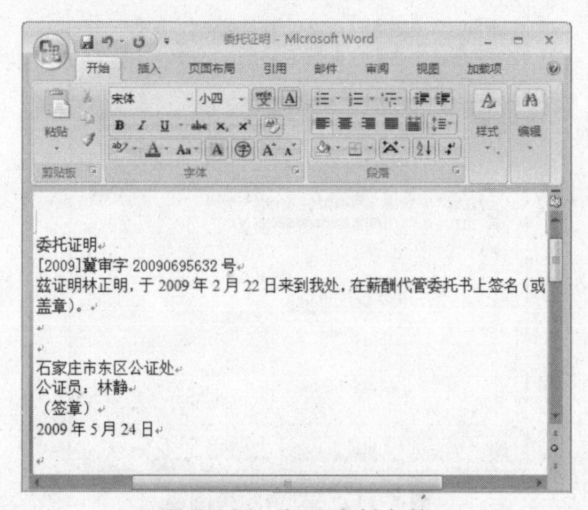

图 7-106　打开素材文件

② 选中标题文本“委托证明”，单击“开始”选项卡“字体”组中“字体”下拉列表框右侧的下拉按钮，在弹出的下拉列表中选择“黑体”选项，如图 7-107 所示。

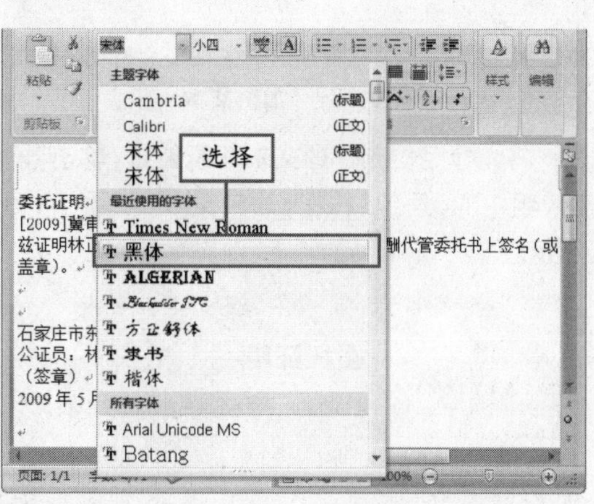

图 7-107　设置字体

③ 单击“字体”组中“字号”下拉列表框右侧的下拉按钮，在弹出的下拉列表中选择“二号”选项，如图 7-108 所示。

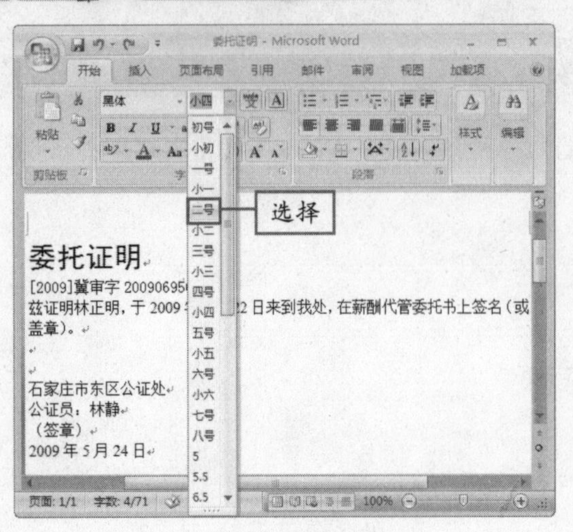

图 7-108　设置字号

④ 单击“字体”组中的“加粗”按钮，加粗文本，效果如图 7-109 所示。

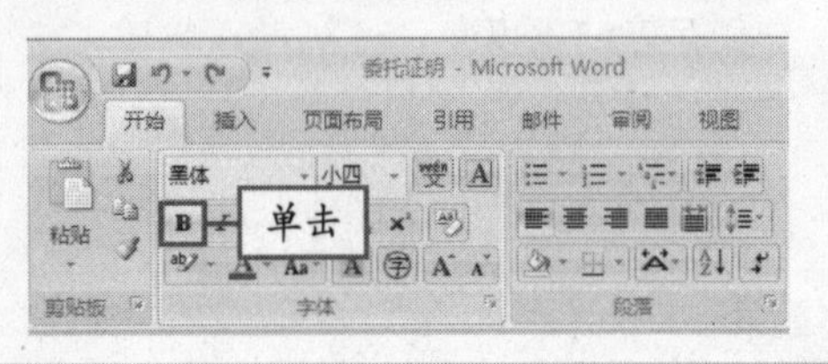

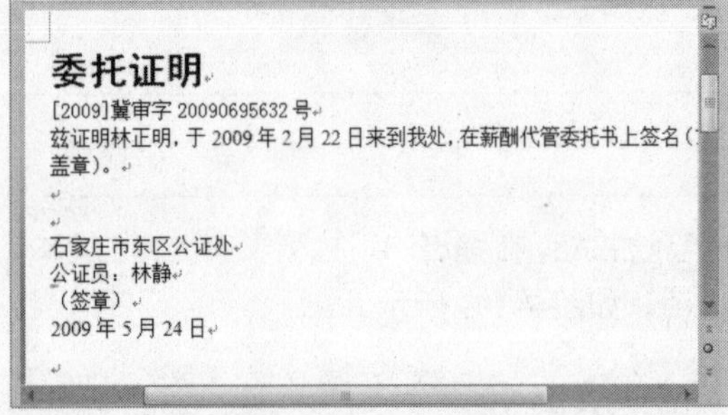

图 7-109　加粗文本

⑤ 将光标定位到标题文本任意位置，单击“段落”组中的“居中”按钮，居中文本，如图 7-110 所示。

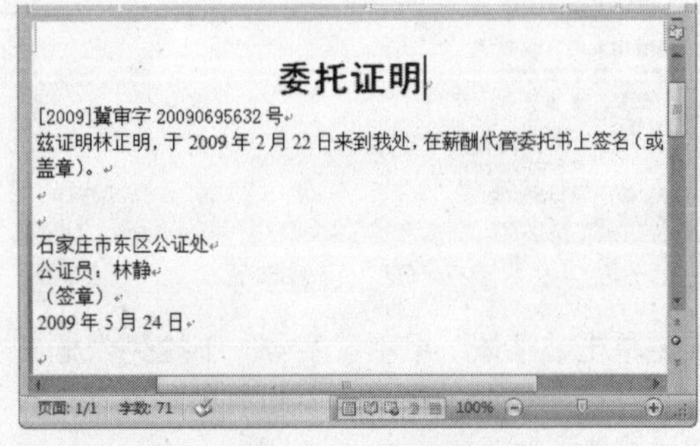

图 7-110　居中文本

⑥ 单击“段落”组右下角的按钮，弹出“段落”对话框，如图 7-111 所示。

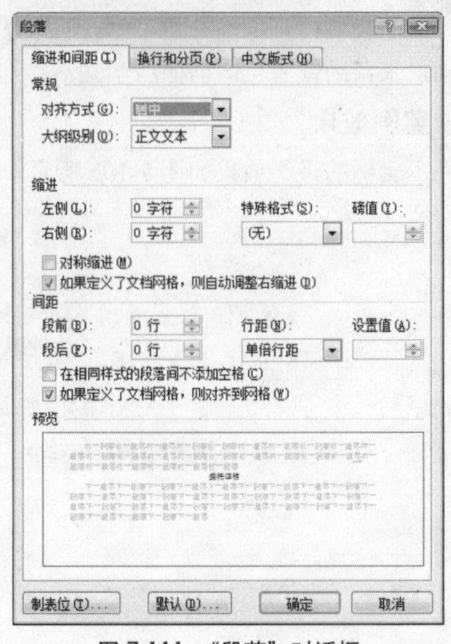

图 7-111　“段落”对话框

⑦ 在“间距”选项区域中的“段后”数值框中输入 2.5，如图 7-112 所示。

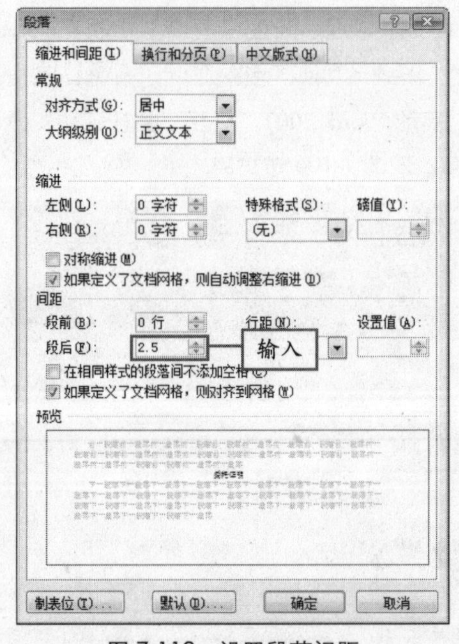

图 7-112　设置段落间距

⑧ 单击“确定”按钮，设置段落间距后的效果如图 7-113 所示。

说明　若功能区的功能组右下角有按钮，表示该组有对应的参数设置对话框。

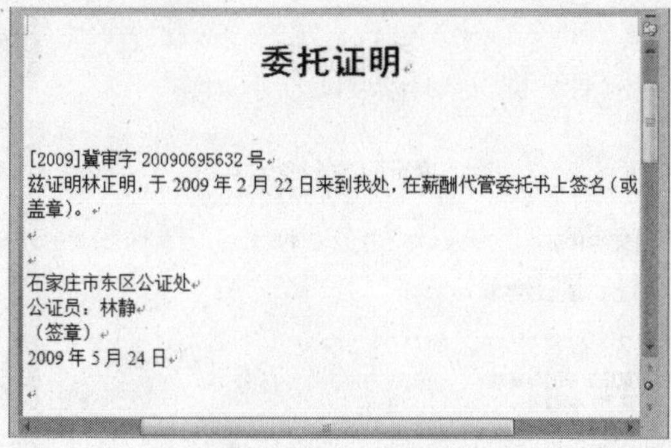

图 7-113 文本效果

⑨ 选中第一段文本内容，单击“字体”组右下角的按钮，弹出“字体”对话框，如图 7-114 所示。

图 7-114 “字体”对话框

⑩ 设置“中文字体”为“黑体”，“西文字体”为 Times New Roman，“字号”为“四号”，如图 7-115 所示。

图 7-115 设置字体、字号

⑪ 单击“确定”按钮，将字符格式应用到文档中的效果如图 7-116 所示。

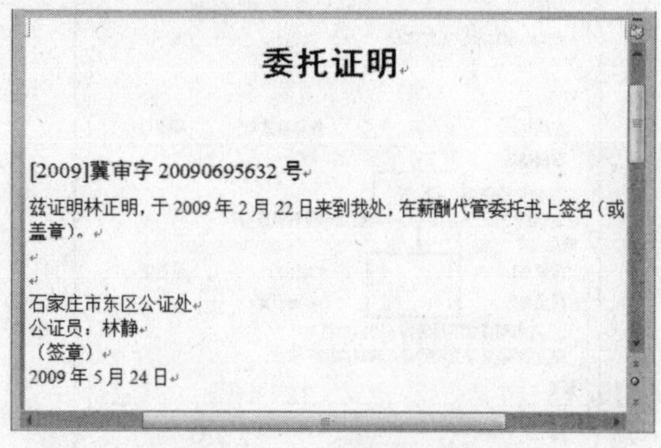

图 7-116 设置字符效果

⑫ 将光标定位到第一段文本的任意位置，单击“段落”组中的“居中”按钮，居中对齐文本，如图 7-117 所示。

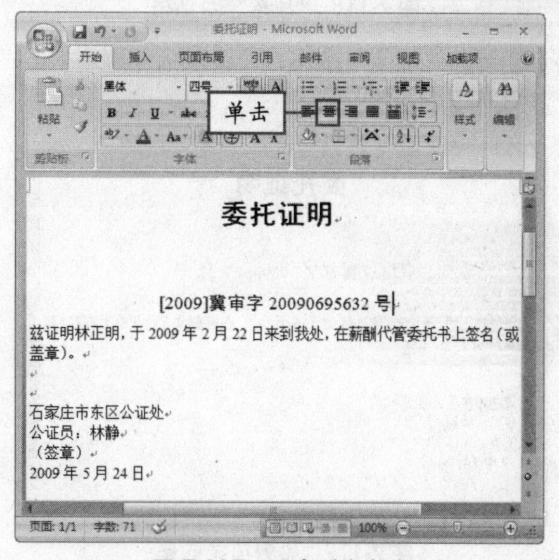

图 7-117 居中对齐文本

⑬ 打开“段落”对话框，在“间距”选项区域中的“段前”和“段后”数值框中均输入 1，如图 7-118 所示。

一般较正规的文档中的西文文本字体均设置为 Times New Roman。 说明

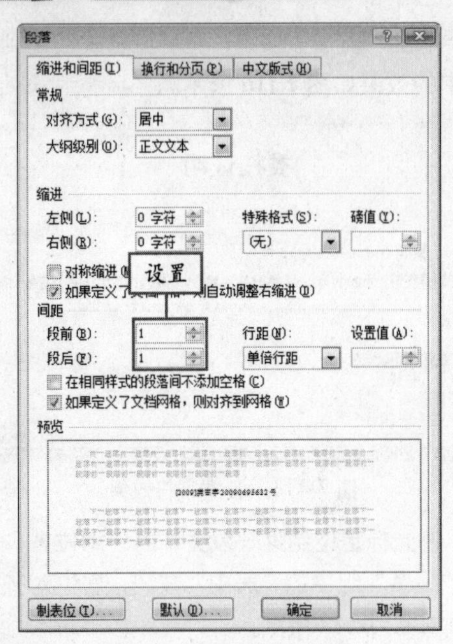

图 7-118 “段落”对话框

⑭ 单击“确定”按钮，设置段落间距后的效果如图 7-119 所示。

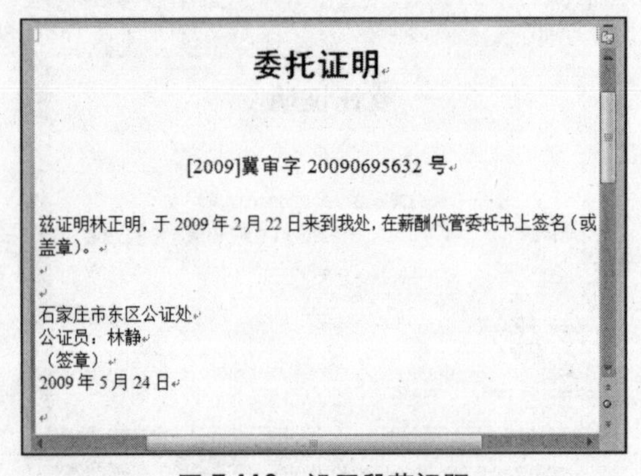
委托证明

[2009]冀审字 20090695632 号

兹证明林正明，于 2009 年 2 月 22 日来到我处，在薪酬代管委托书上签名（或盖章）。

石家庄市东区公证处
公证员：林静
（签章）
2009 年 5 月 24 日

图 7-119 设置段落间距

⑮ 选中正文部分，在“字体”组中设置其“字号”为“四号”，如图 7-120 所示。

⑯ 将光标定位到正文文本中，右击鼠标，在弹出的快捷菜单中选择“段落”命令，在弹出的“段落”对话框“缩进”选项区域中设置“特殊格式”为“首行缩进”，如图 7-121 所示。

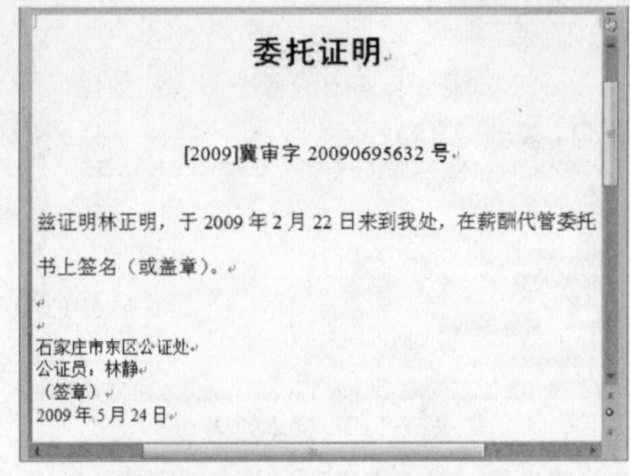
委托证明

[2009]冀审字 20090695632 号

兹证明林正明，于 2009 年 2 月 22 日来到我处，在薪酬代管委托书上签名（或盖章）。

石家庄市东区公证处
公证员：林静
（签章）
2009 年 5 月 24 日

图 7-120 设置正文字号

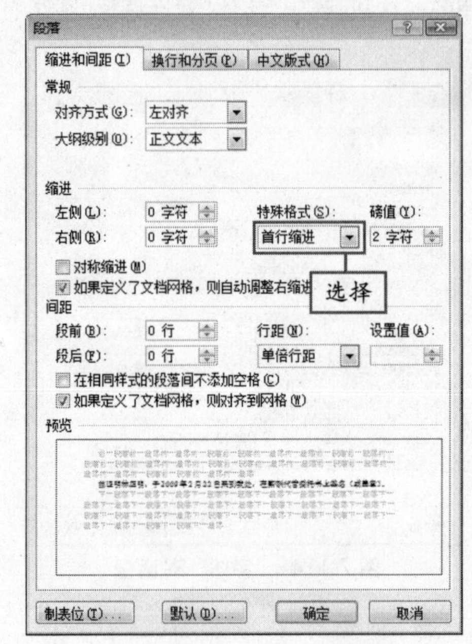

图 7-121 “段落”对话框

⑰ 单击“确定”按钮，缩进后的文档效果如图 7-122 所示。

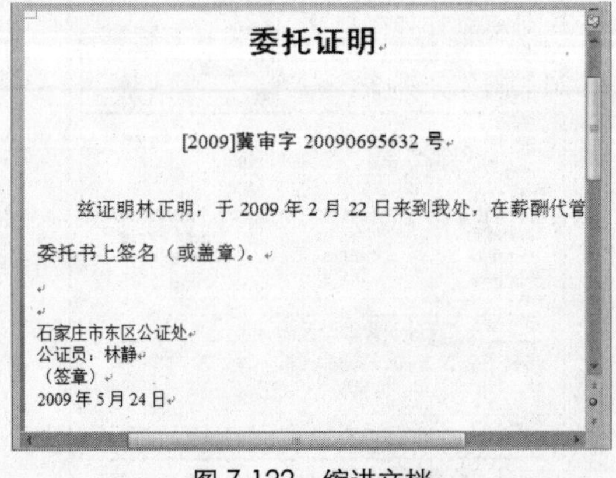
委托证明

[2009]冀审字 20090695632 号

兹证明林正明，于 2009 年 2 月 22 日来到我处，在薪酬代管委托书上签名（或盖章）。

石家庄市东区公证处
公证员：林静
（签章）
2009 年 5 月 24 日

图 7-122 缩进文档

技巧 在文档中按【Shift+F5】组合键，可以快速返回到文档的上次编辑点。

⑱ 选中落款文本，单击“段落”组中的“行距”下拉按钮，在弹出的下拉面板中选择 1.5 命令，如图 7-123 所示。

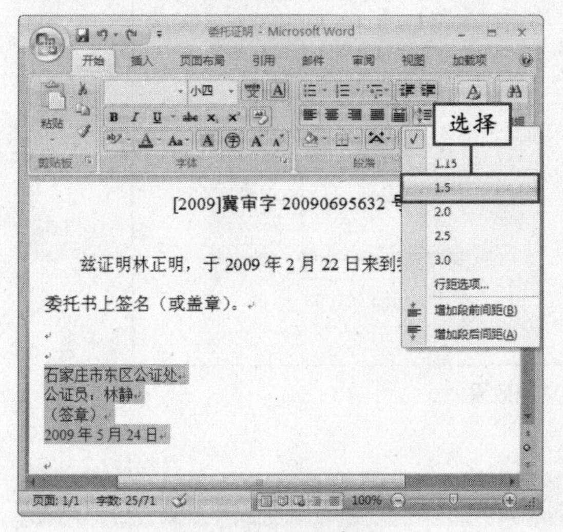

图 7-123 设置行距

⑲ 单击“文本右对齐”按钮，将落款文本右对齐，效果如图 7-124 所示。

⑳ 适当调整落款文本位置，得到最终效果，如图 7-125 所示。

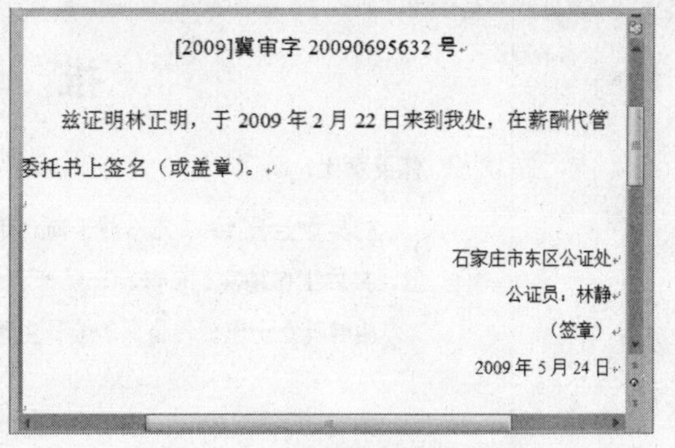

图 7-124 将落款文本右对齐

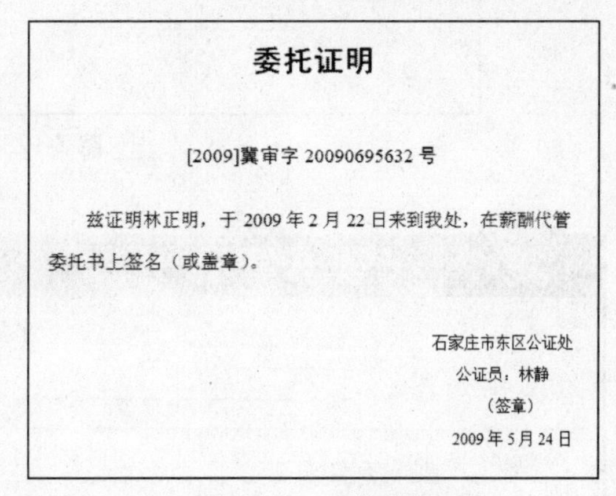

图 7-125 最终效果

巩固与练习

一、填空题

1．Word 2007 的工作界面由 Office 按钮、________________、标题栏、__________、文档编辑区、状态栏和视图栏组成。

2．按__________组合键，可弹出“查找和替换”对话框。

3．段落的对齐方式共有 5 种，分别为文本左对齐、居中对齐、文本右对齐、__________和__________。

二、简答题

1．怎样设置字符的边框和底纹？

2．怎样在文档中插入编号和项目符号？

三、上机题

1．上机熟悉 Word 2007 的工作界面。

2．上机练习字体和段落格式的设置操作，制作出图 7-126 所示的文档。

若文档中有落款文本，其格式大多为右对齐。 说明

推　荐　信

韩英女士：

韩英女士于 1998 年毕业于河北商学院会计专业。具有近十年的会计从业经验，并且工作踏实、负责。

由韩英女士出任贵公司的会计主管，我深信她是可以胜任的，顺颂近安。

天翔集团会计主管：梁绍明

2009 年 5 月 25 日

图 7-126　文档效果

读书笔记

说明　在文档中要设置的元素上右击，在弹出的快捷菜单中包含了大部分相关命令。

第8章 Word 2007 图文混排

- 添加文本框
- 设置艺术字
- 插入剪贴画和图片
- 添加 SmartArt 图形
- 插入表格

yoyo，你知道怎样在文档中添加图片吗？

当然了，你可以使用 Word 2007 提供的插入功能在文档中插入各种对象。

没错。使用 Word 2007 提供的插入功能，可以在文档中插入文本框、艺术字、图形和表格等，并且可以根据自己的需要进行修改和编辑。在文档中插入各种对象，不仅可以起到美化文档的作用，还可以使文档的表意更准确、精练。

8.1 添加文本框

文本框是一种图形对象，作为存放文本或图形的容器，它可以放置在页面的任何位置，并可随意调整其大小。

8.1.1 插入文本框

Word 2007 提供了多种类型的内置文本框样式，单击“插入”选项卡“文本”组中的“文本框”下拉按钮，在弹出的下拉面板中可选择所需的格式，如图 8-1 所示。

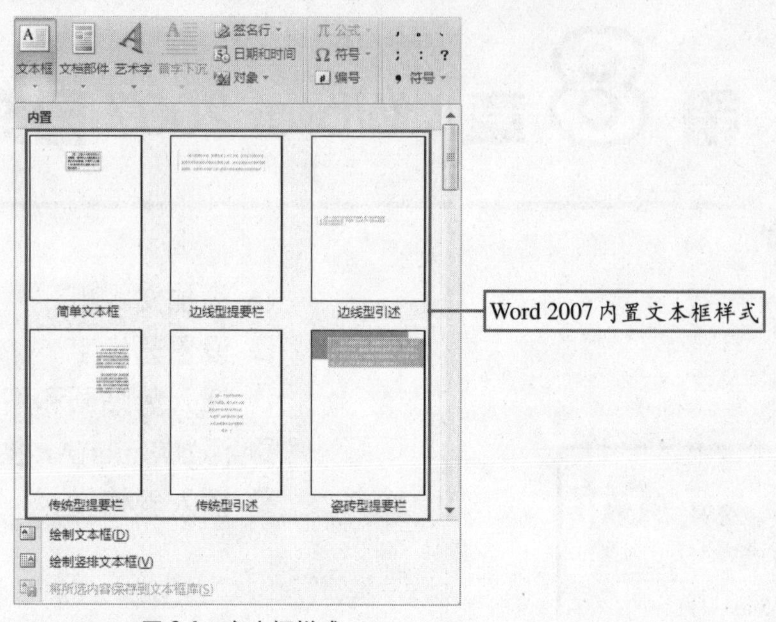

图 8-1 文本框样式

用户也可以手绘文本框，根据文本框中文本的排列方向，可将文本框分为横排和竖排两种。下面以绘制竖排文本框为例进行介绍。

① 启动 Word 2007，打开名为“办公室管理规定”的素材文档，如图 8-2 所示。

办公室管理规定

为完善公司的行政管理机制，建立规范化的行政管理制度，提高行政管理水平和工作效率，使公司各项行政工作有章可循、照章办事，特制订本制度。

（一）文件收发规定

1. 公司的各种会议、汇报文件由办公室拟稿，文件形成后，由总经理签发；业务文件由有关部门拟稿，分管经理或工程师审核、签发。

2. 已签发的文件由核稿人登记，并按不同类别编号后，按文印规定处理。

3. 文件由办公室负责报送。送件人应把文件内容、报送日期、部门、接件人等事项登记清楚，并报告报送结果。

4. 经签发的文件原稿送办公室存档。

5. 外来的文件由办公室职员负责签收，并于接件当日填写阅办单，按领导批示的要求送达有关部门，做好文件阅办工作；属急件的，应在接件后立即报送。

（二）文印管理规定

1 所有文印人员应遵守公司的保密规定，不得泄露工作中接触的公司保密事项。

图 8-2 打开文档

② 单击“插入”选项卡下“文本”组中的“文本框”下拉按钮，在弹出的下拉面板中选择“绘制竖排文本框”命令，如图 8-3 所示。

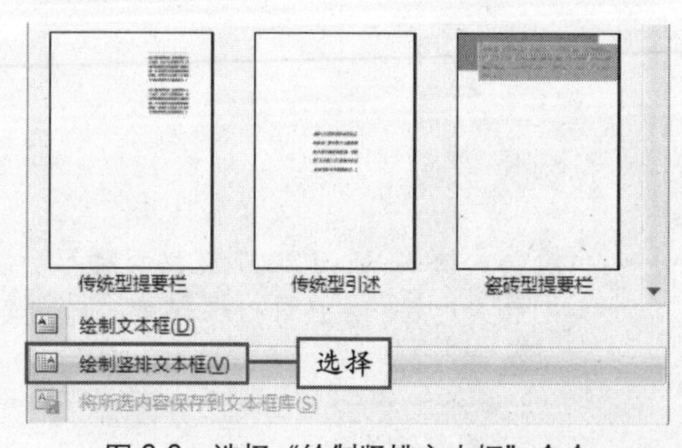

图 8-3 选择“绘制竖排文本框”命令

说明 文本框是一种特殊的形状，Word 中的所有形状都可以转化为文本框。

③ 当鼠标指针呈十字形状时，在文档要插入文本框处，按住鼠标左键并向右下角拖动鼠标，绘制文本框，如图 8-4 所示。

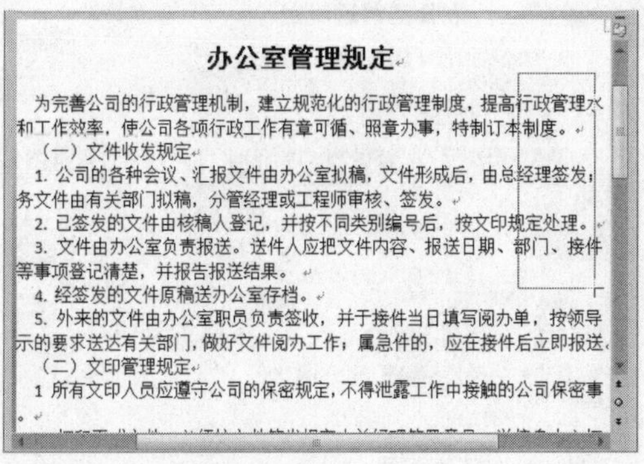

图 8-4　绘制文本框

④ 在文本框内部单击，定位光标，输入文本“办公室管理规定”，并设置“字体”为“隶书”、“字号”为“一号”，单击“加粗”按钮，效果如图 8-5 所示。

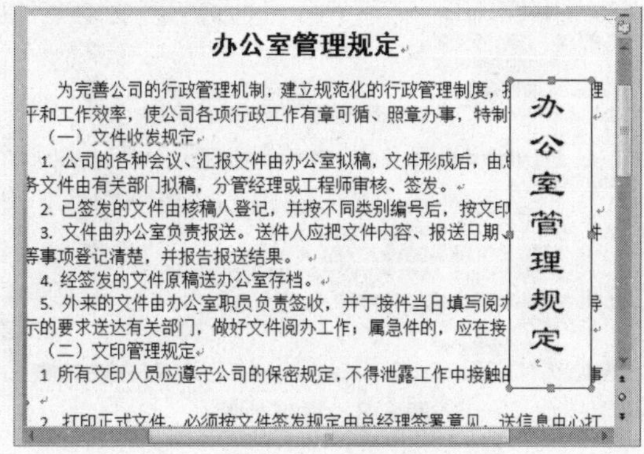

图 8-5　输入文本

知识点拨

在文本框中除了可以添加文本外，还可以添加图形和图片等其他对象。

8.1.2　编辑文本框

在文档中插入文本框后，将激活“格式”选项卡，使用它可以对文本框进行相应的设置。下面将介绍编辑文本框的具体操作方法。

① 选中插入的文本框，单击“格式”选项卡下“文本框样式”组中的▾按钮，在弹出的下拉面板中选择第 6 行第 3 个选项，如图 8-6 所示。

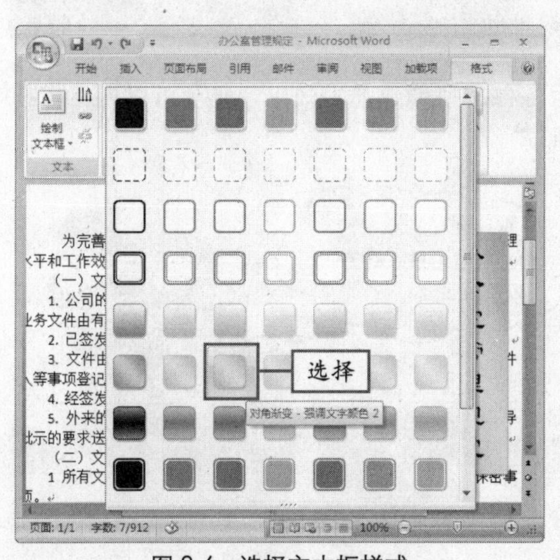

图 8-6　选择文本框样式

② 单击“排列”组中的“文字环绕”下拉按钮，在弹出的下拉菜单中单击“四周型环绕”命令，如图 8-7 所示。

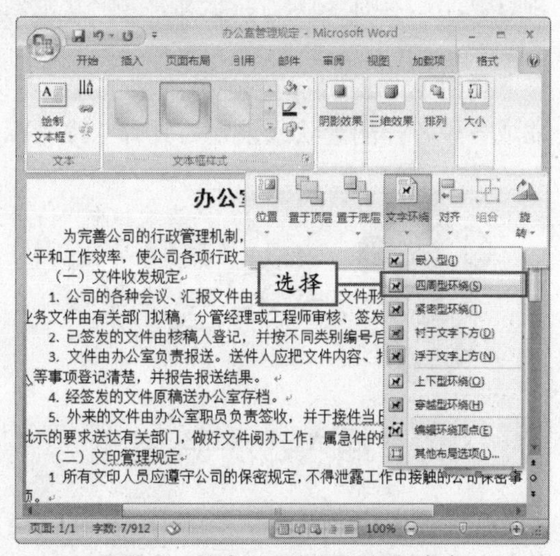

图 8-7　单击“四周型环绕”命令

若插入的是横排文本框，其编辑方法与在文档中编辑文本是一样的。 **说明**

③ 返回到文档编辑区，此时的文本框效果如图 8-8 所示。

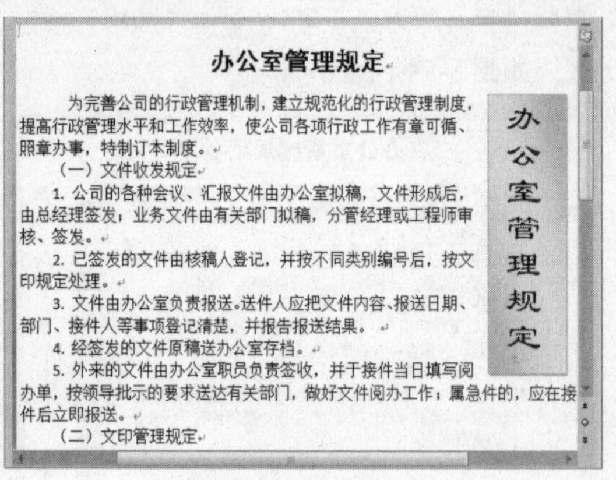

办公室管理规定

为完善公司的行政管理机制，建立规范化的行政管理制度，提高行政管理水平和工作效率，使公司各项行政工作有章可循、照章办事，特制订本制度。

（一）文件收发规定

1. 公司的各种会议、汇报文件由办公室拟稿，文件形成后，由总经理签发；业务文件由有关部门拟稿，分管经理或工程师审核、签发。

2. 已签发的文件由核稿人登记，并按不同类别编号后，按文印规定处理。

3. 文件由办公室负责报送。送件人应把文件内容、报送日期、部门、接件人等事项登记清楚，并报告报送结果。

4. 经签发的文件原稿送办公室存档。

5. 外来的文件由办公室职员负责签收，并于接件当日填写阅办单，按领导批示的要求送达有关部门，做好文件阅办工作；属急件的，应在接件后立即报送。

（二）文印管理规定

办公室管理规定

图 8-8　排列效果

④ 单击“三维效果”组中的“三维效果”下拉按钮，在弹出的下拉面板中选择如图 8-9 所示的选项。

⑤ 返回到文档编辑区，此时的文档效果如图 8-10 所示。

知识点拨

单击“格式”选项卡“文本框样式”组右下角的 按钮，在弹出的“设置自选图形格式”对话框中单击“文本框”选项卡，可从中设置内部边距和对齐方式等。

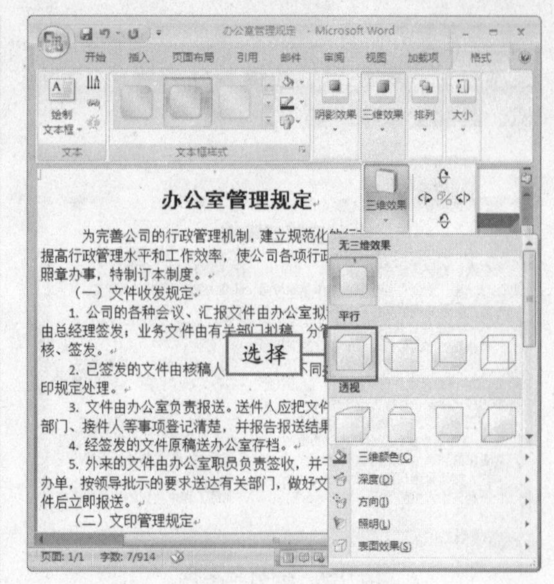

图 8-9　添加三维效果

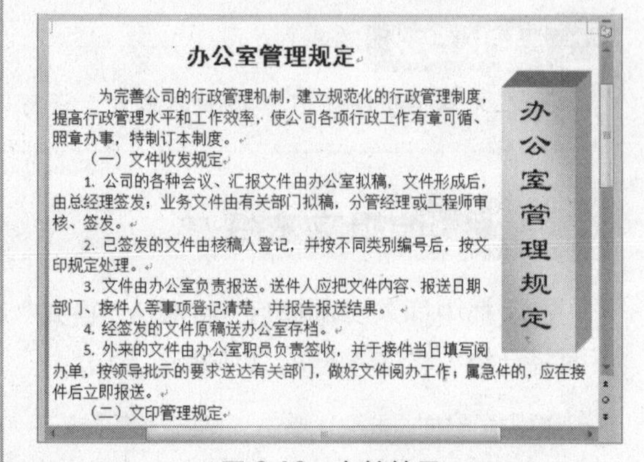

办公室管理规定

为完善公司的行政管理机制，建立规范化的行政管理制度，提高行政管理水平和工作效率，使公司各项行政工作有章可循、照章办事，特制订本制度。

（一）文件收发规定

1. 公司的各种会议、汇报文件由办公室拟稿，文件形成后，由总经理签发；业务文件由有关部门拟稿，分管经理或工程师审核、签发。

2. 已签发的文件由核稿人登记，并按不同类别编号后，按文印规定处理。

3. 文件由办公室负责报送。送件人应把文件内容、报送日期、部门、接件人等事项登记清楚，并报告报送结果。

4. 经签发的文件原稿送办公室存档。

5. 外来的文件由办公室职员负责签收，并于接件当日填写阅办单，按领导批示的要求送达有关部门，做好文件阅办工作；属急件的，应在接件后立即报送。

（二）文印管理规定

办公室管理规定

图 8-10　文档效果

8.2　设置艺术字

使用 Word 提供的创建艺术字工具，可以为各种文字创建艺术效果，甚至可以把文本扭曲成各种各样的形状或设置为具有三维轮廓的形式。

8.2.1　插入艺术字

在文档中插入艺术字不仅可以美化文档，使文档内容更加丰富生动，还能达到突出文本的目的，下面介绍插入艺术字的操作方法。

说明　用户可根据自己的需求自行设置颜色等效果。

① 打开名为“邀请书”的素材文件，并选中标题文本“邀请书”，如图 8-11 所示。

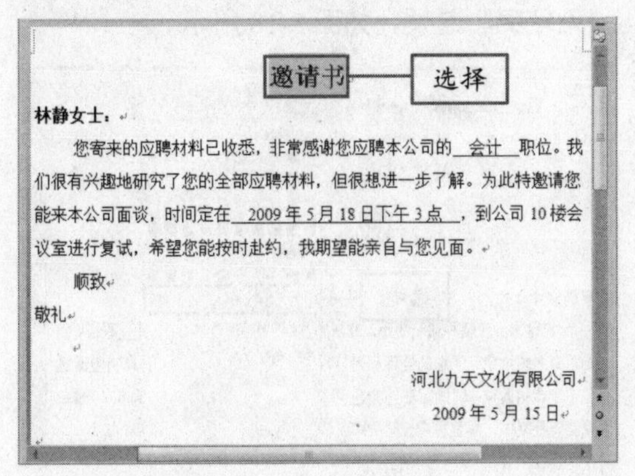

图 8-11　选中标题文本

② 单击“插入”选项卡“文本”组中的“艺术字”下拉按钮，弹出下拉面板，选择“艺术字样式 4”选项，如图 8-12 所示。

图 8-12　选择艺术字样式

③ 弹出“编辑艺术字文字”对话框，在该对话框中设置艺术字的“字体”为“隶书”，如图 8-13 所示。

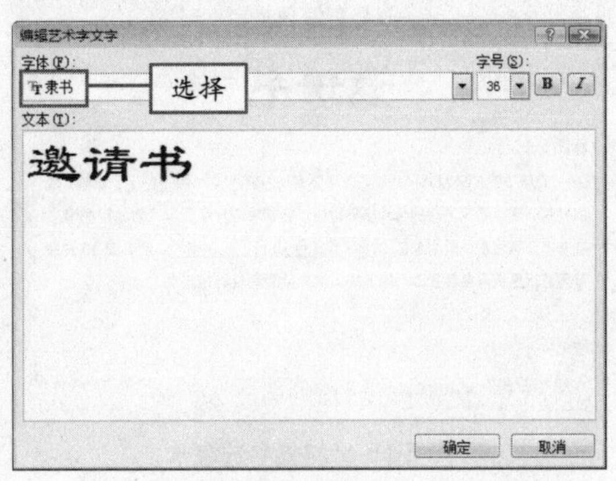

图 8-13　“编辑艺术字文字”对话框

④ 单击“确定”按钮，插入艺术字，效果如图 8-14 所示。

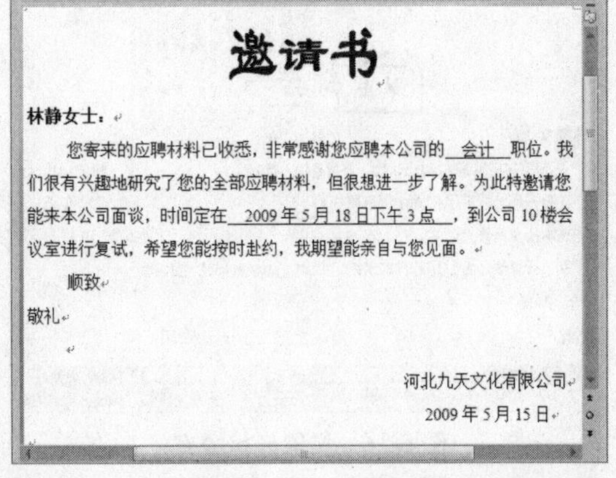

图 8-14　插入艺术字

教你一招

在插入艺术字之前进行文本选择的目的是将选择的文本替换到插入后的艺术字，若不进行选择，也可以在“编辑艺术字文字”对话框中自行输入文本内容。

8.2.2　编辑艺术字

在文档中插入艺术字后，还可以对艺术字进行编辑，比如更改艺术字的样式、添加阴影效果、添加三维效果、设置艺术字的排列以及大小等。

① 选中插入的艺术字，将激活“格式”选项卡，如图 8-15 所示。

② 在“艺术字样式”组中单击“形状填充”按钮右侧的下拉按钮，在弹出的调色板中单击“红色”色块，如图 8-16 所示。

在选择艺术字样式时，文档中选中的文本会自动显示预览效果。　**说明**

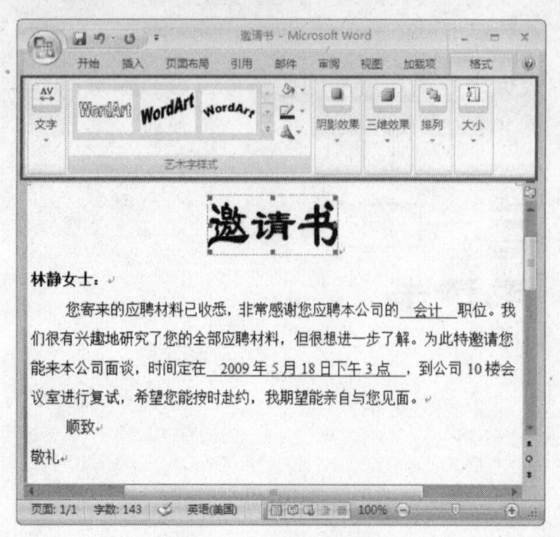

图 8-15 “格式”选项卡

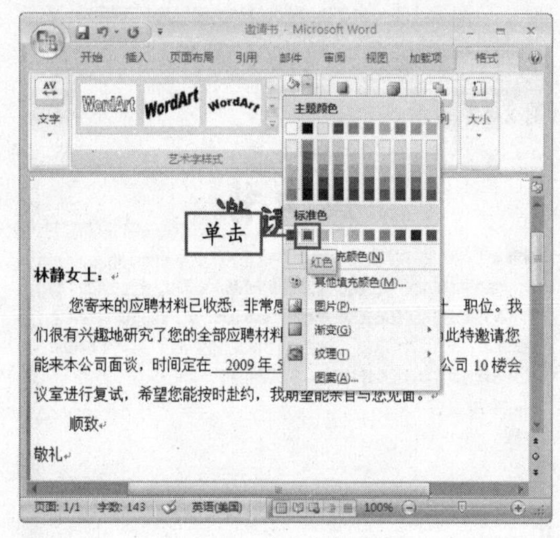

图 8-16 设置形状填充

③ 此时，艺术字的颜色已经变为红色，效果如图 8-17 所示。

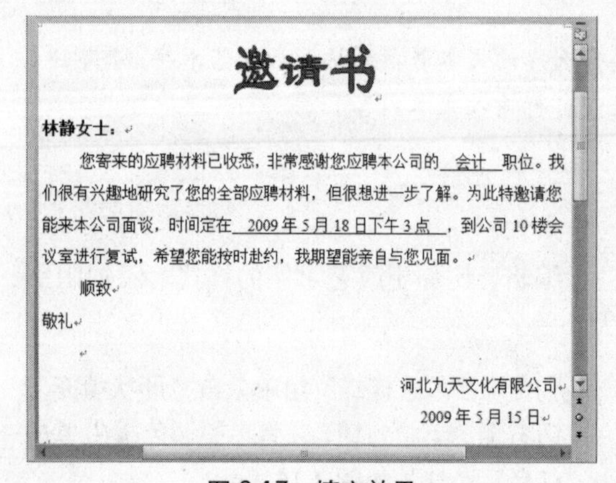

图 8-17 填充效果

④ 在“艺术字样式”组中单击“形状轮廓”按钮右侧的下拉按钮，在弹出的调色板中选择“无轮廓”选项，如图 8-18 所示。

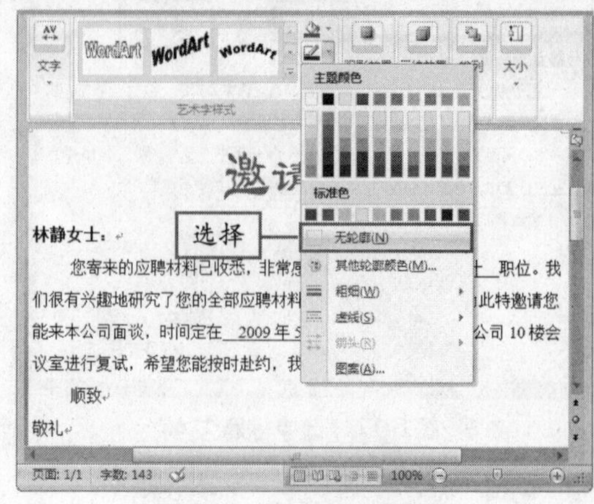

图 8-18 设置艺术字轮廓

⑤ 此时，文档中的艺术字效果如图 8-19 所示。

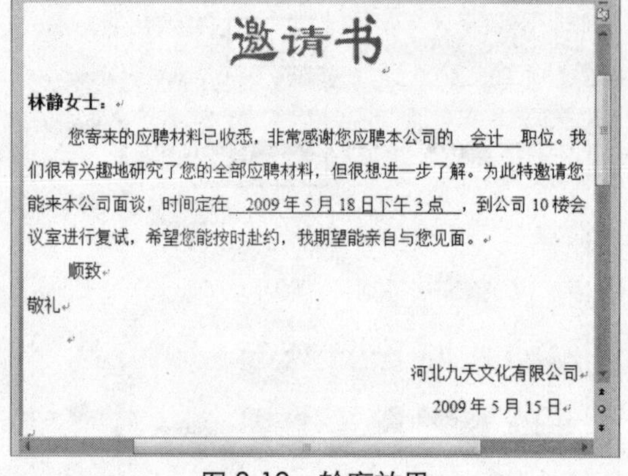

图 8-19 轮廓效果

⑥ 在“艺术字样式”组中单击“更改艺术字形状”按钮，在弹出的下拉面板中选择“两端近”选项，如图 8-20 所示。

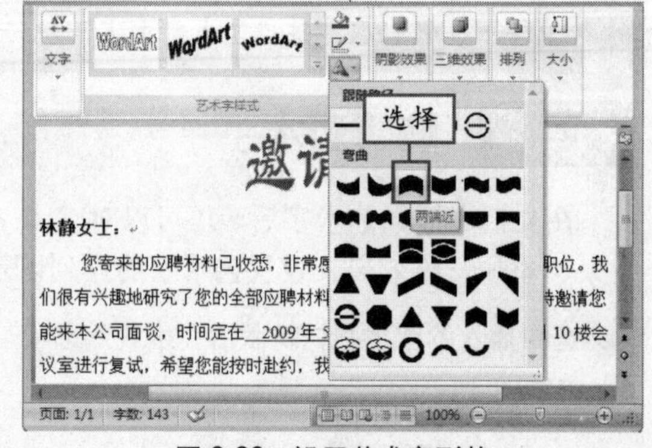

图 8-20 设置艺术字形状

说明 在激活的“格式”选项卡中，可以设置艺术字的样式、阴影和三维效果等。

⑦ 设置完形状后的艺术字效果如图 8-21 所示。

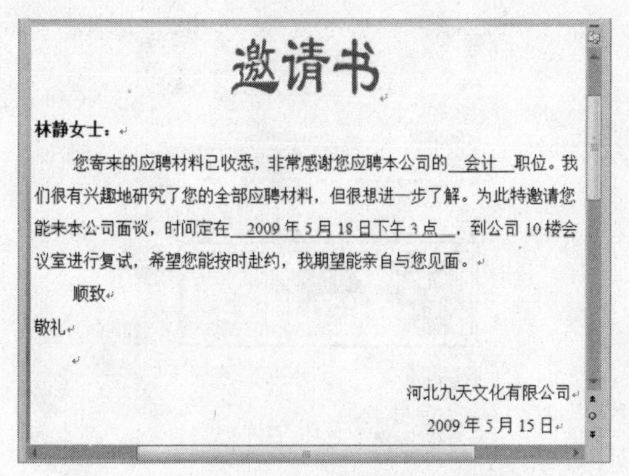

图 8-21　设置艺术字形状后的效果

⑧ 单击“阴影效果”组中的“阴影效果”下拉按钮，在弹出的下拉菜单中选择“投影”栏中的“阴影样式 2”选项，如图 8-22 所示。

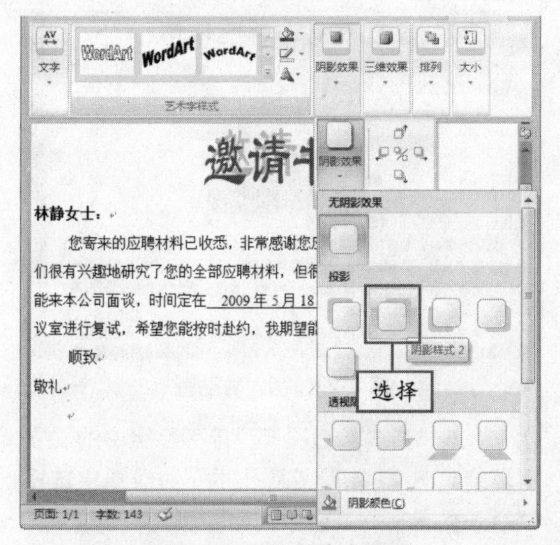

图 8-22　设置艺术字阴影

⑨ 连续单击“阴影效果”组中的“略向右移”按钮若干次，适当调整阴影位置，如图 8-23 所示。

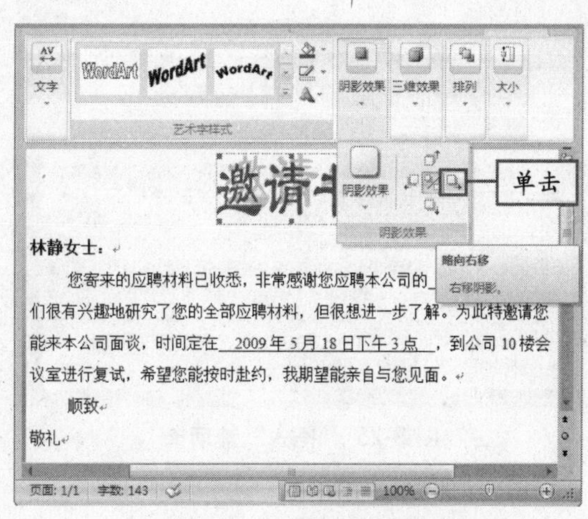

图 8-23　调整阴影位置

⑩ 在“大小”组设置“宽度”和“高度”分别为 1.8 厘米和 5 厘米，得到的艺术字效果如图 8-24 所示。

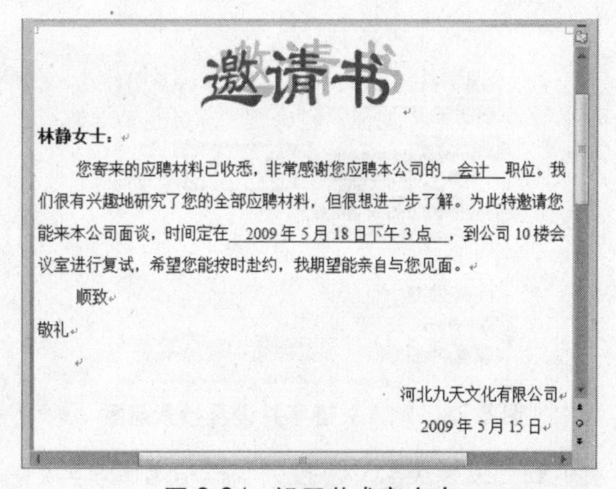

图 8-24　设置艺术字大小

8.3　插入剪贴画和图片

在文档中添加一些图片，可以使文档更加生动形象。插入到 Word 中的图片可以选自剪贴画库，也可以直接从扫描仪或数码相机中获得，或从本地磁盘、网络驱动器以及 Internet 上获取。

8.3.1　插入剪贴画

Word 2007 提供了丰富的剪贴画库，用户不仅可以使用软件内置剪贴画，还可以使用网络上提供的剪贴画资源。下面将详细介绍插入和编辑剪贴画的具体操作方法。

说明　在海报、公司宣传册和产品说明书等文档中插入图片，会使文档更生动。

① 打开名为“创新 V90 优盘大促销”的素材文件，将光标插入到需要添加剪贴画的位置，并单击“插入”选项卡，如图 8-25 所示。

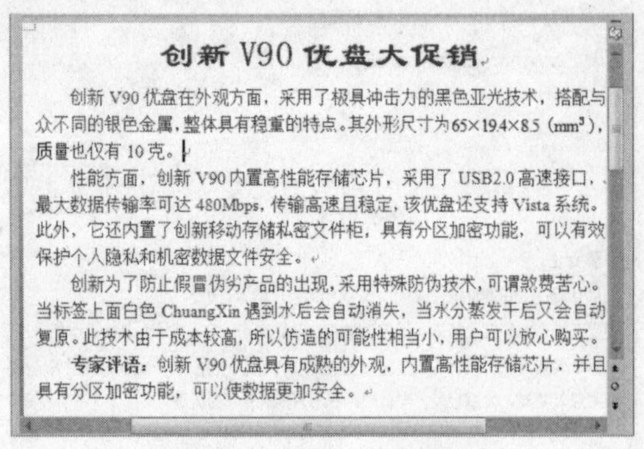

图 8-25 “插入”选项卡

② 单击“插图”组中的“剪贴画”按钮，弹出“剪贴画”任务窗格，在“搜索文字”文本框中输入关键字“科技”，并在“搜索范围”下拉列表框中选中“所有收藏集位置”复选框，如图 8-26 所示。

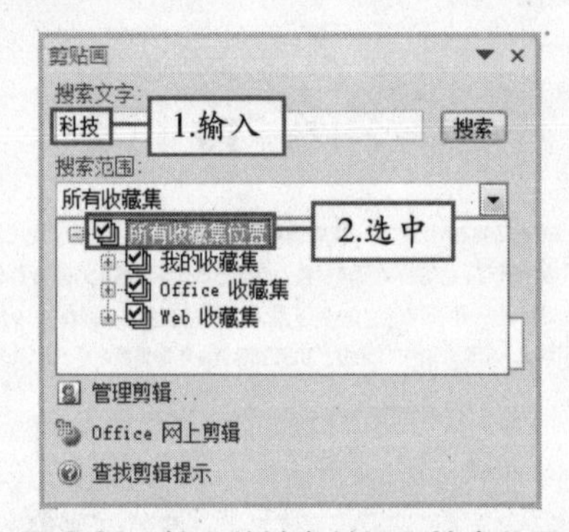

图 8-26 输入关键字并设置搜索范围

③ 在“结果类型”下拉列表框中选中“剪贴画”复选框，如图 8-27 所示。

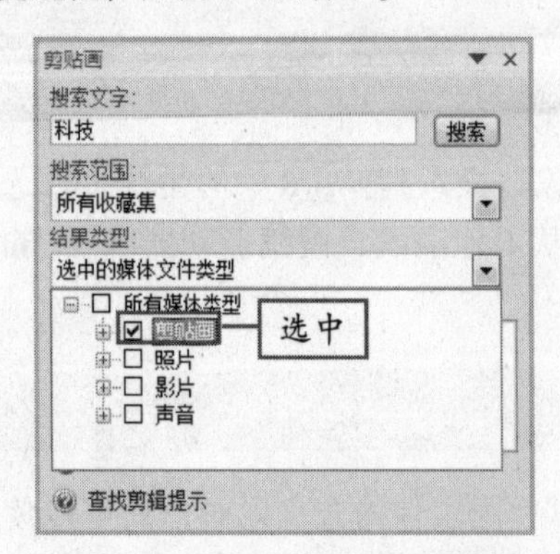

图 8-27 选中“剪贴画”复选框

④ 单击“搜索”按钮，即可在剪贴画列表中显示所有搜索到的剪贴画，如图 8-28 所示。

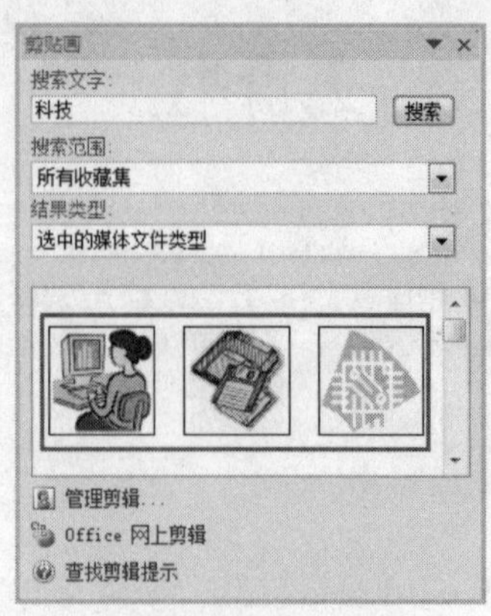

图 8-28 显示剪贴画

⑤ 在搜索到的剪贴画列表中单击需要的剪贴画，即可将其插入到文档中，如图 8-29 所示。此时“格式”选项卡也将被激活。

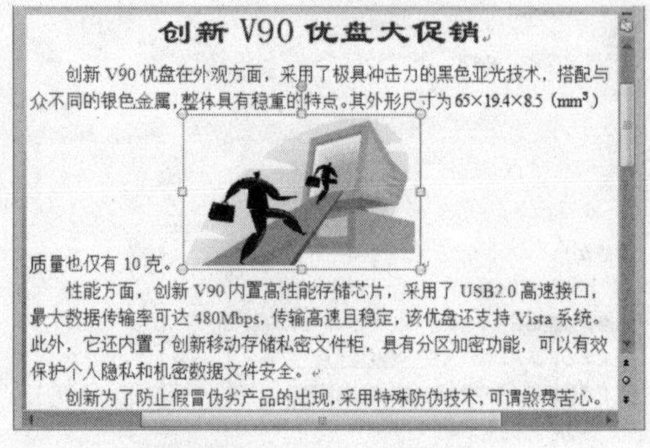

图 8-29 插入剪贴画

⑥ 单击“格式”选项卡“排列”组中的“文字环绕”下拉按钮，在弹出的下拉菜单中选择“衬于文字下方”命令，如图 8-30 所示。

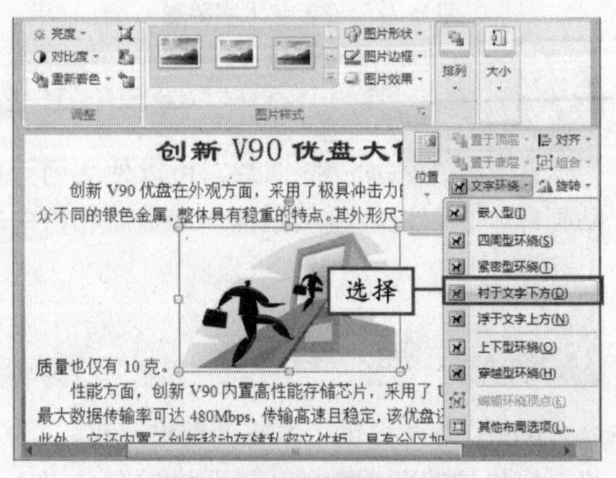

图 8-30 设置剪贴画格式

 说明 在“剪贴画”任务窗格中直接单击“搜索”按钮，可搜索到电脑剪辑库中所有剪贴画。

⑦ 此时，剪贴画排列在文字的下方，适当调整其大小，效果如图 8-31 所示。

图 8-31　调整剪贴画大小

⑧ 选中剪贴画，单击“格式”选项卡“调整”组中的“重新着色”下拉按钮，在弹出的下拉面板中选择“背景颜色 2 浅色”选项，如图 8-32 所示。

⑨ 调整文档文本颜色为黑色，得到最终效果，如图 8-33 所示。

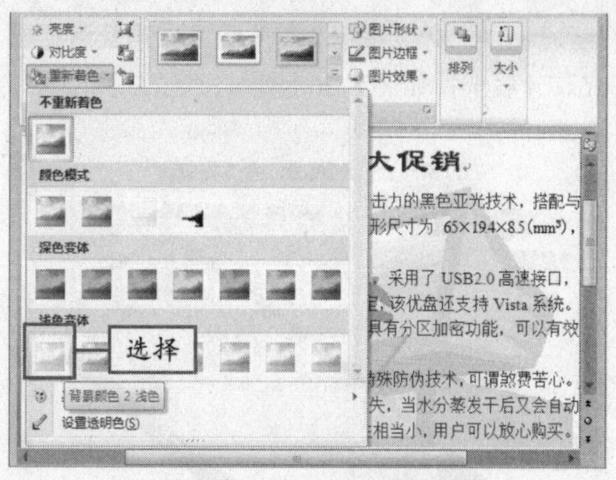

图 8-32　重新着色剪贴画

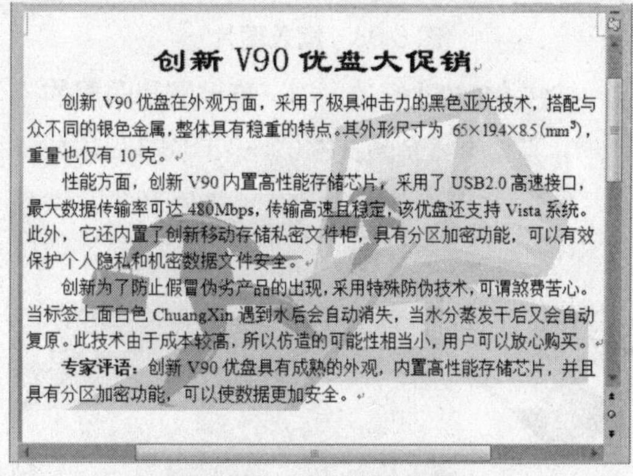

图 8-33　重新着色效果

8.3.2 插入图片

虽然剪辑库中有丰富多彩的剪贴画，但毕竟资源是有限的，如果没有合适的剪贴画，可以在文档中插入自己电脑中已有的图片来制作文档。下面将详细介绍具体操作方法。

① 打开上一节制作好的文档，将光标定位在指定位置，单击“插入”选项卡下“插图”组中的“图片”按钮，如图 8-34 所示。

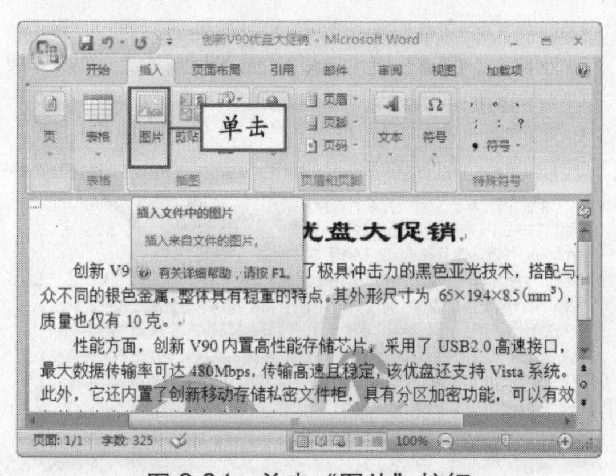

图 8-34　单击“图片”按钮

② 弹出“插入图片”窗口，选择要插入的图片，如图 8-35 所示。

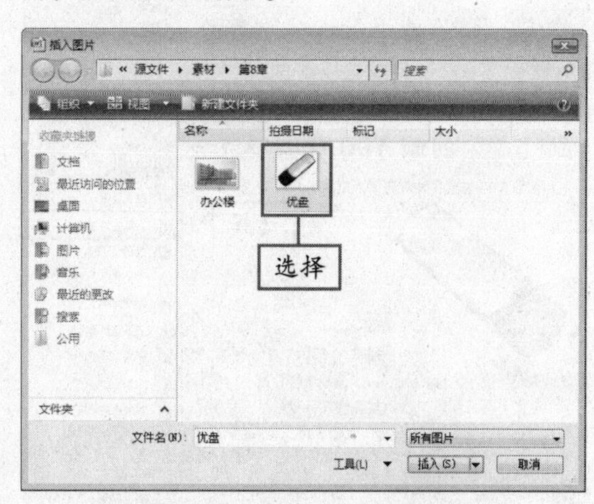

图 8-35　“插入图片”对话框

在搜索到的剪贴画中，若左下角有●图标，则表示该剪贴画为网上资源。　说明

③ 单击“插入”按钮，插入图片，并激活“格式”选项卡，如图 8-36 所示。

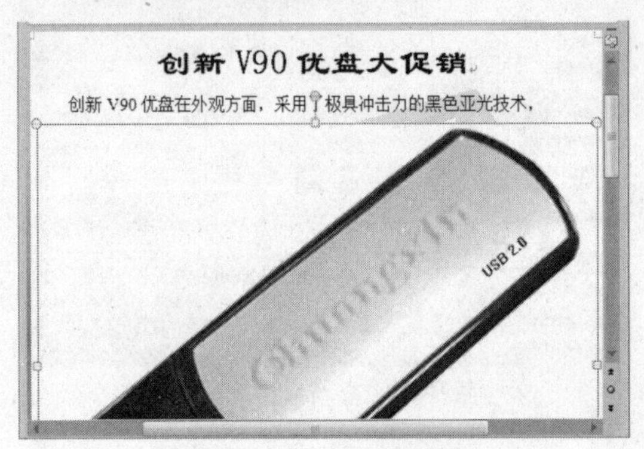

图 8-36　插入图片

④ 按住【Shift】键的同时，拖动图片四周的控制点，等比例调整图片大小，如图 8-37 所示。

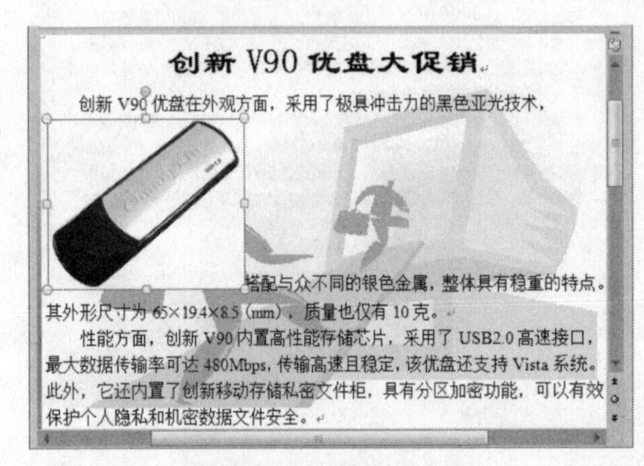

图 8-37　调整图片大小

⑤ 单击“排列”组中的“文字环绕”按钮，在弹出的下拉菜单中选择“四周型环绕”命令，如图 8-38 所示。

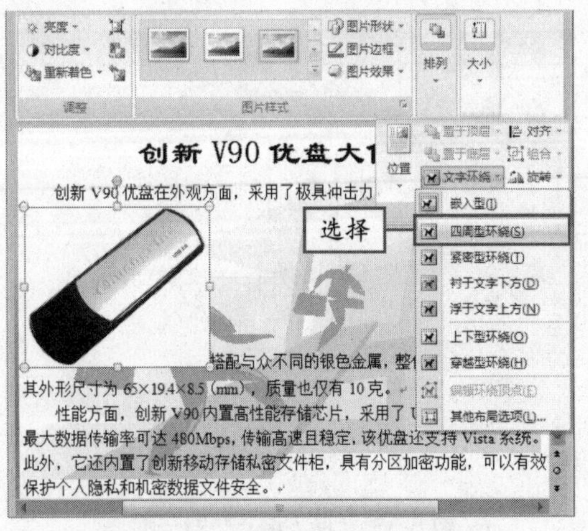

图 8-38　选择“四周型环绕”命令

⑥ 拖动图片，适当调整其位置，得到的效果如图 8-39 所示。

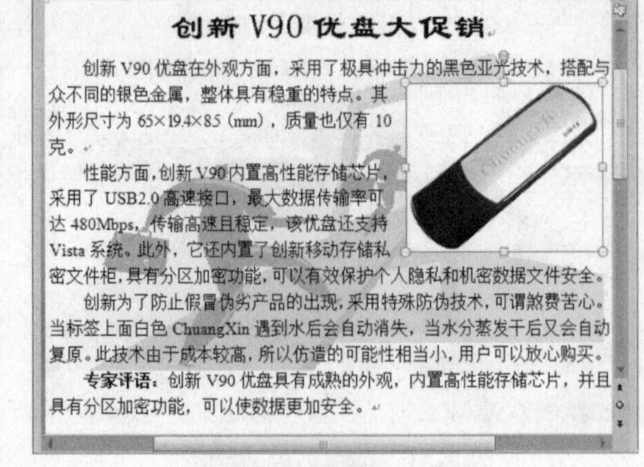

图 8-39　调整图片位置

⑦ 单击“调整”组中的“重新着色”下拉按钮，在弹出的下拉面板中选择“设置透明色”选项，如图 8-40 所示。

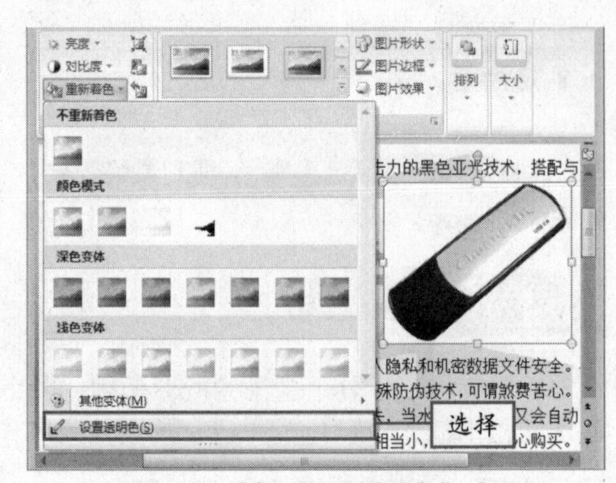

图 8-40　选择“设置透明色”选项

⑧ 当鼠标指针呈🖉形状时，单击图片白色的背景部分，将其设置为透明色，如图 8-41 所示。

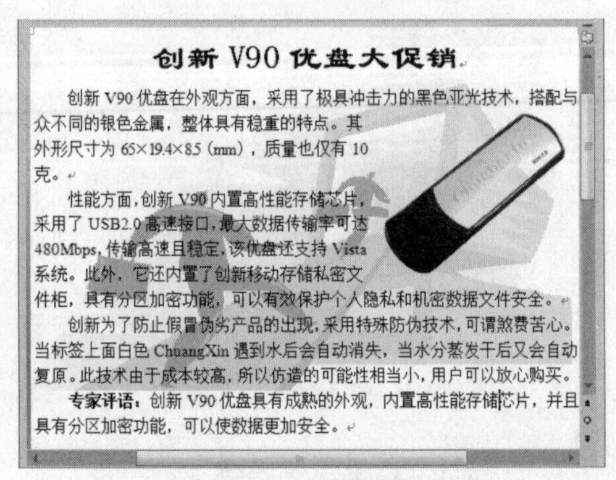

图 8-41　设置透明色

说明　插入到文档中的图片还可以进行旋转、组合等操作。

8.4　添加 SmartArt 图形

SmartArt 图形是信息和观点的视觉表示形式，通过它可以快速、轻松、有效地传达信息。下面介绍 SmartArt 图形的绘制和编辑方法。

① 新建一个空白文档，单击“插入”选项卡“插图”组中的 SmartArt 按钮，如图 8-42 所示。

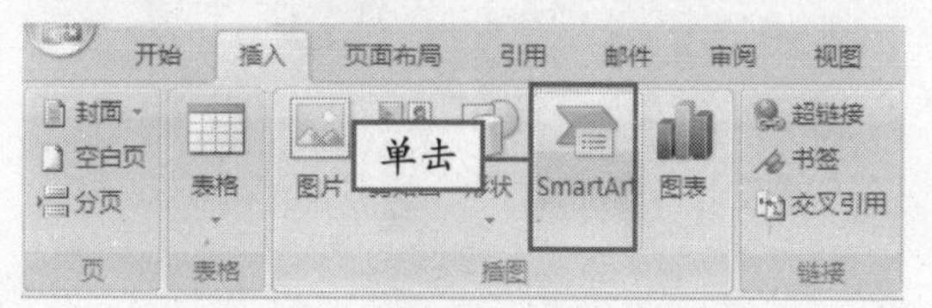

图 8-42　单击 SmartArt 按钮

② 弹出“选择 SmartArt 图形”对话框，在左侧列表中选择“列表”选项，在中间的 SmartArt 图形列表中选择“连续图片列表”选项，如图 8-43 所示。

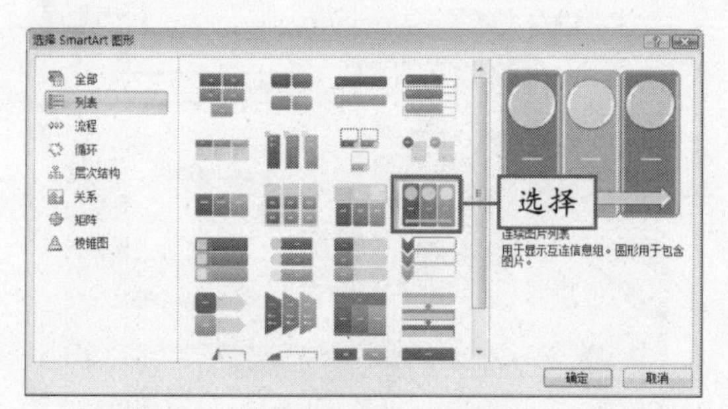

图 8-43　“选择 Smart Art 图形”对话框

③ 单击“确定”按钮，将选中的 SmartArt 图形添加到文档中，如图 8-44 所示。此时将激活“设计”和“格式”两个选项卡。

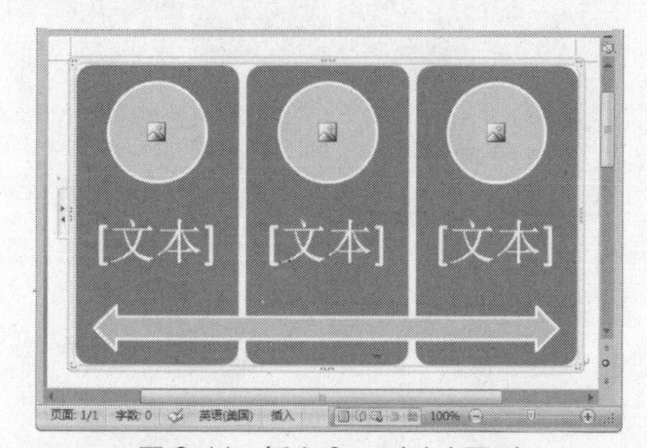

图 8-44　插入 Smart Art 图形

④ 选中刚插入到工作表中的 SmartArt 图形，单击中间结构的“文本”文字，并输入文本，如图 8-45 所示。

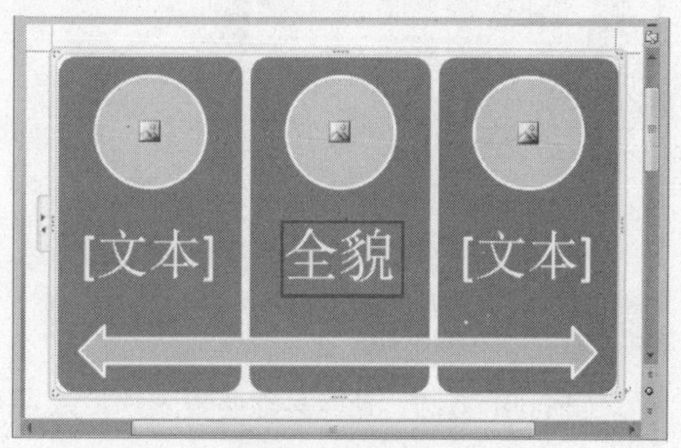

图 8-45　输入文本

⑤ 用相同的方法，输入其他文本，效果如图 8-46 所示。

图 8-46　输入其他文本

⑥ 单击中间结构的图片占位符，弹出“插入图片”对话框，从中选择要插入的素材图片，如图 8-47 所示。

图 8-47　选择素材图片

如果插入的 SmartAr 图形太大，可拖动四角上的控制点进行调整。　说明

⑦ 单击“插入”按钮，将其插入到 SmartArt 图形中，如图 8-48 所示。

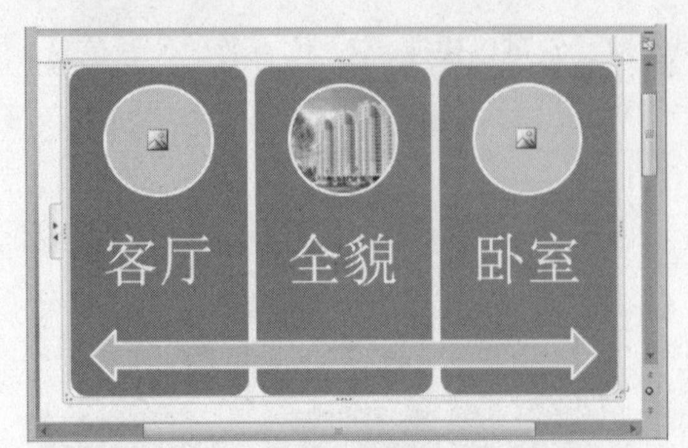

图 8-48　插入图片

⑧ 用相同的方法，插入其他两幅图片，效果如图 8-49 所示。

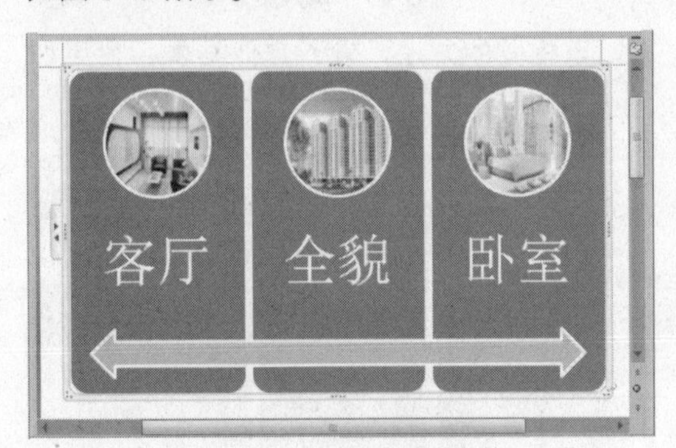

图 8-49　插入其他图片

⑨ 选中整个图形，单击“设计”选项卡“创建图形”组中的“添加形状”下拉按钮，在弹出的下拉菜单中选择“在后面添加形状”命令，如图 8-50 所示。

图 8-50　选择“在后面添加形状”命令

⑩ 此时，在图形最右侧添加了一个新结构，如图 8-51 所示。

图 8-51　添加新结构

⑪ 在刚添加的结构中右击，在弹出的快捷菜单中选择“编辑文本”命令，输入文本，然后插入对应图片，如图 8-52 所示。

图 8-52　输入文本并插入图片

⑫ 单击“设计”选项卡“SmartArtr 样式”组中样式列表右侧的按钮，在弹出下拉面板中选择样式，如图 8-53 所示。

⑬ 将样式应用到图形中，并适当调整图形的大小及位置，效果如图 8-54 所示。

说明　插入 SmartArt 图形后，还可以单独调节图形中某个结构的大小。

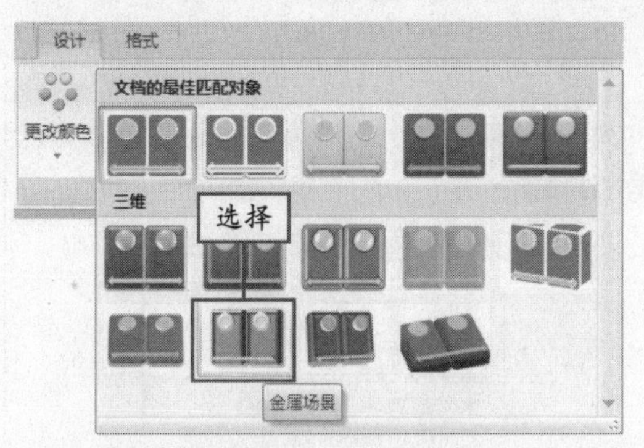

图 8-53　设置 SmartArt 图形样式

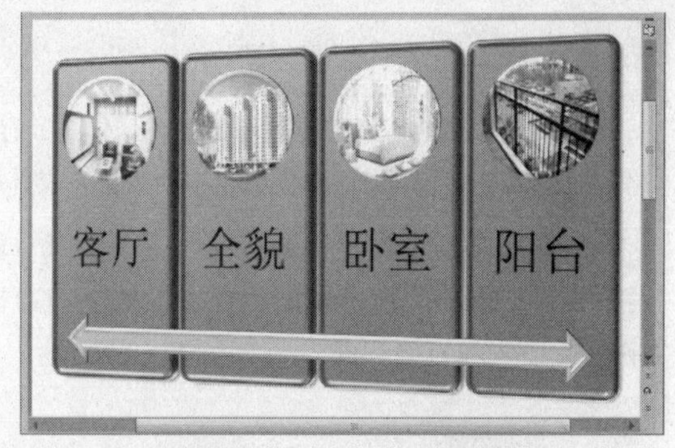

图 8-54　SmartArt 图形效果

8.5　插入表格

在 Word 中，使用表格可以将多列中各种复杂的信息简明扼要地表达出来。虽然 Word 中的表格不如 Excel 专业，但用途也是很大的，比如制作个人简历，使用 Word 比 Excel 更加容易。

8.5.1　创建表格与删除表格

1．创建表格

创建表格最常用的方法有两种，即用网格创建和用对话框创建，下面分别进行介绍。

方法 1：用网格创建

使用网格创建表格是最简单的方法，其具体操作步骤如下：

① 新建一个空白文档，单击“插入”选项卡“表格”组中“表格”下拉按钮，在弹出的下拉面板的网格中移动鼠标，选择 5×4 的网格，如图 8-55 所示。

② 选择好网格后，单击鼠标，确定网格的选择，即可将 4×4 的表格插入到文档中，如图 8-56 所示。

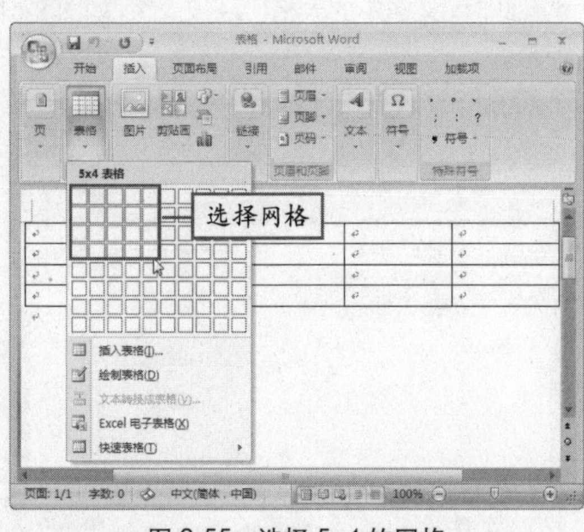

图 8-55　选择 5×4 的网格

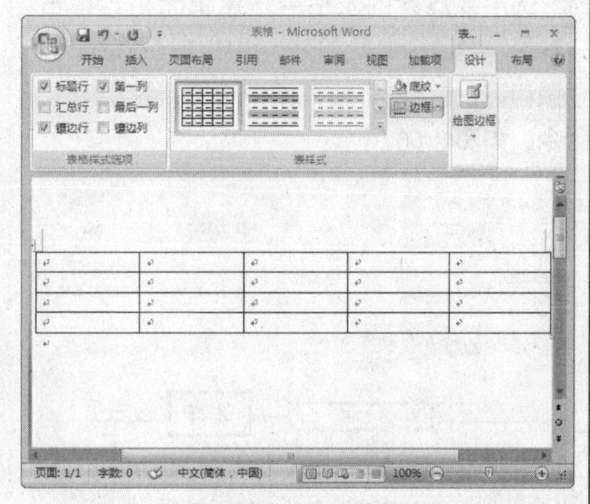

图 8-56　插入表格

说明　使用网格创建的表格，自动以窗口宽度为准调整表格宽度。

方法 2：使用对话框创建

使用网格创建表格的操作虽然简单，但是其行数和列数是有限制的，最多只能创建 8 行 10 列的表格。而使用对话框可以创建更为复杂的表格，具体操作方法如下：

① 新建一个空白文档，单击“插入”选项卡“表格”组中“表格”下拉按钮，在弹出的下拉面板中选择“插入表格”命令，如图 8-57 所示。

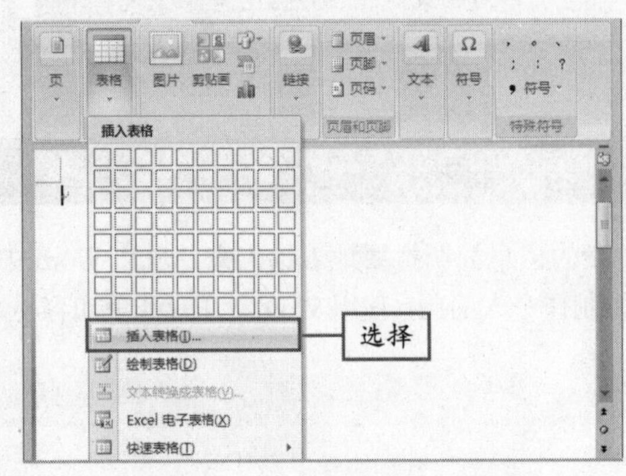

图 8-57　选择“插入表格”命令

图 8-58　插入表格

② 弹出“插入表格”对话框，在“表格尺寸”选项区中设置“列数”为 6、“行数”为 20，如图 8-58 所示。

③ 单击“确定”按钮，将表格插入到文档中，效果如图 8-59 所示。

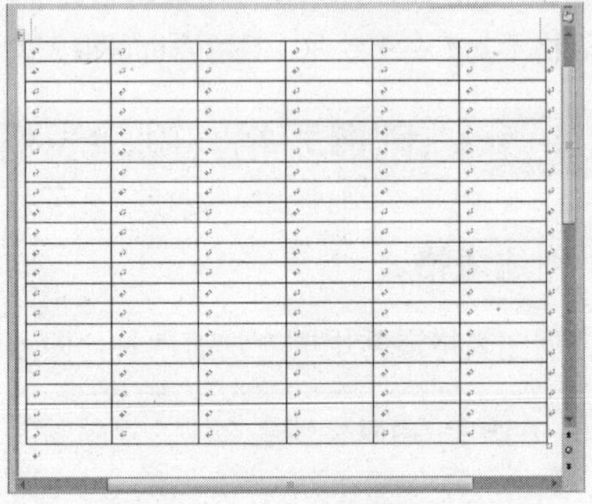

图 8-59　插入表格的效果

2. 删除表格

用户可以删除文档中没用的表格，具体操作方法如下：

① 选中要删除的表格中任意单元格，单击“布局”选项卡“行和列”组中的“删除”下拉按钮，在弹出的下拉菜单中选择“删除表格”命令，如图 8-60 所示。

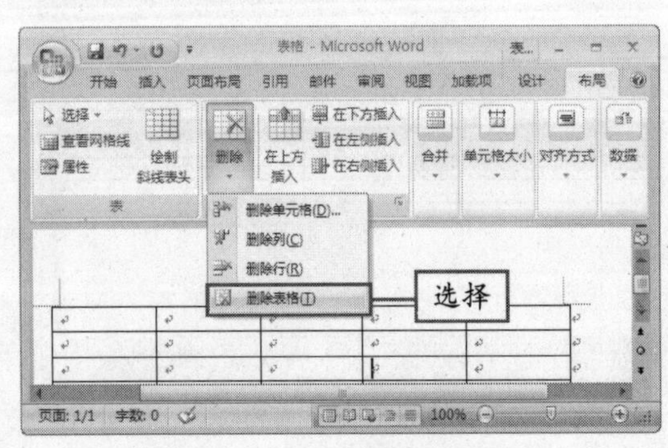

图 8-60　选择“删除表格”命令

② 此时，文档中的表格已经被删除，如图 8-61 所示。

图 8-61　表格已被删除

说明　在“插入表格”对话框中可直接固定表格的列宽。

8.5.2 设置表格的边框和底纹

在为了使表格更加美观，还需要对表格的外观进行详细设置，如添加边框和底纹等。

1. 设置边框

表格边框可以分为整个表格的边框和表格内单元格的边框。用户可对表格边框的颜色、线形、线宽等进行设置，下面将详细介绍其设置的方法。

① 打开一个名为“一周培训安排表”的表格，单击表格右上角的⊞图标，选中表格，单击“设计”选项卡，如图 8-62 所示。

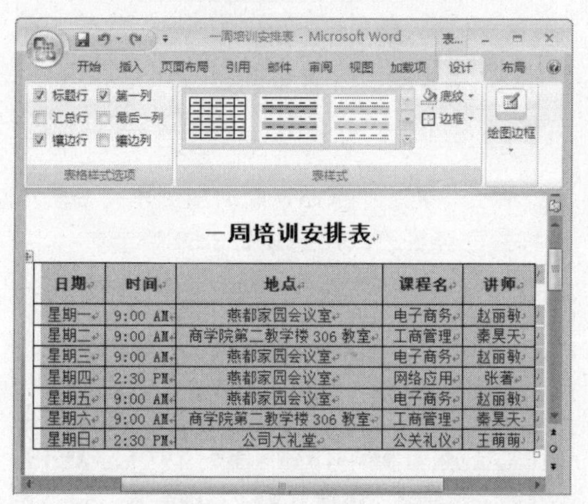

图 8-62 单击“设计”选项卡

② 单击“绘图边框”组中“笔样式”下拉列表框右侧的下拉按钮，在弹出的下拉列表中选择图 8-63 所示的边框样式。

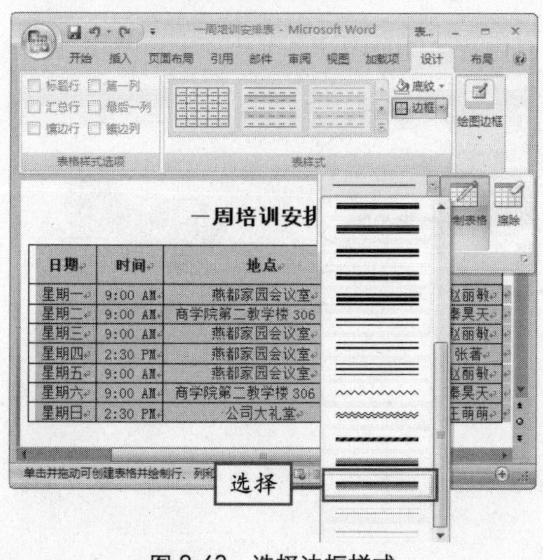

图 8-63 选择边框样式

③ 单击“笔画粗细”下拉列表框右侧的下拉按钮，在弹出的下拉列表中选择“0.75 磅”选项，如图 8-64 所示。

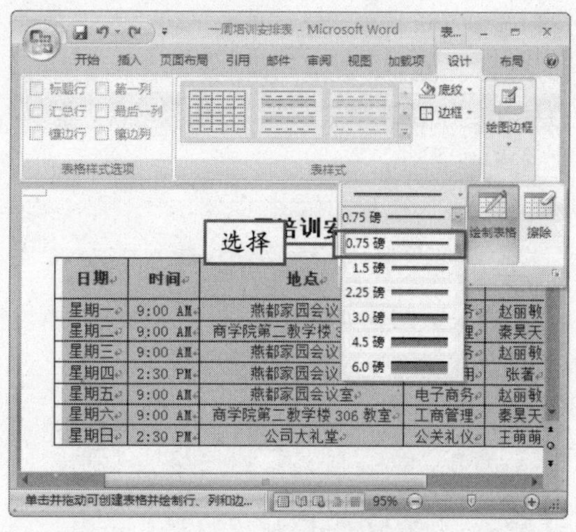

图 8-64 设置边框粗细

④ 单击“表样式”组中“边框”按钮右侧的下拉按钮，在弹出的下拉列表中选择“外侧框线”命令，如图 8-65 所示。

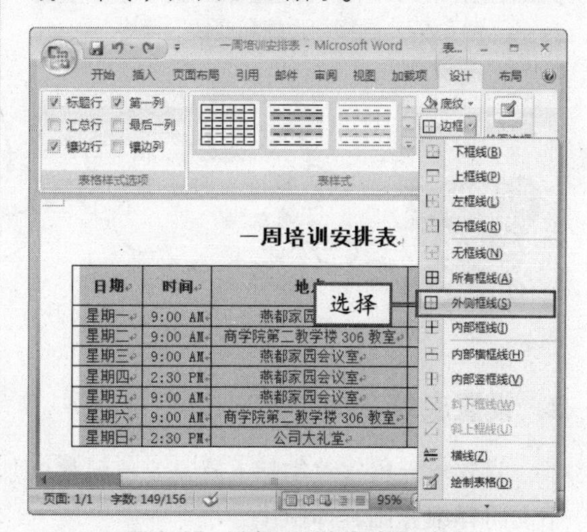

图 8-65 选择“外侧框线”命令

“绘图边框”组中的选项主要用于绘制和设置表格的边框，如笔的样式、粗细和颜色等。 说明

⑤ 此时，文档中表格的边框样式已经更改，效果如图 8-66 所示。

一周培训安排表

日期	时间	地点	课程名	讲师
星期一	9:00 AM	燕都家园会议室	电子商务	赵丽敏
星期二	9:00 AM	商学院第二教学楼 306 教室	工商管理	秦昊天
星期三	9:00 AM	燕都家园会议室	电子商务	赵丽敏
星期四	2:30 PM	燕都家园会议室	网络应用	张著
星期五	9:00 AM	燕都家园会议室	电子商务	赵丽敏
星期六	9:00 AM	商学院第二教学楼 306 教室	工商管理	秦昊天
星期日	2:30 PM	公司大礼堂	公关礼仪	王萌萌

图 8-66　表格效果

⑥ 选中第一行单元格，单击“设计”选项卡“表样式”组中“边框”按钮右侧的下拉按钮，在弹出的下拉菜单中选择“边框和底纹”命令，如图 8-67 所示。

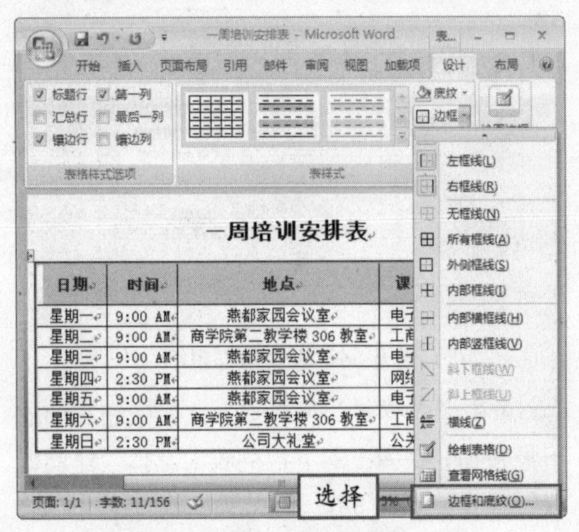

图 8-67　选择“边框和底纹”命令

⑦ 弹出“边框和底纹”对话框，在“预览”框中单击两次下边框按钮，其他选项保持不变，如图 8-68 所示。

图 8-68　“边框和底纹”对话框

⑧ 单击“确定”按钮，此时所选单元格的边框样式已经更改，效果如图 8-69 所示。

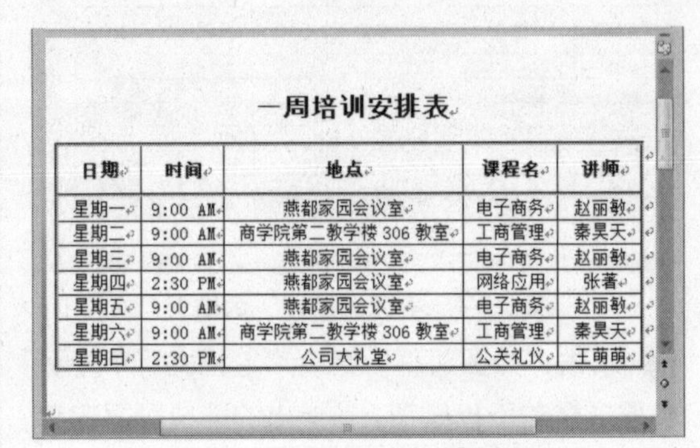
一周培训安排表

日期	时间	地点	课程名	讲师
星期一	9:00 AM	燕都家园会议室	电子商务	赵丽敏
星期二	9:00 AM	商学院第二教学楼 306 教室	工商管理	秦昊天
星期三	9:00 AM	燕都家园会议室	电子商务	赵丽敏
星期四	2:30 PM	燕都家园会议室	网络应用	张著
星期五	9:00 AM	燕都家园会议室	电子商务	赵丽敏
星期六	9:00 AM	商学院第二教学楼 306 教室	工商管理	秦昊天
星期日	2:30 PM	公司大礼堂	公关礼仪	王萌萌

图 8-69　单元格边框效果

2. 设置底纹

设置单元格底纹实际上就是为单元格添加背景颜色，这样可以使表格中内容更加醒目，下面将详细介绍具体操作方法。

说明　在“边框和底纹”对话框中，还可以设置边框的样式、颜色和宽度等。

① 选择要设置底纹的单元格，单击“设计”选项卡“表样式”组中的“底纹”下拉按钮，在弹出的调色板中单击如图 8-70 所示的色块。

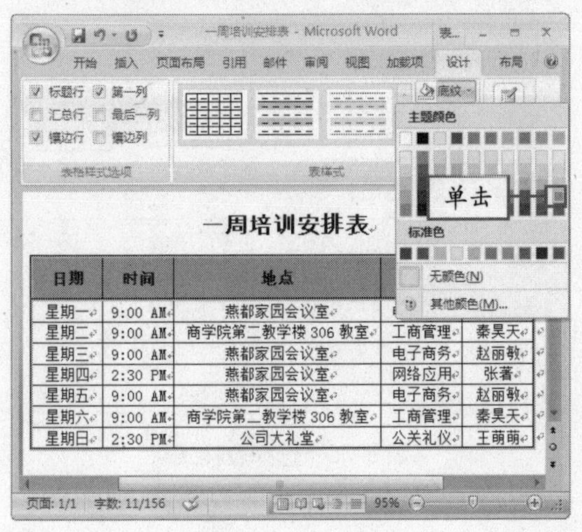

图 8-70 调色板

② 选中表格中其他单元格，单击“边框”按钮右侧的下拉按钮，在弹出的下拉菜单中选择“边框和底纹”命令，弹出“边框和底纹”对话框，如图 8-71 所示。

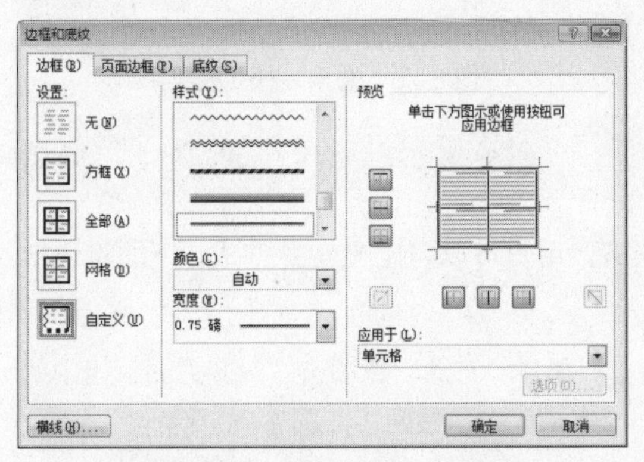

图 8-71 “边框和底纹”对话框

③ 在对话框中单击“底纹”选项卡，并按照如图 8-72 所示进行参数设置。其中，“样式”为“浅色横线”、“颜色”为浅蓝色。

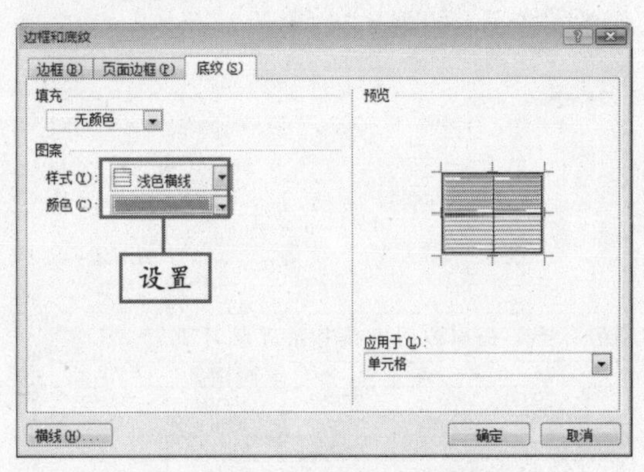

图 8-72 设置底纹图案和颜色

④ 单击“确定”按钮，将背景图案应用到表格中，效果如图 8-73 所示。

一周培训安排表

日期	时间	地点	课程名	讲师
星期一	9:00 AM	燕都家园会议室	电子商务	赵丽敏
星期二	9:00 AM	商学院第二教学楼 306 教室	工商管理	秦昊天
星期三	9:00 AM	燕都家园会议室	电子商务	赵丽敏
星期四	2:30 PM	燕都家园会议室	网络应用	张著
星期五	9:00 AM	燕都家园会议室	电子商务	赵丽敏
星期六	9:00 AM	商学院第二教学楼 306 教室	工商管理	秦昊天
星期日	2:30 PM	公司大礼堂	公关礼仪	王萌萌

图 8-73 设置底纹后的效果

教你一招

在“边框和底纹”对话框的“应用于”下拉列表框中选择“表格”选项，可以将底纹应用到整个表格中。

知识点拨

为表格中的单元格添加不同的颜色，如表标题和数据单元格设置为不同颜色，可以使表格内容更醒目。

8.5.3 套用表格样式

Word 2007 中内置了多种表格样式，用户可根据需要方便地套用这些样式，下面将详细介绍具体操作方法。

① 打开名为“公司各网点销售情况统计表”的表格，将光标置于表格的任意单元格中，单击“设计”选项卡“表样式”组中样式列表右侧的▾按钮，如图 8-74 所示。

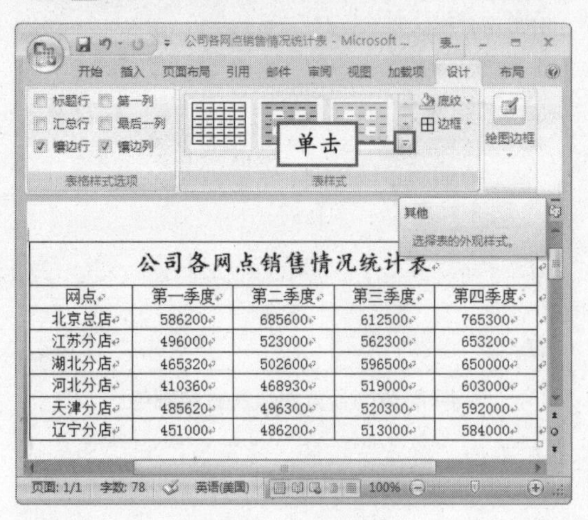

图 8-74　打开表格

② 在弹出的下拉面板中选择如图 8-75 所示的选项。

③ 此时，所选样式已经套用到表格中，效果如图 8-76 所示。

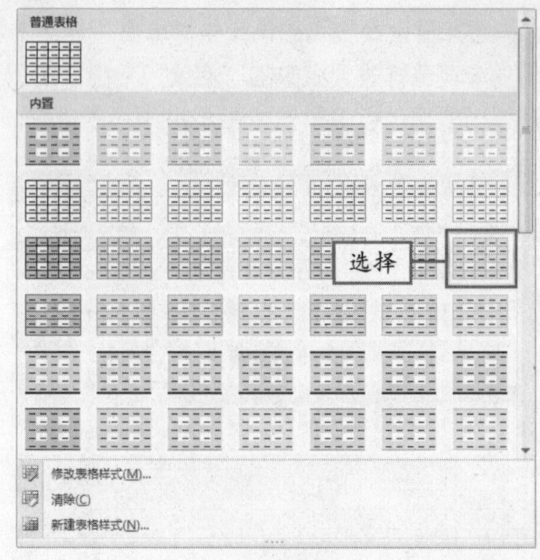

图 8-75　选择表样式

公司各网点销售情况统计表

网点	第一季度	第二季度	第三季度	第四季度
北京总店	586200	685600	612500	765300
江苏分店	496000	523000	562300	653200
湖北分店	465320	502600	596500	650000
河北分店	410360	468930	519000	603000
天津分店	485620	496300	520300	592000
辽宁分店	451000	486200	513000	584000

图 8-76　套用表样式效果

8.5.4 表格的对齐方式

在表格中输入文本，默认情况下在左上角对齐，用户可以自定义对齐方式，下面将详细介绍具体操作方法。

① 打开名为“一周销售情况统计表”的表格，按住【Ctrl】键的同时，选中要对齐文本的单元格，如图 8-77 所示。

一周销售情况统计表

销售日期	货品名称	客户	销售数量	单价	销售金额
2009/4/13	工作站	环宇	6	51800	310800
2009/4/13	显示器（液晶）	瑞平	8	1550	12400
2009/4/13	服务器	环宇	5	22200	111000
2009/4/14	笔记本	信通	14	5600	78400
2009/4/15	工作站	瑞平	4	51650	206600
2009/4/15	服务器	瑞平	12	21980	263760
2009/4/15	服务器	信通	8	22050	176400
2009/4/17	工作站	瑞平	5	51500	257500
2009/4/17	笔记本	信通	15	5530	82950
2009/4/17	台式机	信通	36	4450	160200

图 8-77　选中单元格

② 单击“布局”选项卡“对齐方式”组中的“水平居中”按钮，如图 8-78 所示。

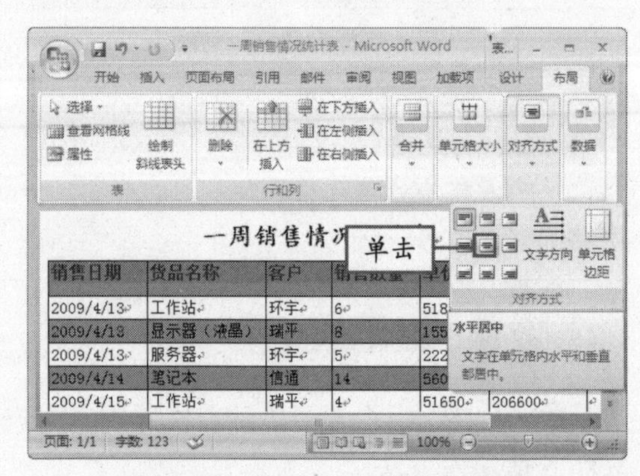

图 8-78　单击“水平居中”按钮

说明　若对套用样式后的表格不满意，可以在其基础上进行修改。

③ 此时，表格中选中的文本均已水平居中对齐，效果如图 8-79 所示。

一周销售情况统计表

销售日期	货品名称	客户	销售数量	单价	销售金额
2009/4/13	工作站	环宇	6	51800	310800
2009/4/13	显示器（液晶）	瑞平	8	1550	12400
2009/4/13	服务器	环宇	5	22200	111000
2009/4/14	笔记本	信通	14	5600	78400
2009/4/15	工作站	瑞平	4	51650	206600
2009/4/15	服务器	瑞平	12	21980	263760
2009/4/15	服务器	信通	8	22050	176400
2009/4/17	工作站	环宇	5	51500	257500
2009/4/17	笔记本	信通	15	5530	82950
2009/4/17	台式机	信通	36	4450	160200

图 8-79　居中对齐文本

④ 用同样的方法，对齐表格中其他文本，效果如图 8-80 所示。

一周销售情况统计表

销售日期	货品名称	客户	销售数量	单价	销售金额
2009/4/13	工作站	环宇	6	51800	310800
2009/4/13	显示器（液晶）	瑞平	8	1550	12400
2009/4/13	服务器	环宇	5	22200	111000
2009/4/14	笔记本	信通	14	5600	78400
2009/4/15	工作站	瑞平	4	51650	206600
2009/4/15	服务器	瑞平	12	21980	263760
2009/4/15	服务器	信通	8	22050	176400
2009/4/17	工作站	环宇	5	51500	257500
2009/4/17	笔记本	信通	15	5530	82950
2009/4/17	台式机	信通	36	4450	160200

图 8-80　对齐其他文本

8.5.5　单元格的合并与拆分

合并单元格是指将两个或两个以上的单元格合并成一个单元格；而拆分单元格则与合并单元格相反，是将一个单元格拆分成若干小的单元格。

1．单元格的合并

在制作表格时，大多数情况下会合并单元格，如具有相同信息的数据可以放置在一个单元格中。下面将详细介绍其具体操作方法。

① 打开一个名为“商品销售统计表”的表格，如图 8-81 所示。

商品销售统计表

商品	总销售金额	客户	销售数量	单价	销售金额
笔记本	350770	信通	34	5600	190400
		信通	29	5530	160370
服务器	551160	环宇	5	22200	111000
		瑞平	12	21980	263760
		信通	8	22050	176400
工作站	619500	环宇	3	51800	155400
		瑞平	4	51650	206600
		环宇	5	51500	257500
台式机	345000	信通	36	4450	160200
		瑞平	48	3850	184800

图 8-81　打开表格

② 拖动鼠标，选中第 1 列中的第 2 个和第 3 个单元格，然后单击“布局”选项卡“合并”组中的“合并单元格”按钮，如图 8-82 所示。

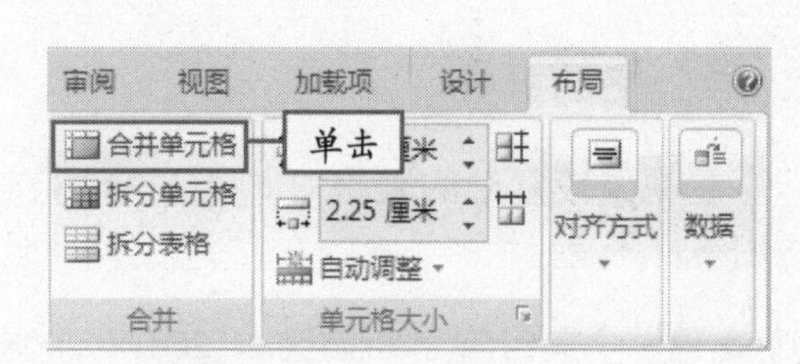

图 8-82　单击“合并单元格”按钮

③ 此时，选中的两个单元格已经合并成一个单元格，效果如图 8-83 所示。

商品销售统计表

商品	总销售金额	客户	销售数量	单价	销售金额
笔记本	350770	信通	34	5600	190400
		信通	29	5530	160370
服务器	551160	环宇	5	22200	111000
		瑞平	12	21980	263760
		信通	8	22050	176400
工作站	619500	环宇	3	51800	155400
		瑞平	4	51650	206600
		环宇	5	51500	257500
台式机	345000	信通	36	4450	160200
		瑞平	48	3850	184800

图 8-83　合并单元格效果

要合并的多个单元格中若存在数据，可能会在操作时丢失。　说明

④ 用同样的方法，合并其他单元格，完成后效果如图 8-84 所示。

商品销售统计表

商品	总销售金额	客户	销售数量	单价	销售金额
笔记本	350770	信通	34	5600	190400
		信通	29	5530	160370
服务器	551160	环宇	5	22200	111000
		瑞平	12	21980	263760
		信通	8	22050	176400
工作站	619500	环宇	3	51800	155400
		瑞平	4	51650	206600
		环宇	5	51500	257500
台式机	345000	信通	36	4450	160200
		瑞平	48	3850	184800

图 8-84　合并单元格效果

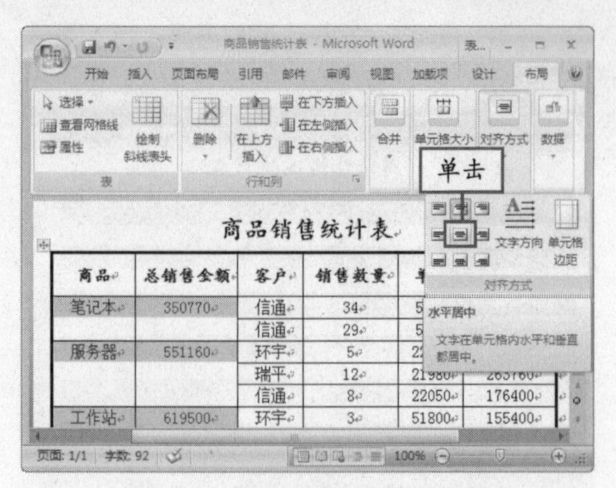

图 8-85　单击“水平居中”按钮

⑤ 选中所有合并后的单元格，单击“布局”选项卡“对齐方式”组中的“水平居中”按钮，如图 8-85 所示。

⑥ 此时，单元格中的文本将居中对齐，效果如图 8-86 所示。

商品销售统计表

商品	总销售金额	客户	销售数量	单价	销售金额
笔记本	350770	信通	34	5600	190400
		信通	29	5530	160370
服务器	551160	环宇	5	22200	111000
		瑞平	12	21980	263760
		信通	8	22050	176400
工作站	619500	环宇	3	51800	155400
		瑞平	4	51650	206600
		环宇	5	51500	257500
台式机	345000	信通	36	4450	160200
		瑞平	48	3850	184800

图 8-86　居中对齐文本

2. 单元格的拆分

在制作较复杂的表格时，不只会用到合并功能，还会用到拆分功能，其具体操作方法如下：

① 新建一个文档，输入标题文本“2007－2008 年财务分析情况报告”，并设置格式，然后插入一个 7×7 的表格，适当调整行高和列宽，效果如图 8-87 所示。

2007 － 2008 年财务分析情况报告

图 8-87　创建表格

② 合并单元格，输入数据，并水平居中对齐文本，效果如图 8-88 所示。

2007 － 2008 年财务分析情况报告

项目	计划与实际			本期与上年同期		
	计划	实际	增减	本期	上年同期	增减
利润						
可比产品成本降低率						

图 8-88　合并单元格

③ 同时选中第 1 列中第 3、4、5 个单元格，单击“布局”选项卡“合并”组中的“拆分单元格”按钮，如图 8-89 所示。

说明　若想将两个单元格拆分为多个，可先将其合并，然后再拆分。

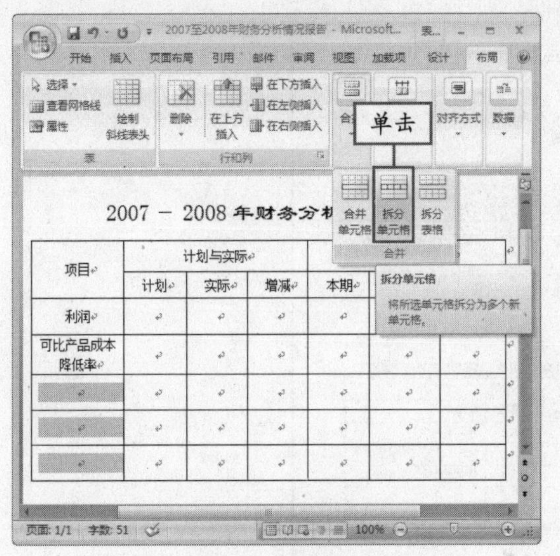

图 8-89　单击“拆分单元格”按钮

④ 弹出“拆分单元格”对话框，取消选择“拆分前合并单元格”复选框，其他选项保持不变，如图 8-90 所示。

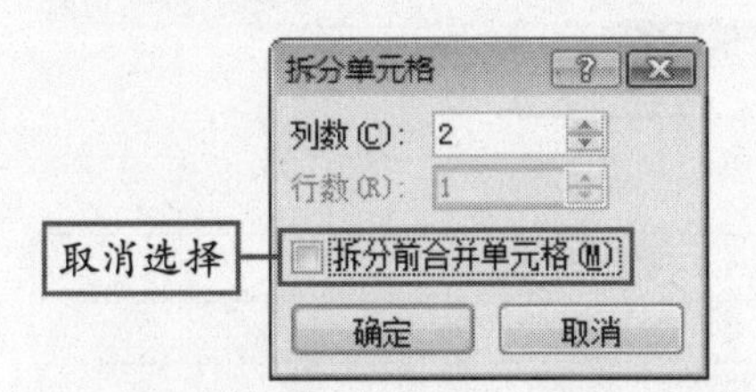

图 8-90　取消选择“拆分前合并单元格”复选框

⑤ 单击“确定”按钮，拆分单元格，效果如图 8-91 所示。

图 8-91　拆分单元格

⑥ 合并单元格，并从中输入数据，效果如图 8-92 所示。

图 8-92　完成表格

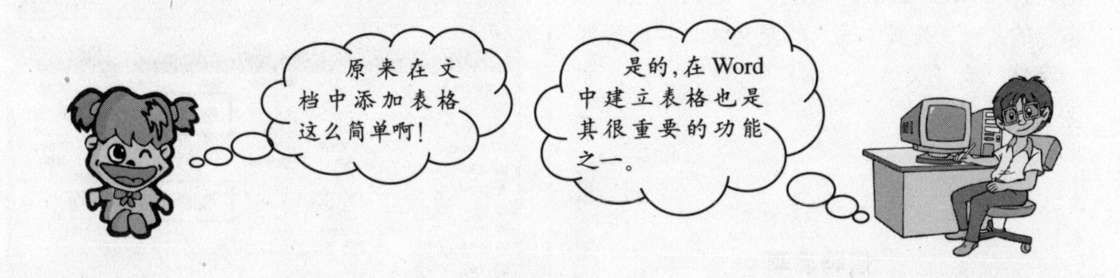

8.6　综合实战——制作招聘启事

前面的章节中我们已经详细介绍了在 Word 2007 中插入各种对象的方法，下面将通过招聘启事的实例来帮助读者巩固前面所学的知识。

实例效果：

本实例的最终效果如图 8-93 所示。

不选择“拆分前合并单元格”复选框，则是对当前选中每个单元格进行拆分。　说明

招聘启事

公司简介

河北天翔装饰有限公司成立于1996年12月，2005年12月扩大为河北集团企业。公司行政、设计中心坐落于省会最繁华的地段，建设大道南38号，环境优美，是一套复式设备齐全的办公场所。

天翔集团主要从事家装、商场、电器商场、办公楼、娱乐场所等各类重点单位的装饰设计和施工及广告制作发布。公司经过近十年的奋斗和努力。在河北省及周边省份承接了大批中高档装饰工程，工程优品率达90%以上。公司拥有高校毕业设计师数十名以及装修员工100多人，加上天翔集团追求完美、客户第一，绝不分包转包的经营理念，使每一个工程都得到了成功的保证。

招聘职位及要求

我公司因业务发展需要，现面向社会招聘各类优秀人员，具体职位及详细要求如下：

招聘职位	数量	要求			
		性别	学历	工作年限	其他
网络管理员	1	男	大专	2年以上	有驾照
造价师	1	男	本科	5年以上	相关工作经验不低于2年
会计	1	女	本科	3年以上	有房地产业工作经验
出纳	2	女	本科	2年以上	
项目经理	1	男	本科	5年以上	有项目带队经验

相关待遇

一、在公司培训1-7天，主要熟悉公司的各项主要业务。

二、实习期约1-3个月，工资为600元-800元，具体的待遇是：（实习期间工资为：基本工资300元+加班费2.5元/小时+特勤3.5元/小时+满勤50元+中班补贴7元/次+夜班补贴10元/次(说明：八小时之外为加班，周六、周日节假日工作为特勤)。

三、实习期过后定岗保证800元以上，一般在1200元左右。具体的待遇是：（分A、B、C三级，C级750～1000元，B级1000～1200元，A级1200元以上，个别可达1800元以上）。

四、公司负责为员工交纳社会养老保险、医疗保险及意外伤害险。

应聘程序

图 8-93 最终效果

素材文件	光盘:\素材\第8章\公司简介.docx、相关待遇.docx、办公楼.jpg
效果文件	光盘:\效果\第8章\招聘启事.docx

操作步骤：

① 启动 Word 2007，新建一个名为“招聘启事”的文档，在其中输入标题文本，并设置其“字体”为“黑体”，“字号”为“二号”，如图 8-94 所示。

图 8-94 新建文档并输入文本

② 单击 Office 按钮，在弹出的下拉菜单中选择“打开”命令，在弹出的“打开”对话框中选择素材文件“公司简介”，如图 8-95 所示。

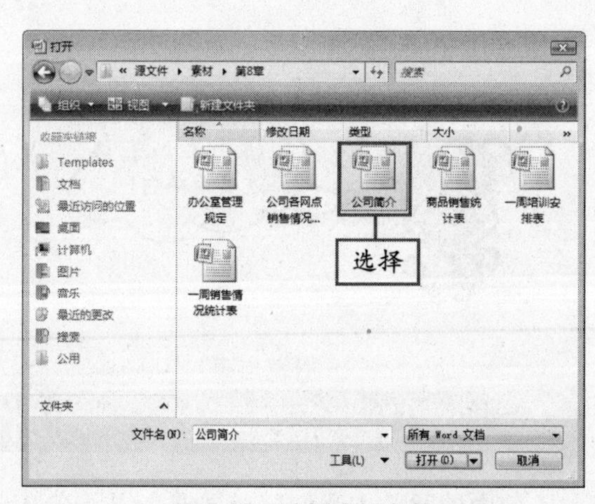

图 8-95 选择素材文件

③ 单击“打开”按钮，将素材文档中的文本复制到“招聘启事”文档中，并设置文本格式，效果如图 8-96 所示。

说明 创建如招聘启事等类型文档，适当添加图片、图形和表格等可以使文档内容更醒目。

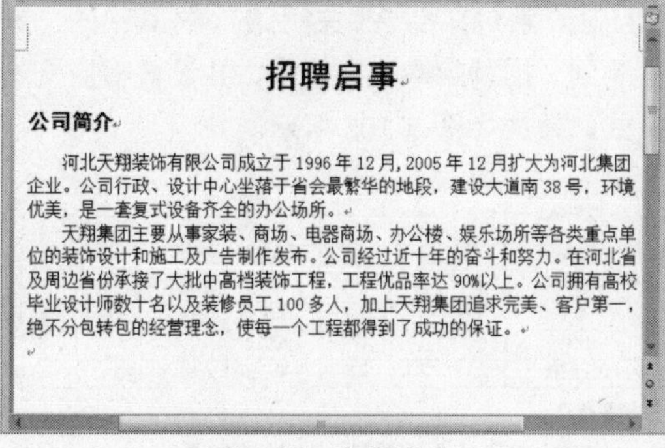

图 8-96　复制文本

④ 将光标插入到文档正文中，单击“插入”选项卡“插图”组中的“图片”按钮，弹出“插入图片”对话框，如图 8-97 所示。

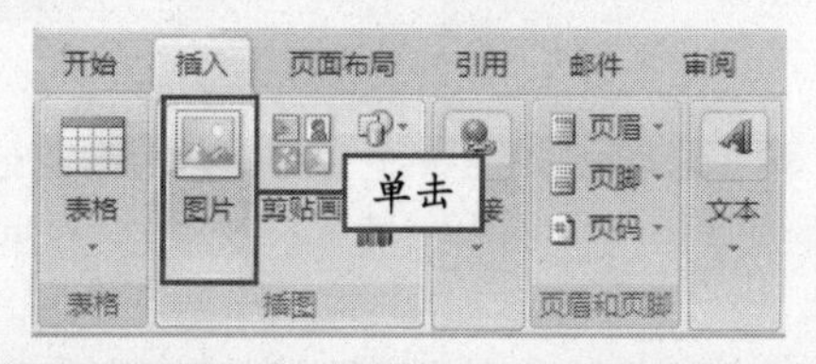

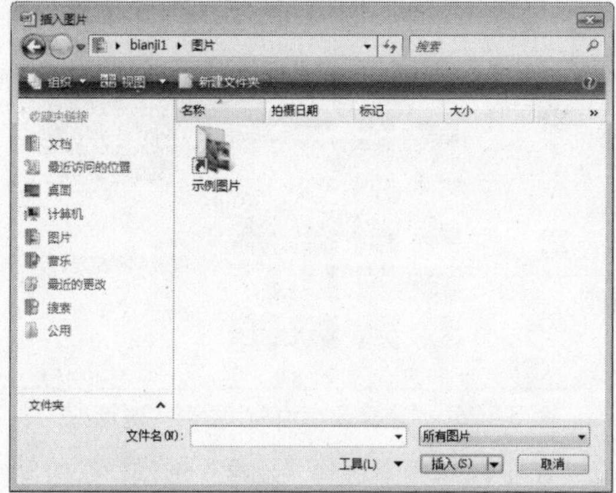

图 8-97　打开“插入图片”对话框

⑤ 从中选择素材图像“办公楼”，单击“插入”按钮，将其插入到文档中，效果如图 8-98 所示。

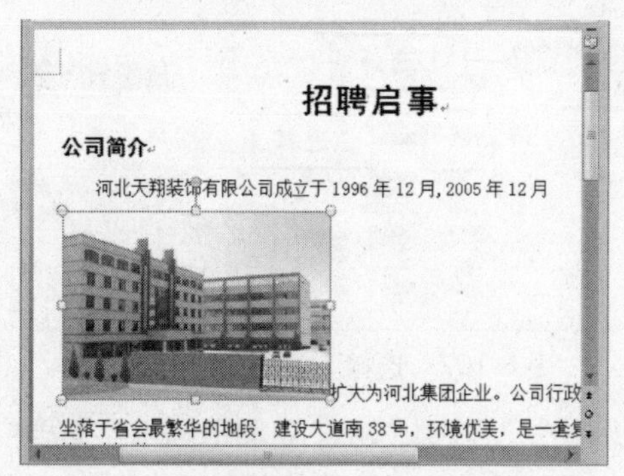

图 8-98　插入图片

⑥ 单击“格式”选项卡“排列”组中的“文字环绕”下拉按钮，在弹出的下拉菜单中选择“四周型环绕”命令，如图 8-99 所示。

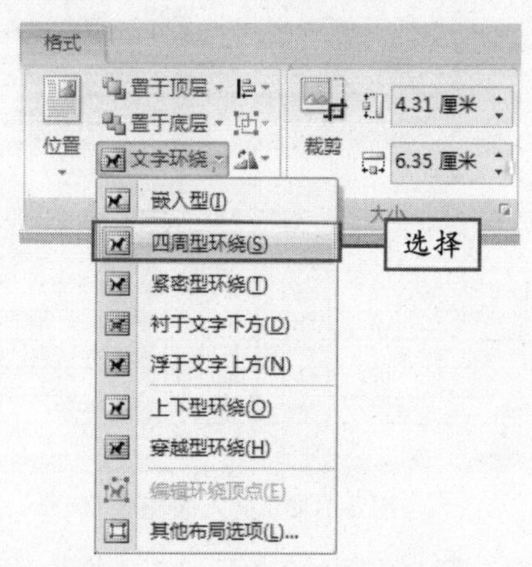

图 8-99　设置文字环绕方式

⑦ 适当调整插入图片的位置，效果如图 8-100 所示。

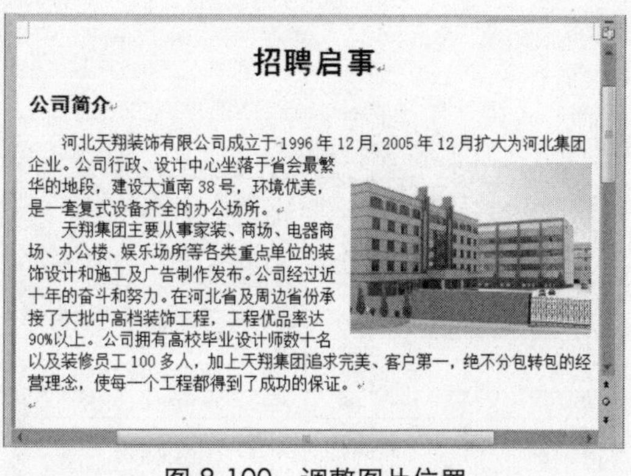

图 8-100　调整图片位置

⑧ 继续在文档中输入文本，并设置适当的文字格式，效果如图 8-101 所示。

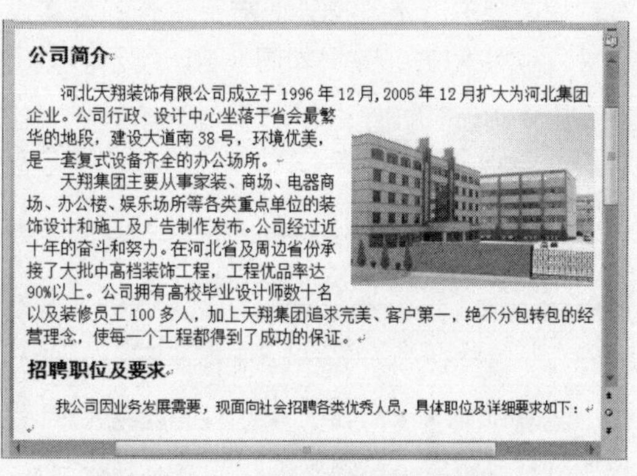

图 8-101　调整文本格式后的效果

刚插入到文档中的图片，默认嵌入到文本中。　说明

⑨ 插入一个 6×7 的表格，合并单元格，适当调整行高和列宽，并输入数据，效果如图 8-102 所示。

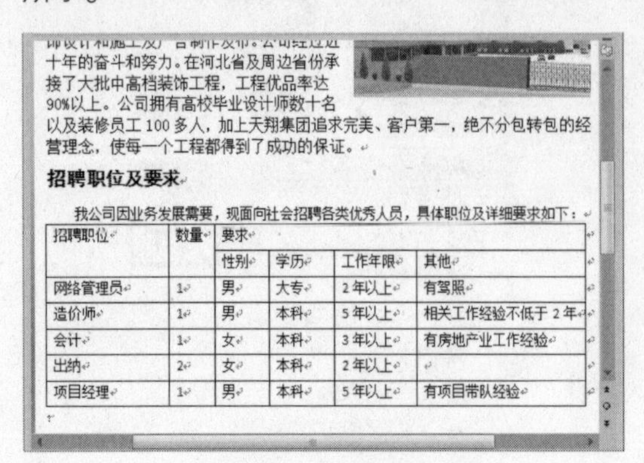

十年的奋斗和努力。在河北省及周边省份承接了大批中高档装饰工程，工程优品率达90%以上。公司拥有高校毕业设计师数十名以及装修员工 100 多人，加上天翔集团追求完美、客户第一，绝不分包转包的经营理念，使每一个工程都得到了成功的保证。

招聘职位及要求

我公司因业务发展需要，现面向社会招聘各类优秀人员，具体职位及详细要求如下：

招聘职位	数量	要求			
		性别	学历	工作年限	其他
网络管理员	1	男	大专	2 年以上	有驾照
造价师	1	男	本科	5 年以上	相关工作经验不低于 2 年
会计	1	女	本科	3 年以上	有房地产业工作经验
出纳	2	女	本科	2 年以上	
项目经理	1	男	本科	5 年以上	有项目带队经验

图 8-102　插入表格

⑩ 选中第 1 行第 1 个单元格中的文本，单击"布局"选项卡"对齐方式"组中的"水平居中"按钮，如图 8-103 所示。

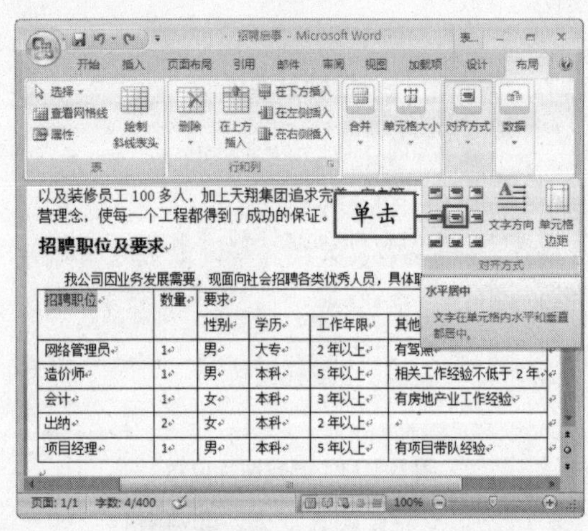

以及装修员工 100 多人，加上天翔集团追求完美……营理念，使每一个工程都得到了成功的保证。

招聘职位及要求

我公司因业务发展需要，现面向社会招聘各类优秀人员，具体职……

招聘职位	数量	要求			
		性别	学历	工作年限	其他
网络管理员	1	男	大专	2 年以上	有驾照
造价师	1	男	本科	5 年以上	相关工作经验不低于 2 年
会计	1	女	本科	3 年以上	有房地产业工作经验
出纳	2	女	本科	2 年以上	
项目经理	1	男	本科	5 年以上	有项目带队经验

图 8-103　居中对齐文本

⑪ 用同样的方法，将其他需要对齐的文本设为水平居中对齐，效果如图 8-104 所示。

90%以上。公司拥有高校毕业设计师数十名以及装修员工 100 多人，加上天翔集团追求完美、客户第一，绝不分包转包的经营理念，使每一个工程都得到了成功的保证。

招聘职位及要求

我公司因业务发展需要，现面向社会招聘各类优秀人员，具体职位及详细要求如下：

招聘职位	数量	要求			
		性别	学历	工作年限	其他
网络管理员	1	男	大专	2 年以上	有驾照
造价师	1	男	本科	5 年以上	相关工作经验不低于 2 年
会计	1	女	本科	3 年以上	有房地产业工作经验
出纳	2	女	本科	2 年以上	
项目经理	1	男	本科	5 年以上	有项目带队经验

图 8-104　对齐其他文本

⑫ 打开素材文档"相关待遇"，将其中的文本复制到"招聘启事"文档中，并设置相应文本格式，效果如图 8-105 所示。

招聘职位	数量	要求			
		性别	学历	工作年限	其他
网络管理员	1	男	大专	2 年以上	有驾照
造价师	1	男	本科	5 年以上	相关工作经验不低于 2 年
会计	1	女	本科	3 年以上	有房地产业工作经验
出纳	2	女	本科	2 年以上	
项目经理	1	男	本科	5 年以上	有项目带队经验

相关待遇

一、在公司培训 1-7 天，主要熟悉公司的各项主要业务。

二、实习期约 1-3 个月，工资为 600 元-800 元，具体的待遇是：（实习期间工资为：基本工资 300 元+加班费 2.5 元/小时+特勤 3.5 元/小时+满勤 50 元+中班补贴 7 元/次+夜班补贴 10 元/次（说明：八小时之外为加班，周六、周日节假日工作为特勤）。

三、实习期过后定岗保证 800 元以上，一般在 1200 元左右。具体的待遇是，（分 A、B、C 三级，C 级 750～1000 元，B 级 1000～1200 元，A 级 1200 元以上，个别可达 1800 元以上）。

四、公司负责为员工交纳社会养老保险、医疗保险及意外伤害险。

图 8-105　复制文本并设置格式

⑬ 输入文本"应聘程序"，并设置文本格式，切换到下一行，单击"插入"选项卡"插图"组中的"插入 SmartArt 图形"按钮，弹出"选择 SmartArt 图形"对话框，如图 8-106 所示。

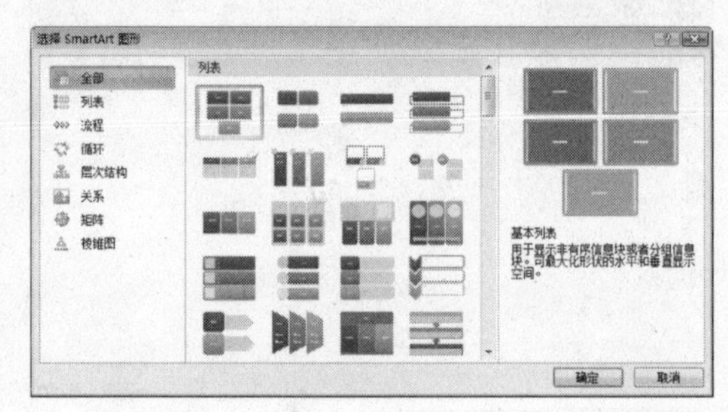

图 8-106　"选择 SmartArt 图形"对话框

⑭ 在左侧列表中选择"流程"选项，在中间的选项区中选择"基本 V 形流程"选项，如图 8-107 所示。

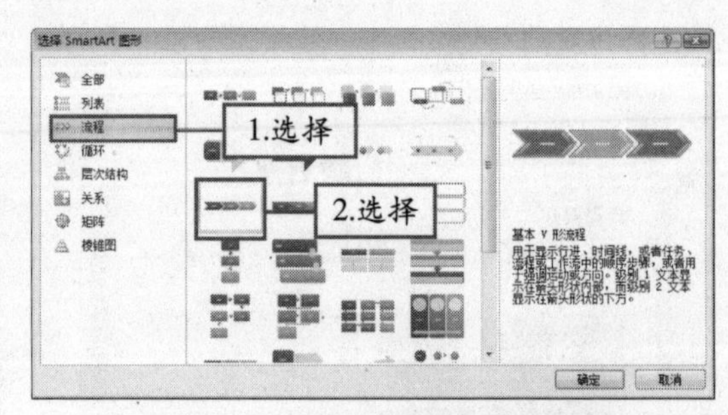

图 8-107　选择 SmartArt 图形类型

⑮ 单击"插入"按钮，将图形插入到文档中，适当调整其大小，效果如图 8-108 所示。

说明　表格中说明性的文本大都左对齐，而其他数据则居中对齐。

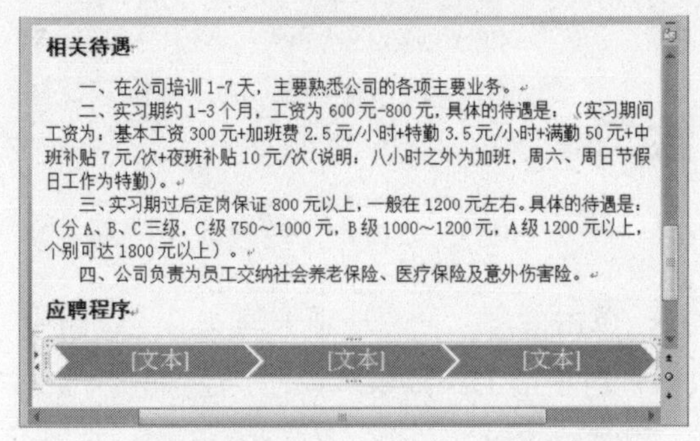

图 8-108　插入 SmartArt 图形

⑯ 选中插入的 SmartArt 图形，单击“设计”选项卡“创建图形”组中的“添加形状”下拉按钮，在弹出的下拉菜单中选择“在后面添加形状”命令，如图 8-109 所示。

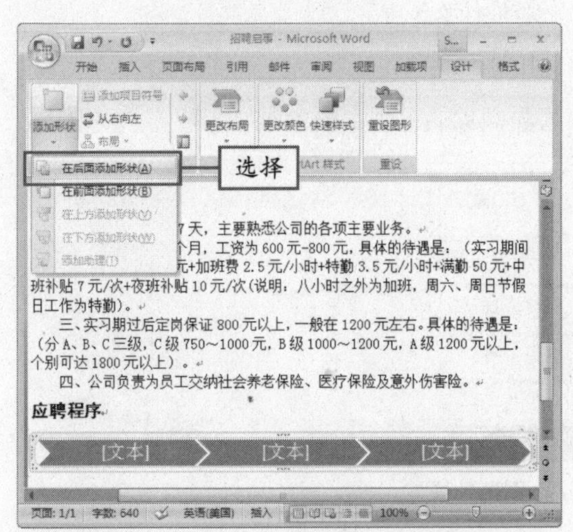

图 8-109　选择“在后面添加形状”命令

⑰ 此时，图形右侧添加了一个新结构，如图 8-110 所示。

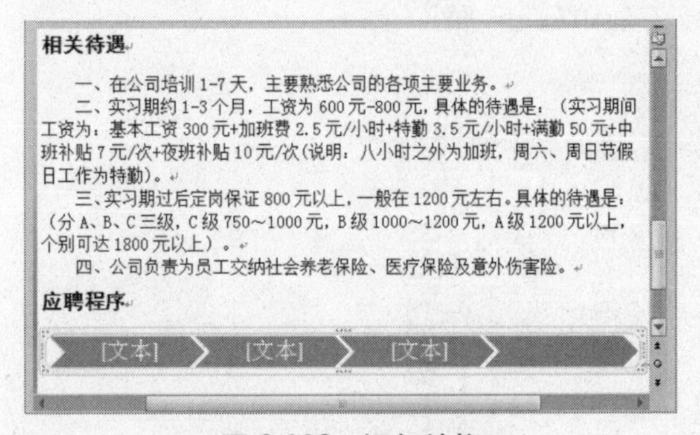

图 8-110　添加结构

⑱ 单击 SmartArt 图形第一个结构中的“文本”文字，并输入“提交简历”，如图 8-111 所示。

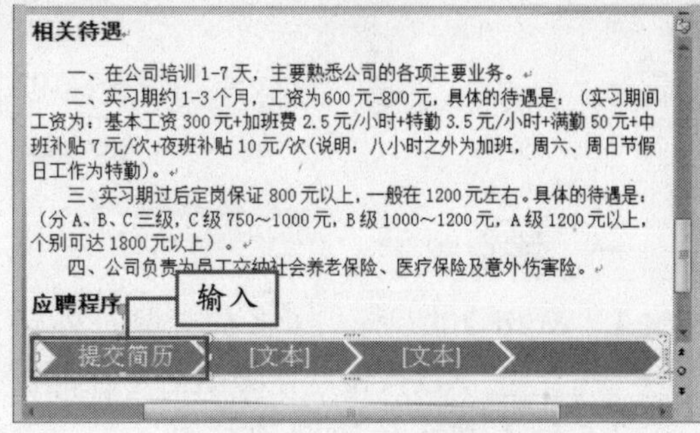

图 8-111　输入文本

⑲ 用同样的方法，在其他结构中输入文本，效果如图 8-112 所示。

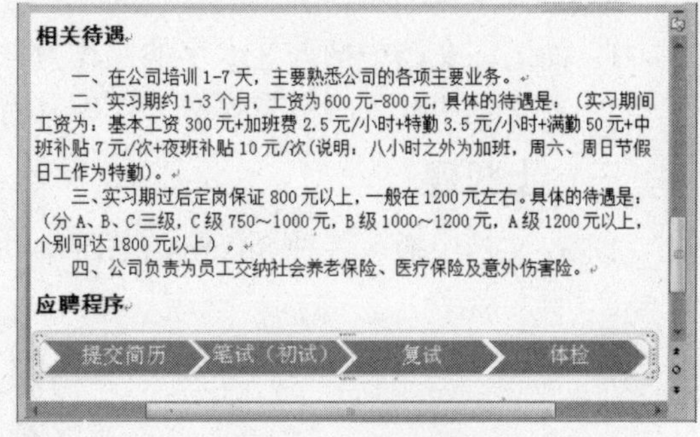

图 8-112　填充颜色

⑳ 依次设置 SmartArt 图形每个结构的样式，并适当调整位置及大小，得到最终效果，如图 8-113 所示。

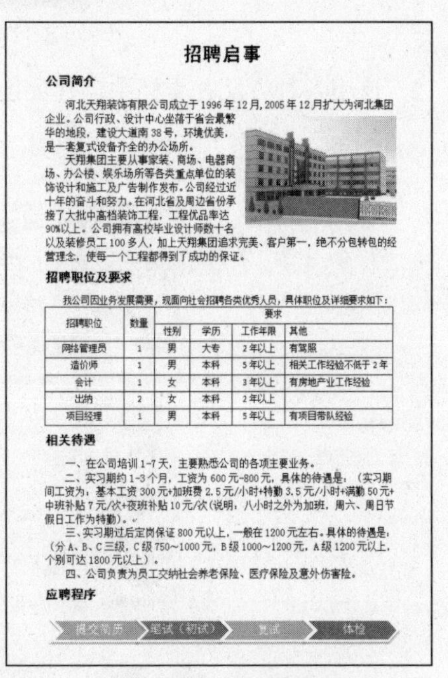

招聘启事

公司简介

河北天翔装饰有限公司成立于 1996 年 12 月，2005 年 12 月扩大为河北集团企业。公司行政、设计中心坐落于省会最繁华的地段，建设大道南 38 号，环境优美，是一套复式设备齐全的办公场所。

天翔集团主要从事家装、商场、电器商场、办公楼、娱乐场所等各类重点单位的装饰设计和施工及广告制作发布。公司经过近十年的奋斗和努力。在河北省及周边省份承接了大批中高档装饰工程，工程优品率达 90%以上。公司拥有高校毕业设计师数十名以及装修员工 100 多人，加上天翔集团追求完美、客户第一，绝不分包转包的经营理念，使每一个工程都得到了成功的保证。

招聘职位及要求

我公司因业务发展需要，现面向社会招聘各类优秀人员，具体职位及详细要求如下：

招聘职位	数量	要求			
		性别	学历	工作年限	其他
网络管理员	1	男	大专	2 年以上	有驾照
造价师	1	男	本科	5 年以上	相关工作经验不低于 2 年
会计	1	女	本科	3 年以上	有房地产业工作经验
出纳	2	女	本科	2 年以上	
项目经理	1	男	本科	5 年以上	有项目带队经验

相关待遇

一、在公司培训 1-7 天，主要熟悉公司的各项主要业务。

二、实习期约 1-3 个月，工资为 600 元-800 元，具体的待遇是：（实习期间工资为：基本工资 300 元+加班费 2.5 元/小时+特勤 3.5 元/小时+满勤 50 元+中班补贴 7 元/次+夜班补贴 10 元/次(说明：八小时之外为加班，周六、周日节假日工作为特勤)。

三、实习期过后定岗保证 800 元以上，一般在 1200 元左右。具体的待遇是：（分 A、B、C 三级，C 级 750～1000 元，B 级 1000～1200 元，A 级 1200 元以上，个别可达 1800 元以上）。

四、公司负责为员工交纳社会养老保险、医疗保险及意外伤害险。

应聘程序

提交简历　笔试（初试）　复试　体检

图 8-113　最终效果

用户还可以在表格内插入其他表格，这种表格称为嵌套表格。　说明

巩固与练习

一、填空题

1．Word 2007 提供了多种类型的文本框样式，单击__________选项卡__________组中的__________下拉按钮，在弹出的下拉面板中可选择所需的文本框格式。

2．插入到文档中的图片有__________、__________、__________、__________、__________、__________和__________等 7 种文字环绕方式。

3．使用网格创建表格，最多只能创建________行________列的表格。

二、简答题

1．简述在文档中插入艺术字的操作方法。

2．在文档中插入表格有哪些方法？其特点分别是什么？

三、上机题

1．在文档中插入各种 SmartArt 图形，并制作如图 8-114 所示的图形。

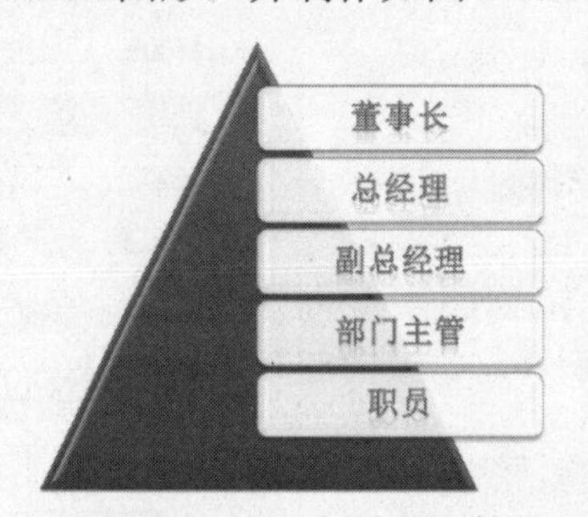

图 8-114　SmartArt 图形效果

2．使用各种方法在文档中创建如图 8-115 所示的表格。

各品牌汽车销售情况						
品牌	销售量	交易额	比例			业务员
			市场占有率	个人比例	单位比例	
美日	25	15623400	2.08%	100.00%	0.00%	李晓明
长安羚羊	46	3874000	3.83%	95.65%	4.35%	李晓明
丰田吉普	27	10685450	2.25%	59.26%	20.74%	林静
奇瑞	60	6931100	4.99%	100.00%	0.00%	林静
波罗	32	5208000	2.66%	100.00%	0.00%	林静
现代	11	3301550	0.92%	81.82%	18.18%	林静
捷达	135	19566500	10.87%	96.29%	11.12%	田蕊
帕萨特	38	9986200	3.16%	96.90%	9.00%	田蕊
桑塔纳	52	8023560	4.33%	100.00%	3.00%	田蕊
夏利	126	8569230	10.48%	100.00%	8.00%	王红新
宝马	11	7536240	0.92%	96.50%	0.00%	王红新
尼桑风度	34	16056600	2.83%	82.35%	17.65%	王苗苗
宝来	59	13568700	4.91%	96.61%	3.39%	王苗苗
神龙富康	67	7895620	5.77%	100.00%	4.48%	王苗苗
丰田佳美	18	7184500	1.50%	98.60%	0.00%	王苗苗
爱丽舍	59	9654230	5.09%	89.83%	10.17%	张周
本田雅阁	14	3689300	1.16%	100.00%	0.00%	张周

图 8-115　表格效果

 说明　在 Word 2007 中拆分单元格时，单元格最大的行数为 15。

第9章 Word 2007的高级应用

- 认识并掌握宏的使用方法
- 掌握域的使用方法
- 掌握页面设置的方法
- 学习插入页眉和页脚的方法
- 掌握打印文档的方法

Yoyo，你知道怎样总体设置并打印文档吗？

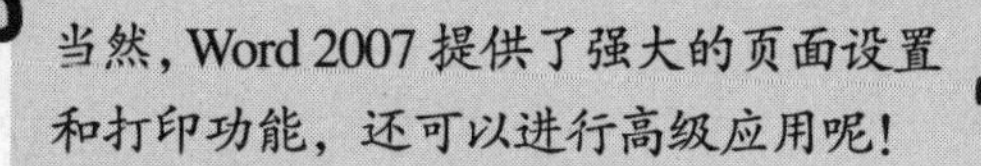

在Word中，可以通过创建宏来执行频繁使用的任务；还可以通过使用邮件合并功能，创建具有相同文本或图形的文档，如邀请函。而要打印文档，需要先进行页面设置，使打印出的文档更加规范、整齐，从而满足用户的打印要求。本章将详细介绍Word 2007的高级应用及页面设置和打印的方法。

9.1 认识宏

在初学者看来，宏是一个很专业的概念，实际上理解和使用宏并不难。宏是一系列命令和指令的组合，可以作为单个命令执行来自动完成某项任务。执行一个宏，就是依次执行宏中所有的指令。

在 Microsoft Office Word 2007 中，可以通过创建宏来执行频繁使用的任务。宏的用途非常广泛，其中最典型的应用是：

- 加快常规编辑和格式设置的速度。
- 组合多条命令。例如，插入具有固定尺寸、边框样式，且具有特定行、列数的表格。
- 使对话框中的选项更易于访问。
- 自动执行一系列复杂的任务，简化用户操作。

9.1.1 添加“开发工具”选项卡

如果要编写宏、运行以前录制的宏或创建与 Microsoft Office 程序一起使用的应用程序，应该添加“开发工具”选项卡或以开发人员模式运行。下面将详细介绍添加“开发工具”选项卡的操作方法。

① 启动 Word 2007，单击 Office 按钮，在弹出的下拉菜单中单击“Word 选项”按钮，如图 9-1 所示。

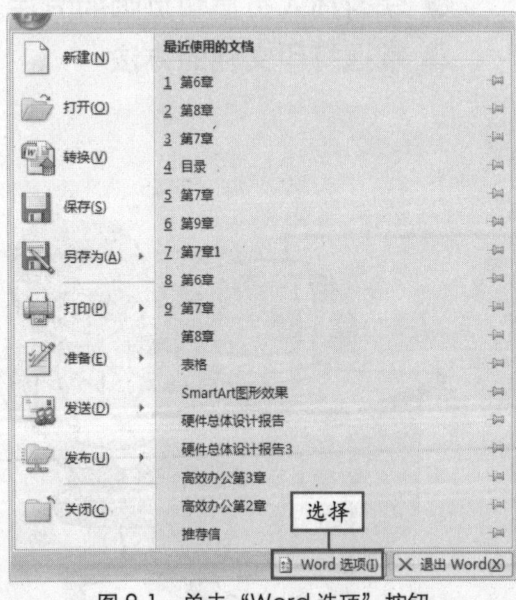

图 9-1 单击“Word 选项”按钮

② 弹出“Word 选项”对话框，在右侧的“使用 Word 时采用的首选项”选项区域中选中“在功能区显示‘开发工具’选项卡”复选框，如图 9-2 所示。

图 9-2 “Word 选项”对话框

③ 单击“确定”按钮，将“开发工具”选项卡添加到功能区中，如图 9-3 所示。

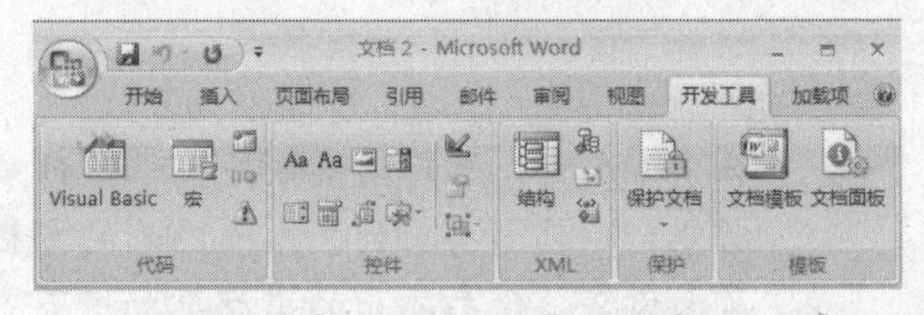

图 9-3 “开发工具”选项卡

 说明 与宏有关的选项大部分都设置在“开发工具”选项卡中。

9.1.2 录制宏

用户可以使用宏录制器来录制一系列操作，也可以通过在 Visual Basic 编辑器中输入 VBA 代码来从头开始创建宏。下面将详细介绍使用宏录制器录制宏的操作方法。

① 打开“九天文化有限公司章程”素材文件，单击“开发工具”选项卡，如图 9-4 所示。

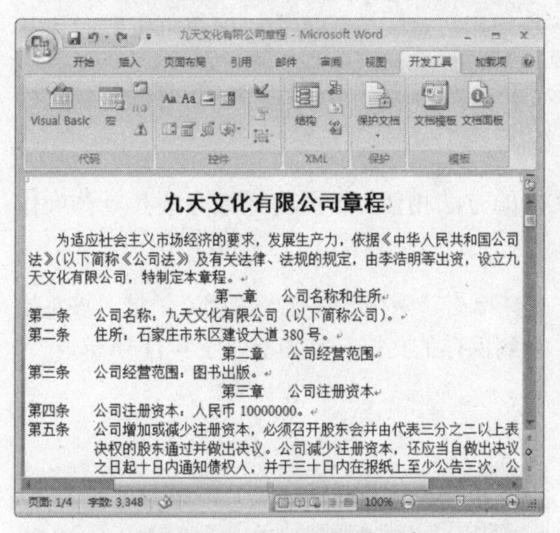

图 9-4 “开发工具”选项卡

② 选中第一个小标题，单击“代码”组中的“录制宏”按钮，弹出“录制宏”对话框，如图 9-5 所示。

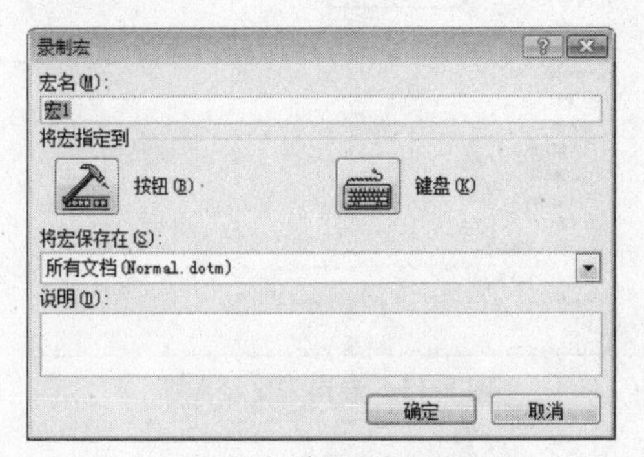

图 9-5 “录制宏”对话框

③ 在“宏名”文本框中输入要录制宏的名称“小标题字体”，在“将宏保存在”下拉列表框中选择“九天文化有限公司章程（文档）”选项，并在“说明”文本框中输入说明性文本，如图 9-6 所示。

④ 单击“确定”按钮，此时的鼠标指针呈形状，如图 9-7 所示。

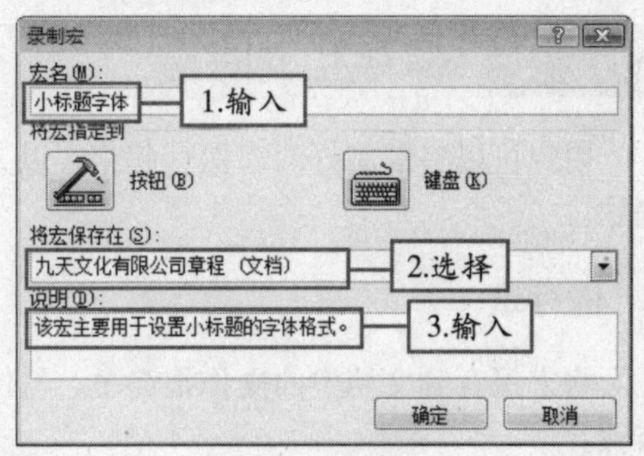

图 9-6 设置宏

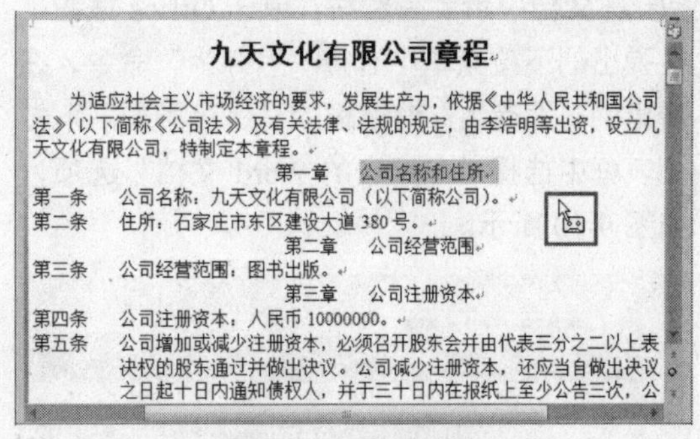

图 9-7 开始录制宏

⑤ 单击“开始”选项卡，在“字体”组中设置“字体”为“黑体”，并单击“加粗”按钮，如图 9-8 所示。

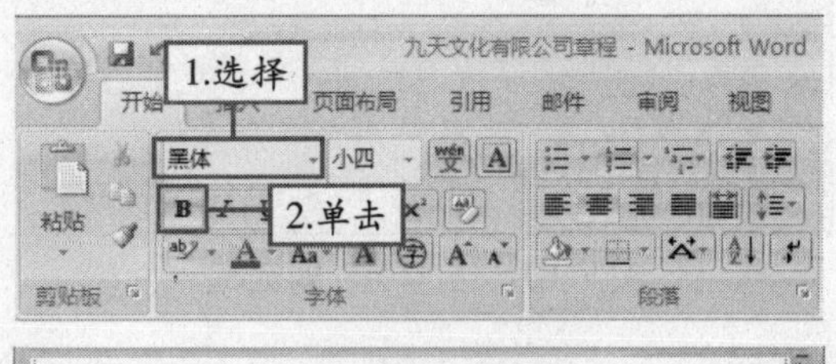

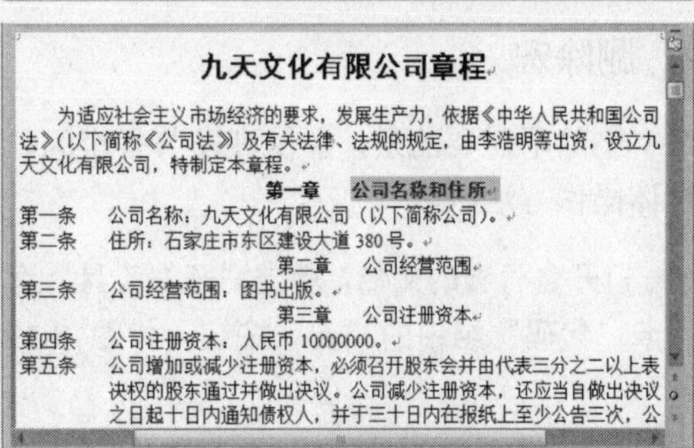

图 9-8 设置字体格式

⑥ 单击“开发工具”选项卡“代码”组中的“停止录制”按钮，停止宏的录制，如图 9-9 所示。

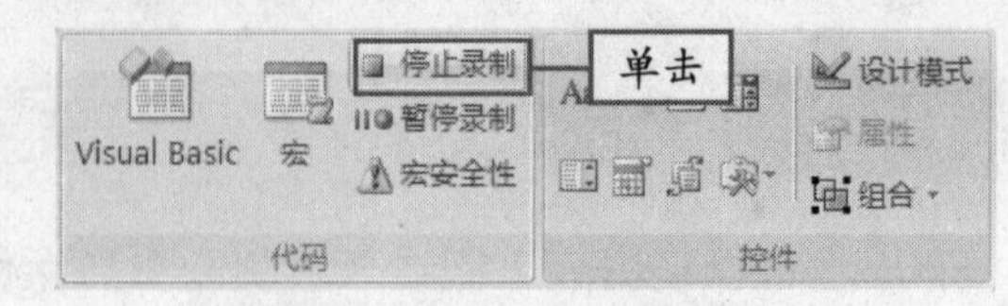

图 9-9 单击“停止录制”按钮

9.1.3 保存和删除宏

用户可以将录制好的宏保存起来，以方便下次使用；对于没用的宏，用户可以随时将其删除。

1. 保存宏

将宏保存到文档中的操作很简单，与保存文档的方法相似，下面将详细介绍其具体操作步骤。

① 在文档中录制完宏后，单击 Office 按钮，在弹出的下拉菜单中选择“另存为”命令，在弹出的“另存为”对话框的“保存类型”下拉列表框中选择“启用宏的 Word 文档”选项，如图 9-10 所示。

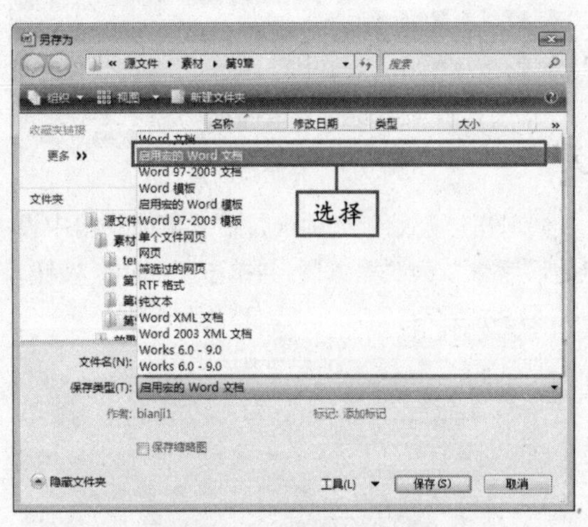

图 9-10 “另存为”对话框

② 单击“保存”按钮，关闭对话框，按路径找到保存的文档，其图标如图 9-11 所示。

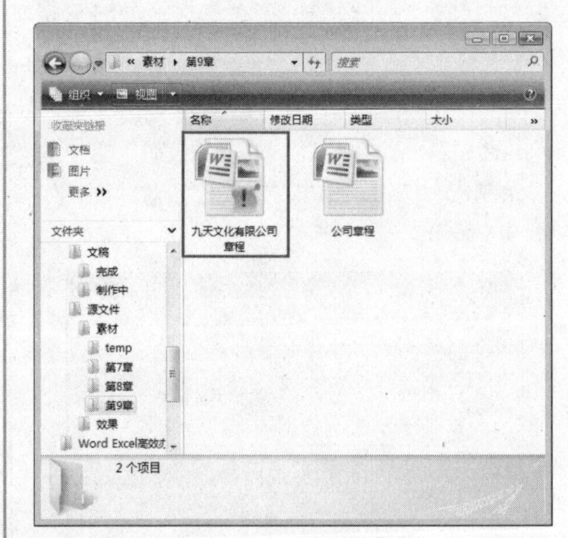

图 9-11 启用宏文档图标

2. 删除宏

删除不需要的宏，不仅可以节省空间，还可以方便宏的查找和使用，下面将详细介绍其具体操作方法。

① 打开含有宏的文档，单击“开发工具”选项卡“代码”组中的“宏”按钮，如图 9-12 所示。

② 弹出“宏”对话框，在宏列表框中选择需要删除的宏，单击“删除”按钮，如图 9-13 所示。

说明 保存到文档中的宏可以分为所有文档可用和单个文档可用两种。

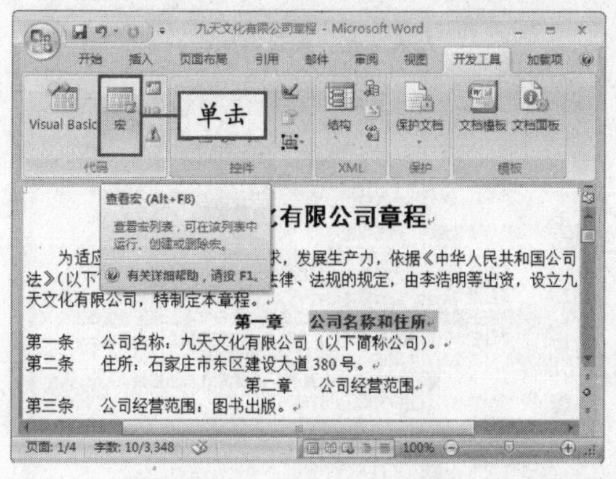

图 9-12　单击“宏”按钮

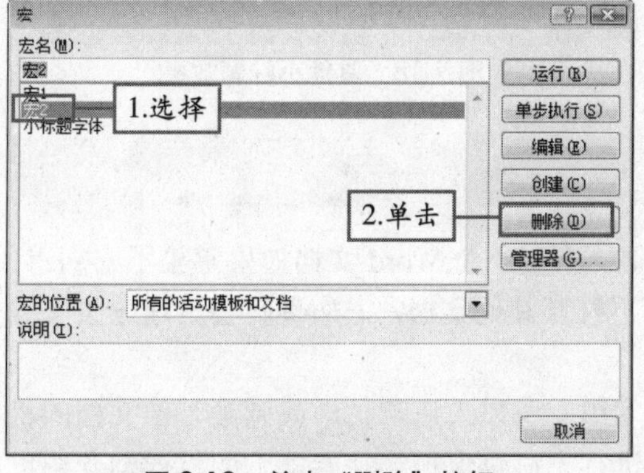

图 9-13　单击“删除”按钮

③ 弹出确认提示信息框，从中单击“是”按钮，即可删除选中的宏，如图 9-14 所示。

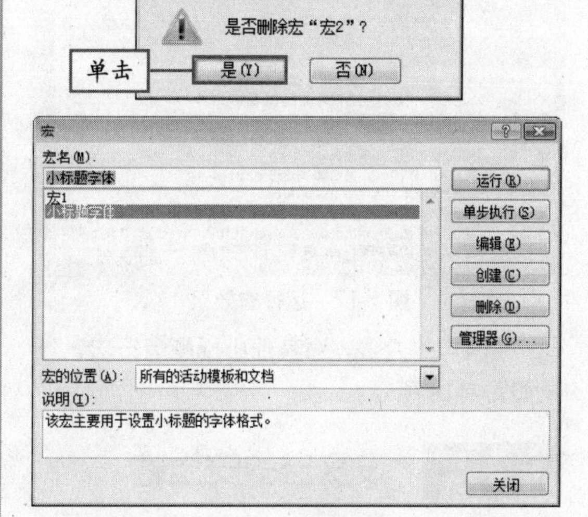

图 9-14　删除宏

9.1.4　运行宏

用户可通过多种方法来运行宏，下面以运行前面录制的宏“小标题字体”为例，介绍利用“宏”对话框运行宏的具体操作方法。

① 选中要使用宏进行格式化的第 2 个小标题，单击“开发工具”选项卡“代码”组中的“宏”按钮，如图 9-15 所示。

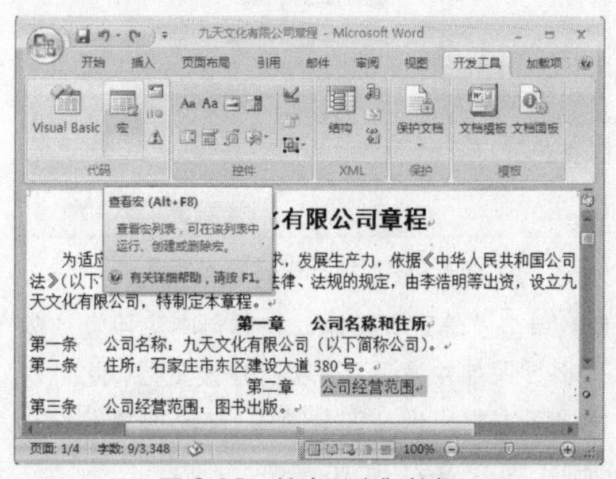

图 9-15　单击“宏”按钮

② 弹出“宏”对话框，从中选中要运行的宏的“小标题字体”，并单击“运行”按钮，如图 9-16 所示。

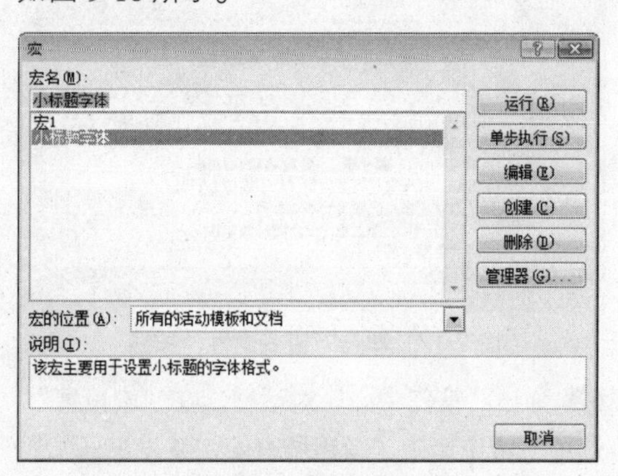

图 9-16　“宏”对话框

运行宏的过程就是逐步执行录制宏时创建的所有指令的过程。　说明

③ 此时，系统会对所选的文本运行宏，并得到最终结果，如图 9-17 所示。

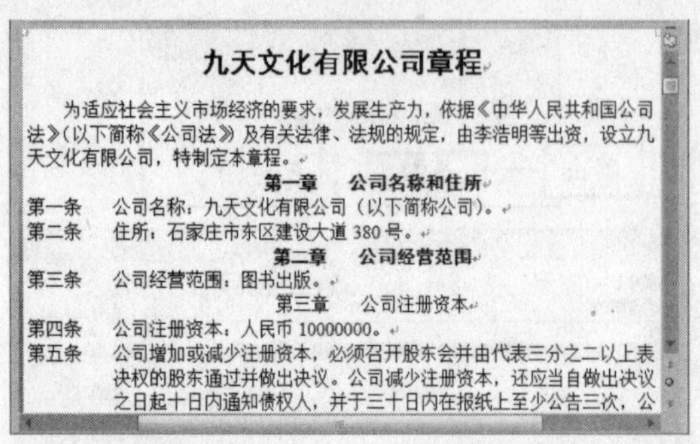

图 9-17 运行宏效果

④ 用同样的方法，对其他小标题运行宏，结果如图 9-18 所示。

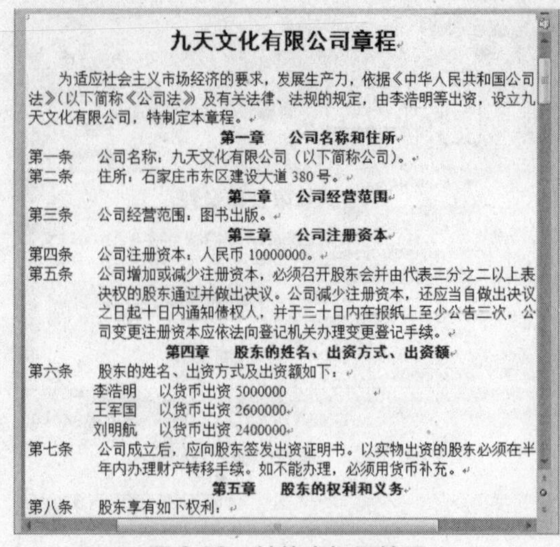

图 9-18 其他小标题效果

9.1.5 设置宏的安全性

使用宏可以简化操作，但也可能会受到宏病毒入侵。一个 Word 文档如果感染了宏病毒，在打开这个文档时，宏病毒程序就会被激活。若再打开其他文档，宏病毒就会迅速感染文档中的宏，从而使其感染宏病毒。

由于宏既能添加到模板中又能添加到单个文档中，所以宏病毒扩散或感染其他文档的机会就会大大增加。Word 内建立了检测宏病毒和进行宏病毒保护的功能，下面将详细介绍设置宏安全的具体操作方法。

① 在打开的包含宏的文档中单击“开发工具”选项卡“代码”组中的“宏安全性”按钮，如图 9-19 所示。

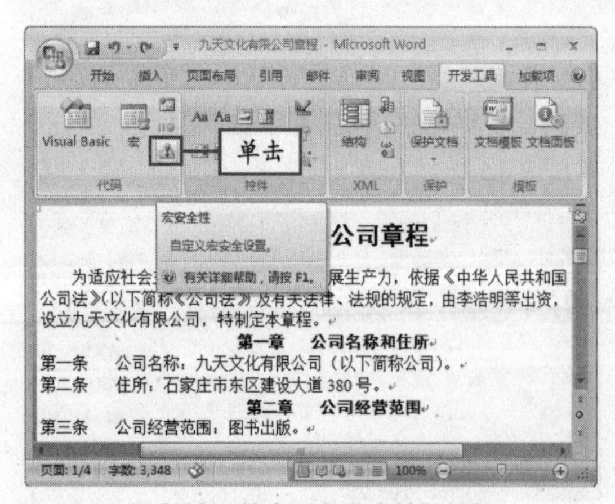

图 9-19 单击“宏安全性”按钮

② 弹出“信任中心”对话框，在“宏设置”选项区域中选中“禁用所有宏，并发出通知”单选按钮，如图 9-20 所示。

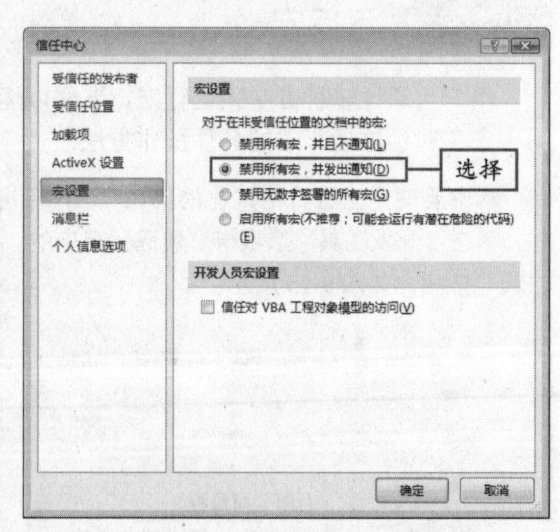

图 9-20 “信任中心”对话框

③ 单击“确定”按钮，在文档中应用宏，然后将其保存并关闭，再次打开该文档，此时功能区下方将出现“安全警告 宏已被禁用”的提示，如图 9-21 所示。

说明 和其他病毒一样，Word 中的宏病毒也是人为编制的计算机程序。

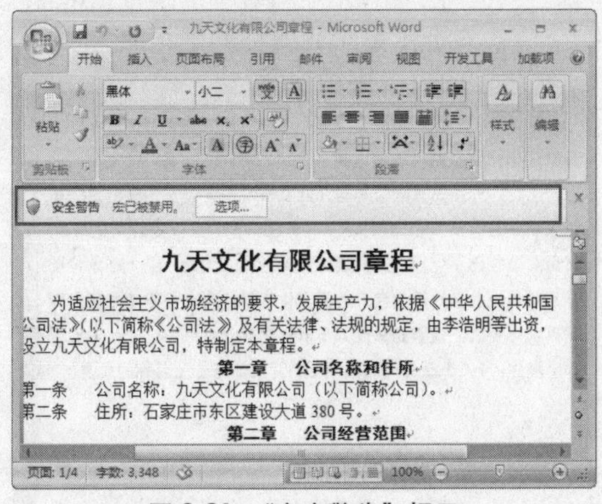

图 9-21　“安全警告”提示

④ 单击提示栏中的“选项”按钮，弹出“Microsoft Office 安全选项”对话框，若确认该文档中的宏没有被病毒感染，可选中“启用此内容”单选按钮，如图 9-22 所示。

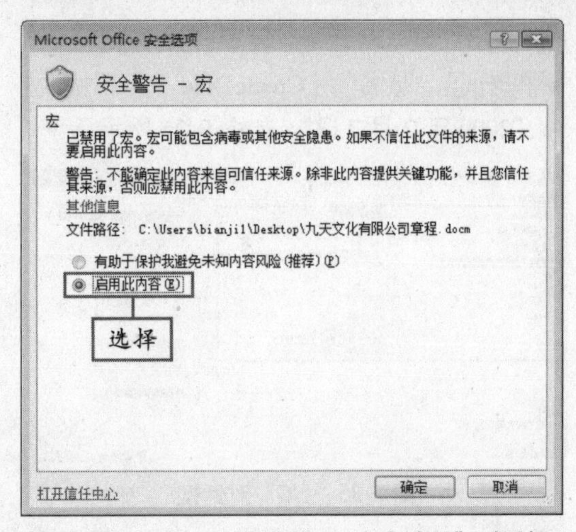

图 9-22　“Microsoft Office 安全选项”对话框

⑤ 单击“确定”按钮，即可启用该文档中被禁用的宏。

9.2　使用域

域是文档中的变量，有域代码和域结果两种显示方式。域代码是由域特征字符、域类型、域指令和开关组成的字符串；域结果是域代码所代表的信息，根据文档的变动或相应因素的变化而自动更新。

9.2.1　插入域

使用 Word 域可以实现许多复杂的工作。例如，自动编页码，图表的题注、脚注、尾注的号码；按不同格式插入日期和时间；通过链接与引用在活动文档中插入其他文档的部分或整体。下面以插入时间域为例，介绍域的插入操作方法。

① 打开“关于变更企业名称的登记申请报告”素材文件，将光标定位到落款文本最后一行，按【Enter】键换行，如图 9-23 所示。

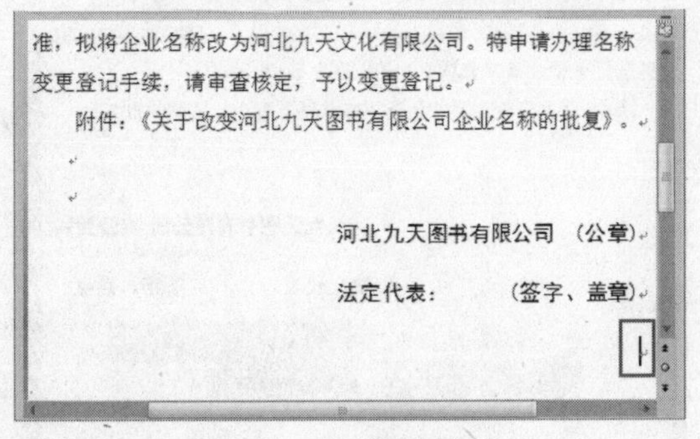

图 9-23　打开素材文本

② 单击“插入”选项卡“文本”组中的“文档部件”下拉按钮，在弹出的下拉菜单中选择“域”命令，如图 9-24 所示。

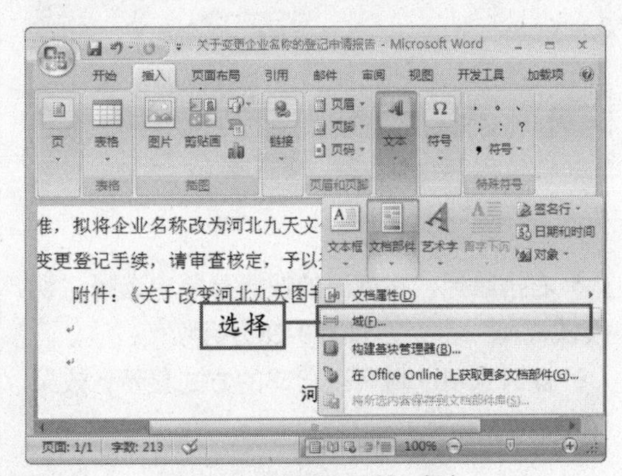

图 9-24　选择“域”命令

说明：在 Word 2007 中很少手动插入域，程序内部内置的域能满足大多数需求。

③ 弹出“域”对话框，设置“类别”为“日期和时间”，“域名”为 CreateDate，“日期格式”为“2009 年 2 月 7 日”，如图 9-25 所示。

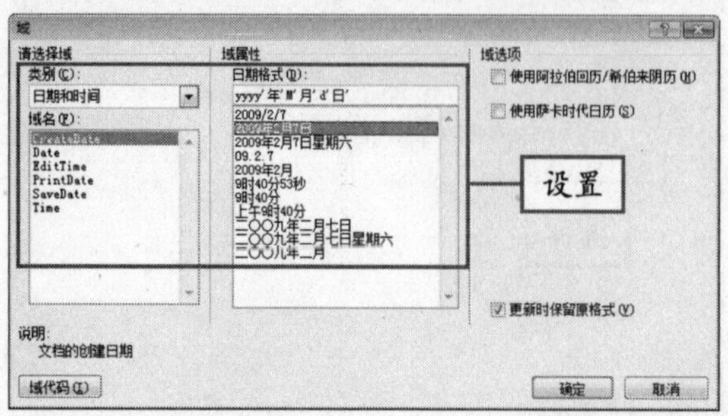

图 9-25 “域”对话框

④ 单击“确定”按钮，关闭对话框，在文档中插入日期和时间域，并适当调整域的位置，效果如图 9-26 所示。

关于变更企业名称的登记
申请报告

石家庄市东区工商行政管理局：

河北九天图书有限公司自开业以来，由于经营规模的扩大和经营项目的调整，现在已由主要经营图书变为主要经营文化用品，原企业名称已不能反映文化用品所属行业。为此，经上级单位批准，拟将企业名称改为河北九天文化有限公司。特申请办理名称变更登记手续，请审查核定，予以变更登记。

附件：《关于改变河北九天图书有限公司企业名称的批复》。

河北九天图书有限公司 （公章）

法定代表： （签字、盖章）

2009年2月7日

图 9-26 应用域效果

9.2.2 切换域的显示方式

插入到文档中的域，默认以结果的方式显示。用户可以将其切换为代码的形式进行编辑，下面将详细介绍具体操作方法。

① 继续对上一节已经插入域的“关于变更企业名称的登记申请报告”文档进行编辑，单击要切换显示方式的域，该域将以灰色底纹显示，如图 9-27 所示。

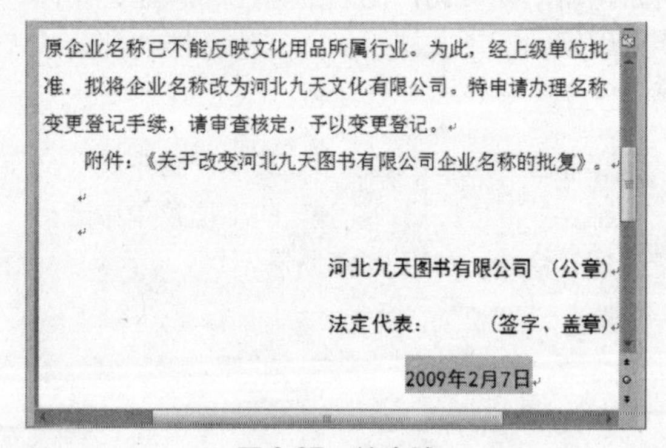
原企业名称已不能反映文化用品所属行业。为此，经上级单位批准，拟将企业名称改为河北九天文化有限公司。特申请办理名称变更登记手续，请审查核定，予以变更登记。

附件：《关于改变河北九天图书有限公司企业名称的批复》。

河北九天图书有限公司 （公章）

法定代表： （签字、盖章）

2009年2月7日

图 9-27 单击域

② 右击鼠标，在弹出的快捷菜单中选择“切换域代码”命令，如图 9-28 所示。

③ 此时选中的域将以代码的方式显示，效果如图 9-29 所示。

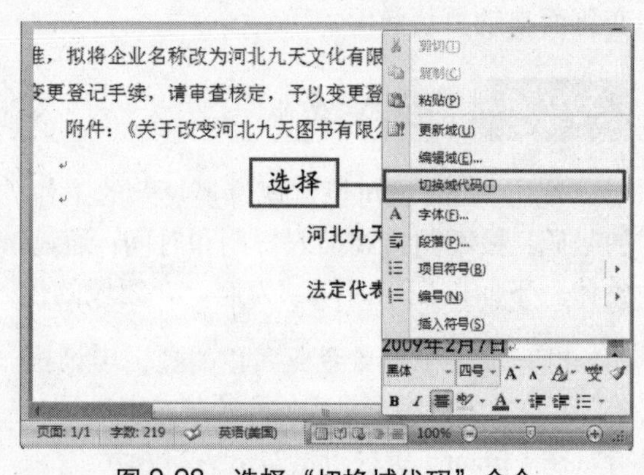

图 9-28 选择“切换域代码”命令

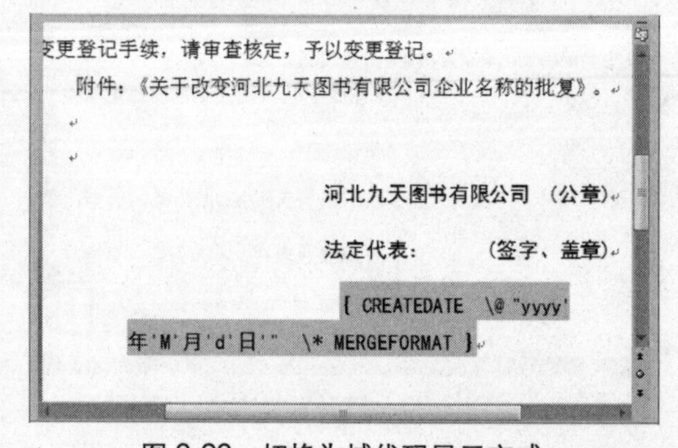
变更登记手续，请审查核定，予以变更登记。

附件：《关于改变河北九天图书有限公司企业名称的批复》。

河北九天图书有限公司 （公章）

法定代表： （签字、盖章）

{ CREATEDATE \@ "yyyy'年'M'月'd'日'" * MERGEFORMAT }

图 9-29 切换为域代码显示方式

技巧 按【Shift+F9】组合键，可实现域代码和域结果之间的转换。

④选中代码，右击鼠标，在弹出的快捷菜单中选择“切换域代码”命令，如图 9-30 所示。

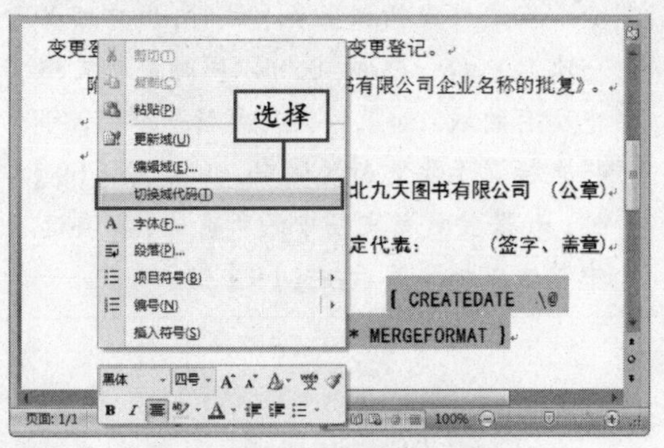

图 9-30　选择要删除的部分

⑤此时，选中的域将切换回结果显示方式，效果如图 9-31 所示。

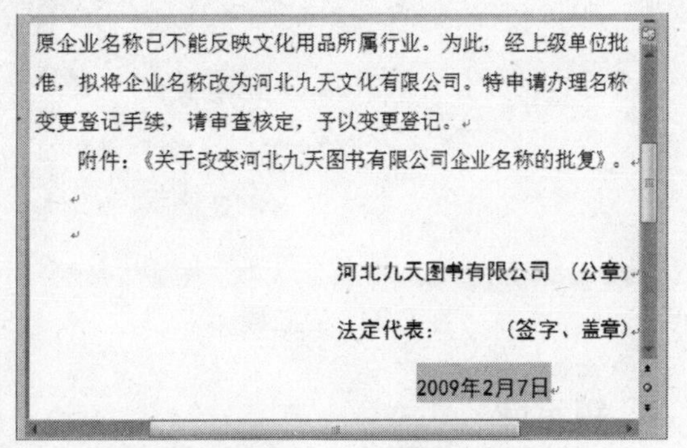

图 9-31　更改域

9.2.3　更新和锁定域

域不同于普通的文字，域的内容是可以更新的。但有时候，用户并不希望域更新，此时可以暂时锁定域，以后在需要更新时再解除对域的锁定，也可以永久性地将当前域结果转换为普通的文字或图形。

1．更新域

若是用户对域进行了修改，可通过以下方法进行更新：

① 打开前面已经插入了域的文档，单击要修改的域，对其进行如下修改，如图 9-32 所示。

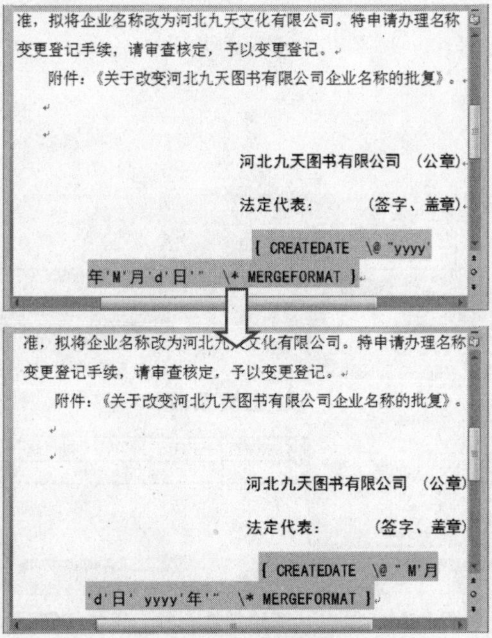

图 9-32　修改域

② 在域上单击鼠标右键，在弹出的快捷菜单中选择“更新域”选项，如图 9-33 所示。

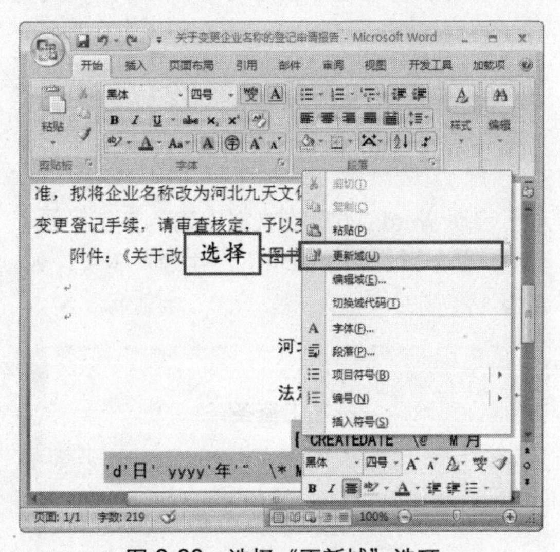

图 9-33　选择“更新域”选项

③ 此时，文档中的域将以结果的形式显示，并已经更新，效果如图 9-34 所示。

执行“更新域”命令后的域，在文档中以结果的方式显示。　说明

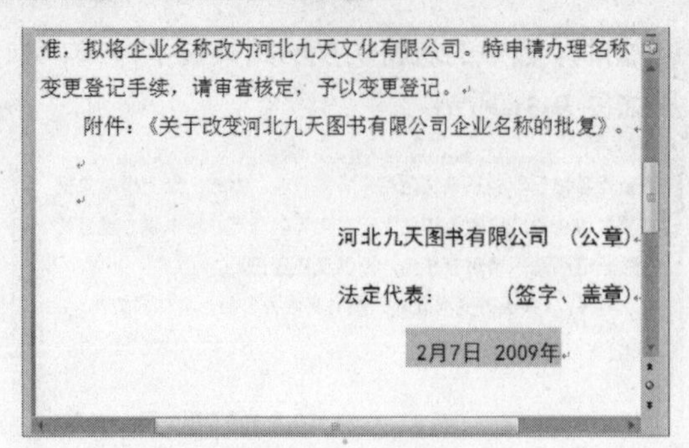
准，拟将企业名称改为河北九天文化有限公司。特申请办理名称变更登记手续，请审查核定，予以变更登记。

附件：《关于改变河北九天图书有限公司企业名称的批复》。

河北九天图书有限公司 （公章）

法定代表： （签字、盖章）

2月7日 2009年

图 9-34 更新域

教你一招

当文档中插入了多个域时，用户可以一次只更新一个域，也可以同时更新文档中所有的域。如果一次只更新一个域，可将光标置于要更新的域中，然后按【F9】键；如果要更新文档中的所有域，则要选中整个文档，然后按【F9】键。

2. 锁定域

在不需要更新域的情况下，可以将域锁定。下面介绍几种锁定域的方法：

- 选中域，然后按【Ctrl+F11】组合键，可将其暂时锁定。
- 选中锁定的域，然后按【Ctrl+Shift+F11】组合键，可解除域的锁定状态。
- 将鼠标置于域中，然后按【Ctrl+Shift+F9】组合键，可将当前域结果永久性地转换为普通的文字或图形。

9.2.4 邮件合并

Word 中邮件合并的操作步骤为：先建立两个文档，一个包括所有文件公共内容的主文档（如未填写的工资条等）和一个包括变化信息的数据源（如填写的工资详细情况等），然后使用邮件合并功能在主文档中插入变化的信息，用户可以将合成后的文件保存为 Word 文档，也可以打印出来，还可以以邮件的形式发送出去。下面以制作工资条为例，介绍邮件合并的操作方法。

1. 创建主文档

创建工资条主文档的具体操作步骤如下：

① 启动 Word 2007，在文档中输入文档标题，然后插入一个 7×2 的表格，并输入表头，如图 9-35 所示。

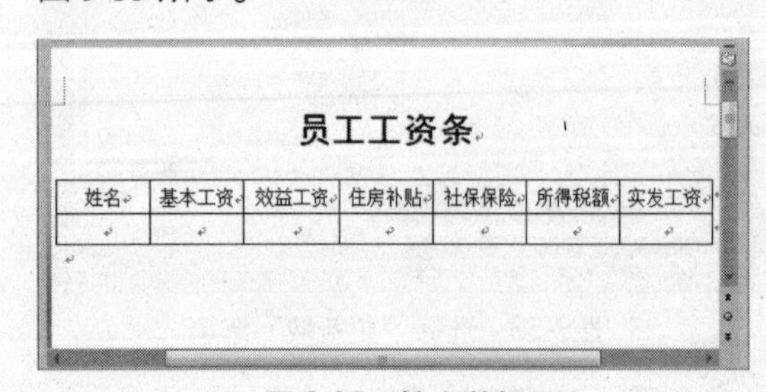
员工工资条

姓名	基本工资	效益工资	住房补贴	社保保险	所得税额	实发工资

图 9-35 输入数据

② 单击“邮件”选项卡“开始邮件合并”组中的“开始邮件合并”下拉按钮，如图 9-36 所示。

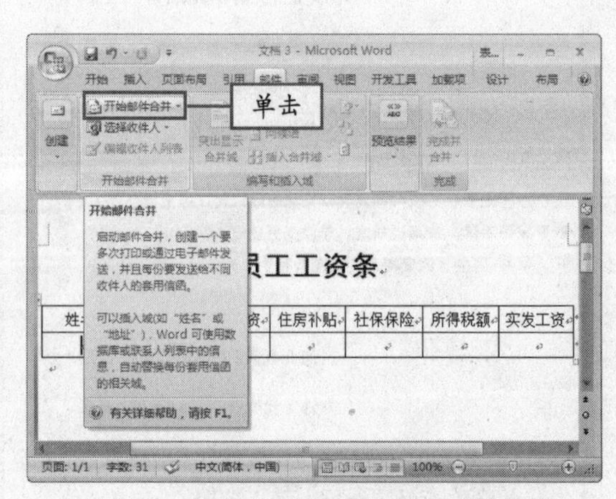

图 9-36 单击“开始邮件合并”下拉按钮

 说明 Word 中的邮件合并功能常用于批量创建工作信函。

③ 在弹出的下拉菜单中选择“普通 Word 文档”命令（见图 9-37），将该文档设置成为普通文档，完成主文档创建工作。

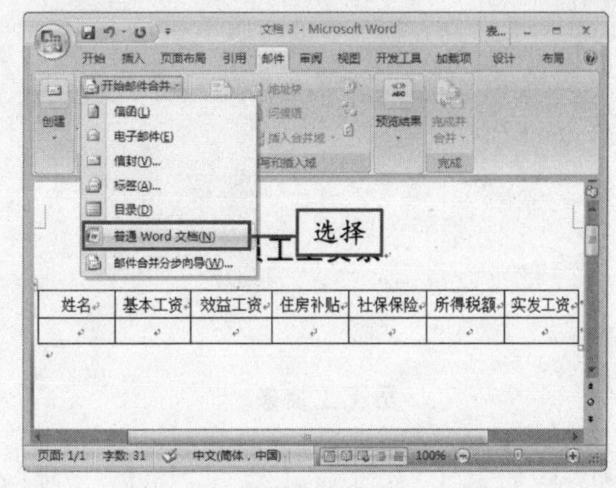

图 9-37　转换为普通 Word 文档

2. 选择数据源

数据源是指邮件合并时，为主文档提供变量的文件。其具体操作步骤如下：

① 将光标置于主文档的表格中，单击“邮件”选项卡“开始合并邮件”组中的“选择收件人”下拉按钮，在弹出的下拉菜单中选择“使用现有列表”命令，如图 9-38 所示。

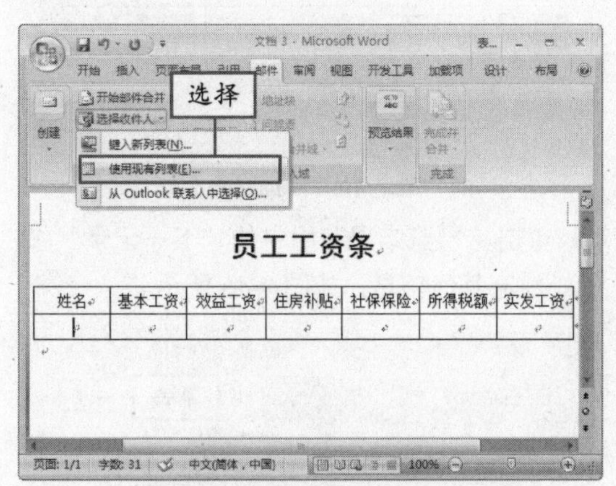

图 9-38　选择“使用现有列表”命令

② 弹出“选择数据源”对话框，在列表中找到“员工工资表”表格所在文件夹，并在右侧文件列表中选中该表，如图 9-39 所示。

③ 单击“打开”按钮，弹出“选择表格”对话框，从中选择数据源所在的工作表，如图 9-40 所示。

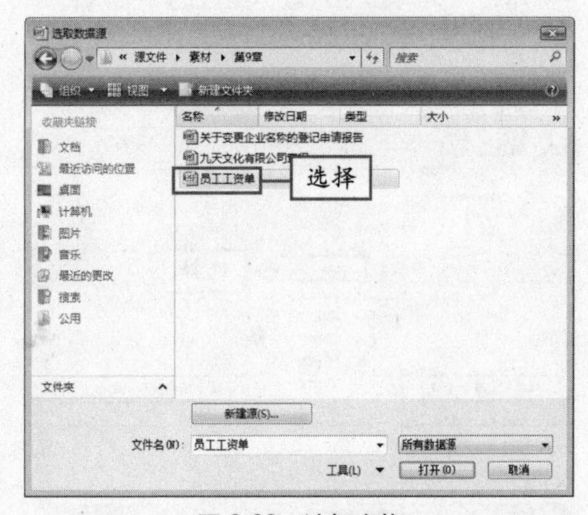

图 9-39　选择表格

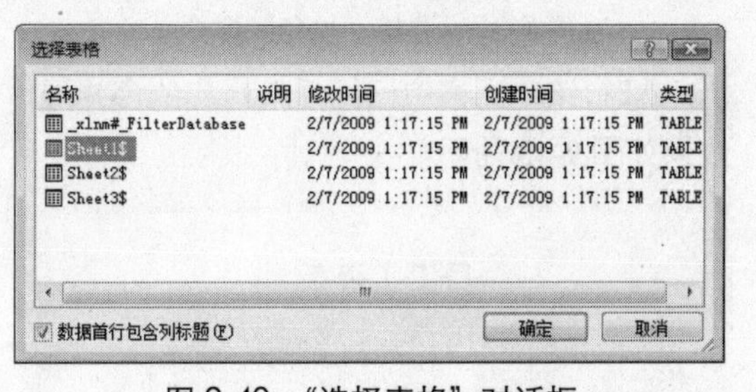

图 9-40　“选择表格”对话框

④ 单击“确定”按钮，将数据源连接到主文档。

3. 插入合并域

在主文档中插入合并域的具体操作步骤如下：

作为数据源的文件可以为 Word 文档、Excel 文件或 Access 数据库等多种格式。　说明

① 将光标插入到主文档表格“姓名”单元格下方的单元格中，单击“邮件”选项卡，如图 9-41 所示。

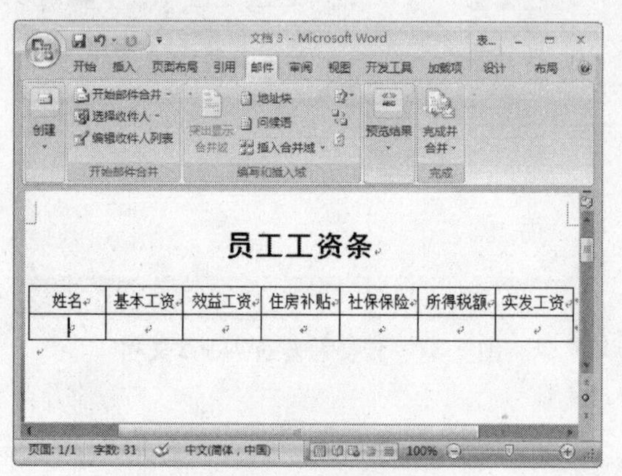

图 9-41 单击“邮件”选项卡

② 单击“编写和插入域”组中的“插入合并域”按钮右侧的下拉按钮，在弹出的下拉菜单中选择“姓名”命令，如图 9-42 所示。

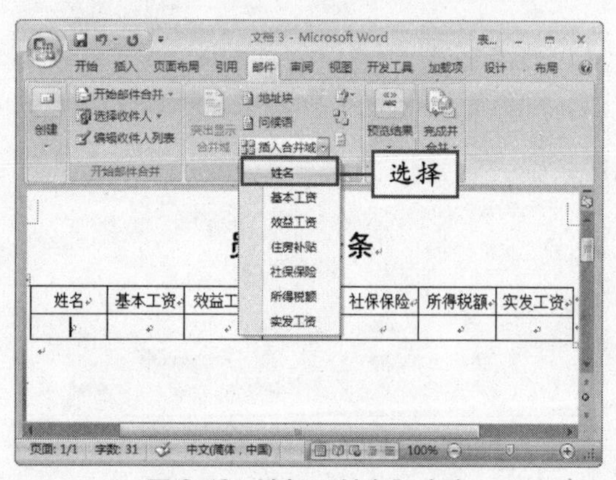

图 9-42 选择“姓名”命令

③ 此时，该单元格中已经插入对应的合并域，效果如图 9-43 所示。

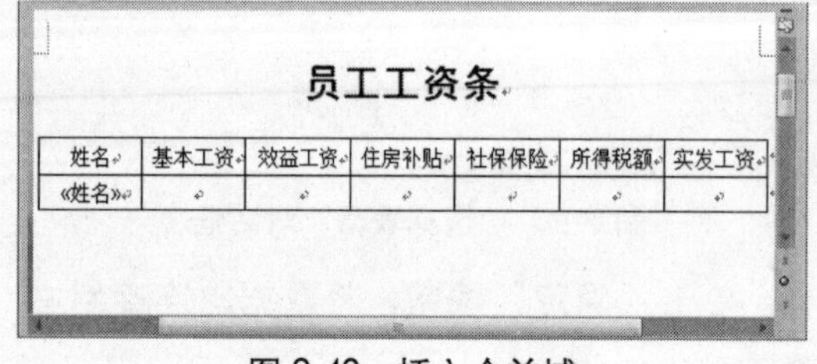

图 9-43 插入合并域

④ 用同样的方法，在其他单元格中插入对应的合并域，效果如图 9-44 所示。

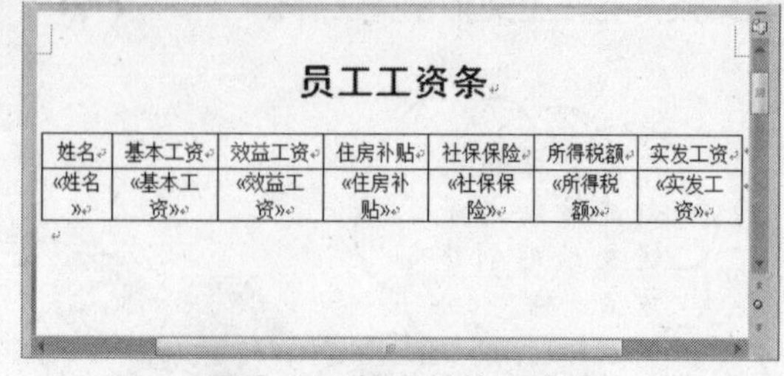

图 9-44 插入其他合并域

⑤ 单击“预览结果”组中的“预览结果”按钮，可查看插入域后的文档效果，如图 9-45 所示。

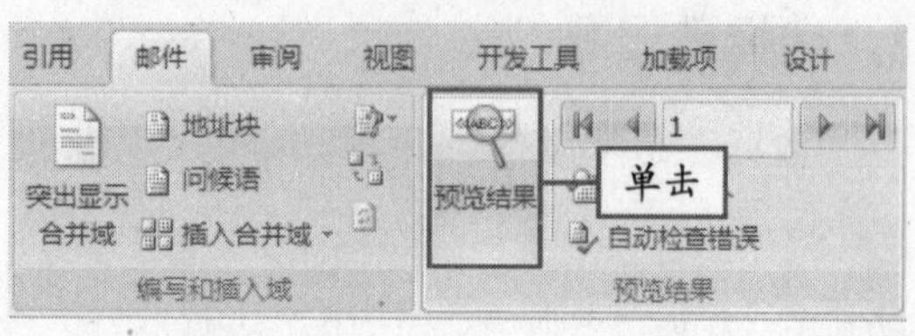

图 9-45 预览结果

⑥ 单击“预览结果”组中的“下一记录”按钮，预览其他信息，如图 9-46 所示。

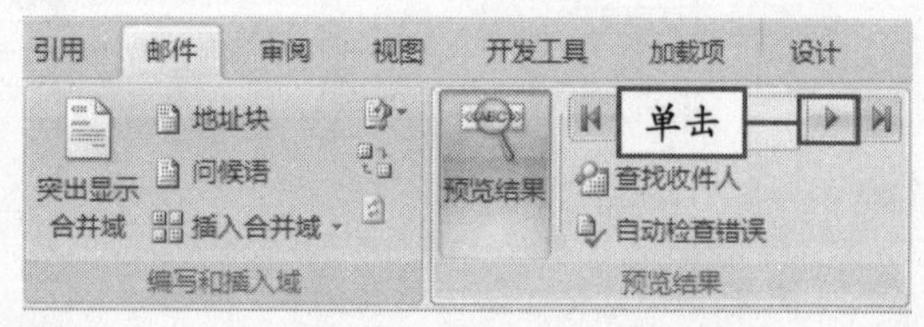

图 9-46 预览其他信息

4. 执行合并

在主文档中插入了合并域后，就需要合并文档了，具体操作步骤如下：

说明 选择数据源后，作为数据源表格中的标题行会自动添加到合并域列表中。

① 单击“邮件”选项卡“完成”组中的“完成并合并”下拉按钮，弹出如图 9-47 所示的下拉菜单。

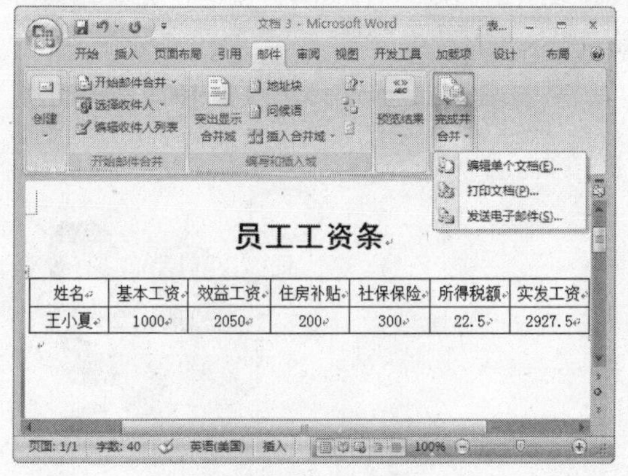

图 9-47 下拉菜单

② 从中选择“编辑单个文档”命令，弹出“合并到新文档”对话框，选中“全部”单选按钮，如图 9-48 所示。

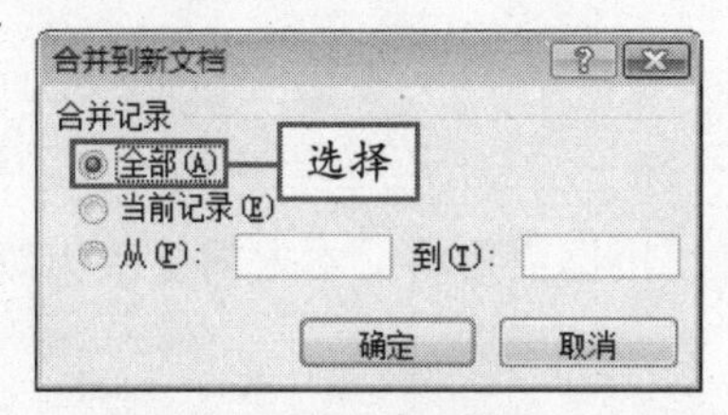

图 9-48 “合并到新文档”对话框

③ 单击“确定”按钮，系统自动生成“信函 1”文档，适当调整标题文本，效果如图 9-49 所示。

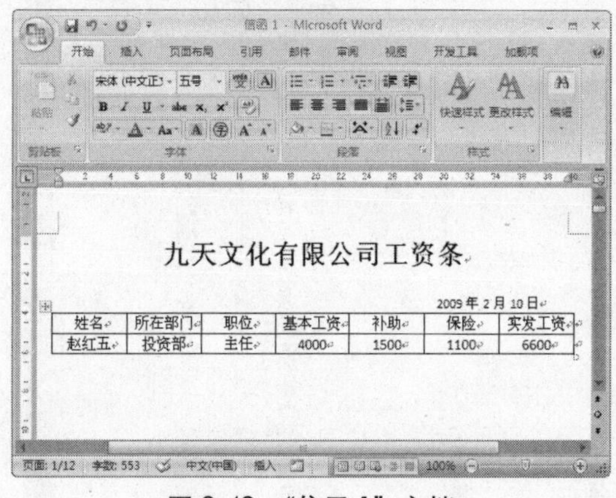

图 9-49 “信函 1”文档

专家解疑

使用邮件合并创建工资条，会自动在每条信息之间插入一个分节符，使每条信息各占一页。这样，既不方便查看，又浪费资源，用户可通过替换的方法，将信息连续显示。

④ 单击“开始”选项卡“编辑”组中的“替换”按钮，打开“查找和替换”对话框，并单击“更多”按钮，展开高级选项板，如图 9-50 所示。

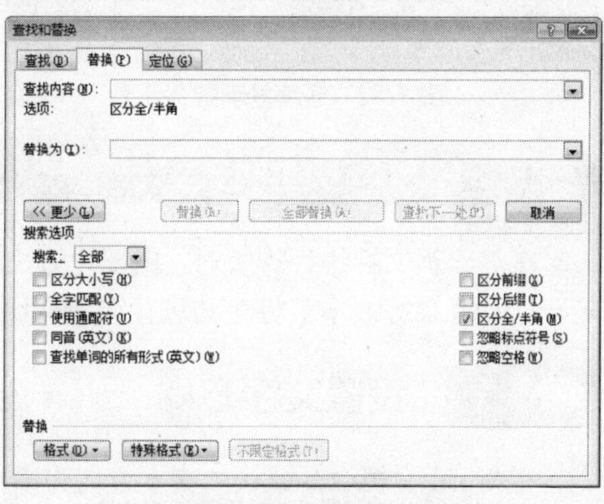

图 9-50 “查找和替换”对话框

⑤ 单击“特殊格式”下拉按钮，在弹出的下拉菜单中选择“分节符”命令，并在“替换为”下拉列表框中输入“^p^p”,如图 9-51 所示。

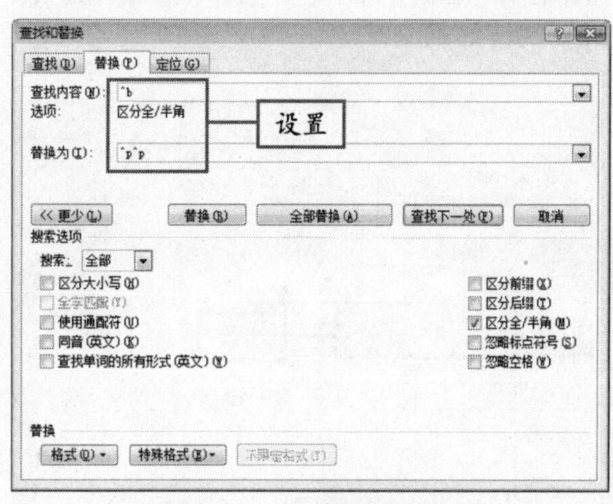

图 9-51 设置替换选项

⑥ 单击“全部替换”按钮，在弹出的提示信息框中单击“确定”按钮，即可将信息连续显示，效果如图 9-52 所示。

说明 邮件合并实际上也属于域的一种。

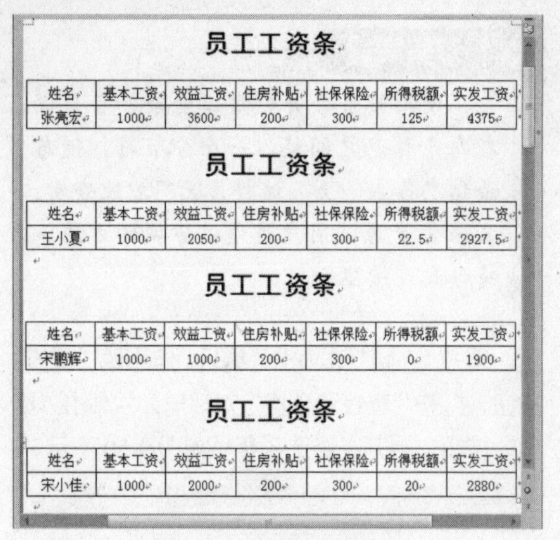

员工工资条

姓名	基本工资	效益工资	住房补贴	社保保险	所得税额	实发工资
张亮宏	1000	3600	200	300	125	4375

员工工资条

姓名	基本工资	效益工资	住房补贴	社保保险	所得税额	实发工资
王小夏	1000	2050	200	300	22.5	2927.5

员工工资条

姓名	基本工资	效益工资	住房补贴	社保保险	所得税额	实发工资
宋鹏辉	1000	1000	200	300	0	1900

员工工资条

姓名	基本工资	效益工资	住房补贴	社保保险	所得税额	实发工资
宋小佳	1000	2000	200	300	20	2880

图 9-52　连续显示信息

9.3　页面设置

在对一篇文档进行排版时，需要设置文本的方向、页边距、纸张大小和方向、分栏、分隔符以及背景等，本节将对其进行详细介绍。

9.3.1　设置文字方向

在 Word 文档中，默认的文本方向为横向，用户可以根据需要将文本方向更改为纵向，其具体操作方法如下：

① 打开“请柬”素材文件，单击“页面布局”选项卡“页面设置”组中的“文字方向”按钮，在弹出的下拉面板中选择“垂直”选项，如图 9-53 所示。

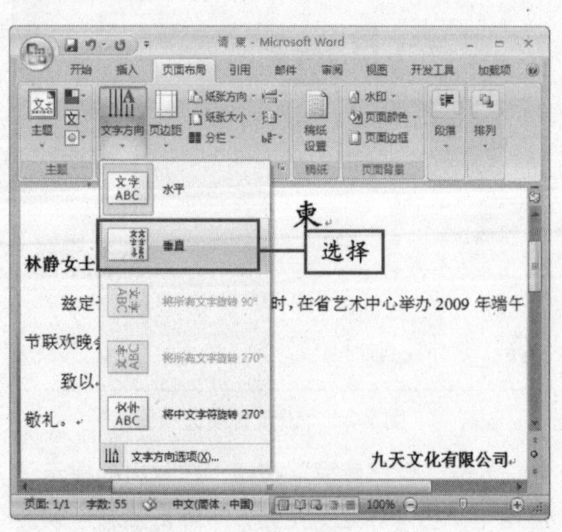

图 9-53　选择“垂直”选项

② 此时，文档中的文本将以垂直方向排列，运用前面章节所学知识，适当调整文档文本位置和格式，得到的结果如图 9-54 所示。

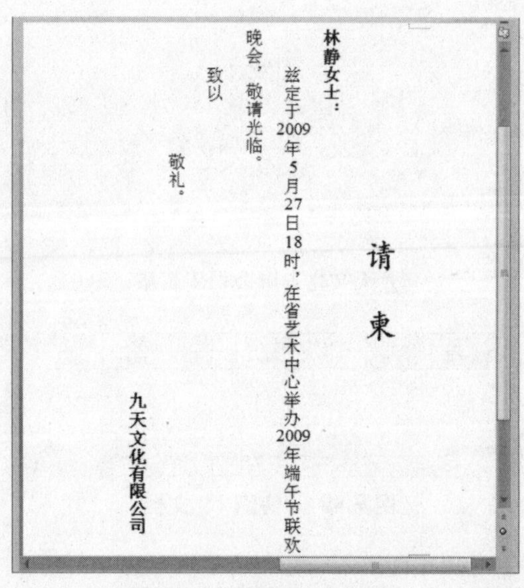

请柬

林静女士：

兹定于2009年5月27日18时，在省艺术中心举办2009年端午节联欢晚会，敬请光临。

致以

敬礼。

九天文化有限公司

图 9-54　更改文字方向

说明　在“页面设置”对话框的“文档网格”选项卡中，也可设置文字的排列方向。

9.3.2 设置页边距

页边距是指文档与纸张边缘的距离，其设置方法如下：

① 继续对“请柬”素材文档进行设置。单击“页面布局”选项卡“页面设置”组中的“页边距”下拉按钮，弹出如图 9-55 所示的下拉面板。

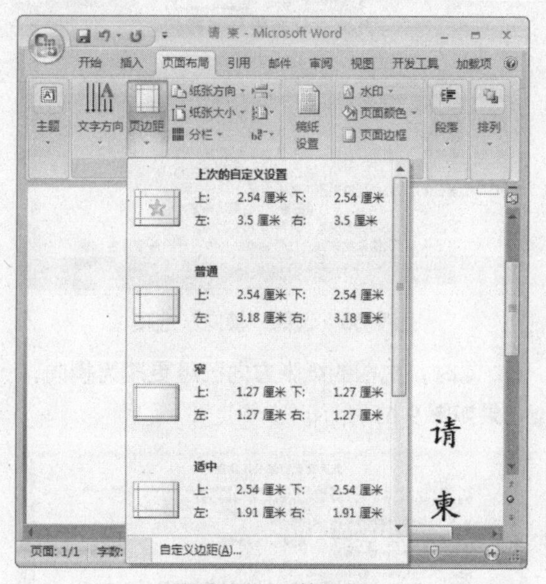

图 9-55　下拉面板

② 从中选择“自定义边距”选项，弹出“页面设置”对话框，在“上”、“下”、“左”、“右”数值框中均输入 4，如图 9-56 所示。

③ 单击“确定”按钮，完成设置，适当调整文档，效果如图 9-57 所示。

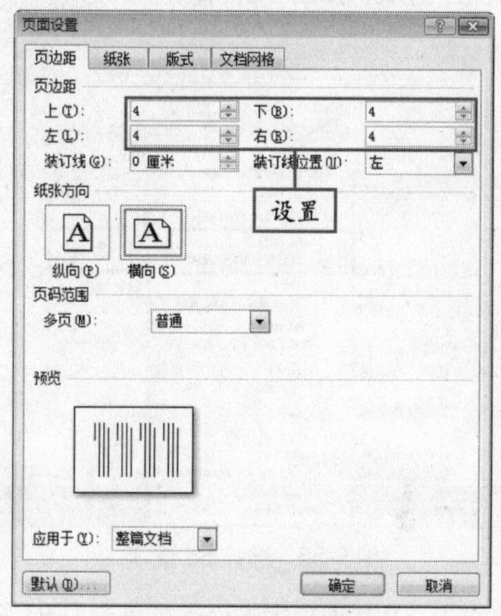

图 9-56　设置段落格式

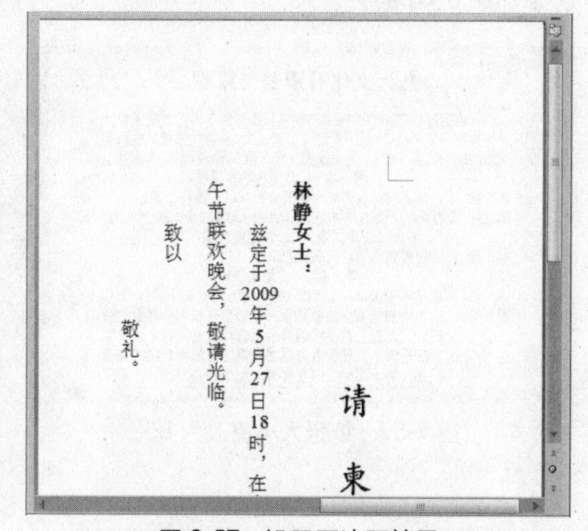

图 9-57　设置页边距效果

使用“页边距”对话框可以轻松、精确地设置页面边距。若是不需要精确设置，可以通过拖动标尺上“左边距”和“右边距”标记调整左、右页边距。

9.3.3 设置纸张大小和方向

打印文档前一般要设置合适的纸张大小和方向，常用的纸张有 A4、B5 和 16 开等；纸张方向有两种，分别为横向和纵向。下面将详细介绍纸张的设置方法。

① 打开“九天文化有限公司章程”素材文件，单击“页面布局”选项卡“页面设置”组中的“纸张大小”下拉按钮，在弹出的下拉面板中选择 B5 选项，如图 9-58 所示。

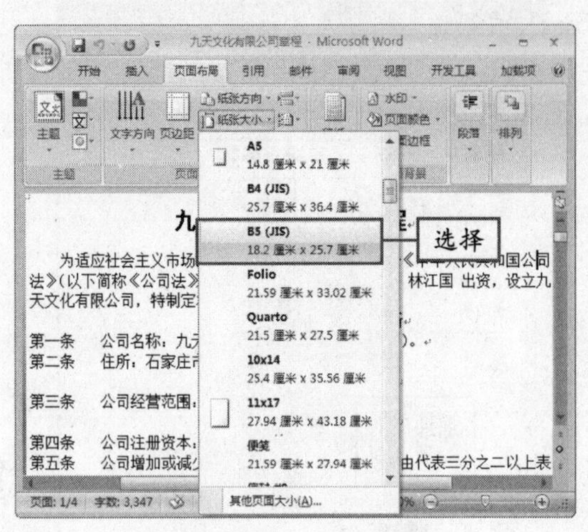

图 9-58　选择 B5 选项

② 此时，文档的纸张大小已经更改为 B5 纸，效果如图 9-59 所示。

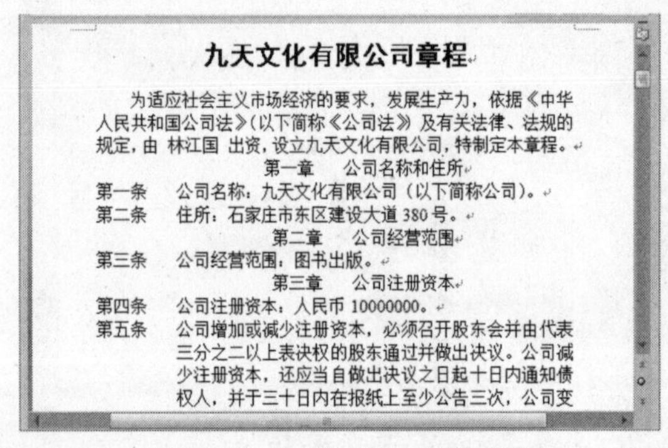
九天文化有限公司章程

为适应社会主义市场经济的要求，发展生产力，依据《中华人民共和国公司法》（以下简称《公司法》）及有关法律、法规的规定，由 林江国 出资，设立九天文化有限公司，特制定本章程。

第一章　公司名称和住所

第一条　公司名称：九天文化有限公司（以下简称公司）。

第二条　住所：石家庄市东区建设大道 380 号。

第二章　公司经营范围

第三条　公司经营范围：图书出版。

第三章　公司注册资本

第四条　公司注册资本：人民币 10000000。

第五条　公司增加或减少注册资本，必须召开股东会并由代表三分之二以上表决权的股东通过并做出决议。公司减少注册资本，还应当自做出决议之日起十日内通知债权人，并于三十日内在报纸上至少公告三次，公司变

图 9-59　纸张大小更改为 B5

③ 单击“纸张方向”下拉按钮，在弹出的下拉菜单中选择“横向”选项，如图 9-60 所示。

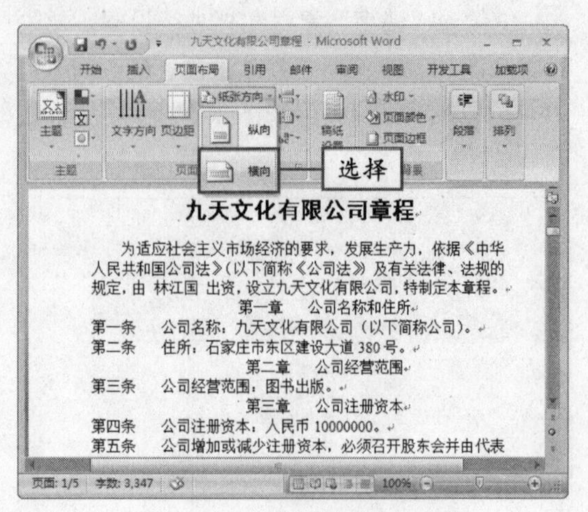

图 9-60　选择“横向”选项

④ 此时，文档的纸张方向已经更改为横向，效果如图 9-61 所示。

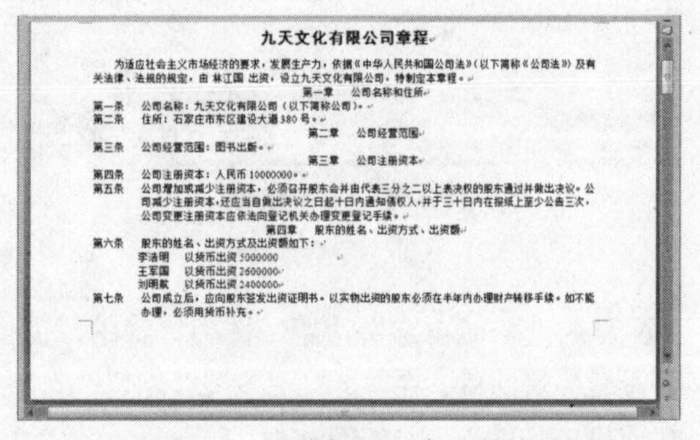

图 9-61　更改纸张方向后的效果

9.3.4　设置分栏

在报刊杂志上常见到文档的分栏，分栏既可以美化页面，又可以方便读者阅读。下面将详细介绍文档分栏的具体操作方法。

说明　有时为了满足图片、图表、表格或其他文档特殊的要求，需要将页面设置为横向。

① 在“九天文化有限公司章程”文档中选中要设置分栏的文字，如图 9-62 所示。

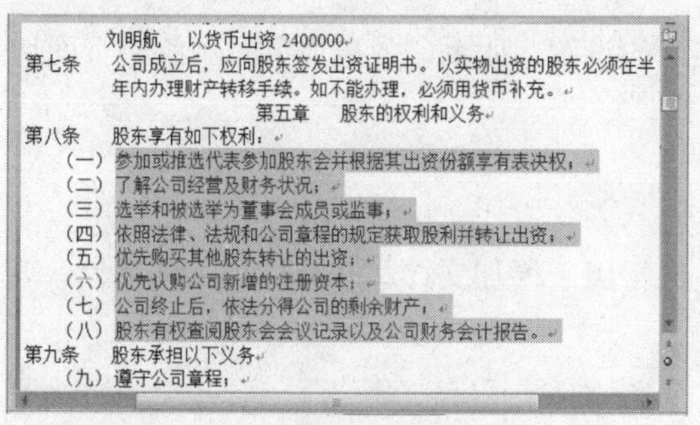

图 9-62　选择文字

② 单击“页面布局”选项卡“页面设置”组中的“分栏”下拉按钮，在弹出的下拉面板中选择“两栏”选项，如图 9-63 所示。

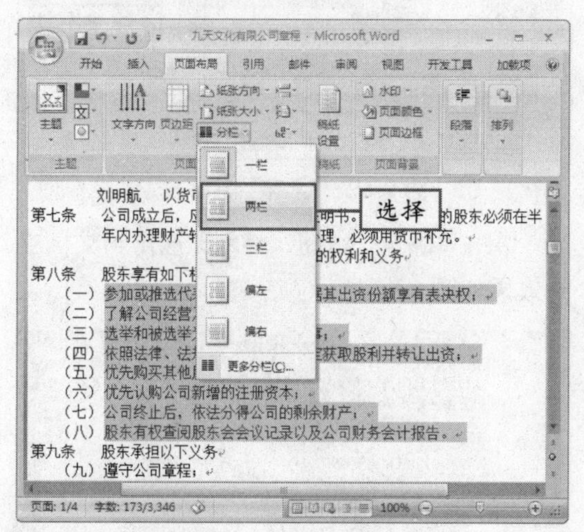

图 9-63　选择“两栏”选项

③ 分栏后的文档效果如图 9-64 所示。

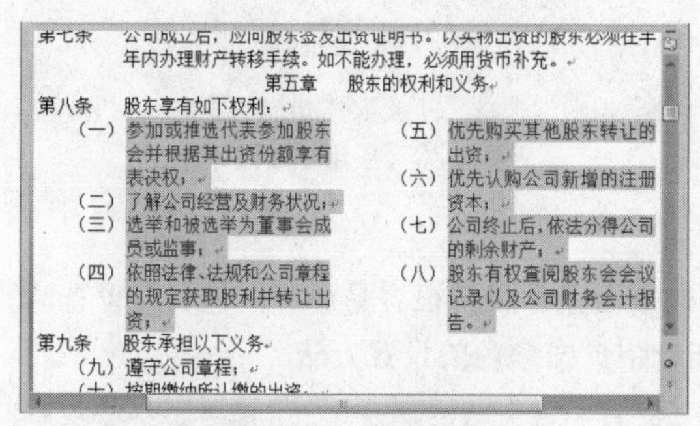

图 9-64　分栏效果

④ 如需要分栏且栏宽不等，可在“分栏”下拉面板中选择“更多分栏”选项，弹出“分栏”对话框，如图 9-65 所示。

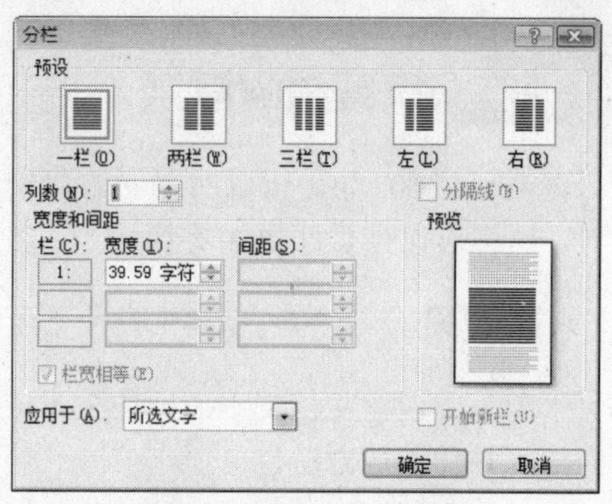

图 9-65　“分栏”对话框

⑤ 在“预设”选项区中单击“两栏”图标，选择“分隔线”复选框，取消选择“栏宽相等”复选框，单击“宽度”数值框的微调按钮，调整宽度，如图 9-66 所示。

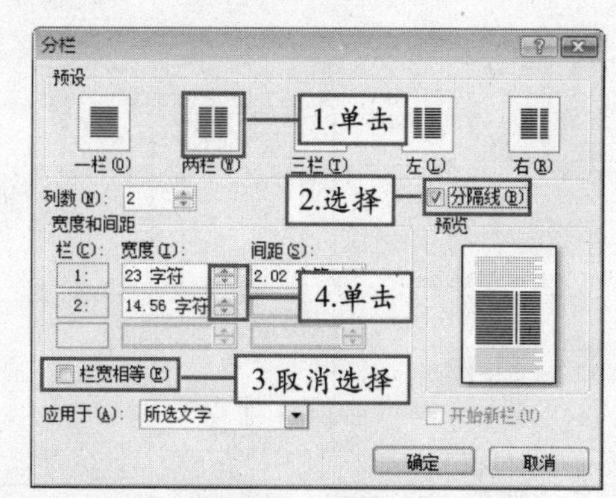

图 9-66　设置分栏

教你一招

单击“宽度”数值框的微调按钮，调整其中一栏的宽度，另外一栏的宽度会自动调整。

⑥ 单击“确定”按钮，得到的分栏效果如图 9-67 所示。

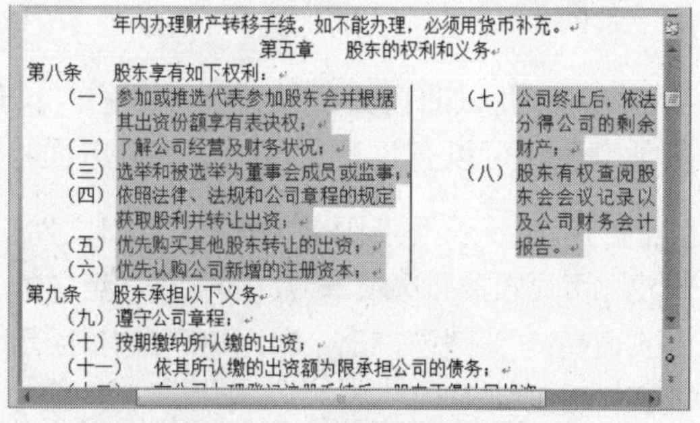

图 9-67　不等宽分栏效果

用户可以在“分栏”对话框的“列数”数值框中设置分栏数目。　**说明**

9.3.5 设置页面背景

在 Word 2007 中，可以对页面的背景进行相应的设置，如水印效果、页面颜色和页面边框等，这样可以使页面更加美观。

1. 水印效果

水印是出现在文档文本后面的文本或图片，通常用于增加文档趣味或标识文档属性，下面介绍其具体添加方法。

① 打开“九天文化有限公司章程”素材文件，单击“页面布局”选项卡“页面背景”组中的“水印”下拉按钮，在弹出的下拉面板中选择“自定义水印”选项，如图 9-68 所示。

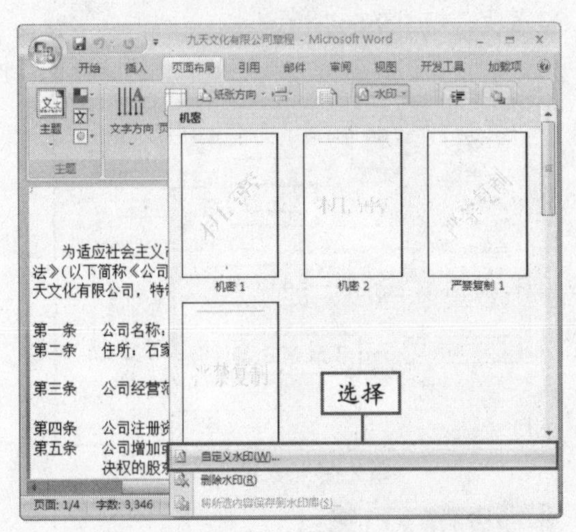

图 9-68 选择“自定义水印”选项

② 弹出“水印”对话框，选中“文字水印”单选按钮，设置“文字”为“公司绝密”，“字体”为“隶书”，“字号”为 72，“颜色”为深灰色，其他选项保持不变，如图 9-69 所示。

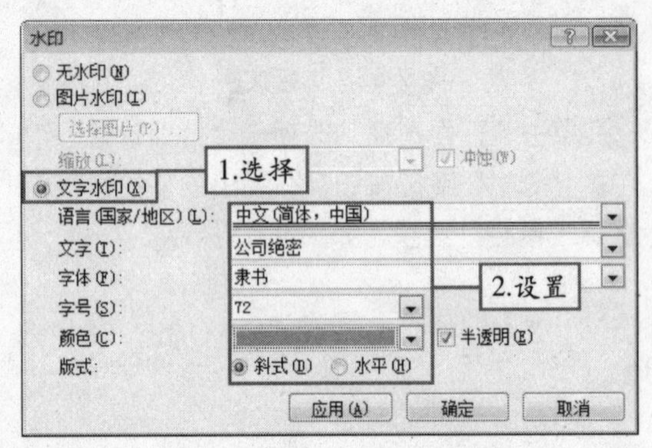

图 9-69 “水印”对话框

③ 单击“确定”按钮，将水印应用到文档中的效果如图 9-70 所示。

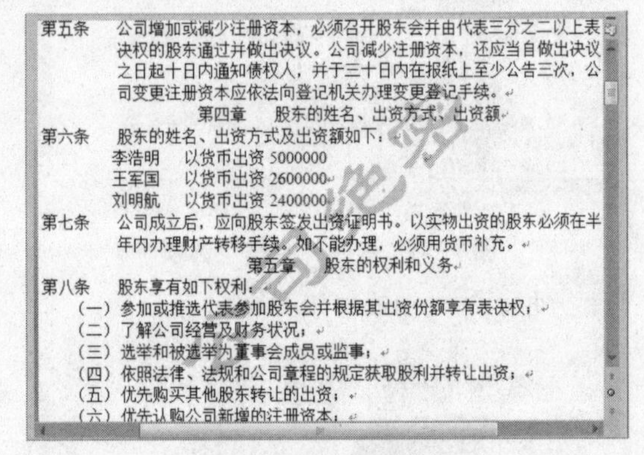

图 9-70 应用水印效果

2. 页面颜色

Word 默认的页面背景颜色为白色，长时间使用白色，眼睛很容易疲劳，将页面设置为其他颜色，可以有效改变这种情况。下面将详细介绍页面颜色的设置方法。

① 打开“九天文化有限公司章程”素材文件，单击“页面布局”选项卡“页面背景”组中的“页面颜色”下拉按钮，弹出如图 9-71 所示的调色板。

② 从中单击需要的颜色，此时文档的背景颜色已更改，效果如图 9-72 所示。

说明　在“水印”对话框的“文字”下拉列表框中可自定义作为水印背景的文字。

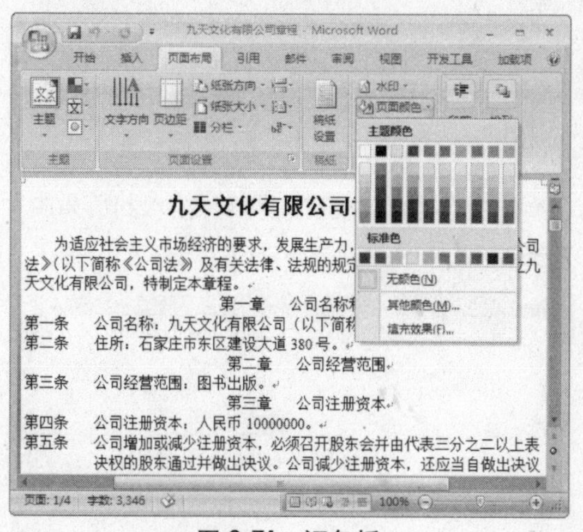

图 9-71　调色板

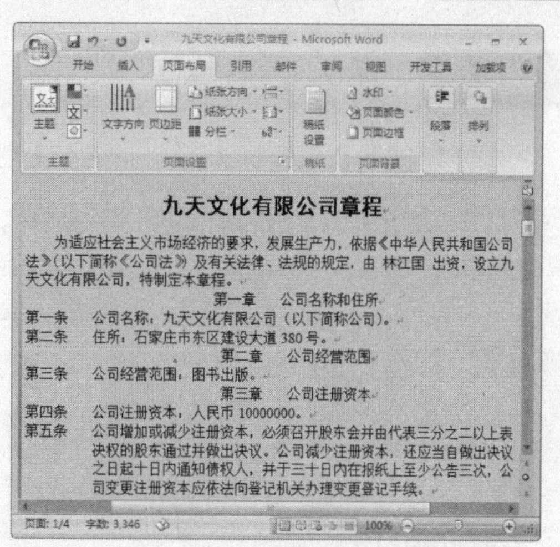

图 9-72　设置页面颜色效果

3. 页面边框

为页面添加边框，可以使文档的外观更漂亮。用户可以为文档添加线形边框，还可以添加艺术性边框，其操作方法如下：

① 继续上一节的操作，单击“页面背景”组中的“页面边框”按钮，如图 9-73 所示。

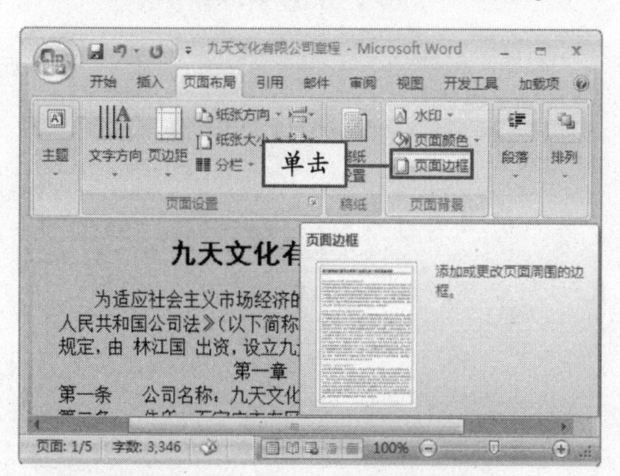

图 9-73　单击“页面边框”按钮

② 弹出“边框和底纹”对话框，在“艺术型”下拉列表框中选择合适的边框样式，设置“宽度”为“14 磅”，如图 9-74 所示。

③ 单击“确定”按钮，为文档添加边框，效果如图 9-75 所示。

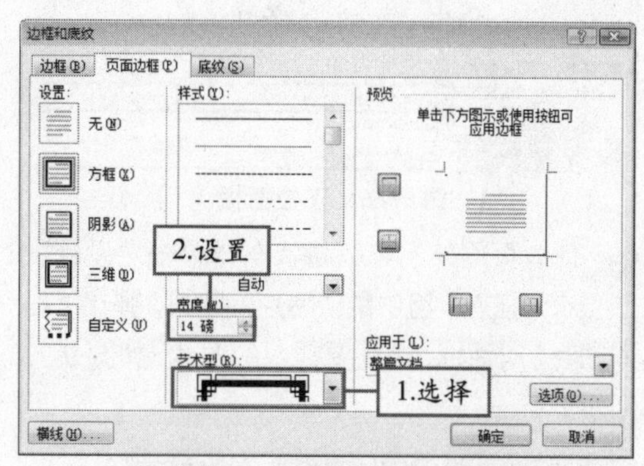

图 9-74　“边框和底纹”对话框

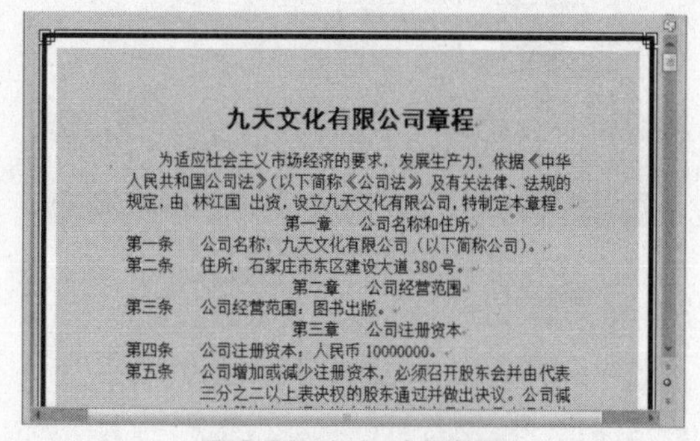

图 9-75　添加边框效果

9.4　插入页眉和页脚

页眉和页脚分别位于文档的顶部和底部，常常用来插入标题、页码、日期等文本，也可插入公司徽标等图形或符号。

在“边框和底纹”对话框的“设置”选项区域中选择“无”选项，可删除文档边框。　说明

9.4.1 插入页眉

本节以插入公司徽标为例，介绍在文档中插入和编辑页眉的操作方法。

① 打开“九天文化有限公司章程”素材文件，单击“插入”选项卡“页眉和页脚”组中的“页眉”下拉按钮，在弹出的下拉面板中选择“编辑页眉”选项，如图 9-76 所示。

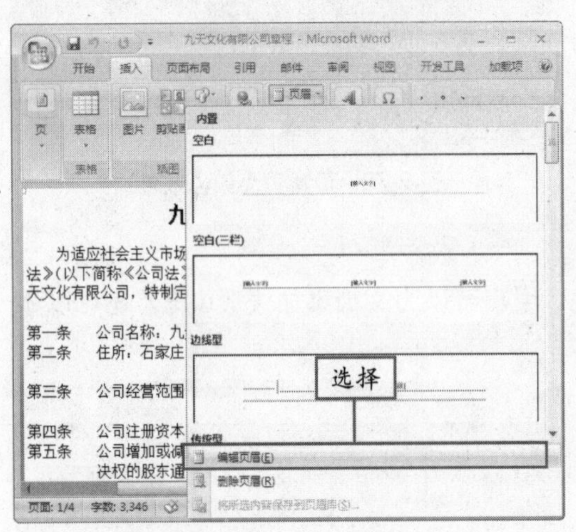

图 9-76 下拉面板

② 此时页眉处于可编辑状态，单击“设计”选项卡“插入”组中的“图片”按钮，弹出“插入图片”对话框，选择要插入的图片，如图 9-77 所示。

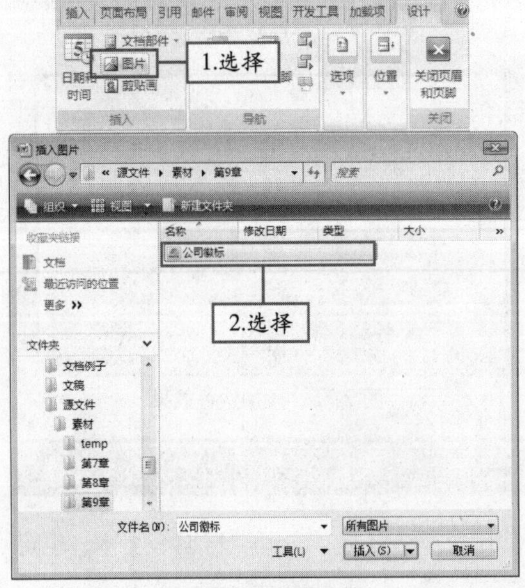

图 9-77 选择图片

③ 单击“插入”按钮，将图片插入到页眉中，如图 9-78 所示。

图 9-78 插入图片

④ 单击“格式”选项卡“排列”组中“文字环绕”下拉按钮，在弹出的下拉菜单中选择“浮于文字上方”命令，如图 9-79 所示。

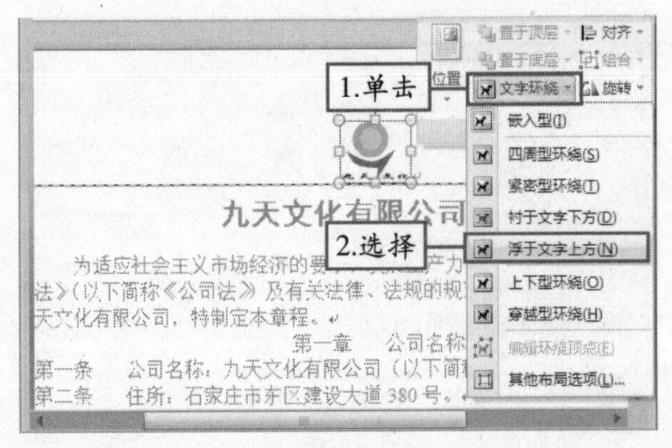

图 9-79 选择“浮于文字上方”命令

⑤ 拖动图片周围 8 个控制柄，调整图片大小，然后拖动图片，调整其位置，如图 9-80 所示。

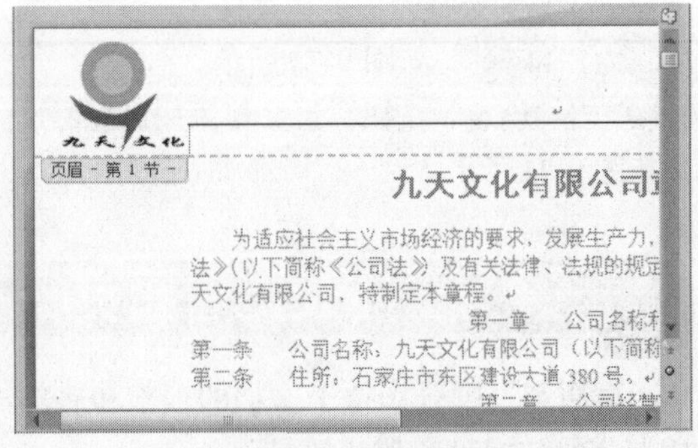

图 9-80 调整图片

说明 插入到文档中的页眉可以设置为奇偶页不同，还可以设置为首页不同。

⑥ 此时的光标位于图片右侧的横线上，输入公司名称“九天文化有限公司”，并设置文本格式，效果如图 9-81 所示。

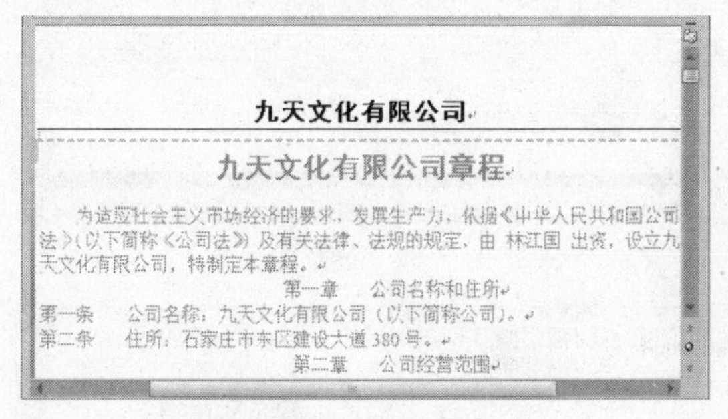

图 9-81　输入文本

⑦ 单击“设计”选项卡“关闭”组中的“关闭页眉和页脚”按钮，关闭页眉，此时文档效果如图 9-82 所示。

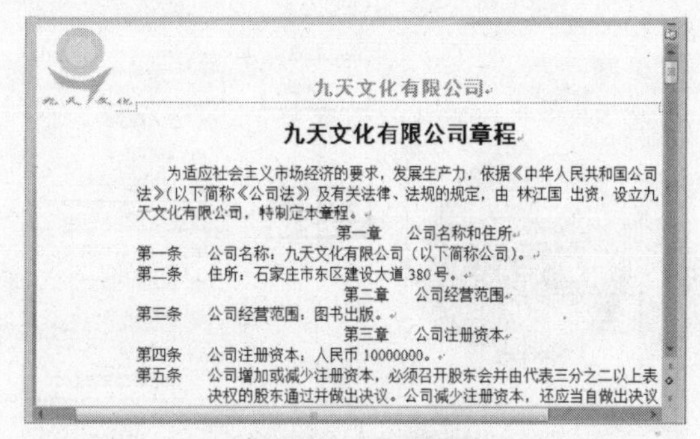

图 9-82　文档效果

教你一招

若用户需要将首页页眉与其他页面页眉设置为不同样式，或将奇偶页页眉设置为不同样式，可单击“设计”选项卡，在“选项”组中选择合适的选项即可。

9.4.2　插入页脚

用户可以使用 Word 2007 提供的多种页脚样式，也可以自定义页脚，下面将详细介绍其添加方法。

① 继续对“九天文化有限公司章程”文档进行编辑，单击“插入”选项卡“页眉和页脚”组中的“页脚”下拉按钮，在弹出的下拉面板中选择“编辑页脚”选项，如图 9-83 所示。

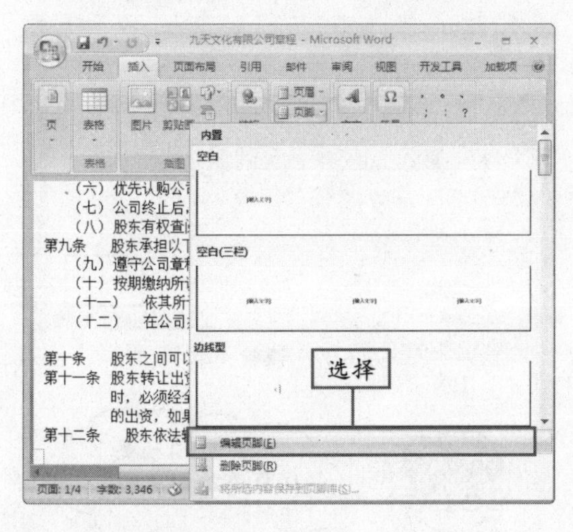

图 9-83　选择“编辑页脚”选项

② 此时的页脚处于可编辑状态，单击“设计”选项卡“插入”组中“剪贴画”按钮，打来“剪贴画”任务窗格，从查找并单击要插入的图片，将其插入到页脚中，如图 9-84 所示。

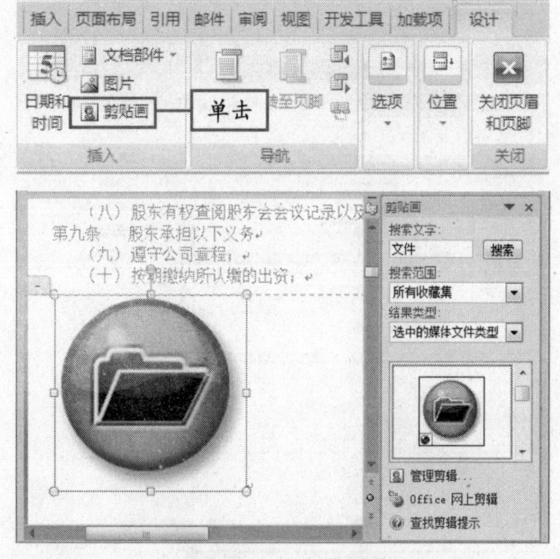

图 9-84　插入剪贴画

当文档处于页眉或页脚编辑状态时，文档正文内容是不可以编辑的。　**说明**

③ 单击“格式”选项卡“排列”组中“文字环绕”下拉按钮，在弹出的下拉菜单中选择“衬于文字下方”命令，如图 9-85 所示。

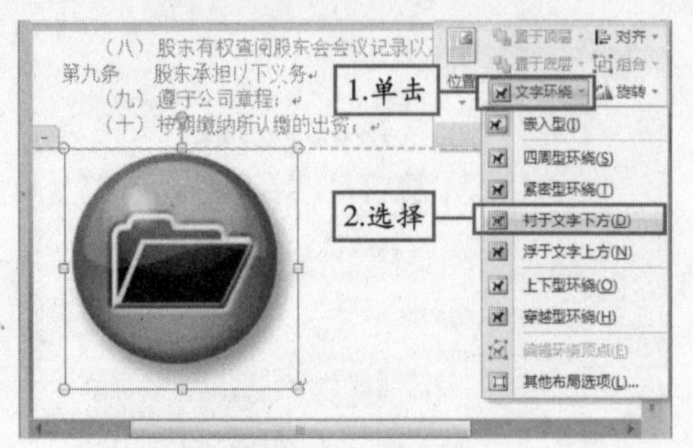

图 9-85 选择“浮于文字上方”命令

④ 拖动图片周围 8 个控制柄，调整图片大小，然后拖动图片，调整其位置，如图 9-86 所示。

⑤ 单击“设计”选项卡“关闭”组中的“关闭页眉和页脚”按钮，关闭页脚，此时文档效果如图 9-87 所示。

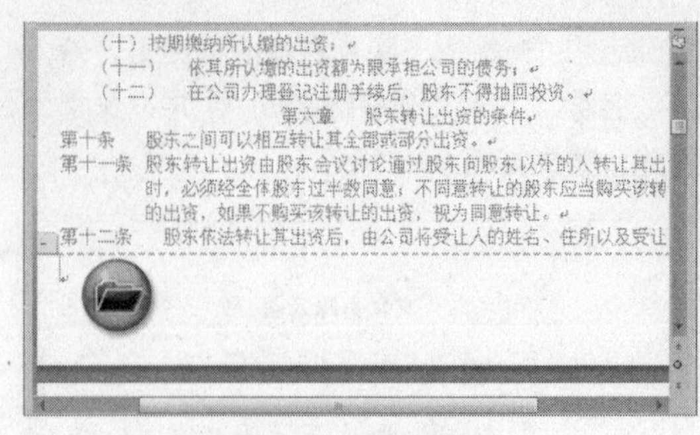

图 9-86 调整图片

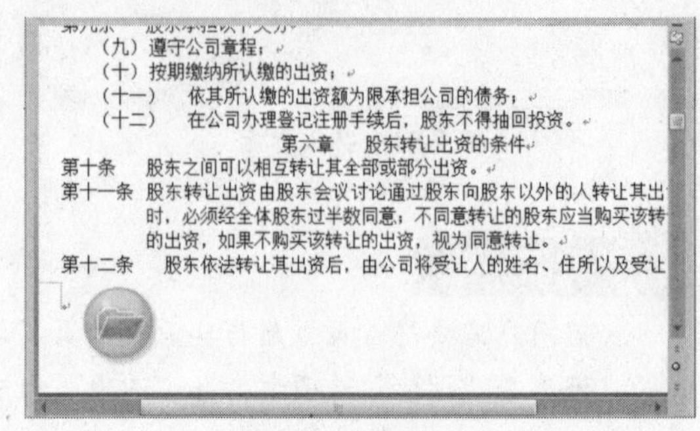

图 9-87 文档效果

9.4.3 插入页码

页码与页眉和页脚相关联，用户可以将页码添加到文档的顶部、底部或侧面，其具体操作方法如下：

① 继续对“九天文化有限公司章程”文档进行编辑，单击“插入”选项卡“页眉和页脚”组中的“页码”下拉按钮，在弹出的下拉面板中选择如图 9-88 所示的选项。

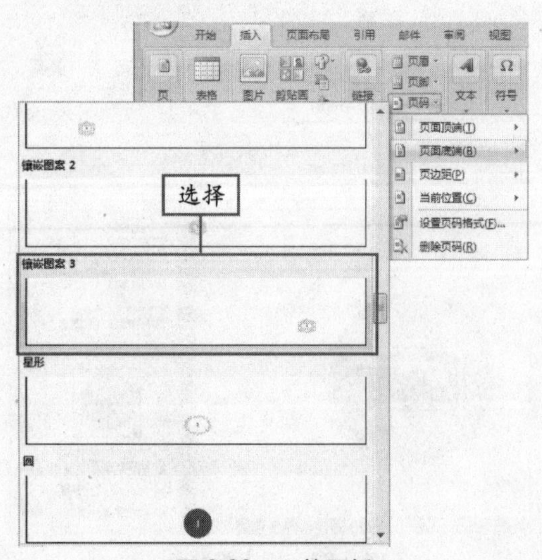

图 9-88 下拉面板

② 此时的页脚处已经添加了页码，并为可编辑状态，单击插入的页码边缘图形，拖动控制点，调整其大小，效果如图 9-89 所示。

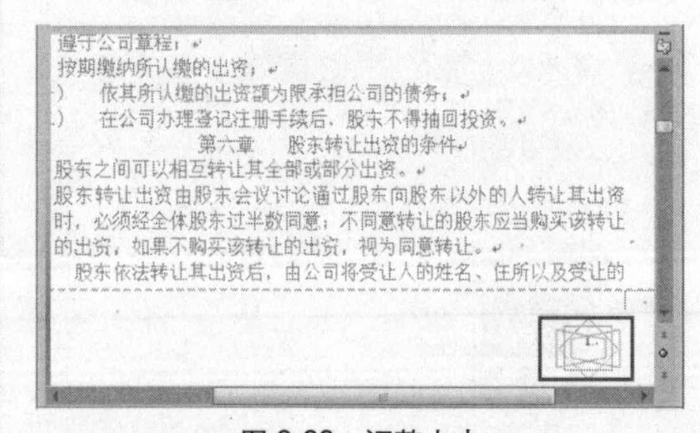

图 9-89 调整大小

说明 页码不仅可以添加到文档的底部，还可以添加到顶部和侧面。

③ 选中页码并右击，在弹出的快捷菜单中选择“字体”命令，如图 9-90 所示。

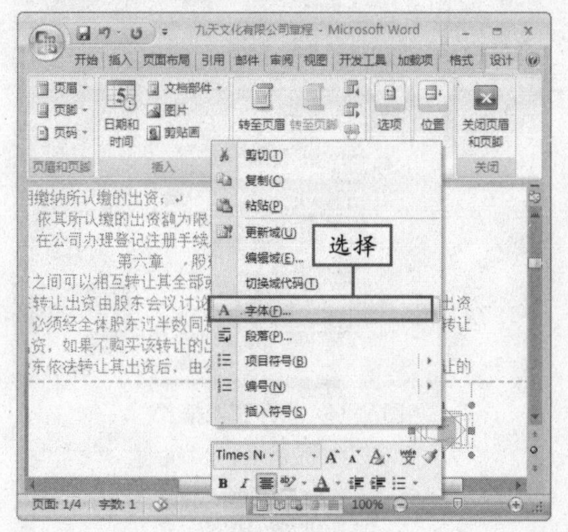

图 9-90 选择“字体”命令

④ 弹出“字体”对话框，在“字号”列表框中选择“小四”选项，如图 9-91 所示。

⑤ 单击“确定”按钮，并单击“设计”选项卡“关闭”组中的“关闭页眉和页脚”按钮，关闭页脚，此时文档效果如图 9-92 所示。

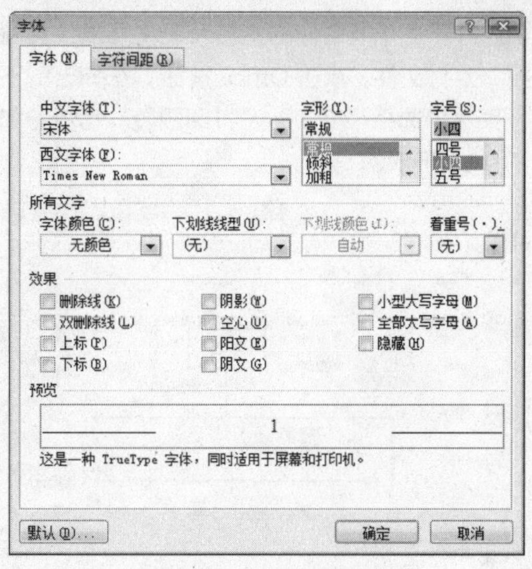

图 9-91 “字体”对话框

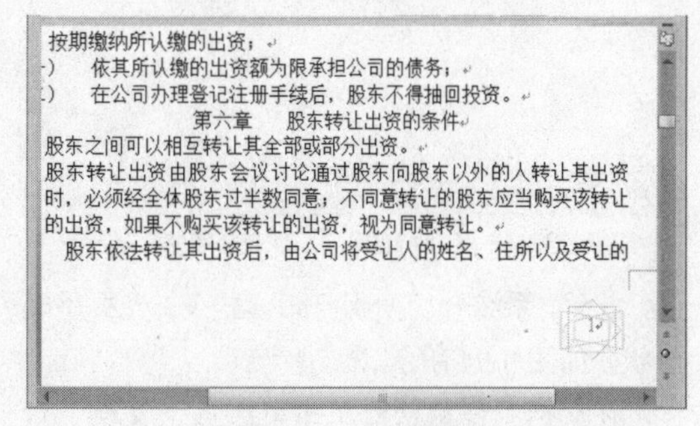

图 9-92 文档效果

9.5 打印

虽然电子邮件和 Web 文档极大地推动了无纸化办公的快速发展，但是大部分正式文档还是需要以书面的形式保存，如劳动合同、档案等。

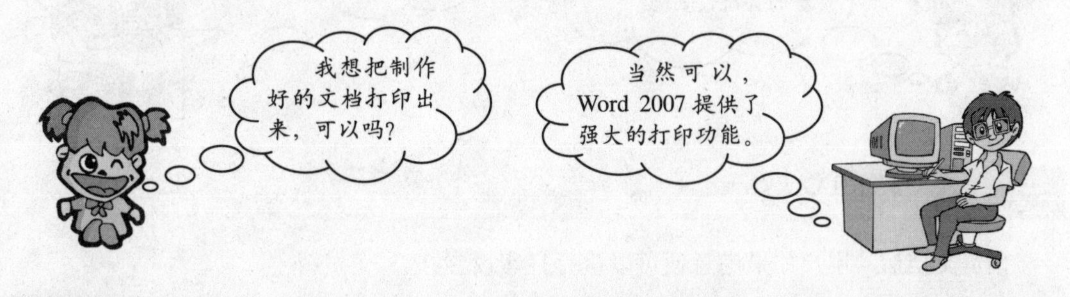

9.5.1 打印预览

文档打印之前，需要对版式进行预览。由于在预览视图中显示的文档效果，接近打印出来的实际效果，因此用户可以通过 Word 提供的文档预览功能，方便地发现文档中存在的问题。下面将详细介绍打印预览文档的具体操作方法。

与“页面视图”方式相比，打印预览视图可以更真实地表现文档外观。 说明

① 打开上一节制作的“九天文化有限公司章程”素材文件，单击 Office 按钮，在弹出的下拉菜单中选择“打印”|“打印预览”命令，如图 9-93 所示。

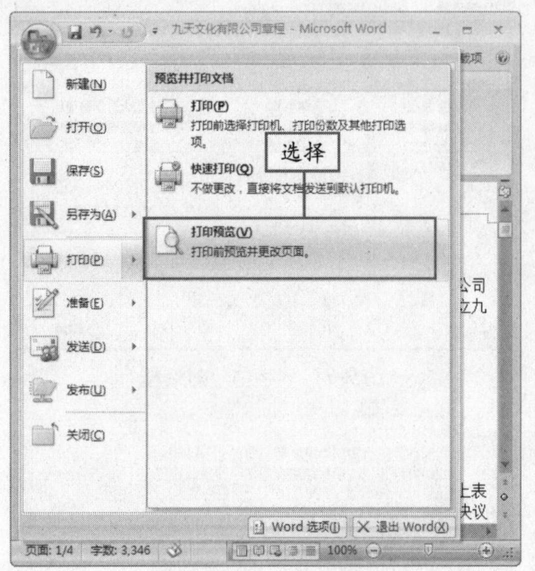

图 9-93 选择“打印” | “打印预览”命令

② 此时，系统会切换到打印模式下，光标呈🔍形状，如图 9-94 所示。

③ 在文档的任意部分单击可以放大文档，查看效果如图 9-95 所示。

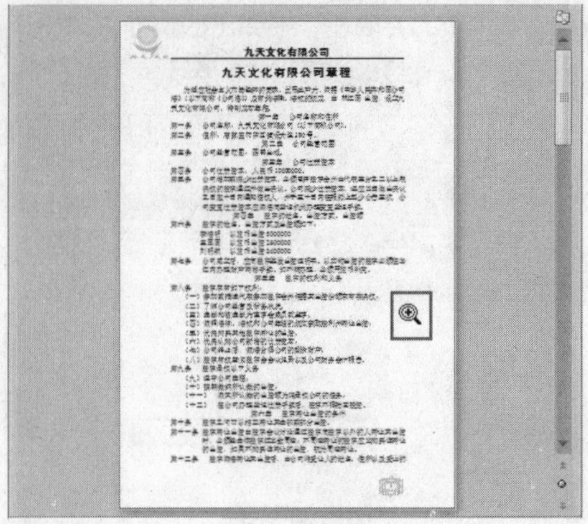

图 9-94 打印预览模式

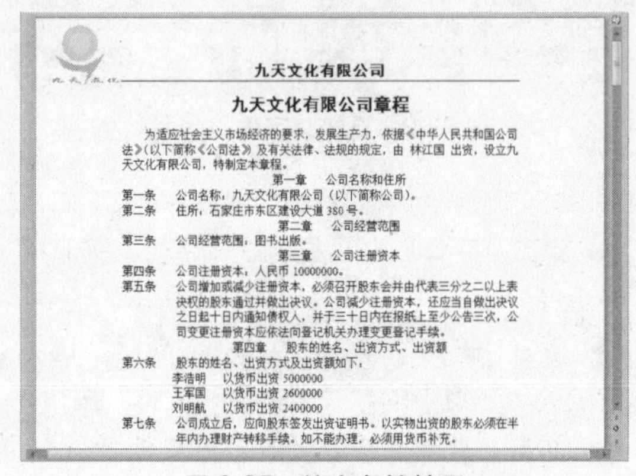
九天文化有限公司

九天文化有限公司章程

为适应社会主义市场经济的要求，发展生产力，依据《中华人民共和国公司法》(以下简称《公司法》)及有关法律、法规的规定，由 林江国 出资，设立九天文化有限公司，特制定本章程。

第一章 公司名称和住所

第一条 公司名称，九天文化有限公司（以下简称公司）。

第二条 住所，石家庄市东区建设大道 380 号。

第二章 公司经营范围

第三条 公司经营范围，图书出版。

第三章 公司注册资本

第四条 公司注册资本，人民币 10000000。

第五条 公司增加或减少注册资本，必须召开股东会并由代表三分之二以上表决权的股东通过并做出决议。公司减少注册资本，还应当自做出决议之日起十日内通知债权人，并于三十日内在报纸上至少公告三次，公司变更注册资本应依法向登记机关办理变更登记手续。

第四章 股东的姓名、出资方式、出资额

第六条 股东的姓名、出资方式及出资额如下，

李洁明 以货币出资 5000000

王军国 以货币出资 2600000

刘明航 以货币出资 2400000

第七条 公司成立后，应向股东签发出资证明书。以实物出资的股东必须在半年内办理财产转移手续。如不能办理，必须用货币补充。

图 9-95 放大文档效果

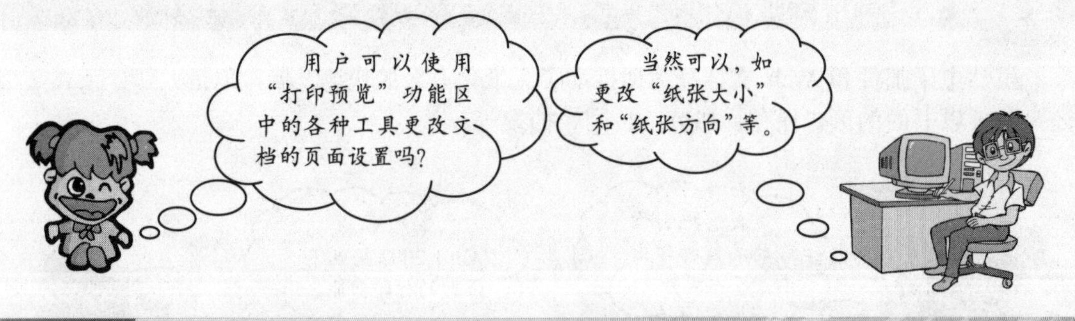

9.5.2 打印文档

预览文档后，用户如果满意便可以进行打印设置。

1. 打印设置

单击 Office 按钮，在弹出的下拉菜单中选择“打印”|“快速打印”命令，可以按默认的设置快速打印文档；如果要打印当前页、指定页，或要设置其他的打印选项，可使用“打印”对话框。下面将详细介绍打印选项的设置方法。

 说明 在“打印预览”界面中显示不出设置的文档背景颜色。

① 继续对“九天文化有限公司章程”文档进行设置，单击 Office 按钮，在弹出的下拉菜单中选择“打印”命令，如图 9-96 所示。

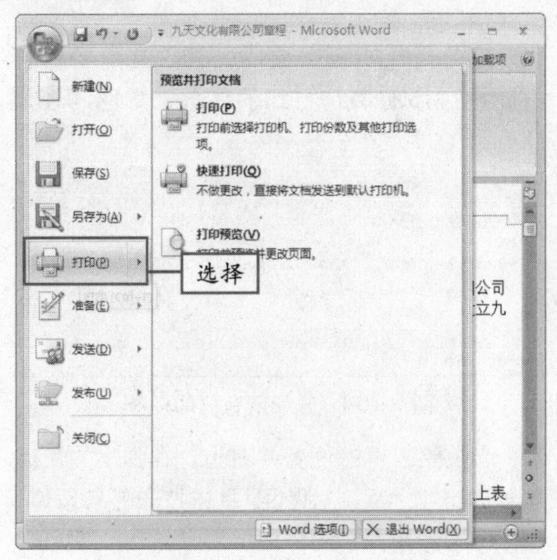

图 9-96 选择“打印”命令

② 弹出“打印”对话框，在“打印机”选项区中，单击“名称”下拉列表框右侧的下拉按钮，在弹出的下拉列表中选择已安装的打印机，如图 9-97 所示。

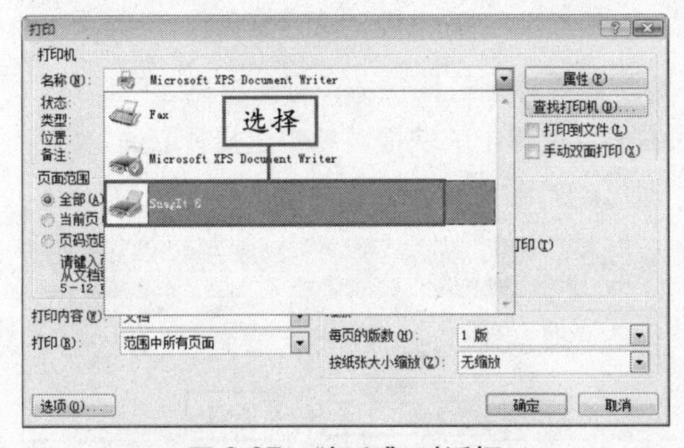

图 9-97 “打印”对话框

③ 在“页面范围”选项区域中选中“页码范围”单选按钮，在其后的文本框中输入具体范围数值，如图 9-98 所示。

④ 在“打印内容”下拉列表框中选择“文档”选项，表示打印内容为文档部分，如图 9-99 所示。

⑤ 在“副本”选项区域中的“份数”数值框中输入 5，并选中“逐份打印”复选框，如图 9-100 所示。

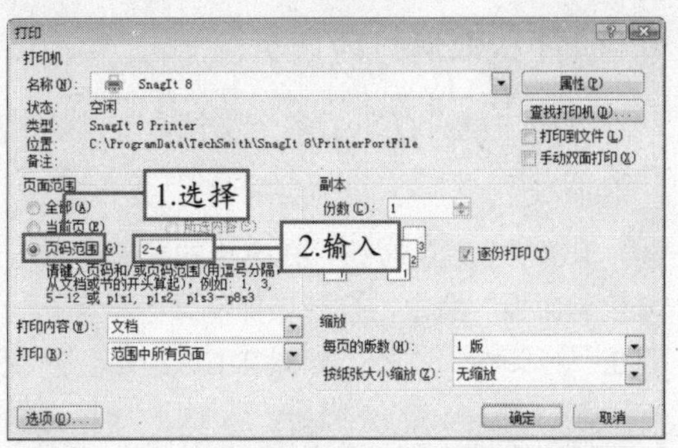

图 9-98 设置打印范围

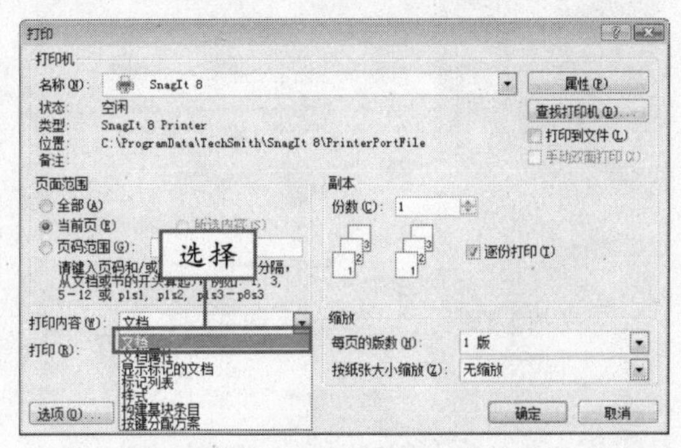

图 9-99 设置打印内容

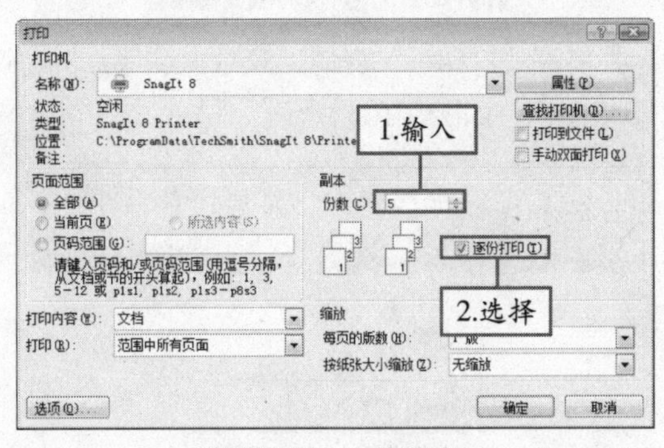

图 9-100 打印份数

⑥ 单击“确定”按钮，系统开始打印文档，并且在状态栏中显示打印进度，如图 9-101 所示。

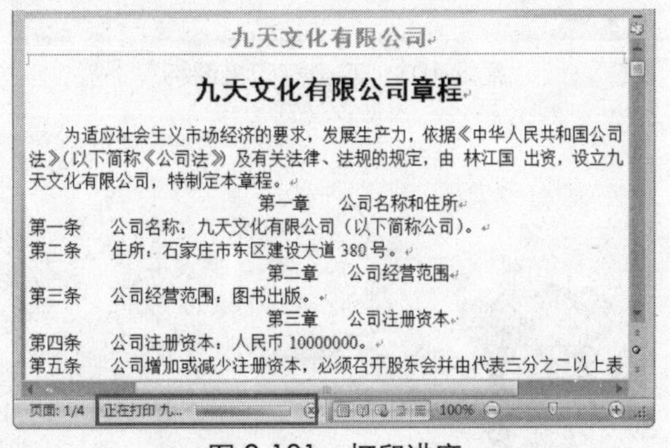

图 9-101 打印进度

2. 暂停和取消打印任务

若用户同时打印了多个文档，可以随时暂停或取消打印任务，下面将详细介绍其具体操作方法。

① 单击“开始”按钮，在弹出的菜单中单击“控制面板”命令，打开“控制面板”窗口，双击“打印机”图标，如图 9-102 所示。

图 9-102 “控制面板”窗口

② 打开“打印机”窗口，双击电脑添加的打印机图标，如图 9-103 所示。

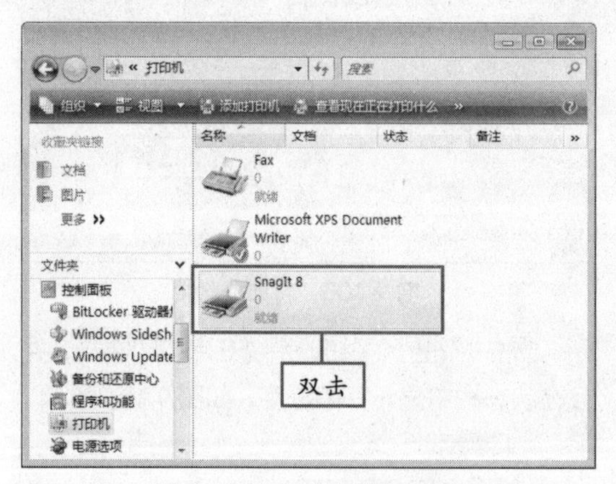

图 9-103 双击打印机图标

③ 打开打印机任务窗口，其中显示了当前打印机中所有等待打印的任务，如图 9-104 所示。

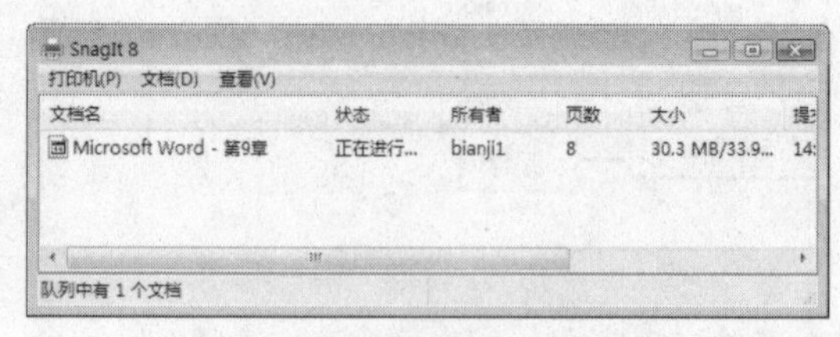

图 9-104 显示所有打印任务

④ 选中要暂停的任务并右击，在弹出的快捷菜单中选择“暂停”命令，将该打印任务暂停，如图 9-105 所示。

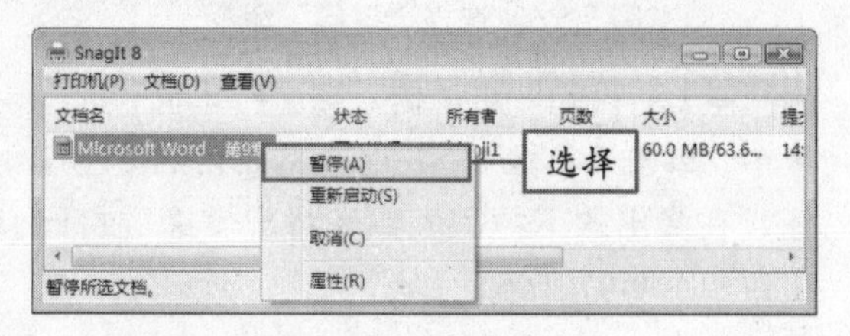

图 9-105 暂停任务

⑤ 如要停止打印任务，可先将其选中，然后右击，在弹出的快捷菜单中选择“取消”命令即可，如图 9-106 所示。

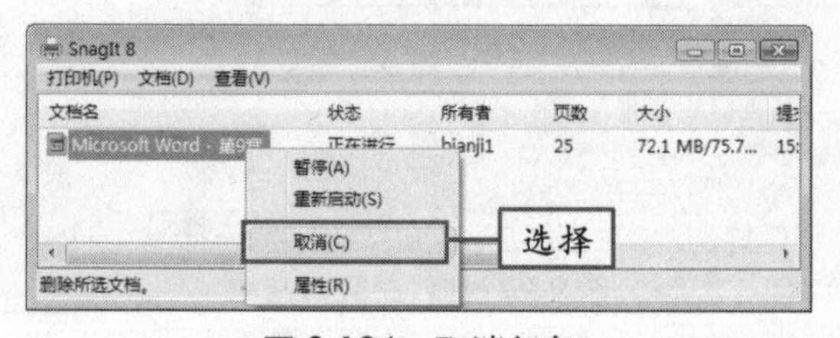

图 9-106 取消任务

我的“打印机”窗口中没有打印机怎么办？

可以单击工具栏中的“添加打印机”按钮，在弹出的对话框中进行设置，添加打印机。

说明 在右键快捷菜单中选择“重新启动”命令，可以重新启动已经暂停的打印任务。

9.6　综合实战——制作物资管理规定

前面的章节中我们已经详细地介绍了 Word 2007 中文档的高级应用和打印方法，下面将通过制作物资采购入库验收管理规定来帮助读者巩固前面所学的知识。

实例效果：

本实例的最终效果如图 9-107 所示。

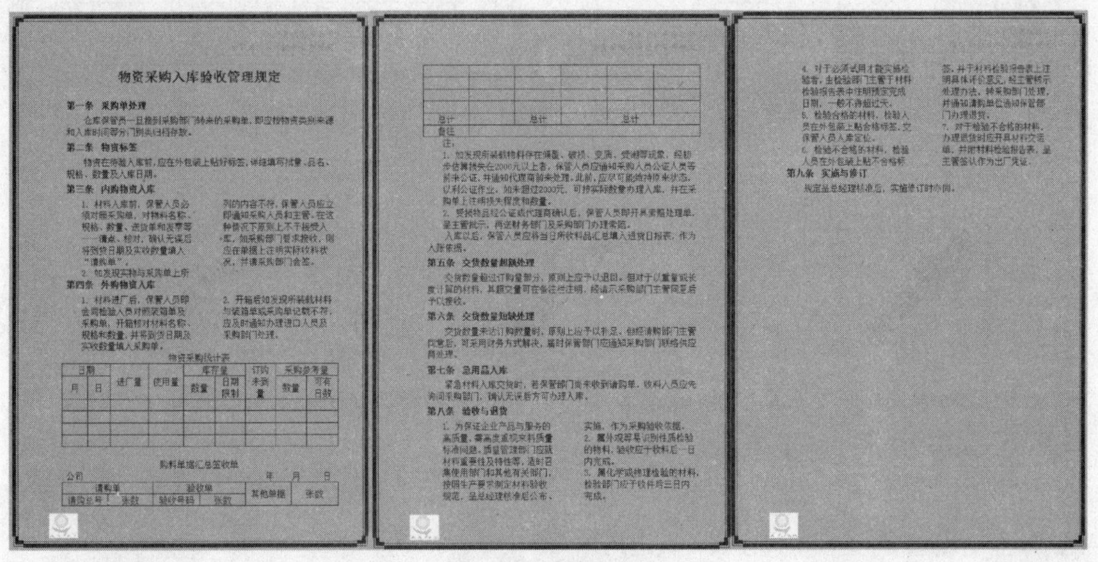

图 9-107　最终效果

素材文件	光盘:\素材\第 9 章\物资采购入库验收管理规定.docx、公司徽标.bmp
效果文件	光盘:\效果\第 9 章\物资采购入库验收管理规定.docx

操作步骤：

① 启动 Word 2007，打开“物资采购入库验收管理规定”素材文件，如图 9-108 所示。

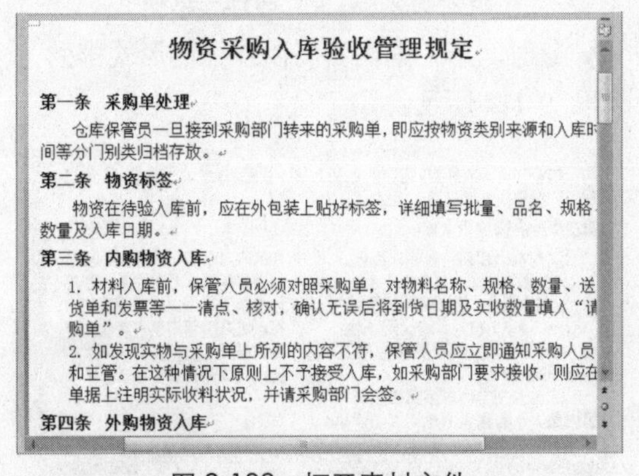

物资采购入库验收管理规定

第一条　采购单处理

仓库保管员一旦接到采购部门转来的采购单，即应按物资类别来源和入库时间等分门别类归档存放。

第二条　物资标签

物资在待验入库前，应在外包装上贴好标签，详细填写批量、品名、规格、数量及入库日期。

第三条　内购物资入库

1. 材料入库前，保管人员必须对照采购单，对物料名称、规格、数量、送货单和发票等一一清点、核对，确认无误后将到货日期及实收数量填入“请购单”。

2. 如发现实物与采购单上所列的内容不符，保管人员应立即通知采购人员和主管。在这种情况下原则上不予接受入库，如采购部门要求接收，则应在单据上注明实际收料状况，并请采购部门会签。

第四条　外购物资入库

图 9-108　打开素材文件

② 单击“页面布局”选项卡“页面设置”组中“纸张大小”下拉按钮，在弹出的下拉菜单中选择“其他页面大小”命令，如图 9-109 所示。

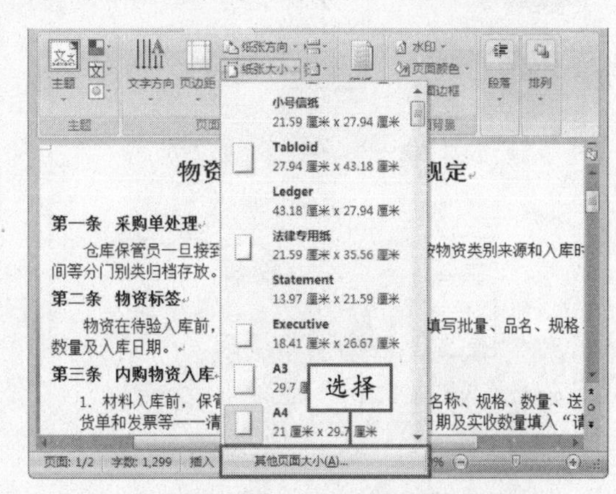

图 9-109　选择“其他页面大小”命令

说明　新建的空白文档的纸张大小默认为 A4。

③ 弹出“页面设置”对话框，在“纸张大小”下拉列表框中选择“自定义大小”选项，设置“宽度”和“高度”分别为 19 和 27，如图 9-110 所示。

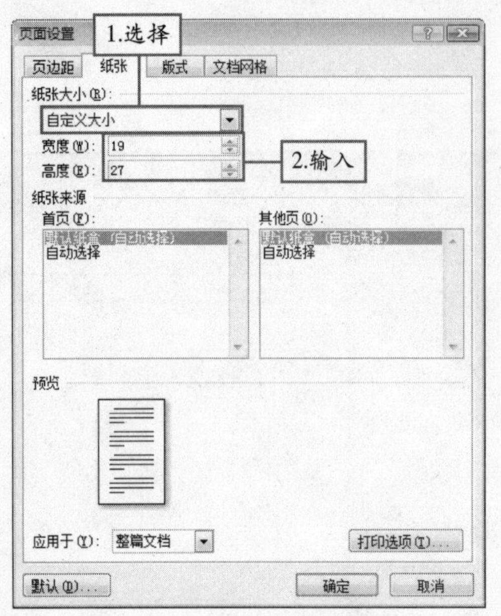

图 9-110 “页面设置”对话框

④ 单击“页边距”选项卡，设置“页边距”选项区中的“左”和“右”均为 2.5，装订线为 1，“装订线位置”默认为“左”，如图 9-111 所示。

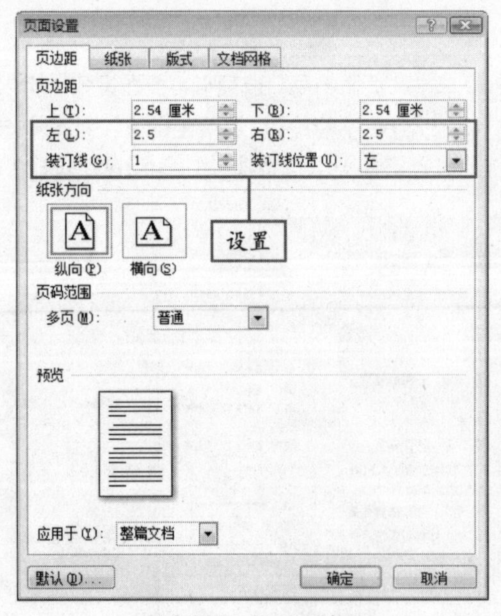

图 9-111 设置页边距

⑤ 单击“确定”按钮，将页面设置应用到文档中，适当调整第二个表格上方的文本位置，如图 9-112 所示。

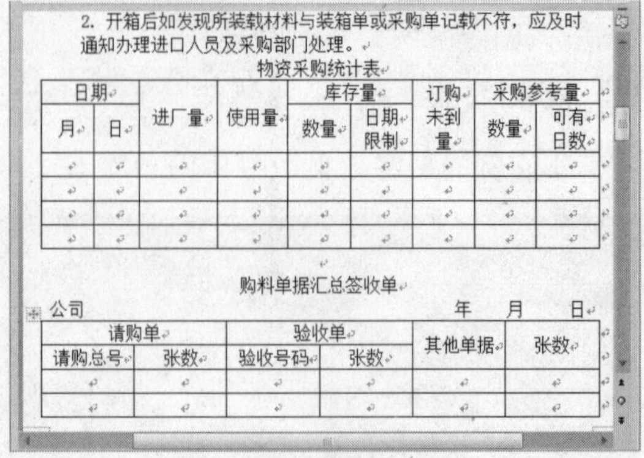

图 9-112 调整文本位置

⑥ 选中正文第三个小标题中的内容，单击“页面设置”组中的“分栏”下拉按钮，在弹出的下拉面板中选择“两栏”选项，如图 9-113 所示。

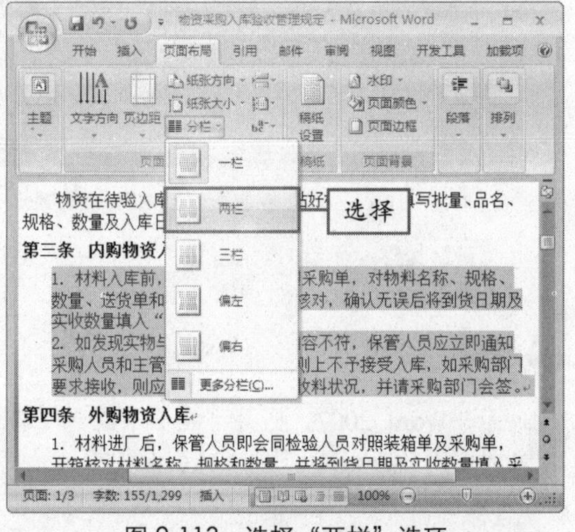

图 9-113 选择“两栏”选项

⑦ 此时，选中的内容将以双栏的形式排列，如图 9-114 所示。

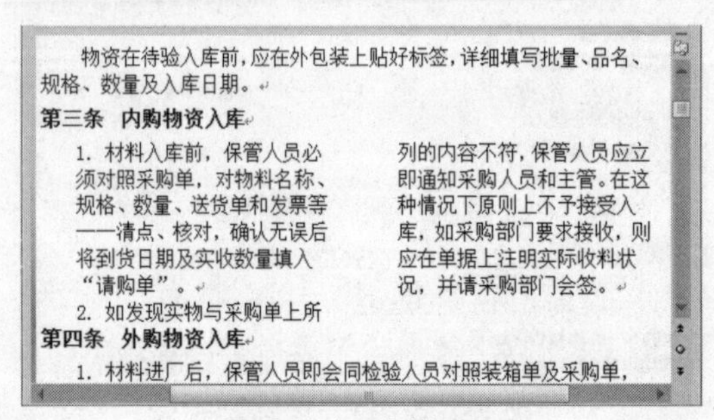

图 9-114 分栏显示

 说明 自定义纸张大小时，要考虑到打印时使用的纸张大小。

⑧ 用同样的方法，将其他小标题中有编号的内容均分成两栏（不包括注释内容），效果如图 9-115 所示。

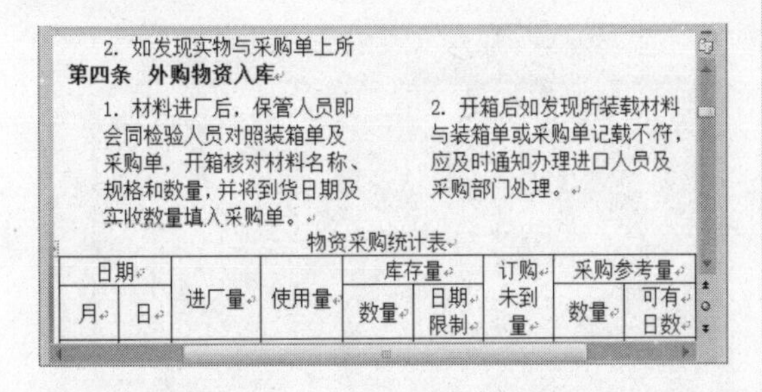

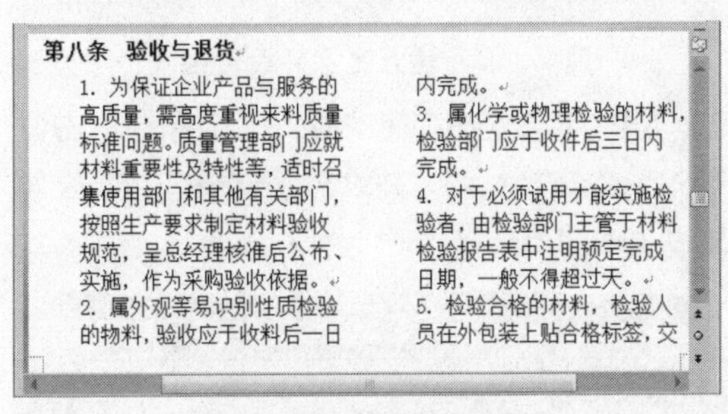

图 9-115　其他分栏效果

⑨ 单击“页面布局”选项卡“页面背景”组中的“页面颜色”下拉按钮，在弹出的调色板中设置背景颜色为“浅蓝”，如图 9-116 所示。

图 9-116　设置背景颜色

⑩ 单击“页面背景”组中的“水印”下拉按钮，在弹出的下拉面板中选择“自定义水印”选项，如图 9-117 所示。

图 9-117　选择“自定义水印”选项

⑪ 弹出“水印”对话框，选中“文字水印”单选按钮，并设置“文字”为“管理规定”，“字体”为“隶书”，“字号”为 54，“颜色”为黑色，如图 9-118 所示。

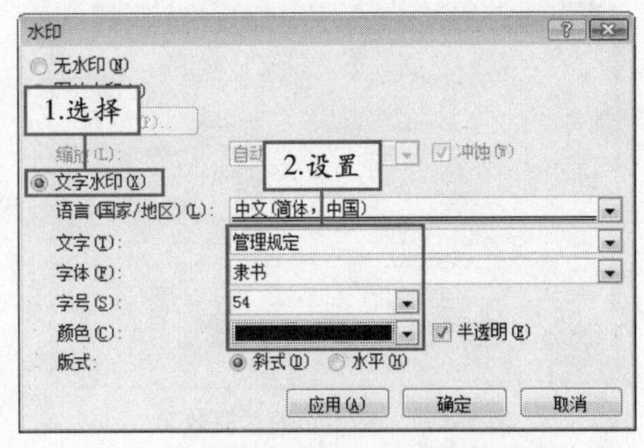

图 9-118　“水印”对话框

⑫ 单击“确定”按钮，将水印应用到文档中，效果如图 9-119 所示。

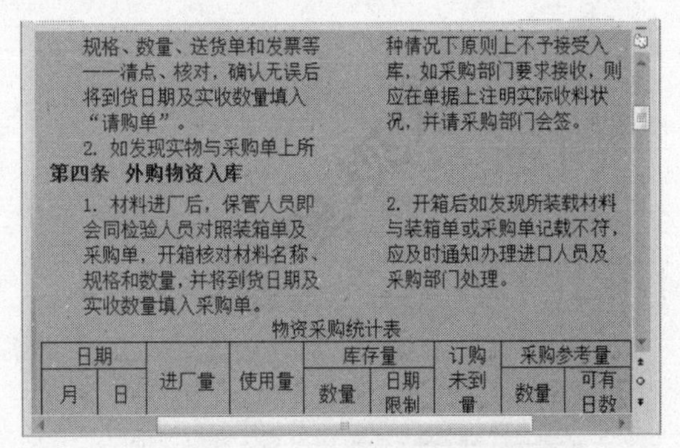

图 9-119　添加水印效果

为文档设置的背景颜色不宜使用太深的颜色。　说明

⑬ 单击“页面背景”组中的“页面边框”按钮，弹出“边框和底纹”对话框，在“设置”选项区域中选择“方框”选项，在“艺术型”下拉列表框中选择需要的样式，并设置“宽度”为 16 磅，如图 9-120 所示。

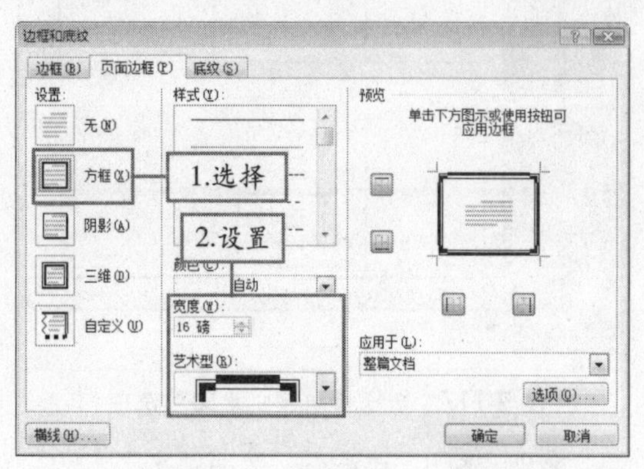

图 9-120 “边框和底纹”对话框

⑭ 单击“确定”按钮，将页面边框应用到文档中，效果如图 9-121 所示。

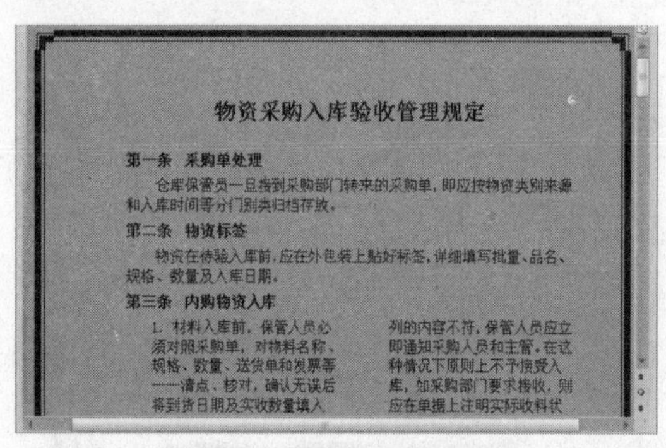

图 9-121 应用页面边框效果

⑮ 单击“插入”选项卡“页眉和页脚”组中的“页眉”下拉按钮，在弹出的下拉面板中选择如图 9-122 所示的选项。

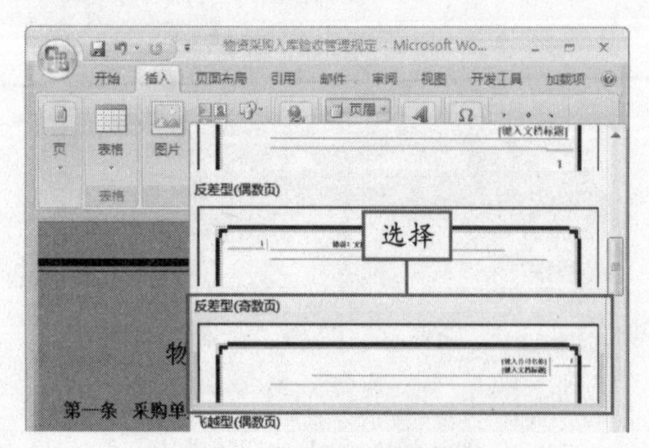

图 9-122 选择页眉样式

⑯ 此时的页眉处于可编辑状态，单击“键入文档标题”占位符，输入公司名称“九天文化有限公司”，并设置合适的字体格式，如图 9-123 所示。

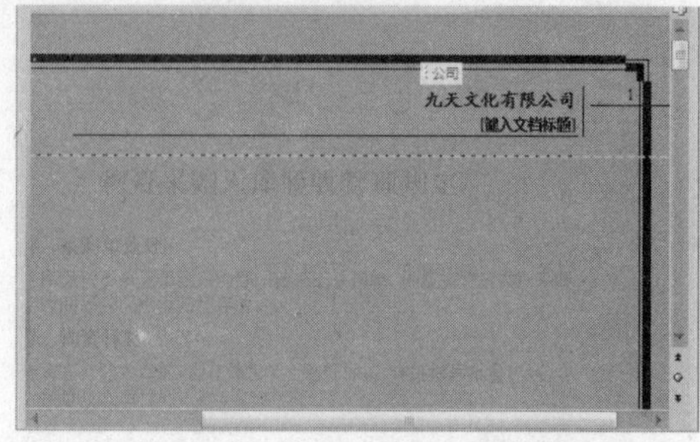

图 9-123 输入名称并设置格式

⑰ 用同样的方法，在“键入文档标题”占位符中输入文档标题，并设置字体格式，效果如图 9-124 所示。

图 9-124 输入标题并设置格式

⑱ 单击“设计”选项卡“关闭”组中的“关闭页眉和页脚”按钮，效果如图 9-125 所示。

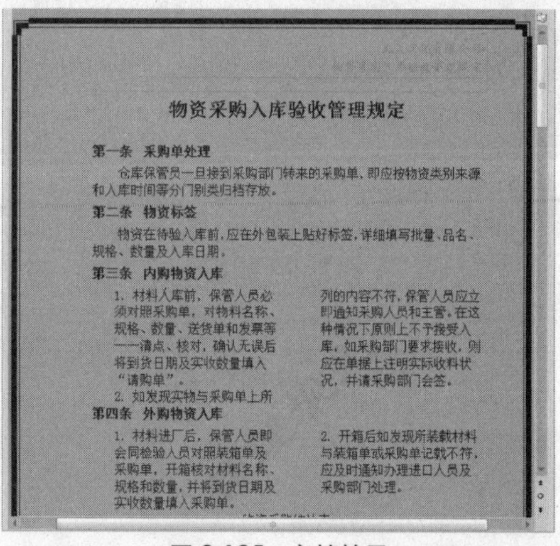

图 9-125 文档效果

说明 使用 Word 2007 提供的内置页眉样式，可以快速添加页眉。

⑲ 单击“插入”选项卡“页眉和页脚”组中的“页脚”下拉按钮，在弹出的下拉面板中选择“编辑页脚”选项，如图 9-126 所示。

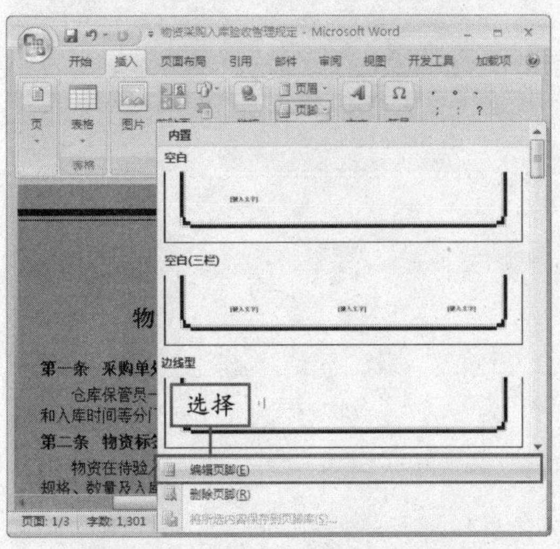

图 9-126　选择“编辑页脚”选项

⑳ 此时的页脚处于可编辑状态，并激活“设计”选项卡，单击“插入”组中的“图片”按钮，在弹出的“插入图片”对话框中选择要插入的图片，如图 9-127 所示。

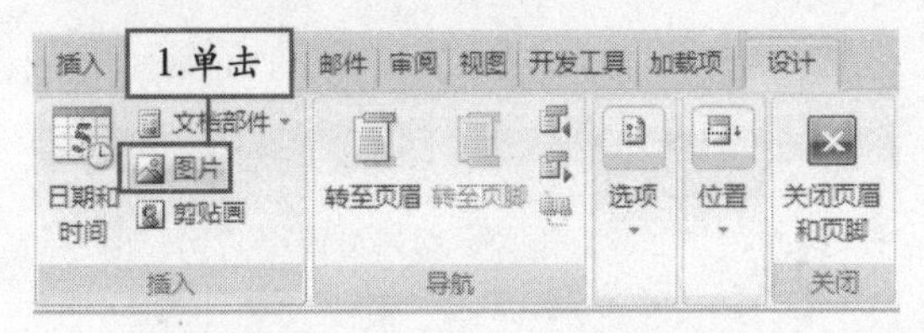

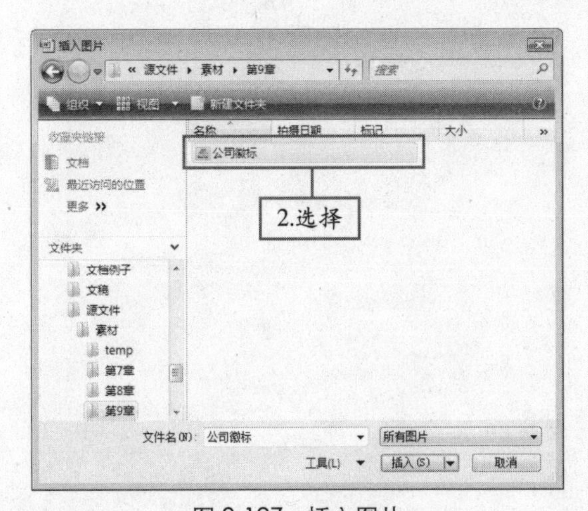

图 9-127　插入图片

㉑ 单击“插入”按钮，将图片插入到页脚，并调整位置和大小，如图 9-128 所示。

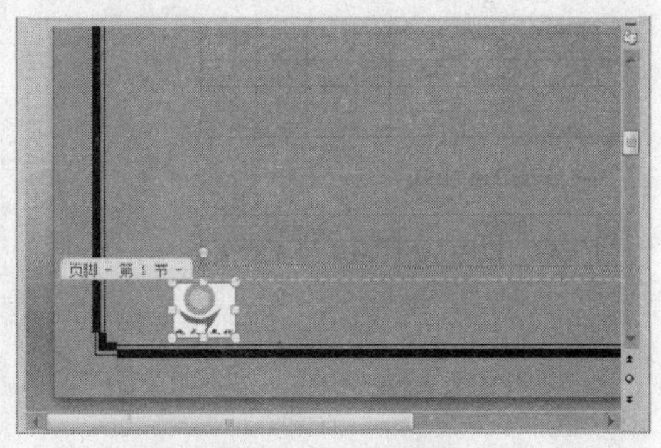

图 9-128　调整图片

㉒ 双击文档编辑区的任意位置，返回到文档编辑状态，完成文档的设置，最终效果如图 9-129 所示。用户可根据需要，设置并打印文档。

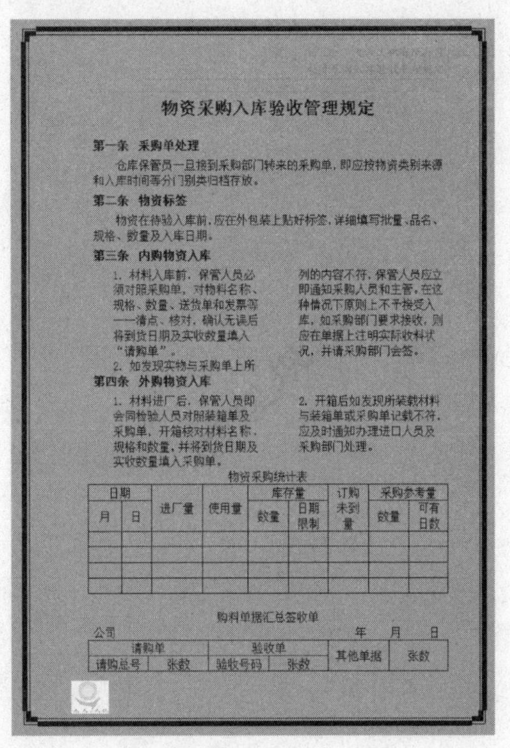

物资采购入库验收管理规定

第一条　采购单处理

仓库保管员一旦接到采购部门转来的采购单，即应按物资类别来源和入库时间等分门别类归档存放。

第二条　物资标签

物资在待验入库前，应在外包装上贴好标签，详细填写批量、品名、规格、数量及入库日期。

第三条　内购物资入库

1．材料入库前，保管人员必须对照采购单，对物料名称、规格、数量、送货单和发票等一一清点、核对，确认无误后将到货日期及实收数量填入“请购单”。

2．如发现实物与采购单上所列的内容不符，保管人员应立即通知采购人员和主管，在这种情况下原则上不予接受入库，如采购部门要求接收，则应在单据上注明实际收料状况，并请采购部门会签。

第四条　外购物资入库

1．材料进厂后，保管人员即会同检验人员对照装箱单及采购单，开箱核对材料名称、规格和数量，并将到货日期及实收数量填入采购单。

2．开箱后如发现所装载材料与装箱单或采购单记载不符，应及时通知办理进口人员及采购部门处理。

物资采购统计表

日期		进厂量	使用量	库存量		订购未到量	采购参考量	
月	日			数量	日期限制		数量	可有日数

购料单据汇总签收单

公司　　　　　　　　　　年　月　日

请购单		验收单		其他单据	张数
请购总号	张数	验收号码	张数		

图 9-129

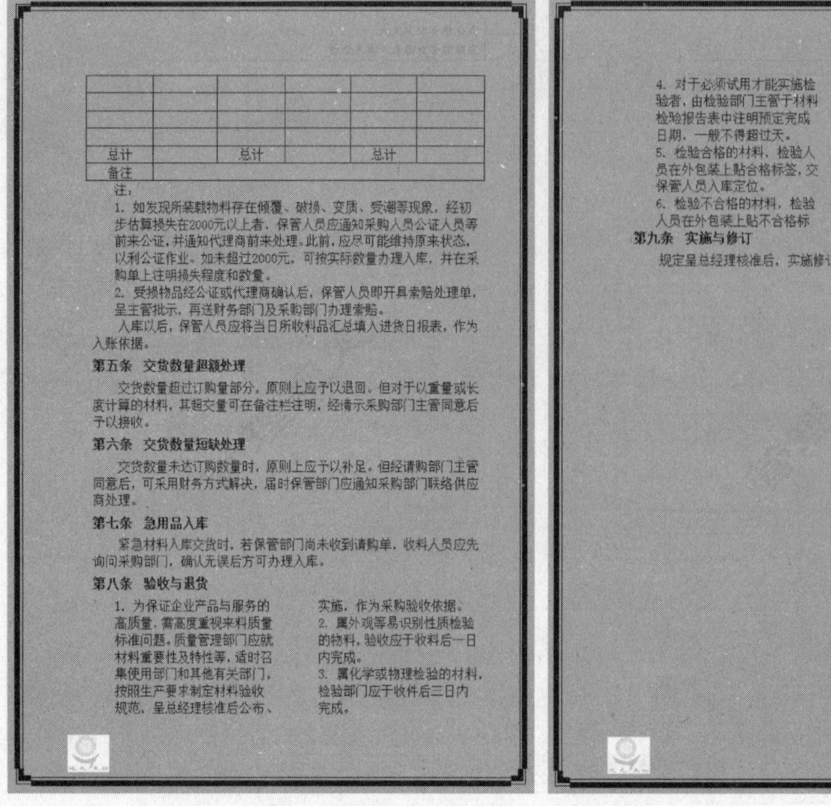

总计		总计		总计	
备注					

注：

1. 如发现所装载物料存在倾覆、破损、变质、受潮等现象，经初步估算损失在2000元以上者，保管人员应通知采购人员公证人员等前来公证，并通知代理商前来处理。此前，应尽可能维持原来状态，以利公证作业。如未超过2000元，可按实际数量办理入库，并在采购单上注明损失程度和数量。

2. 受损物品经公证或代理商确认后，保管人员即开具索赔处理单，呈主管批示，再送财务部门及采购部门办理索赔。

入库以后，保管人员应将当日所收料品汇总填入进货日报表，作为入账依据。

第五条　交货数量超额处理

交货数量超过订购量部分，原则上应予以退回。但对于以重量或长度计算的材料，其超交量可在备注栏注明，经请示采购部门主管同意后予以接收。

第六条　交货数量短缺处理

交货数量未达订购数量时，原则上应予以补足。但经请购部门主管同意后，可采用财务方式解决，届时保管部门应通知采购部门联络供应商处理。

第七条　急用品入库

紧急材料入库交货时，若保管部门尚未收到请购单，收料人员应先询问采购部门，确认无误后方可办理入库。

第八条　验收与退货

1. 为保证企业产品与服务的高质量，需高度重视来料质量标准问题。质量管理部门应就材料重要性及特性等，适时召集使用部门和其他有关部门，按照生产要求制定材料验收规范，呈总经理核准后公布、实施，作为采购验收依据。

2. 属外观等易识别性质检验的物料，验收应于收料后一日内完成。

3. 属化学或物理检验的材料，检验部门应于收件后三日内完成。

4. 对于必须试用才能实施检验者，由检验部门主管于材料检验报告表中注明预定完成日期，一般不得超过天。

5. 检验合格的材料，检验人员在外包装上贴合格标签，交保管人员入库定位。

6. 检验不合格的材料，检验人员在外包装上贴不合格标签，并于材料检验报告表上注明具体评价意见，经主管核示处理办法，转采购部门处理，并通知请购单位通知保管部门办理退货。

7. 对于检验不合格的材料，办理退货时应开具材料交运单，并附材料检验报告表，呈主管签认作为出厂凭证。

第九条　实施与修订

规定呈总经理核准后，实施修订时亦同。

图 9-129　最终效果

 说明　在“打印”对话框中单击“选项”按钮，将弹出“Word 选项”对话框。

巩固与练习

一、填空题

1．插入到文档中的域有两种显示方式，分别为________和________。

2．邮件合并中的数据源是指________________________________。

3．利用 Word 的__________功能，可以在文档中建立不同数量或不同版式的栏。

4．在打印文档之前，如果想查看打印效果，可以使用__________功能。

二、简答题

1．如何在文档中创建并使用宏？

2．如何在 Word 中插入域？

3．如何在 Word 中插入页面和页脚？

4．如何设置页面背景？

三、上机题

使用本章介绍的知识，制作一篇文档，效果如图 9-130 所示。

工作过失责任追究办法

工作过失责任追究办法

一、为提高工作质量和办事效率，保证工作人员正确、高效地实施管理与服务，防止工作过失行为发生，制定本办法。

二、本办法所称工作过失，是指工作人员因故意或者过失不履行或不正确履行职责，以致影响工作质量和工作效率，贻误管理与服务工作，造成不良影响或损害公司利益的行为。

三、工作过失责任追究，坚持实事求是、有错必究，惩处与责任相适应，教育与惩处相结合的原则。

四、工作人员在实施管理与服务过程中，有下列情形之一的，应当追究工作过失责任：

1. 对符合规定条件的申请应予受理、许可而不予受理、许可的；

2. 不予受理、许可不告知理由的；

3. 无规定依据或违反规定、技术规程、规范、标准、工作程序实施许可的；

4. 超越权限实施许可的；

5. 对涉及不同部门的许可，不及时主动协调，相互推诿或拖延不办，或者本部门许可事项完成后不移交或拖延移交其他部门的；

6. 无正当理由在规定时间内未完成本职工作或完成工作未达到标准要求的；

7. 对属于职责范围内的事项推诿、拖延不办的；

8. 缺乏调查研究、工作浮夸，提供不实数据、虚假资料等论证依据，影响经营决策正确性的；

9. 在履行职责过程中，造成工作失误的；

10. 其他违反内部管理制度贻误工作或损害公司利益的。

五、承办人未经审核人审核、批准人批准，直接做出具体工作行为，导致工作过失后果发生的，负直接责任。

六、虽经审核人审核、批准人批准，但承办人不依照审核、批准意见实施具体工作行为，导致工作过失后果发生的，承办人负直接责任。

七、承办人提出方案或意见有错误，审核人、批准人应当发现而没有发现，或者发现后未予纠正，导致工作失误后果发生的，承办人负直接责任，审核人负间接责任，批准人负领导责任。

八、审核人不采纳或改变承办人正确意见，经批准人批准导致工作过失后果发生的，审核人负直接责任，批准人负间接责任。

九、批准人不采纳或改变承办人、审核人正确意见，导致工作过失后果发生的，批准人负直接责任。

十、集体研究、认定导致工作过失后果发生的，集体共同承担责任，持正确意见者不承担责任。

十一、对工作过失责任人，视情节轻重作如下处理：

（一）　情节较轻未给公司造成经济损失的，给予有关责任人批评教育或书面告诫，并处以罚款的处理：

1. 所有工作岗位因工作不到位，服务质量不高，造成服务对象投诉情况属实的，每出现一次罚款 50 元。

2. 缺乏调查研究、工作浮夸，提供不实数据、虚假资料等论证依据，影响经营决策正确性的，每出现一次罚款 50 元。

1

工作过失责任追究办法

3. 无正当理由在规定时间内未完成本职工作或完成工作未达到标准要求的，每出现一次罚款 50 元。

4. 私自进行有偿咨询或服务，违规收取押金、保证金和其他费用的，出现 1 次罚款 50 元，收缴违规收取的费用。

5. 超越规定权限实施许可或者擅自提高、降低许可条件，造成不良影响和后果的，出现 1 次罚款 50 元。

6. 房屋保修等售后服务工作，无正当理由，在安排时间内无结果的，出现 1 次罚款 50 元。若造成用户上访或投诉情况属实的，每出现 1 次罚款 100 元。

7. 办理建设手续或现场协调工作，无正当理由，未在规定时间内完成的，出现 1 次罚款 50 元。

8. 施工中监理人员应该现场旁站而未进行旁站，驻工地代表未进行督促检查和处理的，出现 1 次罚款 50 元。

9. 施工前甲方应对地下管线等作书面技术交底，未做书面交底或交底有错误的，出现 1 次罚款 50 元。造成事故的，除按有关规定处理外，由相关责任人承担经济赔偿责任。

10. 房款结算有误的，一律由相关责任人赔偿差价损失。

11. 商品房出现重复销售、签订商品房销售合同失误或与合同文本有出入，引起客户争议的，出现 1 次扣罚责任人 10%的年终奖金。

12. 办理按揭贷款时，如因收件填写、检查、办证等延误放款，影响公司业务运行的，所贷款额不记入销售业绩，视情节轻重扣发责任人效益工资。

13. 未严格审核会计原始资料，对不合规定的会计原始资料报销入账并造成损失的，由责任人承担 10%的损失。

14. 对来文、来电、来函，未按规定签收、登记、提出拟办意见，无正当理由未按规定时限报送批办的，出现 1 次罚款 50 元。

15. 未严格执行保密和文件管理规定，致使文件、档案、资料泄密、损毁或者丢失的，出现 1 次罚款 50 元，并有当事人在规定时间内完成补救措施。情节严重的，追究法律责任。

16. 未按规定使用公章，导致后果发生的，出现 1 次罚款 50 元。造成公司经济损失的，由相关责任人承担经济赔偿责任。

（二）.情节较重给公司造成不良影响造成经济损失的，给予有关责任人赔偿经济损失和调离工作岗位或留用察看。

（三）.情节严重给公司造成严重后果造成重大经济损失的，给予有关责任人赔偿经济损失和免职或辞退。

以上追究方式可以单处或并处。若构成犯罪的，移交司法机关处理。

十二、工作过失责任人有下列行为之一的，应当从重处理：

1. 一年内出现 3 次以上应予追究的工作过失情形的；

2. 干扰、阻碍、不配合对其工作过失行为进行调查的；

3. 对投诉人、举报人打击、报复、陷害的；

4. 拒不纠正过失行为的；

5. 有其他需要加重处分情节的。

十三、工作过失责任人主动发现并及时纠正错误、未造成重大损失或不良影响的，可从轻、减轻或者免予追究工作过失责任。

十四、本办法未做具体规定的，可由公司根据实际情况集体研究处理。

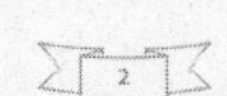
2

图 9-130　文档效果

说明　除文本页眉外，用户还可以使用图片作为文档的页眉。

读书笔记

第10章 Excel 2007应用基础

- 数据的输入
- 数据格式的设置
- 单元格的编辑
- 使用自动填充功能

Yoyo，Excel 2007主要有什么功能呀？

Excel 2007的功能也很强大呀，还是让大龙哥来介绍吧！

Excel 2007是强大的电子表格制作和数据分析软件，本章将向读者介绍Excel 2007中的一些常用操作。

10.1 Excel 2007 工作界面

Excel 2007 的工作界面与 Word 2007 的工作界面基本相同，只是在 Excel 2007 中除了 Office 按钮、功能区等组成部分外，还有工作簿、工作表、单元格、行号和列标等组成部分。

启动 Excel 2007 后，系统会自动创建一个名为 Book1 的文档，该文档就是工作簿。默认情况下，在工作簿中包含 3 张工作表，工作表分别以 Sheet1、Sheet2 等来命名，如图 10-1 所示。此时，Sheet1 工作表为当前的可操作工作表，单击窗口下方的工作表标签即可进行工作表的切换。

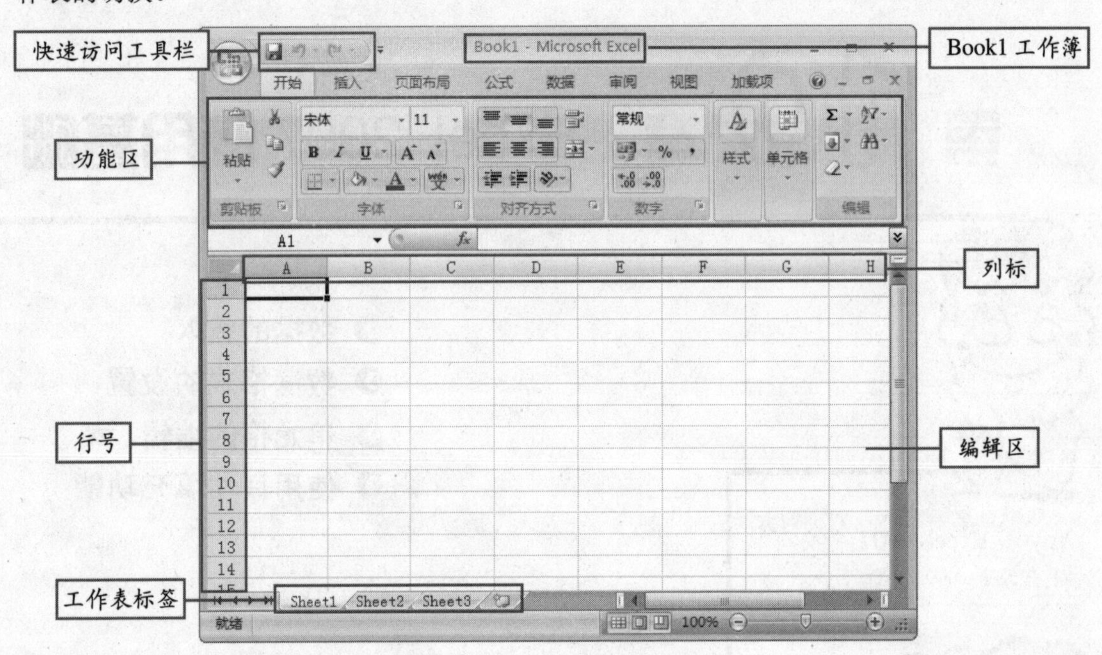

图 10-1　Excel 2007 的工作界面

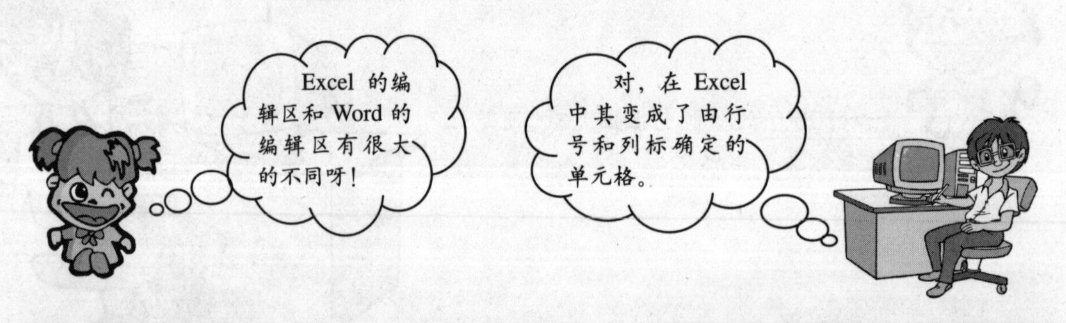

10.2 数据的输入和格式设置

Excel 2007 的功能是创建电子表格，并对表格中的数据进行分析、处理等，要发挥它的作用，首先要在 Excel 中输入相关的数据信息，下面将详细讲解输入数据的方法，以及对数据进行格式设置的一些常用操作。

说明　默认情况下，每一个工作簿中均包含 3 张工作表。

10.2.1 输入数据

在 Excel 2007 中，输入的数据如果为文本，则在单元格中会靠左对齐；如果为数字将靠右对齐。数据输入的方法很简单，只要选择相应的单元格输入即可，其具体操作方法如下：

① 单击 Excel 2007 应用程序图标，打开该程序并自动创建新工作簿，单击单元格 B2，如图 10-2 所示。

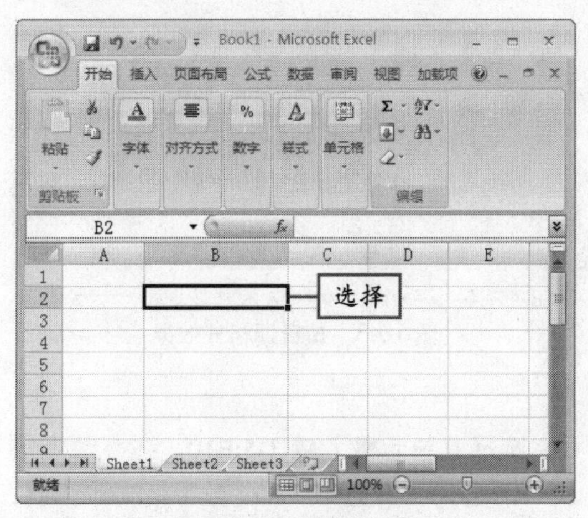

图 10-2 选择单元格

② 从中直接输入“工作计划”，如图 10-3 所示。

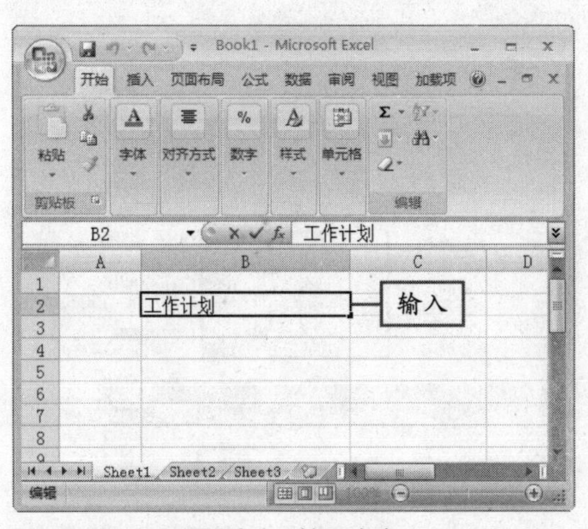

图 10-3 输入内容

③ 按【Enter】键和【←】键，选择单元格 A3，从中输入时间“8:30”，如图 10-4 所示。

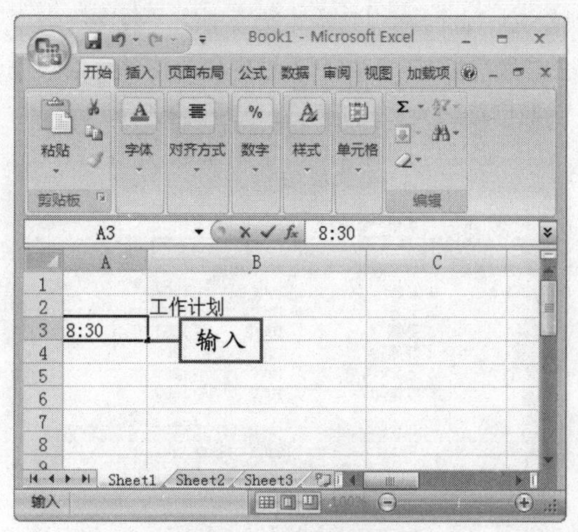

图 10-4 输入时间

④ 配合使用【→】键和【Enter】键，输入其他数据，最后结果如图 10-5 所示。

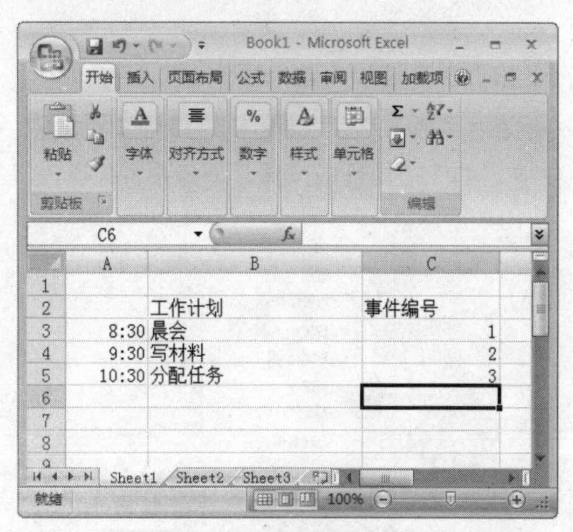

图 10-5 输入其他数据

知识点拨

用户也可通过编辑栏输入数据。在 Excel 中，在单元格中和编辑栏中将同步显示输入的数据。

输入数据之前，首先要选择输入数据的单元格或单元格区域。 **说明**

10.2.2 设置数字格式

输入的数据默认格式是常规格式或自定义格式，如果该格式不能满足用户的需要，在输入数据后，还可以通过功能区中的相应命令或按钮，对单元格数据的数字格式进行设置，以满足用户需求，使创建的电子表格更加规范、合理。

为数据设置数字格式的具体操作方法如下：

① 打开一张已经输入数据的工作表，单击单元格 E3，此时在“开始”选项卡下“数字”组中的“数字格式”下拉列表框中显示该单元格数据的数字格式为“自定义”，如图 10-6 所示。

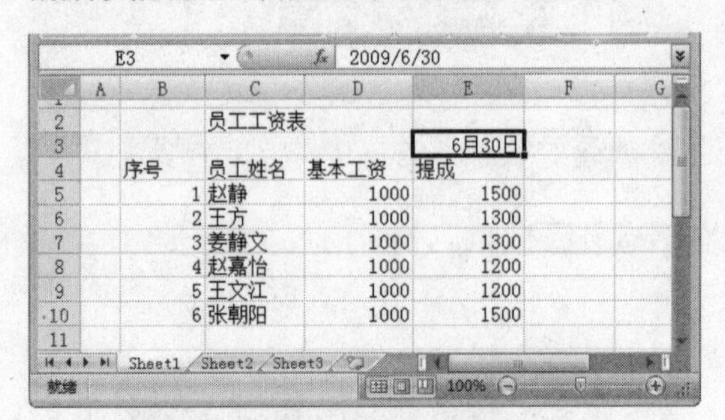

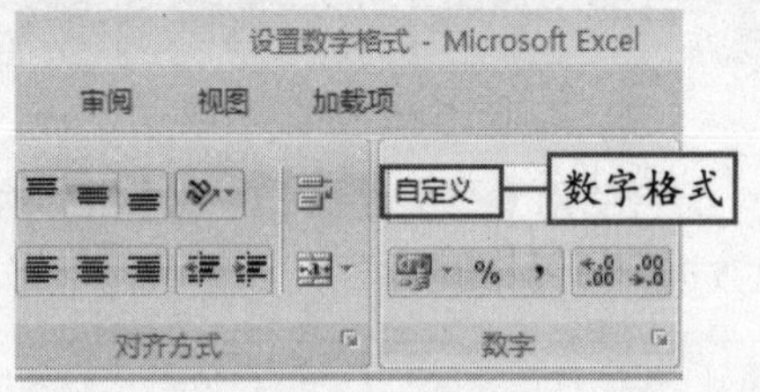

图 10-6 显示数字格式

② 单击“数字格式”下拉列表框的下拉按钮，在弹出的下拉面板中选择“短日期”选项，如图 10-7 所示。

图 10-7 选择“短日期”选项

③ 该单元格中的数据将被设置为短日期格式，效果如图 10-8 所示。

	A	B	C	D	E	F
2			员工工资表			
3					2009/6/30	
4		序号	员工姓名	基本工资	提成	
5		1	赵静	1000	1500	
6		2	王方	1000	1300	
7		3	姜静文	1000	1300	
8		4	赵嘉怡	1000	1200	
9		5	王文江	1000	1200	
10		6	张朝阳	1000	1500	
11						

图 10-8 短日期格式效果

④ 选择“单元格区域 D5:E10，在“数字格式”下拉列表中选择“其他数字格式”选项，如图 10-9 所示。

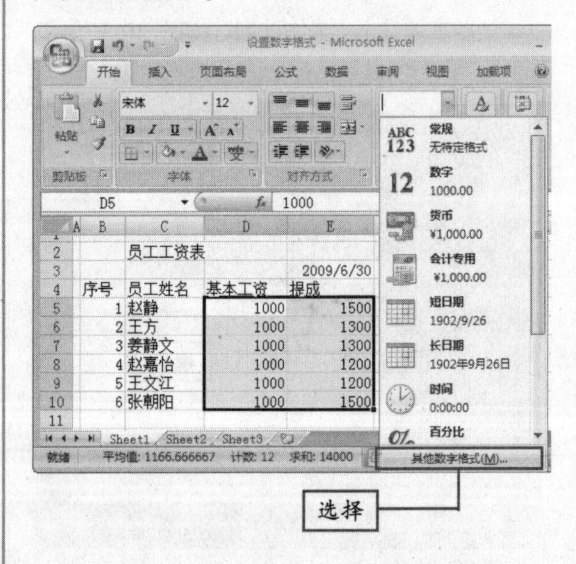

图 10-9 选择“其他数字格式”选项

⑤ 弹出“设置单元格格式”对话框，在“分类”列表框中选择“货币”选项，其他参数保持默认设置，如图 10-10 所示。

说明 用户可以根据不同的情况套用不同类型的数字格式。

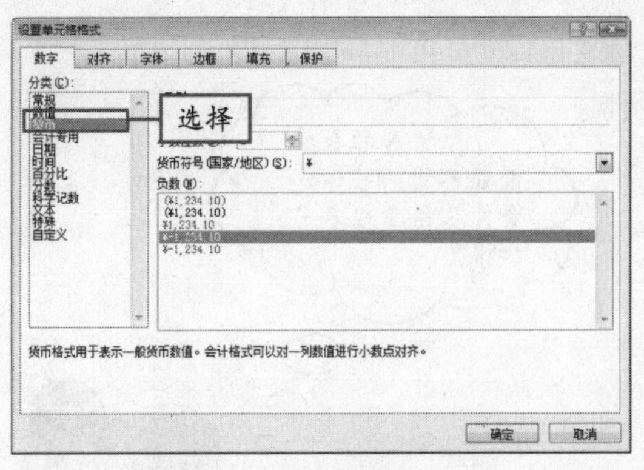

图 10-10　短日期格式效果

⑥ 单击“确定”按钮，设置的数字格式效果如图 10-11 所示。

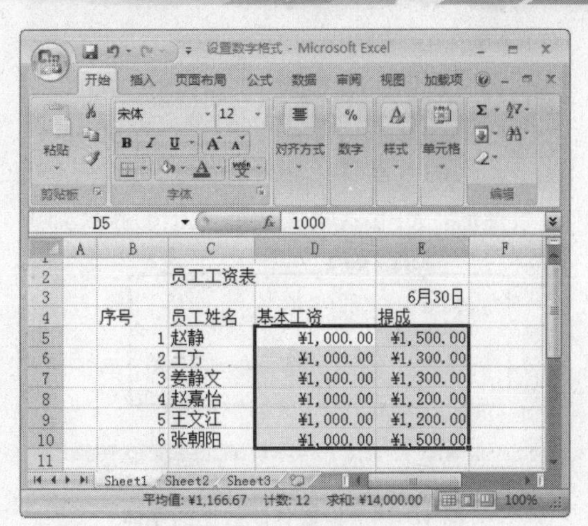

图 10-11　短日期格式效果

10.2.3　设置字体格式

数据的字体格式设置包括字体、字号、字体颜色等字体属性的设置，这些设置主要通过“开始”选项卡下“字体”组中的命令和按钮来实现。下面将介绍有关字体格式设置的操作。

1．设置字体

设置字体的具体操作方法如下：

① 打开一张已经输入数据的工作表，单击单元格 B1，选择该单元格，如图 10-12 所示。

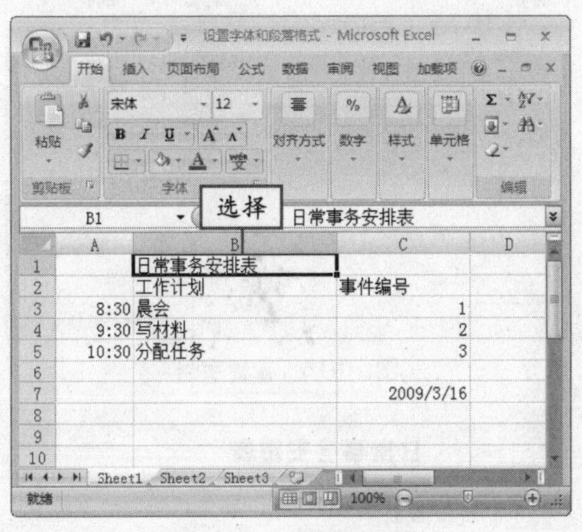

图 10-12　选择单元格

② 单击“开始”选项卡下“字体”组中“字体”下拉列表框的下拉按钮，在弹出的下拉列表中选择“方正大黑简体”选项，如图 10-13 所示。

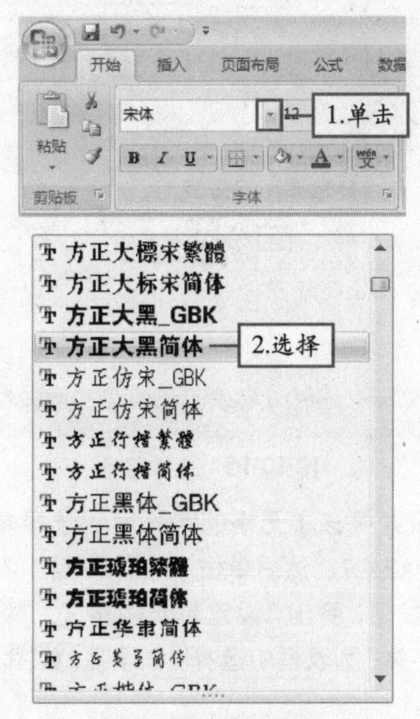

图 10-13　选择字体

③ 设置好该单元格数据的字体后，选择单元格区域 A2:C7，用同样的方法，设置其数据的字体，最终效果如图 10-14 所示。

“字体”下拉列表框中显示的是系统中所安装的字体。　说明

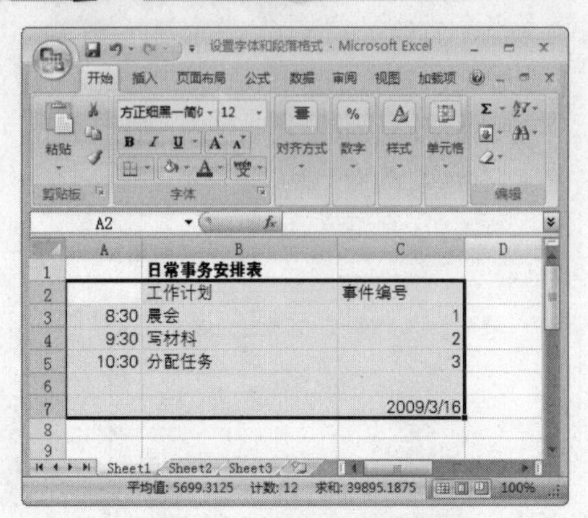

图 10-14 设置其他数据的字体

2. 设置字号

设置字号的具体操作方法如下：

① 选择单元格 B1，单击“字体”组中的“字号”下拉列表框中的下拉按钮，在弹出的下拉列表中选择 18 号字，如图 10-15 所示。

图 10-15 选择字号

② 设置好该单元格的字号后，选择单元格区域 A2:C7，然后单击“字体”组中右下角的按钮，弹出“设置单元格格式”对话框，从“字体”列表框中选择 14 号字，如图 10-16 所示。

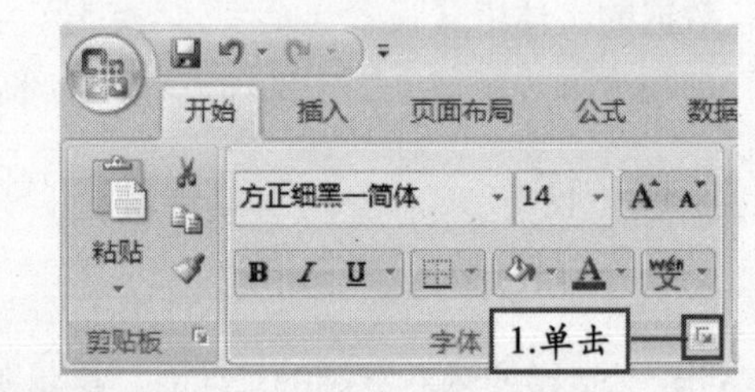

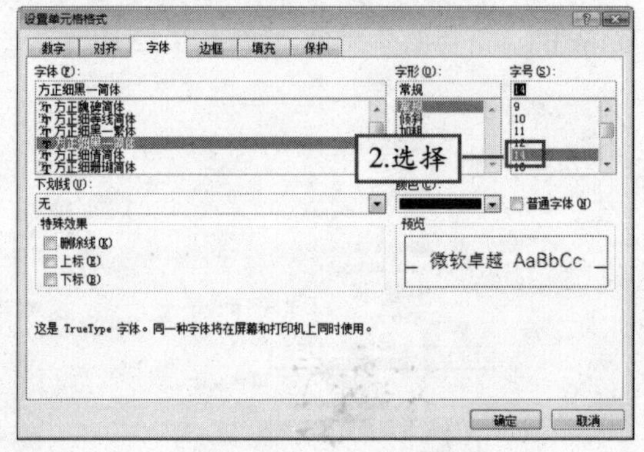

图 10-16 设置字号

③ 单击“确定”按钮，完成设置，效果如图 10-17 所示。

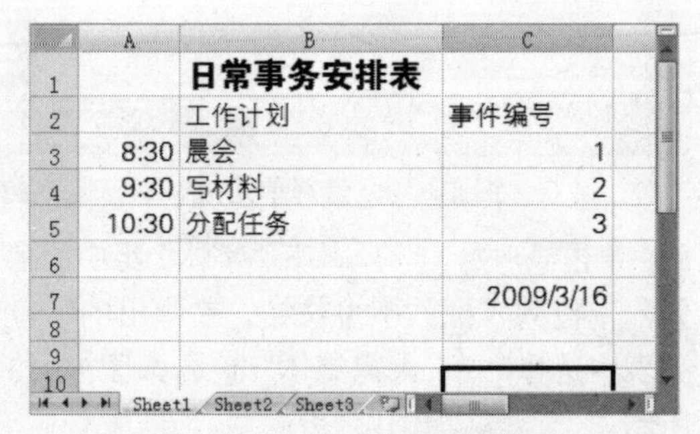

图 10-17 设置字号后的效果

说明　用户可根据实际情况调整字号的大小，字号不能设置得太大。

3. 设置字体颜色和其他属性

① 继续上一节的操作，选择单元格 B1，单击“字体”组的“字体颜色”右侧的下拉按钮，在弹出的调色板中选择红色（见图 10-18），即可为所选择单元格中的数据设置字体颜色。

图 10-18　选择字体颜色

② 单击“填充颜色”按钮右侧的下拉按钮，在弹出的调色板中选择蓝色，如图 10-19 所示，即可为所选择的单元格数据填充底纹。

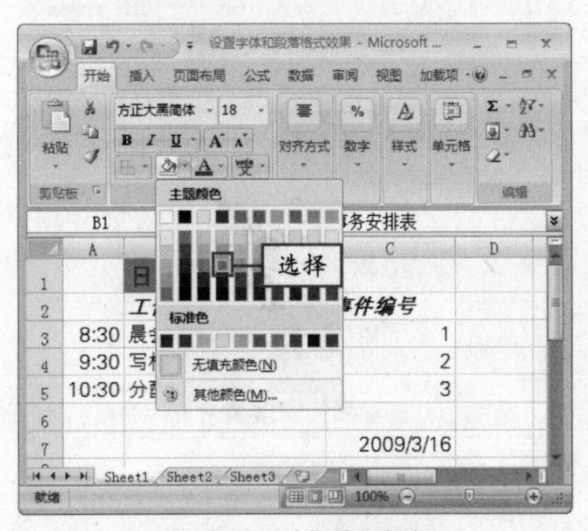

图 10-19　选择填充颜色

③ 选择单元格区域 B2:C2，单击“字体”组中的“加粗”和“倾斜”按钮，加粗并倾斜文字，效果如图 10-20 所示。

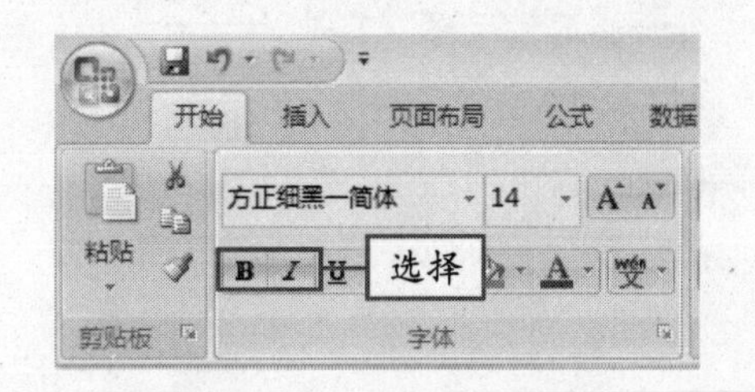

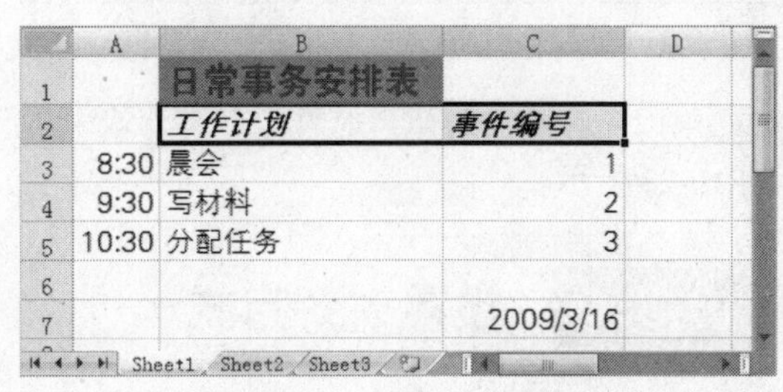

图 10-20　加粗并倾斜文字

④ 选择单元格区域 A2:C5，单击边框按钮右侧的下拉按钮，在弹出的下拉菜单中选择“其他边框”命令，如图 10-21 所示。

图 10-21　选择“其他边框”命令

⑤ 弹出“设置单元格格式”对话框，在“颜色”下拉列表框中选择绿色，在“格式”列表中选择右侧第 3 项，并单击“外边框”和“内部”按钮，如图 10-22 所示。

用户还可以为输入的数据添加下画线、设置上下标等，以满足制作的需要。　说明

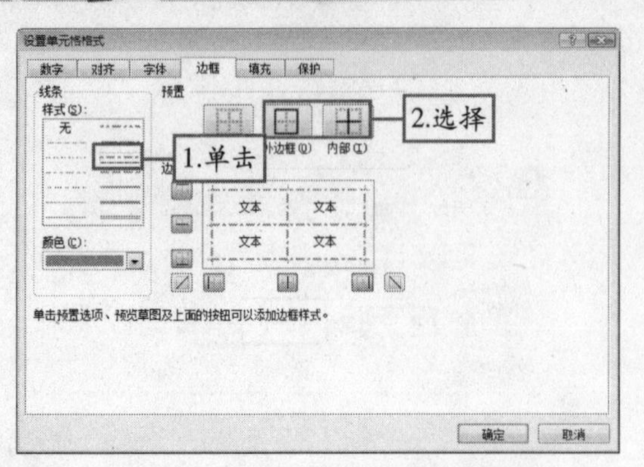

图 10-22 “设置单元格格式”对话框

⑥ 单击“确定”按钮，设置边框后的效果如图 10-23 所示。

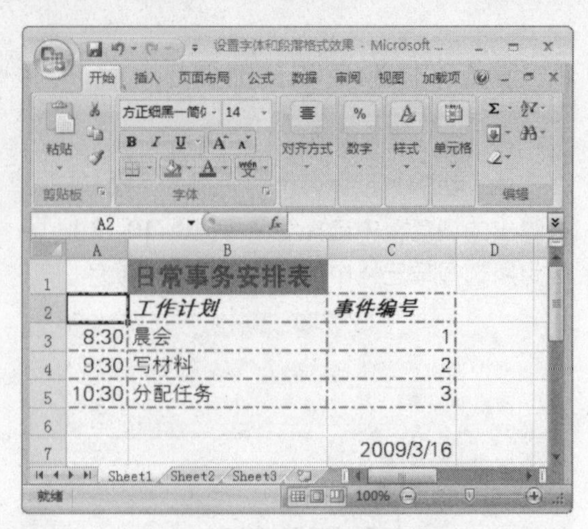

图 10-23 设置边框后的效果

10.2.4 设置对齐方式

Excel 2007 中提供了 6 种对齐方式，分别为“文本左对齐”、“居中对齐”、“文本右对齐”、“顶端对齐”、“垂直居中对齐”和“底端对齐”。下面将通过实例来介绍设置对齐方式的方法。

① 新建“面试通知单”工作表，创建完成后，标题默认垂直居中对齐，并且文本默认左对齐，效果如图 10-24 所示。

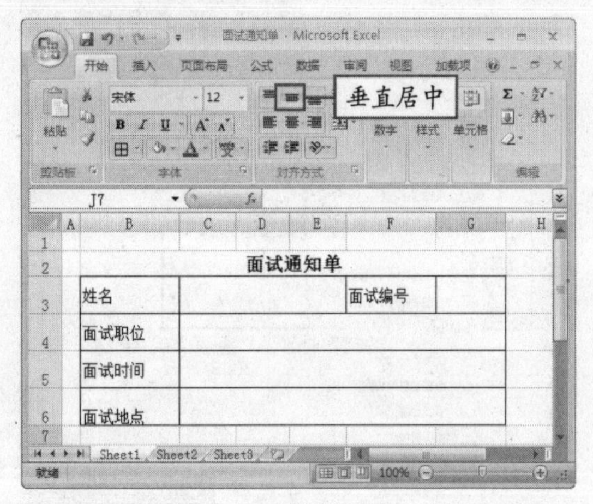

图 10-24 “面试通知单”工作表

② 选择单元格 B3，单击“对齐方式”组中的“居中”按钮，将文本居中对齐，效果如图 10-25 所示。

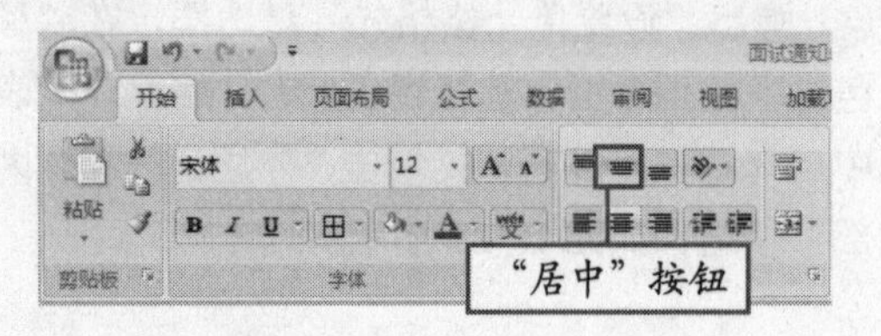

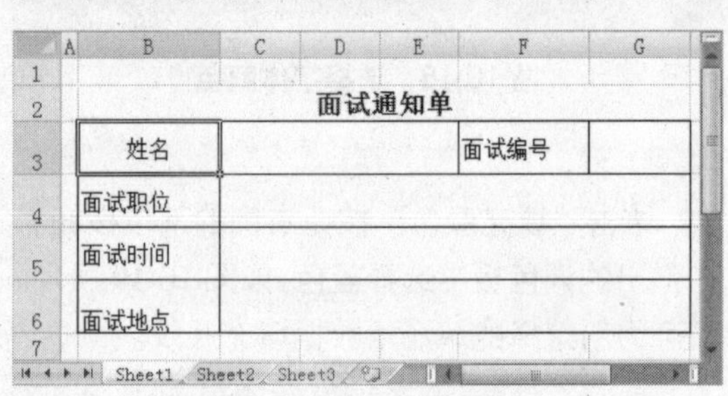

图 10-25 居中对齐

③ 选择单元格 B4，单击“对齐方式”组中的“文本右对齐”按钮，右对齐文本，效果如图 10-26 所示。

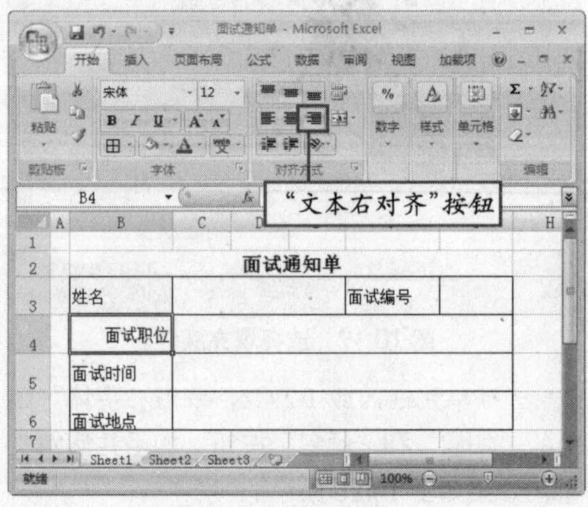

图 10-26 右对齐文本

说明 “居中”对齐是最基本的、最常用的对齐方式。

④ 选择单元格 B5，单击“对齐方式”组中的“顶端对齐”按钮，文本对齐效果如图 10-27 所示。

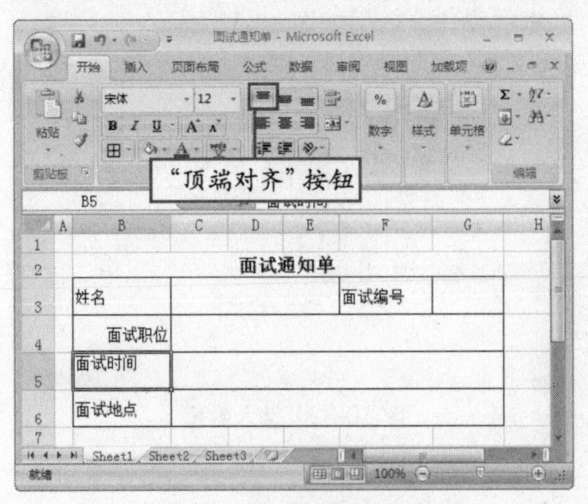

图 10-27　顶端对齐效果

⑤ 单击“对齐方式”组中的“底端对齐”按钮，对齐效果如图 10-28 所示。

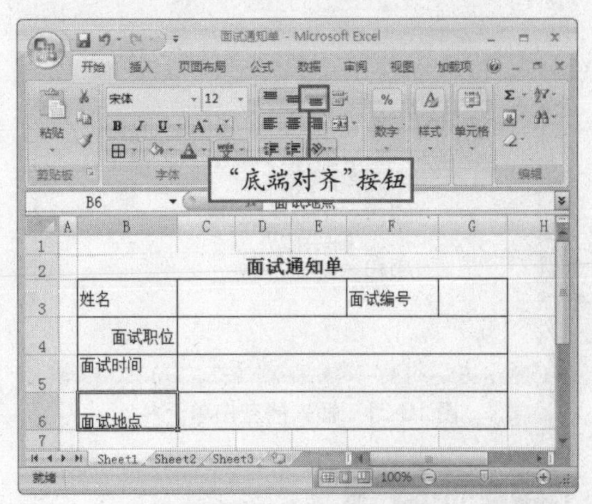

图 10-28　底端对齐效果

10.3　单元格的编辑

单元格是 Excel 中存放数据的最基本单位，因此免不了对单元格进行操作，在 Excel 中，插入与删除单元格、合并与拆分单元格以及对单元格格式与样式的设置，都是常用的操作，下面将这部分内容进行详细介绍。

10.3.1　插入与删除单元格

插入与删除单元格操作能够方便用户添加或删除数据，下面将分别对其进行详细介绍。

1. 插入单元格

插入单元格的具体操作方法如下：

① 打开“库存统计单”工作表，选择单元格区域 B3，如图 10-29 所示。

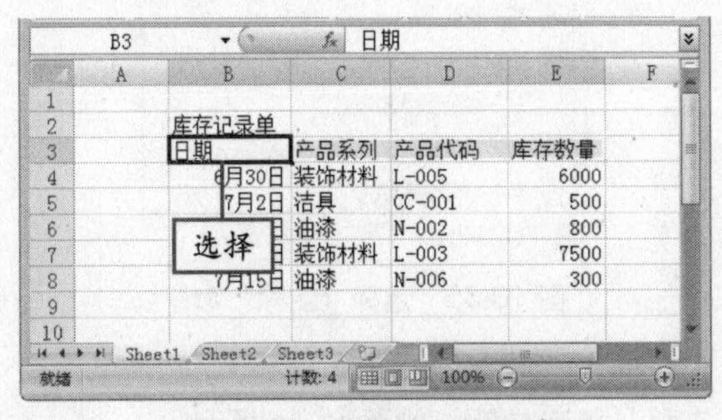

图 10-29　选择单元格区域

② 在“开始”选项卡下“单元格”组中单击“插入”按钮右侧的下拉按钮，在弹出的下拉菜单中选择“插入单元格”命令，如图 10-30 所示。

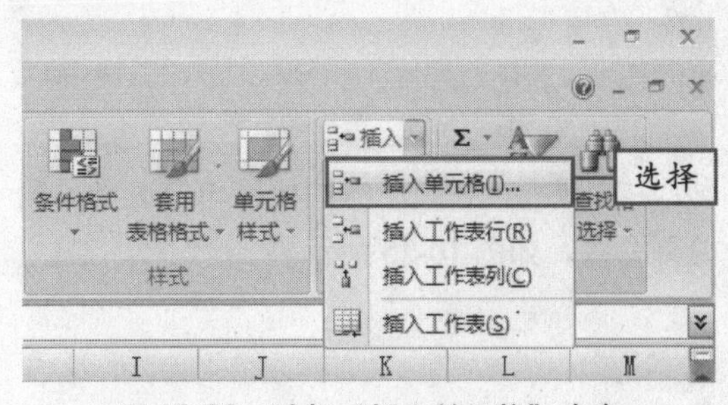

图 10-30　选择“插入单元格”命令

③ 在选择单元格区域的位置插入空白单元格，效果如图 10-31 所示。

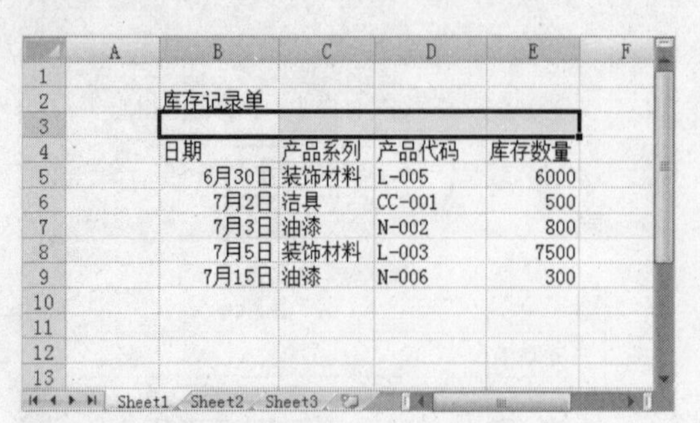

图 10-31 插入的空白单元格

④ 选择单元格 D3，然后在其中输入数据“统计日期：2009-8-1”，实现通过插入单元格添加数据的操作，效果如图 10-32 所示。

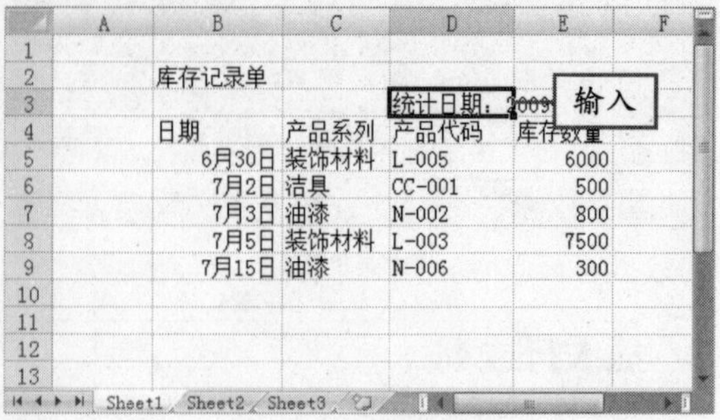

图 10-32 输入数据

知识点拨

如果要选择一个单元格，将会弹出“插入”对话框，提醒用户插入单元格后，该位置的单元格将向哪个方向移动，如图 10-33 所示。

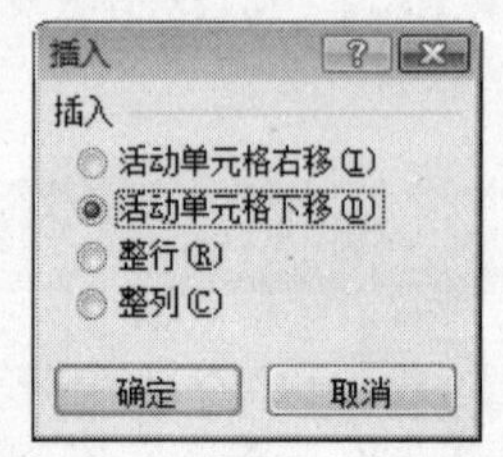

图 10-33 “插入”对话框

2. 删除单元格

删除单元格的具体操作方法如下：

① 在“库存统计单”工作表中，选择单元格 B2，如图 10-34 所示。

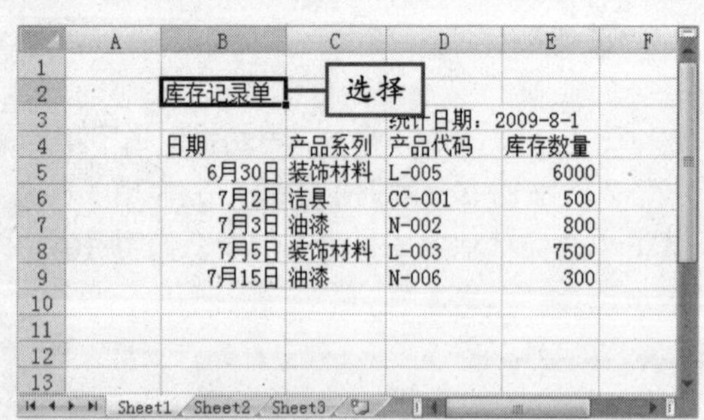

图 10-34 选择单元格

② 右击鼠标，在弹出的快捷菜单中选择“删除”命令，如图 10-35 所示。

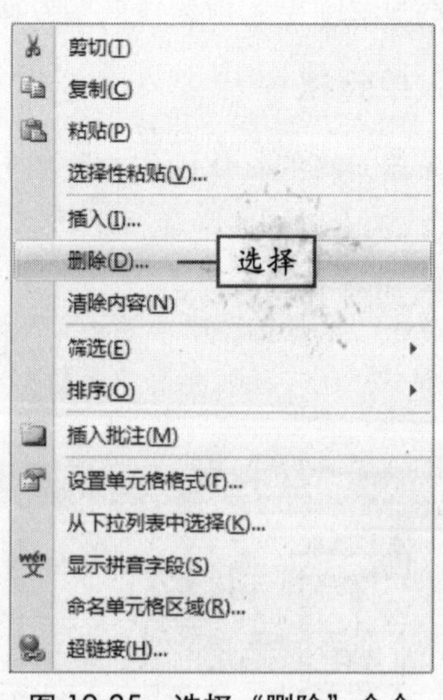

图 10-35 选择“删除”命令

③ 弹出“删除”对话框，选中“右侧单元格左移”单选按钮，如图 10-36 所示。

说明 在“单元格”组中单击“删除”按钮右侧的下拉按钮，也可弹出“删除”对话框。

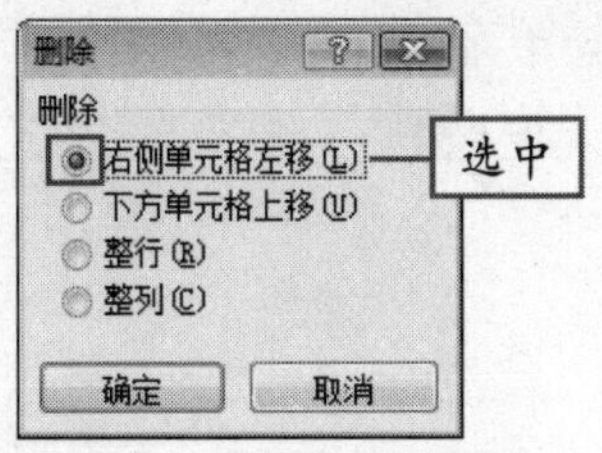

图 10-36 “删除”对话框

④ 单击“确定”按钮，删除单元格后，其中的数据将被删除，效果如图 10-37 所示。

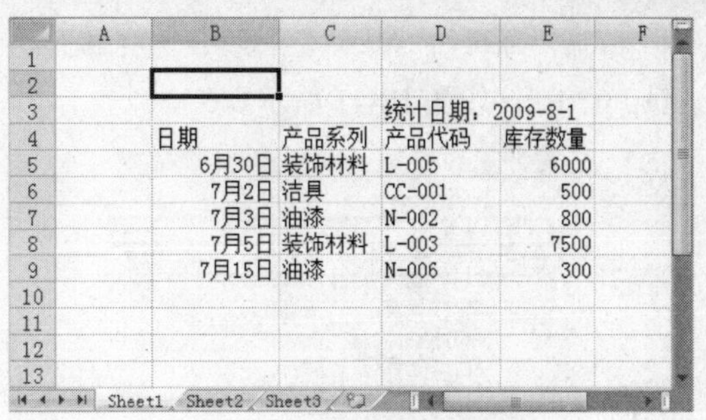

图 10-37 删除单元格后的效果

3. 插入行或列

插入整行单元格与插入整列单元格的操作相同，下面以插入整行单元格为例，介绍其具体操作方法。

① 在“库存统计单”工作表中，选择单元格 B2，如图 10-38 所示。

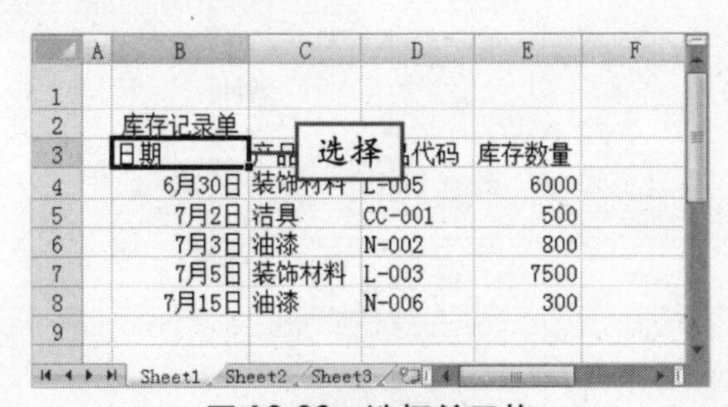

图 10-38 选择单元格

② 右击鼠标，在弹出的快捷菜单中选择“插入”命令，弹出“插入”对话框，从中选中“整行”单选按钮，如图 10-39 所示。

③ 单击“确定”按钮，将插入整行单元格，效果如图 10-40 所示。

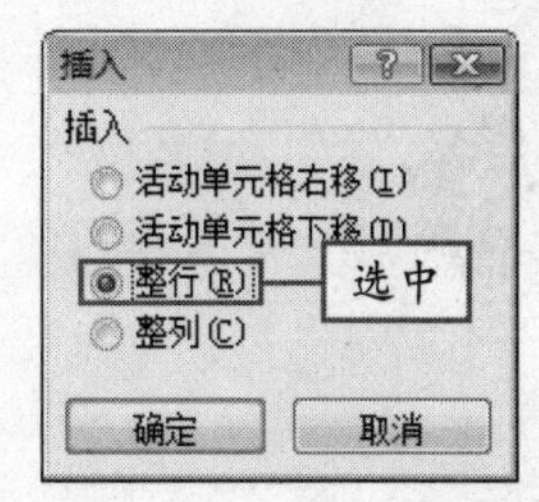

图 10-39 选中“整行”单选按钮

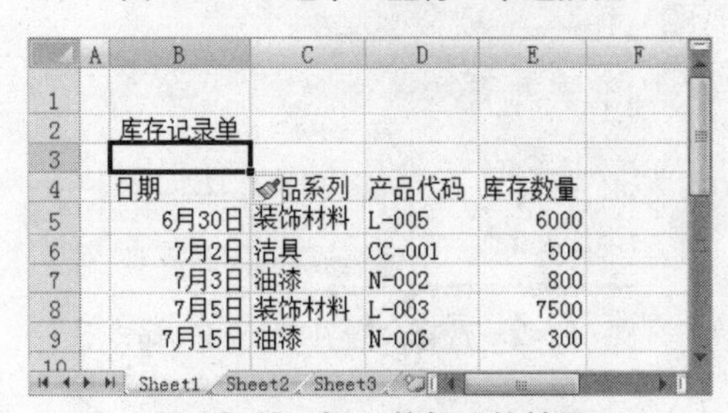

图 10-40 插入整行后的效果

教你一招

单击“单元格”组中“插入”按钮右侧的下拉按钮，在弹出的下拉菜单中选择“插入整行”命令，也可插入整行单元格。

10.3.2 合并与拆分单元格

合并与拆分单元格是 Excel 中常用的操作，合并单元格就是将多个相邻单元格合并成一个单元格，而拆分单元格正好相反，通过合并与拆分操作，能够制作出更多、更加美观的电子表格。本节将介绍合并与拆分单元格的方法。

1. 合并单元格

合并单元格的具体操作方法如下：

说明：不相邻的单元格不能执行合并单元格操作。

① 打开“库存统计单”工作表，选择单元格区域 B2:E2，如图 10-41 所示。

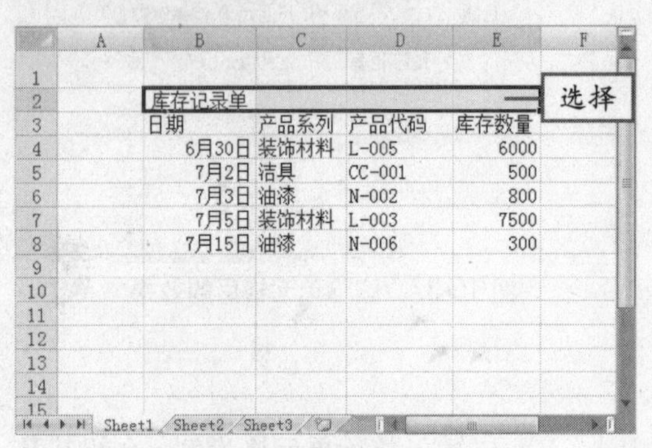

图 10-41　输入文本

② 单击“开始”选项卡下“对齐方式”组中的“合并后居中”按钮右侧的下拉按钮，在弹出的下拉菜单中选择“合并单元格”命令，如图 10-42 所示。

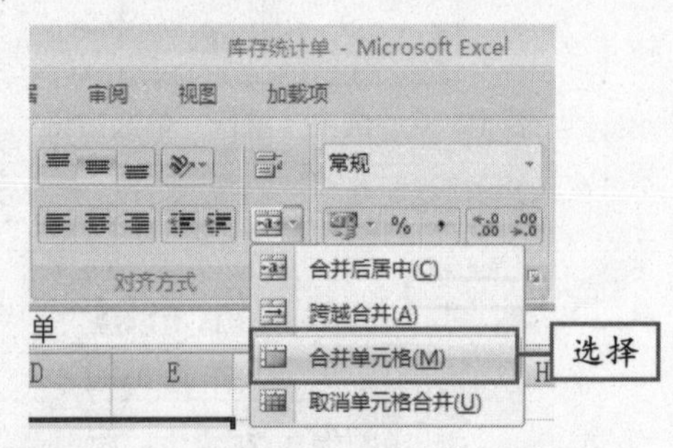

图 10-42　选择“合并单元格”命令

③ 所选单元格区域将被合并为一个单元格，单击单元格 B2 后的效果如图 10-43 所示。

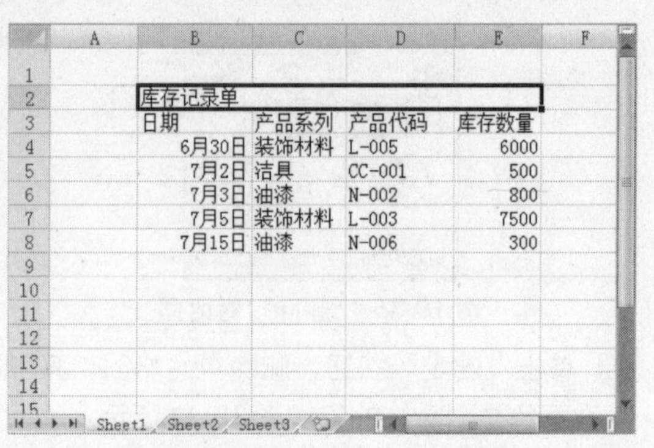

图 10-43　合并单元格后的效果

④ 撤销合并单元格操作，重新选择单元格区域 B2:E2，单击“对齐方式”组中的“合并后居中”按钮，合并并使单元格中的文字居中，如图 10-44 所示。

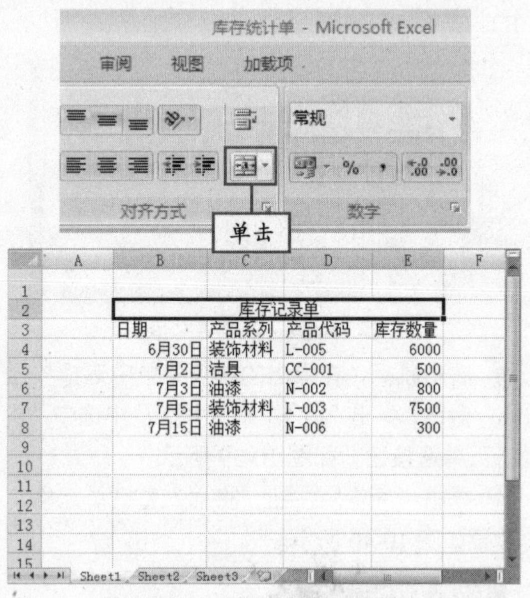

图 10-44　合并单元格后的效果

知识点拨

单击“开始”选项卡下“对齐方式”组中的“合并后居中”按钮，可快速合并并居中单元格。

2. 拆分单元格

拆分单元格的具体操作方法如下：

① 继续上一节的操作，如果要对合并的单元格进行拆分，须首先选中要拆分的单元格，然后单击“合并后居中”按钮右侧的下拉按钮，在弹出的下拉菜单中选择“取消单元格合并”命令，如图 10-45 所示。

说明　没有执行过合并操作的单元格是不能进行拆分的。

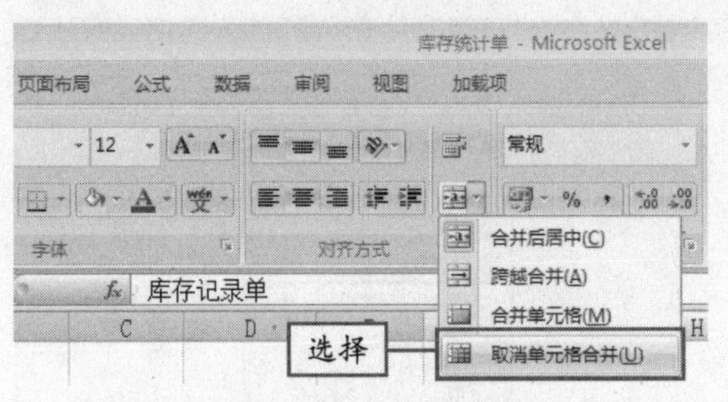

图 10-45 选择“取消单元格合并”命令

② 拆分单元格后，单击单元格 B2 后的效果如图 10-46 所示。

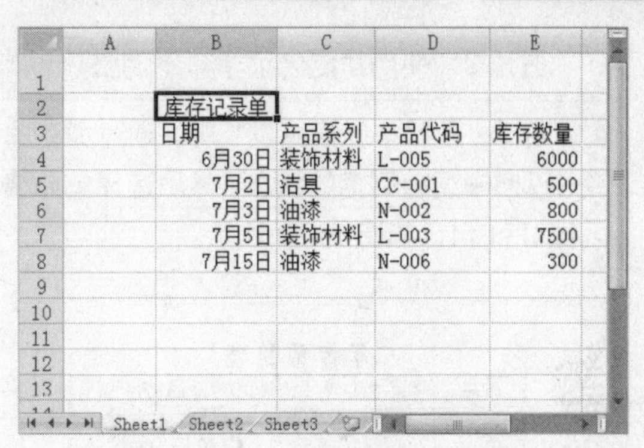

	A	B	C	D	E
1					
2		库存记录单			
3		日期	产品系列	产品代码	库存数量
4		6月30日	装饰材料	L-005	6000
5		7月2日	洁具	CC-001	500
6		7月3日	油漆	N-002	800
7		7月5日	装饰材料	L-003	7500
8		7月15日	油漆	N-006	300

图 10-46 拆分单元格后的效果

10.3.3 调整行高与列宽

在 Excel 中，如果用户还没有调整过单元格所在行的行高或者所在列的列宽，当其不能满足用户的需求，用户可以自定义调整行的高度和列的宽度。本节将详细讲述调整行高和列宽的方法。

1. 自动调整行高和列宽

自动调整行高和列宽的方法有两种，一种是通过双击鼠标来调整，一种是通过菜单命令来调整，下面以调整列宽为例，对两种调整方法进行介绍。

方法 1：双击鼠标调整

① 新建“年度预算表”，创建后列宽为默认列宽，效果如图 10-47 所示。

	A	B	C	D	E	F
1						
2			年度预算表			
3		分类	年实际成	本年预算	增减金额	增减幅度
4		主营业务成	45000	48600	3600	8%
5			78000	79560	1560	2%
6			12000	11880	-120	-1%
7		用（营业	45211	44758.89	-452.11	-1%
8			56220	57906.6	1686.6	3%
9			78000	83460	5460	7%
10		管理费用	45220	46124.4	904.4	2%
11			78446	77661.54	-784.46	-1%
12			46100	47483	1383	3%
13		财务费用	78900	82056	3156	4%
14			68900	70278	1378	2%
15						
16						

图 10-47 创建数据表

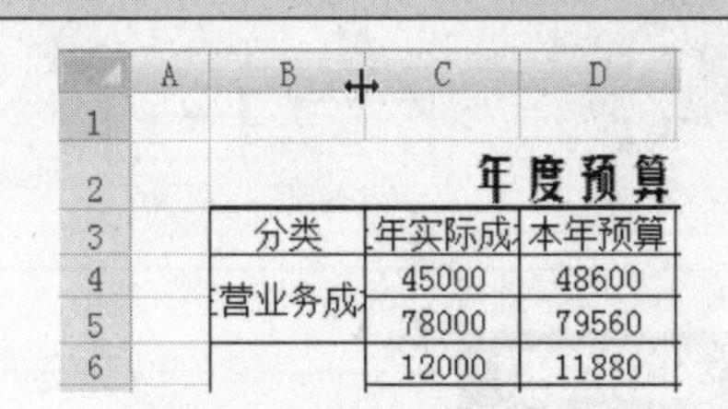

	A	B	C	D
1				
2			年度预算	
3		分类	年实际成	本年预算
4		营业务成	45000	48600
5			78000	79560
6			12000	11880

图 10-48 移动鼠标

② 将鼠标指针移到列标 B 的右侧，此时鼠标指针呈✛形状，如图 10-48 所示。

③ 双击鼠标调整 B 列的列宽，并用同样的方法，调整其他列的列宽，最终效果如图 10-49 所示。

	A	B	C	D	E
1					
2			年度预算表		
3		分类	年实际成	本年预算	增减金额
4		主营业务成本	45000	48600	3600
5			78000	79560	1560
6			12000	11880	-120
7		经营费用（营业费用）	45211	44758.89	-452.11
8			56220	57906.6	1686.6
9			78000	83460	5460
10		管理费用	45220	46124.4	904.4
11			78446	77661.54	-784.46
12			46100	47483	1383
13		财务费用	78900	82056	3156
14			68900	70278	1378
15					
16					

图 10-49 调整列宽后的效果

说明：通过双击鼠标的方法调整列宽时，要注意一定要将鼠标指针移动到列标的右边缘位置。

方法 2：使用功能区菜单命令调整

① 同样，在“年度预算表”中，通过撤销命令，返回未调整列宽的状态，然后选择单元格区域 B3:F14，如图 10-50 所示。

	A	B	C	D	E	F
1						
2		年度预算表				
3		分类	年实际成	本年预算	增减金额	增减幅度
4		营业务成	45000	48600	3600	8%
5			78000	79560	1560	2%
6			12000	11880	-120	-1%
7		用（营业	45211	44758.89	-452.11	-1%
8			56220	57906.6	1686.6	3%
9			78000	83460	5460	7%
10		管理费用	45220	46124.4	904.4	2%
11			78446	77661.54	-784.46	-1%
12			46100	47483	1383	3%
13		财务费用	78900	82056	3156	4%
14			68900	70278	1378	2%
15						
16						

Sheet1 Sheet2 Sheet3

图 10-50　撤销调整列宽

② 单击“开始”选项卡下“单元格”组中的“格式”下拉按钮，在弹出的下拉菜单中选择“自动调整列宽”命令，如图 10-51 所示。

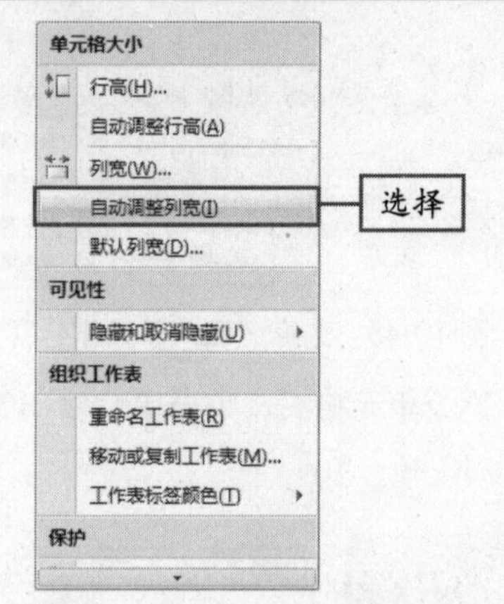

图 10-51　选择“自动调整列宽”命令

③ 自动调整数据表的列宽，最终效果如图 10-52 所示。

	A	B	C	D	E	F
1						
2		年度预算表				
3		分类	上年实际成本	本年预算	增减金额	增减幅度
4		主营业务成本	45000	48600	3600	8%
5			78000	79560	1560	2%
6			12000	11880	-120	-1%
7		经营费用（营业费用）	45211	44758.89	-452.11	-1%
8			56220	57906.6	1686.6	3%
9			78000	83460	5460	7%
10		管理费用	45220	46124.4	904.4	2%
11			78446	77661.54	-784.46	-1%
12			46100	47483	1383	3%
13		财务费用	78900	82056	3156	4%
14			68900	70278	1378	2%
15						
16						

Sheet1 Sheet2 Sheet3

图 10-52　最终效果

知识点拨

自动调整行高和自动调整列宽的方法相似，这里不再赘述。用户需要注意的是，当输入数据时，系统会根据输入数据的大小自动调整行高，当用户已经手动调整过行高后，这两种方法才会起作用。

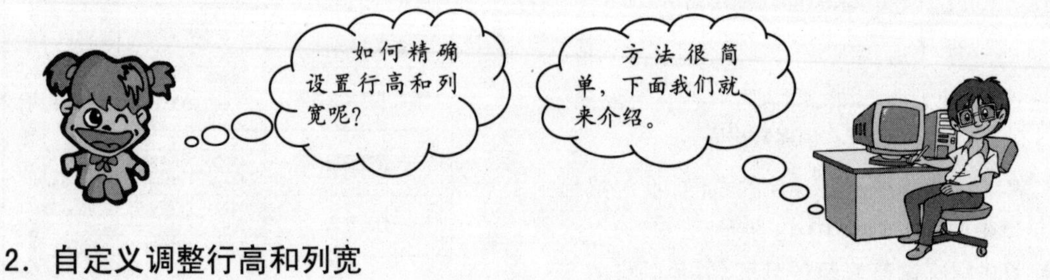

2. 自定义调整行高和列宽

在 Excel 中，用户可以通过“行高”和“列宽”对话框自定义设置单元格的行高和列宽。其具体操作方法如下：

 说明　通过拖动行号和列标的边缘也可调整行高和列宽。

① 新建"上半年项目结算表",效果如图 10-53 所示。

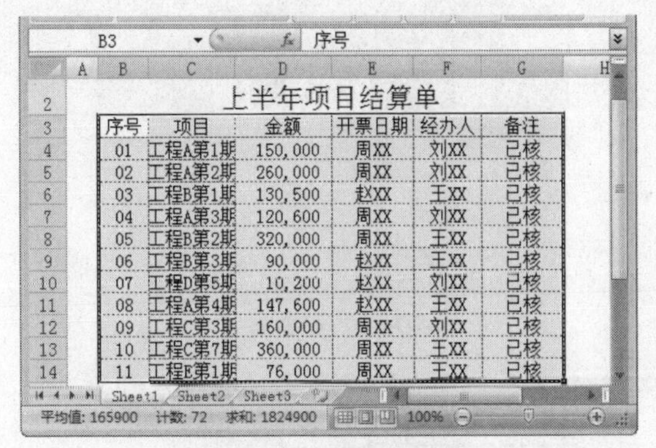

上半年项目结算单

序号	项目	金额	开票日期	经办人	备注
01	工程A第1期	150,000	周XX	刘XX	已核
02	工程A第2期	260,000	周XX	刘XX	已核
03	工程B第1期	130,500	赵XX	王XX	已核
04	工程A第3期	120,600	周XX	刘XX	已核
05	工程B第2期	320,000	周XX	王XX	已核
06	工程B第3期	90,000	赵XX	王XX	已核
07	工程D第5期	10,200	赵XX	刘XX	已核
08	工程A第4期	147,600	赵XX	王XX	已核
09	工程C第3期	160,000	周XX	刘XX	已核
10	工程C第7期	360,000	周XX	王XX	已核
11	工程E第1期	76,000	周XX	王XX	已核

图 10-53　新建数据表

② 选择单元格区域 B3:G14，单击"单元格"组中的"格式"下拉按钮，在弹出的下拉菜单中选择"行高"命令，如图 10-54 所示。

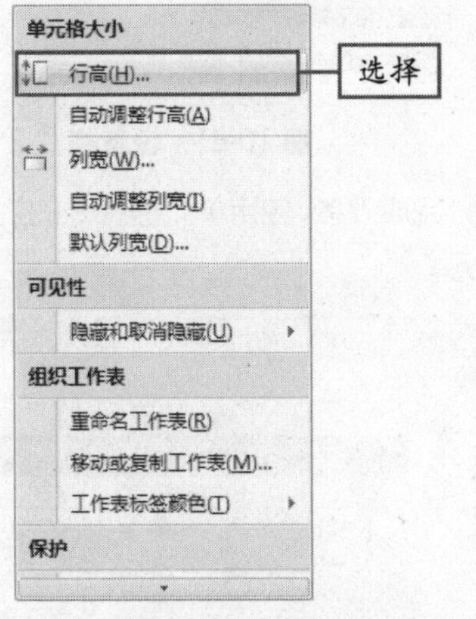

图 10-54　选择"行高"命令

③ 弹出"行高"对话框，在"行高"文本框中输入 19，如图 10-55 所示。

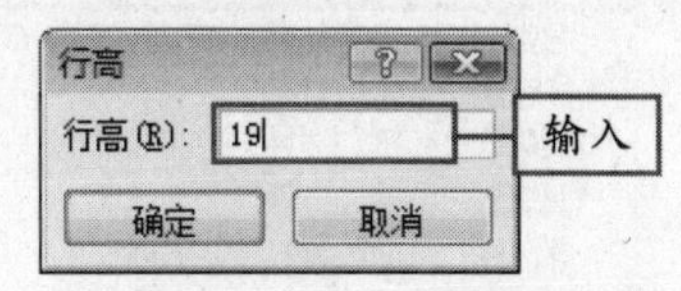

图 10-55　"行高"对话框

④ 单击"确定"按钮，设置行高。用同样的方法，在"格式"下拉菜单中选择"列宽"命令，弹出"列宽"对话框，从中设置"列宽"为 11，如图 10-56 所示。

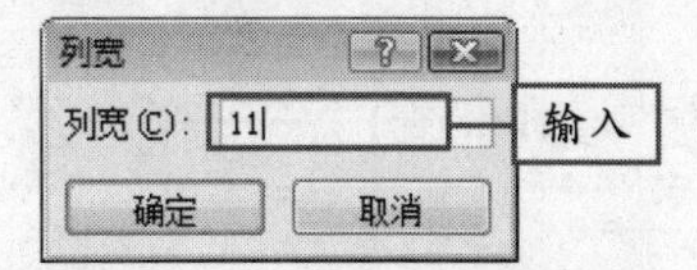

图 10-56　"列宽"对话框

⑤ 单击"确定"按钮，调整列宽。调整表格行高和列宽后的最终效果如图 10-57 所示。

上半年项目结算单

序号	项目	金额	开票日期	经办人	备注
01	工程A第1期	150,000	周XX	刘XX	已核
02	工程A第2期	260,000	周XX	刘XX	已核
03	工程B第1期	130,500	赵XX	王XX	已核
04	工程A第3期	120,600	周XX	刘XX	已核
05	工程B第2期	320,000	周XX	王XX	已核
06	工程B第3期	90,000	赵XX	王XX	已核
07	工程D第5期	10,200	赵XX	刘XX	已核
08	工程A第4期	147,600	赵XX	王XX	已核
09	工程C第3期	160,000	周XX	刘XX	已核
10	工程C第7期	360,000	周XX	王XX	已核
11	工程E第1期	76,000	周XX	王XX	已核

图 10-57　最终效果

10.3.4　应用单元格和表格样式

Excel 2007 中自带了许多的单元格和表格样式，应用这些样式可以节省用户制作电子表格的时间，提高工作效率。下面将通过具体实例来介绍这些知识。

1. 应用单元格样式

单元格样式实际上就是某些字体格式、数字格式、单元格边框和底纹等单元格属性的集合，通过设置单元格样式，可快速为单元格应用这些属性。为单元格设置样式的具体操作方法如下：

① 打开"库存记录单"工作表，选择单元格 B2，如图 10-58 所示。

② 单击"单元格样式"下拉按钮，在弹出的下拉面板中选择"标题"选项，如图 10-59 所示。

在行号或列标边缘位置按下鼠标左键，将显示行的高度或列的宽度　说明

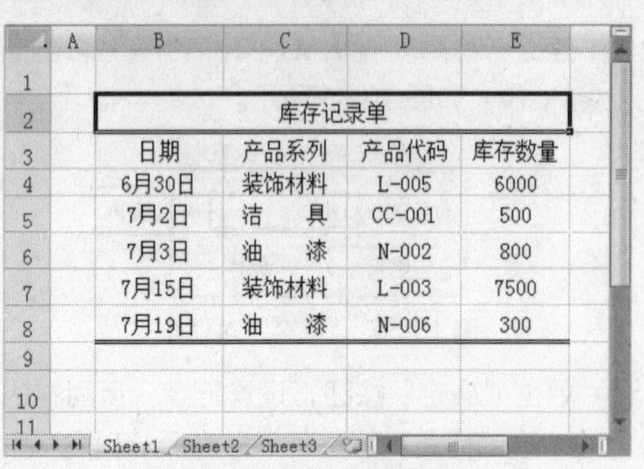

图 10-58　设置标题样式

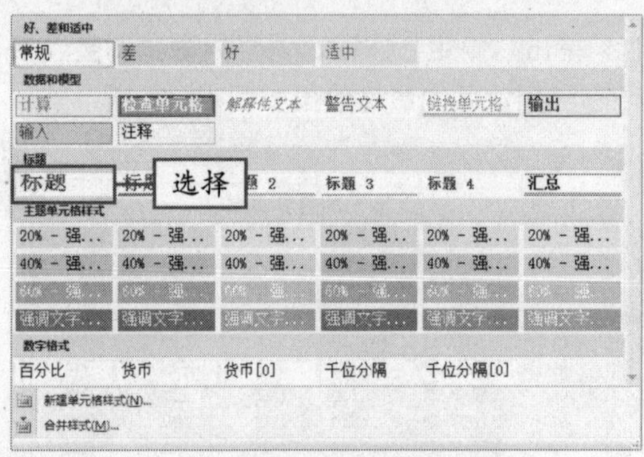

图 10-59　选择“标题”选项

③ 选中单元格区域 B3:E3，单击“单元格样式”下拉按钮，在弹出的下拉面板中选择如图 10-60 所示的选项，为该区域设置单元格样式。

④ 选择单元格区域 B4:E8，在“单元格样式”下拉面板中选择如图 10-61 所示的选项，为该区域设置单元格样式。

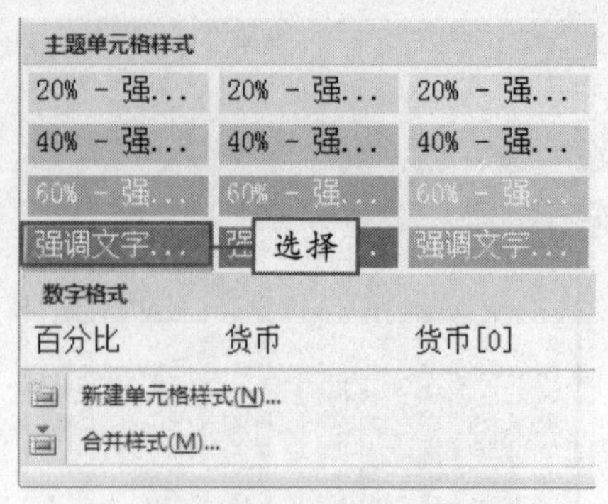

图 10-60　设置样式 1

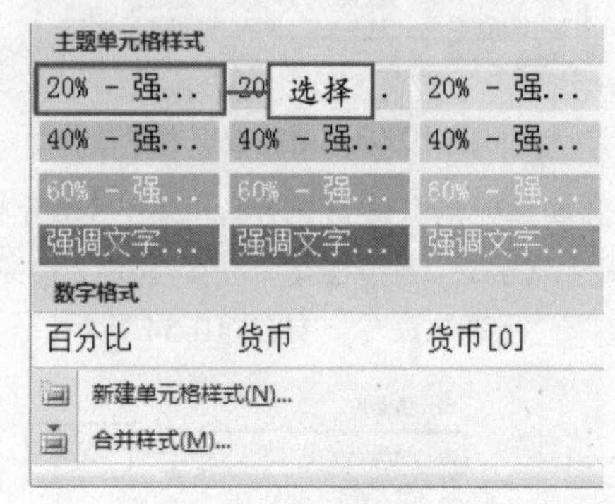

图 10-61　设置样式 2

⑤ 完成设置，应用单元格样式的效果如图 10-62 所示。

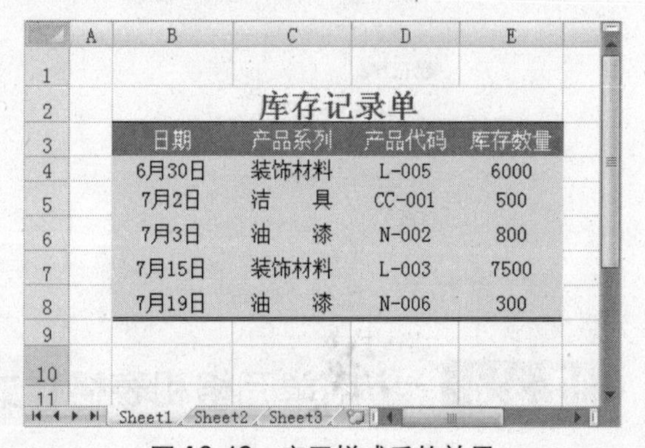

图 10-62　应用样式后的效果

2. 应用表格样式

Excel 2007 中提供了大量的表格样式，这为用户快速设置表格样式提供了方便。下面将详细介绍自动套用表格样式的操作方法。

① 新建“销售人员业绩表”，并设置格式，然后选择单元格区域 B3:F15，如图 10-63 所示。

② 单击“样式”组中的“套用表格格式”下拉按钮，在弹出下拉面板中选择“中等深浅”的第 1 行第 3 个选项，如图 10-64 所示。

说明　在“套用表格样式”下拉面板中选择“新建表样式”选项，可自定义表格样式。

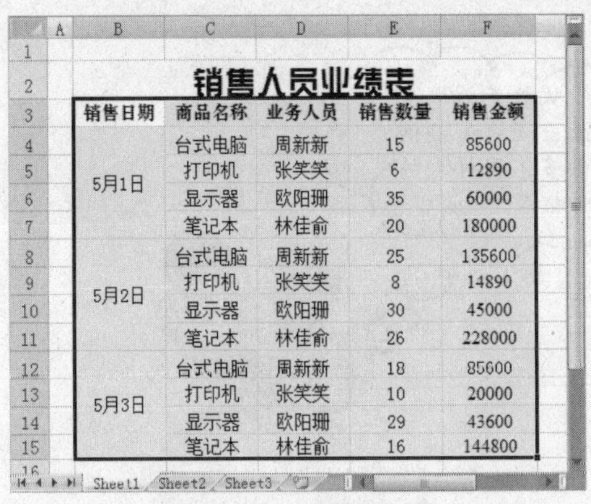

	A	B	C	D	E	F
1						
2		销售人员业绩表				
3		销售日期	商品名称	业务人员	销售数量	销售金额
4		5月1日	台式电脑	周新新	15	85600
5			打印机	张笑笑	6	12890
6			显示器	欧阳珊	35	60000
7			笔记本	林佳俞	20	180000
8		5月2日	台式电脑	周新新	25	135600
9			打印机	张笑笑	8	14890
10			显示器	欧阳珊	30	45000
11			笔记本	林佳俞	26	228000
12		5月3日	台式电脑	周新新	18	85600
13			打印机	张笑笑	10	20000
14			显示器	欧阳珊	29	43600
15			笔记本	林佳俞	16	144800

图 10-63 创建工作表

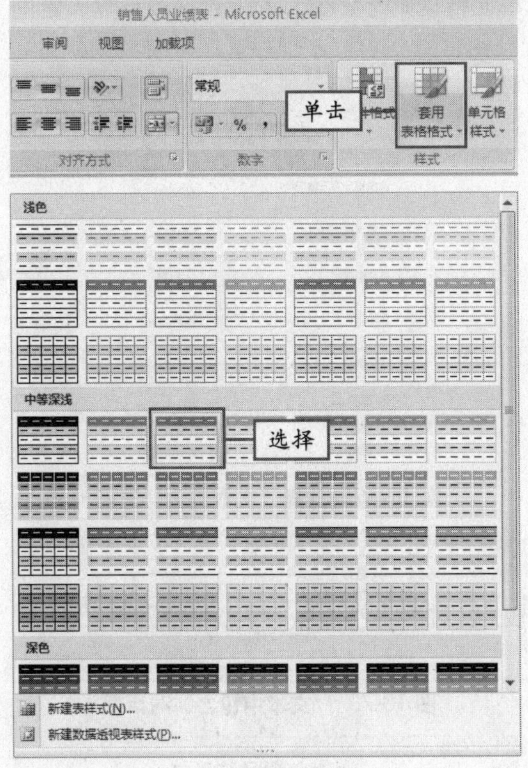

图 10-64 选择表格样式

③ 单击“确定”按钮，应用表格样式，效果如图 10-65 所示。

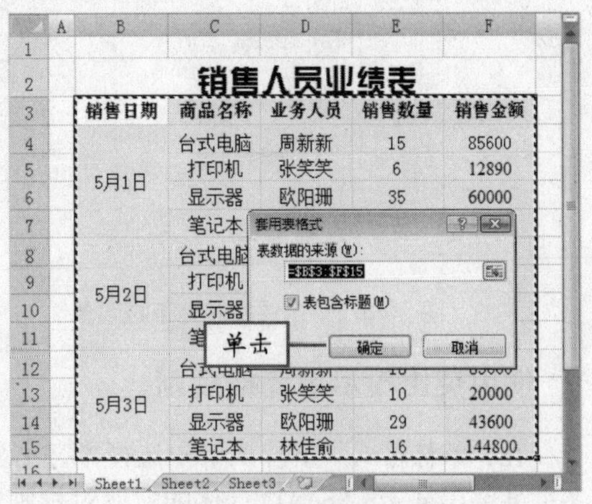

图 10-65 选择表格区域

④ 为表格应用表格样式，最终效果如图 10-66 所示。

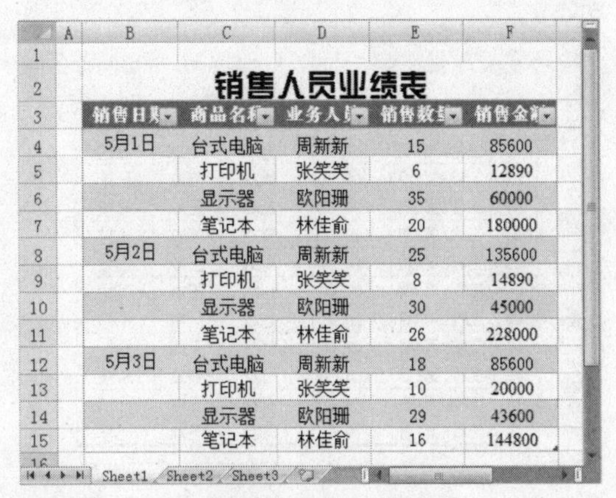

	A	B	C	D	E	F
1						
2		销售人员业绩表				
3		销售日期	商品名称	业务人员	销售数量	销售金额
4		5月1日	台式电脑	周新新	15	85600
5			打印机	张笑笑	6	12890
6			显示器	欧阳珊	35	60000
7			笔记本	林佳俞	20	180000
8		5月2日	台式电脑	周新新	25	135600
9			打印机	张笑笑	8	14890
10			显示器	欧阳珊	30	45000
11			笔记本	林佳俞	26	228000
12		5月3日	台式电脑	周新新	18	85600
13			打印机	张笑笑	10	20000
14			显示器	欧阳珊	29	43600
15			笔记本	林佳俞	16	144800

图 10-66 应用表格样式

教你一招

应用样式后，合并的单元格效果将被撤销，并且不能再执行“合并单元格”命令。

10.3.5 设置条件格式

在 Excel 2007 中为方便用户查看某些特定的数据，提供了设置条件格式的功能。使用该功能可以为满足某种自定义条件的单元格设置相应的单元格格式，如颜色、字体等；还可以使用颜色刻度、数据条和图标集来直观显示数据，从而提高了表格的可读性。

要使用 Excel 中的条件格式，可以通过“开始”选项卡下“样式”组中“条件格式”下拉菜单中的选项来实现。单击“样式”组中的“条件格式”下拉按钮，弹出其下拉菜单，如图 10-67 所示。

在有大量数据信息的电子表格中应用条件格式，会给用户管理表格带来很大好处。 说明

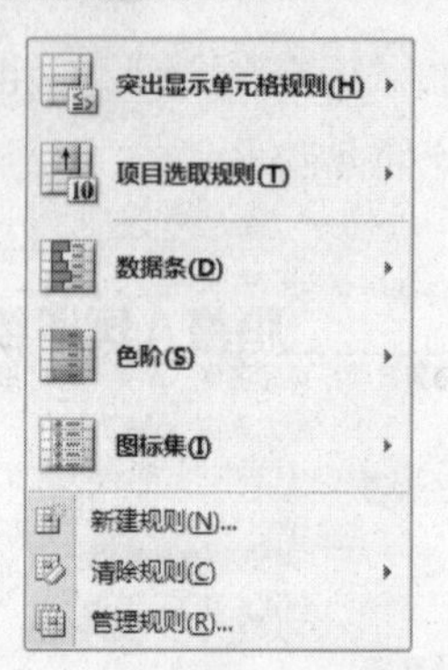

图 10-67 “条件格式”下拉菜单

1. 使用突出显示单元格规则

在“条件格式”下拉菜单中选择“突出显示单元格规则”命令，可为数据表设置一定的条件并突出显示，下面以具体的实例对规则进行介绍。

① 打开“上半年项目结算单”工作表，应用条件样式，对其中的数据稍作修改，如图 10-68 所示。

上半年项目结算单

序号	项目	金额	开票日期	经办人	备注
01	工程A第1期	150,000	周XX	刘XX	已核
02	工程A第2期	260,000	周XX	刘XX	已核
03	工程B第1期	130,500	赵XX	王XX	已核
04	工程A第3期	120,600	周XX	刘XX	未核
05	工程B第2期	320,000	周XX	王XX	已核
06	工程B第3期	90,000	赵XX	王XX	已核
07	工程D第5期	10,200	赵XX	刘XX	未核
08	工程A第4期	147,600	赵XX	王XX	已核
09	工程C第3期	160,000	周XX	刘XX	未核
10	工程C第7期	360,000	周XX	王XX	已核
11	工程E第1期	76,000	周XX	王XX	已核

图 10-68 “上半年项目结算单”工作表

② 选择单元格区域 C4:C14，单击“样式”组中的“条件样式”下拉按钮，在弹出的菜单中选择“突出显示单元格规则”|“文本包含”命令，如图 10-69 所示。

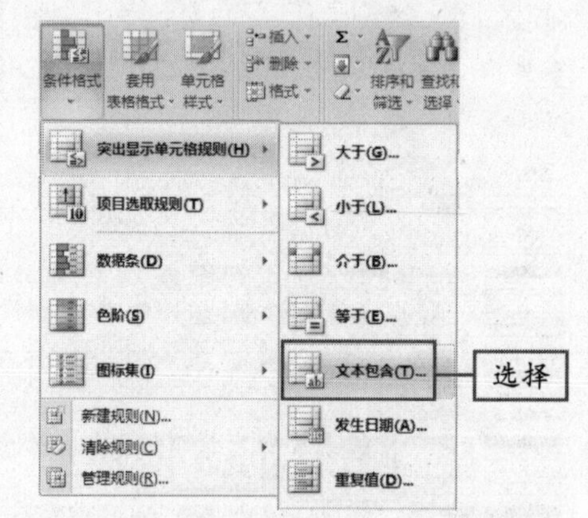

图 10-69 选择“文本包含”选项

③ 弹出“文本中包含”对话框，在其中的文本框中数据“工程 A”，在“设置为”文本框中选择“绿填充色深绿色文本”选项，如图 10-70 所示。

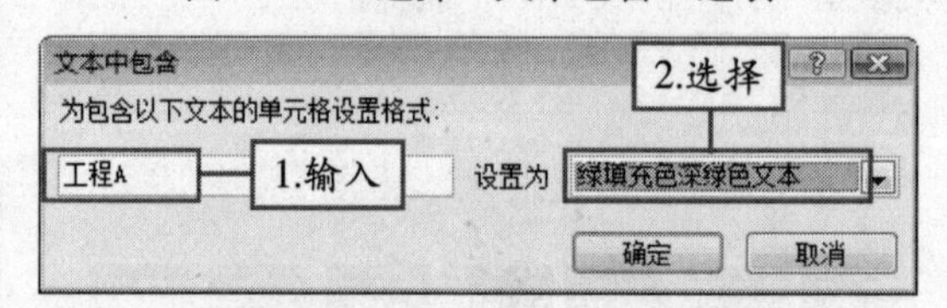

图 10-70 “文本中包含”对话框

④ 单击“确定”按钮，对所选区域中包含文本“工程 A”的单元格应用条件格式，效果如图 10-71 所示。

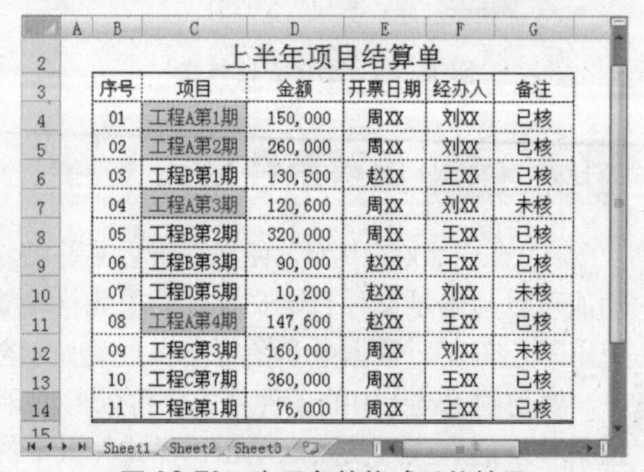

上半年项目结算单

序号	项目	金额	开票日期	经办人	备注
01	工程A第1期	150,000	周XX	刘XX	已核
02	工程A第2期	260,000	周XX	刘XX	已核
03	工程B第1期	130,500	赵XX	王XX	已核
04	工程A第3期	120,600	周XX	刘XX	未核
05	工程B第2期	320,000	周XX	王XX	已核
06	工程B第3期	90,000	赵XX	王XX	已核
07	工程D第5期	10,200	赵XX	刘XX	未核
08	工程A第4期	147,600	赵XX	王XX	已核
09	工程C第3期	160,000	周XX	刘XX	未核
10	工程C第7期	360,000	周XX	王XX	已核
11	工程E第1期	76,000	周XX	王XX	已核

图 10-71 应用条件格式后的效果

 说明 选择“突出显示单元格规则”子菜单中的各个选项，所弹出对话框中的选项设置基本相同。

2. 使用项目选取规则

选择“项目选取规则”选项，系统将自动对所选单元格区域数据进行分析，筛选出符合用户所设置条件的数据，并突出显示这些数据所在的单元格或单元格区域。

使用项目选取规则的具体操作方法如下：

① 在“上半年项目结算单”工作表中，选择单元格区域 D4:D14，单击“条件格式”下拉按钮，在弹出的下拉菜单中选择“项目选取规则”|“值最大的 10 项”命令，如图 10-72 所示。

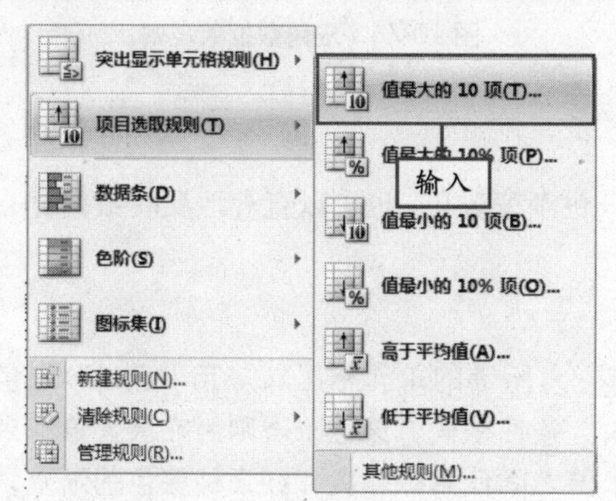

图 10-72　选择“最大的 10 项”命令

② 弹出“10 个最大的项”对话框，在其中的数值框中输入 5，并在“设置为”下拉列表框中选择“浅红填充色深红色文本”选项，如图 10-73 所示。

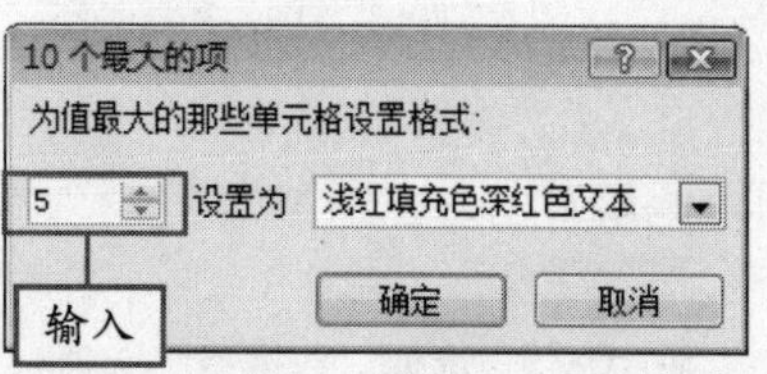

图 10-73　“10 个最大的项”对话框

③ 单击“确定”按钮，为所选单元格区域应用该规则，效果如图 10-74 所示。

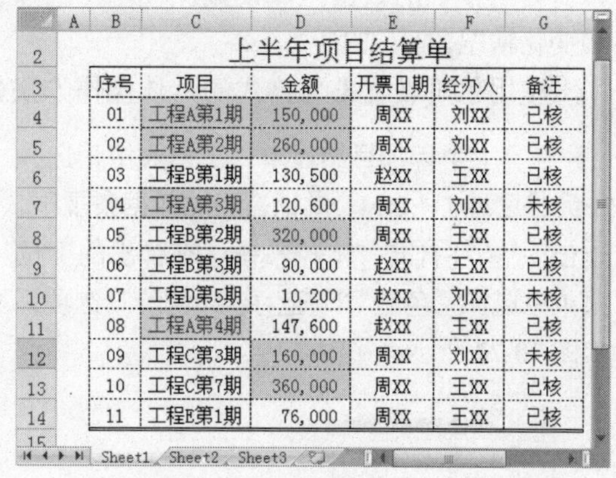

上半年项目结算单

序号	项目	金额	开票日期	经办人	备注
01	工程A第1期	150,000	周XX	刘XX	已核
02	工程A第2期	260,000	周XX	刘XX	已核
03	工程B第1期	130,500	赵XX	王XX	已核
04	工程A第3期	120,600	周XX	刘XX	未核
05	工程B第2期	320,000	周XX	王XX	已核
06	工程B第3期	90,000	赵XX	王XX	已核
07	工程D第5期	10,200	赵XX	刘XX	未核
08	工程A第4期	147,600	赵XX	王XX	已核
09	工程C第3期	160,000	周XX	刘XX	未核
10	工程C第7期	360,000	周XX	王XX	已核
11	工程E第1期	76,000	周XX	王XX	已核

图 10-74　应用规则后的效果

知识点拨

选择“其他规则”选项，将弹出“新建格式规则”对话框，从中可以自定义条件格式规则。

3. 使用数据条设置条件格式

使用数据条设置条件规则，能够为工作表的数据区域填充长短不一的颜色条，从而直观地反映数据的大小、高低等，帮助用户更迅速地了解数据分布和变化。

使用数据条规则显示数据分布情况的具体操作方法如下：

① 在“上半年项目结算单”工作表中，选择单元格区域 D4:D14，撤销上一节中应用的项目选取规则，然后单击“条件格式”下拉按钮，在弹出的下拉菜单中选择“数据条”|“蓝色数据条”命令，如图 10-75 所示。

② 对该区域应用数据条规则，在该区域中将按单元格数据的大小情况显示不同长度的蓝色数据条，效果如图 10-76 所示。

在设置规则之前应先选择要设置规则的单元格区域。　说明

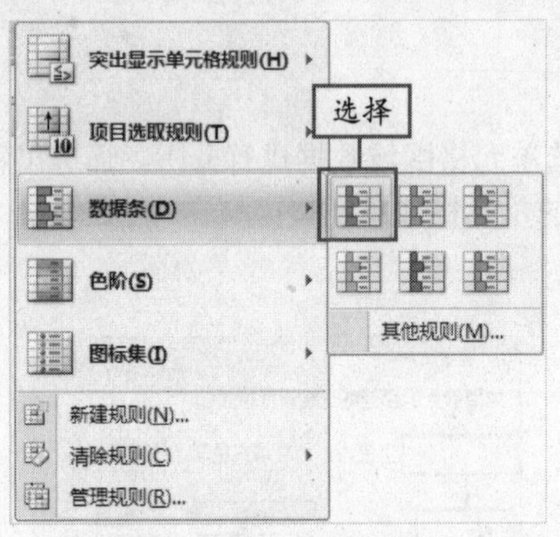

图 10-75　选择“数据条”选项

上半年项目结算单

序号	项目	金额	开票日期	经办人	备注
01	工程A第1期	150,000	周XX	刘XX	已核
02	工程A第2期	260,000	周XX	刘XX	已核
03	工程B第1期	130,500	赵XX	王XX	已核
04	工程A第3期	120,600	周XX	刘XX	未核
05	工程B第2期	320,000	周XX	王XX	已核
06	工程B第3期	90,000	赵XX	王XX	已核
07	工程D第5期	10,200	赵XX	刘XX	未核
08	工程A第4期	147,600	赵XX	王XX	已核
09	工程C第3期	160,000	周XX	刘XX	未核
10	工程C第7期	360,000	周XX	王XX	已核
11	工程E第1期	76,000	周XX	王XX	已核

图 10-76　应用数据条规则

4. 使用色阶设置条件格式

为工作表的数据区域设置深浅不一的双色或三色渐变颜色，也可以直观地反映数据分布和变化情况。

使用色阶设置条件格式的具体操作方法如下：

① 在“上半年项目结算单”工作表中，选择单元格区域 D4:D14，撤销应用的数据条规则，单击“条件样式”下拉按钮，在弹出的下拉菜单中选择“色阶”|“蓝-黄-红色阶”选项，如图 10-77 所示。

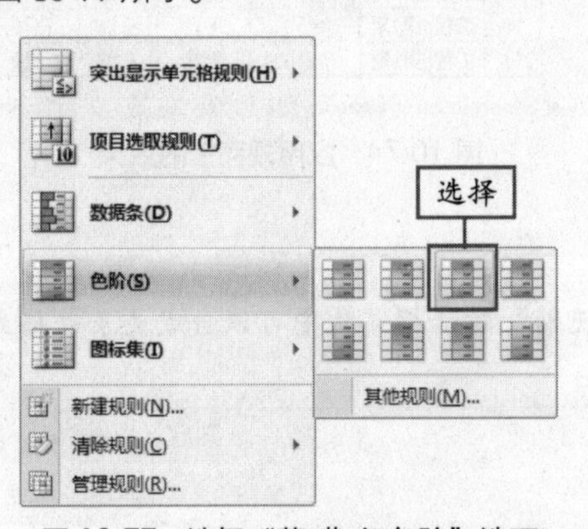

图 10-77　选择“蓝-黄-红色阶”选项

② 为所选的单元格区域应用“蓝-黄-红色阶”条件格式，该色阶规则为在最大值和最小值之间使用绿、黄和红三种颜色的渐变，效果如图 10-78 所示。

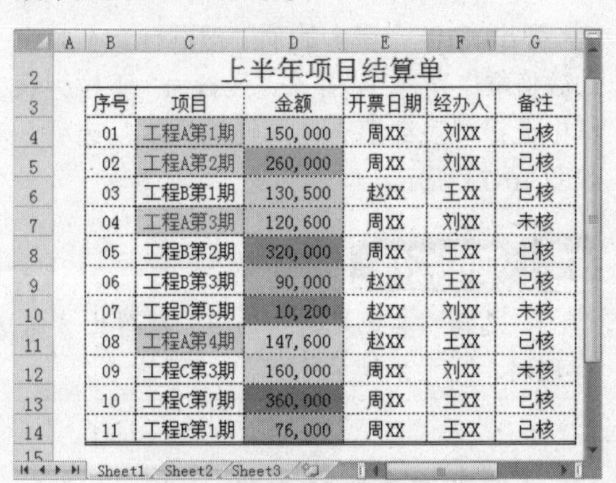

上半年项目结算单

序号	项目	金额	开票日期	经办人	备注
01	工程A第1期	150,000	周XX	刘XX	已核
02	工程A第2期	260,000	周XX	刘XX	已核
03	工程B第1期	130,500	赵XX	王XX	已核
04	工程A第3期	120,600	周XX	刘XX	未核
05	工程B第2期	320,000	周XX	王XX	已核
06	工程B第3期	90,000	赵XX	王XX	已核
07	工程D第5期	10,200	赵XX	刘XX	未核
08	工程A第4期	147,600	赵XX	王XX	已核
09	工程C第3期	160,000	周XX	刘XX	未核
10	工程C第7期	360,000	周XX	王XX	已核
11	工程E第1期	76,000	周XX	王XX	已核

图 10-78　应用规则后的效果

5. 使用图标集设置条件格式

使用图标集可以将工作表的数据区域自动分为几个不同的数据范围，并将用户所选图标集中的不同图标应用到相应的数据范围单元格中，对数据进行注释性说明。

使用图标集设置条件格式的具体操作方法如下：

① 选择单元格区域 D4:D14，单击“条件样式”下拉按钮，在弹出的下拉菜单中选择“图标集”|“三色旗”选项，如图 10-79 所示。

② 为所选的单元格区域应用图标集条件规则，应用后的效果如图 10-80 所示。

说明　色阶图标中，顶部颜色代表较高值，底部颜色代表较低值。

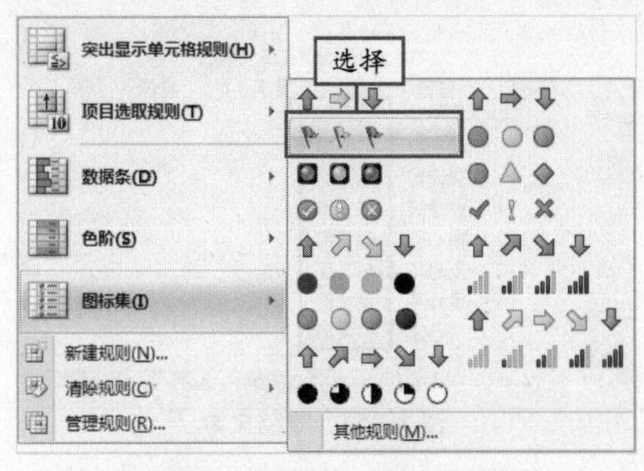

图 10-79　选择“三色旗”选项

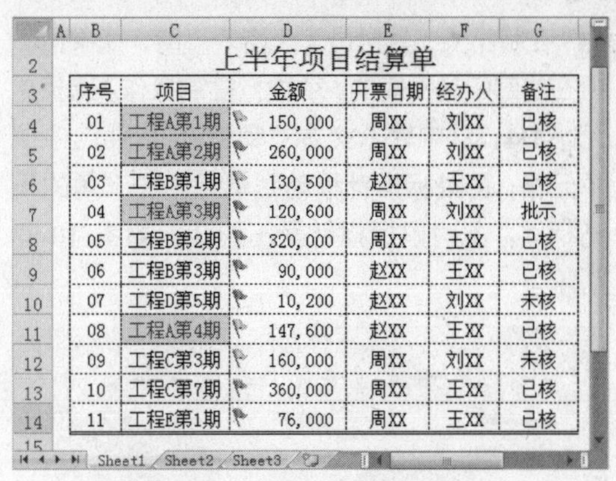

上半年项目结算单

序号	项目	金额	开票日期	经办人	备注
01	工程A第1期	150,000	周XX	刘XX	已核
02	工程A第2期	260,000	周XX	刘XX	已核
03	工程B第1期	130,500	赵XX	王XX	已核
04	工程A第3期	120,600	周XX	刘XX	批示
05	工程B第2期	320,000	周XX	王XX	已核
06	工程B第3期	90,000	赵XX	王XX	已核
07	工程D第5期	10,200	赵XX	刘XX	未核
08	工程A第4期	147,600	赵XX	王XX	已核
09	工程C第3期	160,000	周XX	刘XX	未核
10	工程C第7期	360,000	周XX	王XX	已核
11	工程E第1期	76,000	周XX	王XX	已核

图 10-80　选择“图标集”选项

6. 清除单元格规则

如果用户不再需要设置的条件格式规则，可以通过简单的操作来清除所设置的规则，具体操作方法如下：

① 在“上半年项目结算单”工作表中，选择数据表的任意单元格，如单元格B3，如图 10-81 所示。

上半年项目结算单

序号	项目	金额	开票日期	经办人	备注
01	工程A第1期	150,000	周XX	刘XX	已核
02	工程A第2期	260,000	周XX	刘XX	已核
03	工程B第1期	130,500	赵XX	王XX	已核
04	工程A第3期	120,600	周XX	刘XX	批示
05	工程B第2期	320,000	周XX	王XX	已核
06	工程B第3期	90,000	赵XX	王XX	已核
07	工程D第5期	10,200	赵XX	刘XX	未核
08	工程A第4期	147,600	赵XX	王XX	已核
09	工程C第3期	160,000	周XX	刘XX	未核
10	工程C第7期	360,000	周XX	王XX	已核
11	工程E第1期	76,000	周XX	王XX	已核

图 10-81　选择任意单元格

② 单击“条件格式”下拉按钮，在弹出的下拉菜单中选择“清除规则”|“清除所选单元格的规则”，如图 10-82 所示，将清除该工作表中所有应用的单元格样式。

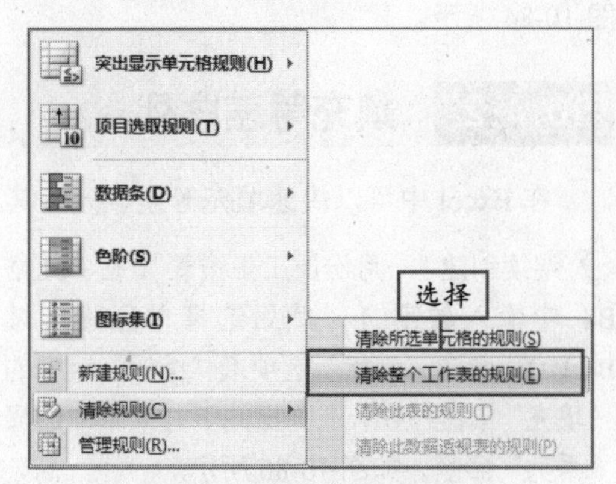

图 10-82　清除条件规则后的效果

10.4　使用自动填充功能

使用自动填充功能能够快速输入大量重复或者之间有一定规律的数据，从而大大减少用户的手工录入工作，提高工作效率。

10.4.1　复制数据

当在单元格中输入了文本和数字时，在其他的单元格中输入相同的数据，可以通过拖动填充柄来进行复制，其具体操作方法如下：

选择“管理规则”命令，弹出“条件格式规则管理器”对话框，从中可进行规则管理操作。　说明

① 在制作“一月份员工工资表”时，如果员工所在的部门是相同的，须进行复制操作。选择单元格 D4，从中输入文本“销售部”，并选中该单元格，将鼠标指针移动到单元格右下角的填充柄上，此时鼠标指针呈+形状，如图 10-83 所示。

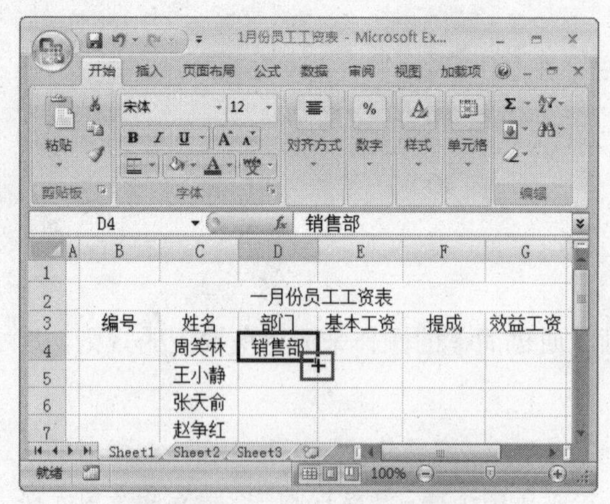

图 10-83 输入文本并将其选中

② 向下拖动鼠标，即可复制文本，效果如图 10-84 所示。

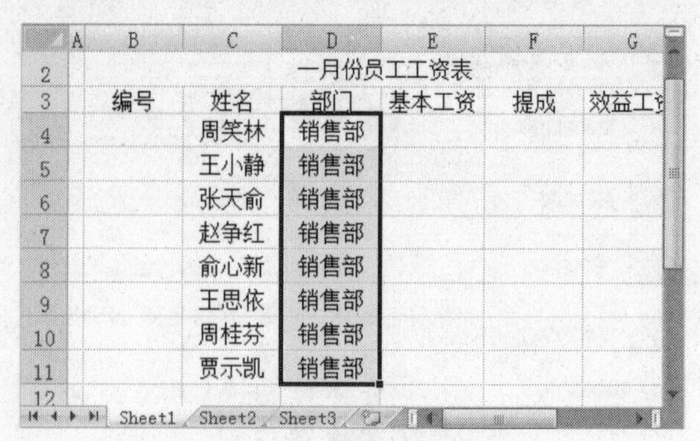

图 10-84 复制文本

③ 用同样的方法，使用填充柄也可以复制数字，复制的效果如图 10-85 所示。

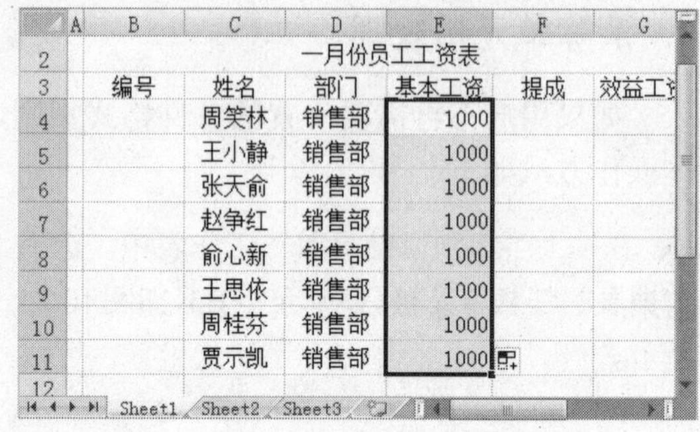

图 10-85 复制数字

10.4.2 填充等差序列

在 Excel 中可以快速填充等差序列，其具体操作方法如下：

① 继续创建“一月份员工工资表”，在单元格 B4 中输入数字 1，然后选择单元格区域 B4:B11，单击“开始”选项卡“编辑”组中的“填充”下拉按钮，在弹出的下拉菜单中选择“系列”命令，如图 10-86 所示。

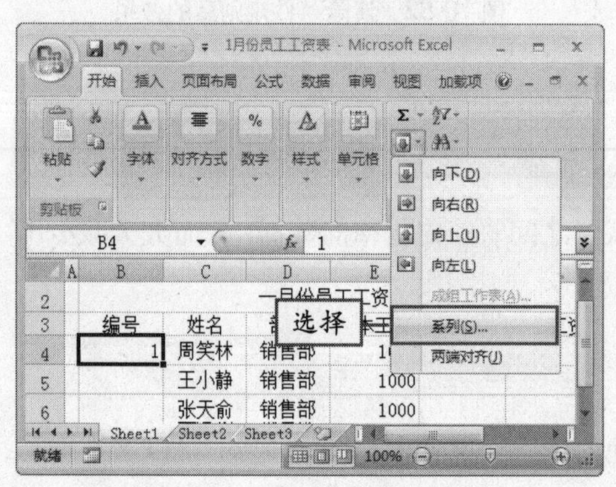

图 10-86 选择“系列”命令

② 弹出“序列”对话框，保持默认设置，如图 10-87 所示。

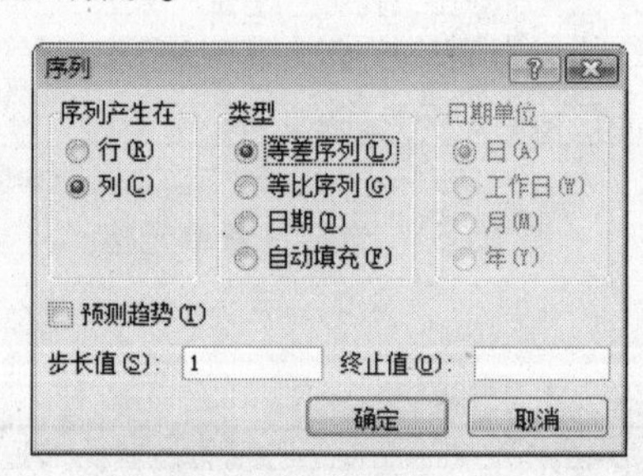

图 10-87 “序列”对话框

③ 单击“确定”按钮，自动为所选单元格区域填充等差序列，效果如图 10-88 所示。

④ 用拖动填充柄的方法，复制数据，然后单击其右侧出现的填充下拉按钮，在弹出的下拉菜单中选中“填充序列”单选按钮，也可填充步长为 1 的等差序列，如图 10-89 所示。

说明 在“序列”对话框中的“步长值”文本框中，可以为等差序列设置步长。

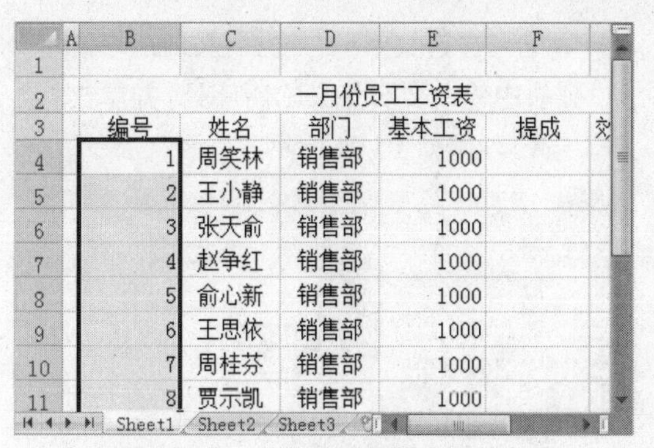

图 10-88　自动填充等差序列效果

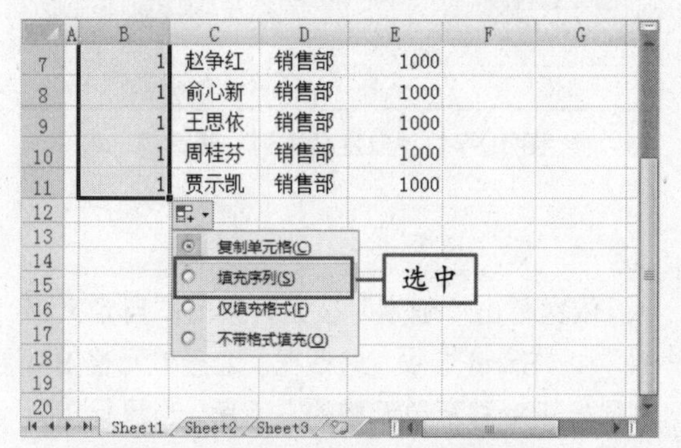

图 10-89　选中“填充序列”单选按钮

⑤ 在须填充的等差序列中输入两个数据并选中，拖动右下角的填充柄也可填充等差序列，如图 10-90 所示。

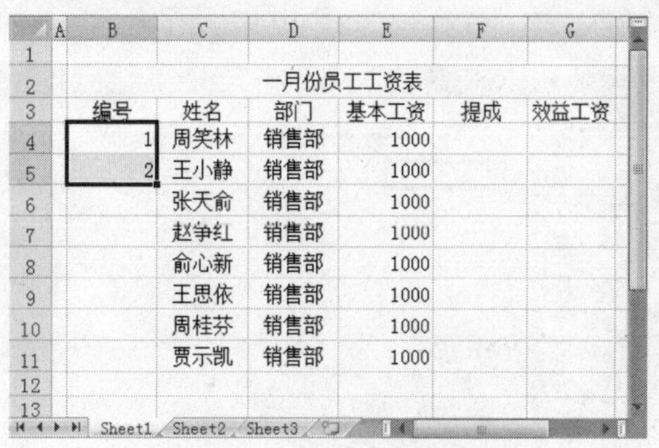

图 10-90　自动填充等差序列

10.4.3　填充等比序列

用户除了能够在 Excel 中填充等差序列外，还可以使用“序列”对话框填充等比序列。填充方法和填充等差序列的方法基本相同。只须输入填充序列中的第一个数字，并选择要填充等比序列的单元格区域后，打开“序列”对话框，在“类型”选项区域中选中“等比序列”单选按钮，在“步长值”文本框中输入步长，如图 10-91 所示。如果需要终止值，可输入终止值，单击“确定”按钮即可。

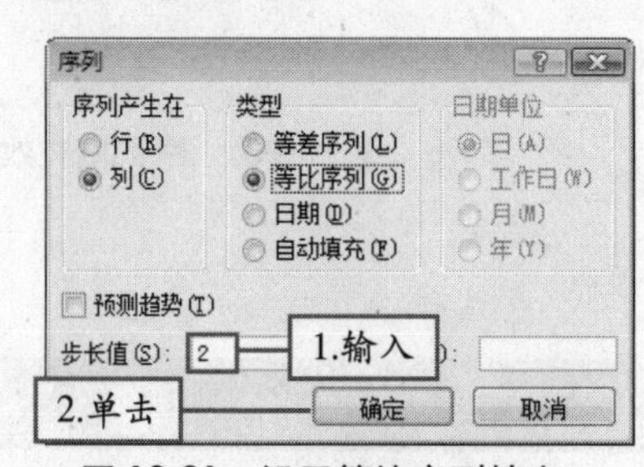

图 10-91　设置等比序列填充

10.4.4　自定义填充序列

Excel 2007 提供了许多填充序列，以方便用户快速进行填充。另外，用户还可以把特定的序列添加到“自定义序列”的列表框中，下面以具体的实例向读者介绍自定义序列序列的方法。

进行自定义填充时，一般要先编辑自定义填充列表。　说明

① 新建工作表，创建“报销统计”工作表，在单元格 A4 中输入“一月”，然后用拖动填充柄的方法填充其他月份，然后在单元格 B3 中输入文本“住宿”，如图 10-92 所示。

图 10-92 创建“报销统计”工作表

② 单击 Office 按钮，在弹出的下拉菜单中单击“Excel 选项”按钮，弹出“Excel 选项”对话框，单击“编辑自定义列表”按钮，如图 10-93 所示。

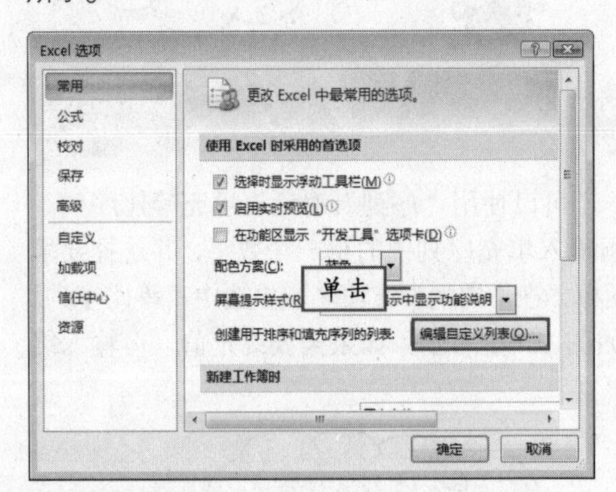

图 10-93 “Excel 选项”对话框

③ 弹出“自定义序列”对话框，在“输入序列”列表中输入要自定义的新序列，并单击“添加”按钮，如图 10-94 所示。

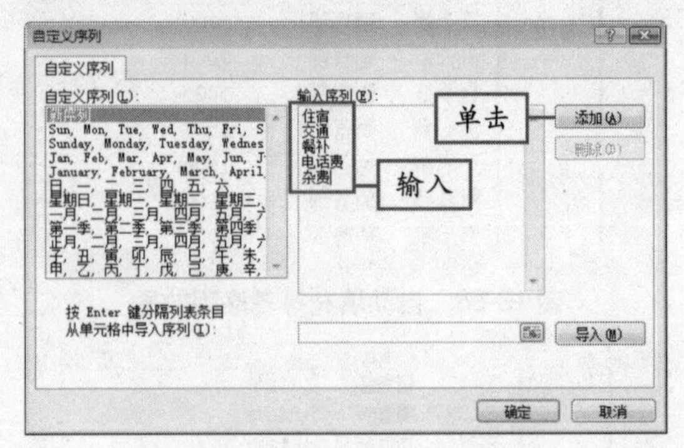

图 10-94 “自定义序列”对话框

④ 依次单击“确定”按钮，关闭“自定义序列”和“Excel 选项”对话框。选择单元格 B3，将鼠标指针移至单元格的右下角，当鼠标指针呈✚形状时向右拖动鼠标，即可得到填充的自定义序列，如图 10-95 所示。

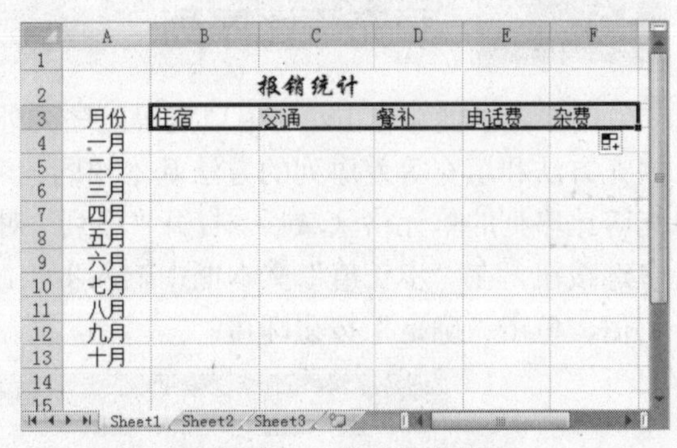

图 10-95 序列填充效果

10.5 综合实战——制作销售数据统计表

本章详细介绍了 Excel 工作表的基本操作、数据的输入与格式设置、单元格的基本操作以及自定填充等知识，下面将通过综合的实例来帮助读者巩固前面所学的内容。

实例效果：

本实例的最终效果如图 10-96 所示。

说明 用户也可以在“自定义序列”对话框的列表框中选择序列来填充。

	A	B	C	D	E	F
2		八月份销售数据统计				
3			产品种类	销售量	价格	销售额
4		销售1部	示波器	50	¥3,900	¥195,000
5			信号探测仪	80	¥6,800	¥544,000
6			蓄电池修复仪	100	¥4,300	¥430,000
7			三相电压表	980	¥689	¥675,220
8		销售2部	示波器	69	¥3,900	¥269,100
9			信号探测仪	75	¥6,800	¥510,000
10			蓄电池修复仪	136	¥4,300	¥584,800
11			三相电压表	1,080	¥689	¥744,120
12		销售3部	示波器	49	¥3,900	¥191,100
13			信号探测仪	89	¥6,800	¥605,200
14			蓄电池修复仪	123	¥4,300	¥528,900
15			三相电压表	980	¥689	¥675,220
16		销售4部	示波器	78	¥3,900	¥304,200
17			信号探测仪	69	¥6,800	¥469,200
18			蓄电池修复仪	140	¥4,300	¥602,000
19			三相电压表	1,020	¥689	¥702,780

Sheet1 / Sheet2 / Sheet3

图 10-96　最终效果图

效果文件　光盘:\素材\第 10 章\八月份销售数据统计.xlsx

操作方法：

① 启动 Excel 2007，新建工作表，将该工作表另存为“八月份销售数据统计”，从中输入相关的数据，如图 10-97 所示。

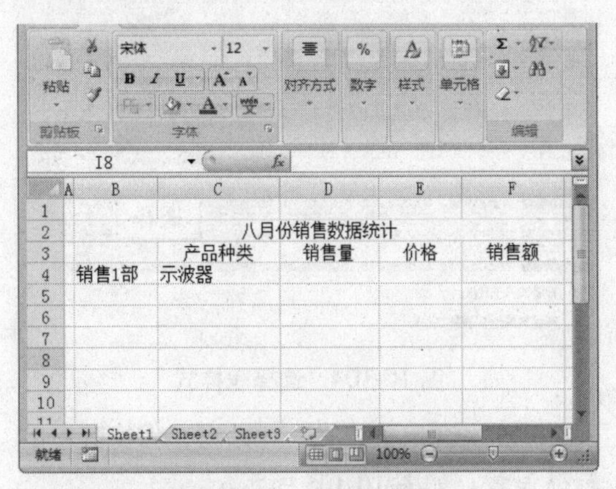

图 10-97　创建工作表

② 打开“Excel 选项”对话框，从中单击“编辑自定义列表”按钮，如图 10-98 所示。

③ 在弹出的“自定义序列”对话框中的“输入序列”列表框中输入新的序列，如图 10-99 所示。

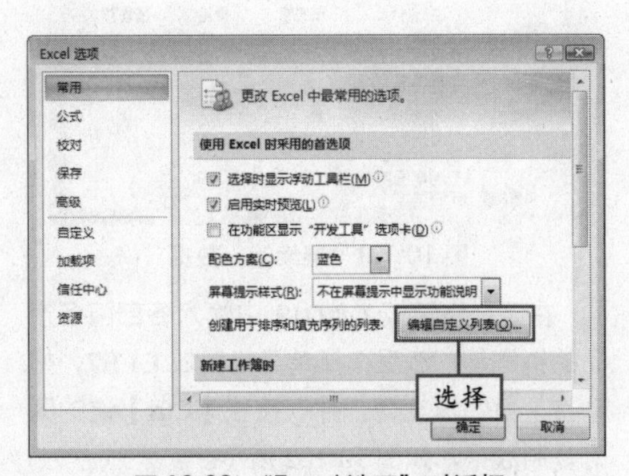

图 10-98　“Excel 选项”对话框

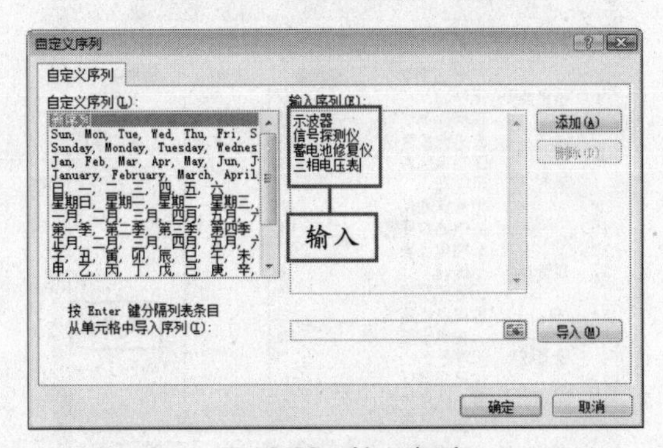

图 10-99　输入序列

④ 依次单击“确定”按钮，添加新的自定义序列，选择单元格 C4，向下拖动其右下角的填充柄填充序列，效果如图 10-100 所示。

	B	C	D	E	F
1					
2		八月份销售数据统计			
3		产品种类	销售量	价格	销售额
4	销售1部	示波器			
5		信号探测仪			
6		蓄电池修复仪			
7		三相电压表			
8		示波器			
9		信号探测仪			
10		蓄电池修复仪			
11		三相电压表			
12		示波器			
13		信号探测仪			
14		蓄电池修复仪			
15		三相电压表			
16		示波器			
17		信号探测仪			
18		蓄电池修复仪			
19		三相电压表			
20					

图 10-100 自动填充序列

⑤ 在 B 列中拖动填充柄，并删除多余数据，修改数据，然后在 D、E、F 列中分别输入数据，效果如图 10-101 所示。

	B	C	D	E	F
1					
2		八月份销售数据统计			
3		产品种类	销售量	价格	销售额
4	销售1部	示波器	50	3900	195000
5		信号探测仪	80	6800	544000
6		蓄电池修复仪	100	4300	430000
7		三相电压表	980	689	675220
8	销售2部	示波器			
9		信号探测仪			
10		蓄电池修复仪			
11		三相电压表			
12	销售3部	示波器			

图 10-101 继续输入数据

⑥ 在单元格区域 D8:D19 中输入各部门各产品的销售量，然后选择单元格区域 E4:E7，拖动右下角的填充柄，并在按住【Ctrl】键的同时复制数据，如图 10-102 所示。

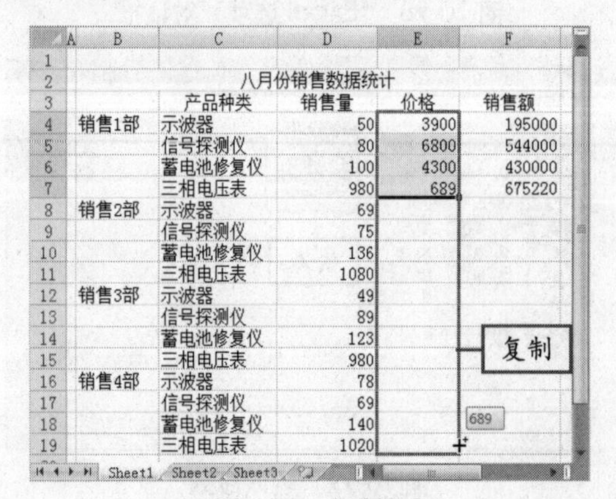

	B	C	D	E	F
1					
2		八月份销售数据统计			
3		产品种类	销售量	价格	销售额
4	销售1部	示波器	50	3900	195000
5		信号探测仪	80	6800	544000
6		蓄电池修复仪	100	4300	430000
7		三相电压表	980	689	675220
8	销售2部	示波器	69		
9		信号探测仪	75		
10		蓄电池修复仪	136		
11		三相电压表	1080		
12	销售3部	示波器	49		
13		信号探测仪	89		
14		蓄电池修复仪	123		
15		三相电压表	980		
16	销售4部	示波器	78		
17		信号探测仪	69		
18		蓄电池修复仪	140		
19		三相电压表	1020		

图 10-102 复制数据

⑦ 输入销售额，然后分别选择单元格区域 B4:B7、B8:B11、B12:B15、B16:B19，单击“开始”选项卡下“对齐方式”组中的“合并后居中”按钮，合并并居中单元格，效果如图 10-103 所示。

	B	C	D	E	F
1					
2		八月份销售数据统计			
3		产品种类	销售量	价格	销售额
4	销售1部	示波器	50	3900	195000
5		信号探测仪	80	6800	544000
6		蓄电池修复仪	100	4300	430000
7		三相电压表	980	689	675220
8	销售2部	示波器	69	3900	269100
9		信号探测仪	75	6800	510000
10		蓄电池修复仪	136	4300	584800
11		三相电压表	1080	689	744120
12	销售3部	示波器	49	3900	191100
13		信号探测仪	89	6800	605200
14		蓄电池修复仪	123	4300	528900
15		三相电压表	980	689	675220
16	销售4部	示波器	78	3900	304200
17		信号探测仪	69	6800	469200
18		蓄电池修复仪	140	4300	602000
19		三相电压表	1020	689	702780

图 10-103 合并并居中单元格

⑧ 选择单元格区域 C3:F19，单击“样式”组中的“套用表格样式”下拉按钮，在弹出的下拉面板中选择“浅色”选项区中的“表样式浅色 20”选项，如图 10-104 所示。

图 10-104 选择表样式

⑨ 弹出“套用表格式”对话框，保持其中的默认设置，如图 10-105 所示。

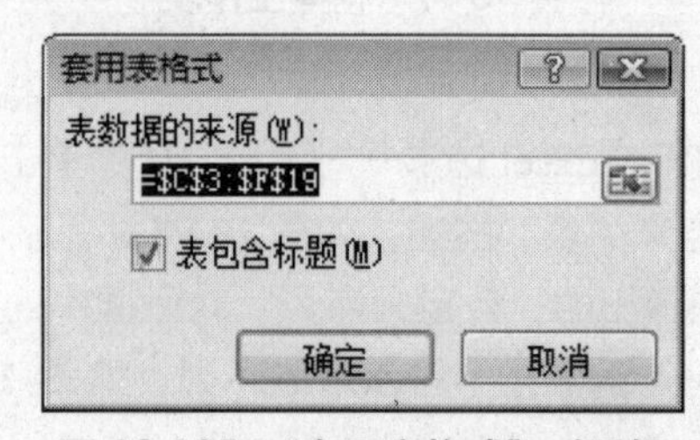

图 10-105 “套用表格式”对话框

说明 因为 B 列中的单元格执行过合并操作，再套用表格样式时可能出现错误。

⑩ 单击“确定”按钮，设置的表格效果如图 10-106 所示。

	B	C 产品种类	D 销售量	E 价格	F 销售额
4	销售1部	示波器	50	3900	195000
5		信号探测仪	80	6800	544000
6		蓄电池修复仪	100	4300	430000
7		三相电压表	980	689	675220
8	销售2部	示波器	69	3900	269100
9		信号探测仪	75	6800	510000
10		蓄电池修复仪	136	4300	584800
11		三相电压表	1080	689	744120
12	销售3部	示波器	49	3900	191100
13		信号探测仪	89	6800	605200
14		蓄电池修复仪	123	4300	528900
15		三相电压表	980	689	675220
16	销售4部	示波器	78	3900	304200
17		信号探测仪	69	6800	469200
18		蓄电池修复仪	140	4300	602000
19		三相电压表	1020	689	702780

图 10-106　表格样式效果

⑪ 选择单元格 D2，单击“开始”选项卡下“样式”组中的“单元格样式”下拉按钮，在弹出的下拉面板中选择“标题 1”选项，如图 10-107 所示。

图 10-107　选择单元格样式

⑫ 应用单元格样式后的效果如图 10-108 所示。

	B	C	D	E	F
2	八月份销售数据统计				
3		产品种类	销售量	价格	销售额
4	销售1部	示波器	50	3900	195000
5		信号探测仪	80	6800	544000
6		蓄电池修复仪	100	4300	430000
7		三相电压表	980	689	675220
8	销售2部	示波器	69	3900	269100
9		信号探测仪	75	6800	510000
10		蓄电池修复仪	136	4300	584800
11		三相电压表	1080	689	744120

图 10-108　应用单元格样式后的效果

⑬ 在“字体”组中设置该单元格数据的字体为“方正行楷简体”，字号为 16，然后在“填充颜色”调色板中选择“水绿色 强调颜色 5 淡色 40%”选项，如图 10-109 所示。

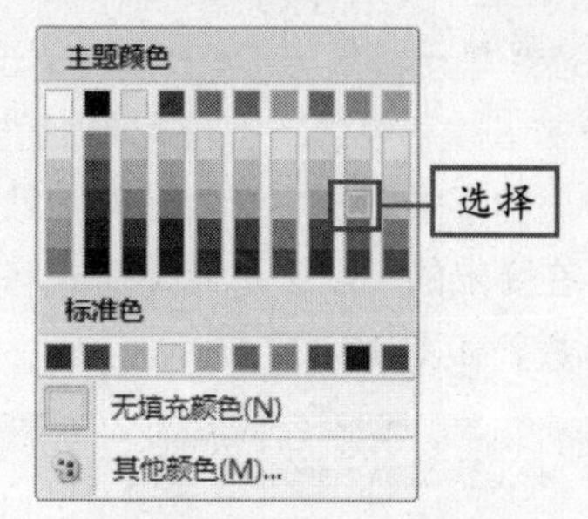

图 10-109　“填充颜色”对话框

⑭ 完成设置标题效果后，选择单元格区域 C4:F19，设置该区域数据的字体为“方正细黑简体”，效果如图 10-110 所示。

	B	C	D	E	F
2	八月份销售数据统计				
3		产品种类	销售量	价格	销售额
4	销售1部	示波器	50	3900	195000
5		信号探测仪	80	6800	544000
6		蓄电池修复仪	100	4300	430000
7		三相电压表	980	689	675220
8	销售2部	示波器	69	3900	269100
9		信号探测仪	75	6800	510000
10		蓄电池修复仪	136	4300	584800
11		三相电压表	1080	689	744120
12	销售3部	示波器	49	3900	191100
13		信号探测仪	89	6800	605200
14		蓄电池修复仪	123	4300	528900
15		三相电压表	980	689	675220
16	销售4部	示波器	78	3900	304200
17		信号探测仪	69	6800	469200

图 10-110　字体效果

⑮ 按住【Ctrl】键的同时，选择单元格 B3、B8 和 B16，设置其填充颜色为“水绿色 强调颜色 5 淡色 80%”，然后选择单元格区域 B4 和 B12，设置其填充颜色为“水绿色 强调颜色 5 淡色 60%”，效果如图 10-111 所示。

	B	C 产品种类	D 销售量	E 价格
4	销售1部	示波器	50	3900
5		信号探测仪	80	6800
6		蓄电池修复仪	100	4300
7		三相电压表	980	689
8	销售2部	示波器	69	3900
9		信号探测仪	75	6800
10		蓄电池修复仪	136	4300
11		三相电压表	1080	689
12	销售3部	示波器	49	3900
13		信号探测仪	89	6800
14		蓄电池修复仪	123	4300
15		三相电压表	980	689
16	销售4部	示波器	78	3900
17		信号探测仪	69	6800
18		蓄电池修复仪	140	4300

图 10-111　单元格填充效果

为保证表格样式的一致性，将实例中 B 列填充了相应的颜色。 说明

⑯ 选择单元格区域 D4:D19，单击“数字组”组中的“数字格式”下拉列表框的下拉按钮，在弹出的下拉面板中选择“其他数字格式”选项，在弹出的“设置单元格格式”对话框中设置参数，如图 10-112 所示。

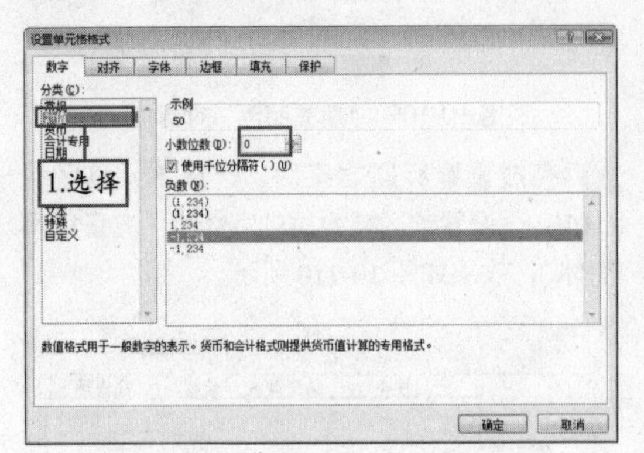

图 10-112 “设置单元格格式”对话框

⑰ 单击“确定”按钮，完成设置数字格式。然后选择单元格区域 E4:F19，在“数字格式”下拉列表框中选择“货币”选项，然后单击两次“减少小数位数”按钮，设置的最终效果如图 10-113 所示。

	B	C	D	E	F
3		产品种类	销售量	价格	销售额
4	销售1部	示波器	50	¥3,900	¥195,000
5		信号探测仪	80	¥6,800	¥544,000
6		蓄电池修复仪	100	¥4,300	¥430,000
7		三相电压表	980	¥689	¥675,220
8	销售2部	示波器	69	¥3,900	¥269,100
9		信号探测仪	75	¥6,800	¥510,000
10		蓄电池修复仪	136	¥4,300	¥584,800
11		三相电压表	1,080	¥689	¥744,120
12	销售3部	示波器	49	¥3,900	¥191,100
13		信号探测仪	89	¥6,800	¥605,200
14		蓄电池修复仪	123	¥4,300	¥528,900
15		三相电压表	980	¥689	¥675,220
16	销售4部	示波器	78	¥3,900	¥304,200
17		信号探测仪	69	¥6,800	¥469,200
18		蓄电池修复仪	140	¥4,300	¥602,000
19		三相电压表	1,020	¥689	¥702,780

图 10-113 设置数字格式后的效果

⑱ 单击“数据”选项卡下“排序和筛选”组中的“筛选”按钮，取消表格中数据的筛选状态，效果图 10-114 所示。

	B	C	D	E	F
2	八月份销售数据统计				
3		产品种类	销售量	价格	销售额
4	销售1部	示波器	50	¥3,900	¥195,000
5		信号探测仪	80	¥6,800	¥544,000
6		蓄电池修复仪	100	¥4,300	¥430,000
7		三相电压表	980	¥689	¥675,220
8	销售2部	示波器	69	¥3,900	¥269,100
9		信号探测仪	75	¥6,800	¥510,000
10		蓄电池修复仪	136	¥4,300	¥584,800
11		三相电压表	1,080	¥689	¥744,120
12	销售3部	示波器	49	¥3,900	¥191,100
13		信号探测仪	89	¥6,800	¥605,200
14		蓄电池修复仪	123	¥4,300	¥528,900
15		三相电压表	980	¥689	¥675,220
16	销售4部	示波器	78	¥3,900	¥304,200
17		信号探测仪	69	¥6,800	¥469,200
18		蓄电池修复仪	140	¥4,300	¥602,000

图 10-114 取消筛选

⑲ 为了能够一目了然地看出各销售部门的销售量，在这里可以使用条件格式说明。按住【Ctrl】键的同时，选择单元格 D4、D8、D12 和 D16，单击“样式”组中的“条件格式”下拉按钮，在弹出的下拉菜单中选择“色阶”|“红-黄-绿色阶”选项，如图 10-115 所示。

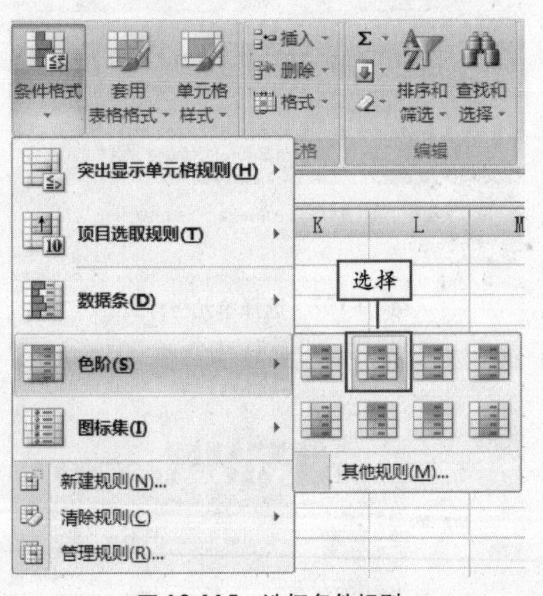

图 10-115 选择条件规则

⑳ 应用条件规则后，通过颜色可以看出销售部门销售量的排序，数据表的最终效果如图 10-116 所示。

说明 通过应用“色阶”条件格式，可以清楚地看出各销售点“示波器”的销售量排名。

	八月份销售数据统计			
	产品种类	销售量	价格	销售额
销售1部	示波器	50	¥3,900	¥195,000
	信号探测仪	80	¥6,800	¥544,000
	蓄电池修复仪	100	¥4,300	¥430,000
	三相电压表	980	¥689	¥675,220
销售2部	示波器	69	¥3,900	¥269,100
	信号探测仪	75	¥6,800	¥510,000
	蓄电池修复仪	136	¥4,300	¥584,800
	三相电压表	1,080	¥689	¥744,120
销售3部	示波器	49	¥3,900	¥191,100
	信号探测仪	89	¥6,800	¥605,200
	蓄电池修复仪	123	¥4,300	¥528,900
	三相电压表	980	¥689	¥675,220
销售4部	示波器	78	¥3,900	¥304,200
	信号探测仪	69	¥6,800	¥469,200
	蓄电池修复仪	140	¥4,300	¥602,000
	三相电压表	1,020	¥689	¥702,780

图 10-116　最终效果

巩固与练习

一、填空题

1．输入的数据默认格式是______和______，如果用户要自定义数字格式可通过______组中的______下拉面板来设置。

2．合并单元格时，只能将_______的多个单元格合并。

3．在 Excel 2007 中，可以拖动填充柄_______数据，或者填充_______序列。

二、简答题

1．如何设置数据为“货币”格式？

2．简述应用表格样式的方法。

3．如何自定义填充序列？

三、上机题

请上机制作如图 10-117 所示的“办公日历”。

9月						办公日历
星期日	星期一	星期二	星期三	星期四	星期五	星期六
		1	2	3	4	5
6	7	8	9	10	11	12
13	14	15	16	17	18	19
20	21	22	23	24	25	26
27	28	29	30	28		

图 10-117　最终效果

说明　读者可以试着制作出不同风格的日历。

读书笔记

第11章 Excel 2007的高级应用

- 公式和函数的应用
- 数据分析和处理
- 图表的应用
- 工作表的打印

Yoyo，Excel 2007 有哪些高级应用呀？

Excel 2007 的功能非常强大，还是让大龙哥来介绍吧！

Excel 2007 有强大的数据分析与处理功能，其中还能够应用公式和函数，创建图表等，本章将向读者介绍 Excel 2007 高级应用的知识。

11.1 公式和函数的应用

在 Excel 中，使用公式和函数能够对表格中的数据进行计算，从而得到其他重要的数据或结果，本节将向读者介绍有关公式和函数的知识。

11.1.1 输入公式

Excel 中的公式以等号“＝”开头，后面是公式的表达式，主要由运算符、值、常量、单元格引用等组成。在 Excel 中输入公式的具体操作方法如下：

① 打开“销售人员业绩表”工作表，计算“五一”期间台式电脑的销售额，如图 11-1 所示。

	A	B	C	D	E	F
2		销售人员业绩表				
3		销售日期	商品名称	业务人员	销售数量	销售金额
4		5月1日	台式电脑	周新新	15	85600
5			打印机	张笑笑	6	12890
6			显示器	欧阳珊	35	60000
7			笔记本	林佳俞	20	180000
8		5月2日	台式电脑	周新新	25	135600
9			打印机	张笑笑	8	14890
10			显示器	欧阳珊	30	45000
11			笔记本	林佳俞	26	228000
12		5月3日	台式电脑	周新新	18	85600
13			打印机	张笑笑	10	20000
14			显示器	欧阳珊	29	43600
15			笔记本	林佳俞	16	144800
16						
17		计算“五一”期间共销售台式电脑的销售额：				

Sheet1 Sheet2 Sheet3

图 11-1 相对引用

② 在单元格 F17 中输入公式“=F4+F8+F12”，按【Enter】键，将得到计算的结果，如图 11-2 所示。

	B	C	D	E	F
11		笔记本	林佳俞	26	228000
12	5月3日	台式电脑	周新新	18	85600
13		打印机	张笑笑	10	20000
14		显示器	欧阳珊	29	43600
15		笔记本	林佳俞	16	144800
16					
17	计算“五一”期间共销售台式电脑的销售额：				=F4+F8+F12
18					
19					

输入

	B	C	D	E	F
11		笔记本	林佳俞	26	228000
12	5月3日	台式电脑	周新新	18	85600
13		打印机	张笑笑	10	20000
14		显示器	欧阳珊	29	43600
15		笔记本	林佳俞	16	144800
16					
17	计算“五一”期间共销售台式电脑的销售额：				306800
18					
19					

图 11-2 单元格地址改变

知识点拨

选择要输入公式的单元格后，将鼠标指针移动到编辑栏中定位，也可输入公式，在编辑栏中输入公式和在单元格中输入公式是同步的。

11.1.2 公式中的引用

通过对工作表上的单元格或区域进行引用，可以得到公式计算时所使用的值。通过单元格引用，可以在一个公式中使用工作表不同部分的数据，或者在多个公式中使用同一个单元格的值。还可以引用同一个工作簿中不同工作表上的单元格。下面介绍 3 种不同类型的引用类型。

1. 相对引用

一般情况下，当公式中要使用单元格中数据的时候，会通过相对地址引用得到，相对地址可以为行号和列标的组合，但是在复制公式时，公式中的相对地址会随着公式所在单元格位置的变化发生相应的改变。下面举例来说明。

 说明 输入公式后，按【Ctrl+Enter】组合键确认输入，不会改变当前单元格的位置。

① 打开“部分培训人员成绩”工作表，在单元格 G4 中输入公式，使用相对地址进行单元格引用，如图 11-3 所示。

部分培训人员成绩

姓名	办公软件	英语	电子商务	网络维护	总分
张亮宏	75	90	93	86	=C4+D4+E4+F4
王小夏	86	96	80	85	
宋鹏辉	80	87	88	89	
宋小佳	86	90	80	85	
张丽丽	60	90	79	92	
苏 菲	85	86	89	80	
吴如萍	69	79	89	90	
孙茜梅	80	95	74	69	

输入

图 11-3　相对引用

② 确认输入后，按【Ctrl+C】组合键，复制公式，然后选择单元格区域 G5:G11，按【Ctrl+V】组合键，进行粘贴，将发现相对地址将发生变化，如图 11-4 所示。

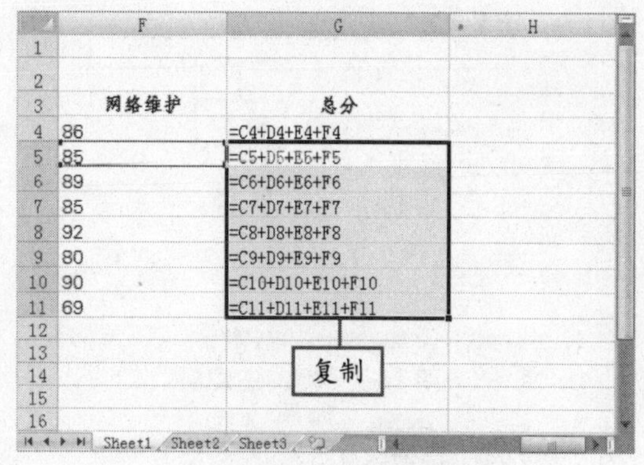

图 11-4　单元格相对地址发生变化

2. 绝对引用

在相对地址的行号和列标前面均添加一个“$”，得到的地址为绝对地址。使用绝对地址的单元格引用为绝对引用，使用绝对引用得到的计算结果和使用相对引用得到的结果是相同的，只是在复制公式时，公式中的单元格应用不会因为公式位置的变化而发生变化，下面通过实例来说明。

① 在单元格 G4 中输入公式，使用绝对地址进行单元格引用，如图 11-5 所示。

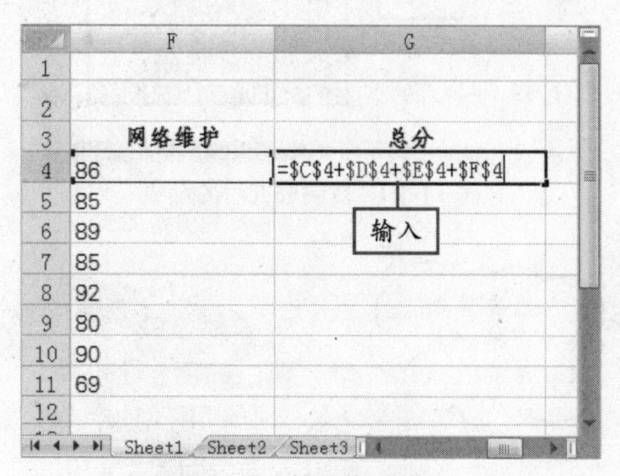

图 11-5　使用绝对地址

② 按【Ctrl+C】组合键，复制公式，然后选择单元格 G5:G11，按【Ctrl+V】组合键，粘贴公式，得到的粘贴结果如图 11-6 所示。

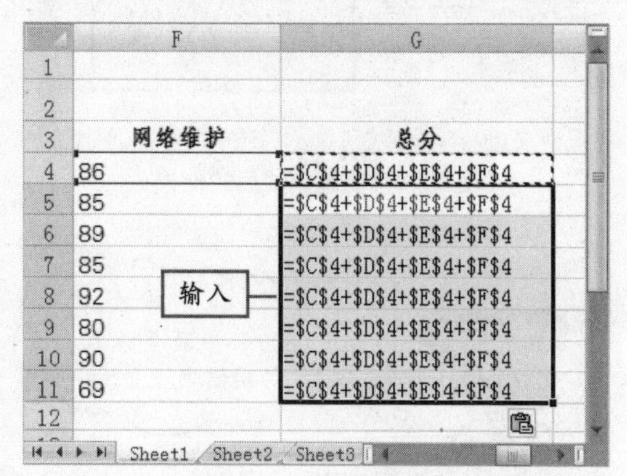

图 11-6　得到的结果

3. 混合引用

混合引用就是使用部分绝对地址和部分相对地址来进行单元格引用，如$A1 或 A$1。使用混合引用就可以在复制公式时，保持单元格的部分地址不变。例如，使用$A1，当复制公式时，单元格的列标将保持不变，而行号会相应发生变化。

选择输入的地址，按【F4】键，可在相对地址、绝对地址、混合引用地址之间切换。　说明

① 在单元格 G4 中输入公式，使用混合引用，如图 11-7 所示。

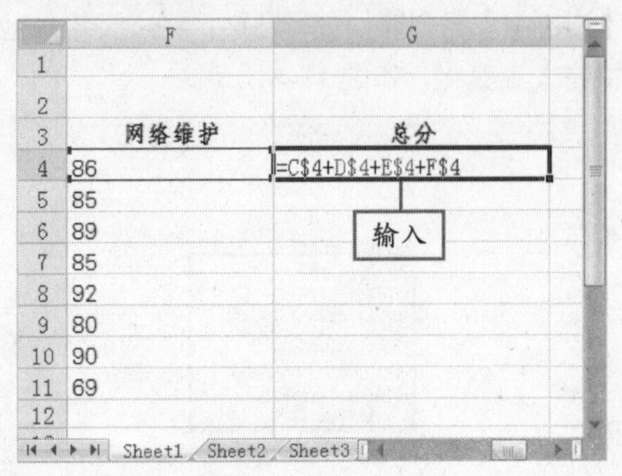

图 11-7　输入公式

② 确认输入后按【Ctrl+C】组合键，复制公式，然后选择单元格区域 G5:G11，按【Ctrl+V】组合键，粘贴公式，因为复制后的位置的行并没有变化，所以复制后的公式看起来没有什么变化，如图 11-8 所示。

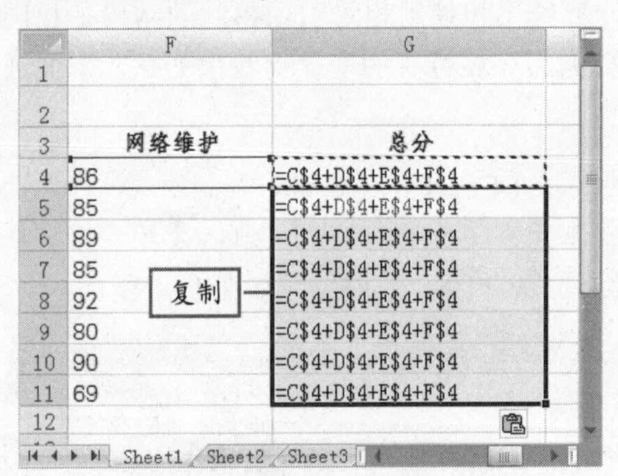

图 11-8　复制公式后的结果

③ 如果在单元格 G4 中输入公式 "=$C4+$D4+$E4+$F4"，如图 11-9 所示。

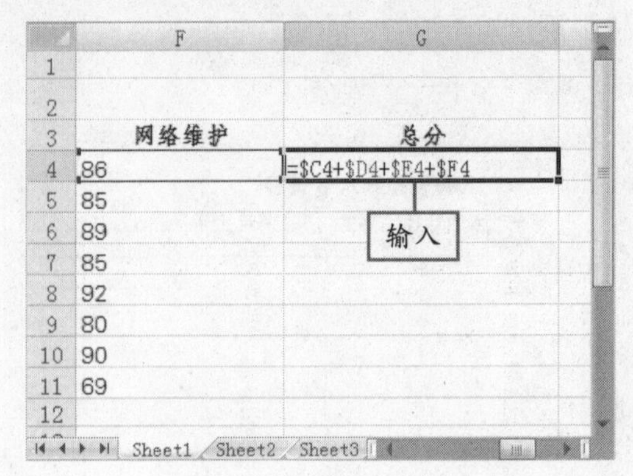

图 11-9　输入公式

④ 用同样的方法复制公式后，公式发生了相应的变化，如图 11-10 所示。

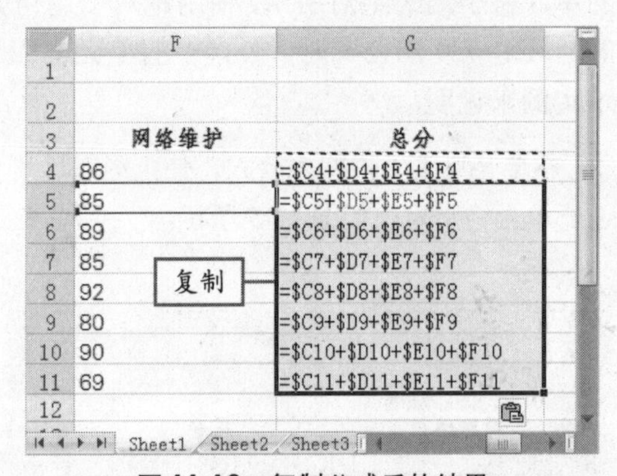

图 11-10　复制公式后的结果

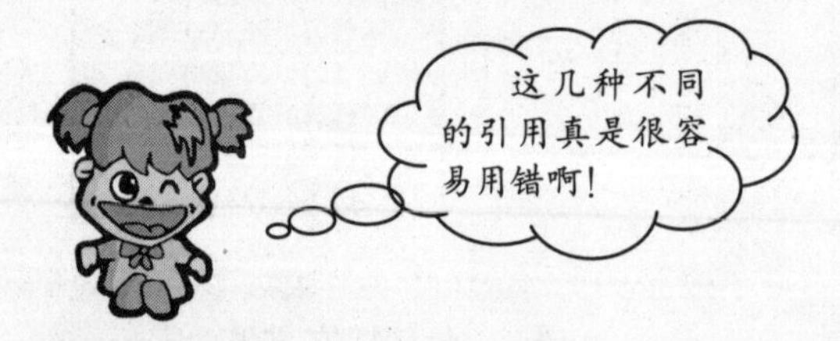

11.1.3　插入函数

函数是 Excel 中预定义的公式，系统中提供了许多不同类型的函数，从而简化了公式的输入，方便了用户操作，函数由函数名称和参数组成，函数的参数可以是常量、逻辑值、数组、单元格引用等。下面通过实例来介绍输入函数的方法。

说明　还有另外一种单元格引用，即三维引用，可在同一工作簿的不同工作表中使用。

① 打开“部分培训人员成绩”工作表，选择单元格 G4，单击“公式”选项卡下“函数库”组中的“插入函数”按钮，如图 11-11 所示。

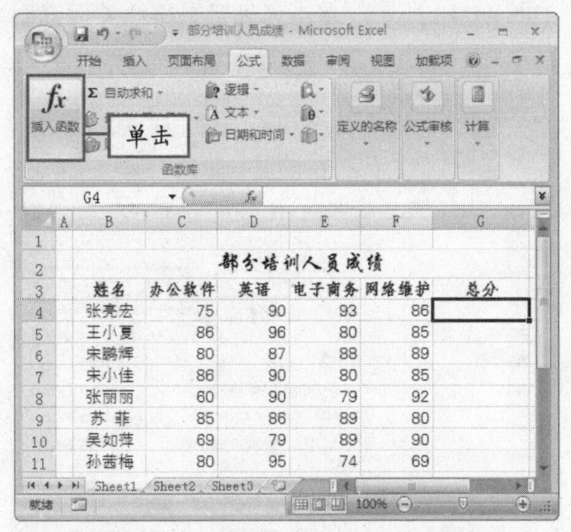

图 11-11 单击“插入函数”按钮

② 弹出“插入函数”对话框，在“选择函数”列表框中选择 SUM 函数，如图 11-12 所示。

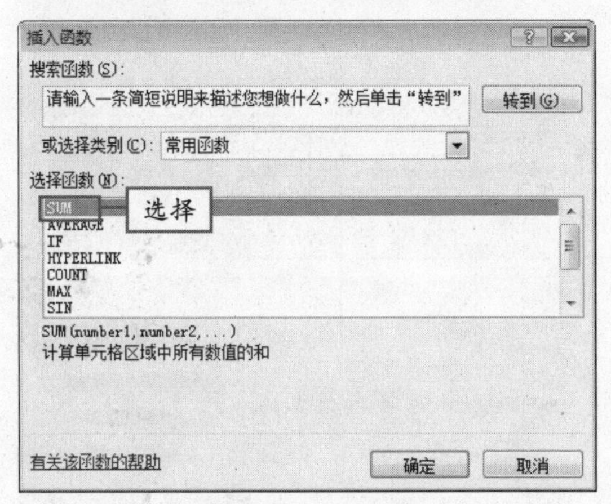

图 11-12 选择函数

③ 单击“确定”按钮，弹出“函数参数”对话框，如图 11-13 所示。

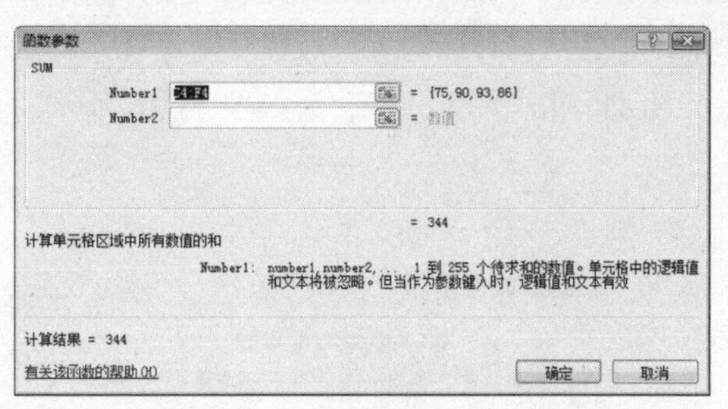

图 11-13 “函数参数”对话框

④ 保持其中参数的默认设置，单击“确定”按钮，得到计算结果，如图 11-14 所示。

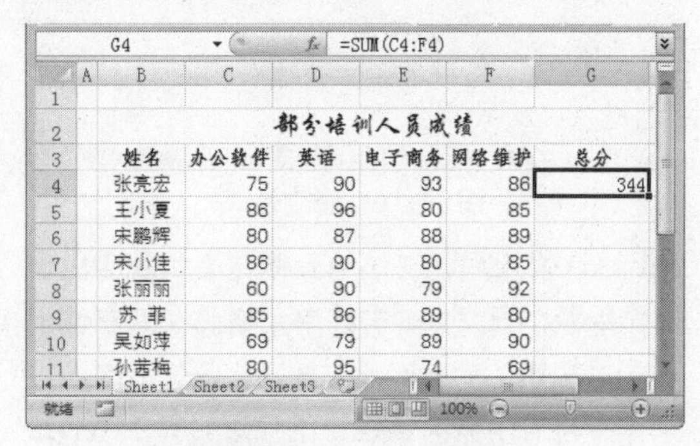

图 11-14 计算出结果

使用“函数库”中的相关类型的函数按钮，或使用编辑栏右侧的“插入函数”按钮，也可以弹出相应的对话框用来插入函数，如图 11-15 所示。

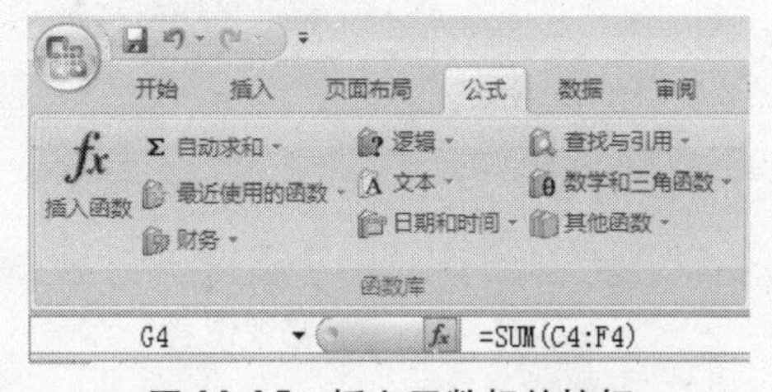

图 11-15 插入函数相关按钮

11.1.4 检查公式中的错误

在使用公式和函数的时候，可能出现某些错误，在 Excel 中为用户提供了错误公式检查的功能，以帮助用户解决问题。用户可以在“Excel 选项”对话框中，开启公式的自动检查功能。如果该功能未开启，用户也可通过功能区的菜单命令，来检查公式中的错误，其具体的操作方法如下：

开启自动检查功能后，如果检查出公式错误，公式所在单元格左上角会出现一个小三角。说明

① 打开“部分培训人员成绩”工作表，将单元格 G6 的求和公式修改为如图 11-16 所示的效果。

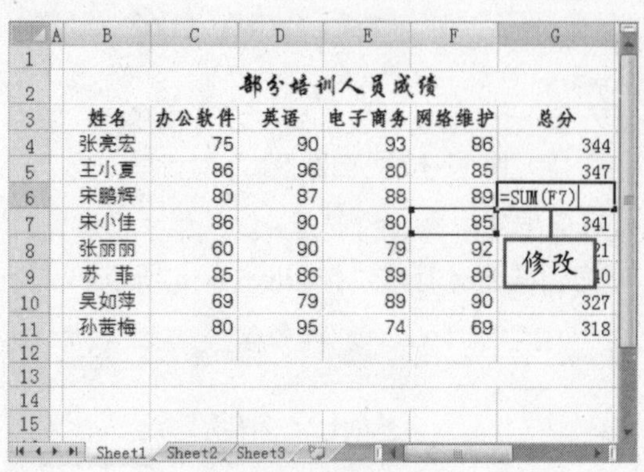

图 11-16 修改公式

② 确认输入后，在该单元格左上角就会出现一个绿色小三角，单击该单元格后在其左侧出现下拉按钮，单击该下拉按钮，在弹出的下拉菜单中将显示有关该错误的信息，如图 11-17 所示。

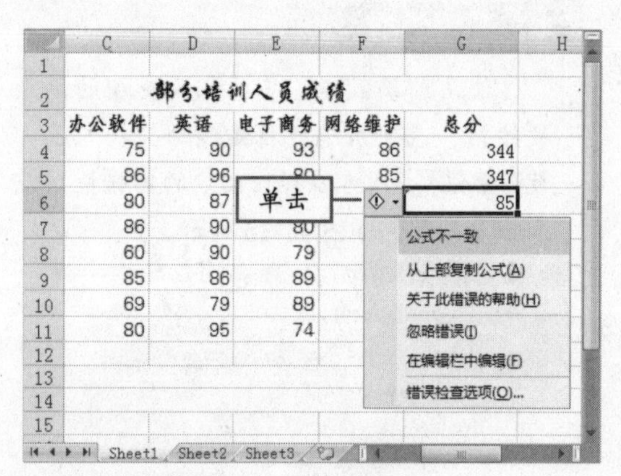

图 11-17 显示错误信息

③ 打开“Excel 选项”对话框，在左侧选择“公式”选项，在右侧的“错误检查”选项区域中取消选择“允许后台错误检查”复选框，如图 11-18 所示，单击“确定”按钮关闭该对话框后，在工作表中将显示错误提示。

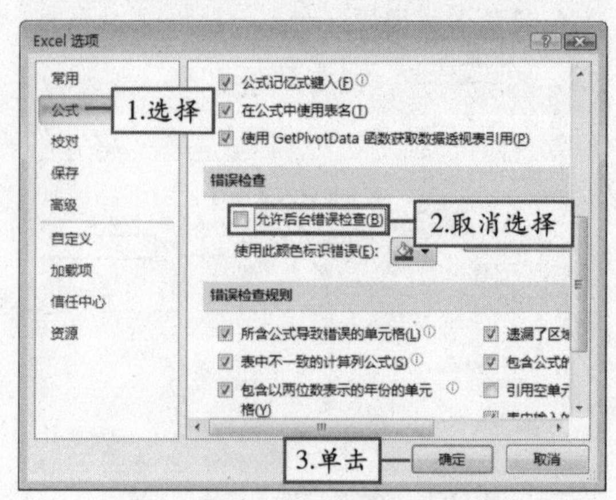

图 11-18 “Excel 选项”对话框

④ 此时，单击“公式”选项卡下“公式审核”组中的“错误检查”按钮，弹出“错误检查”对话框，将显示错误检查信息，如图 11-19 所示。

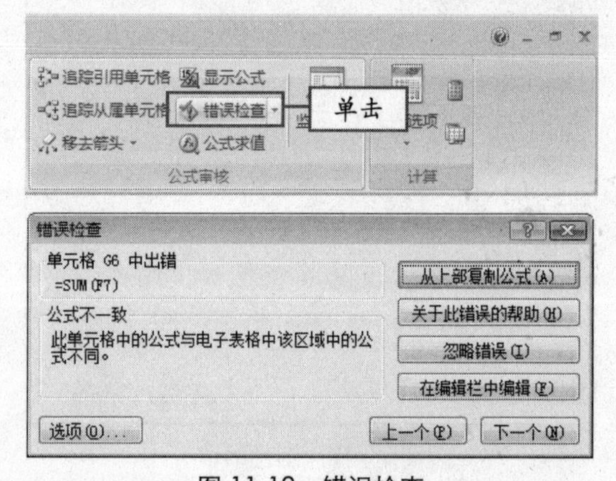

图 11-19 错误检查

11.2 数据分析和处理

Excel 中提供了数据排序、数据筛选、数据分类汇总等功能，以帮助用户对数据表中的数据进行分析和处理，从而提高工作效率。

11.2.1 数据排序

在 Excel 中，用户可以对表格中的数据进行升序或者降序排列，也可以按照自定义的次序进行排列。一般情况下，数据排序是针对整个数据表而言的，有时也可根据需要对某些特

 说明 对数据进行排序，可方便用户查找数据，从而提高工作效率。

定的区域进行排序。在进行数据排序时，可以指定一个排序关键字，也可以指定多个排序关键词。下面将以具体的实例来向读者介绍对数据进行排序的具体方法。

1. 简单排序

使用“数据”选项卡下“排序和筛选”组中的“升序”和“降序”按钮，可以对数据表进行简单的数据排序，其具体操作方法如下：

① 打开“员工基本信息”工作表，选择单元格 D3，如图 11-20 所示。

	B	C	D	E
2	✦员工基本信息✦✦✦			
3	员工编号	员工名称	所在部门	选择
4	001	张亮宏	销售1部	经 理
5	002	王小夏	销售2部	职 员
6	003	宋鹏辉	销售1部	职 员
7	004	宋小佳	销售4部	职 员
8	005	张丽丽	销售2部	职 员
9	006	苏 菲	销售4部	副经理
10	007	吴如萍	销售1部	职 员
11	008	孙茜梅	销售3部	职 员
12	009	周萍萍	销售1部	职 员
13	010	王 宽	销售4部	职 员
14	011	张洪生	销售1部	职 员
15	012	苏木宇	销售3部	经 理

图 11-20 打开工作表

② 单击“数据”选项卡下“排序和筛选”组中的“升序”按钮，系统将以该列为关键字对工作表进行升序排列，如图 11-21 所示。

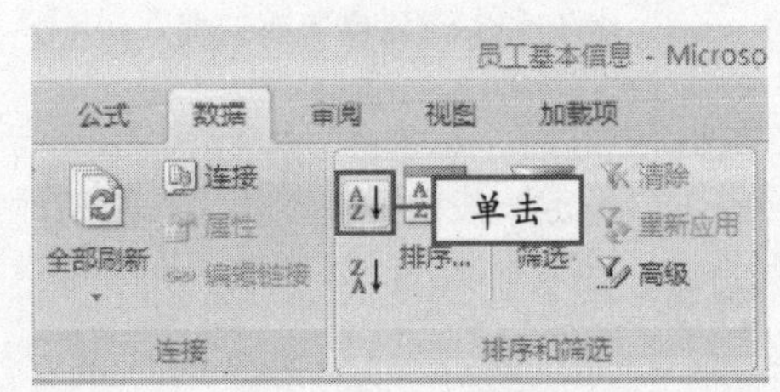

	B	C	D	E
2	✦员工基本信息✦✦✦			
3	员工编号	员工名称	所在部门	职位
4	001	张亮宏	销售1部	经 理
5	003	宋鹏辉	销售1部	职 员
6	007	吴如萍	销售1部	职 员
7	009	周萍萍	销售1部	职 员
8	011	张洪生	销售1部	职 员
9	002	王小夏	销售2部	职 员
10	005	张丽丽	销售2部	职 员
11	008	孙茜梅	销售3部	职 员
12	012	苏木宇	销售3部	经 理
13	004	宋小佳	销售4部	职 员
14	006	苏 菲	销售4部	副经理
15	010	王 宽	销售4部	职 员

图 11-21 升序排列

2. 按单元格颜色排序

在排序时，可以不按照数值的大小进行排序，如果数据表中的单元格已经被设置为不同的颜色，也可按照设置的颜色进行排序。其具体操作方法如下：

① 打开“员工基本信息”工作表，选择单元格 B3，单击“数据”选项卡下“排序和筛选”组中的“排序”按钮，如图 11-22 所示。

② 弹出“排序”对话框，在“排序依据”下拉列表框中选择“单元格颜色”选项，在“次序”后面的下拉列表框中选择“在底端”选项，如图 11-23 所示。

教你一招

除了可以按照单元格的颜色进行排序外，还可以按照单元格中字体的颜色和单元格中的图标进行排序。

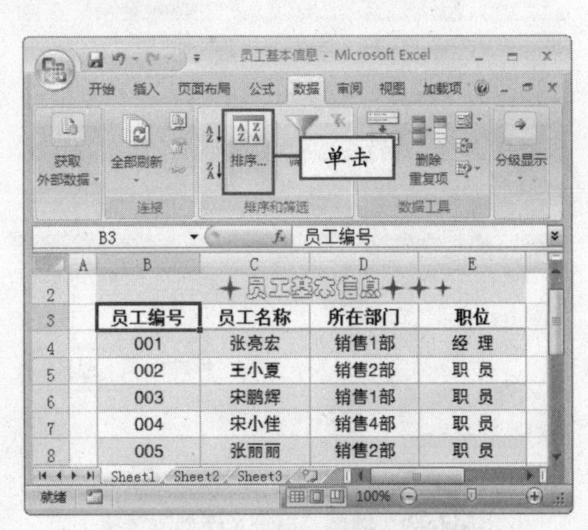

图 11-22 单击“排序”按钮

简单排序时，如果所排序的数据是中文，将按照中文字的内码（拼音或笔画）进行排序。 说明

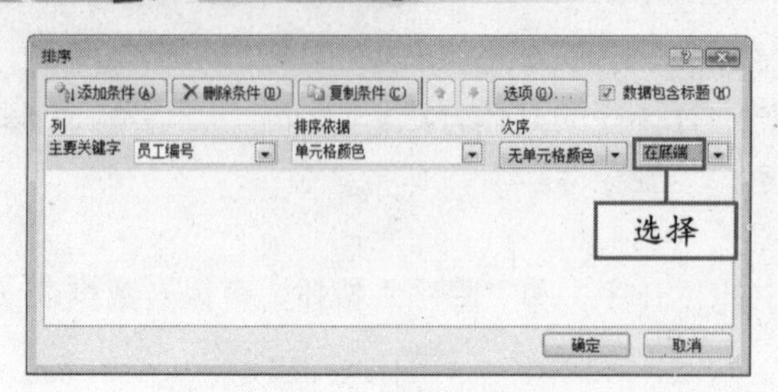

图 11-23 “排序”对话框

③ 单击“确定”按钮，将按照单元格的颜色进行排序，效果如图 11-24 所示。

员工编号	员工名称	所在部门	职位
001	张亮宏	销售1部	经 理
003	宋鹏辉	销售1部	职 员
005	张丽丽	销售2部	职 员
007	吴如萍	销售1部	职 员
009	周萍萍	销售1部	职 员
011	张洪生	销售1部	职 员
002	王小夏	销售2部	职 员
004	宋小佳	销售4部	职 员
006	苏 菲	销售4部	副经理
008	孙茜梅	销售3部	职 员
010	王 宽	销售4部	职 员
012	苏木宇	销售3部	经 理

图 11-24 排序后的效果

3. 自定义排序的序列

在排序时，用户可以自定义排序的序列，具体操作方法如下：

① 继续上一节的实例，选择单元格 D3，单击“排序”按钮，如图 11-25 所示。

图 11-25 单击“排序”按钮

② 弹出“排序”对话框，在“次序”下拉列表框中选择“自定义序列”选项，如图 11-26 所示。

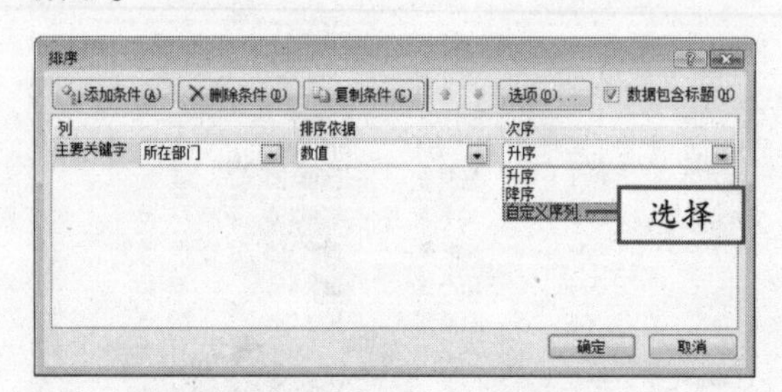

图 11-26 选择“自定义序列”选项

③ 弹出“自定义序列”对话框，在“输入序列”列表框中输入文本的次序，如图 11-27 所示。

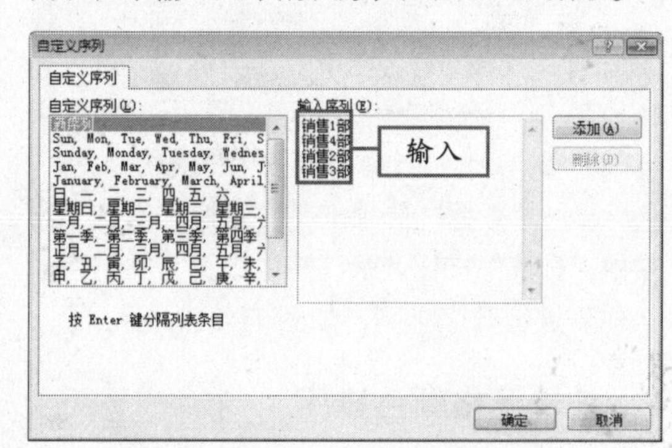

图 11-27 输入序列

④ 依次单击“确定”按钮，数据表将按自定义的序列次序进行排列，效果如图 11-28 所示。

员工编号	员工名称	所在部门	职位
001	张亮宏	销售1部	经 理
003	宋鹏辉	销售1部	职 员
007	吴如萍	销售1部	职 员
009	周萍萍	销售1部	职 员
011	张洪生	销售1部	职 员
004	宋小佳	销售4部	职 员
006	苏 菲	销售4部	副经理
010	王 宽	销售4部	职 员
002	王小夏	销售2部	职 员
005	张丽丽	销售2部	职 员
008	孙茜梅	销售3部	职 员
012	苏木宇	销售3部	经 理

图 11-28 最终效果

说明 用户也可以在“自定义序列”对话框的“自定义序列”列表中选择系统中已有的排序序列。

4. 多条件排序

用户可以使用多个关键字对工作表进行排序。其具体操作方法如下：

① 打开“员工基本信息”工作表，选择任意单元格，然后单击“排序”按钮，弹出“排序”对话框，在“主要关键字”下拉列表框中选择“所在部门”选项，然后单击“添加条件”按钮，如图 11-29 所示。

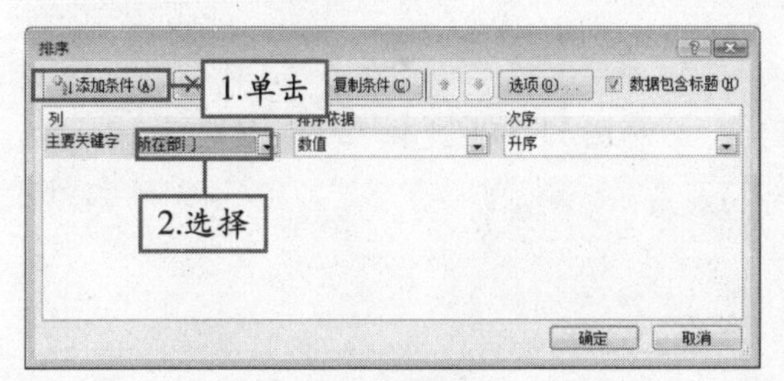

图 11-29　单击“添加条件”按钮

② 在主要关键字下方添加次要关键字，在“次要关键字”下拉列表框中选择“职位”选项，然后在“次序”下拉列表框中选择“自定义序列”选项，如图 11-30 所示。

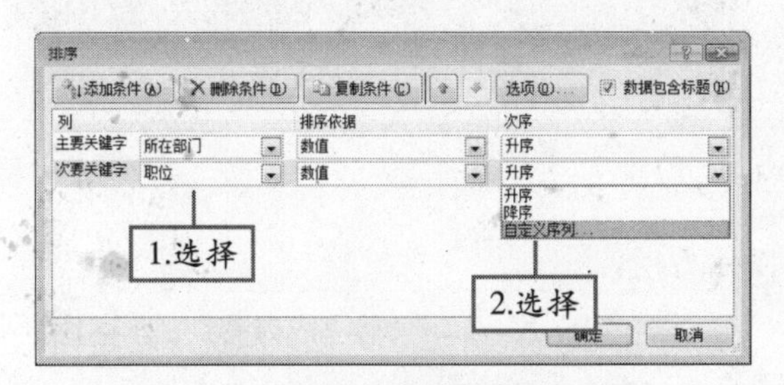

图 11-30　选择“自定义序列”选项

③ 弹出“自定义序列”对话框，在“输入序列”列表框中输入序列，如图 11-31 所示。

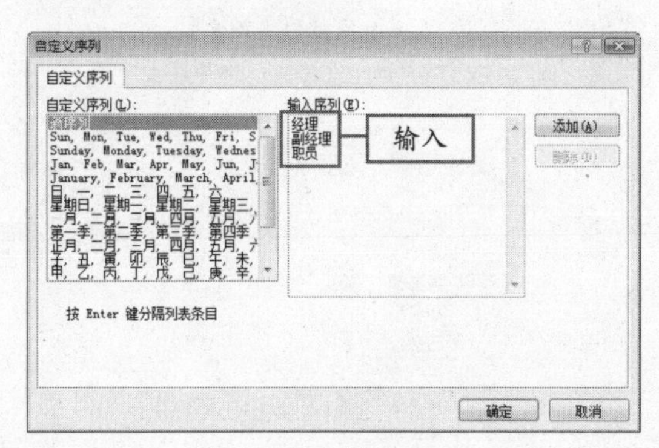

图 11-31　输入序列

④ 依次单击“确定”按钮，数据表将先按主要关键字对数据表进行升序排列，然后再按次要关键字进行排序，效果如图 11-32 所示。

员工编号	员工名称	所在部门	职位
001	张亮宏	销售1部	经 理
003	宋鹏辉	销售1部	职 员
007	吴如萍	销售1部	职 员
009	周萍萍	销售1部	职 员
011	张洪生	销售1部	职 员
002	王小夏	销售2部	职 员
005	张丽丽	销售2部	职 员
012	苏木宇	销售3部	经 理
008	孙茜梅	销售3部	职 员
006	苏 菲	销售4部	副经理
004	宋小佳	销售4部	职 员
010	王 宽	销售4部	职 员

图 11-32　最终效果

11.2.2　数据筛选

使用数据筛选功能可以快速查找数据表中符合条件的数据，在进行自动筛选时，只显示筛选出的数据记录，将其他不满足条件的记录隐藏起来；而在进行高级筛选时，可以将筛选出的数据复制到其他的位置。使用数据筛选功能可以节省时间，提高工作效率。

1. 自动筛选

下面以在“值班表”工作表中查看放假期间每天的值班人员名单为例，向读者讲解简单筛选的内容，具体操作方法如下：

使用系统的自动筛选功能，可以对文本、数字、日期和时间等进行筛选。　说明

① 打开“值班表”工作表，套用自定义的表格样式，效果如图 11-33 所示。

员工姓名	值班日期
张亮宏	2月6日
王小夏	2月3日
宋鹏辉	2月8日
宋小佳	2月6日
张丽丽	2月4日
苏 菲	2月9日
吴如萍	2月9日
孙茜梅	2月5日
周萍萍	2月3日
王 宽	2月11日
张洪生	2月7日
苏木宇	2月5日

图 11-33 表格效果

② 单击“值班日期”列标题右侧的筛选下拉按钮，在弹出的下拉面板的列表中取消选中“(全选)”复习框，只选中“3 日”复选框，如图 11-34 所示。

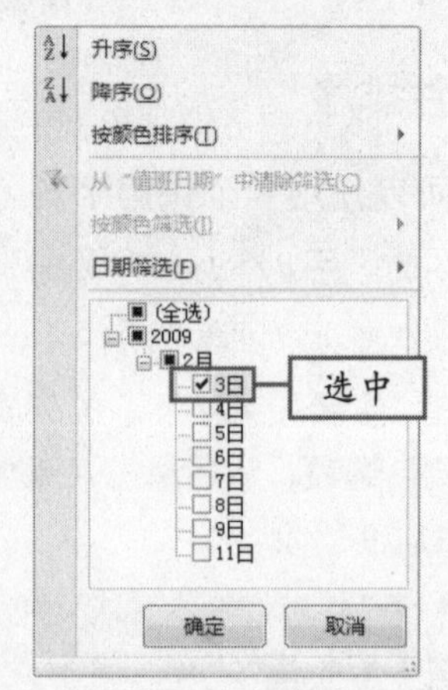

图 11-34 选中“3 日”复选框

③ 筛选出结果，即 2 月 3 日值班人员的名单，效果如图 11-35 所示。

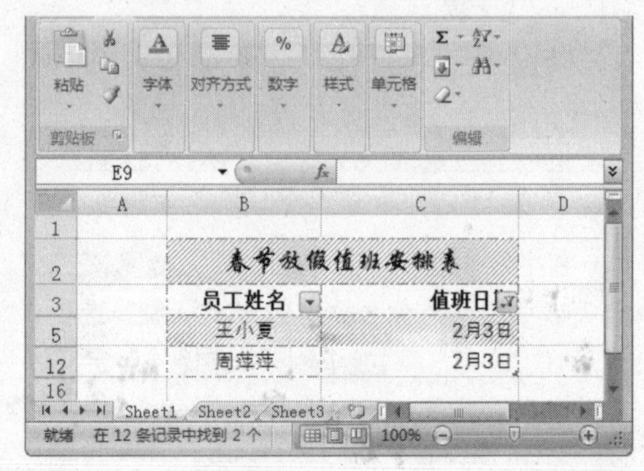

图 11-35 筛选结果

④ 用同样的方法，进行筛选操作，即可查找出每天值班人员的名单。

2. 自定义筛选

下面以具体的实例介绍进行自定义筛选的操作方法：

① 新建“培训成绩表”，输入数据并设置格式后，选择单元格区域“B4:I16”，单击筛选按钮，在列标题上将出现筛选下拉按钮，效果如图 11-36 所示。

培训成绩表

员工培训第3期　　时间：6.1-6.15

编号	姓名	办公软件	英语	电子商务	网络维护	行政办公	平均分
0301	张亮宏	75	90	93	86	80	84.80
0302	王小夏	86	96	80	85	89	87.20
0303	宋鹏辉	80	87	88	89	90	86.80
0304	宋小佳	86	90	80	85	89	86.00
0305	张丽丽	60	90	79	92	84	81.00
0306	苏 菲	85	86	89	80	69	81.80
0307	吴如萍	69	79	89	90	85	82.40
0308	孙茜梅	80	95	74	69	[illegible]	[illegible]
0309	周萍萍	95	78	85	76	[illegible]	[illegible]
0310	王 宽	81	85	83	84	85	83.60
0311	张洪生	79	79	83	89	96	85.20
0312	苏木宇	86	82	85	70	95	83.60

设置

图 11-36 表格效果

② 单击“办公软件”列右侧的筛选下拉按钮，在弹出的下拉面板中选择“数字筛选”|“自定义筛选”命令，如图 11-37 所示。

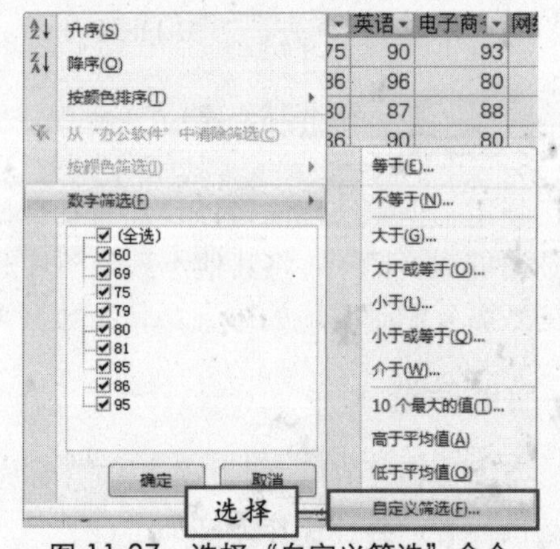

图 11-37 选择“自定义筛选”命令

 说明　单击不同字段名右侧的下拉按钮，弹出的下拉面板中的选项会有所不同。

③ 弹出“自定义自动筛选方式”对话框，在“办公软件”下方的下拉列表框中选择“大于或等于”选项，在其后面的下拉列表框中输入 80，然后选中“与”单选按钮，在其下面的下拉列表框中选择“小于”选项，并在右侧的下拉列表框中输入 90，如图 11-38 所示。

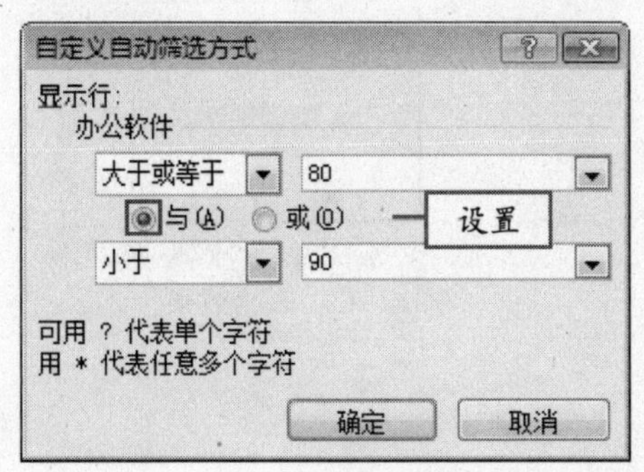

图 11-38　“自定义自动筛选方式”对话框

④ 单击“确定”按钮，筛选出“办公软件”成绩在 80 分(包括 80 分)、90 分以下的信息，如图 11-39 所示。

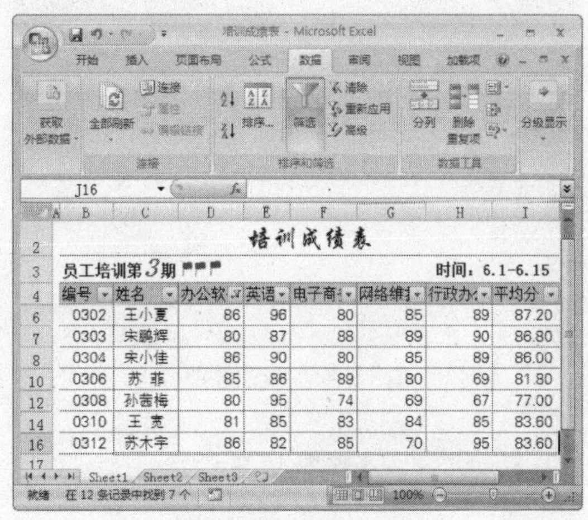

图 11-39　筛选结果

3．高级筛选

使用 Excel 2007 中的高级筛选功能，能够使用设置的条件进行筛选，并把筛选的结果复制到其他位置。高级筛选的具体操作方法如下：

① 打开“培训成绩表”，在单元格区域 K7:M8 中输入条件，然后单击“排序和筛选”组中的“高级”按钮，如图 11-40 所示。

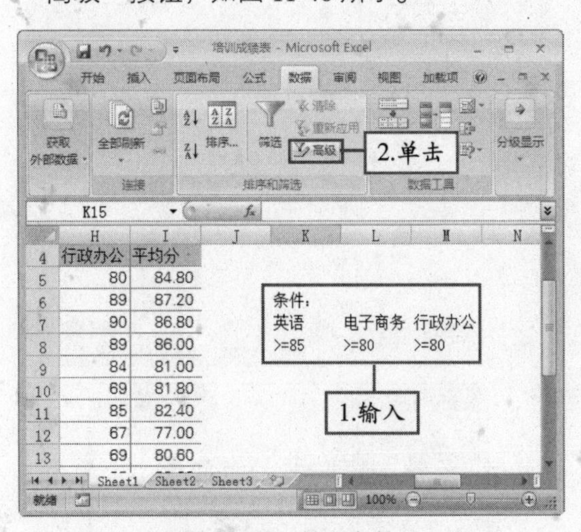

图 11-40　输入条件

② 弹出“高级筛选”对话框，选中“将筛选结果复制到其他位置”单选按钮，然后在下方的相应文本框中设置参数，如图 11-41 所示。

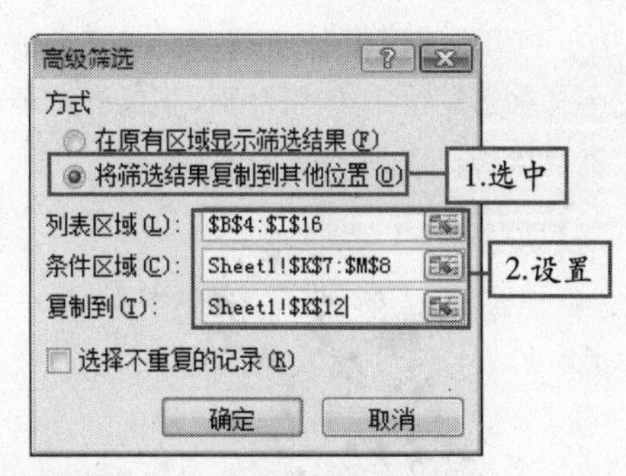

图 11-41　“高级筛选”对话框

③ 单击“确定”按钮，将在指定的单元格中显示筛选结果，筛选出英语分数在 85 分以上，电子商务成绩和行政办公成绩均在 80 分以上的人员信息，效果如图 11-42 所示。

知识点拨

选中“在原有区域显示筛选结果”单选按钮，将在表格所在的原位置显示满足条件的数据筛选结果。

说明：输入的条件在同一行中，表示这几个条件是“与”的关系。

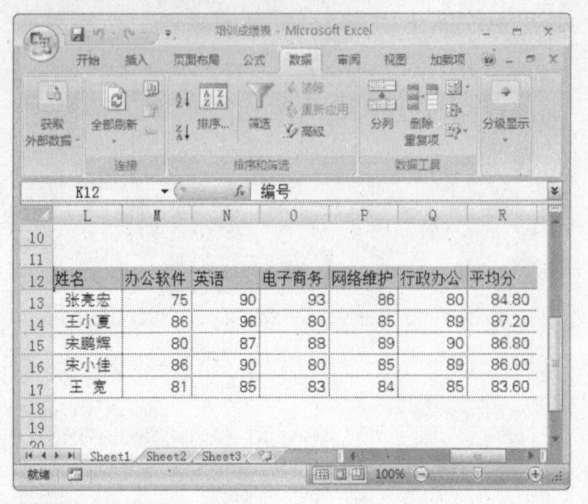

	姓名	办公软件	英语	电子商务	网络维护	行政办公	平均分
13	张亮宏	75	90	93	86	80	84.80
14	王小夏	86	96	80	85	89	87.20
15	宋鹏辉	80	87	88	89	90	86.80
16	宋小佳	86	90	80	85	89	86.00
17	王 宽	81	85	83	84	85	83.60

图 11-42　筛选效果

知识点拨

要使表格中的数据只要满足条件区域中的任一个条件，就可以被筛选出来（即它们之间是“或”的关系），这时须把条件书写在不同的行中，如图11-43所示。

	K	L	M
6	条件：		
7	英语	电子商务	行政办公
8	>=85		
9		>=80	
10			>=80

图 11-43　表格效果

11.2.3 分类汇总

在Excel 2007中，使用分类汇总功能，能够对同一类别中的数据进行统计，统计后的数据将更加清晰明了。

1. 创建分类汇总

创建分类汇总的具体操作方法如下：

① 打开“值班表”，选择单元格C3，单击“排序和筛选”组中的“升序”按钮，对表格数据进行排序，效果如图11-44所示。

	B	C
2	春节放假值班安排表	
3	员工姓名	值班日期
4	王小夏	2月3日
5	周萍萍	2月3日
6	张丽丽	2月4日
7	孙茜梅	2月5日
8	苏木宇	2月5日
9	张亮宏	2月6日
10	宋小佳	2月6日
11	张洪生	2月7日
12	宋鹏辉	2月8日
13	苏 菲	2月9日
14	吴如萍	2月9日
15	王 宽	2月11日

图 11-44　排序后的效果

② 单击“设计”选项卡下“工具”组中的“转换为区域”按钮，弹出提示信息框，单击其中的“转换为区域”按钮，将表格转换为普通区域，如图11-45所示。

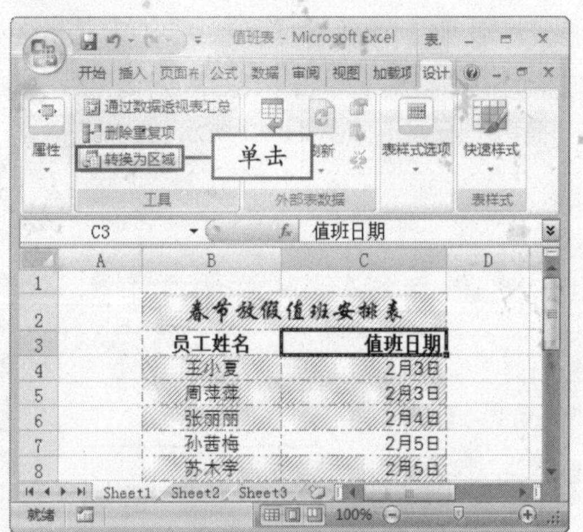

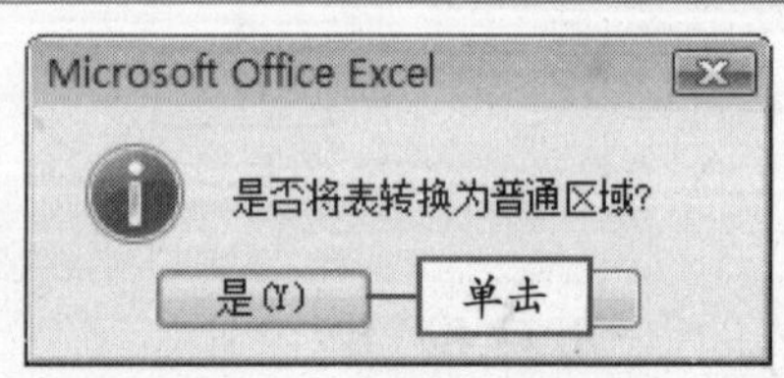

图 11-45　将表格转换为普通区域

③ 选择单元格区域B3:C16，单击“数据”选项卡下“分级显示”组中的“分级汇总”按钮，如图11-46所示。

说明　必须选中要进行分类汇总的数据区域中的任意单元格，才能使用分类汇总功能。

图 11-46 单击“分类汇总”按钮

④ 弹出“分类汇总”对话框，在“分类字段”下拉列表框中选择“值班日期”选项，在“汇总方式”下拉列表框中选择“计数”选项，在“选定汇总项”列表框中选中“员工姓名”复选框，单击“确定”按钮，进行分类汇总，如图 11-47 所示。

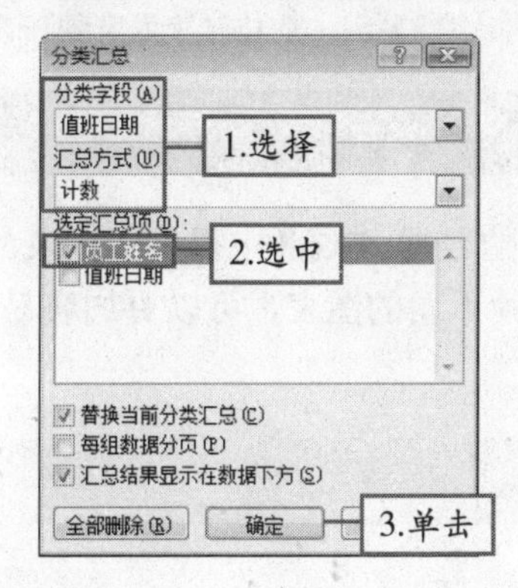

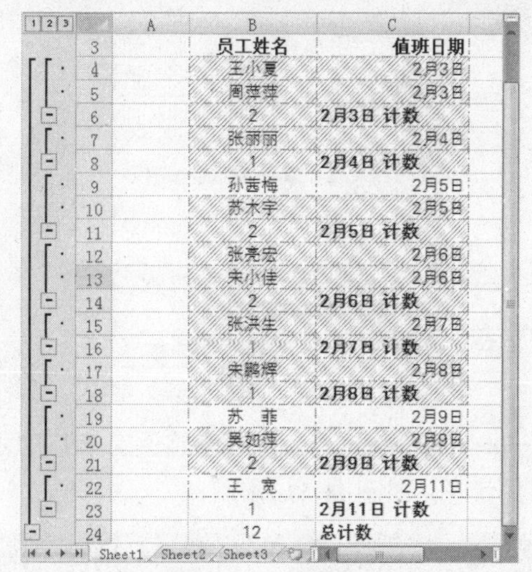

图 11-47 分类汇总

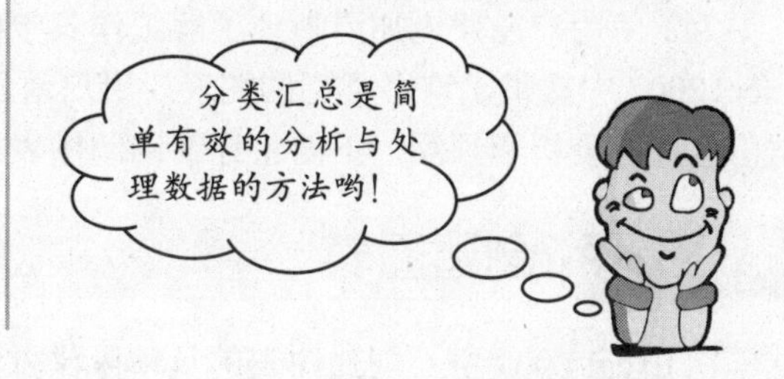

2. 分级显示

创建分类汇总后，汇总结果自动分三级显示，单击不同的分级显示按钮 1 2 3，将显示不同级别的汇总数据，如图 11-48 和图 11-49 所示。

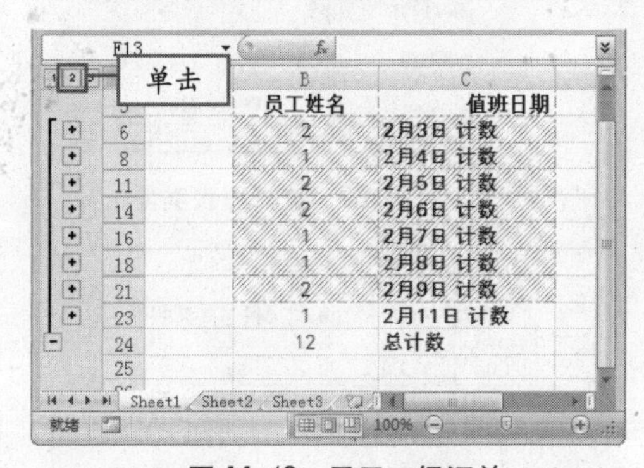

图 11-48 显示二级汇总

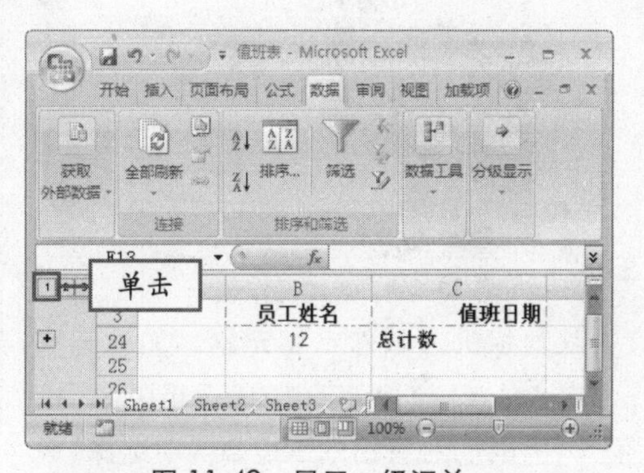

图 11-49 显示一级汇总

3. 删除分类汇总

删除分类汇总的方法很简单，只须选择汇总区域，单击“分类汇总”按钮，在弹出的“分类汇总”对话框中单击“全部删除”按钮。

① 在“值班表”已经进行分类汇总的基础上，选择汇总区域，单击“分类汇总”按钮，在弹出的“分类汇总”对话框中单击“全部删除”按钮，如图 11-50 所示。

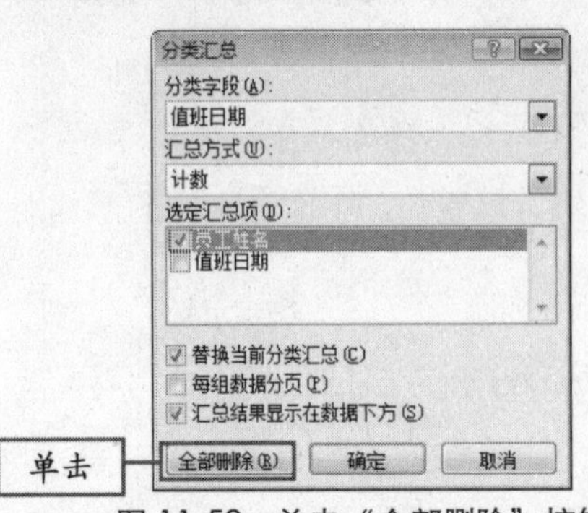

图 11-50 单击“全部删除”按钮

② 将删除分类汇总，数据表将返回未汇总之前的状态，如图 11-51 所示。

	A	B	C	D
1				
2		春节放假值班安排表		
3		员工姓名	值班日期	
4		王小夏	2月3日	
5		周萍萍	2月3日	
6		张丽丽	2月4日	
7		孙茜梅	2月5日	
8		苏木宇	2月5日	
9		张亮宏	2月6日	
10		宋小佳	2月6日	
11		张洪生	2月7日	
12		宋鹏辉	2月8日	
13		苏　菲	2月9日	
14		吴如萍	2月9日	
15		王　宽	2月11日	

图 11-51 表格转换为区域

11.3 图表的应用

为了使用户能够更加清晰地了解工作表中枯燥杂乱的数据，Excel 中提供了图表的功能。Excel 2007 中提供了许多类型的图表，用户通过创建各种不同的图表，可以更加容易地对数据信息进行分析和预测，下面将详细讲解图表的知识。

11.3.1 创建图表

在 Excel 2007 中，创建图表的具体操作方法如下：

① 新建工作表，创建“市场调查”数据表，效果如图 11-52 所示。

	A	B	C	D	E	F
2		市场调查				
3		商品	青岛	上海	南宁	天津
4		品牌A	48%	32%	51%	17%
5		品牌B	4%	2%	5%	3%
6		品牌C	23%	52%	15%	3%
7		品牌D	16%	3%	7%	4%
8		品牌E	2%	6%	9%	12%
9		品牌F	7%	5%	13%	61%

图 11-52 创建工作表

② 选择数据区域的任意单元格，如单元格 B3，单击“插入”选择卡下“图表”组中的“柱形图”下拉按钮，在弹出的下拉面板中选择“簇状柱形图”按钮，如图 11-53 所示。

③ 创建的图表效果如图 11-54 所示。

图 11-53

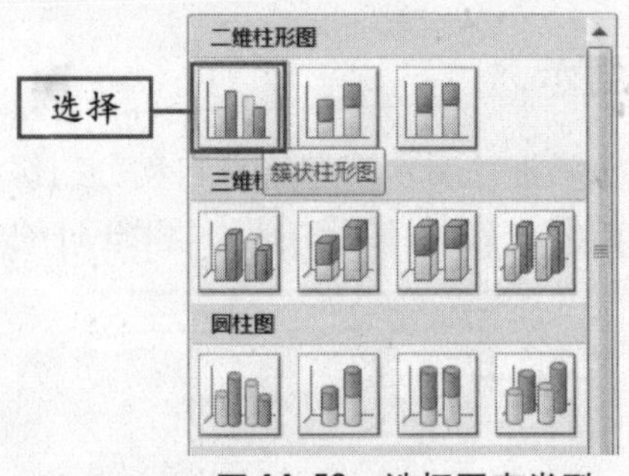

图 11-53 选择图表类型

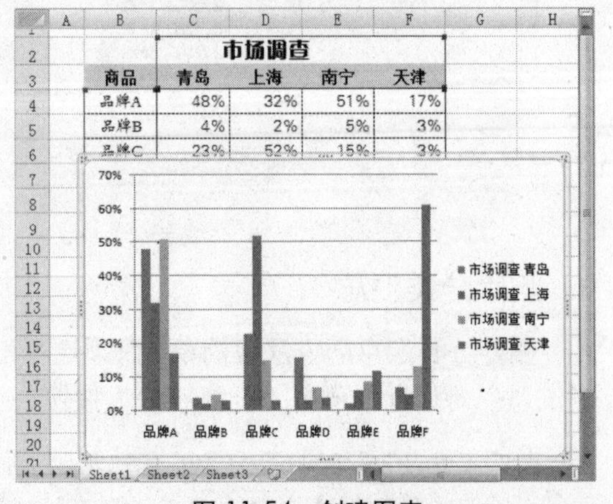

图 11-54 创建图表

说明 单击“图表”组中右下角的按钮，在弹出的“插入图表”对话框中显示所有的图表类型。

11.3.2 更改图表类型

图表的类型有很多种，在创建图表后，如果不满意仍然可以更改。下面以实例的形式对其更改图表类型的方法进行讲解。

① 选择创建的图表，单击“设计”选项卡下“类型”组中的“更改图表类型”按钮，如图 11-55 所示。

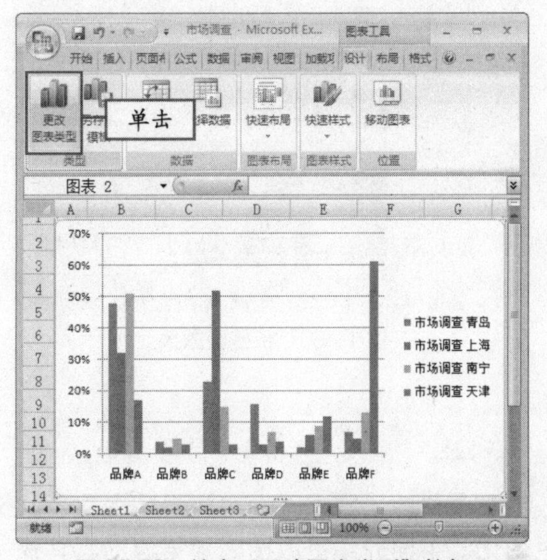

图 11-55 单击“更改图表类型”按钮

② 弹出“更改图表类型”对话框，在图表类型列表框中选择“簇状条形图”选项，如图 11-56 所示。

③ 单击“确定”按钮，将柱形图表更改为簇状条形图，效果如图 11-57 所示。

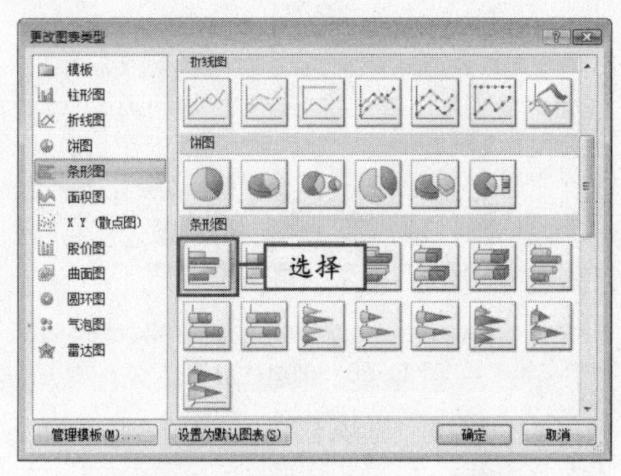

图 11-56 “更改图表类型”对话框

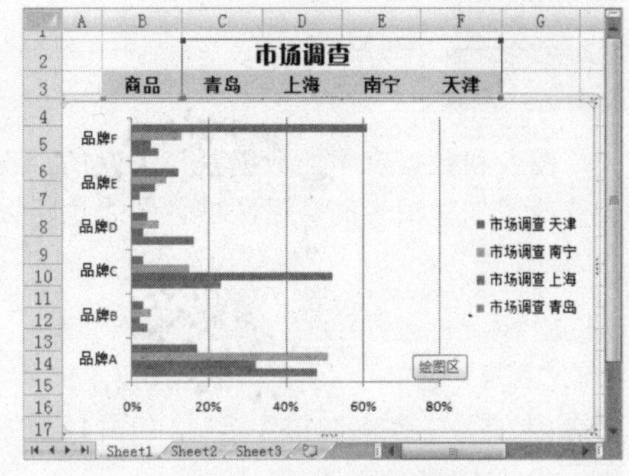

图 11-57 簇状条形图

11.3.3 切换行和列

创建图表后，除了可以更改图表的类型外，还可以将横坐标轴和图例项互换，从而得到不同的图表效果。其具体操作方法如下：

说明：图表主要由图表区、绘图区、图表标题、坐标轴、图例和数据系列等几部分组成。

① 根据市场调查表，选择数据区域 B3:C9，创建柱形图，效果如图 11-58 所示。

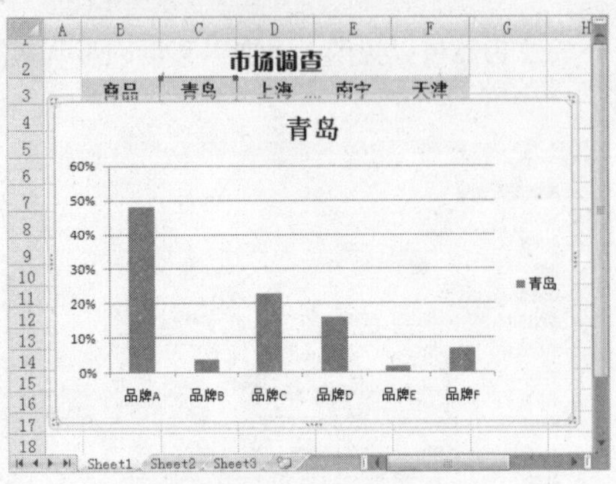

图 11-58　创建柱形图

② 单击“设计”选项卡下“切换行/列”按钮，如图 11-59 所示。

③ 更改图表的横坐标轴和图例项，得到的图表效果如图 11-60 所示。

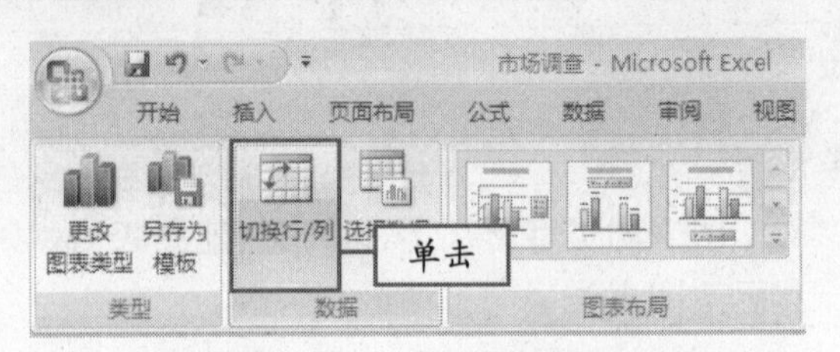

图 11-59　单击“切换行/列”按钮

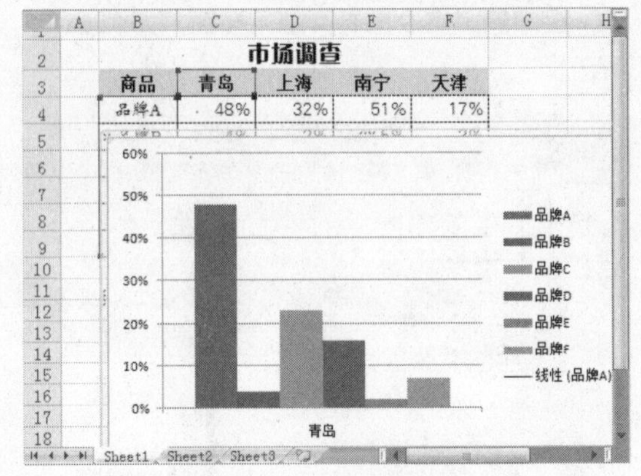

图 11-60　折线图效果

11.3.4 更改数据源

图表和数据表中的数据是相关联的，在数据表中修改了数据，图表将发生变化。如果修改了创建图表的数据区域，图表也将发生变化。下面介绍更改图表数据源的具体操作方法。

① 选择单元格区域 B3:C9，单击“插入”选项卡下“图表”组中的“饼图”下拉按钮，在弹出的下拉面板中选择“饼图”选项，如图 11-61 所示。

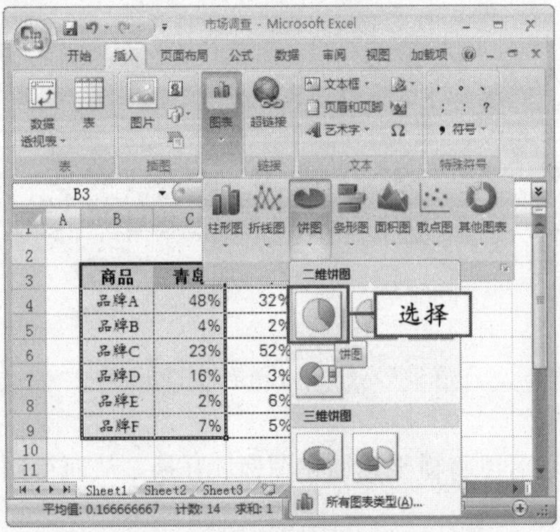

图 11-61　选择“饼图”选项

② 此时将创建图表，创建后的效果如图 11-62 所示。

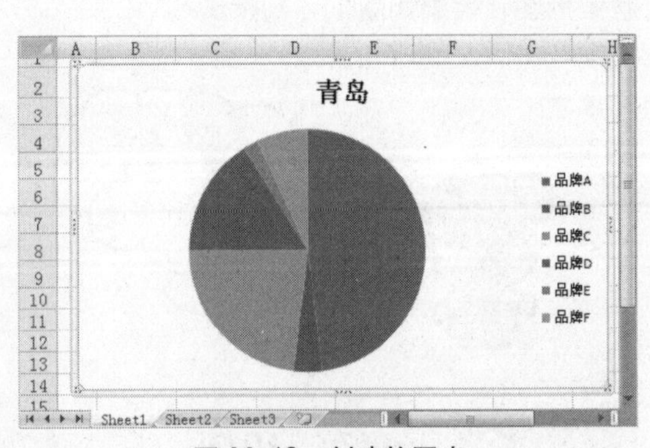

图 11-62　创建的图表

③ 单击“设计”选项卡下“数据”组中的“选择数据”按钮，将弹出“选择数据源”对话框，如图 11-63 所示。

说明　在“更改图表类型”对话框中单击“设为默认图表”按钮，可设置默认的图表类型。

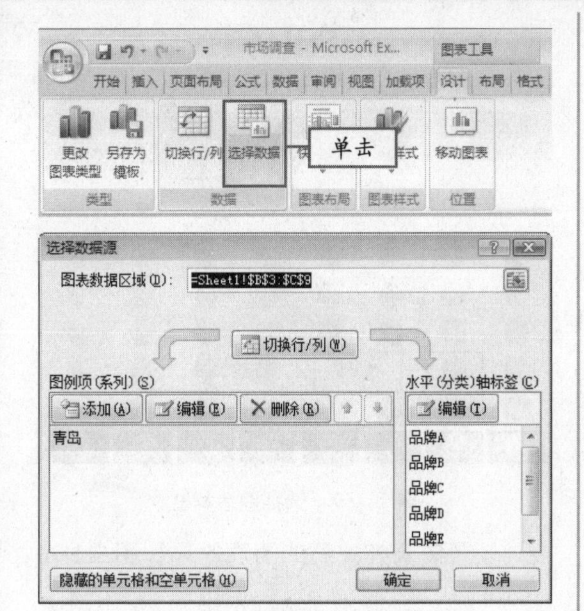

图 11-63　“选择数据源”对话框

④ 单击“图例项”列表中的“添加”按钮，弹出“编辑数据系列”对话框，从中进行参数设置，如图 11-64 所示。

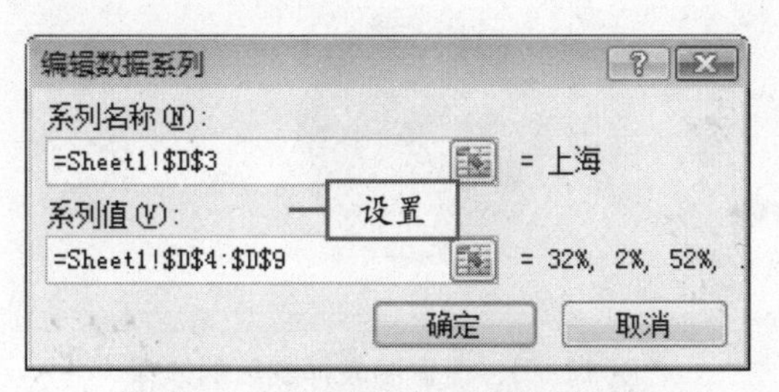

图 11-64　“编辑数据系列”对话框

⑤ 单击“确定”按钮，返回“选择数据源”对话框，在“图例项”列表框中选择“青岛”选项，单击“删除”按钮，删除该选项，然后单击“水平（分类）轴标签列有框”中的“编辑”按钮，弹出“轴标签”对话框，从中设置参数，如图 11-65 所示。

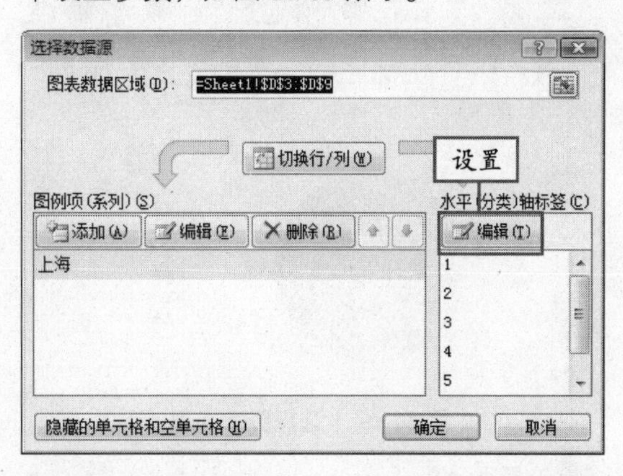

图 11-65　设置轴标签

⑥ 依次单击“确定”按钮，完成更改数据源的操作，效果如图 11-66 所示。

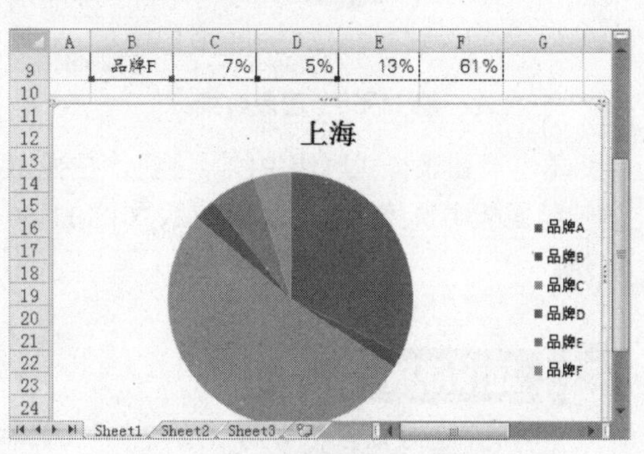

图 11-66　设置其他数据的字体

教你一招

用户也可以通过使用“选择数据源”对话框中的“图表数据区域”文本框右侧的折叠按钮，在数据表中拖动鼠标，选择数据区域来更改数据源。

11.3.5　设置图表布局及样式

设置图表布局以及样式的具体操作方法如下：

① 单击“设计”选项卡下“图表布局”组中的按钮，在弹出的下拉面板中选择“布局 6”选项，如图 11-67 所示。

② 设置图表布局后的图表效果如图 11-68 所示。

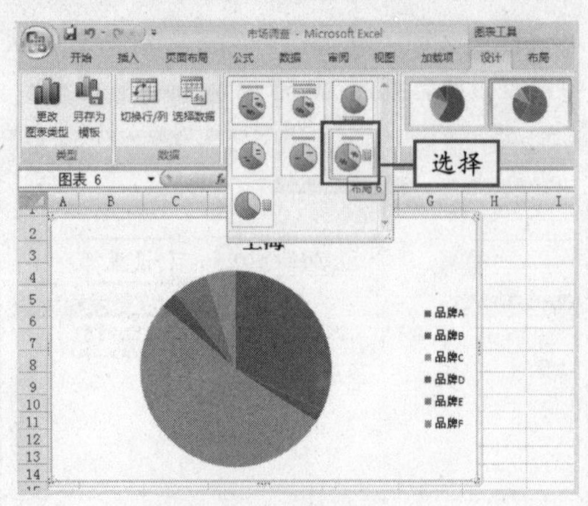

图 11-67　选择图表布局

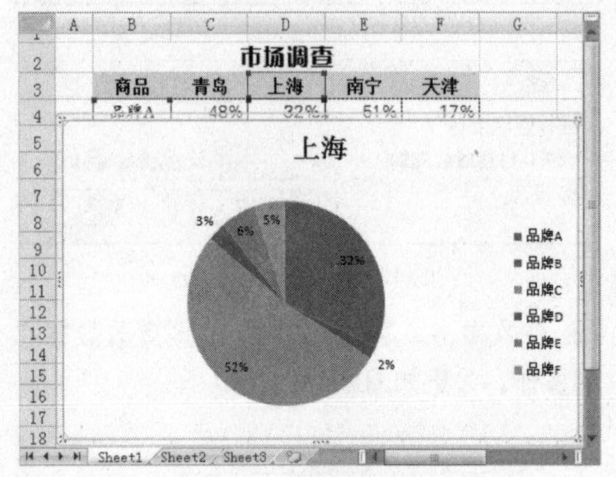

图 11-68　图表效果

③ 单击“图表样式”组中的 按钮，在弹出的下拉面板中选择“样式 26”选项，如图 11-69 所示。

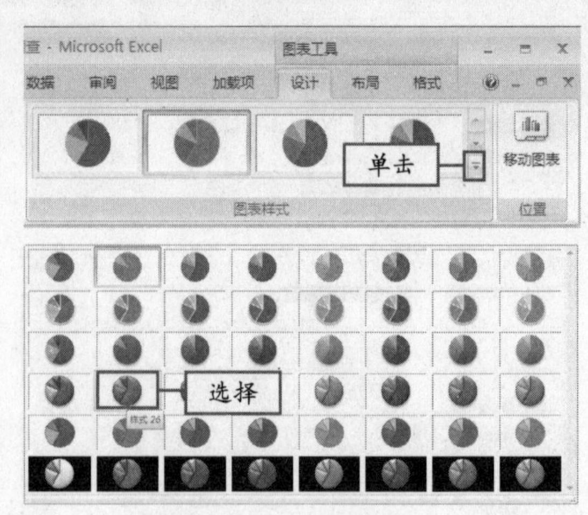

图 11-69　选择图表样式

④ 设置图表样式后的图表效果如图 11-70 所示。

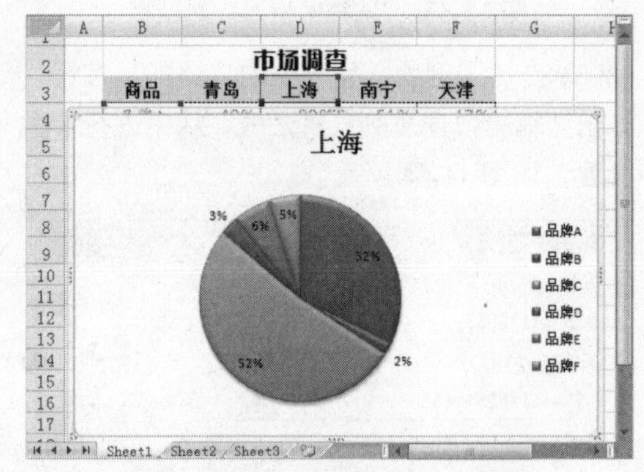

图 11-70　设置图表样式后的效果

知识点拨

用户也可以在“布局”选项卡中选择不同的命令或单击相关按钮，自定义设置布局和样式。

11.3.6　美化图表

为图表区设置文字颜色、填充颜色、边框样式等格式，可以达到美化图表的目的。其具体操作方法如下：

① 继续上一节的操作，单击“格式”选项卡下“形状样式”组中的“形状填充”下拉按钮，在弹出的调色板中选择“渐变”|“其他渐变”选项，如图 11-71 所示。

② 弹出“设置图表区格式”对话框，选中“渐变填充”单选按钮，在“预设颜色”下拉面板中选择“雨后初晴”选项，如图 11-72 所示。

说明　在“布局”选项卡“当前所选内容”组中的下拉列表框中，可快速选择图表中相应的部分。

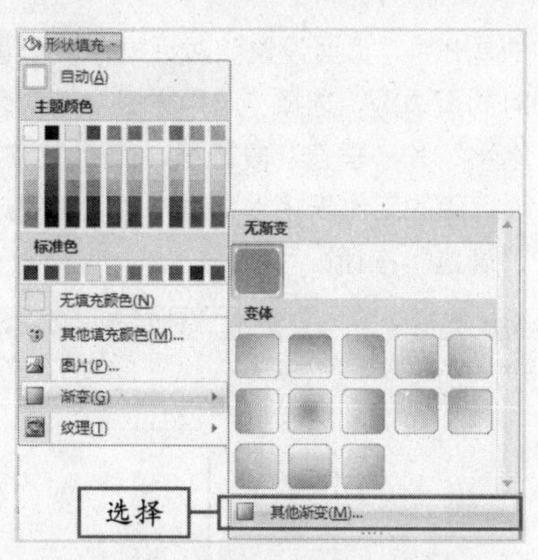

图 11-71　选择“其他渐变”选项

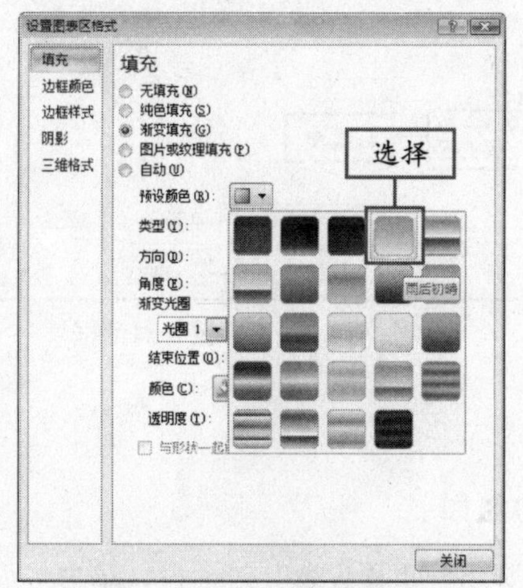

图 11-72　选择渐变颜色

③ 单击“关闭”按钮，关闭对话框，此时的图表效果如图 11-73 所示。

④ 选择图表标题，在“艺术字样式”组中选择相应的标题文字样式；选择图例，在“形状样式”组中选择相应的形状样式，如图 11-74 所示。

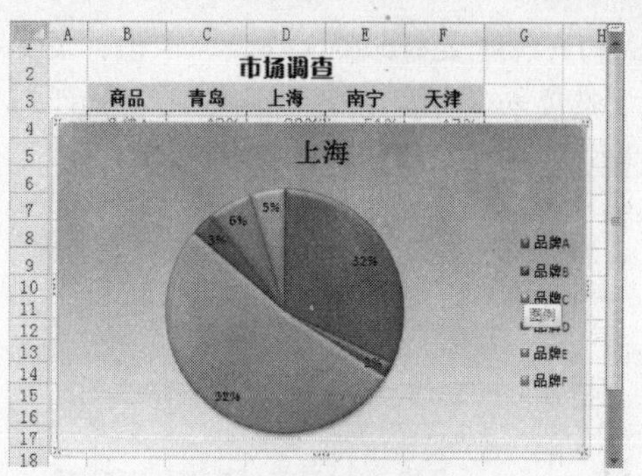

图 11-73　图表效果

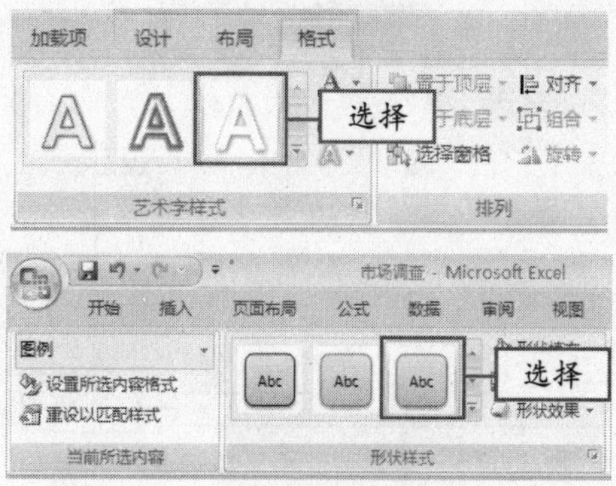

图 11-74　选择艺术字样式和形状样式

⑤ 设置完成后，图表的效果如图 11-75 所示。

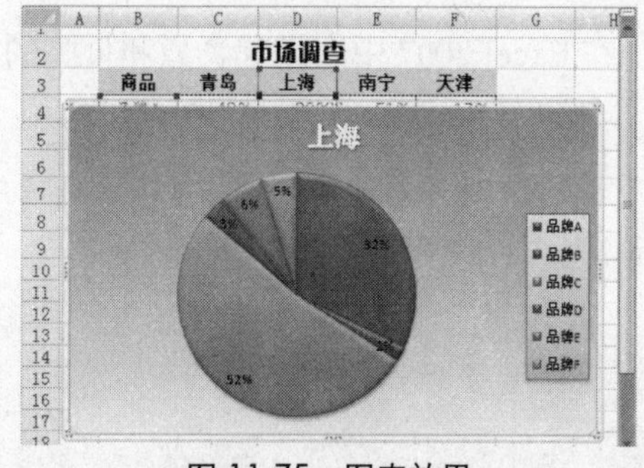

图 11-75　图表效果

11.4　工作表的打印

当用户制作好电子表格后，通常需要将其打印出来，在 Excel 中打印工作表的方法和在 Word 中打印文档的方法基本相同，本节对打印工作表的知识进行详细介绍。

11.4.1　页面设置

1. 设置页边距

通过“页面设置”对话框中的选项可以设置打印工作表的页边距，设置页边距的具体操作方法如下：

页面设置的内容包括设置纸型、打印方向、页边距、打印范围等。　说明

① 打开一张要打印的工作表，单击"页面布局"选项卡"页面设置"组中的"页边距"下拉按钮，在弹出的下拉面板中选择"自定义页边距"选项，如图 11-76 所示。

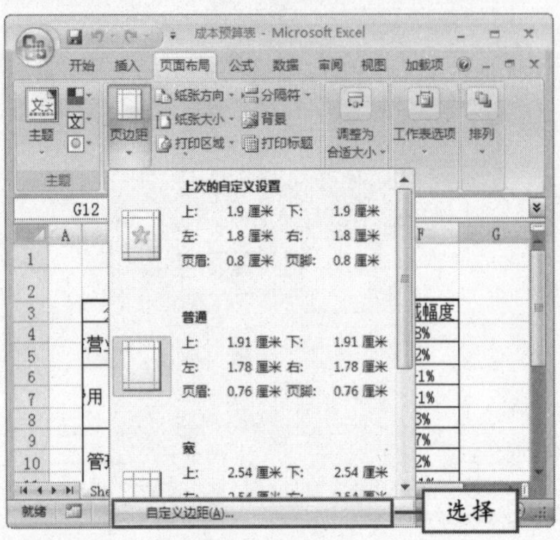

图 11-76 选择"自定义页边距"选项

② 在弹出的"页面设置"对话框中，可设置打印时的页边距，选择"居中方式"选项区中的"水平"和"垂直"复选框，如图 11-77 所示，则打印的工作表将水平居中，设置完成后单击"确定"按钮即可。

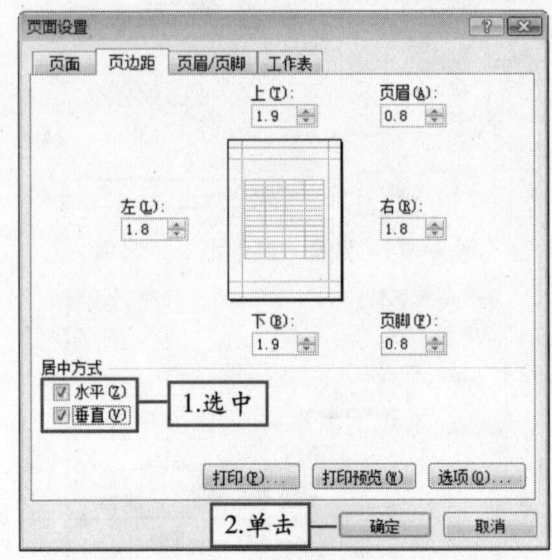

图 11-77 "页面设置"对话框

2. 设置页眉与页脚

在 Excel 2007 中，设置页眉和页脚的具体操作方法如下：

① 打开"春节放假值班安排表"工作表，单击"页面设置"组中右下角的按钮，如图 11-78 所示。

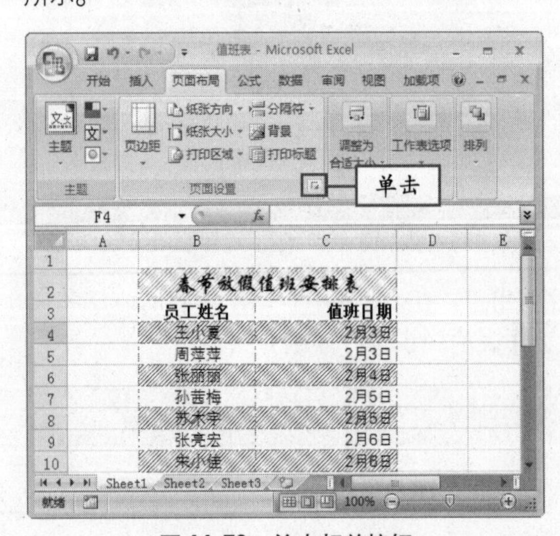

图 11-78 单击相关按钮

② 弹出"页面设置"对话框，单击"页眉/页脚"选项卡中，在"页眉"和"页脚"下拉列表框中可选择所需的页眉和页脚。单击"自定义页眉"按钮，如图 11-79 所示。

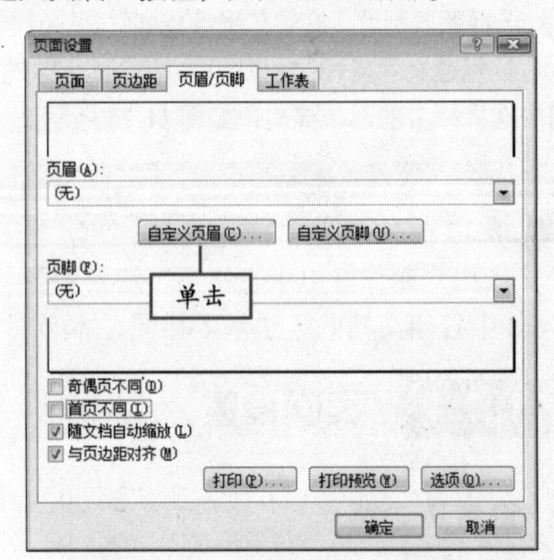

图 11-79 "页眉/页脚"选项卡

说明 在"页面设置"对话框中单击"页面"选项卡，从中可设置与页面相关的属性。

③ 弹出“页眉”对话框，将光标定位到“中”文本框中，然后单击“格式文本”按钮，如图 11-80 所示。

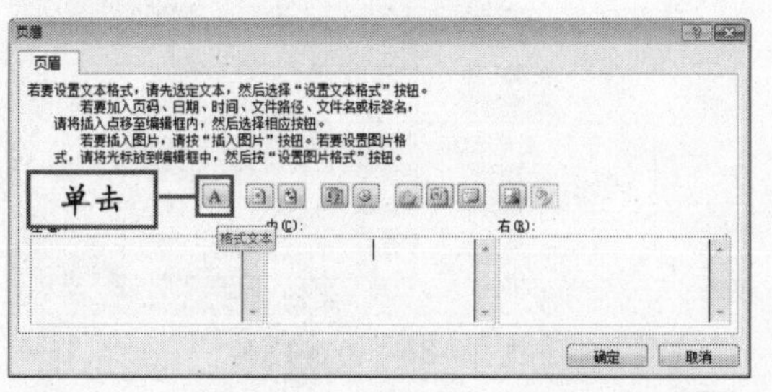

图 11-80　“页眉”对话框

④ 弹出“字体”对话框，从中设置字体选项，单击“确定”按钮。单击“自定义页脚”按钮，在弹出的“页脚”对话框中自定义设置页脚信息。设置完成后的效果如图 11-81 所示，单击“确定”按钮即可。

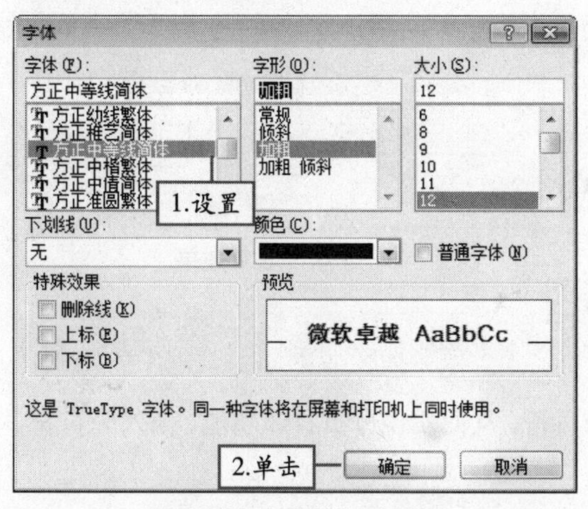

图 11-81　“字体”对话框

⑤ 单击“确定”按钮，返回“页眉”对话框，在“中”文本框中输入文本“春节值班表”，如图 11-82 所示，单击“确定”按钮，完成页眉自定义设置。

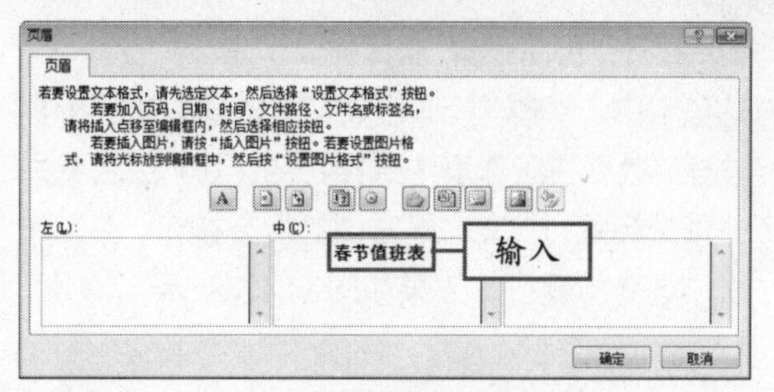

图 11-82　输入页眉

⑥ 单击“自定义页脚”按钮，在弹出的“页脚”对话框中自定义设置页脚信息。设置完成后的效果如图 11-83 所示。

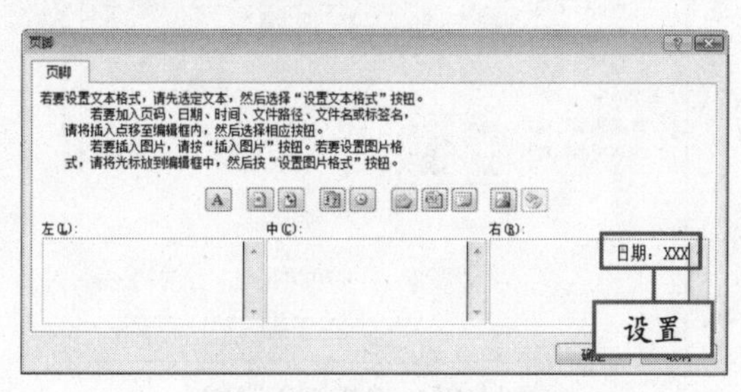

图 11-83　自定义页眉页脚

⑦ 单击“确定”按钮，返回“页面设置”对话框，如图 11-84 所示，单击“确定”按钮，完成设置页眉和页脚的操作。

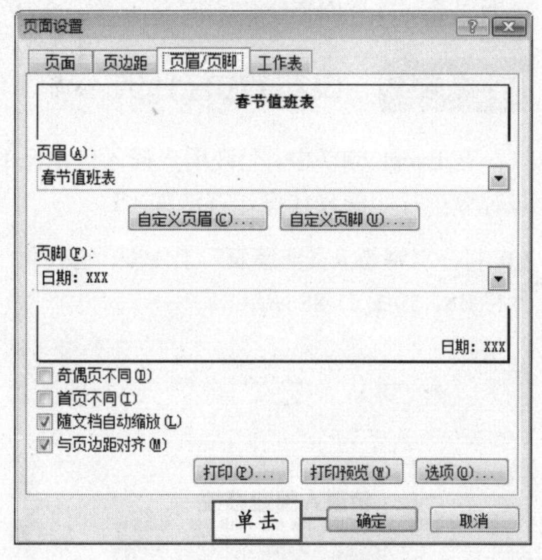

图 11-84　页眉/页脚选项卡

11.4.2　设置打印区域

在 Excel 2007 中，用户可以对打印的内容区域进行设定，其具体操作方法如下：

选中“奇偶页不同”复选框，可以分别设置奇数页和偶数页的页眉/页脚。　说明

① 打开“页面设置”对话框，切换到“工作表”选项卡中，单击“打印区域”文本框右侧的折叠按钮，然后在工作表中选择打印区域，然后单击“顶端标题行”文本框右侧的折叠按钮，在工作表中选择标题行，效果如图 11-85 所示。

图 11-85　选择打印区域

② 单击“确定”按钮，完成打印区域的设置工作，在工作表中打印区域四周将显示边框，如图 11-86 所示，打印时将打印出该区域的内容和选择的标题行。

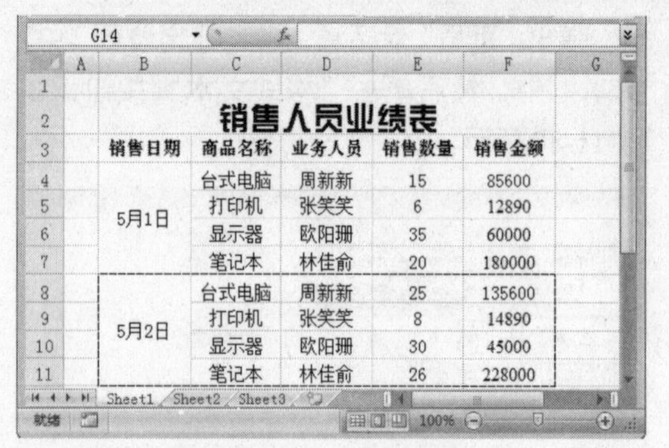

销售人员业绩表

销售日期	商品名称	业务人员	销售数量	销售金额
5月1日	台式电脑	周新新	15	85600
	打印机	张笑笑	6	12890
	显示器	欧阳珊	35	60000
	笔记本	林佳俞	20	180000
5月2日	台式电脑	周新新	25	135600
	打印机	张笑笑	8	14890
	显示器	欧阳珊	30	45000
	笔记本	林佳俞	26	228000

图 11-86　设置效果

知识点拨

选择要打印的单元格区域，然后单击“页面设置”组中的“打印区域”下拉按钮，在弹出的下拉菜单中选择“设置打印区域”选项，如图 11-87 所示，也可快速设置打印区域。

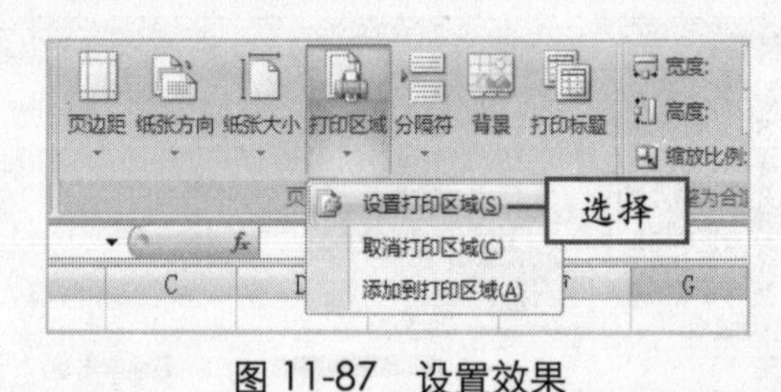

图 11-87　设置效果

11.4.3 设置分页打印

在 Excel 2007 中，允许用户插入自定义的分页符，从而实现分页打印功能。插入分页符、进行分页打印的具体操作方法如下：

① 打开“销售人员业绩表”工作表，选择单元格 B8，如图 11-88 所示。

销售人员业绩表

销售日期	商品名称	业务人员	销售数量	销售金额
5月1日	台式电脑	周新新	15	85600
	打印机	张笑笑	6	12890
	显示器	欧阳珊	35	60000
	笔记本	林佳俞	20	180000
5月2日	台式电脑	周新新	25	135600
	打印机	张笑笑	8	14890
	显示器	欧阳珊	30	45000
	笔记本	林佳俞	26	228000

图 11-88　销售人员业绩表

② 单击“页面设置”组中的“分隔符”下拉按钮，在弹出的下拉菜单中选择“插入分页符”选项，将在选择单元格的左侧和上方插入分页符，效果如图 11-89 所示。

销售人员业绩表

销售日期	商品名称	业务人员	销售数量	销售金额
5月1日	台式电脑	周新新	15	85600
	打印机	张笑笑	6	12890
	显示器	欧阳珊	35	60000
	笔记本	林佳俞	20	180000
5月2日	台式电脑	周新新	25	135600
	打印机	张笑笑	8	14890
	显示器	欧阳珊	30	45000
	笔记本	林佳俞	26	228000

图 11-89　插入分页符后的效果

说明　在使用“打印区域”下拉菜单中的命令设置打印区域时，一定要先选择相应的区域。

③ 单击“视图”选项卡下“工作簿视图”组中的“分页浏览”按钮，切换到分页视图中，将鼠标指针移动到插入的右侧分页符上，向左拖动鼠标，如图 11-90 所示。

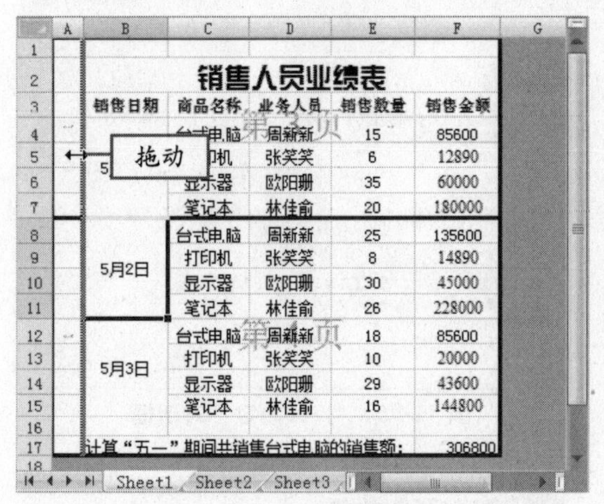

图 11-90　拖动分页符

④ 拖动分页符至打印区域外，将删除该分页符，效果如图 11-91 所示。

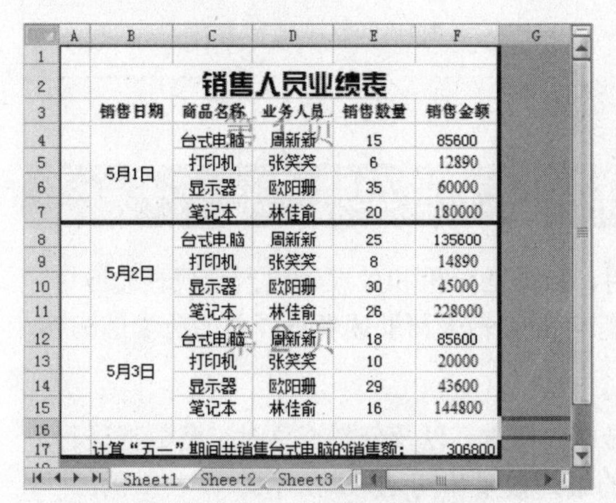

图 11-91　删除分页符后的效果

⑤ 返回普通视图中，选择单元格 B8，单击“页面设置”组中的“分隔符”下拉按钮，在弹出的下拉菜单中选择“删除分页符”命令，也可删除插入的分页符，如图 11-92 所示，。

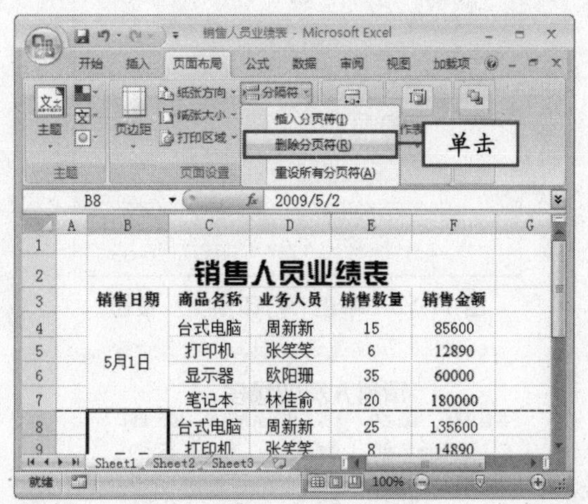

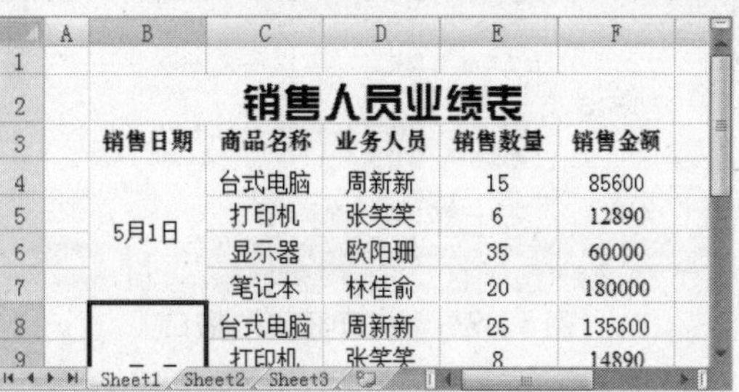

图 11-92　删除分页符

知识点拨

如果工作表中插入了多个分页符，单击“页面设置”组中的“分隔符”按钮，在弹出的下拉菜单中选择“重设所有分页符”选项，将删除所有插入的分页符。

11.4.4　打印预览及输出

进行页面设置后，就可以对工作表进行打印了，在打印之前可以通过 Excel 提供的打印预览窗口，预览打印页面的效果，如果对设置的效果不满意，还可以重新设置，以满足用户的打印需求。其具体操作方法如下：

① 打开“页面设置”对话框，单击其中的“打印预览”按钮，如图 11-93 所示。

② 打开“打印预览”窗口，显示预览效果，单击“显示比例”按钮，将放大显示效果，如图 11-94 所示。

在进行打印设置时，用户可随时预览设置的效果。　说明

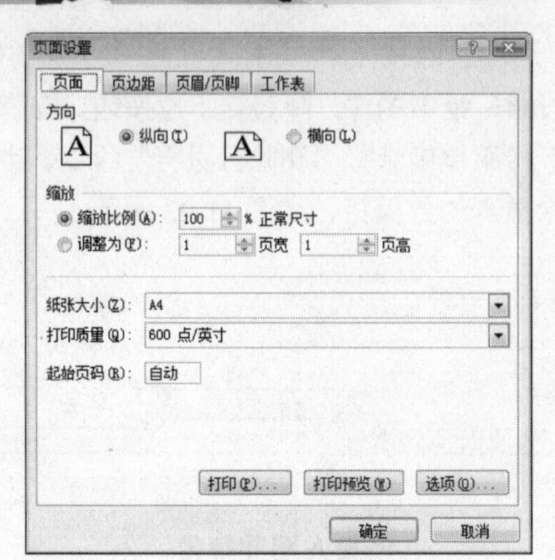

图 11-93 单击“打印预览”按钮

销售人员业绩表

销售日期	商品名称	业务人员	销售数量	销售金额
5月2日	台式电脑	周新新	25	135600
	打印机	张笑笑	8	14890
	显示器	欧阳珊	30	45000
	笔记本	林佳俞	26	228000
5月3日	台式电脑	周新新	18	85600
	打印机	张笑笑	10	20000
	显示器	欧阳珊	29	43600
	笔记本	林佳俞	16	144800

计算“五一”期间共销售台式电脑的销售额： 306800

打印预览: 第 2 页 共 2 页

图 11-94 “打印预览”窗口

③ 单击其中的“打印”按钮，将弹出“打印内容”对话框，从中可以设置打印参数，如图 11-95 所示。设置完成后，单击“打印内容”按钮，即可打印。

图 11-95 “打印内容”对话框

知识点拨

在“页面设置”对话框中单击“打印”按钮，也可以打开“打印内容”对话框，从中设置打印参数，进行打印。

11.5 综合实战——制作员工工资单

本章详细介绍了 Excel 中公式和函数的应用、数据的分析和处理、数据透视表的应用、图表的应用、工作表的打印等知识，下面将通过综合的实例来帮助读者巩固前面所学的内容。

实例效果：

本实例将创建员工工资单，并通过数据的排序和筛选，以及分类汇总对工资数据进行分析，然后根据这些数据创建工资图表。该实例的最终效果如图 11-96 所示。

员工工资单

编号	姓名	基本工资	补贴	缴纳保险	所得税	实发工资
12	苏木宇	4500	2100	900	430	5270
10	王 宽	4200	1000	840	229	4131
01	张亮宏	4000	1100	800	220	4080
02	王小夏	4000	900	800	190	3910
09	周萍萍	4000	900	800	190	3910
11	张洪生	3800	1500	760	256	4284
06	苏 菲	3700	800	740	139	3621
07	吴如萍	3500	1100	700	160	3740
04	宋小佳	3500	1000	700	145	3655
08	孙茜梅	3300	1600	660	211	4029
03	宋鹏辉	3200	900	640	94	3366
05	张丽丽	3200	800	640	79	3281

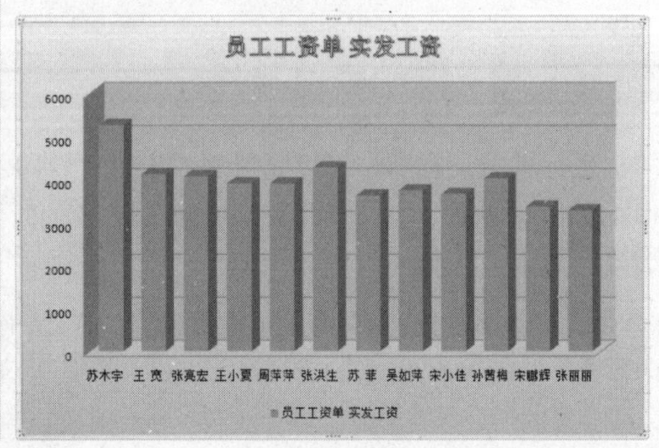

图 11-96 最终效果图

 说明 在制作工资单时，应根据实际情况，创建表格中的列标题。

效果文件　光盘:\素材\第 11 章\员工工资单.xlsx

操作方法：

① 启动 Excel 2007，新建工作表，将该工作表另存为“员工工资单”，从中输入相关的数据，如图 11-97 所示。

员工工资单

编号	姓名	基本工资	补贴	缴纳保险	所得税	实发工资
01	张亮宏	4000	1100			
02	王小夏	4000	900			
03	宋鹏辉	3200	900			
04	宋小佳	3500	1000			
05	张丽丽	3200	800			
06	苏　菲	3700	800			
07	吴如萍	3500	1100			
08	孙茜梅	3300	1600			
09	周萍萍	4000	900			
10	王　宽	4200	1000			
11	张洪生	3800	1500			
12	苏木宇	4500	2100			

输入

图 11-97　创建工作表

② 在单元格 F4 中输入公式“=D4*20%”，如图 11-98 所示。

员工工资单

编号	姓名	基本工资	补贴	缴纳保险	所得税	实发工资
01	张亮宏	4000	1100	=D4*20%		
02	王小夏	4000	900			
03	宋鹏辉	3200	900			
04	宋小佳	3500	1000			
05	张丽丽	3200	800			
06	苏　菲	3700	800			
07	吴如萍	3500	1100			
08	孙茜梅	3300	1600			
09	周萍萍	4000	900			
10	王　宽	4200	1000			
11	张洪生	3800	1500			
12	苏木宇	4500	2100			

输入

图 11-98　输入公式

③ 按【Ctrl+Enter】组合键，确认输入后，通过拖动填充柄，填充公式，效果如图 11-99 所示。

编号	姓名	基本工资	补贴	缴纳保险	所得税
01	张亮宏	4000	1100	800	
02	王小夏	4000	900	800	
03	宋鹏辉	3200	900	640	
04	宋小佳	3500	1000	700	
05	张丽丽	3200	800	640	
06	苏　菲	3700	800	740	
07	吴如萍	3500	1100	700	
08	孙茜梅	3300	1600	660	
09	周萍萍	4000	900	800	
10	王　宽	4200	1000	840	
11	张洪生	3800	1500	760	
12	苏木宇	4500	2100	900	

填充

图 11-99　填充公式后的效果

④ 在单元格 G4 中的公式求得的结果为负值，将单元格 H5 中的公式进行修改，“=(D4+E4－F4－2000)*15%－125”，如图 11-100 所示。

姓名	基本工资	补贴	缴纳保险	所得税	实发工资
张亮宏	4000	1100	800	=(D4+E4-F4-2000)*15%-125	
王小夏	4000	900	800		
宋鹏辉	3200	900	640		
宋小佳	3500	1000	700		
张丽丽	3200	800	640		
苏　菲	3700	800	740		
吴如萍	3500	1100	700		
孙茜梅	3300	1600	660		
周萍萍	4000	900	800		
王　宽	4200	1000	840		
张洪生	3800	1500	760		
苏木宇	4500	2100	900		

修改

图 11-100　输入公式

⑤ 确认输入后，使用填充柄填充公式，效果如图 11-101 所示。

姓名	基本工资	补贴	缴纳保险	所得税	实发工资
张亮宏	4000	1100	800	220	
王小夏	4000	900	800	190	
宋鹏辉	3200	900	640	94	
宋小佳	3500	1000	700	145	
张丽丽	3200	800	640	79	
苏　菲	3700	800	740	139	
吴如萍	3500	1100	700	160	
孙茜梅	3300	1600	660	211	
周萍萍	4000	900	800	190	
王　宽	4200	1000	840	229	
张洪生	3800	1500	760	256	
苏木宇	4500	2100	900	430	

填充

图 11-101　填充公式

⑥ 在单元格 H4 中输入公式“=D4+E4－F4－G4”，如图 11-102 所示。

基本工资	补贴	缴纳保险	所得税	实发工资	
4000	1100	800	220	=D4+E4-F4-G4	
4000	900	800	190		
3200	900	640	94		
3500	1000	700	145		
3200	800	640	79		
3700	800	740	139		
3500	1100	700	160		
3300	1600	660	211		
4000	900	800	190		
4200	1000	840	229		
3800	1500	760	256		
4500	2100	900	430		

输入

图 11-102　再次输入公式

实例中为计算方便，统一将个人所得税按 15%征收，在实际中应严格按照有关规定来计算。 **说明**

⑦ 确认后，使用填充柄填充公式，效果如图 11-103 所示。

	D	E	F	G	H	I
3	基本工资	补贴	缴纳保险	所得税	实发工资	
4	4000	1100	800	220	4080	
5	4000	900	800	190	3910	
6	3200	900	640	94	3366	
7	3500	1000	700	145	3655	
8	3200	800	640	79	3281	
9	3700	800	740	139	3621	
10	3500	1100	700	160	3740	
11	3300	1600	660	211	4029	
12	4000	900	800	190	3910	
13	4200	1000	840	229	4131	
14	3800	1500	760	256	4284	
15	4500	2100	900	430	5270	

图 11-103　填充公式后的效果

⑧ 选择单元格区域 B2:H2，单击“对齐方式”组中的“合并后居中”按钮，合并并居中单元格，然后设置“填充颜色”为深红色，“字体颜色”为白色，“字号”大小为 18，“字体”为“方正行楷简体”，并调整单元格的高度为 27，效果如图 11-104 所示。

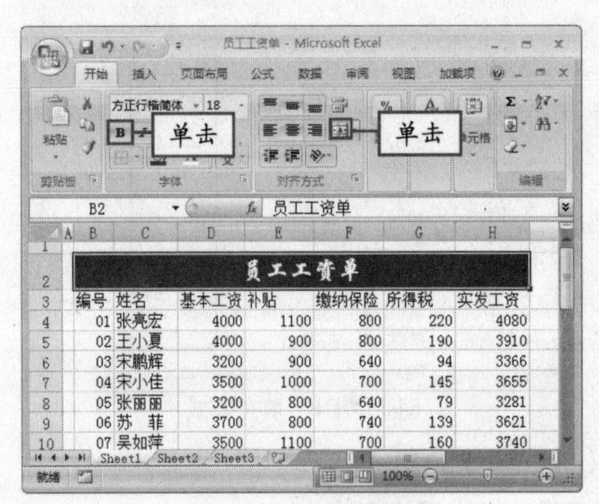

图 11-104　设置标题样式

⑨ 选择单元格区域 B3:H15，单击“单元格”组中的“格式”下拉按钮，在弹出的下拉菜单中选择“行高”选项，弹出“行高”对话框，从中设置“行高”为 20，如图 11-105 所示。

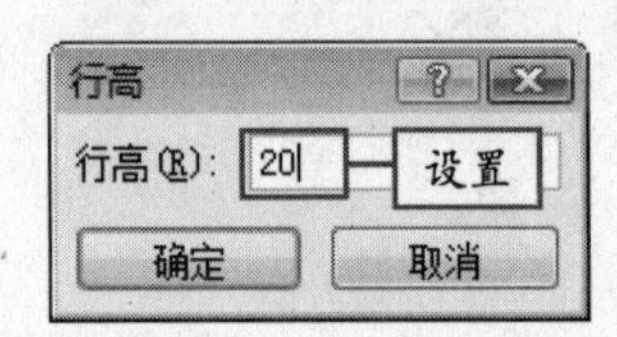

图 11-105　“行高”对话框

⑩ 单击“字体”组右下角的按钮，弹出“设置单元格格式”对话框，从中单击“边框”选项卡，从中设置边框颜色为深蓝色，并进行其他边框设置，如图 11-106 所示。

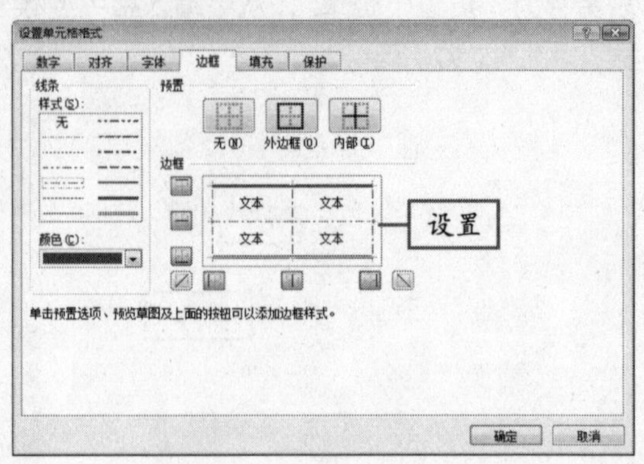

图 11-106　设置边框样式

⑪ 完成边框设置后，切换到“填充”选项卡中，单击“填充效果”按钮，弹出“填充效果”对话框，从中设置“颜色 2”为橙色，如图 11-107 所示。

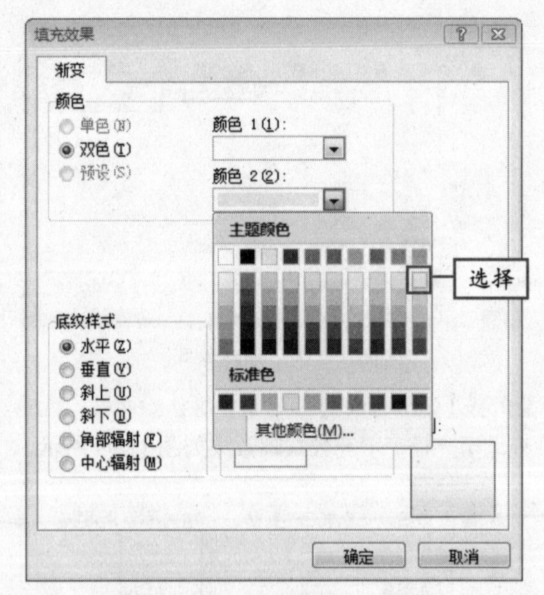

图 11-107　“填充效果”对话框

⑫ 完成设置后，依次单击“确定”按钮，关闭对话框，设置的效果如图 11-108 所示。

⑬ 单击单元格 H3，然后单击“数据”选项卡下“排序和筛选”组中的“降序”按钮，如图 11-109 所示。

说明　通过“设置单元格格式”对话框设置边框时，一定要先选择颜色和样式，再单击边框按钮。

编号	姓名	基本工资	补贴	缴纳保险	所得税	实发工资
01	张亮宏	4000	1100	800	220	4080
02	王小夏	4000	900	800	190	3910
03	宋鹏辉	3200	900	640	94	3366
04	宋小佳	3500	1000	700	145	3655
05	张丽丽	3200	800	640	79	3281
06	苏　菲	3700	800	740	139	3621
07	吴如萍	3500	1100	700	160	3740
08	孙茜梅	3300	1600	660	211	4029
09	周萍萍	4000	900	800	190	3910
10	王　宽	4200	1000	840	229	4131
11	张洪生	3800	1500	760	256	4284
12	苏木宇	4500	2100	900	430	5270

图 11-108　设置的单元格效果

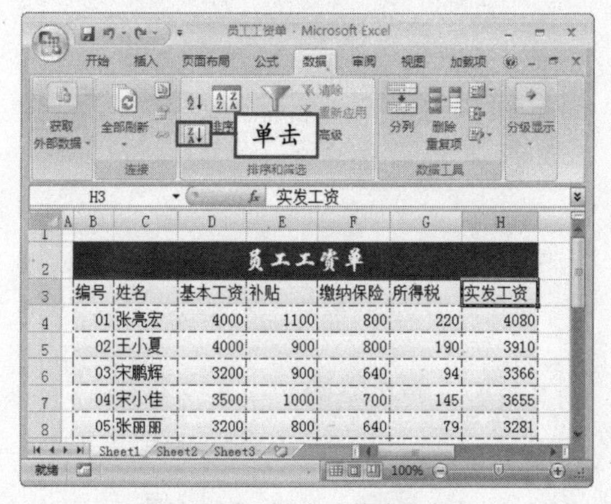

图 11-109　单击“降序”按钮

⑭ 对 H 列的数据进行降序排序后，单击“筛选”按钮，在数据表中的列标题右侧将出现下拉按钮，效果如图 11-110 所示。

编号	姓名	基本工资	补贴	缴纳保险	所得税	实发工资
12	苏木宇	4500	2100	900	430	5270
11	张洪生	3800	1500	760	256	4284
10	王　宽	4200	1000	840	229	4131
01	张亮宏	4000	1100	800	220	4080
08	孙茜梅	3300	1600	660	211	4029
02	王小夏	4000	900	800	190	3910
09	周萍萍	4000	900	800	190	3910
07	吴如萍	3500	1100	700	160	3740
04	宋小佳	3500	1000	700	145	3655
06	苏　菲	3700	800	740	139	3621
03	宋鹏辉	3200	900	640	94	3366
05	张丽丽	3200	800	640	79	3281

图 11-110　筛选效果

⑮ 单击“实发工资”列右侧的下拉按钮，在弹出的下拉面板中选择“数字筛选”|“大于”选项，如图 11-111 所示。

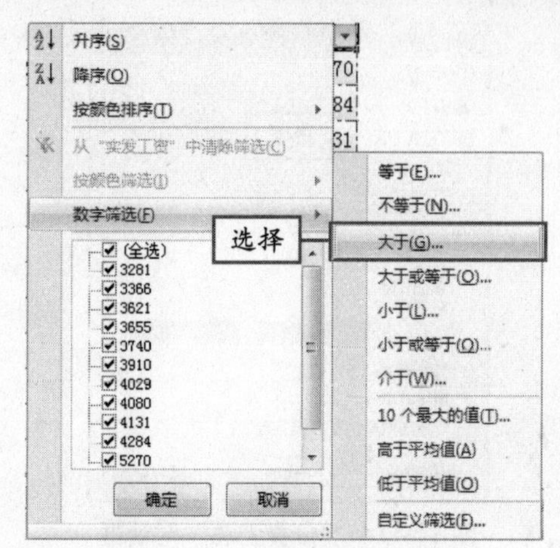

图 11-111　选择“大于”选项

⑯ 弹出“自定义自动筛选方式”对话框，“在实发工资”右侧的文本框中输入 4000，如图 11-112 所示。

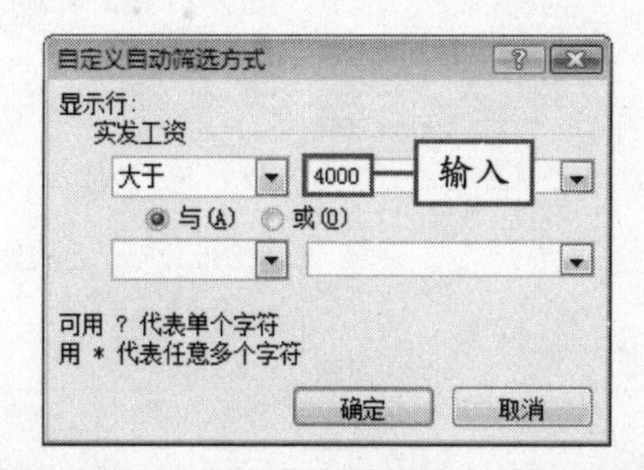

图 11-112　“自定义自动筛选方式”对话框

⑰ 单击“确定”按钮，筛选效果如图 11-113 所示。

编号	姓名	基本工资	补贴	缴纳保险	所得税	实发工资
12	苏木宇	4500	2100	900	430	5270
11	张洪生	3800	1500	760	256	4284
10	王　宽	4200	1000	840	229	4131
01	张亮宏	4000	1100	800	220	4080
08	孙茜梅	3300	1600	660	211	4029

图 11-113　筛选效果

⑱ 再次单击“筛选”按钮，取消筛选，并选择单元格 D3，单击“降序”按钮，对该列数据进行降序排列，然后单击“数据”选项卡下“分级显示”组中的“分类汇总”按钮，在弹出的“分类汇总”对话框中进行设置，如图 11-114 所示。

实例中将“实发工资”大于 4000 的员工信息筛选出来。　说明

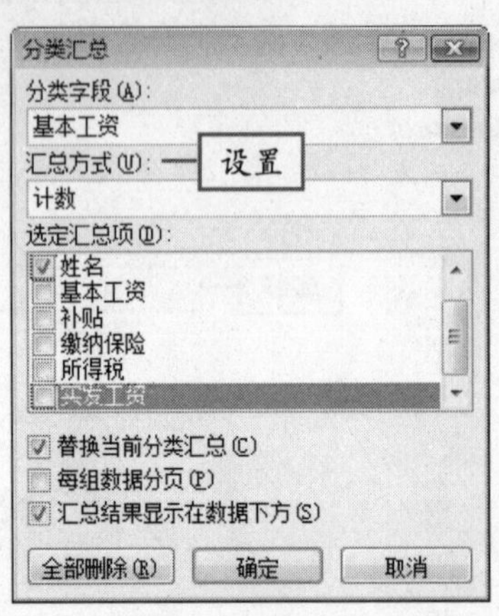

图 11-114 “分类汇总”对话框

⑲ 单击“确定”按钮，对数据表中的数据进行分类汇总，如图 11-115 所示。

	A	B	C	D	E	F	G	H
3		编号	姓名	基本工资	补贴	缴纳保险	所得税	实发工
4		12	苏木宇	4500	2100	900	430	
5			1	4500 计数				
6		10	王 宽	4200	1000	840	229	
7			1	4200 计数				
8		01	张亮宏	4000	1100	800	220	
9		02	王小夏	4000	900	800	190	
10		09	周萍萍	4000	900	800	190	
11			3	4000 计数				
12		11	张洪生	3800	1500	760	256	
13			1	3800 计数				
14		06	苏 菲	3700	800	740	139	
15			1	3700 计数				
16		07	吴如萍	3500	1100	700	160	
17		04	宋小佳	3500	1000	700	145	
18			2	3500 计数				
19		08	孙茜梅	3300	1600	660	211	
20			1	3300 计数				
21		03	宋鹏辉	3200	900	640	94	
22		05	张丽丽	3200	800	640	79	
23			2	3200 计数				
24			12	总计数				

图 11-115 汇总结果

⑳ 重新打开“分类汇总”对话框，单击“全部删除”按钮，删除分类汇总，然后单击“插入”选项卡下“图表”组汇总的“柱形图”下拉按钮，在弹出的下拉面板中选择“三维簇状柱形图”选项，创建柱形图表，效果如图 11-116 所示。

㉑ 单击“设计”选项卡下“数据”组中的“选择数据”按钮，在弹出的“选择数据源”对话框中，对“图例项（系列）”和“水平（分类）轴标签”进行编辑，如图 11-117 所示。

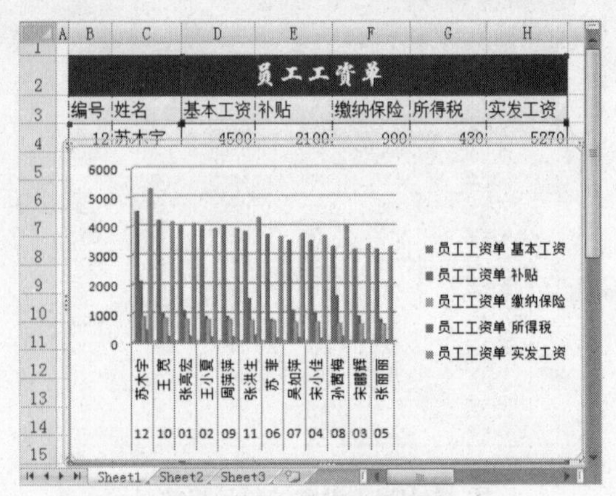

图 11-116 创建柱形图

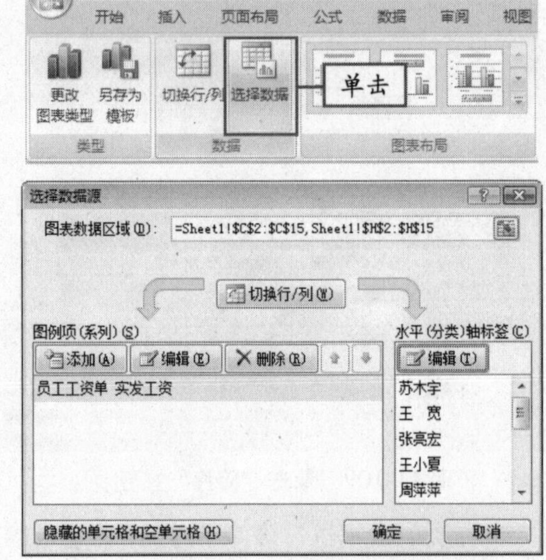

图 11-117 编辑图例项和水平轴标签

㉒ 单击“确定”按钮，完成编辑操作，在“图表布局”组中的列表框中选择“布局 3”选项，更改图表布局，效果如图 11-118 所示。

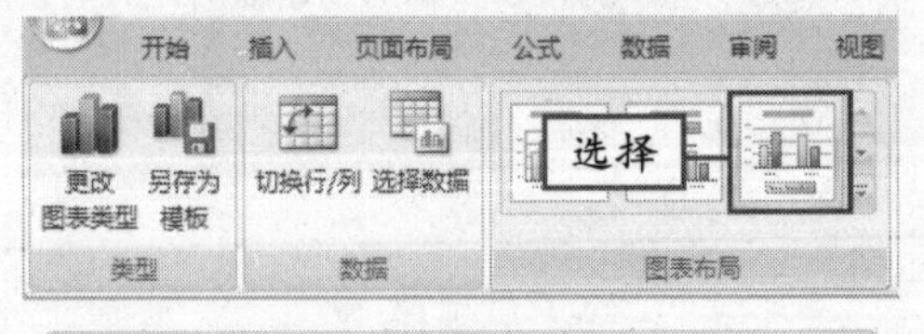

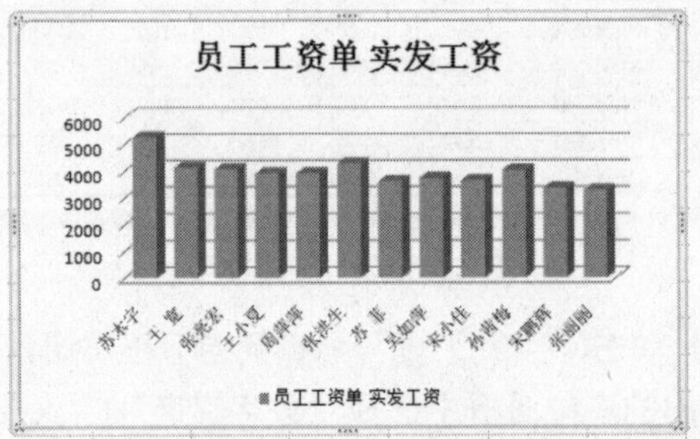

图 11-118 图表效果

 说明 在创建图表时，应选择合适的图表类型，才能清楚地反映表格数据。

㉓ 单击“布局”选项卡下“背景”组中的“图表背景墙”下拉按钮，在弹出的下拉菜单中选择“其他背景墙选项”命令，弹出“设置背景墙格式”对话框，从中选中“纯色填充”单选按钮，并设置颜色为橙色，如图 11-119 所示。

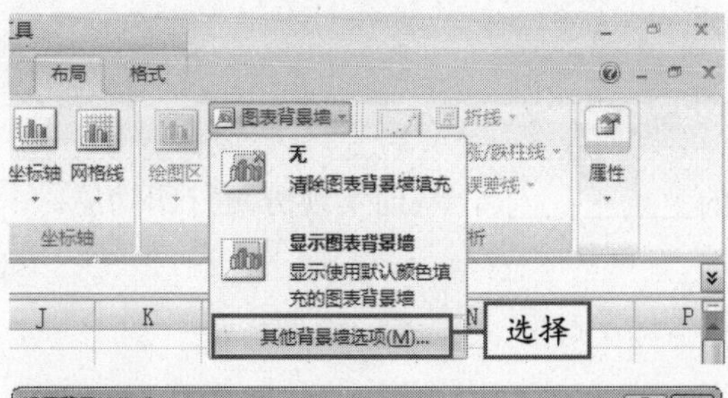

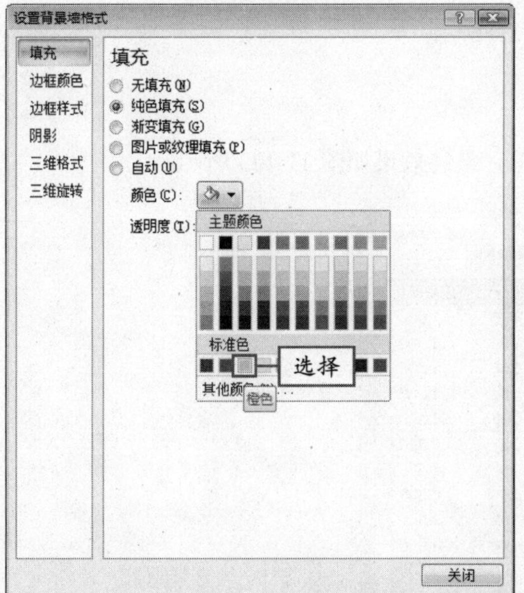

图 11-119　设置背景墙

㉔ 单击“关闭”按钮，关闭对话框，图表效果如图 11-120 所示。

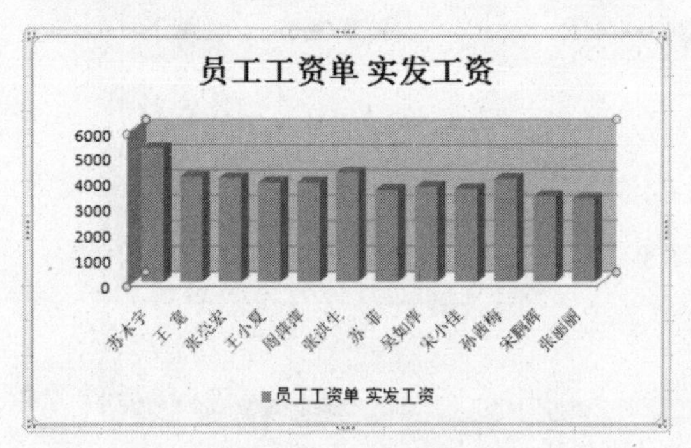

图 11-120　图表效果

㉕ 单击“格式”选项卡下“形状样式”组中的按钮，在弹出的下拉面板中选择“细微效果强调颜色 4”选项，应用该效果。然后，选择图表标题，单击“艺术字样式”组中按钮，在弹出的下拉面板中选择第 1 个样式，如图 11-121 所示。

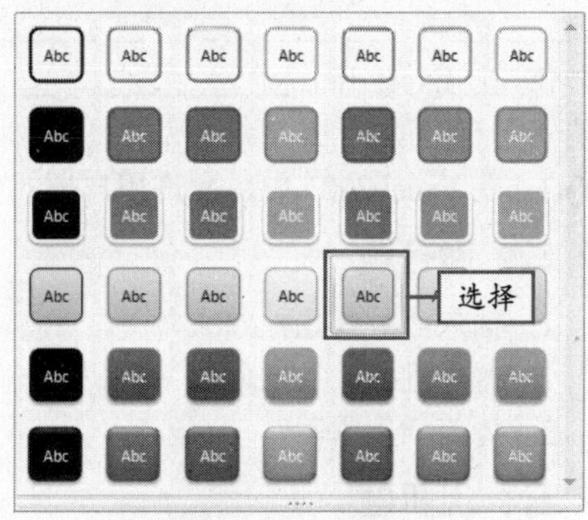

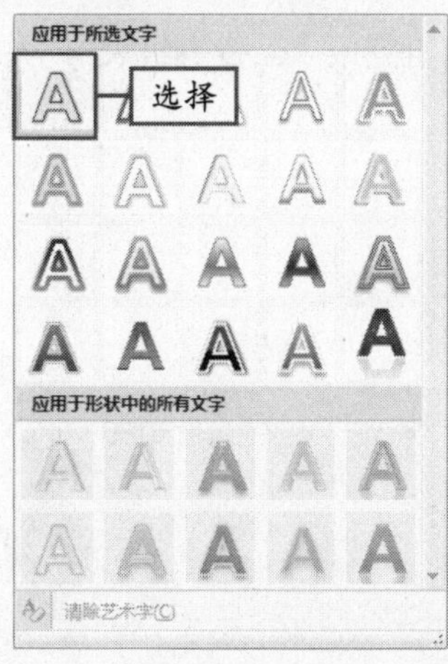

图 11-121　选择图表区样式和标题样式

㉖ 应用样式后的图表最终效果如图 11-122 所示。

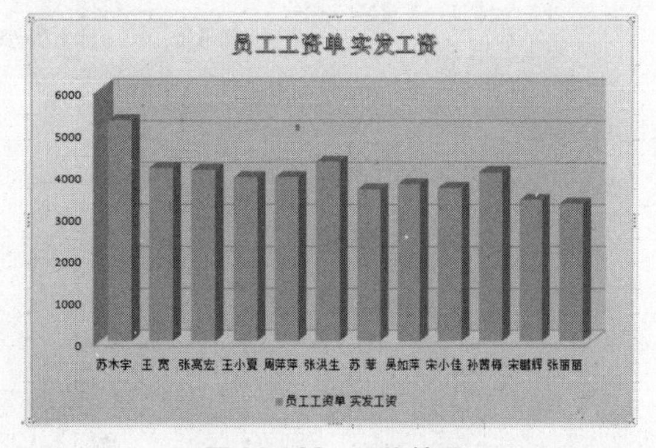

图 11-122　最终效果

用户可以用自定义的方式给图表设置不同的样式，以达到美观的目的。　说明

巩固与练习

一、填空题

1．Excel 中的公式以__________开头，后面是公式的表达式，主要由__________、__________、__________、__________等组成。

2．在 Excel 中，__________、__________、__________、__________是有效的数据分析与处理的方法。

3．在 Excel 2007 中，允许用户插入自定义的__________，从而实现分页打印功能。

二、简答题

1．插入函数有几种方法？

2．怎样进行分类汇总？

3．如何插入图表？

三、上机题

请上机完成“工资等级表”，并进行分类汇总，最终效果如图 11-123 所示。

工资等级表

职位	等级	工资额
雇员/实习员	1级	1,000
雇员/实习员	2级	1,250
雇员/实习员	3级	1,500
助理/秘书	1级	1,200
助理/秘书	2级	1,500
助理/秘书	3级	2,500
主管	1级	1,500
主管	2级	2,500
主管	3级	4,500
技术员/工程师	1级	1,500
技术员/工程师	2级	2,500
技术员/工程师	3级	4,500

计数项:工资额	职位	等级			
工资额	雇员/实习员	技术员/工程师	主管	助理/秘书	总计
1,000	1				1
1,200				1	1
1,250	1				1
1,500	1	1	1	1	4
2,500		1	1	1	3
4,500		1	1		2
总计	3	3	3	3	12

图 11-123　最终效果

说明　读者可根据实际需求，创建不同的数据透视表，以实现对数据进行分析的目的。

第12章 PowerPoint 2007 应用基础

- PowerPoint 2007 工作界面
- 幻灯片基本操作
- 编辑幻灯片文本
- 添加幻灯片内容
- 美化幻灯片

Yoyo，幻灯片是怎样制作的呀？

制作幻灯片就要用到本章我们要讲的PowerPoint 2007 了！

PowerPoint 2007 也是 Microsoft Office 套装软件的重要组成部分，本章将向读者介绍如何使用该软件制作出漂亮的幻灯片。

12.1 PowerPoint 2007 的工作界面

PowerPoint 2007 是一款强大的幻灯片制作软件，是 Microsoft Office 2007 中的重要组成部分，本节首先向读者介绍 PowerPoint 2007 的工作界面。

启动 PowerPoint 2007 应用程序后，即可打开 PowerPoint 2007 的工作界面，除了与 Word 2007、Excel 2007 的工作界面一致的 Office 按钮、快速访问工具栏、标题栏、功能区以及状态栏外，该界面还包括"幻灯片/大纲"窗格、幻灯片内容编辑区和备注编辑区，如图 12-1 所示。

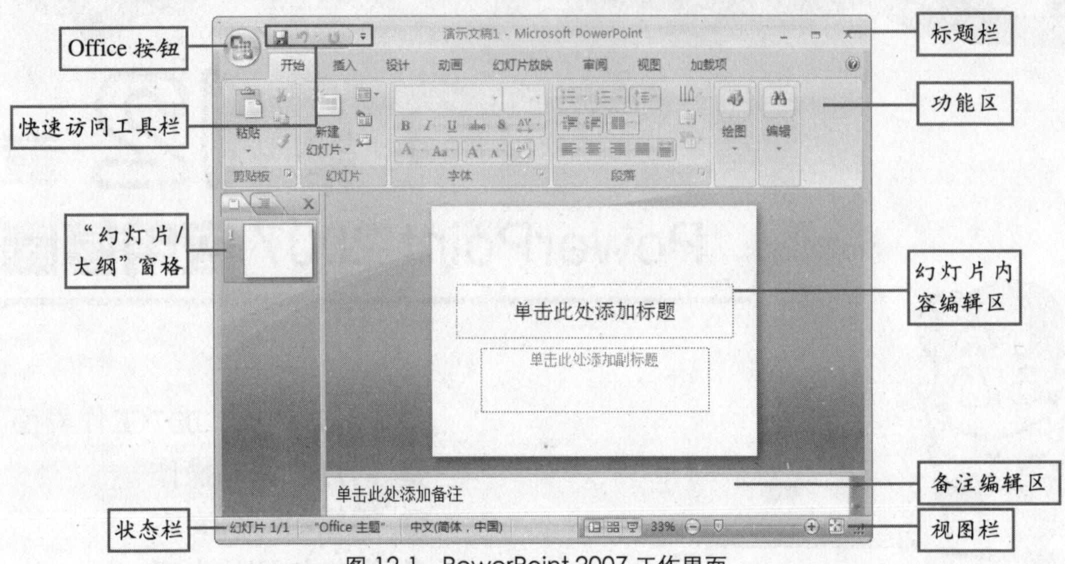

图 12-1　PowerPoint 2007 工作界面

1．"幻灯片/大纲"窗格

位于工作界面的左侧，用于显示幻灯片的缩略图和大纲内容，通过缩略图或大纲，读者能够方便地查看幻灯片的数量或结构，如图 12-2 所示。

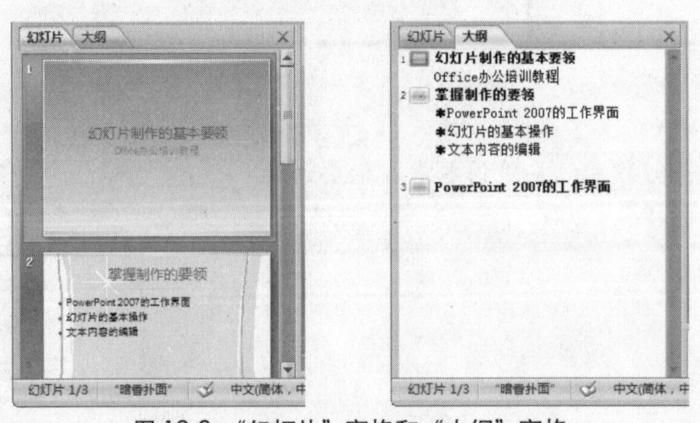

图 12-2　"幻灯片"窗格和"大纲"窗格

2．幻灯片内容编辑区

位于窗口的中间区域，是幻灯片的主要编辑区域，一般情况下，其中会包括两个占位符。单击不同的占位符，可输入标题、副标题以及文本等内容，如图 12-3 所示。

说明　关闭"幻灯片/大纲"窗格后，在窗口左侧拖动鼠标，可再次打开该窗格。

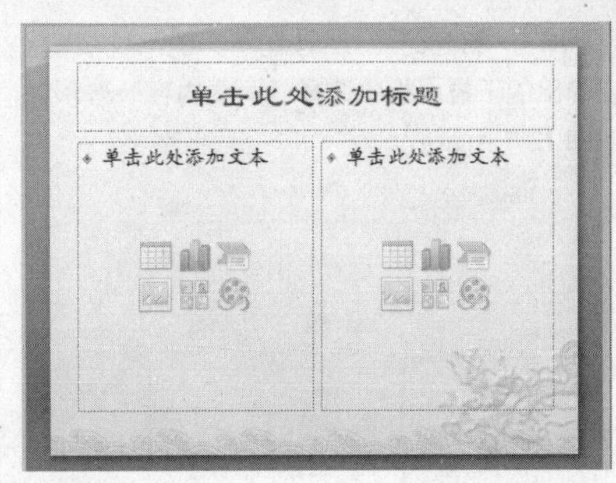

图 12-3　幻灯片编辑区

3. 备注编辑区

位于幻灯片内容编辑区的下方，在该编辑区中可以输入关于该幻灯片的相关说明信息，供演讲者查阅，如图 12-4 所示。该编辑区中的文字在幻灯片放映的过程中不会显示给观看者。

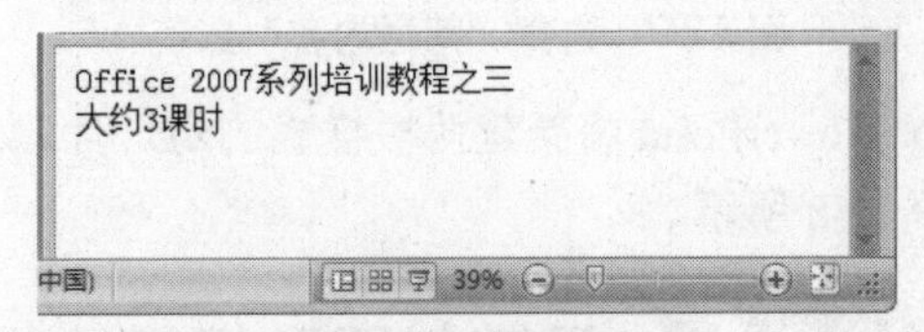

图 12-4　备注编辑区

12.2　幻灯片的基本操作

在制作幻灯片时，经常要插入、移动、复制以及删除幻灯片，这些操作是 PowerPoint 2007 中最基本的操作。

12.2.1　插入幻灯片

在编辑演示文稿的过程中，用户可根据需要来插入幻灯片。插入幻灯片的具体操作方法如下：

① 单击“开始”功能区“幻灯片”组中“新建幻灯片”按钮，如图 12-5 所示。

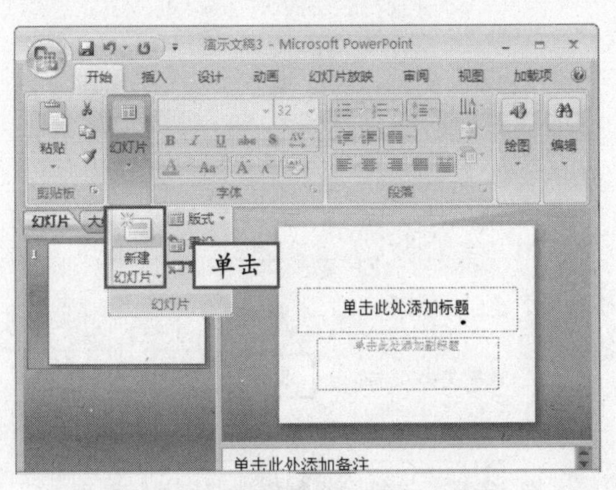

图 12-5　单击“新建幻灯片”按钮

② PowerPoint 将自动新建一张空白幻灯片，效果如图 12-6 所示。

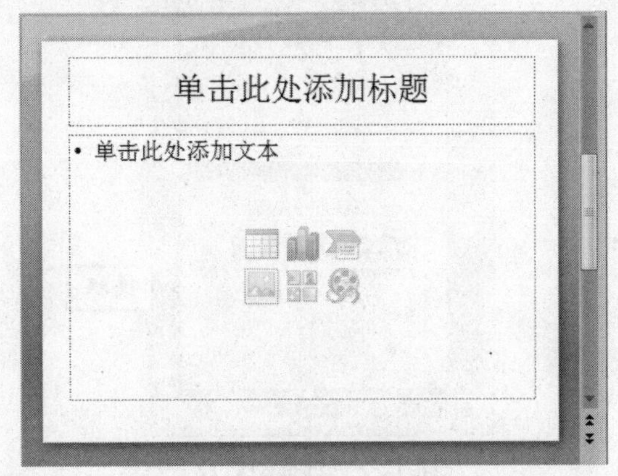

图 12-6　新建的空白幻灯片

单击标题栏下方的“帮助”按钮，可以打开 PowerPoint 的帮助窗口。　说明

③ 单击“新建幻灯片”按钮下方的下拉按钮，在弹出的下拉面板中选择“两栏内容”选项，如图 12-7 所示。

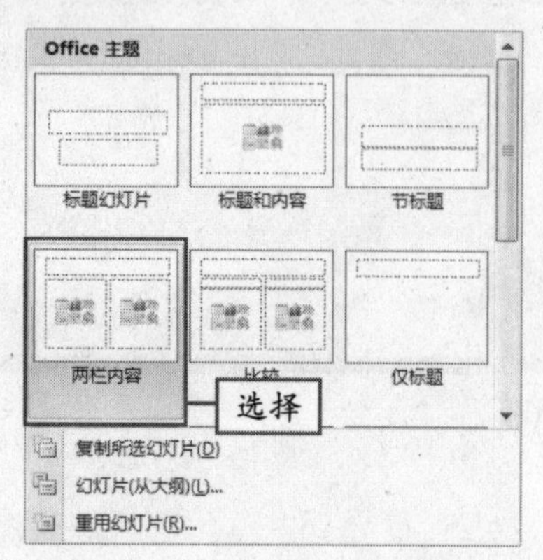

图 12-7 选择“两栏内容”选项

④ PowerPoint 将新建两栏样式的幻灯片，如图 12-8 所示。

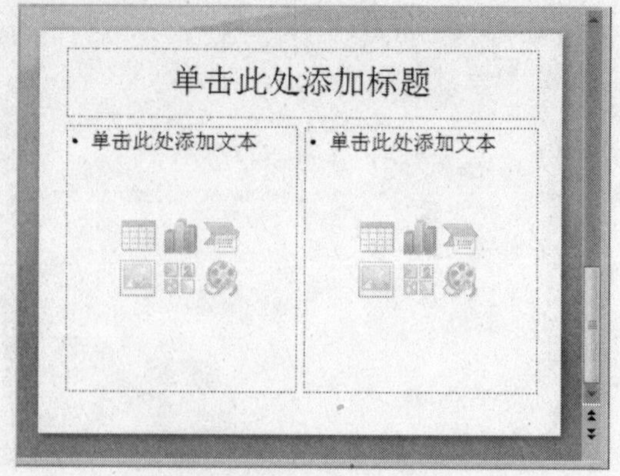

图 12-8 新建的幻灯片

选中一张幻灯片缩略图，按【Enter】键，可快速在该幻灯片后面插入一张和该幻灯片样式相同的空白幻灯片。

12.2.2 复制与移动幻灯片

通过复制幻灯片，可创建多张样式相同，内容不同的幻灯片；通过移动操作，则可以调整幻灯片在整幅文稿中的位置，以满足用户的需求。

1. 复制幻灯片

在 PowerPoint 2007 中，复制幻灯片的具体操作方法如下：

① 在 PowerPoint 2007 工作界面的“幻灯片/大纲”窗格中，选择要复制的幻灯片，如图 12-9 所示。

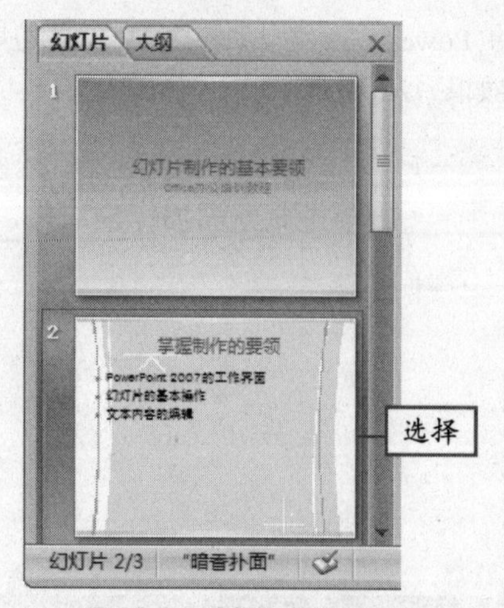

图 12-9 选择幻灯片

② 单击“开始”选项卡下“幻灯片”组中的“新建幻灯片”按钮下方的下拉按钮，在弹出的下拉面板中选择“复制所选幻灯片”选项，如图 12-10 所示。

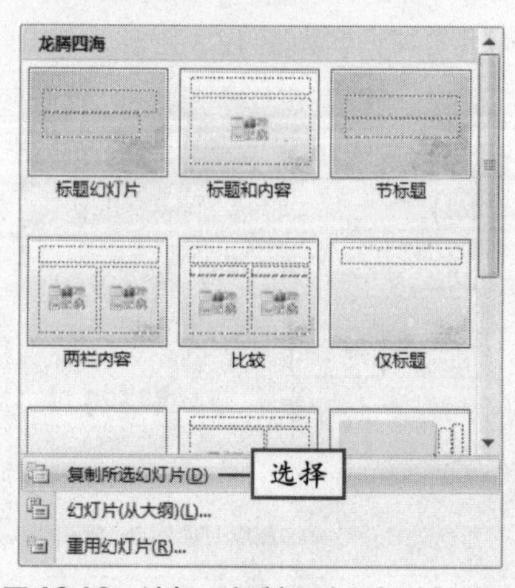

图 12-10 选择“复制所选幻灯片”选项

说明 按【Ctrl+C】和【Ctrl+V】组合键，也能复制幻灯片。

③ 此时，复制的幻灯片将显示在所选幻灯片的下方，效果如图 12-11 所示。

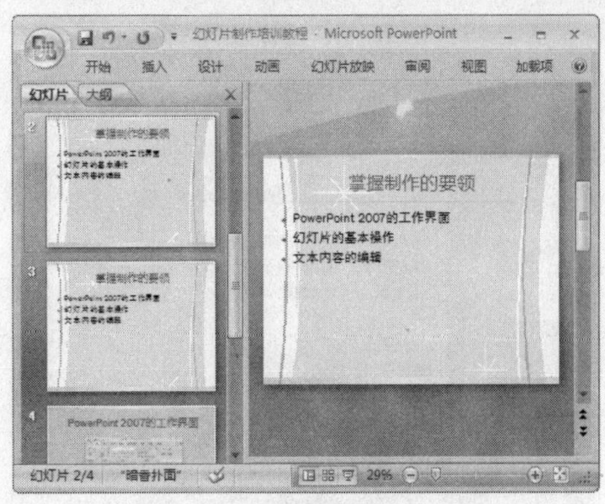

图 12-11　复制的幻灯片效果

2. 移动幻灯片

通过拖动鼠标操作可以移动幻灯片，其具体操作步骤如下：

① 在“幻灯片/大纲”窗格中选择要移动的幻灯片，并在其上按住鼠标左键，向下拖动鼠标，如图 12-12 所示。

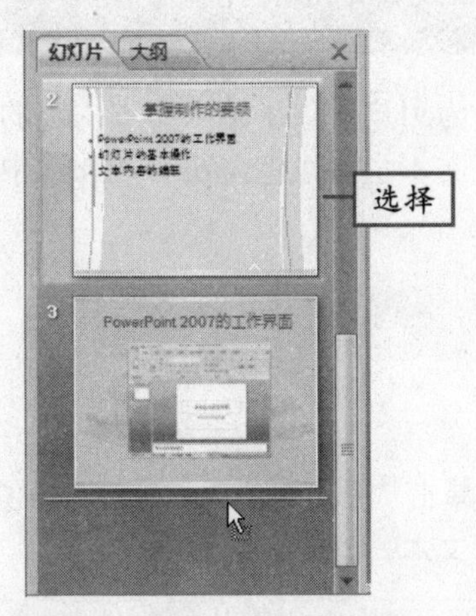

图 12-12　选择幻灯片并拖动

② 当拖动到合适的位置后，释放鼠标，所选幻灯片将被拖动到相应的位置，如图 12-13 所示。

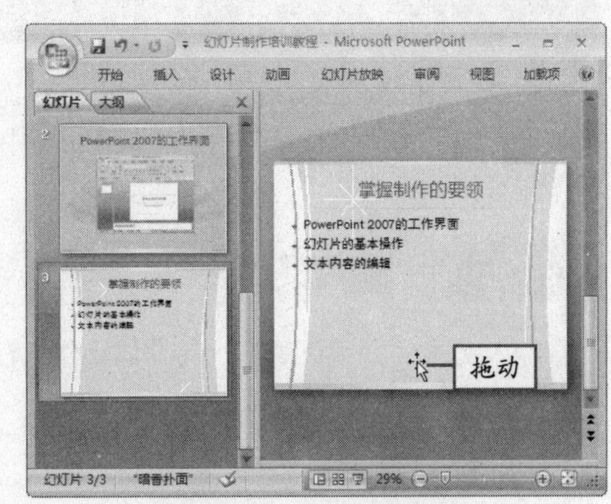

图 12-13　移动后的效果

12.2.3 删除幻灯片

对于多余的幻灯片，用户应及时将其删除，以免影响观看效果。删除幻灯片的具体操作方法如下：

右击幻灯片缩略图，在弹出的快捷菜单中选择“复制幻灯片”选项，也可复制幻灯片。 说明

① 在“幻灯片/大纲”窗格中选择要删除的幻灯片，如图 12-14 所示。

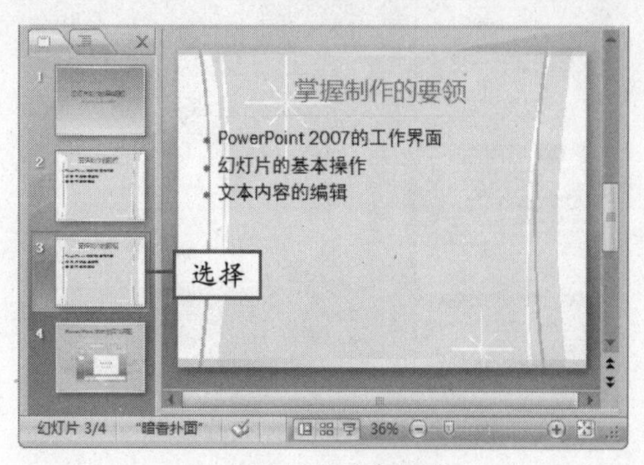

图 12-14　选择幻灯片

② 单击“开始”选项卡下“幻灯片”组中的“删除”按钮，如图 12-15 所示。

③ 将删除所选的幻灯片，效果如图 12-16 所示。

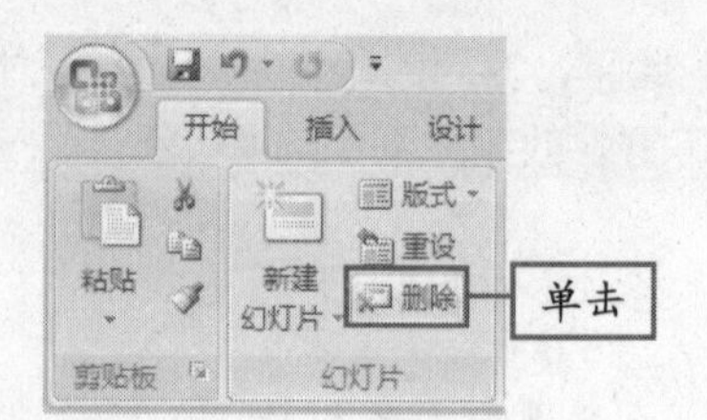

图 12-15　“单击“删除”按钮

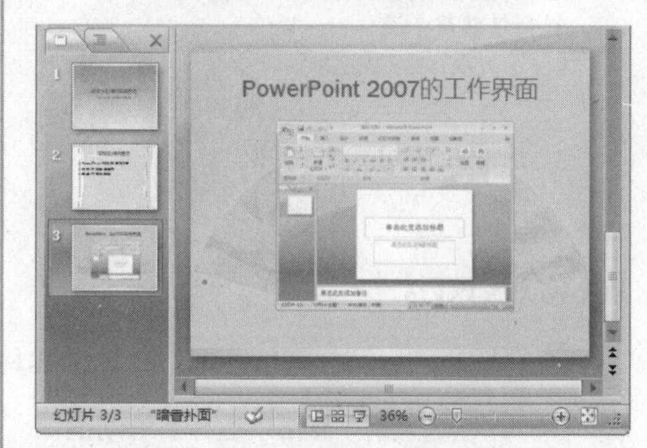

图 12-16　删除幻灯片后的效果

12.3　文本内容的编辑

在 PowerPoint 2007 中创建幻灯片，系统中自动为用户提供了输入文本内容的区域，该区域通常被称为“占位符”。在 PowerPoint 中输入的文本也可以像 Word、Excel 中的文本一样，进行格式设置。

12.3.1　输入文本

输入文本的方法很简单，其具体操作方法如下：

① 打开一张已经创建好样式的空白演示文稿，如图 12-17 所示。

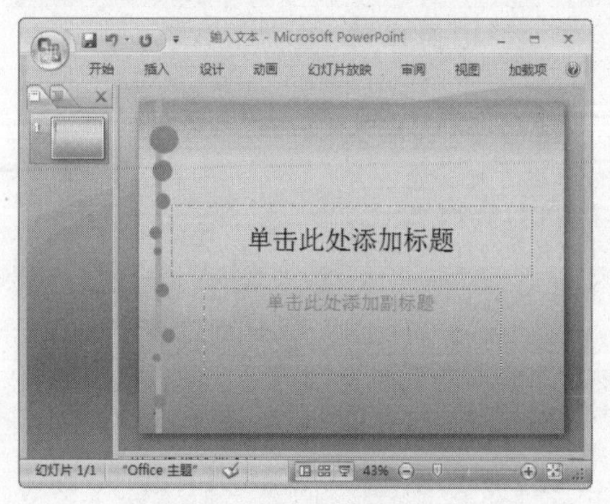

图 12-17　打开空白演示文稿

② 单击“单击此处添加标题”占位符，输入标题文本，效果如图 12-18 所示。

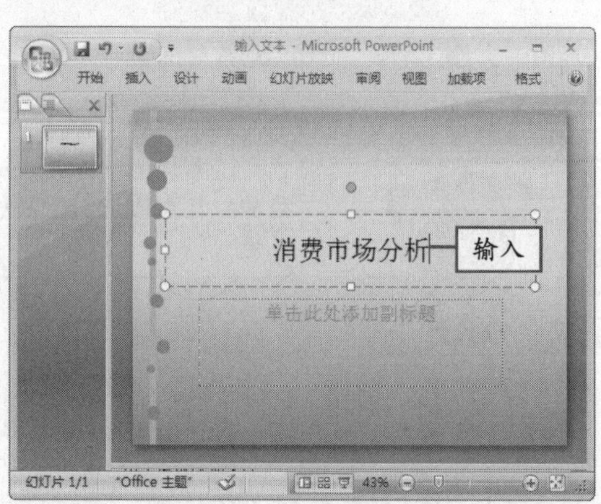

图 12-18　输入标题文本

说明　选择要删除幻灯片的缩略图，按【Delete】键，可快速删除该幻灯片。

12.3.2 设置文本格式

在 PowerPoint 2007 中编辑文本的方法和在 Word 2007 中编辑文本的方法类似，下面介绍具体的操作方法：

① 在幻灯片中选中标题文本，如图 12-19 所示。

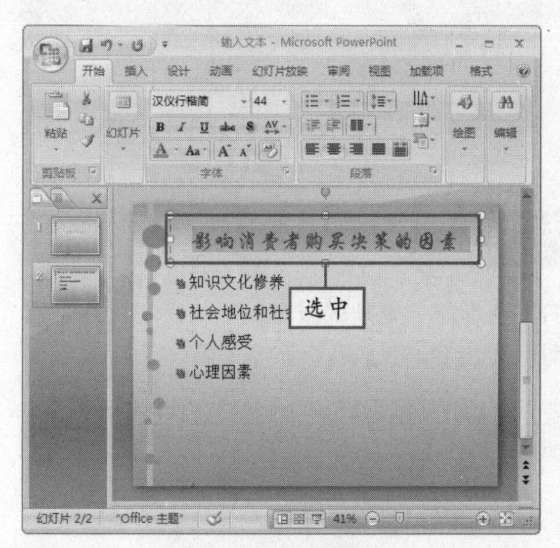

图 12-19 选中标题文本

② 单击“格式”选项卡下“艺术字样式”组中下拉列表框右侧的按钮，在弹出的下拉面板中选择“渐变填充 。强调颜色 1”选项，如图 12-20 所示。

图 12-20 选择艺术字样式

③ 标题文字设置艺术字样式,效果如图 12-21 所示。

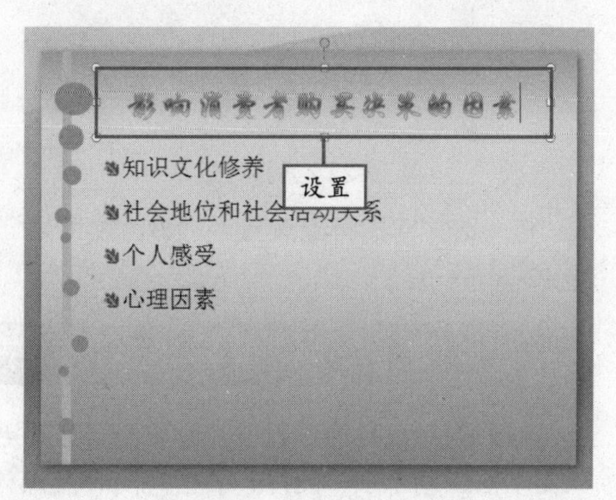

图 12-21 设置的标题效果

④ 选择标题下方的文字，在“字体”组中设置其字体为“方正细黑－简体”然后在“段落”组中单击“对齐文本”下拉按钮，在弹出的下拉菜单中选择“中部对齐”选项，如图 12-22 所示。

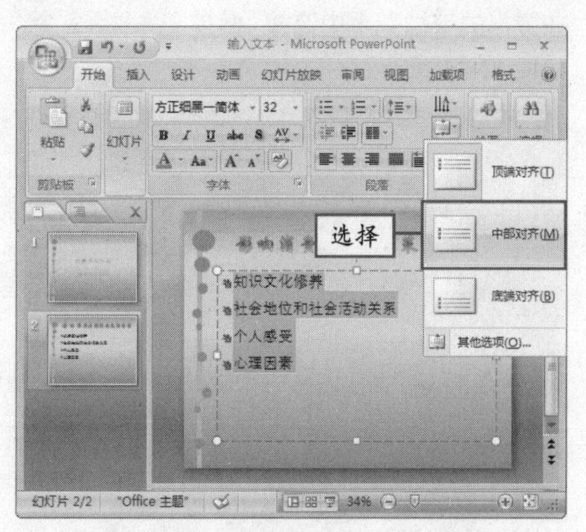

图 12-22 选择“中部对齐”选项

⑤ 单击“行距”下拉按钮，在弹出的下拉菜单中选择“2.0”选项，将所选文字的行距设置为 2.0，最终效果如图 12-23 所示。

占位符中可以放置标题和正文文字、图表、表格和图片等。 说明

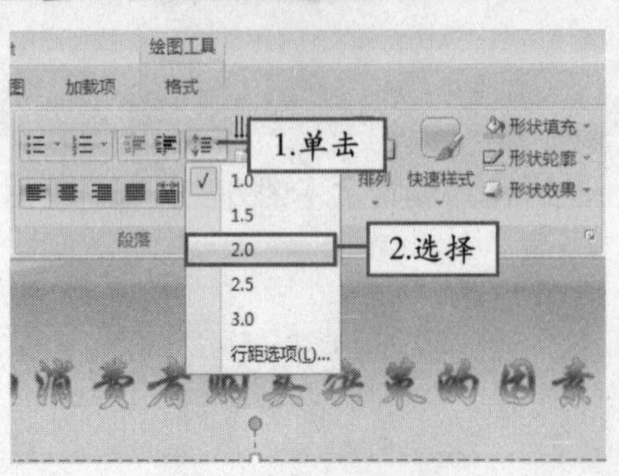

图 12-23 选择行距

⑥ 将所选文字的行距设置为 2.0，效果如图 12-24 所示。

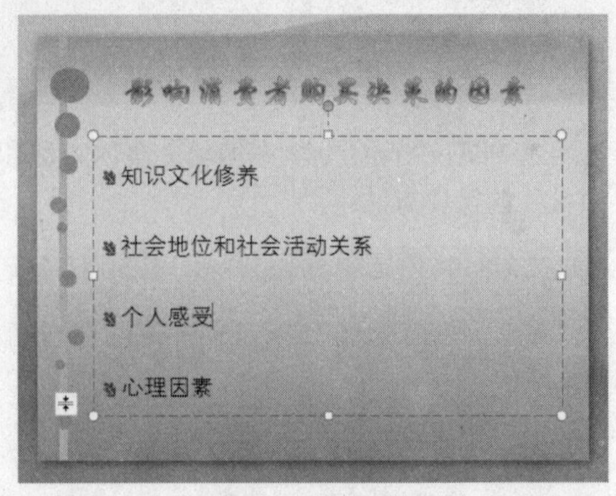

图 12-24 最终效果

12.4 添加其他幻灯片内容

在创建幻灯片的过程中，为了使幻灯片更加生动形象、更具说服力，可以在幻灯片中插入文本框、艺术字、图片、表格，图表及媒体剪辑等内容。

12.4.1 添加文本框

在制作幻灯片时，如果用户要在没有占位符的位置输入文本，可以通过在幻灯片中添加文本框的方式输入，其具体操作方法如下：

① 打开一张演示文稿，单击“插入”选项卡下“文本”组中的“文本框下方的下拉按钮，在弹出的下拉菜单中选择“横排文本框”命令，如图 12-25 所示。

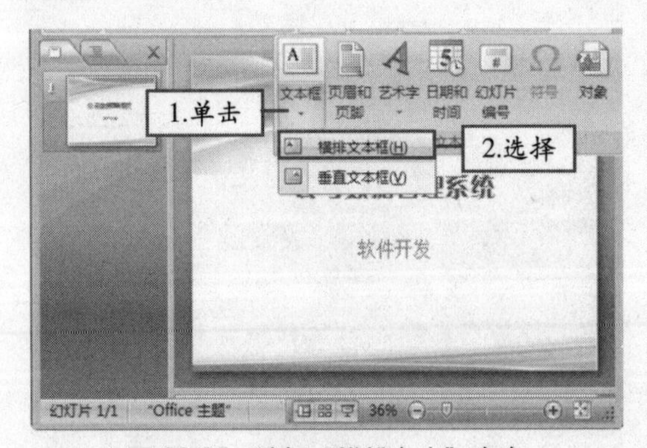

图 12-25 选择“横排文本”命令

② 在要插入文本的位置单击，将出现一个文本框，如图 12-26 所示。

③ 在文本框中输入文本，文本框的长度将随着输入文本的长度而变化，输入文本的效果如图 12-27 所示。

图 12-26 出现文本框

图 12-27 输入文本的效果

说明 单击“文本”组中的“文本框”按钮，然后在编辑区单击鼠标，可直接插入横排文本框。

12.4.2　添加艺术字

添加艺术字的具体操作步骤如下：

① 继续上一节的操作，单击“文本”组中的“艺术字”下拉按钮，在弹出的下拉面板中选择“渐变填充 灰色”选项，如图 12-28 所示。

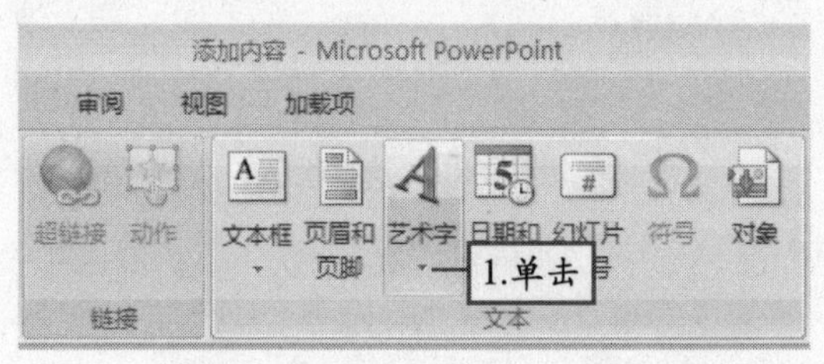

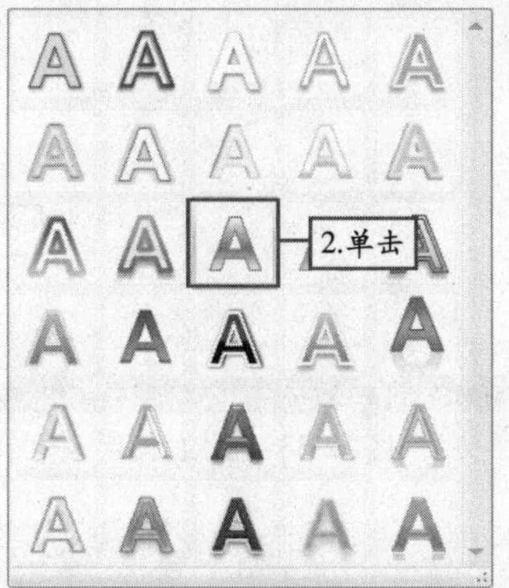

图 12-28　选择艺术字样式

② 此时将在幻灯片中出现一个带有艺术字样式的文本框，如图 12-29 所示。

图 12-29　艺术字样式文本框

③ 从中输入艺术字，并移动文本框的位置，最终效果如图 12-30 所示。

图 12-30　设置形状样式

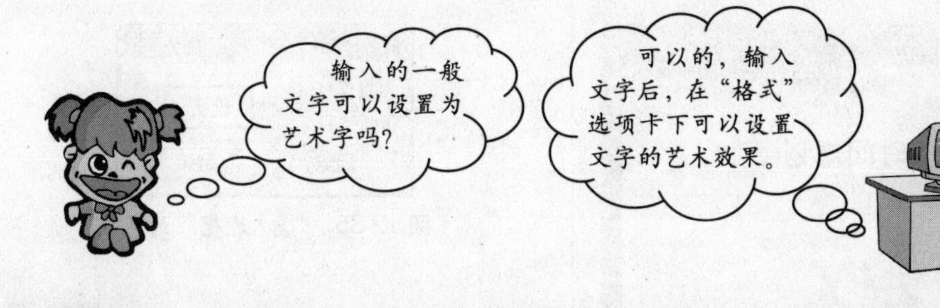

12.4.3　插入图片

在幻灯片中插入图片，能够更加形象地说明问题，或者增添效果。在幻灯片中插入图片的具体操作方法如下：

用户还可以通过浮动工具栏，对艺术字进行简单的编辑。　说明

① 继续上一节的操作，单击“新建幻灯片”按钮，插入一张“标题和内容”样式的幻灯片，从中输入标题文本，然后单击“文本内容”占位符中的“插入来自文件的图片”图标，如图 12-31 所示。

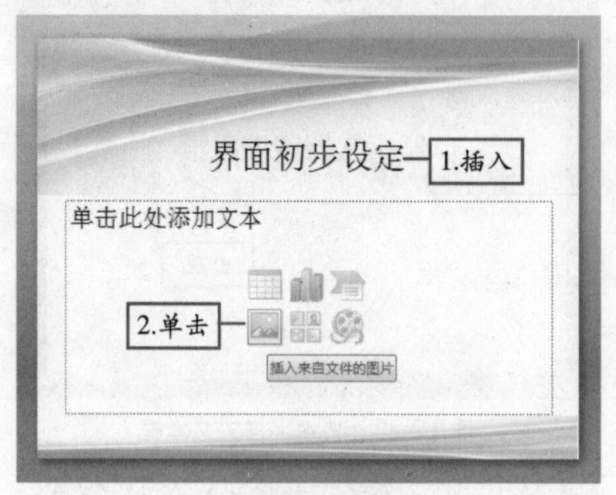

图 12-31 单击“插入来自文件的图片”图标

② 弹出“插入图片”对话框，从中选择要插入的图片，如图 12-32 所示。

③ 单击“插入”按钮，插入图片，然后调整图表的位置和大小，最终效果如图 12-33 所示。

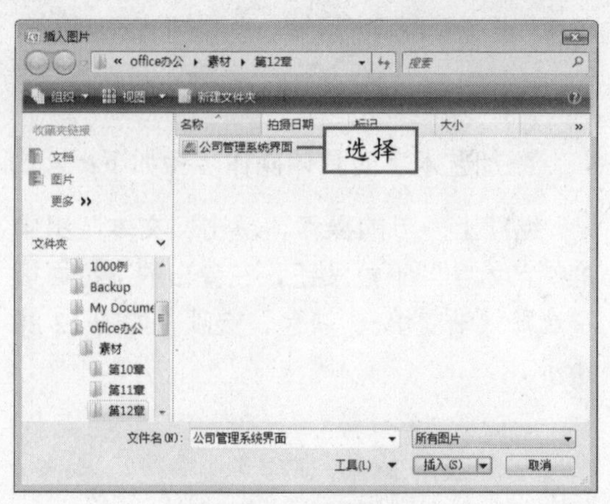

图 12-32 选择图片

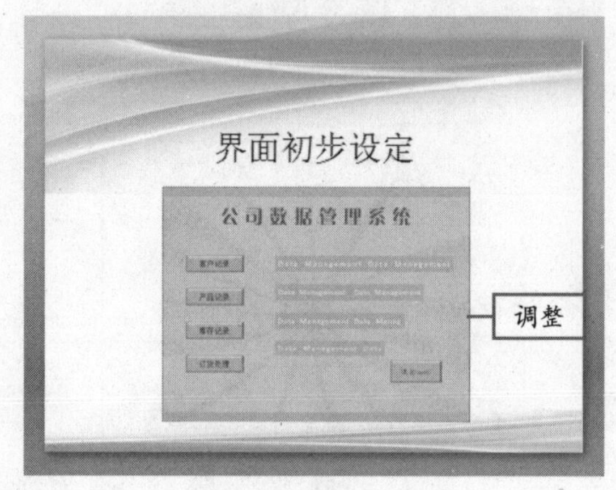

图 12-33 插入的图片

12.4.4 插入表格

在幻灯片中插入表格的操作非常简单。其具体操作步骤如下：

① 单击文本内容占位符中的“插入表格”图标，如图 12-34 所示。

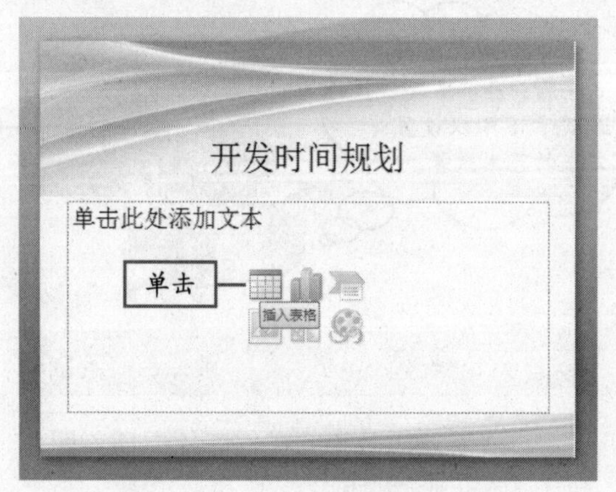

图 12-34 单击“插入表格”图标

② 弹出“插入表格”对话框，从中设置“列数”为 6，“行数”为 3，如图 12-35 所示。

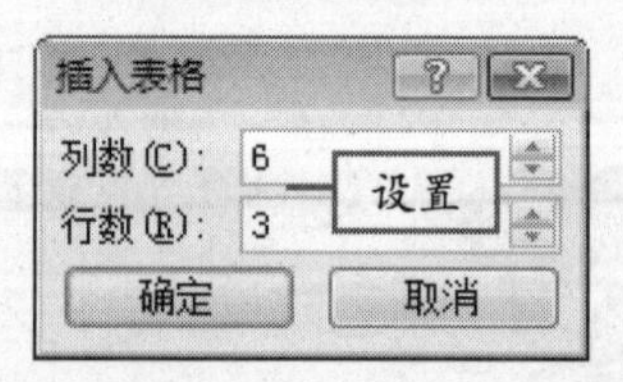

图 12-35 “插入表格”对话框

③ 单击“确定”按钮，在幻灯片中插入表格，效果如图 12-36 所示。

④ 在表格中输入数据，最终效果如图 12-37 所示。

说明 用户还可以在幻灯片中手绘表格，其绘制方法与在 Word 中绘制表格的方法一样。

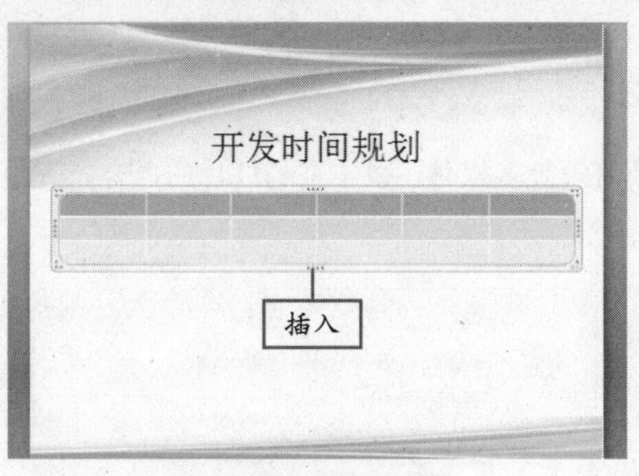

图 12-36　插入的表格

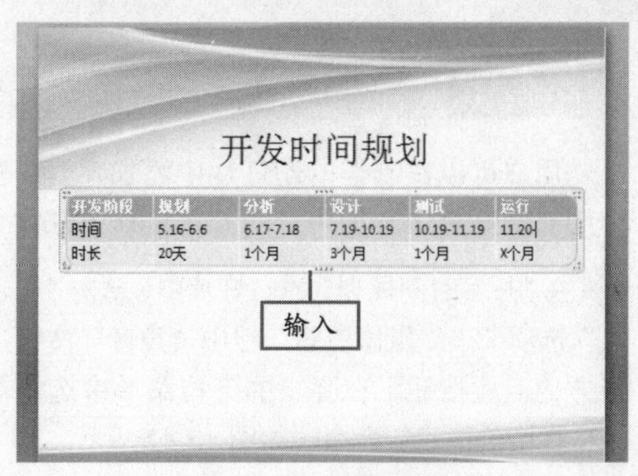

图 12-37　最终效果

12.4.5　插入图表

插入图表的具体操作步骤如下：

① 单击文本内容占位符中的“插入图表”图标，如图 12-38 所示。

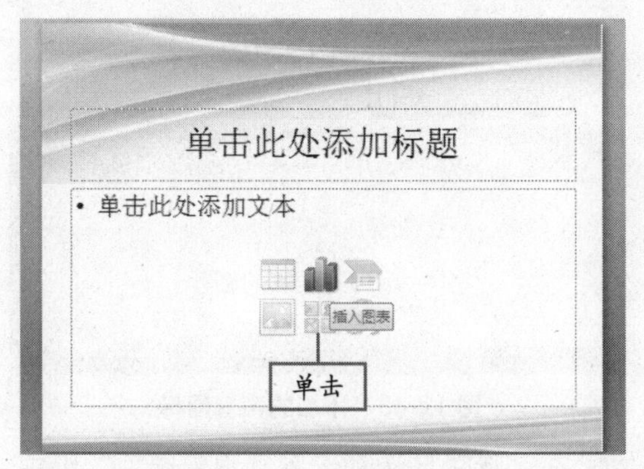

图 12-38　单击“插入图表”图标

② 弹出“插入图表”对话框，从中选择“簇状柱形图”选项，如图 12-39 所示。

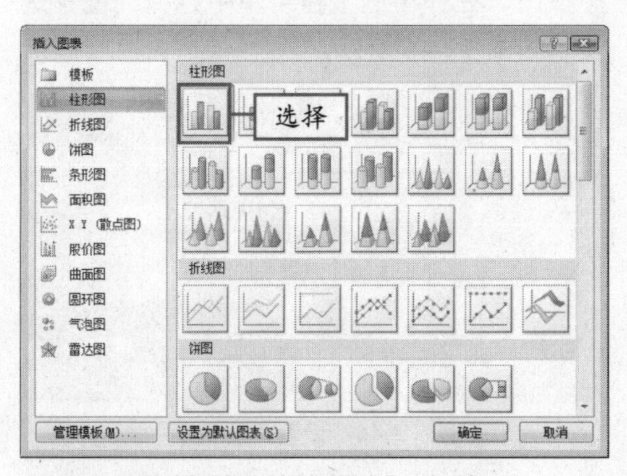

图 12-39　“插入图表”对话框

③ 单击“确定”按钮，弹出设置图表数据的窗口，在其中输入数据，如图 12-40 所示。

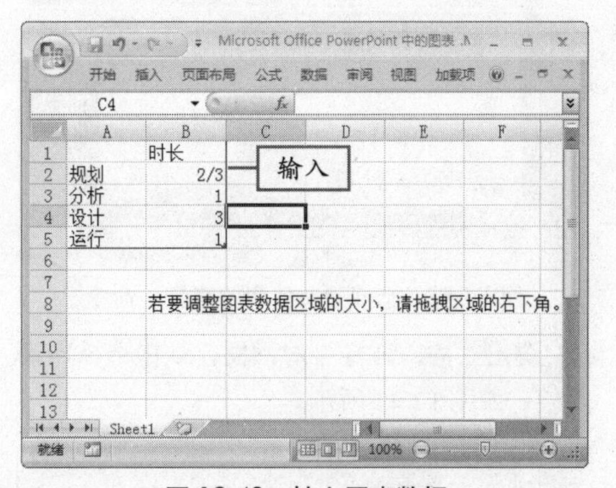

图 12-40　输入图表数据

④ 单击“关闭”按钮，关闭设置图表数据的窗口，插入图表的效果如图 12-41 所示。

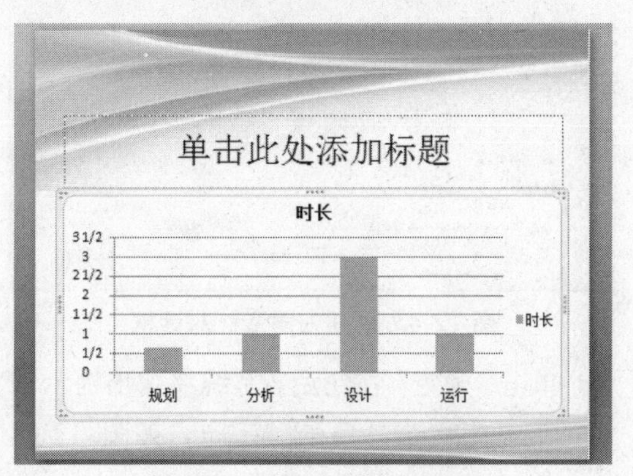

图 12-41　插入图表的效果

“插入图表”对话框中为用户共提供了 11 类 70 多种图表样式，用户可根据需要进行选择。 说明

12.4.6 添加声音

用户可以在制作的幻灯片中添加声音、视频剪辑等多媒体，以丰富幻灯片的内容。下面介绍在幻灯片中添加声音的具体操作方法：

① 在“开发时间规划”的幻灯片中，单击“插入”选项卡下“媒体剪辑”组中“声音”按钮下方的下拉按钮，在弹出的下拉菜单中选择“文件中的声音”命令，如图 12-42 所示。

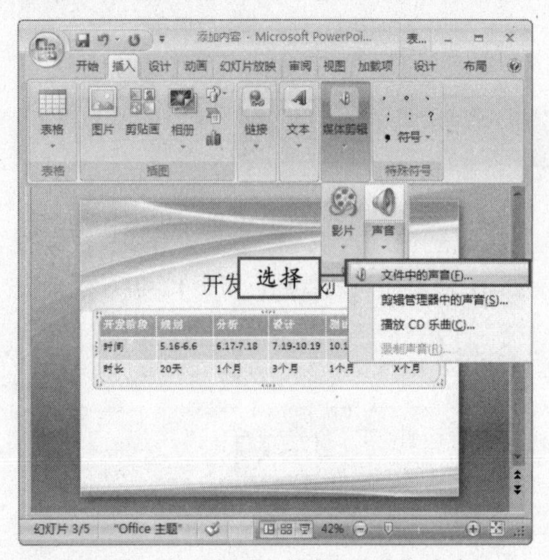

图 12-42 选择“文件中的声音”命令

② 弹出“插入声音”对话框，从中选择声音文件，如图 12-43 所示。

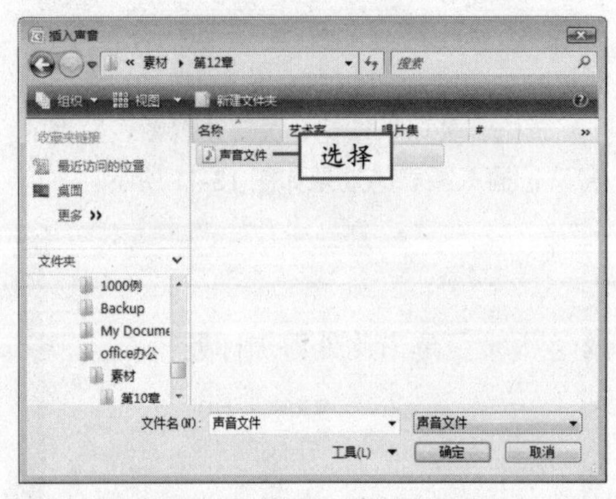

图 12-43 “插入声音”对话框

③ 单击“确定”按钮后，系统将弹出提示信息框，从中单击“自动”按钮，如图 12-44 所示。

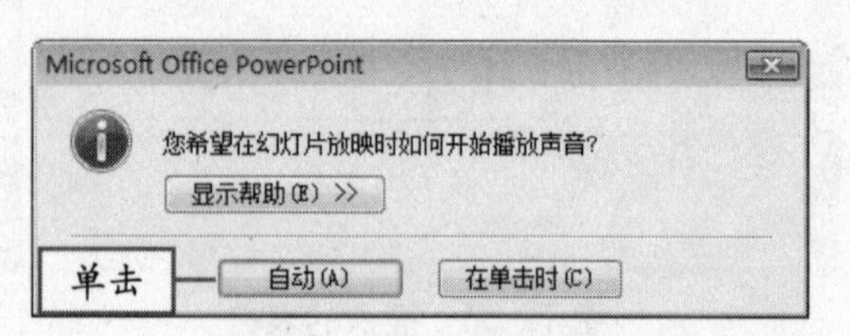

图 12-44 提示信息框

④ 此时幻灯片中将添加一个声音图标，移动声音图标到左上角，并调整图标的大小，效果如图 12-45 所示。

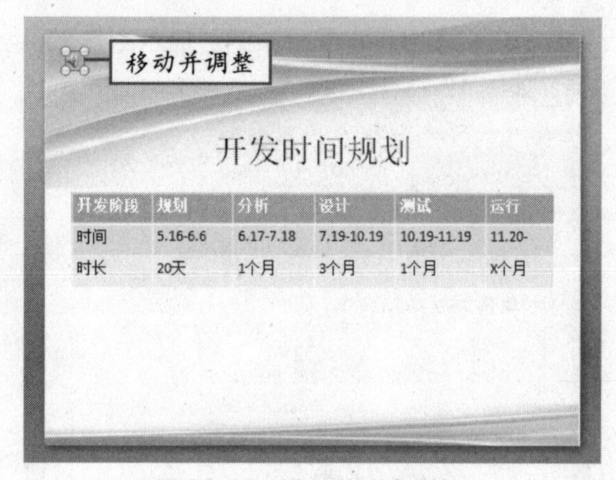

图 12-45 添加的声音图标

⑤ 在“选项”选项卡下“声音选项”组中选中“放映时隐藏”和“循环播放，直到停止”复选框，并单击“幻灯片放映音量”下拉按钮，在弹出的下拉菜单中选择“低”选项，如图 12-46 所示。

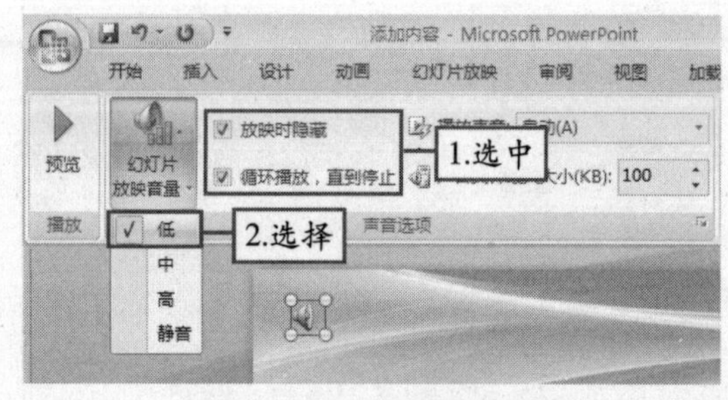

图 12-46 设置声音选项

 说明 插入其他媒体剪辑的方法与插入声音的方法基本相同，请读者试着操作。

⑥ 播放幻灯片过程中，当播放到该幻灯片时，将自动隐藏声音图标，并自动播放该声音文件，直到该幻灯片播放结束，如图 12-47 所示。

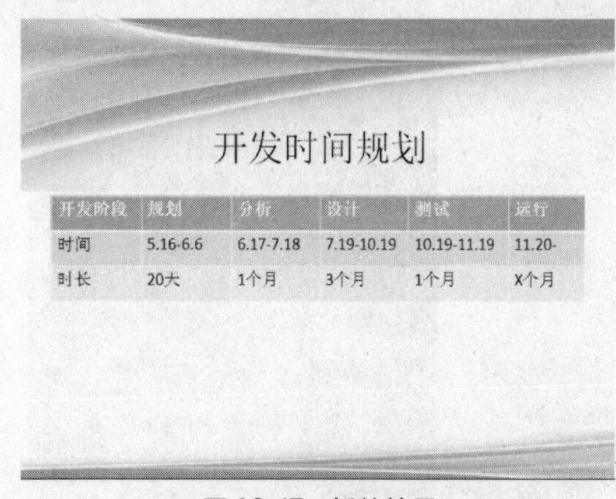

图 12-47　播放效果

12.5　幻灯片的美化

当新建一个空白演示文稿时，演示文稿中没有添加任何的背景和样式，这样让人看起来单调、不美观。为了使创建的演示文稿既满足用户的实际需要，又满足审美需求。用户是可以为幻灯片添加背景和样式，本节将主要向读者介绍有关幻灯片的美化知识。

12.5.1　应用主题

PowerPoint 2007 中提供了多种不同的主题样式，供用户使用。为幻灯片应用主题样式的具体操作方法如下：

① 新建空白演示文稿，单击“设计”选项卡下“主题”组中主题样式列表框右下角的▾按钮，如图 12-48 所示。

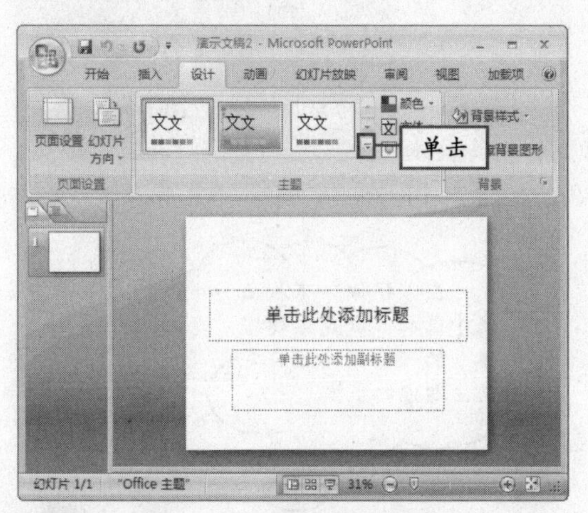

图 12-48　单击相应的按钮

② 在弹出的下拉面板中选择“华丽”选项，如图 12-49 所示。

图 12-49　选择主题样式

③ 此时将为幻灯片应用所选的主题样式，效果如图 12-50 所示。

④ 新建“标题和内容”版式的幻灯片，将自动应用该主题样式，效果如图 12-51 所示。

选择“Microsoft Office Online 上的其他主题”选项，可在网页上查找下载需要的主题。　说明

图 12-50　应用主题后的效果

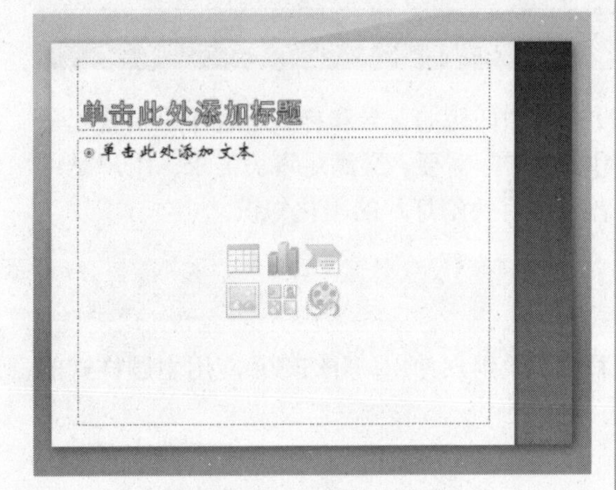

图 12-51　主题样式效果

⑤ 单击“主题”组中的“颜色”下拉按钮，在弹出的下拉面板中选择“凸显”选项，如图 12-52 所示。

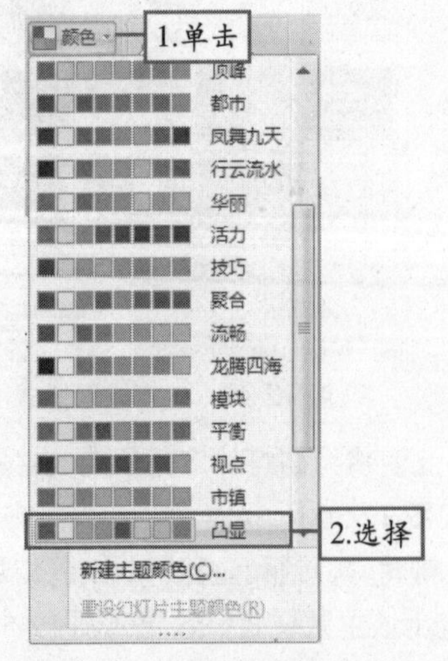

图 12-52　设置主题颜色

⑥ 单击“主题”组中的“字体”下拉按钮，在弹出的下拉面板中选择“流畅”选项，如图 12-53 所示。

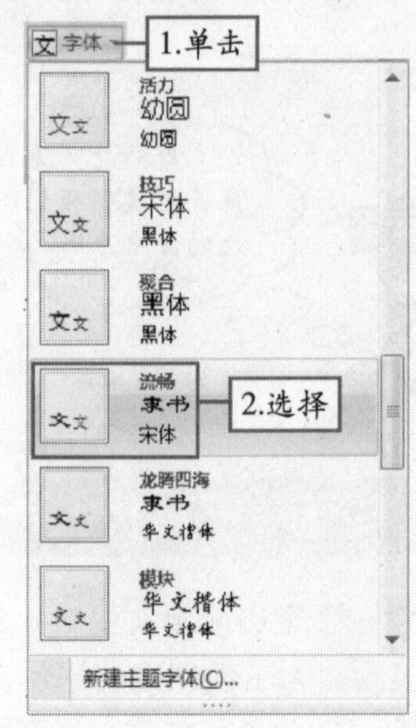

图 12-53　主题效果

⑦ 最终的主题效果如图 12-54 所示。

图 12-54　最终主题效果

说明　单击“主题”组中的“效果”下拉按钮，在弹出的下拉面板中可以设置幻灯片效果。

12.5.2 设置幻灯片背景

在创建幻灯片的过程中，可以为幻灯片设置颜色或图片背景。设置背景时，可以为其中的一张幻灯片设置背景，也可以同时为整个演示文稿中的所有幻灯片设置背景。设置幻灯片背景的具体操作方法如下：

① 新建空白演示文稿，单击“设计”选项卡下“背景”组中的“背景样式”下拉按钮，如图 12-55 所示。

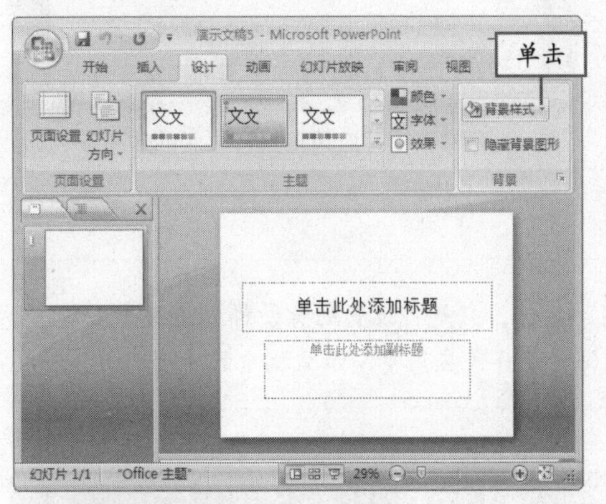

图 12-55 单击“背景格式”下拉按钮

② 此时将弹出下拉面板，从中选择“设置背景格式”选项，如图 12-56 所示。

图 12-56 选择“设置背景格式”选项

③ 弹出“设置背景格式”对话框，选中“图片或纹理填充”单选按钮，并单击“剪贴画”按钮，如图 12-57 所示。

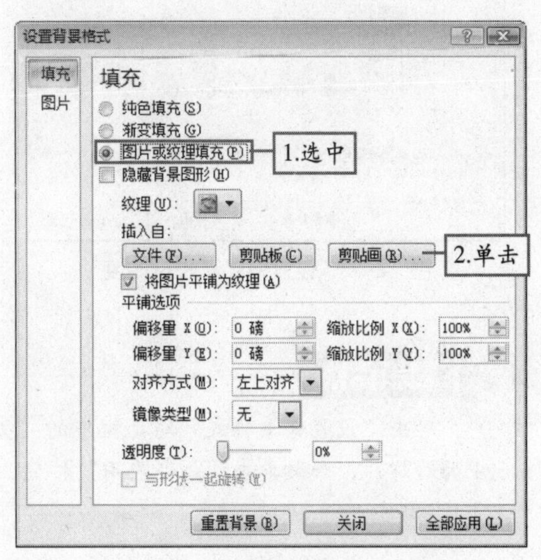

图 12-57 “设置背景格式”对话框

④ 弹出“选择图片”对话框，从中选择如图 12-58 所示的图片。

图 12-58 “选择图片”对话框

⑤ 单击“确定”按钮，返回“设置背景格式”对话框，从中设置向上、向下、向左和向右的偏移量，并设置透明度为 41%，如图 12-59 所示。

用户还可以将纯色、渐变色以及图片文件作为幻灯片的背景。 说明

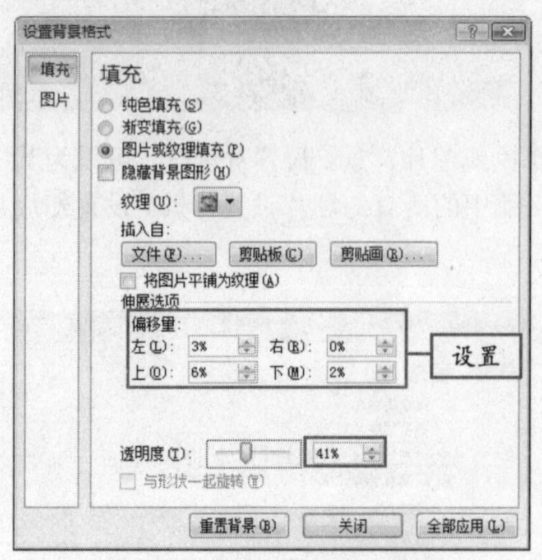

图 12-59 设置偏移量和透明度

⑥ 单击“关闭”按钮，应用背景样式后的效果如图 12-60 所示。

图 12-60 应用背景样式后的效果

知识点拨

单击“设置背景样式”对话框中的“关闭”按钮，只是将设置的背景样式应用于当前选中的幻灯片；如果单击“全部应用”按钮，则将背景样式应用于演示文稿中的所有幻灯片。

12.6 综合实战——制作公司企划方案幻灯片

本章详细介绍了 PowerPoint 2007 的工作界面、幻灯片的基本操作、文本内容的编辑，添加其他幻灯片内容、美化幻灯片等知识，下面将通过综合的实例来帮助读者巩固前面所学的内容。

实例效果：

本实例将创建公司企划方案的幻灯片，该实例的最终效果如图 12-61 所示。

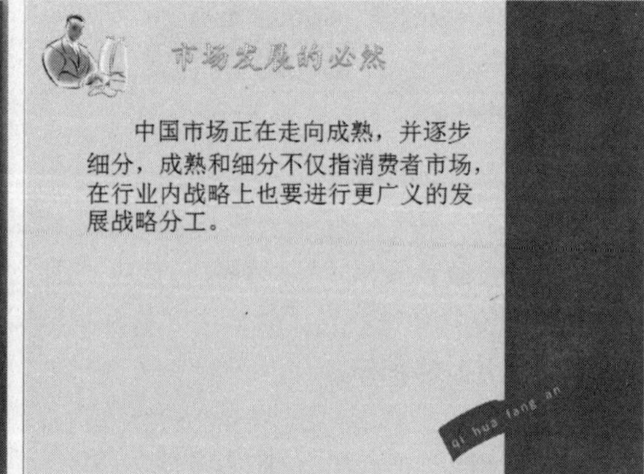

图 12-61 综合效果

说明 本实例中通过插入形状并进行填充，来设置幻灯片的背景。

操作步骤：

① 启动 PowerPoint 2007，系统自动创建一个新的空白演示文稿，将其重命名为“公司企划方案”，如图 12-62 所示。

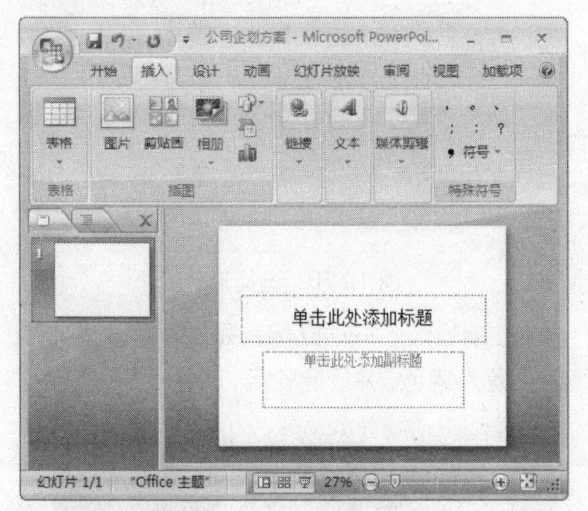

图 12-62　新建空白演示文稿

② 在“插入”选项卡下“插入”组中，单击“形状”下拉按钮，在弹出的下拉面板中选择“矩形”选项，效果如图 12-63 所示。

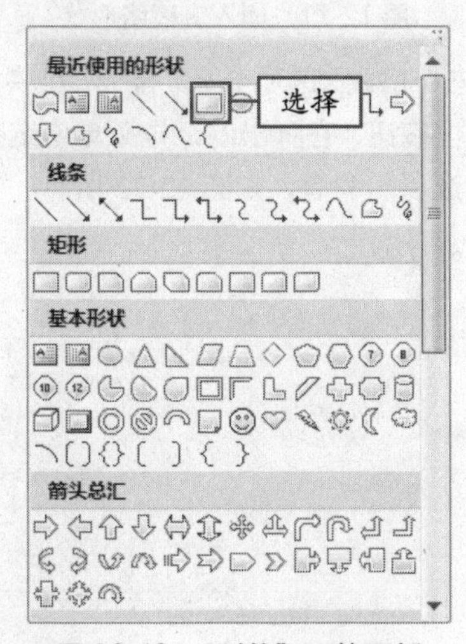

图 12-63　“形状”下拉面板

③ 在幻灯片中拖动鼠标，创建一个和幻灯片编辑区同样大小的矩形，效果如图 12-64 所示。

④ 单击“格式”选项卡下“形状样式”组中的“形状填充”下拉按钮，在弹出的调色板中选择“紫色 强调颜色文字 4 深色 25%”选项，如图 12-65 所示。

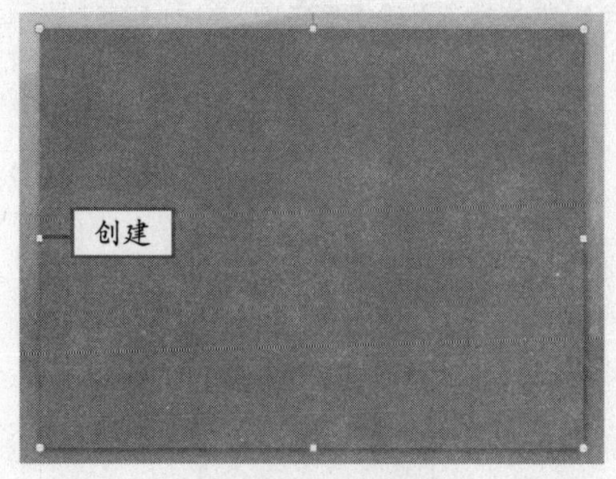

图 12-64　创建矩形

图 12-65　选择填充颜色

⑤ 再次单击“形状填充”下拉按钮，在弹出的调色板中选择“渐变”|“角部辐射”选项，为添加的矩形设置渐变颜色，如图 12-66 所示。

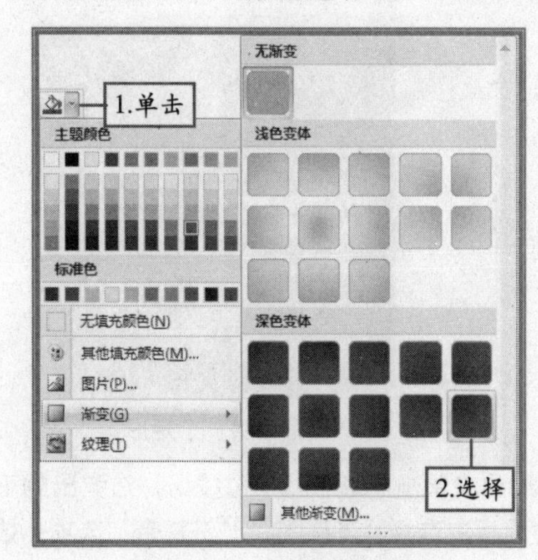

图 12-66　选择渐变颜色

用户可以在“形状”下拉面板中的“矩形”选项区中选择“矩形”形状。　说明

⑥ 单击“形状轮廓”下拉按钮，在弹出的调色板中选择“无轮廓”选项，如图 12-67 所示。

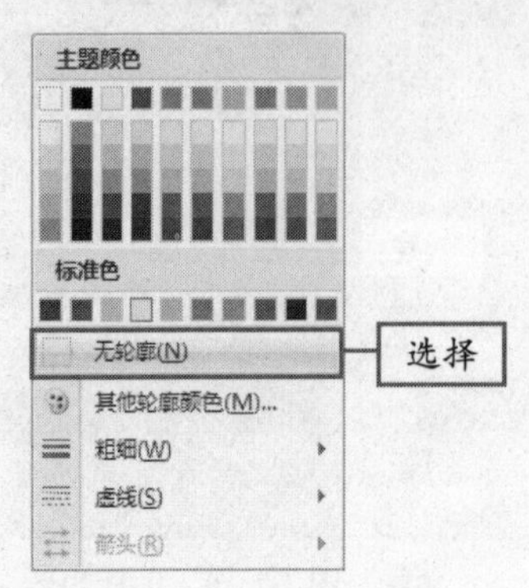

图 12-67 选择“无轮廓”选项

⑦ 设置的矩形最终效果如图 12-68 所示。

图 12-68 矩形效果

⑧ 用同样的方法，再插入一个矩形形状，设置其填充为“紫色 强调文字颜色 4 淡色 80%”，并设置为“无轮廓”，效果如图 12-69 所示。

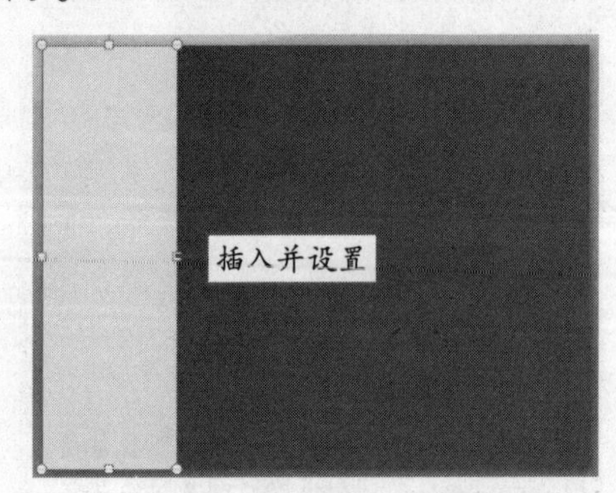

图 12-69 插入另一个矩形

⑨ 再次单击“形状”下拉按钮，在弹出的下拉面板中选择“流程图”|“资料带”选项，效果如图 12-70 所示。

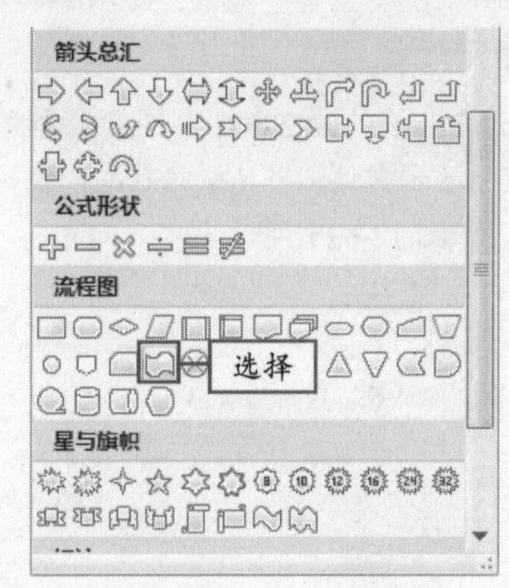

图 12-70 选择形状

⑩ 在编辑区中拖动鼠标，插入形状，将其颜色设置为紫色，并删除轮廓，如图 12-71 所示。

图 12-71 插入流程图形状

⑪ 单击“格式”选项卡下“排列”组中的“旋转”下拉按钮，在弹出的下拉菜单中选择“其他旋转选项”命令，如图 12-72 所示。

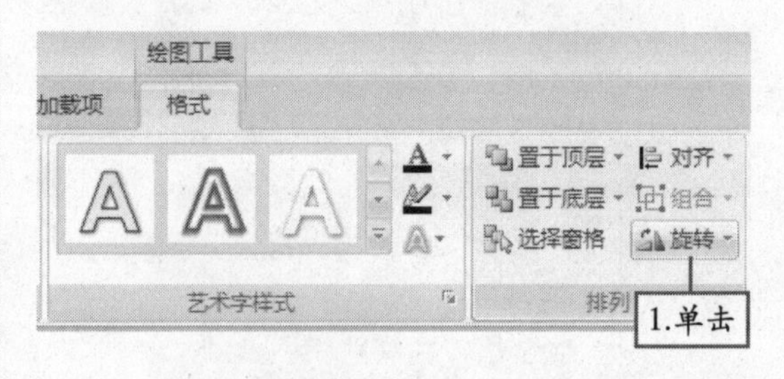

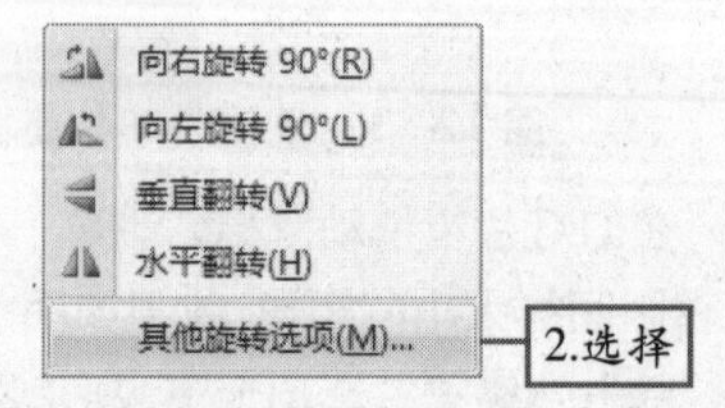

图 12-72 选择“其他旋转选项”命令

⑫ 弹出“大小和位置”对话框，在其中设置“旋转”角度为 27°，如图 12-73 所示。

说明 淡紫色的矩形形状可以通过复制已有的矩形来创建，只须复制后再更改大小和颜色即可。

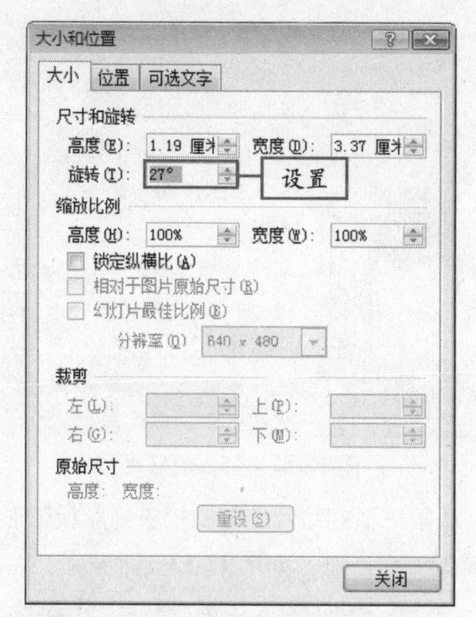

图 12-73 “大小和位置”对话框

⑬ 单击“插入形状”组中的“绘制横排文本框”按钮，效果如图 12-74 所示。

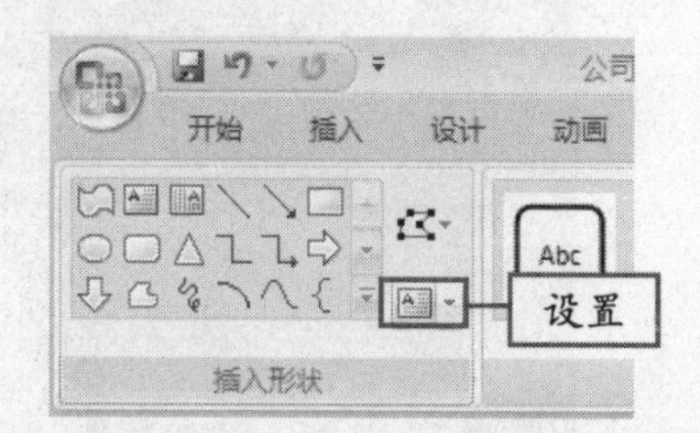

图 12-74 单击“绘制横排文本框”按钮

⑭ 将光标定位到流程图形状中，输入文字“qi hua fang an”，并设置文字颜色为淡紫色，如图 12-75 所示。

图 12-75 文字效果

⑮ 将创建的形状和文本进行复制，并调整各自的位置和大小，效果如图 12-76 所示。

⑯ 选择插入的所有图形，单击“排列”组中的“组合”下拉按钮，在弹出的下拉菜单中选择“组合”命令，如图 12-77 所示。

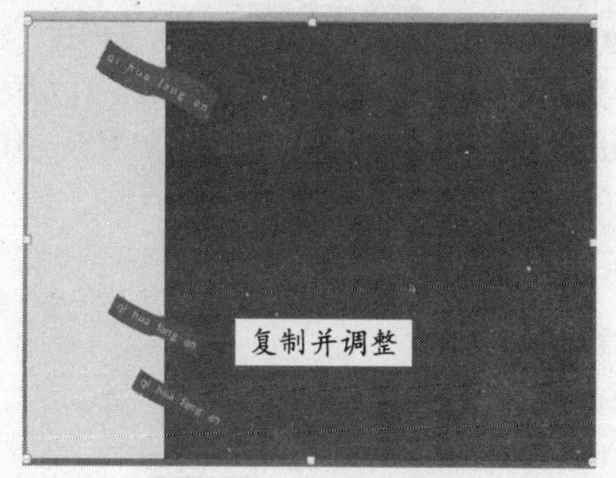

图 12-76 幻灯片效果

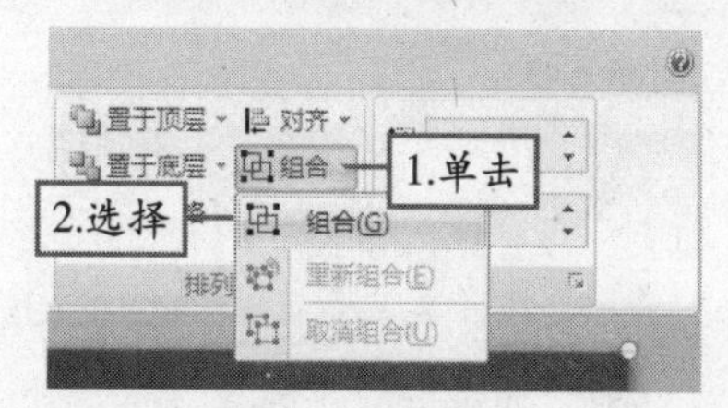

图 12-77 选择“组合”命令

⑰ 组合形状后，单击“排列”组中的“置于底层”按钮，并调整占位符的位置和大小，效果如图 12-78 所示。

图 12-78 幻灯片效果

⑱ 单击标题占位符中，从中输入标题文字“公司企划方案”，然后在“字体”组中设置“字体”为“方正行楷简体”，“字号”为 48，“字体颜色”为白色，并单击“加粗”按钮，加粗文字，如图 12-79 所示。

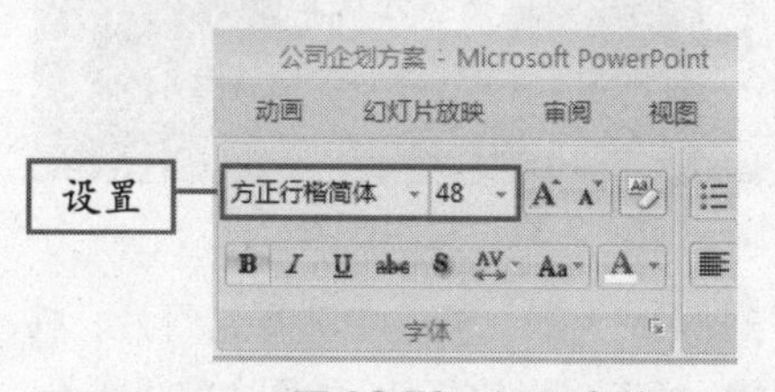

图 12-79 设置字体

可在“大小和位置”对话框中，精确设置流程图形状和大小。 说明

⑲ 单击“格式”选项卡下“艺术字样式”组中列表框右下角的按钮，在弹出的下拉面板中选择“填充 强调文字颜色 1 内部阴影 强调文字颜色 1”选项，如图 12-80 所示。

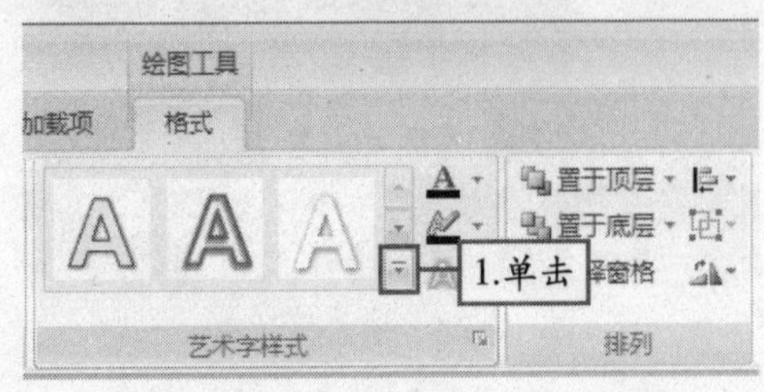

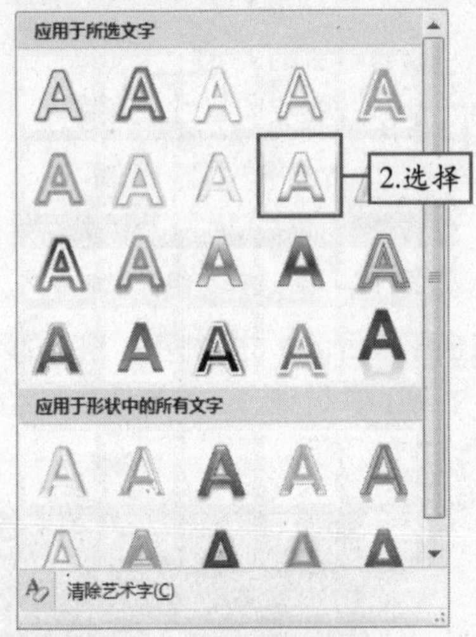

图 12-80 选择艺术字样式

⑳ 设置好标题颜色和样式后，单击副标题的占位符，输入副标题，并设置其颜色为淡紫色，效果如图 12-81 所示。

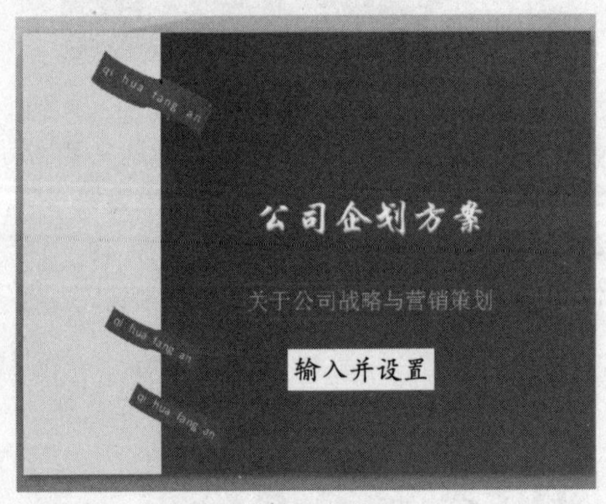

图 12-81 文字效果

㉑ 在“幻灯片/大纲”窗格中选择幻灯片，按【Enter】键，插入一张幻灯片，如图 12-82 所示。

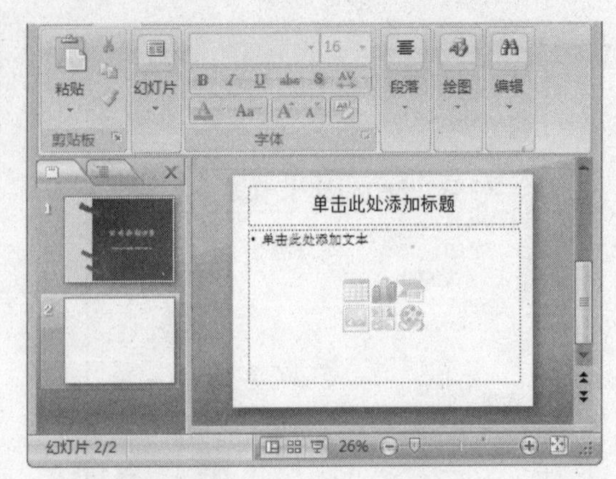

图 12-82 插入幻灯片

㉒ 从第一张幻灯片中复制相应的形状图形到新建的幻灯片中，如图 12-83 所示。

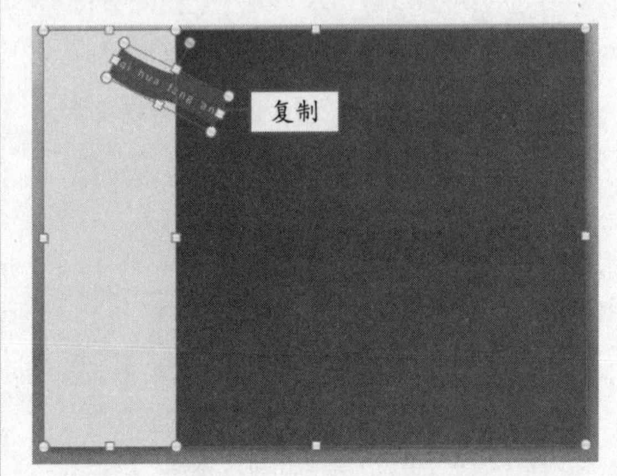

图 12-83 复制图形

㉓ 调整各形状的大小，然后选择流程图形状图形，单击“旋转”下拉按钮，在弹出的下拉菜单中选择“水平翻转”命令，如图 12-84 所示。

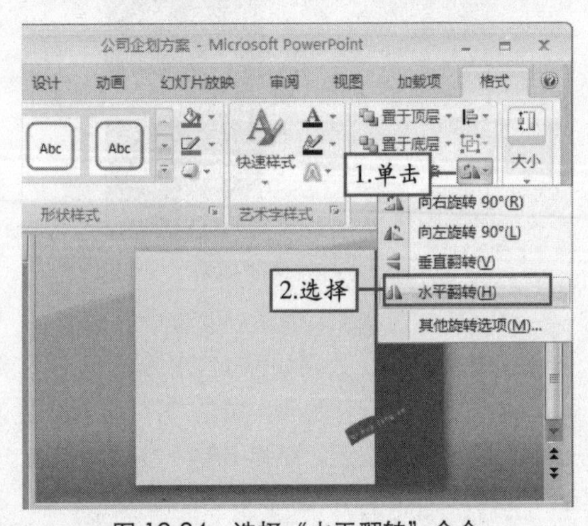

图 12-84 选择“水平翻转”命令

说明 在该实例中，该幻灯片的标题被设置为艺术字样式。

㉔ 水平翻转图形后，单击“置于底层”按钮，效果如图 12-85 所示。

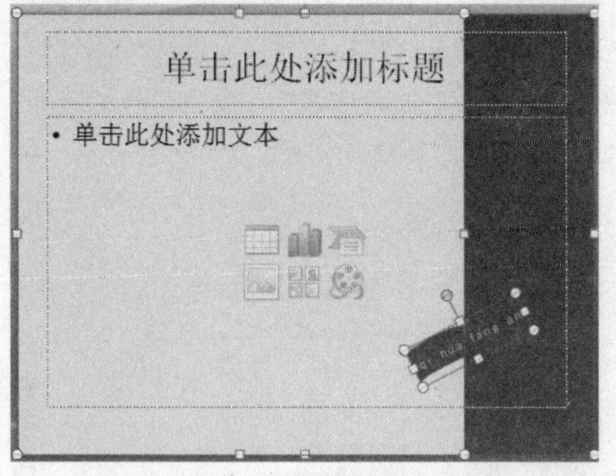

图 12-85　幻灯片效果

㉕ 选择占位符，拖动鼠标调整其位置和大小，并将流程图向下移动，效果如图 12-86 所示。

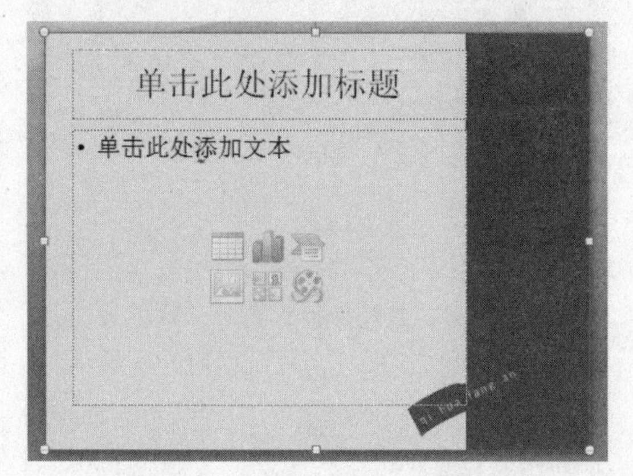

图 12-86　调整占位符大小和位置

㉖ 选择图片并右击，在弹出的快捷菜单中选择“另存为图片”命令，如图 12-87 所示。

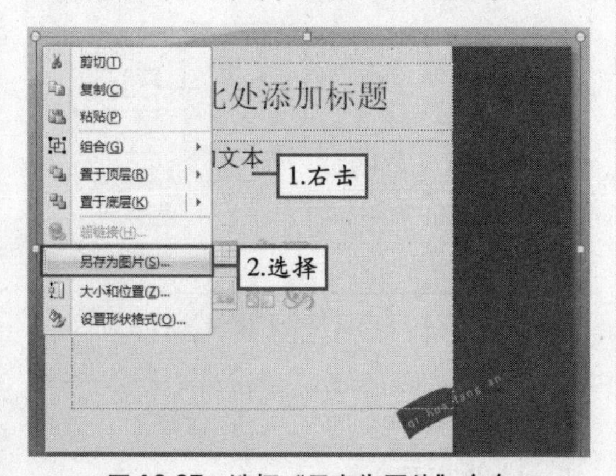

图 12-87　选择“另存为图片”命令

㉗ 弹出“另存为图片”对话框，选择存储位置，并设置存储名称，如图 12-88 所示。

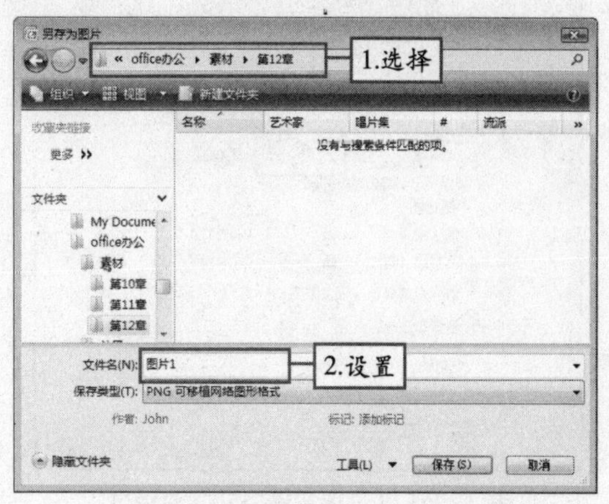

图 12-88　“另存为图片”对话框

㉘ 单击“保存”按钮，保存图片。将第 2 张幻灯片中的图片删除，然后单击“设计”选项卡下“背景”组中的“背景样式”下拉按钮，在弹出的下拉面板中选择“设置背景格式”选项，效果如图 12-89 所示。

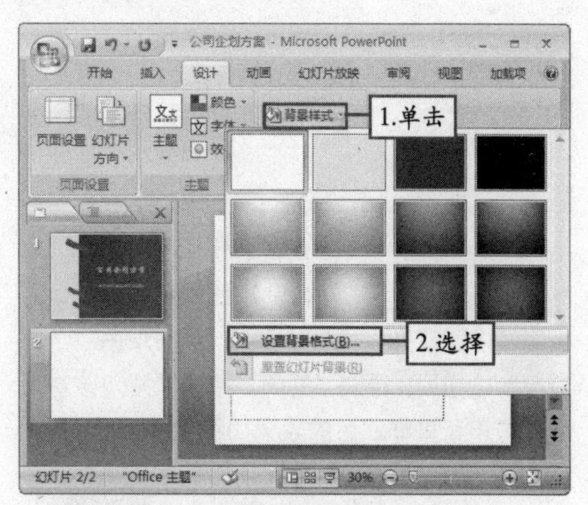

图 12-89　选择“设置背景格式”选项

㉙ 弹出“设置背景格式”对话框，从中选中“图片或纹理填充”单选按钮，然后单击“文件”按钮，如图 12-90 所示。

㉚ 弹出“插入图片”对话框，从中选择刚刚保存的“图片 1”，效果如图 12-91 所示。

保存图片的目的是，在创建其他的幻灯片中应用该图片作为背景。　说明

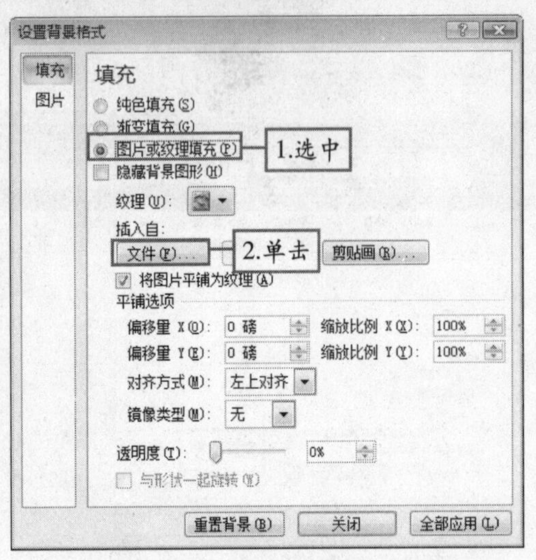

图 12-90 “设置背景格式”对话框

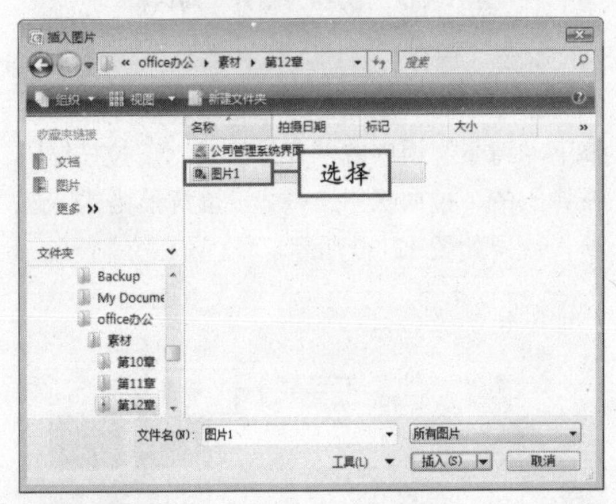

图 12-91 选择图片

㉛ 单击“插入”按钮，设置图片背景样式，并返回“设置背景格式”对话框，从中单击“全部应用”按钮后，单击“关闭”按钮，关闭该对话框，应用背景样式后的效果如图 12-92 所示。

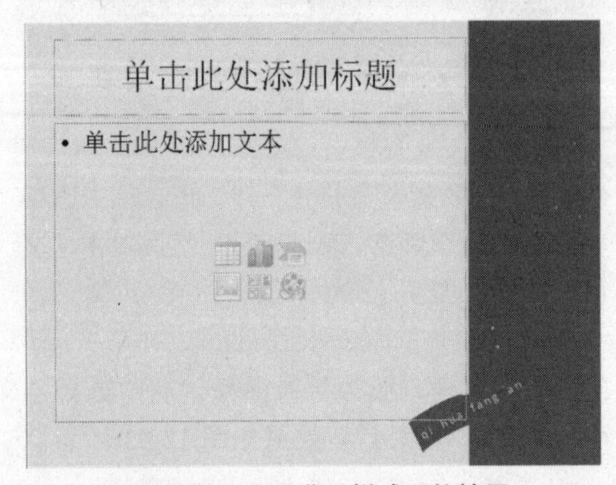

图 12-92 应用背景样式后的效果

㉜ 从中输入幻灯片的内容，并将标题文字的字体设置为“方正楷体简体”，字号设置为 36，加粗文字，并应用艺术字效果；选择内容文字，单击“项目符号”按钮右侧的下拉按钮，在弹出的下拉面板中选择“项目符号和编号”选项，如图 12-93 所示。

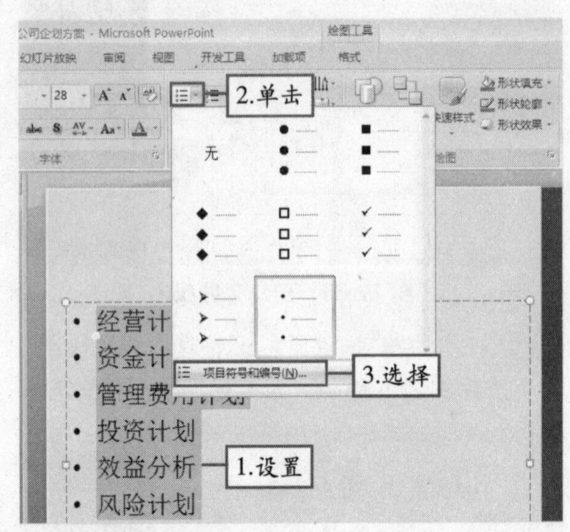

图 12-93 输入内容并设置

㉝ 弹出“项目符号和编号”对话框，从中选择项目符号样式，并将颜色设置为“紫色 强调文字颜色 4 深色 25%”选项，如图 12-94 所示。

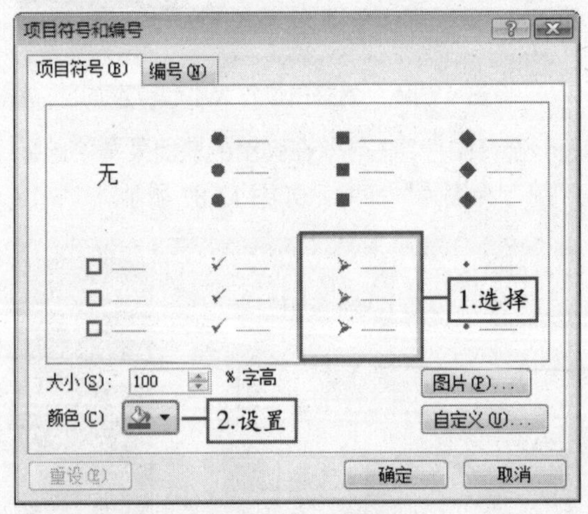

图 12-94 “项目符号和编号”对话框

㉞ 单击“确定”按钮，应用项目符号，并设置行距为 1.5，字体为“方正楷体简体”，效果如图 12-95 所示。

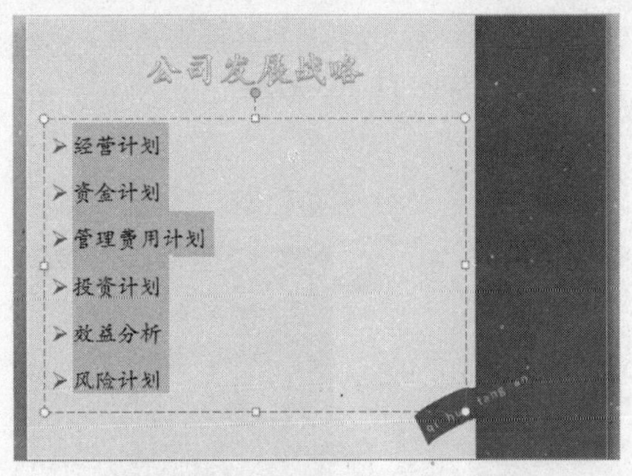

图 12-95　应用项目符号后的效果

35 在“幻灯片/缩略图”窗格中选择第 2 张幻灯片，然后按【Enter】键，添加第 3 张幻灯片，从中输入文字，并进行格式设置，效果如图 12-96 所示。

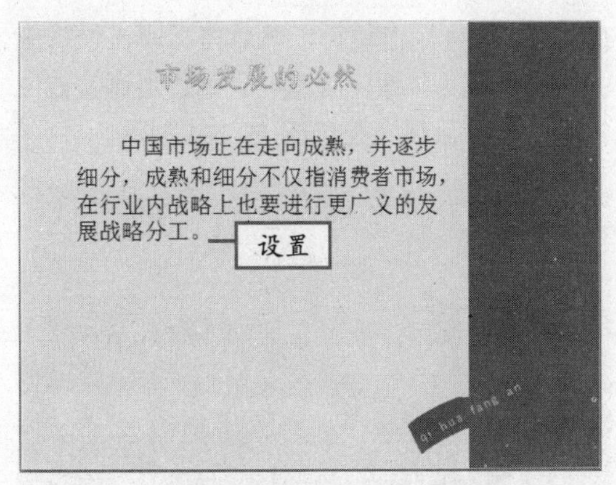

图 12-96　添加幻灯片

36 单击“插入”选项卡下“插图”组中的“剪贴画”按钮，在弹出的“剪贴画”窗格中选择如图 12-97 所示的剪贴画。

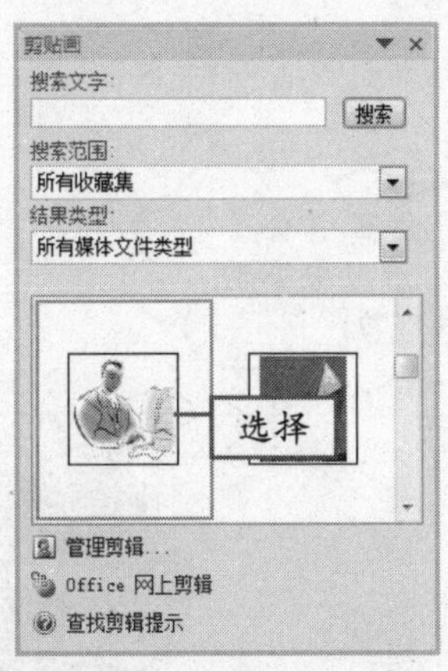

图 12-97　“剪贴画”窗格

37 插入所选的剪贴画后，调整其在幻灯片中的位置，最终效果如图 12-98 所示。

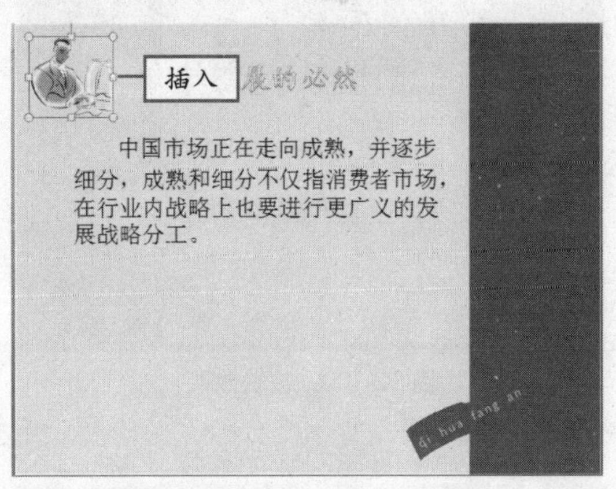

图 12-98　插入图片后的效果

38 插入第 4 张幻灯片，输入标题文字，然后单击文本内容占位符中的“插入表格”图标，在弹出的“插入表格”对话框中输入列数和行数，效果如图 12-99 所示。

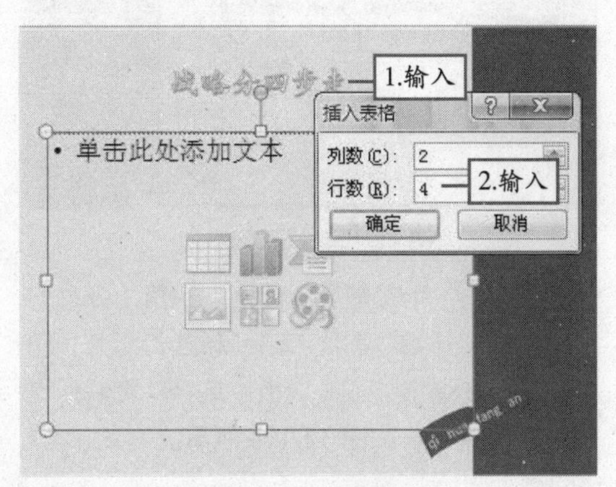

图 12-99　放映效果

39 单击“确定”按钮，插入表格并输入内容，效果如图 12-100 所示。

40 选择表格，单击“设计”选项卡下“表格样式”组中的按钮，在弹出的下拉面板中选择“清除表格”选项，在“绘图边框”组中单击“笔颜色”下拉按钮，在弹出的调色板中选择“紫色”选项，然后单击“表格样式”组中边框按钮右侧的下拉按钮，在弹出的下拉菜单中选择“所有边框”选项，为表格设置边框；单击“布局”选项卡下“对齐方式”组中的“垂直居中”按钮，设文字效果，如图 12-101 所示。

如果“剪贴画”窗格中没有显示剪贴画，单击“搜索”按钮即可。　说明

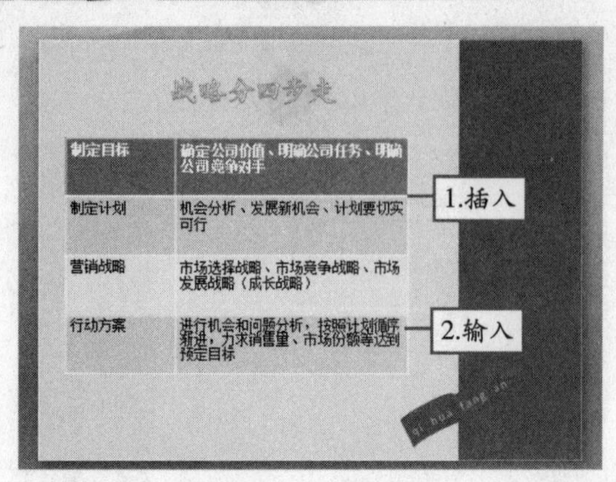

图 12-100　放映效果

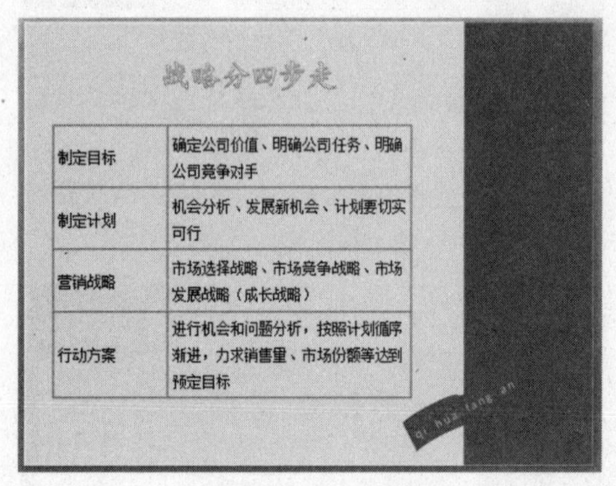

图 12-101　表格效果

㊶ 在“幻灯片/缩略图”窗格中的第 1 张幻灯片，单击“开始”选项卡下“新建幻灯片”下拉按钮，在弹出的下拉面板中选择“复制所选幻灯片”选项，如图 12-102 所示。

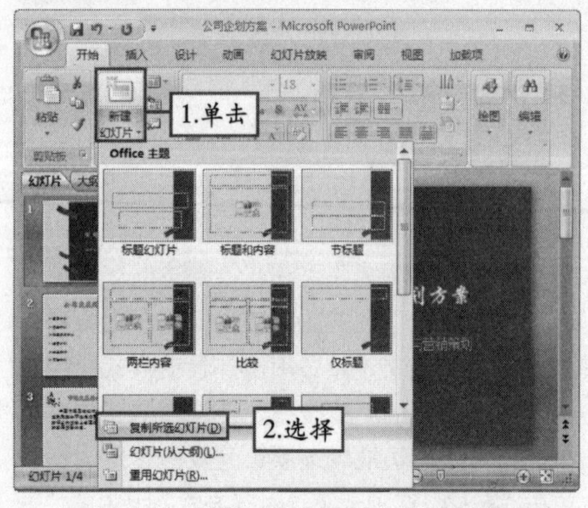

图 12-102　选择“复制所选幻灯片”选项

㊷ 复制一张幻灯片，并将其拖动到第 4 张幻灯片下方，如图 12-103 所示。

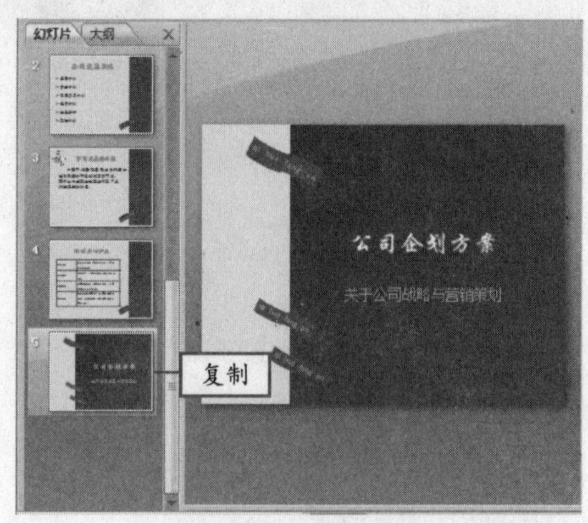

图 12-103　复制幻灯片

㊸ 删除副标题占位符，然后将标题占位符中的内容更改为“谢谢观赏!”，并适当调整占位符的位置，最终效果如图 12-104 所示。

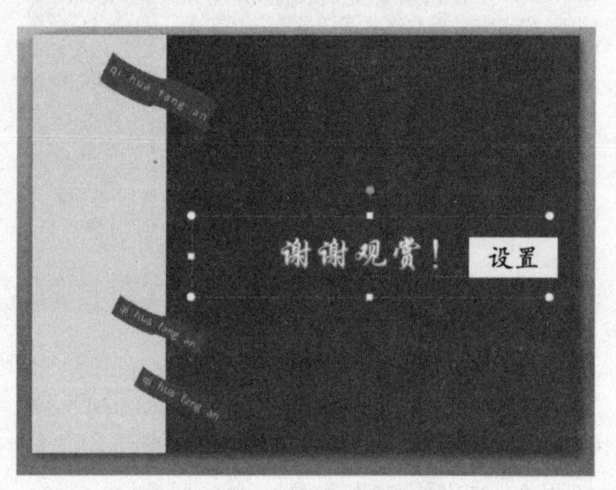

图 12-104　幻灯片效果

至此，实例制作完毕。

说明　幻灯片的背景在整个演示文稿中要和谐统一。

巩固与练习

一、填空题

1. 与 Word 2007、Excel 2007 工作窗口所不同的是，PowerPoint 2007 工作窗口中包含________窗格、________编辑区和________编辑区。

2. 要在没有文本占位符的位置输入文本，可通过在相应位置插入____________的方式输入。

3. 用户在幻灯片中可以添加不同的内容，包括__________、__________、__________、__________以及__________等。

二、简答题

1. 简述在演示文稿中插入文本框的方法。

2. 如何为幻灯片插入声音？

3. 如何为幻灯片设置背景？

三、上机题

请读者运用本章所讲的知识，动手制作一个演示文稿。

读书笔记

第13章 PowerPoint 2007的高级应用

- 模板与母版的应用
- 为幻灯片添加动画效果
- 幻灯片的放映
- 幻灯片的打包与发布

Yoyo，PowerPoint 中还有哪些高级的应用呢？

还有很多呢！例如，为整个演示文稿设计统一的外观样式、添加动画效果等。

是的，PowerPoint 2007 制作幻灯片的功能很强大，下面让我们一起来学习它吧！

13.1 应用模板与母版

在 PowerPoint 2007 中，通过使用模板，或创建幻灯片母版，可以快速为演示文稿设置样式或外观，本节将讲述有关幻灯片模板和母版的知识。

13.1.1 使用模板创建演示文稿

使用模板创建演示文稿的具体操作方法如下：

① 打开 PowerPoint 2007 应用程序，单击 Office 按钮，在弹出的下拉菜单中选择“新建”命令，如图 13-1 所示。

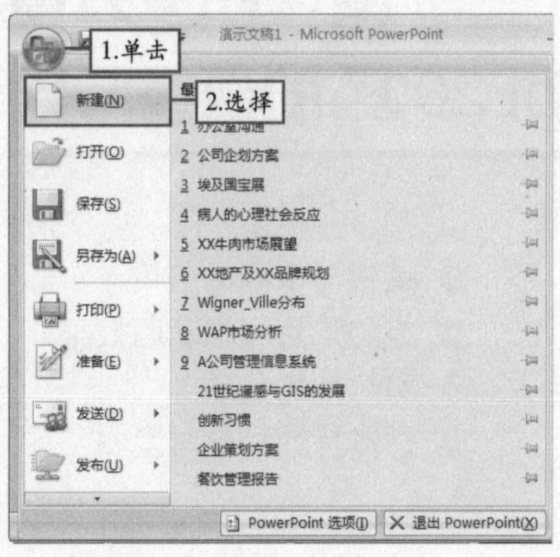

图 13-1 单击“新建”命令

② 此时将弹出“新建演示文稿”对话框，在左侧的列表中选择“已安装的模板”选项，在“已安装的模板”列表框中选择“现代型相册”选项，如图 13-2 所示。

③ 单击“创建”按钮，将根据所选的模板新建演示文稿，效果如图 13-3 所示。

图 13-2 选择模板

图 13-3 根据模板创建的演示文稿

13.1.2 根据主题创建演示文稿

根据 PowerPoint 2007 中预定义的主题样式，也可以创建演示文稿，其具体操作方法如下：

① 打开“新建演示文稿”对话框，在左侧的列表中选择“已安装的主题”选项，在“已安装的主题”列表框中选择“暗香扑面”选项，如图 13-4 所示。

② 单击“创建”按钮，将根据所选的主题样式创建演示文稿，效果如图 13-5 所示。

说明 选择 Microsoft Office Online 选项区域的“演示文稿”选项，将搜索在线模板供用户下载。

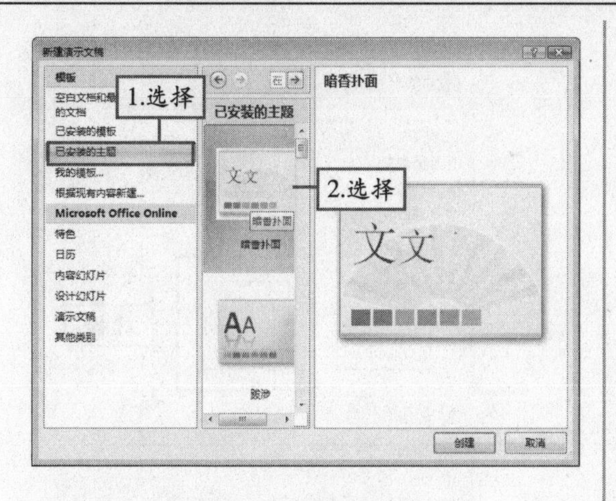

图 13-4　选择主题样式

图 13-5　根据所选的主题样式创建的演示文稿

13.1.3　制作幻灯片母版

母版是一种特殊的幻灯片，在母版中可以定义演示文稿中统一的主题样式、背景等，还可以对幻灯片中的文本的格式进行设置。下面通过实例来讲述制作幻灯片母版的具体操作方法。

① 新建空白演示文稿，单击“视图”选项卡下“演示文稿视图”组中的“幻灯片母版”按钮，如图 13-6 所示。

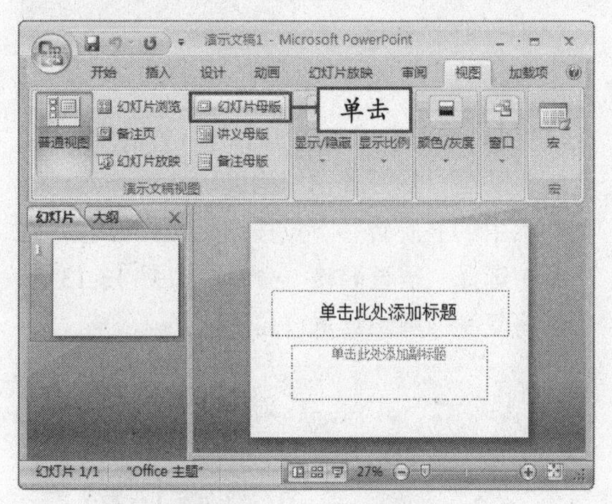

图 13-6　单击“幻灯片母版”按钮

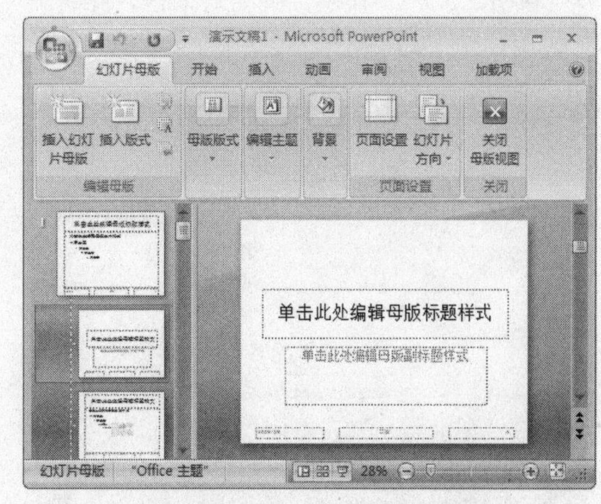

图 13-7　打开幻灯片母版视图

② 此时将打开幻灯片母版视图，如图 13-7 所示。

③ 选择第一张幻灯片，单击“背景”组中的“背景样式”下拉按钮，在弹出的下拉面板中选择“设置背景格式”选项，如图 13-8 所示。

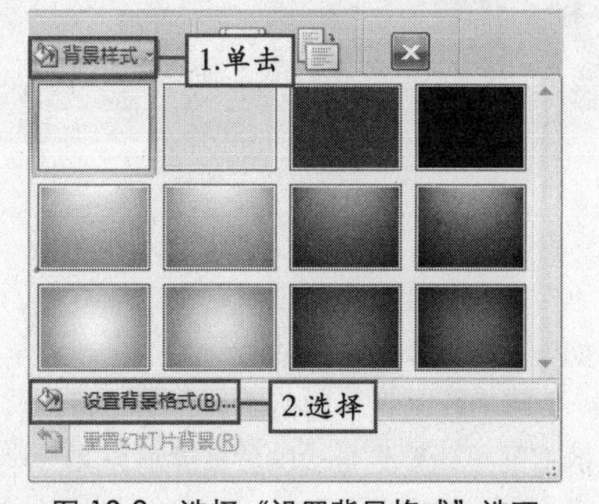

图 13-8　选择“设置背景格式”选项

说明　除了幻灯片母版外，PowerPoint 中还有讲义母版和备注母版。

④ 弹出“设置背景格式”对话框，从中选中“渐变填充”单选按钮，然后在“预设颜色”下拉面板中选择“羊皮纸”选项，如图 13-9 所示。

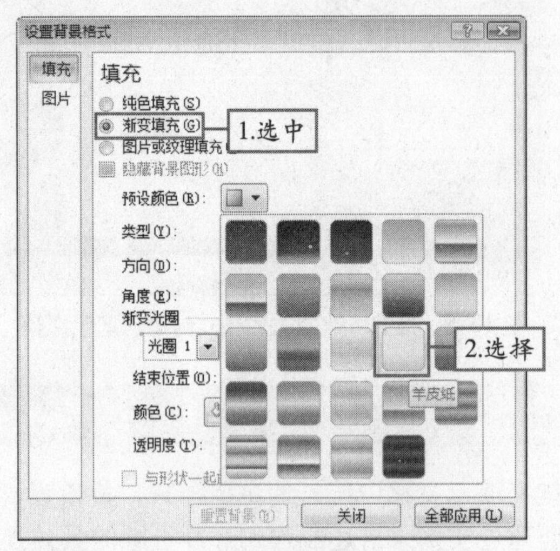

图 13-9 “设置背景格式”对话框

⑤ 单击“关闭”按钮，关闭对话框，此时母版效果如图 13-10 所示。

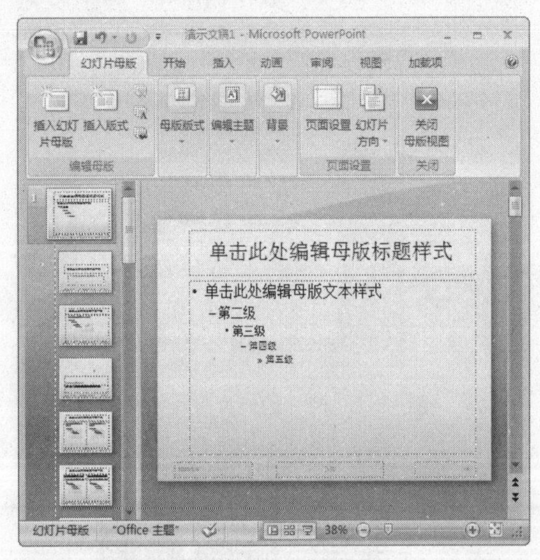

图 13-10 母版效果

⑥ 单击“插入”选项卡下“插图”组中的“剪贴画”按钮，在弹出的“剪贴画”窗格中，选择如图 13-11 所示的剪贴画。

⑦ 关闭“剪贴画”窗格后，在编辑区中将插入的剪贴画调整到合适的位置并调整其大小，如图 13-12 所示。

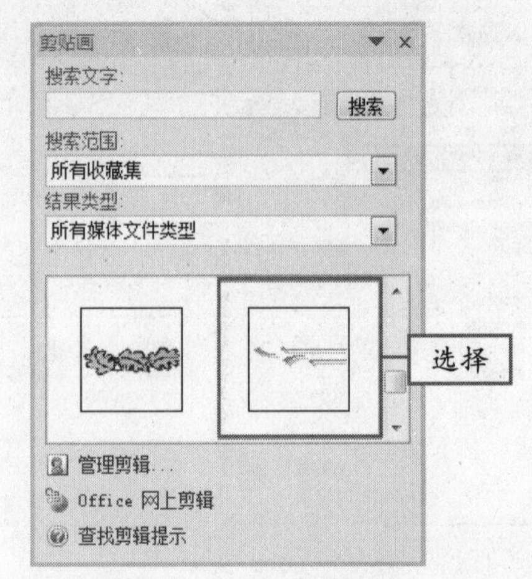

图 13-11 选择剪贴画

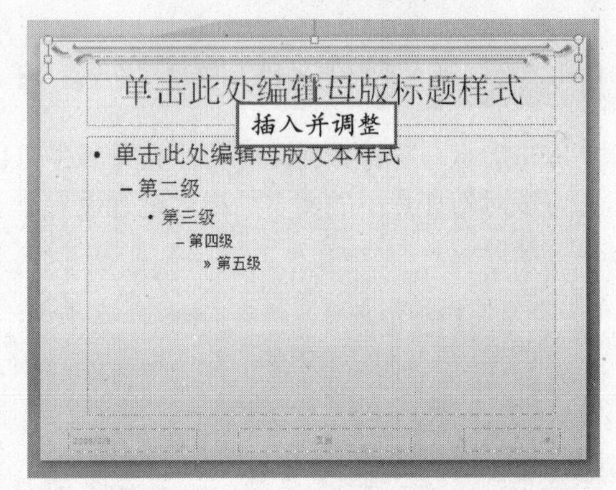

图 13-12 调整剪贴画的位置和大小

⑧ 按【Ctrl+C】组合键和【Ctrl+V】组合键，复制剪贴画，然后单击“格式”选项卡下“排列”组中的“旋转”下拉按钮，在弹出的下拉菜单中选择“垂直翻转”命令，如图 13-13 所示，将复制的剪贴画垂直翻转。

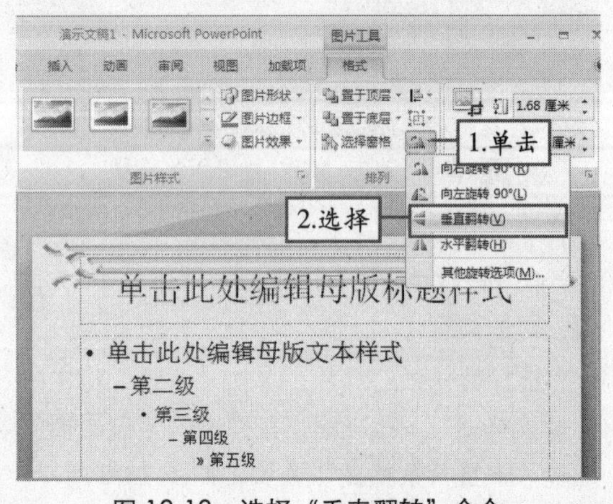

图 13-13 选择“垂直翻转”命令

 说明 将幻灯片母版另存为单个模板文件（.potx），将生成演示文稿模板。

⑨ 将复制的剪贴画移动到幻灯片编辑区的下方，并适当调整其位置，如图 13-14 所示。

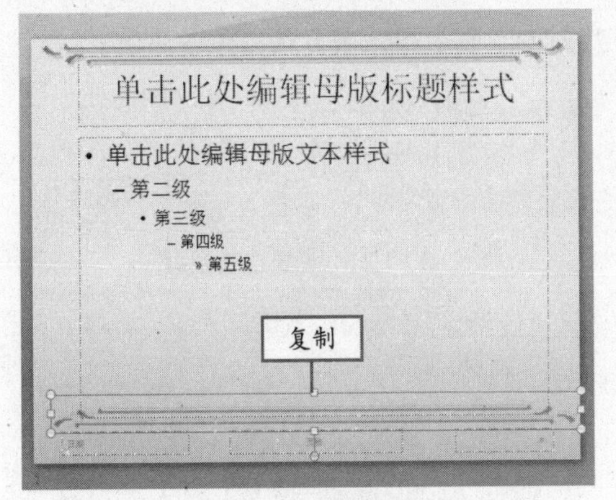

图 13-14　调整位置

⑩ 选择标题占位符中的文本，单击"开始"选项卡下"字体"组中的"字体"下拉列表框的下拉按钮，在弹出的下拉面板中选择"方正行楷简体"选项，如图 13-15 所示。

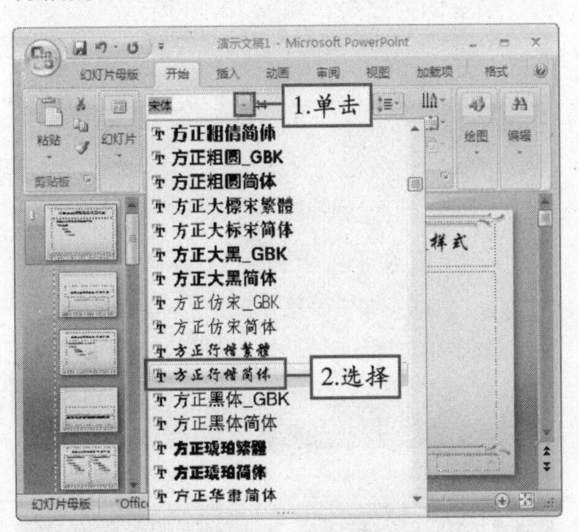

图 13-15　选择字体

⑪ 用同样的方法将内容占位符中的文本字体设置为"方正华隶简体"，效果如图 13-16 所示。

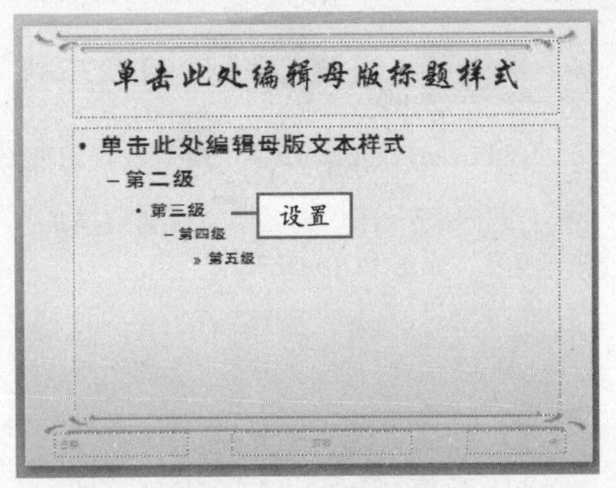

图 13-16　设置字体

⑫ 单击"幻灯片母版"选项卡下"关闭"组中的"关闭母版视图"按钮，如图 13-17 所示。

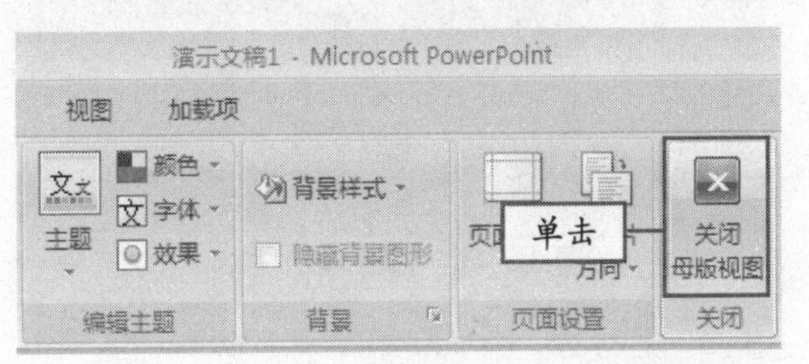

图 13-17 单击"关闭母版视图"按钮

⑬ 此时将返回普通视图，应用母版后的效果如图 13-18 所示。

图 13-18　应用母版后的效果

13.2　为幻灯片添加动画效果

为幻灯片添加动画效果，可以使幻灯片在放映时文字效果更加生动、幻灯片样式更加漂亮，从而更能吸引观众的注意。本节将向读者介绍有关为幻灯片添加动画效果的知识。

在一张幻灯片中，可以为多个对象定义动画，也可以为一个对象定义多个动画。　说明

13.2.1 选择切换动画的方式

在 PowerPoint 2007 中，可以设置切换幻灯片时的动画效果，其具体操作方法如下：

① 打开一张已经添加内容，并设置好样式的演示文稿，如图 13-19 所示。

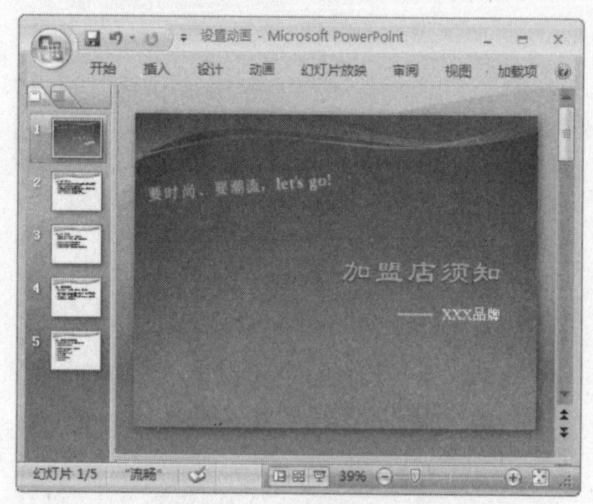

图 13-19 打开演示文稿

② 选择第 1 张幻灯片，单击“动画”选项卡下“切换到此幻灯片”组中切换效果下拉列表框右下角的按钮，在弹出的下拉面板中选择“新闻快报”选项，如图 13-20 所示。

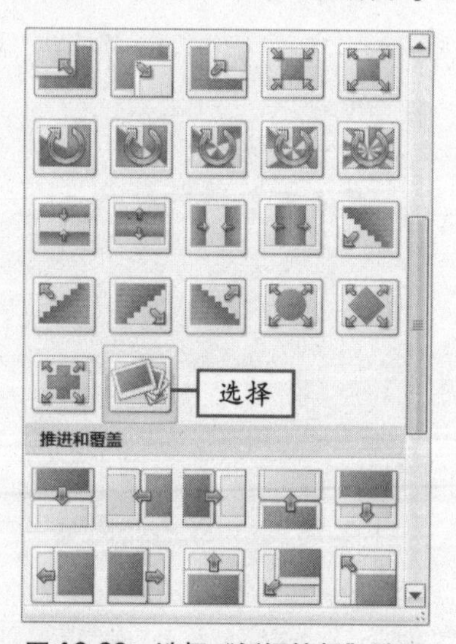

图 13-20 选择“新闻快报”选项

③ 在“切换声音”下拉列表框中选择“鼓掌”选项，在“切换速度”下拉列表框中选择“中速”选项，如图 13-21 所示。

图 13-21 设置选项参数

④ 对切换到其他幻灯片的效果进行设置，如图 13-22 所示。

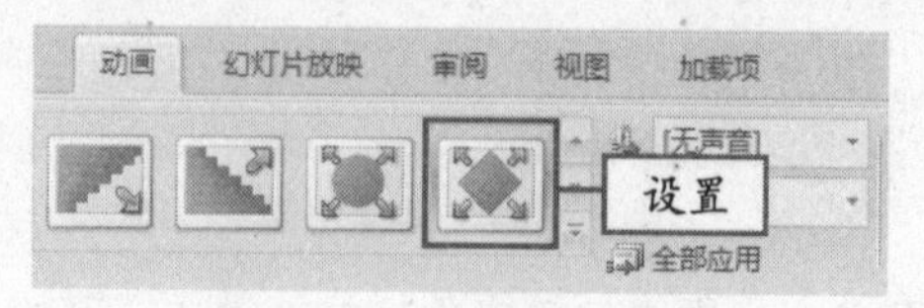

图 13-22 设置切换效果

⑤ 设置好切换到各张幻灯片的效果后，单击“动画”选项卡下“预览”组中的“预览”按钮，预览切换效果，如图 13-23 所示。

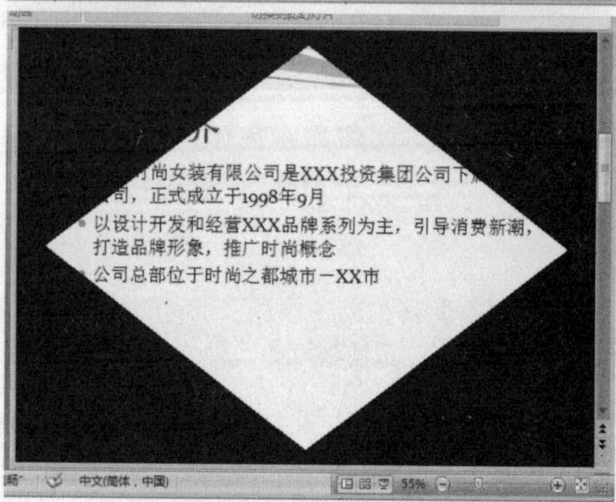

图 13-23 切换效果

说明 幻灯片切换效果是从一张幻灯片移到下一张幻灯片时出现的类似动画的效果。

13.2.2 设置动画方案

在 PowerPoint 中系统预设了动画方案，以方便用户为幻灯片添加动画效果。为幻灯片设置动画效果的具体方法如下：

① 单击“动画”选项卡下“动画”组中的“自定义动画”按钮，弹出“自定义动画”窗格，如图 13-24 所示。

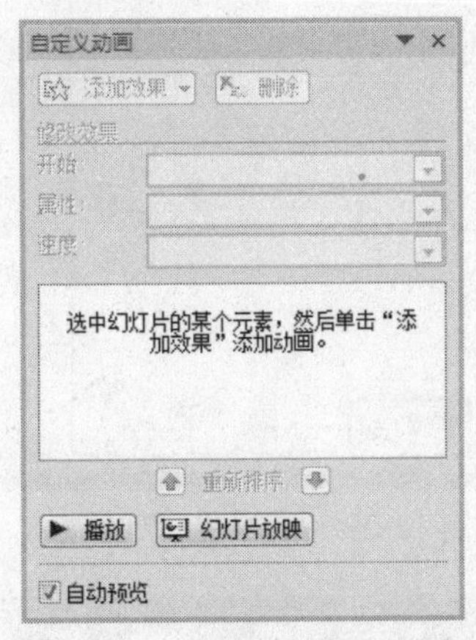

图 13-24 “自定义动画”窗格

② 选择要添加动画效果的文本，单击“自定义动画”窗格中的“添加效果”下拉按钮，在弹出的下拉菜单中选择“进入”|“飞入”命令，如图 13-25 所示。

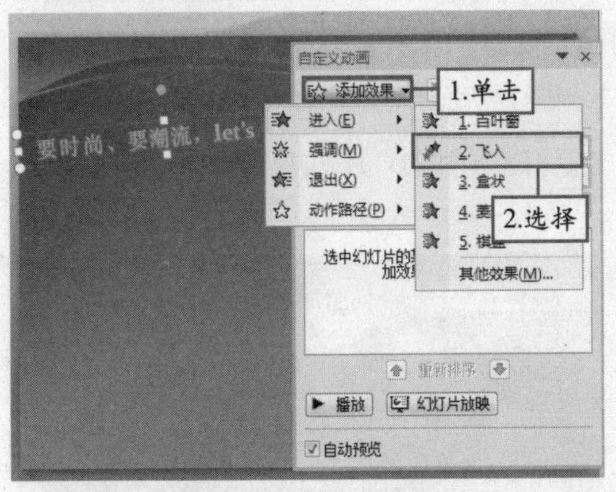

图 13-25 选择动画效果

③ 在“自定义动画”窗格中设置“开始”为“之前”，“方向”为“自左侧”，“速度”为“中速”，如图 13-26 所示。

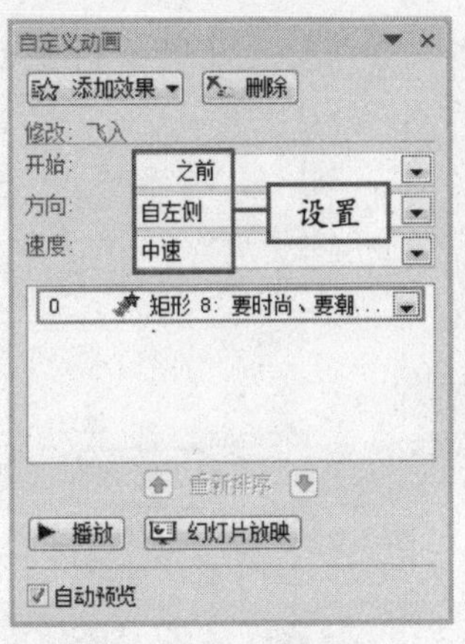

图 13-26 预览效果

④ 预览设置的动画效果，如图 13-27 所示。

图 13-27 预览效果

13.2.3 添加动作按钮

在幻灯片中添加动作按钮后，可以通过动作按钮来控制幻灯片的放映。添加动作按钮的具体操作方法如下：

选择动画方案后，在“自定义动画”窗格中单击“删除”按钮，可将该方案删除。 说明

① 选择要添加动作按钮的幻灯片，然后单击“插入”选项卡下“插图”组中的“形状”下拉按钮，在弹出的下拉面板的“动作按钮”选项区域中选择“动作按钮：前进或下一项”选项，如图 13-28 所示。

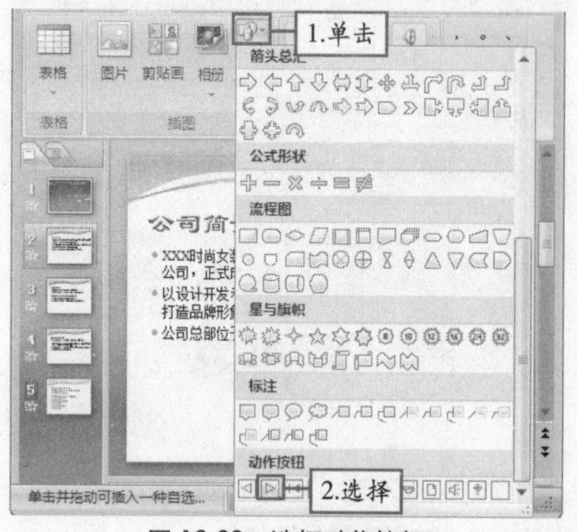

图 13-28 选择动作按钮

② 在幻灯片中拖动鼠标，绘制动作按钮，同时将弹出“动作设置”对话框，保持其中参数的默认设置，如图 13-29 所示，单击“确定”按钮，将关闭对话框。在进行幻灯片放映时，单击该按钮，将切换到下一张幻灯片。

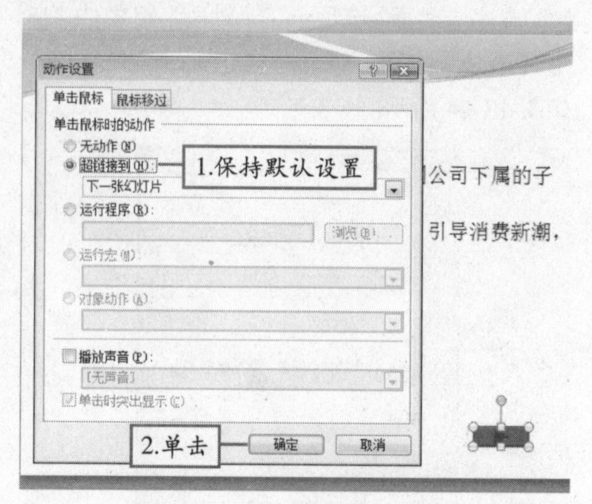

图 13-29 “动作设置”对话框

13.3 幻灯片的放映

创建好幻灯片后，用户可以对幻灯片的放映方式进行查看，如果对其不满意，还可以进行自定义设置。设置内容包括每张幻灯片的放映时间以及放映方式等。

13.3.1 排练计时

在放映演示文稿之前，用户可以通过排练计时，来统计合理的放映时间。在幻灯片放映时，就可以根据排练时间自动完成幻灯片的放映。进行排练计时的具体操作如下：

① 单击“设置”组中的“排练计时”按钮，如图 13-30 所示。

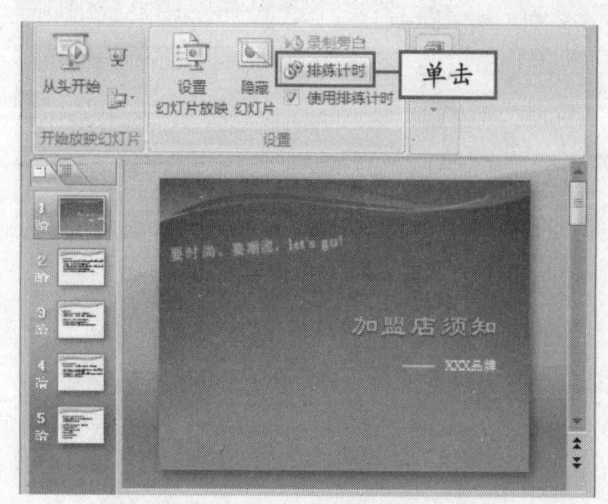

图 13-30 单击“排练计时”按钮

② 开始放映幻灯片，并出现“预演”窗格，如图 13-31 所示。

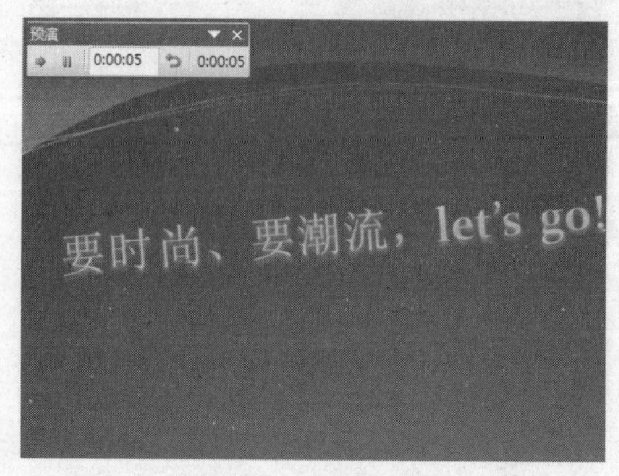

图 13-31 放映并计时

说明 在“动作设置”对话框中选中“运行程序”单选按钮，可设置单击按钮后要运行的程序。

③ 待第 1 张幻灯片排练计时完毕，单击“预演”窗格中的“下一项”按钮，对下一张幻灯片进行排练计时，全部放映结束，将弹出如图 13-32 所示的对话框。

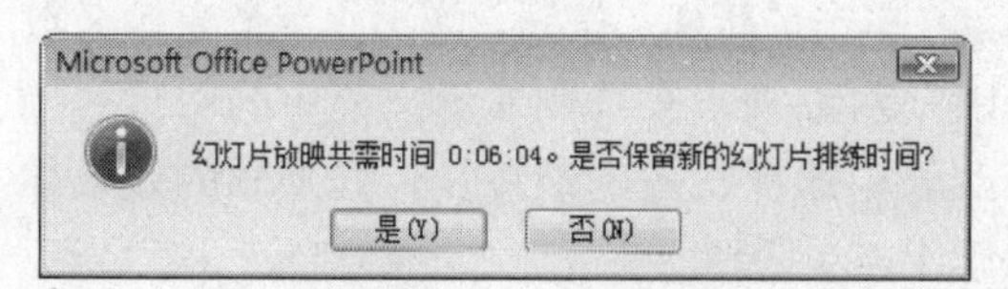

图 13-32 提示对话框

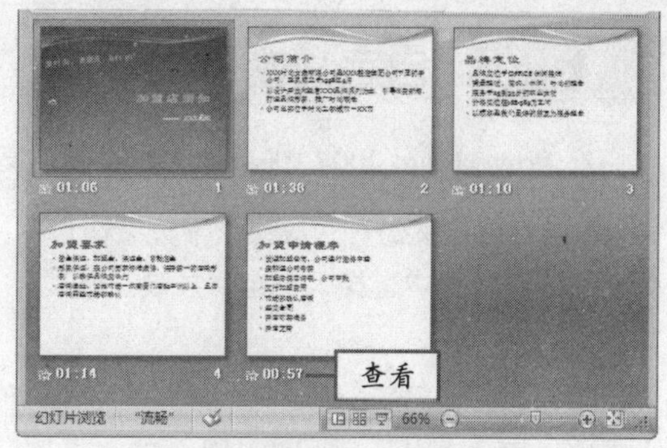

图 13-33 查看排列计时时间

④ 单击“是”按钮，关闭提示对话框，在编辑区中可查看放映每张幻灯片所需的时间，如图 13-33 所示。

⑤ 要使放映幻灯片时，按照排练计时时间自动播放幻灯片，需在设置组中选中“使用排练计时”复选框，如图 13-34 所示。

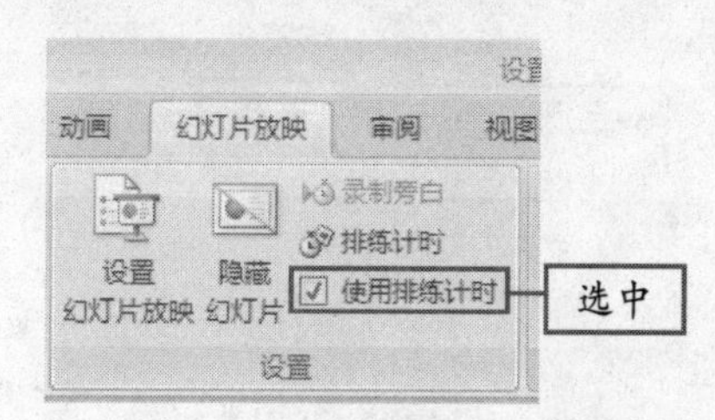

图 13-34 选中“使用排练计时”复选框

13.3.2 设置放映方式

单击“幻灯片放映”选项卡下“设置”组中的“设置幻灯片放映”按钮，将弹出 “设置放映方式”对话框，用户从中可设置演示文稿的放映方式，如放映类型、换片方式等，下面介绍具体的操作方法。

① 单击“设置”组中的“设置幻灯片放映”按钮，如图 13-35 所示。

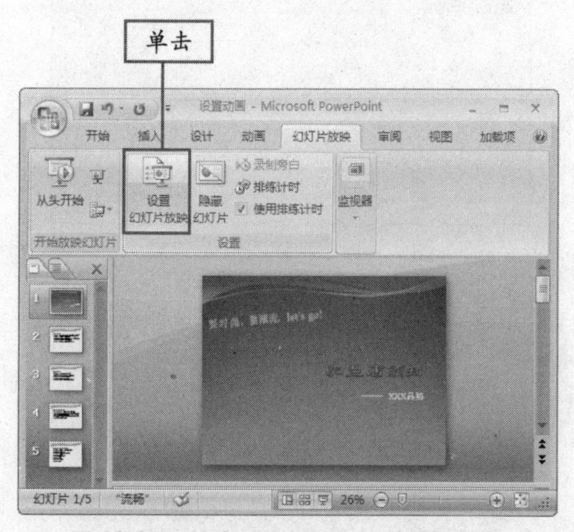

图 13-35 单击“设置幻灯片放映”按钮

② 弹出“设置放映方式”对话框，从中选中“在展台浏览（全屏幕）”单选按钮，在“放映幻灯片”选项区域中设置为“从 1 到 3”，如图 13-36 所示。单击“确定”按钮，完成设置。当放映幻灯片时，将根据排练计时自动放映幻灯片。

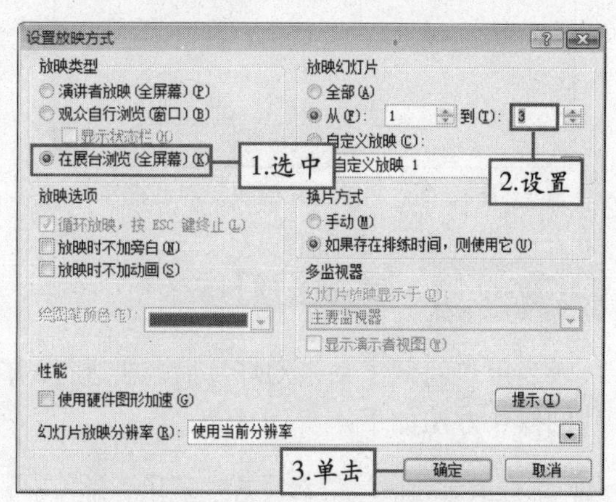

图 13-36 “设置放映方式”对话框

说明：在“设置”组中，取消选择“使用排练计时”复选框，可关闭排练计时功能。

13.3.3 自定义放映

在 PowerPoint 2007 中，用户可以自定义放映幻灯片。其具体的操作方法如下：

① 单击“自定义幻灯片放映”下拉按钮，在弹出的下拉菜单中选择“自定义放映”选项，如图 13-37 所示。

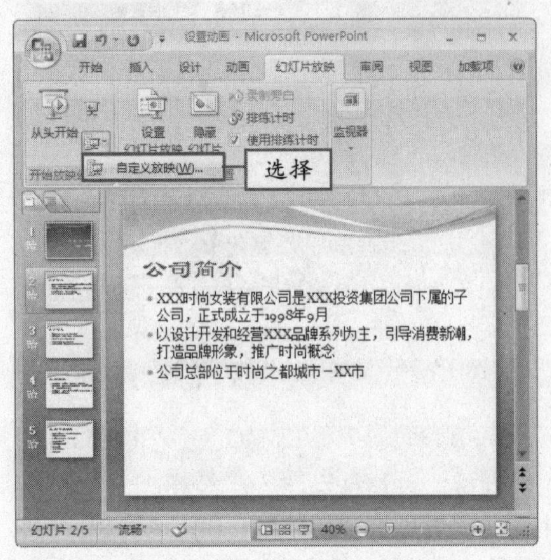

图 13-37 选择“自定义放映”选项

② 弹出“自定义放映”对话框，如图 13-38 所示。

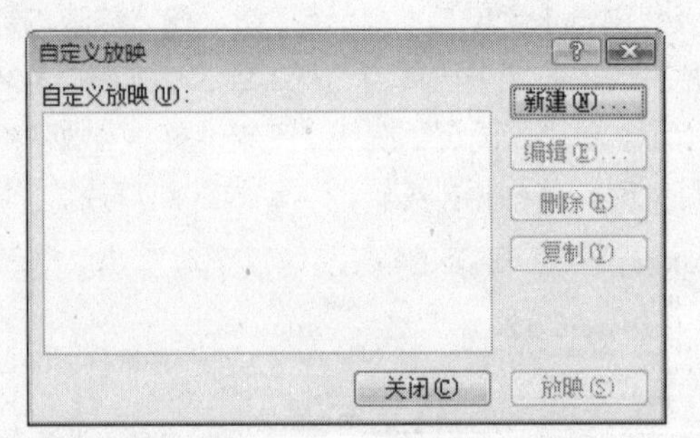

图 13-38 “自定义放映”对话框

③ 单击“新建”按钮，弹出“定义自定义放映”对话框，在“在演示文稿中的幻灯片”列表中选择相应的幻灯片，添加后的效果如图 13-39 所示。

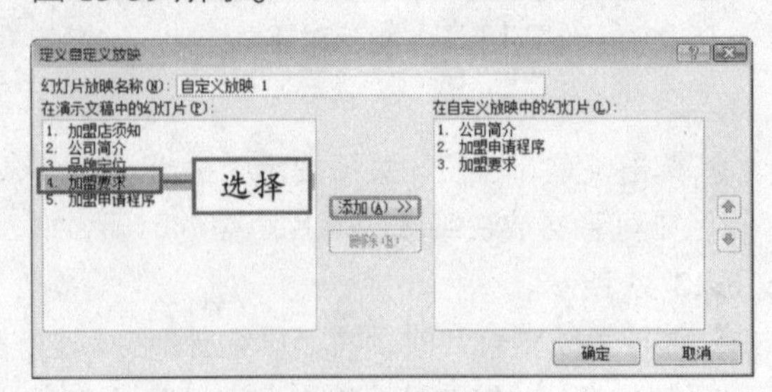

图 13-39 选择幻灯片

专家解疑

添加幻灯片时，要注意添加幻灯片的顺序，顺序不同，放映幻灯片时的顺序就不同。

④ 单击“确定”按钮，返回“自定义放映”对话框，如图 13-40 所示。单击“放映”按钮将开始按自定义的设置放映幻灯片。

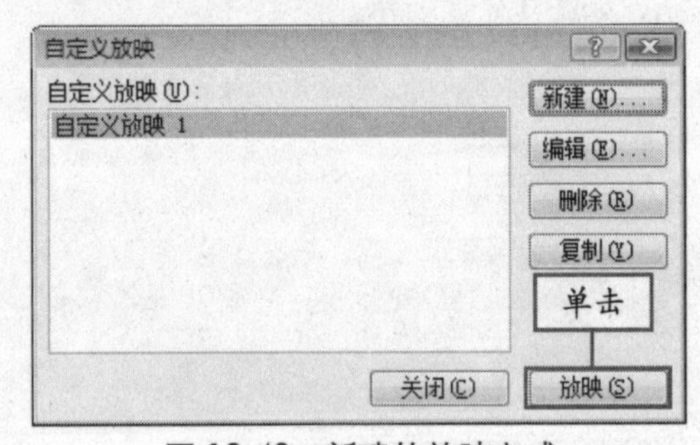

图 13-40 新建的放映方式

13.3.4 隐藏幻灯片

当用户隐藏了某张幻灯片后，在进行幻灯片的放映时，将不放映该张幻灯片，隐藏幻灯片的操作方法如下：

① 选择要进行隐藏的幻灯片，如第 5 张幻灯片，单击“设置”组中的“隐藏幻灯片”按钮，如图 13-41 所示。

② 此时将隐藏所选的幻灯片，放映完第 4 张幻灯片后，将结束放映，效果如图 13-42 所示。

说明 在“自定义放映”对话框中单击放映的名称，然后单击“放映”按钮，可预览自定义放映。

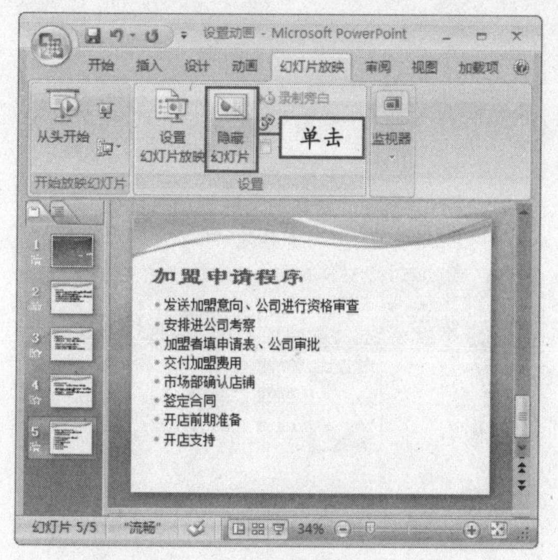

图 13-41　单击“隐藏幻灯片”按钮

图 13-42　放映时的效果

13.4　幻灯片的打包与发布

在 PowerPoint 2007 中，使用“打包成 CD”功能能够方便用户将制作的演示文稿在其他的电脑中放映。另外，使用“打包成 CD”功能还可将演示文稿打包到文件夹中，以方便保存或发布到网络上。而使用 PowerPoint 2007 中的发布功能，能够方便地在演示文稿中应用以前创建的幻灯片。

13.4.1　演示文稿打包

演示文稿打包的具体操作方法如下：

① 在要打包的演示文稿中单击 Office 按钮，在弹出的下拉菜单中选择“发布”|“CD 数据包”命令，如图 13-43 所示。

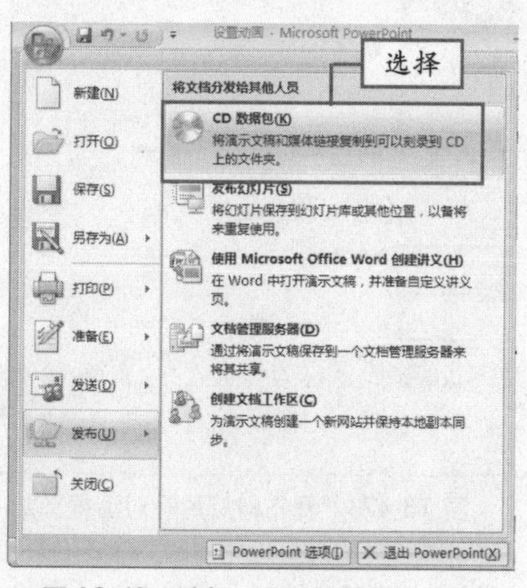

图 13-43　选择“CD 数据包”选项

② 弹出“打包成 CD”对话框，将 CD 命名为“演示文稿 CD1”然后单击“选项”按钮，如图 13-44 所示。

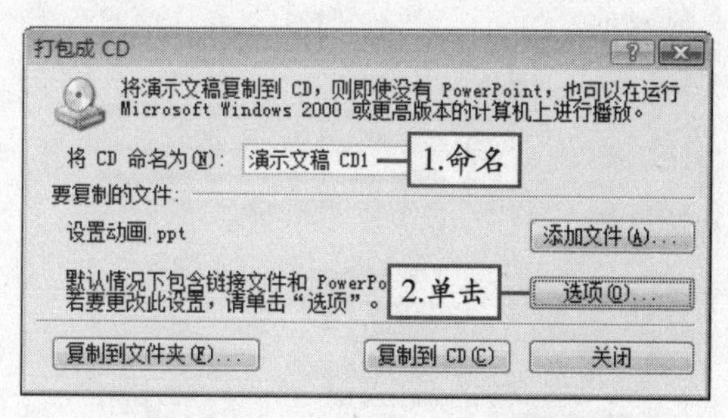

图 13-44　“打包成 CD”对话框

③ 此时将弹出“选项”对话框，从中选中“嵌入的 TrueType 字体”复选框，如图 13-45 所示。

再次单击“隐藏幻灯片”按钮，可取消隐藏幻灯片。　说明

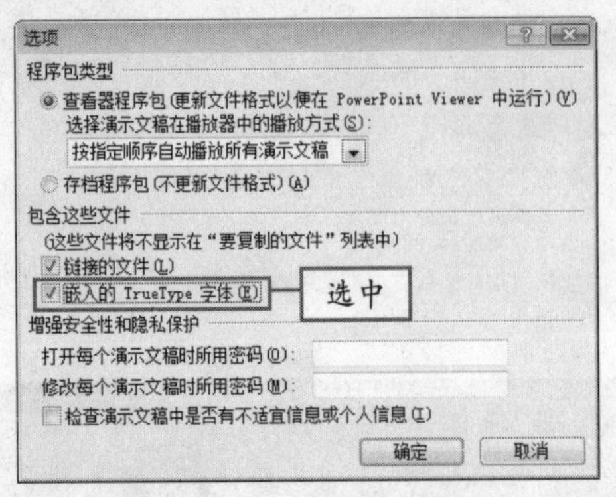

图 13-45 "选项"对话框

④ 单击"确定"按钮，返回"打包成 CD"对话框，然后单击其中的"复制到文件夹"按钮，弹出"复制到文件夹"对话框，从中选择保持文件夹位置，如图 13-46 所示。

⑤ 单击"确定"按钮，弹出提示信息，单击"是"按钮即可。此时可看到打包的文件夹，如图 13-47 所示。

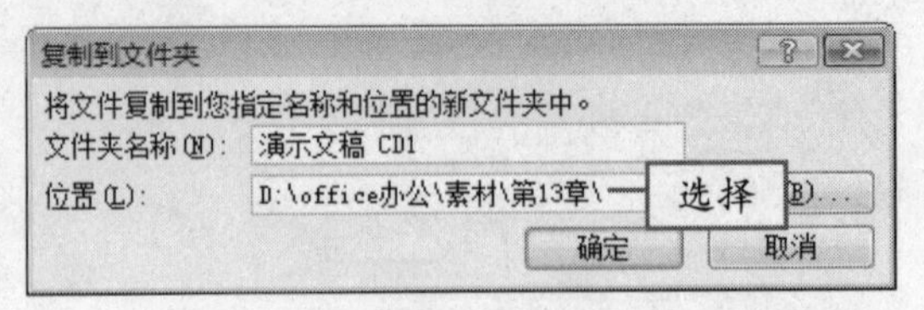

图 13-46 "复制到文件夹"对话框

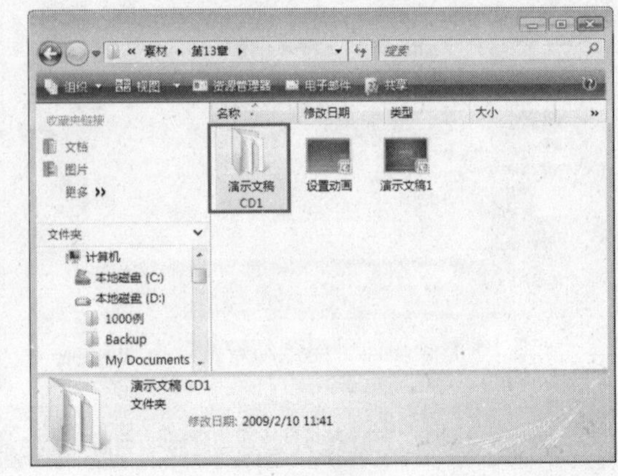

图 13-47 打包的文件夹

13.4.2 发布演示文稿

发布演示文稿的具体操作方法如下：

① 打开要发布的演示文稿，单击 Office 按钮，在弹出的下拉菜单中选择"发布"|"发布幻灯片"命令，如图 13-48 所示。

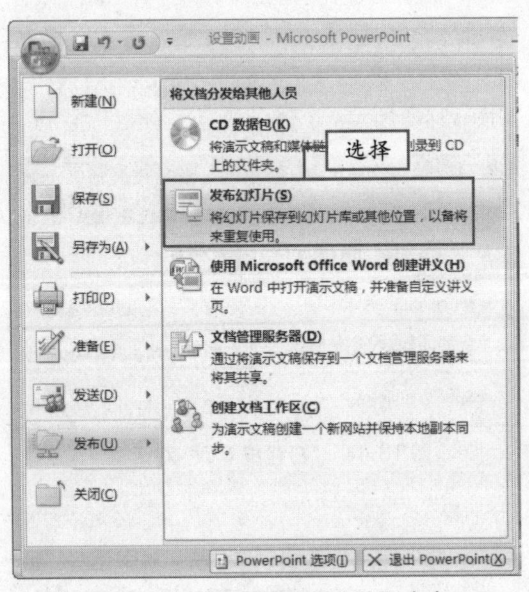

图 13-48 选择"发布幻灯片"命令

② 弹出"发布幻灯片"对话框，从中选中要发布的幻灯片，如图 13-49 所示。

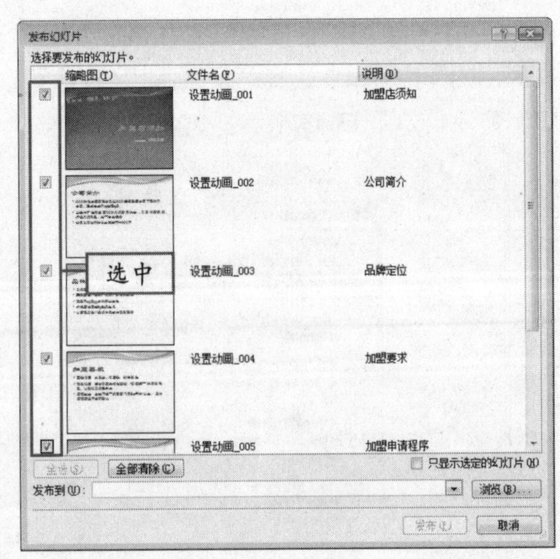

图 13-49 "发布幻灯片"对话框

说明 演示文稿在打包前必须进行保存，否则系统会提示用户保存后才能执行打包操作。

③ 单击“浏览”按钮，弹出“选择幻灯片库”对话框，选择放置的位置和文件夹名称，如图 13-50 所示。

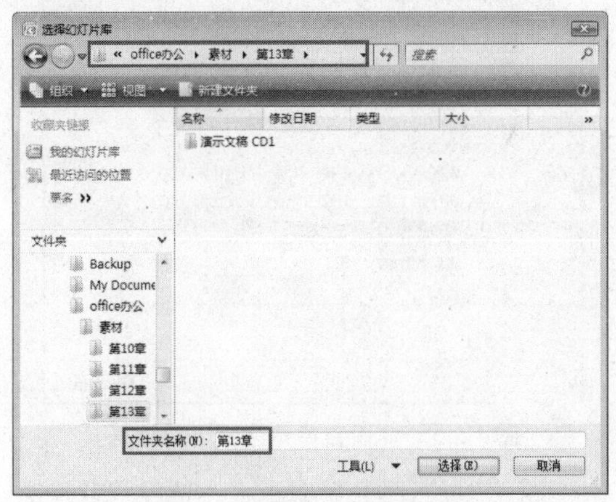

图 13-50 “选择幻灯片库”对话框

④ 单击“选择”按钮，返回“发布幻灯片”对话框，单击“发布”按钮发布幻灯片。发布的幻灯片如图 13-51 所示。

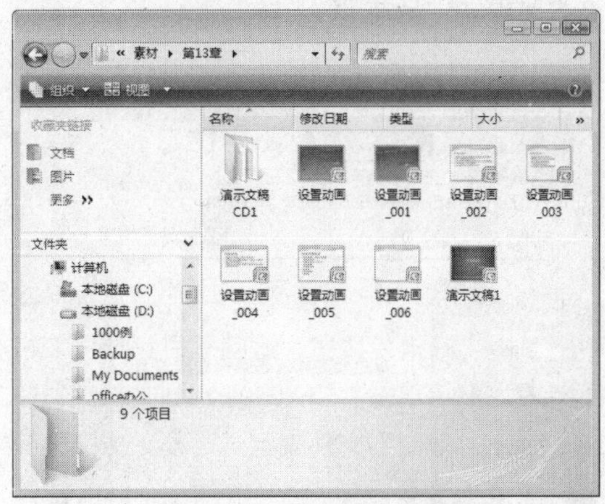

图 13-51 发布的幻灯片

13.5 综合实战——制作公司发展历程演示幻灯片

本章详细介绍了幻灯片中模板和母版的使用方法、为幻灯片添加动画效果、设置幻灯片的放映、幻灯片的打包与发布等知识，下面将通过综合的实例来帮助读者巩固前面所学的内容。

实例效果：

本实例将创建公司发展历程的幻灯片，并通过创建幻灯片母版，为演示文稿设置统一的样式，然后设置幻灯片的放映方式，并对制作好的幻灯片进行打包。该实例的最终效果如图 13-52 所示。

图 13-52 综合效果

操作步骤：

说明：公司通常把公司的发展历程制作成幻灯片，以便在进行公司宣传时放映。

① 创建一个名为“公司发展历程”的空白演示文稿，单击“视图”选项卡下“演示文稿视图”组中的“幻灯片母版”按钮，切换到幻灯片母版视图，如图 13-53 所示。

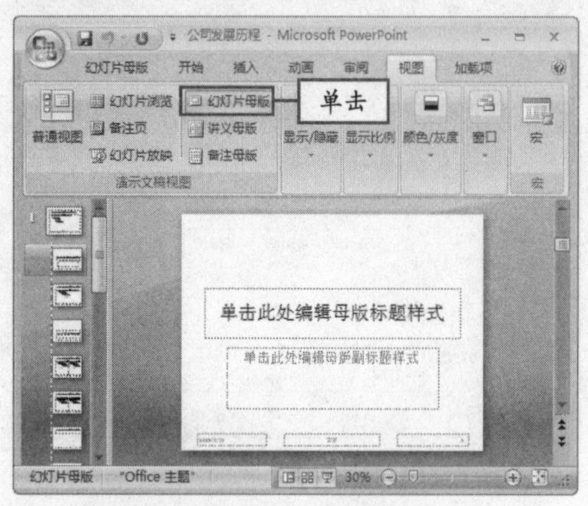

图 13-53　幻灯片母版视图

② 选择第 1 张母版幻灯片，单击“编辑主题”组中的“背景样式”下拉按钮，在弹出的下拉面板中选择“设置背景格式”选项，如图 13-54 所示。

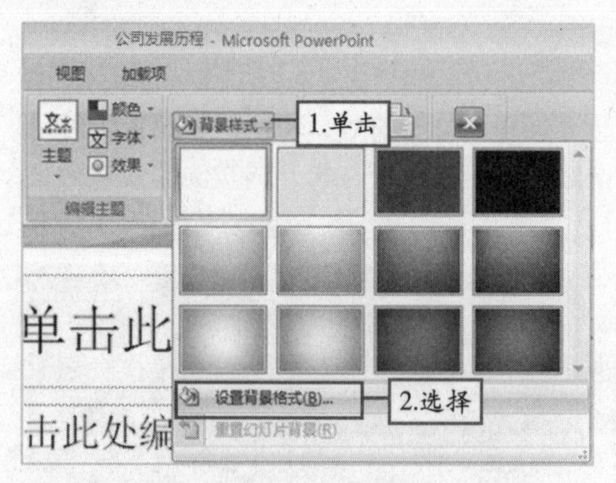

图 13-54　选择“设置背景格式”选项

③ 弹出“设置背景格式”对话框，从中选中“图片或纹理填充”单选按钮，然后单击“文件”按钮，如图 13-55 所示。

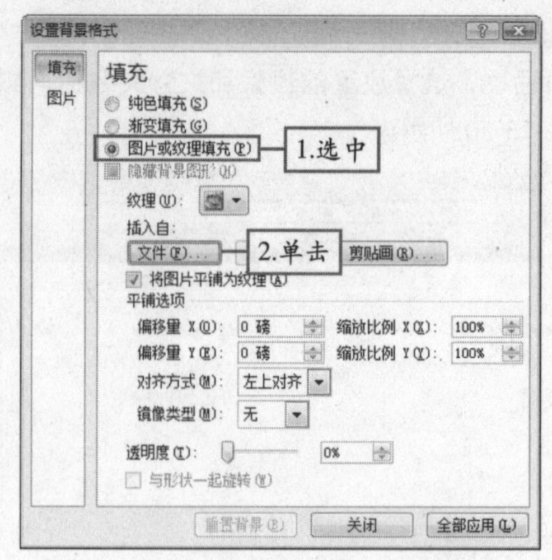

图 13-55　“设置背景格式”对话框

④ 弹出“插入图片”对话框，选择“背景图片”图片，如图 13-56 所示。

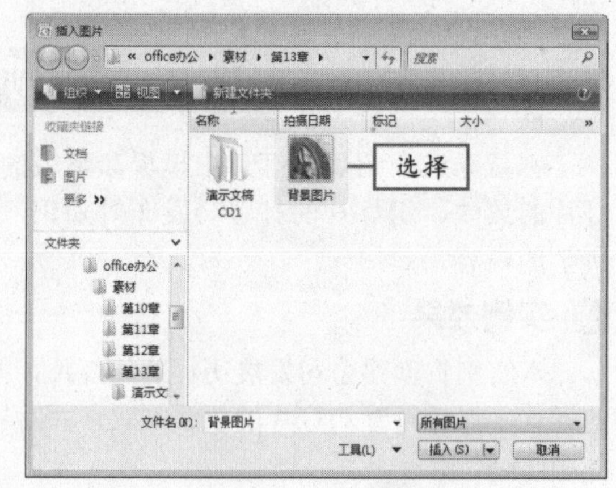

图 13-56　选择图片

⑤ 单击“插入”按钮，设置的背景样式如图 13-57 所示。

图 13-57　设置背景样式后的效果

说明　实例中通过制作幻灯片母版为这个演示文稿设置统一的背景样式。

⑥ 单击“插入”选项卡下“插图”组中的“形状”下拉按钮，在弹出下拉面板中选择“矩形”选项，如图 13-58 所示。

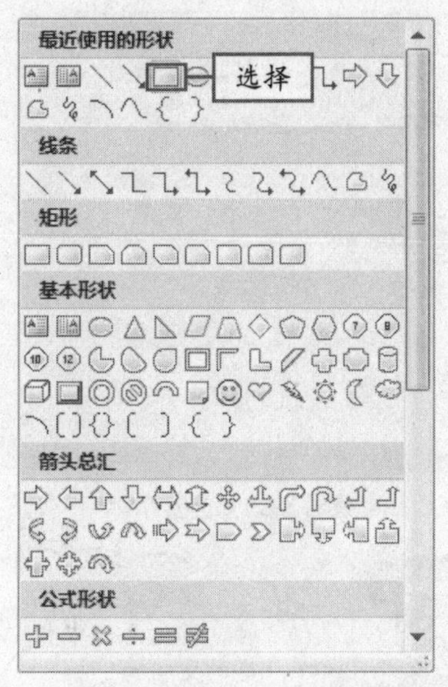

图 13-58 选择“矩形”选项

⑦ 绘制一个和编辑区同样大小的矩形，删除矩形的轮廓，并单击“形状填充”下拉按钮，在弹出的调色板中选择“紫色 强调文字颜色 4 淡色 60%”选项，如图 13-59 所示。

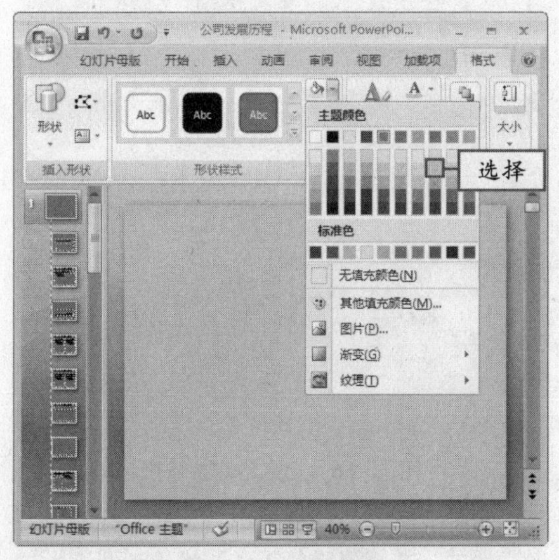

图 13-59 填充颜色

⑧ 打开“设置形状格式”对话框，将透明度设置为 70%，如图 13-60 所示。

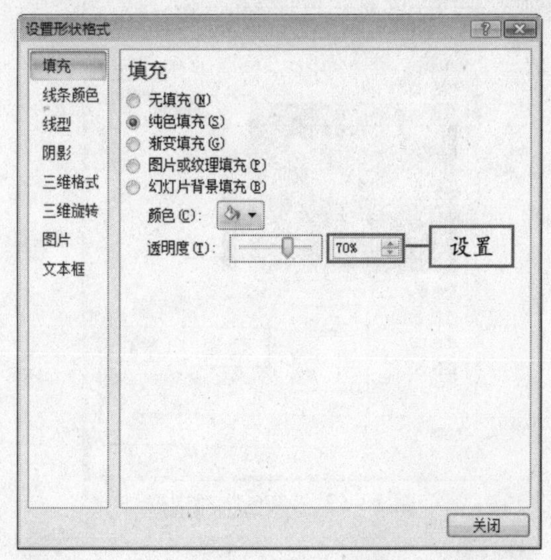

图 13-60 设置透明度

⑨ 单击“关闭”按钮，关闭对话框，然后多次单击“排列”组中的“置于底层”按钮右侧的下拉按钮，在弹出的下拉菜单中选择“下拉一层”选项，最终的幻灯片母版效果如图 13-61 所示。

图 13-61 调整图形次序

⑩ 再次插入矩形形状，在“颜色”对话框中设置颜色，如图 13-62 所示。

⑪ 在“设置形状格式”对话框中设置该形状的边框的线条颜色为“实线”，线型宽度为 0.2，颜色为“深蓝 文字 2 深色 25%”，其他设置如图 13-63 所示。

为形状设置透明度是为了显示其后面的背景图片。 说明

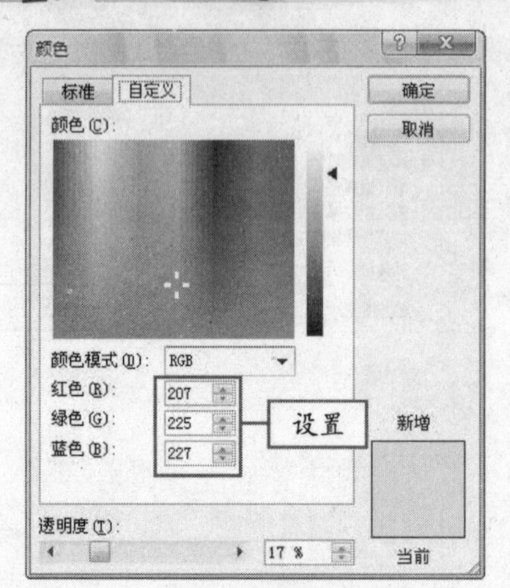

图 13-62 “颜色”对话框

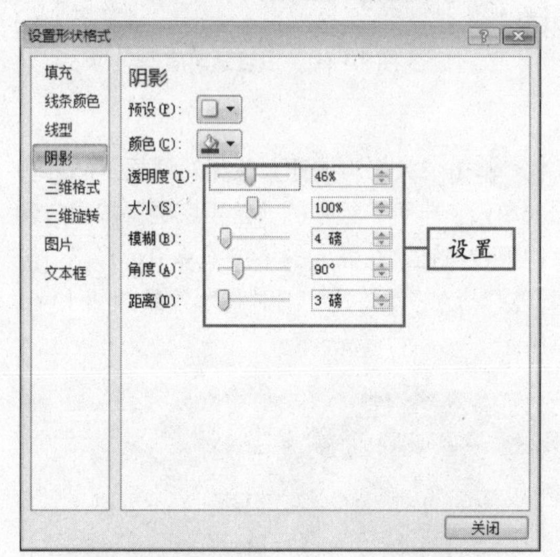

图 13-63 “设置形状格式”对话框

⑫ 设置好矩形形状的填充颜色和边框后，复制一个矩形，并调整各自的位置、大小和排列顺序，最终效果如图 13-64 所示。

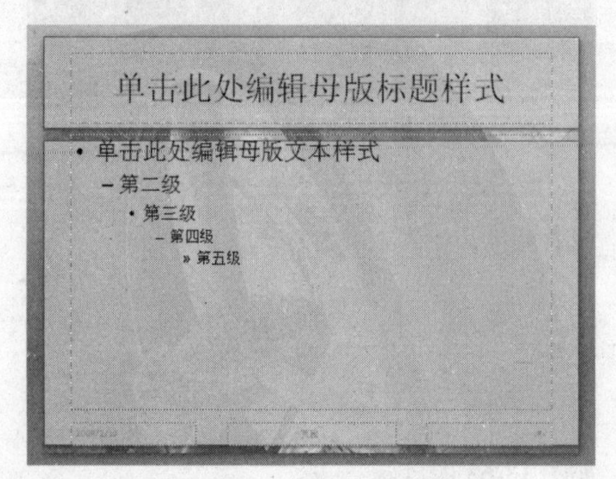

图 13-64 矩形形状效果

⑬ 设置标题文字的字体为“方正行楷简体”，内容文字的字体为“方正楷体简体”，效果如图 13-65 所示。

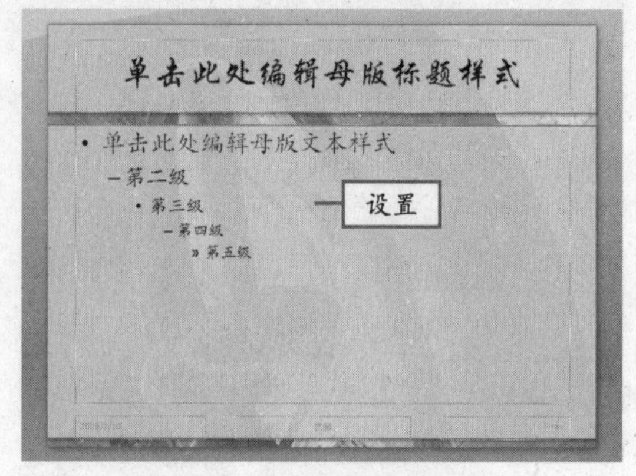

图 13-65 设置字体

⑭ 单击“编辑母版”组中的“插入幻灯片母版”按钮，插入第 2 张幻灯片母版，如图 13-66 所示。

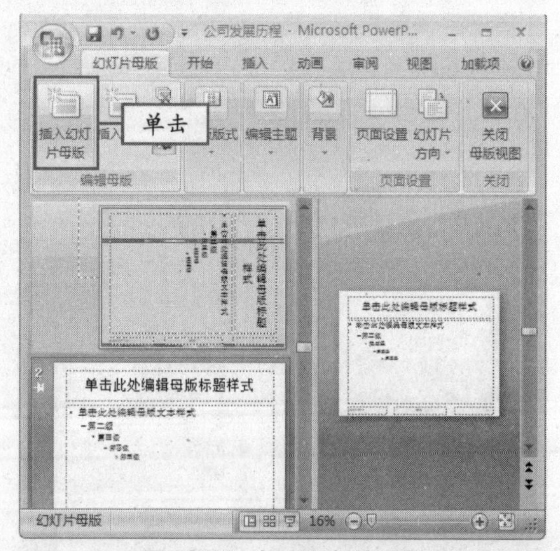

图 13-66 插入幻灯片母版

⑮ 在第 2 张幻灯片母版中，选择“标题幻灯片”版式，并将淡绿色矩形形状复制到该版式的母版中，并调整位置、大小和排列次序，将标题设置为“方正行楷简体”，副标题设置为“方正楷体简体”，效果如图 13-67 所示。

说明 制作幻灯片母版时，可以像制作普通幻灯片一样，从中插入另一张幻灯片母版。

图 13-67　母版效果

⑯ 单击“关闭幻灯片母版”按钮，关闭幻灯片母版，插入相应版式的幻灯片，效果如图 13-68 所示。

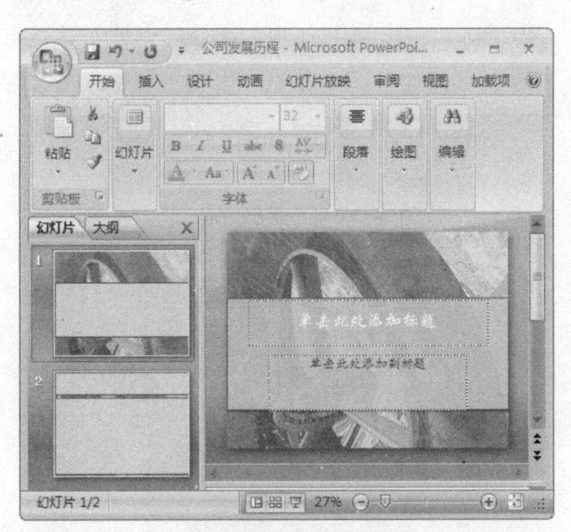

图 13-68　幻灯片效果

⑰ 在各张幻灯片中输入文本，效果如图 13-69 所示。

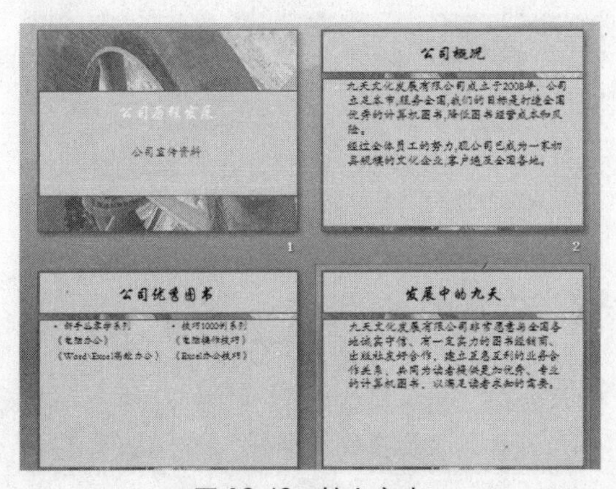

图 13-69　输入文本

⑱ 选择第 1 张幻灯片，单击“动画”选项卡下“切换到此幻灯片”组中切换效果下拉列表框右下角的按钮，在弹出的下拉面板中选择“垂直百叶窗”选项，如图 13-70 所示。

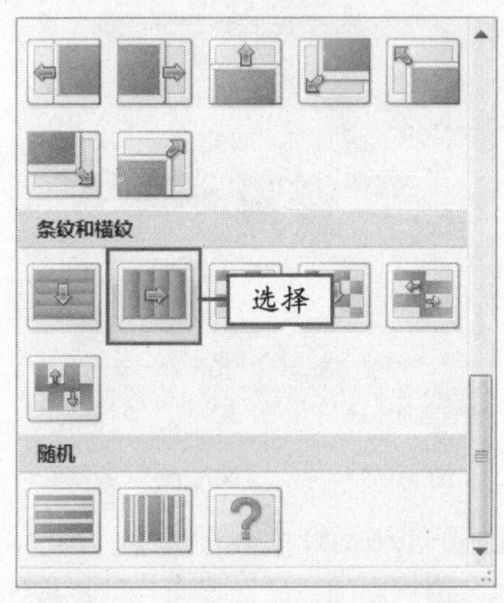

图 13-70　选择“垂直百叶窗”选项

⑲ 在“切换速度”下拉列表框中选择“中速”选项，并单击“全部应用”按钮，如图 13-71 所示。

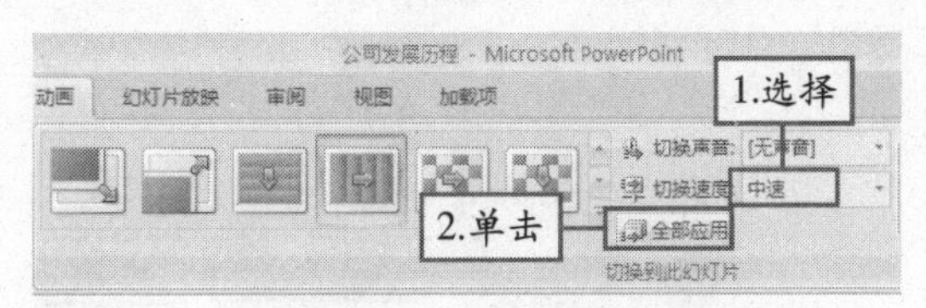

图 13-71　设置切换效果

⑳ 单击“预览”按钮，预览放映幻灯片时的效果，如图 13-72 所示。

图 13-72　设置的切换效果

单击“全部应用”按钮，将使切换每一张幻灯片时的切换效果都为“垂直百叶窗”。　说明

㉑ 单击“动画”组中的“自定义动画”按钮，弹出“自定义动画”窗格，如图13-73所示。

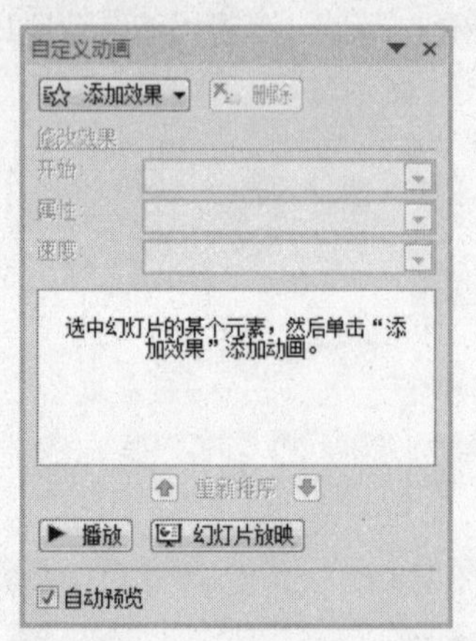

图13-73 “自定义动画”窗格

㉒ 选择第1张幻灯片中的标题，单击“自定义动画”窗格中的“添加效果”下拉按钮，在弹出的下拉菜单中，选择“进入”|“其他效果”命令，如图13-74所示。

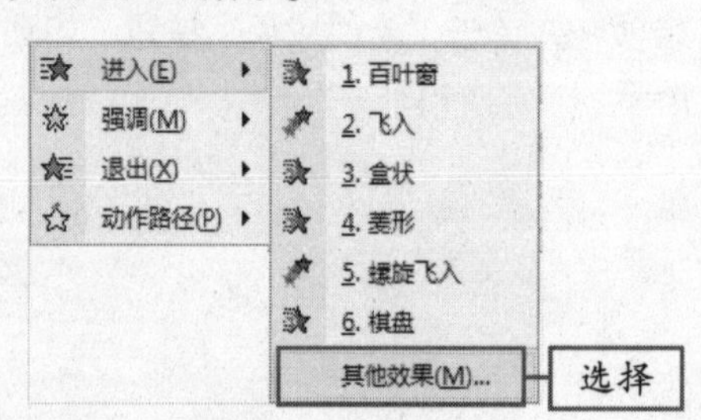

图13-74 选择“其他效果”命令

㉓ 弹出“添加进入效果”对话框，从中选择“飞旋”选项，如图13-75所示。

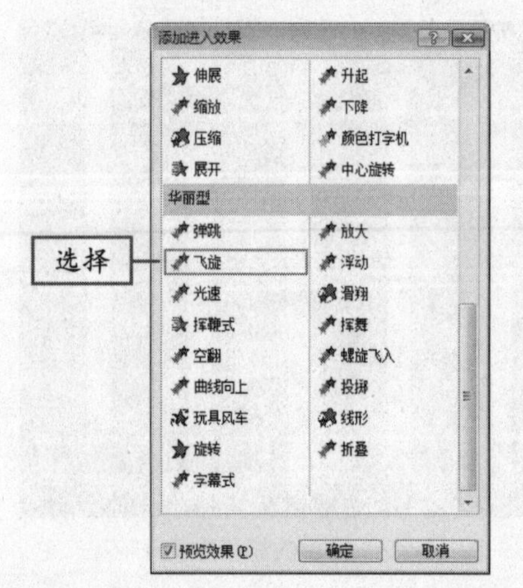

图13-75 “添加进入效果”对话框

㉔ 单击“确定”按钮，返回“自定义动画”窗格，并设置“开始”为“之前”，“速度”为“中速”，如图13-76所示。

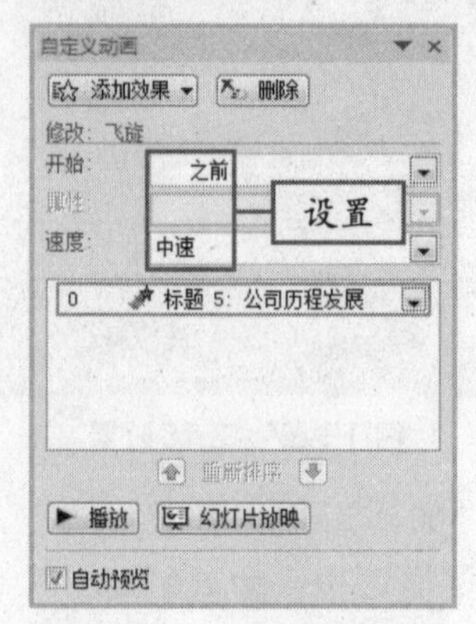

图13-76 添加动画效果

㉕ 将副标题的动画效果设置为“随机线条”，“开始”设置为“之前”，“速度”设置为“快速”，如图13-77所示。

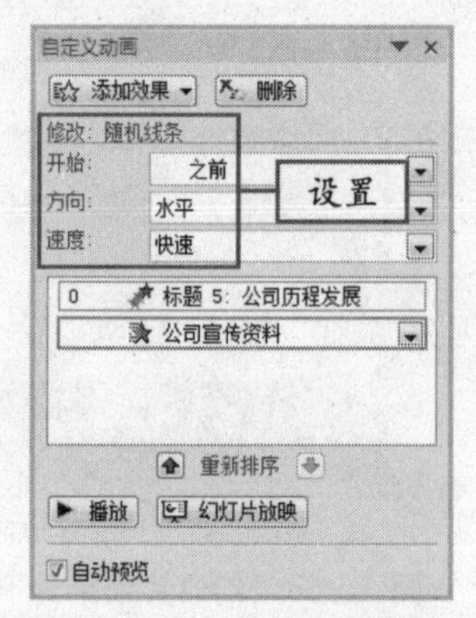

图13-77 设置副标题的动画效果

㉖ 预览添加的动画效果，如图13-78所示。

图13-78 预览添加的动画效果

说明 单击“播放”按钮，将播放设置的动画效果。

㉗ 在第 2 张幻灯片中，设置标题的动画效果为“棋盘”，并设置其他参数，如图 13-79 所示。

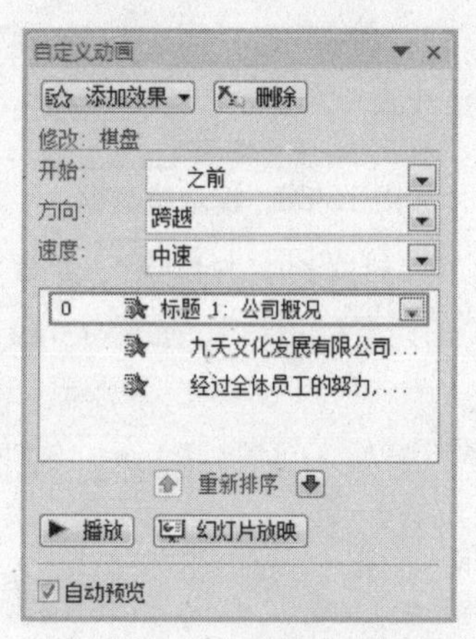

图 13-79　设置标题动画效果

㉘ 选择内容文本，为其设置动画效果，如图 13-80 所示。

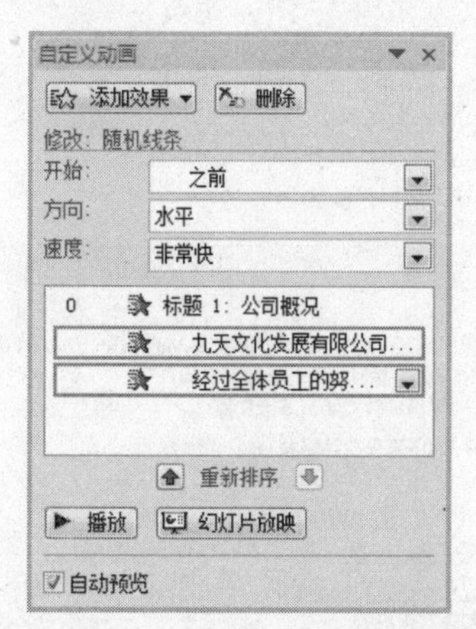

图 13-80　为内容文本设置动画效果

㉙ 预览设置的动画效果，如图 13-81 所示。

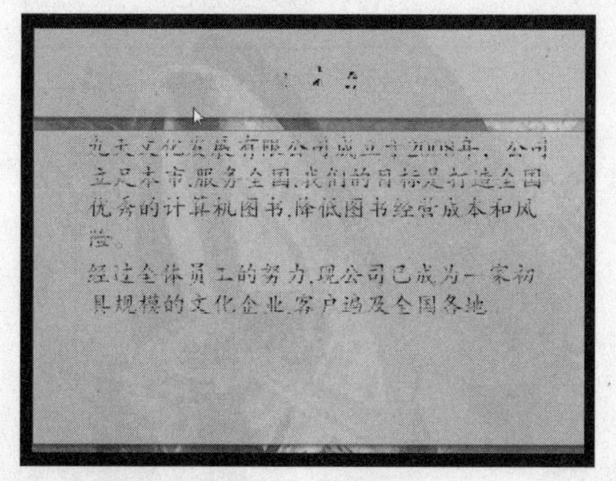

图 13-81　预览效果

㉚ 用同样的方法，为其他幻灯片设置动画效果。单击“幻灯片放映”选项卡下“设置”组中的“排练计时”按钮，如图 13-82 所示。

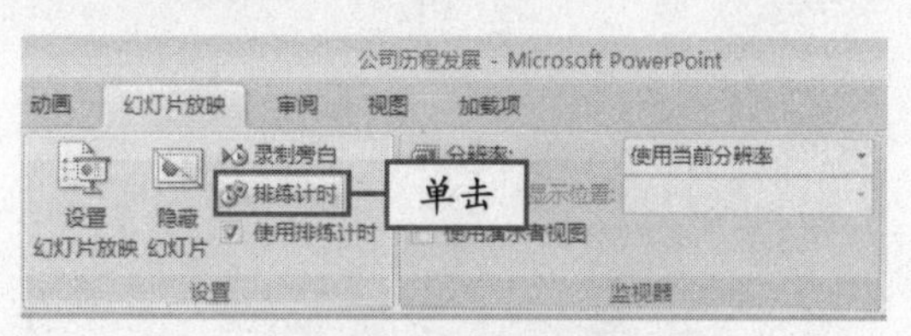

图 13-82　单击“排练计时”按钮

㉛ 开始对幻灯片的放映时间进行排练计时，如图 13-83 所示。

图 13-83　排练计时

㉜ 对所有的幻灯片进行排练计时后，将弹出如图 13-84 所示的对话框。

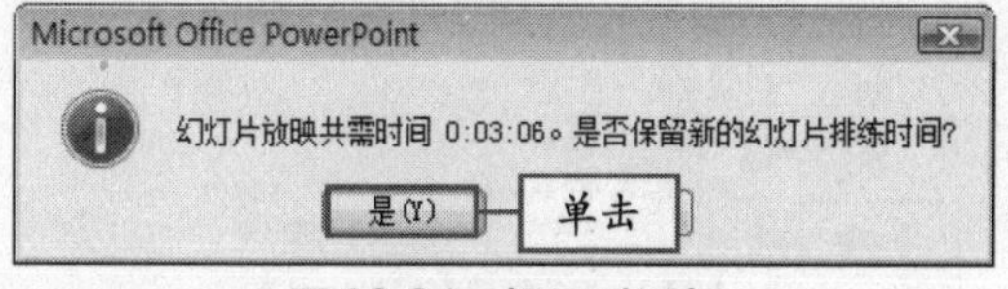

图 13-84　提示对话框

㉝ 单击“是”按钮，保存排练时间，效果如图 13-85 所示。

㉞ 单击“设置”组中的“设置幻灯片放映”按钮，将弹出“设置放映方式”对话框，从中选中“在展台浏览（全屏幕）”单选按钮，如图 13-86 所示。

用户应适当在幻灯片中添加动画效果，如果添加过多，反而影响幻灯片的效果。　说明

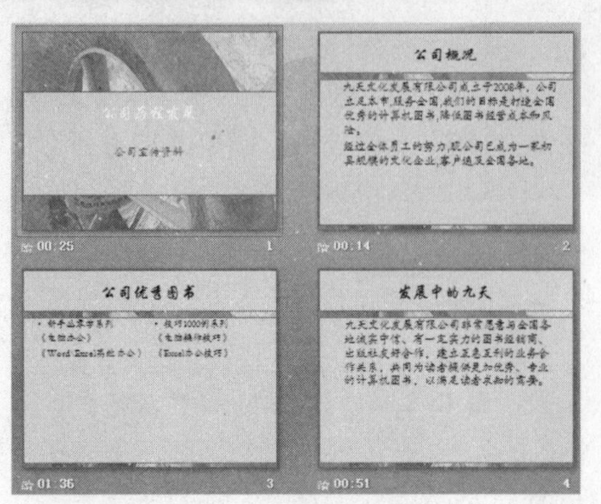

图 13-85　显示计时

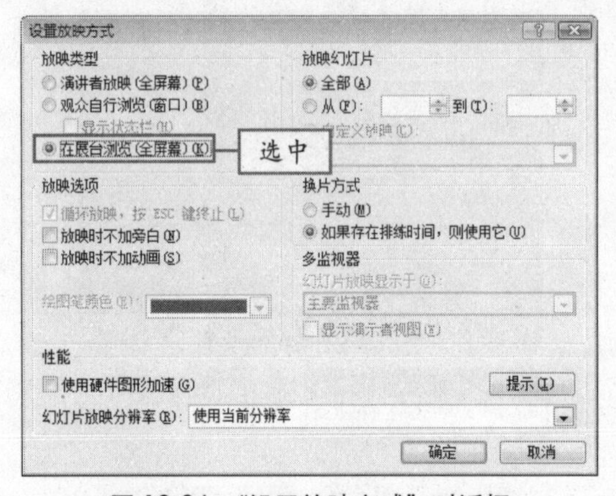

图 13-86　“设置放映方式”对话框

㉟ 单击“确定”按钮，关闭对话框，完成设置。单击 Office 按钮，在弹出下拉菜单中选择“发布”|“CD 数据包”命令，如图 13-87 所示。

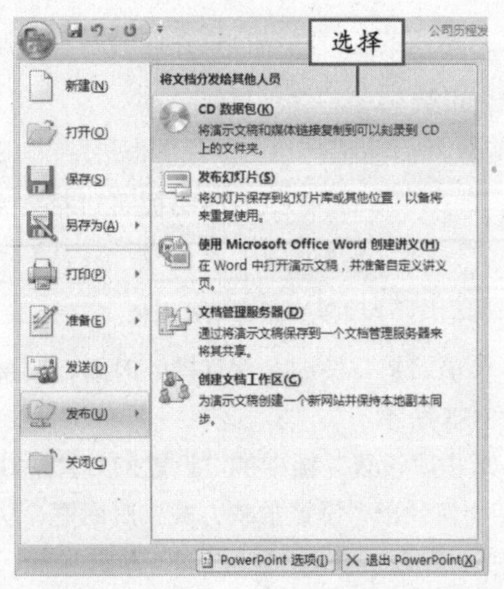

图 13-87　选择“CD 数据包”命令

㊱ 此时将弹出提示信息框，如图 13-88 所示，单击“确定”按钮即可。

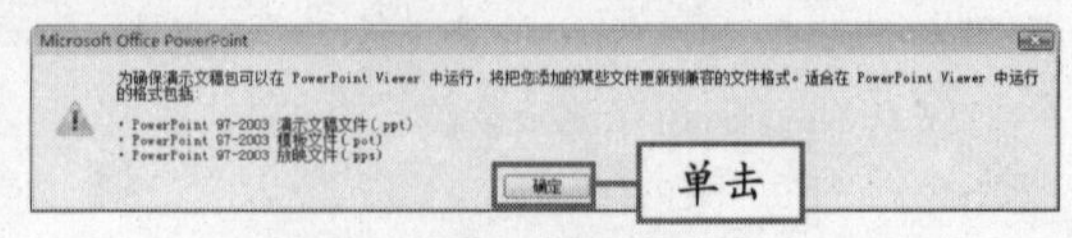

图 13-88　提示信息框

㊲ 弹出“打包成 CD”对话框，在其中将 CD 命名为“公司宣传资料”，如图 13-89 所示。

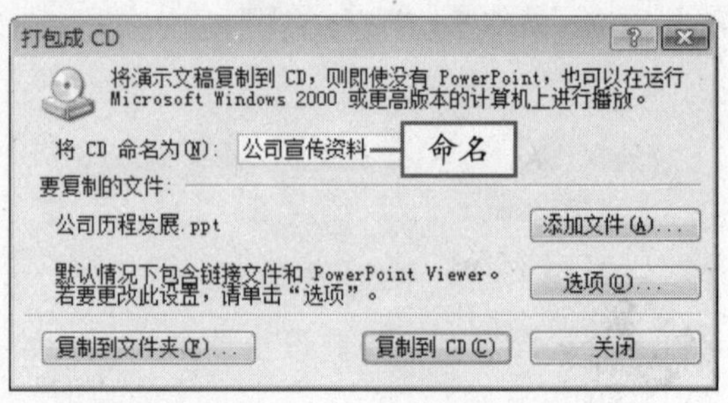

图 13-89　命名 CD

㊳ 单击“选项”按钮，弹出“选项”对话框，从中选中“嵌入的 TrueType 字体”对话框，如图 13-90 所示。

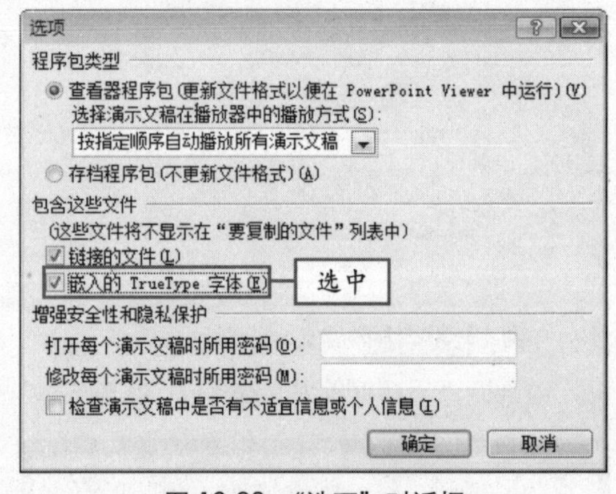

图 13-90　“选项”对话框

说明　一般在展台上播放幻灯片时，使用排练计时功能。

39 单击“确定”按钮，返回“打包成 CD”对话框，单击“复制到文件夹”按钮，弹出“复制到文件夹”对话框，单击“浏览”按钮，弹出“选择位置”对话框，从中选择文件夹的存放位置，如图 13-91 所示。

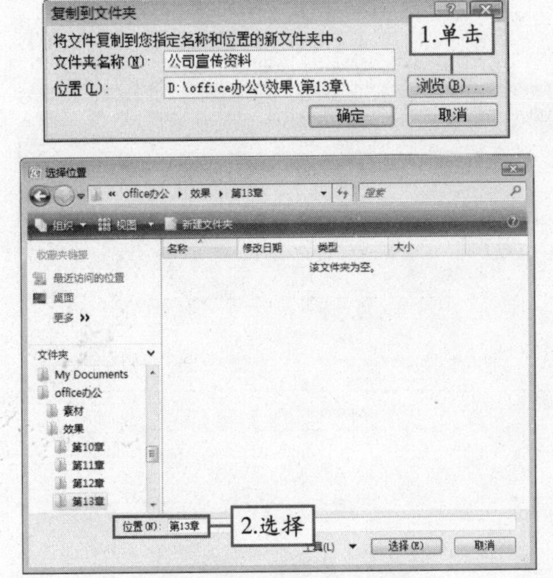

图 13-91 选择存放位置

40 设置复制文件夹的位置后，返回到“打包成 CD”对话框，单击“关闭”按钮，将弹出提示对话框，单击“是”按钮即可。打开打包的文件夹，在其中可看到相应的文件，如图 13-92 所示。

图 13-92 打包文件

至此，实例制作完毕。

巩固与练习

一、填空题

1. ________是一种特殊的幻灯片，在母版中可以定义演示文稿中统一的__________、__________等外观，还可以对幻灯片中的文本的格式进行设置。

2. 通过__________窗格，可以为幻灯片中的内容添加动画效果。

3. 通过__________也可以控制幻灯片的放映。通过__________下拉面板可以插入动作按钮。

4. 隐藏幻灯片后，在放映幻灯片时，将__________该幻灯片。

二、简答题

1. 简述应用幻灯片模板的方法。
2. 如何为幻灯片添加动画效果？
3. 简述进行排练计时的方法。
4. 简述发布演示文稿的方法。

三、上机题

请读者运用本章所讲的知识，动手制作一个演示文稿，掌握使用母版制作幻灯片样式以及为幻灯片设置动画的方法。

读书笔记

说明　要注意整个演示文稿中版式、风格、配色的统一。

第 14 章 Access 2007 数据库应用

- 认识 Access 2007
- 掌握创建数据库的方法
- 掌握编辑数据的方法
- 应用数据库管理系统

Yoyo，你对 Access 2007 了解吗？

当然了解了，它常被用来开发简单的 Web 程序和小型软件等！

是的。Access 2007 也是 Office 2007 中的组件之一，它与以往的版本相比，在视图和功能等方面都有很大的改进。虽然在 Excel 中可以很方便地对表格中的数据内容进行编辑，但要有效地管理数据还需要使用 Access 数据库。本章将向读者介绍 Access 2007 数据库的相关知识！

14.1 认识 Access 2007

Access 是微软公司推出的基于 Windows 的桌面关系数据库管理系统(RDBMS)，是 Office 系列应用软件之一。它在很多地方得到广泛使用，如简单的 Web 应用程序、小型网站或软件的数据库等。

14.1.1 Access 2007 工作界面

Access 2007 与 Excel 2007 一样，都是 Office 家族的成员，所以在工作界面上有很多相似之处，这为想学习、掌握 Access 2007 的用户提供了很有利的条件。图 14-1 所示为 Access 2007 的工作界面。

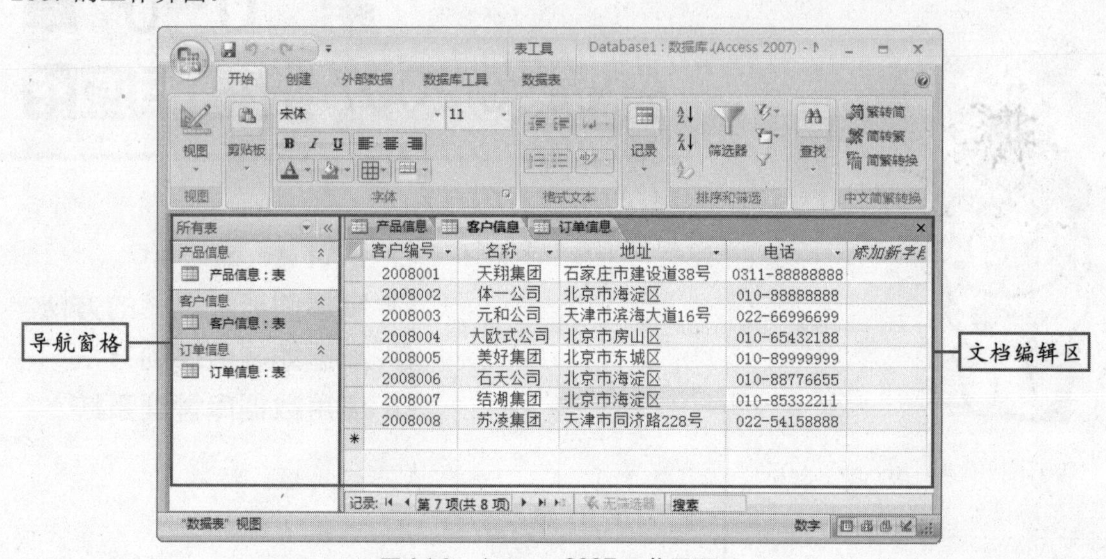

图 14-1　Access 2007 工作界面

Access 2007 与 Word 2007 相比，最大的不同之处在于编辑区包含了导航窗格和选项卡式的文档编辑区，下面将进行详细介绍。

导航窗格

位于编辑区的左侧，用于显示数据库中各个对象的名称，如表、窗体和报表等，如图 14-2 所示。从中双击某个对象，可以在右侧的文档编辑区中打开该对象。

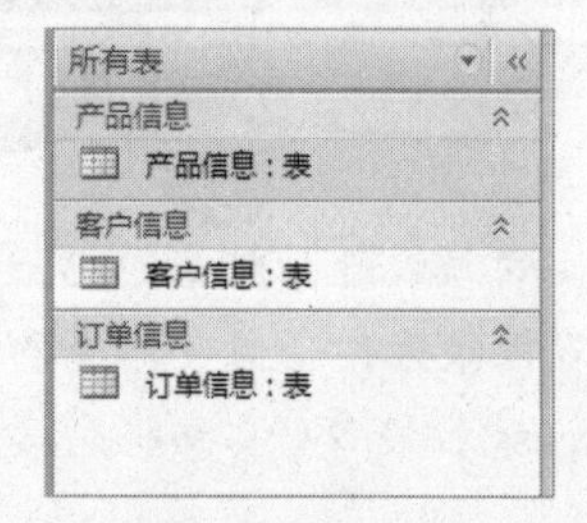

图 14-2　导航窗格

选项卡式文档编辑区

选项卡式的文档编辑区是 Access 2007 最具特色的部分，所有打开的数据库对象将以选项卡的形式显示在编辑区中，单击相应的选项卡，可轻松实现对象的切换，如图 14-3 所示。

图 14-3　选项卡式编辑区

说明　Access 2007 与其他组件相比，功能区的选项较少。

14.1.2　Access 2007 视图

Access 2007 中有数据表视图、数据透视表视图、数据透视图视图和设计视图 4 种视图，下面将分别对这几种视图进行详细介绍。

数据表视图

数据表视图是 Access 2007 默认视图，主要用于编辑和显示当前数据库中的数据，用户在录入数据、修改数据、删除数据的时候，大部分操作都是在数据表视图中进行的，如图 14-4 所示。

产品编号	名称	单价	添加新字段
20090501	AC001	25.6	
20090502	BE006	28.5	
20090503	JD005	22.4	
20090504	RH008	30.2	
20090505	UI002	26.8	
20090506	OG006	25	
20090507	HD009	23.9	
20090508	JR004	28.3	
20090509	LS003	27.5	
20090510	SU007	29.2	
*		0	

图 14-4　数据表视图

数据透视表视图

数据透视表视图使用 Office 数据透视表组件，常用于进行交互式数据分析，类似于 Excel 中的数据透视表，如图 14-5 所示。首次在该视图下打开数据表或窗体时，视图中不包含基础记录源或窗体中的字段，需要用户根据需要进行添加。

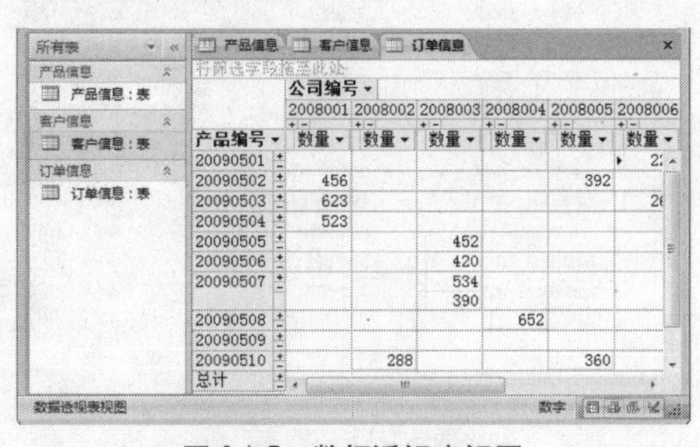

图 14-5　数据透视表视图

数据透视图视图

数据透视图视图使用 Office Chart 组件，使用它可以创建动态的交互式图表，类似于 Excel 中的图表，如图 14-6 所示。同数据透视表一样，首次在该视图下打开数据表或窗体时，需要用户根据需要添加数据源。

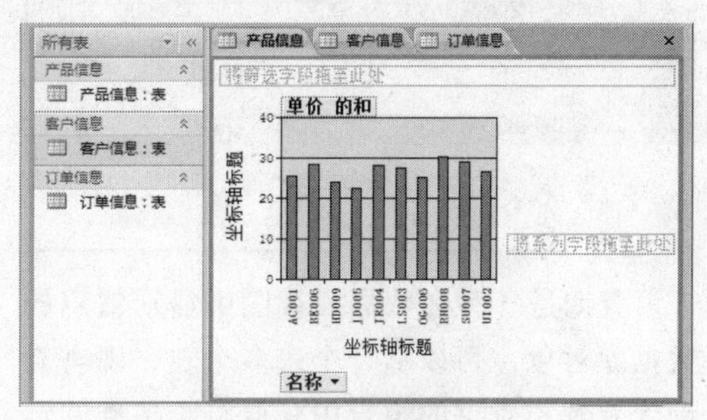

图 14-6　数据透视图视图

设计视图

设计视图主要用于设计 Access 2007 表的结构，如编辑字段和定义字段的数据类型、长度、默认值等参数，如图 14-7 所示。

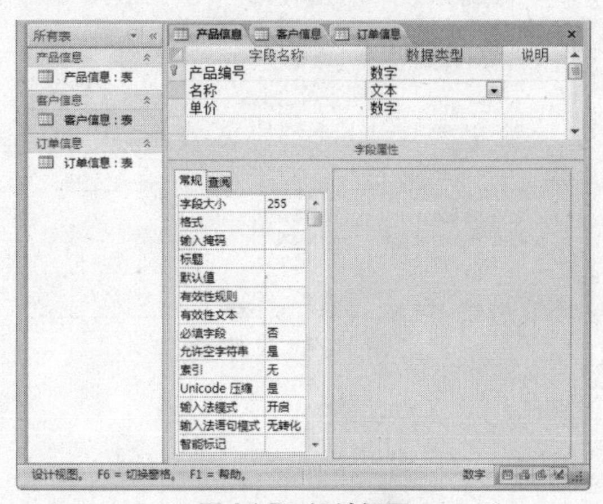

图 14-7　设计视图

14.1.3　Access 2007 对象

要使用 Access 数据库进行数据管理，需要先认识 Access 的各种对象，包括表、查询、窗体和报表等，下面将进行详细介绍。

说明　刚创建的数据表只有数据表视图和设计视图两种视图。

表

表中包含有关特定主题(如雇员或产品)的数据，每条记录包含关于某个项目（如特定的雇员）的信息，由字段（如姓名、地址和电话号码）组成，记录和字段通常也分别称为行和列，如图 14-8 所示。

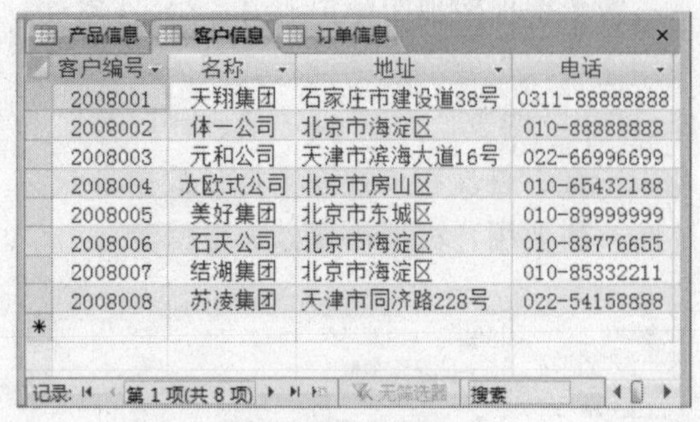

客户编号	名称	地址	电话
2008001	天翔集团	石家庄市建设道38号	0311-88888888
2008002	体一公司	北京市海淀区	010-88888888
2008003	元和公司	天津市滨海大道16号	022-66996699
2008004	大欧式公司	北京市房山区	010-65432188
2008005	美好集团	北京市东城区	010-89999999
2008006	石天公司	北京市海淀区	010-88776655
2008007	结湖集团	北京市海淀区	010-85332211
2008008	苏凌集团	天津市同济路228号	022-54158888

图 14-8　表

查询

查询是一种在数据表视图中显示信息的数据库对象，可以从一个或多个表、现有查询或者表和查询的组合中获取符合条件的记录，如图 14-9 所示。

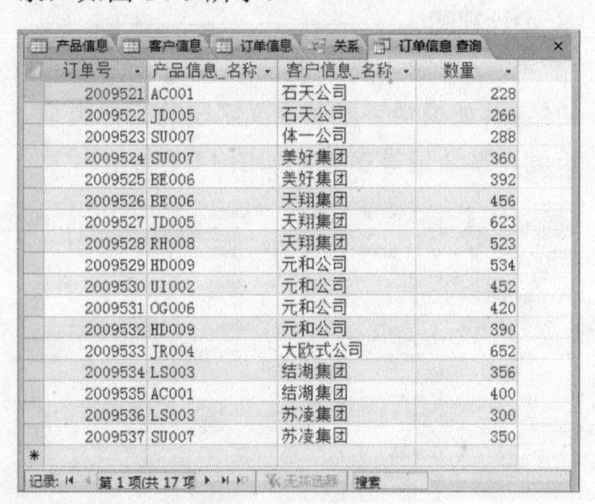

订单号	产品信息_名称	客户信息_名称	数量
2009521	AC001	石天公司	228
2009522	JD005	石天公司	266
2009523	SU007	体一公司	288
2009524	SU007	美好集团	360
2009525	BE006	美好集团	392
2009526	BE006	天翔集团	456
2009527	JD005	天翔集团	623
2009528	RH008	天翔集团	523
2009529	HD009	元和公司	534
2009530	UI002	元和公司	452
2009531	OG006	元和公司	420
2009532	HD009	元和公司	390
2009533	JR004	大欧式公司	652
2009534	LS003	结湖集团	356
2009535	AC001	结湖集团	400
2009536	LS003	苏凌集团	300
2009537	SU007	苏凌集团	350

图 14-9　查询

窗体

窗体是用于输入、编辑或者显示表或查询中的数据的数据库对象，可以使用它控制数据的访问，如显示哪些字段或数据行等，如图 14-10 所示。

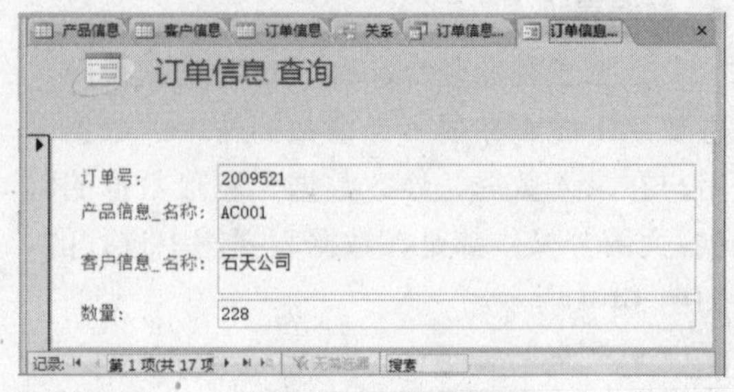

图 14-10　窗体

报表

报表是以手写版面显示查询信息的数据库对象，其可用于分析和打印数据库记录，如图 14-11 所示。

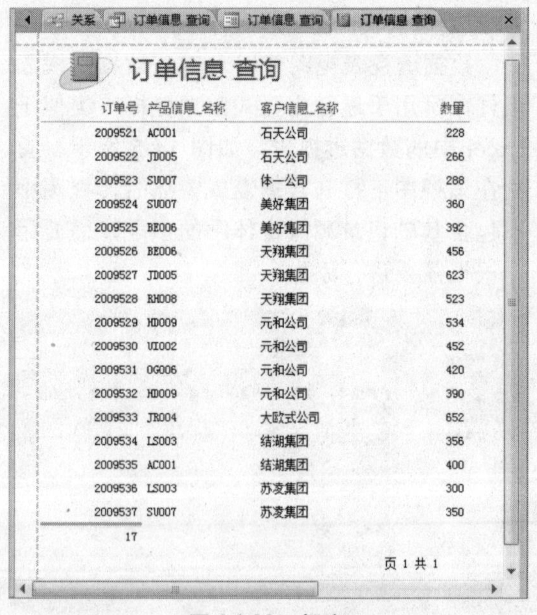

订单信息 查询

订单号	产品信息_名称	客户信息_名称	数量
2009521	AC001	石天公司	228
2009522	JD005	石天公司	266
2009523	SU007	体一公司	288
2009524	SU007	美好集团	360
2009525	BE006	美好集团	392
2009526	BE006	天翔集团	456
2009527	JD005	天翔集团	623
2009528	RH008	天翔集团	523
2009529	HD009	元和公司	534
2009530	UI002	元和公司	452
2009531	OG006	元和公司	420
2009532	HD009	元和公司	390
2009533	JR004	大欧式公司	652
2009534	LS003	结湖集团	356
2009535	AC001	结湖集团	400
2009536	LS003	苏凌集团	300
2009537	SU007	苏凌集团	350
17			

页 1 共 1

图 14-11　报表

14.2　创建数据库

用户可在 Access 2007 中创建空白数据库，然后根据个人需要进行编辑，也可以使用模板创建数据库。

说明　表是数据库存储数据的核心，所有其他数据管理操作都是在表的基础上进行的。

14.2.1　创建空白数据库

在首次启动 Access 2007，或者在关闭数据库而不关闭 Access 程序时，将打开如图 14-12 所示的界面。

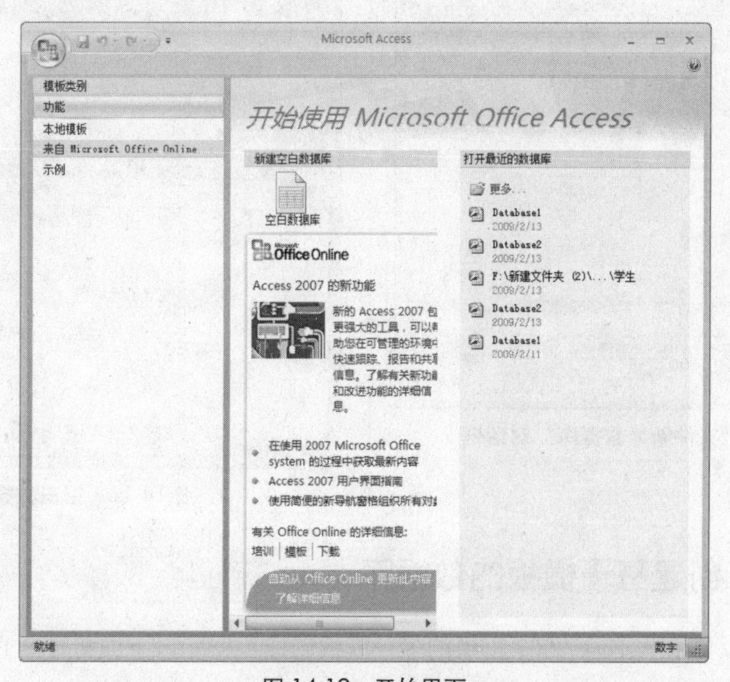

图 14-12　开始界面

用户可使用开始界面轻松创建空白数据库，其具体操作方法如下：

① 在桌面上双击 Access 2007 快捷方式图标，启动 Access 2007，在打开的开始界面中选择“空白数据库”选项，如图 14-13 所示。

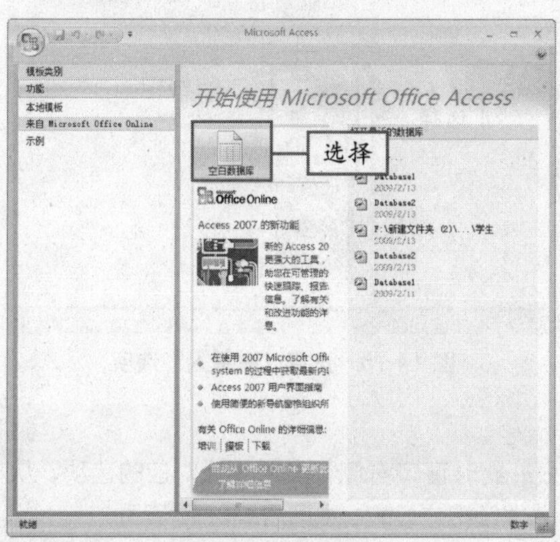

图 14-13　开始界面

② 在窗口右侧的“文件名”文本框中输入名称，如图 14-14 所示。

图 14-14　输入名称

新建的数据库默认以 Database1、Database2……命名。　说明

③ 单击文本框右侧的按钮，弹出“文件新建数据库”对话框，并从中选择数据库要保存的位置，如图 14-15 所示。

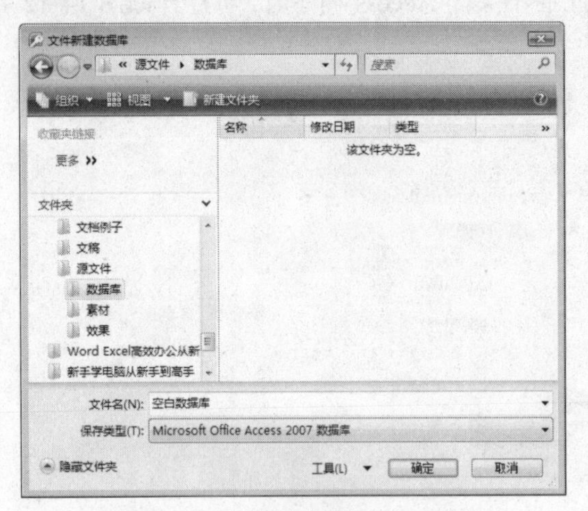

图 14-15 “文件新建数据库”对话框

④ 单击“确定”按钮，返回开始界面，单击“创建”按钮，即可新建一个空白数据库，如图 14-16 所示。

图 14-16 空白数据库

14.2.2 创建基于模板的数据库

用户还可以使用 Access 2007 提供的多种模板创建数据库，下面将详细介绍其具体操作方法。

① 启动 Access 2007，再打开的开始界面左侧窗格中选择“本地模板”选项，如图 14-17 所示。

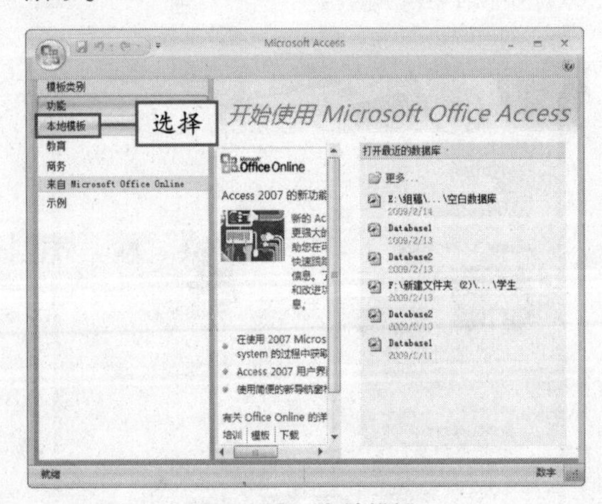

图 14-17 本地模板

② 进入模板选择界面，在中间窗格中的“本地模板”列表框中选择“联系人”选项，如图 14-18 所示。

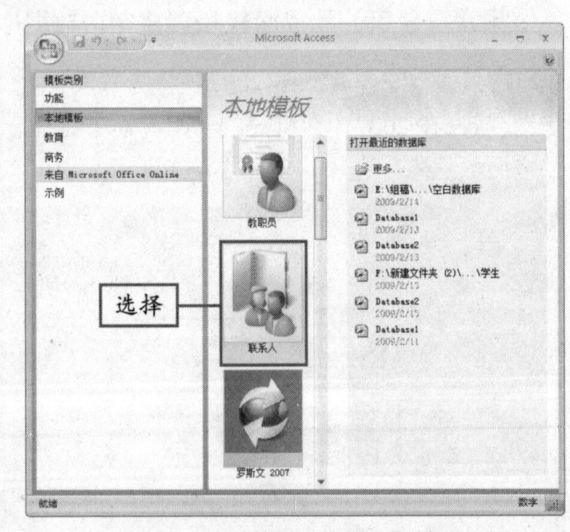

图 14-18 选择“联系人”选项

③ 此时窗口右侧将显示模板对应的选项，从中进行相应设置，如图 14-19 所示。

技巧 初学者可在开始界面左侧选择“示例”选项，打开“罗斯文 2007”数据库进行学习。

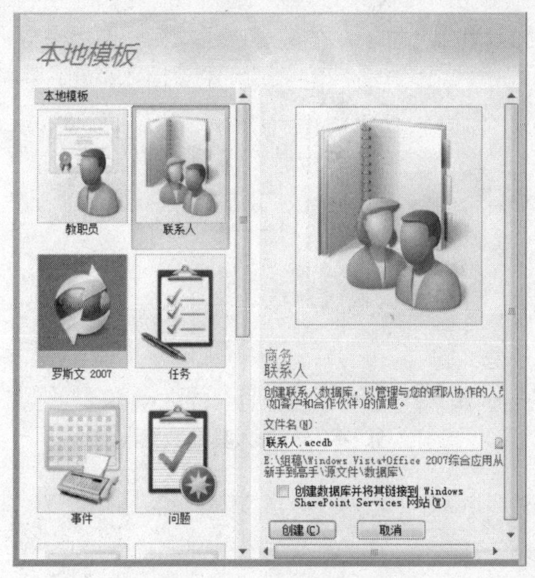

图 14-19　设置数据库

④ 单击“创建”按钮，根据本地模板创建数据库，如图 14-20 所示。

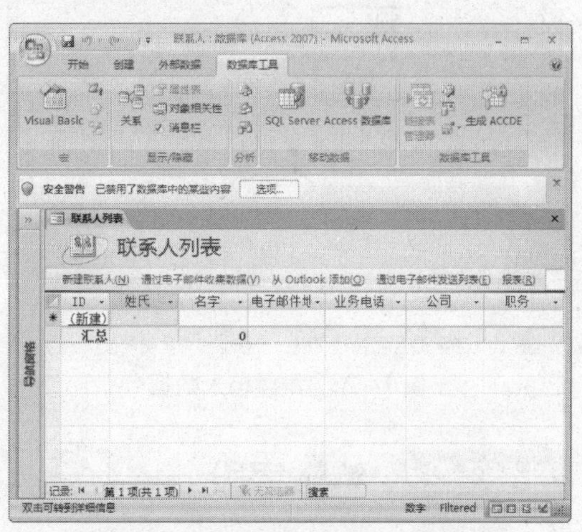

图 14-20　根据模板创建的数据库

14.3　编辑数据

数据库创建好后，系统会自动生成一个空白表，用户可在其中输入和编辑数据。

14.3.1　输入数据

创建好表后，单击字段下方需要输入数据的单元格，即可将其激活，从中输入数据即可。下面将详细介绍其具体操作方法。

① 启动 Access 2007，新建一个空白数据库，并为其命名为“员工工资”，如图 14-21 所示。

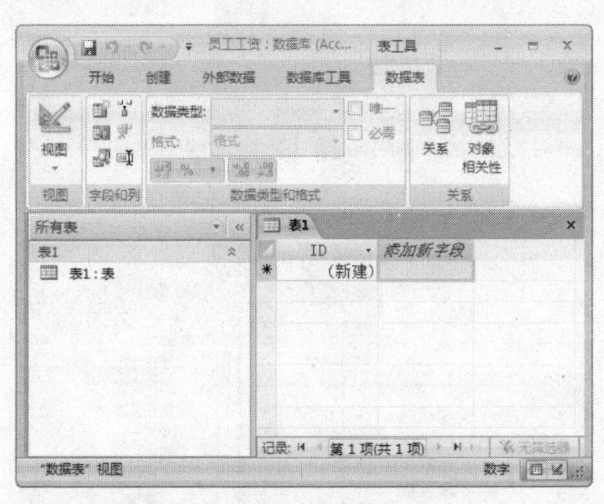

图 14-21　新建数据库

② 单击需要输入数据的单元格，此时，该单元格中出现光标，输入数据，如图 14-22 所示。

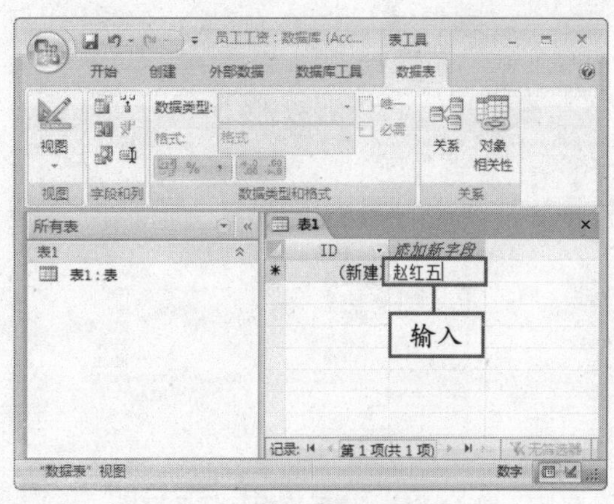

图 14-22　输入数据

③ 按【Enter】键，单击刚输入数据的单元格下方的单元格，继续输入数据，如图 14-23 所示。

④ 用同样的方法，输入该字段中的其他数据，效果如图 14-24 所示。

完成某个单元格输入后，按光标控制键可激活相应单元格。　技巧

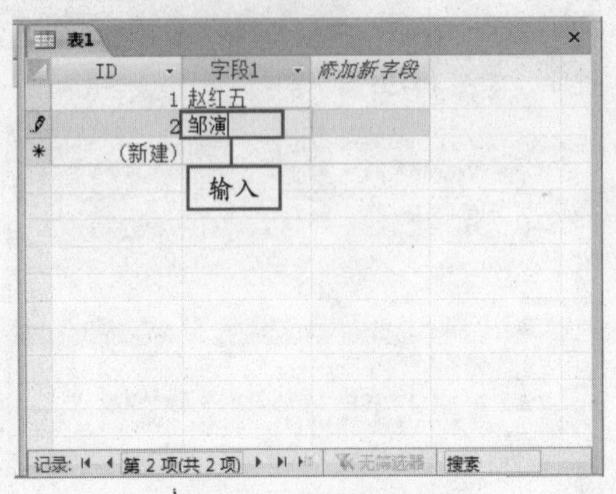

图 14-23　继续输入数据

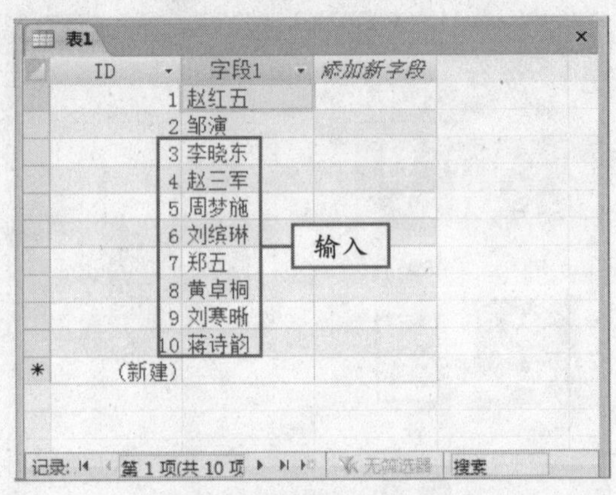

图 14-24　输入其他数据

14.3.2 编辑字段

在 Access 2007 中可以对表的字段进行重命名、添加和删除等操作，本节将详细介绍字段的各种编辑方法。

1. 添加字段

下面以上一节创建的“员工工资”数据库为例，介绍在表中添加字段的具体操作方法。

① 单击“数据库”选项卡“字段和列”组中的“新建字段”按钮，弹出“字段模板”任务窗格，如图 14-25 所示。

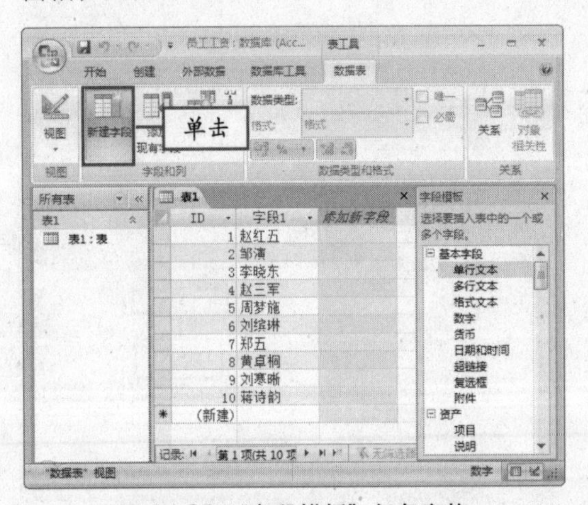

图 14-25　“字段模板”任务窗格

② 双击字段模板列表框中“基本字段”栏中的“单行文本”选项，在数据表中插入如图 14-26 所示的字段。

③ 在新添加的字段中输入数据，效果如图 14-27 所示。

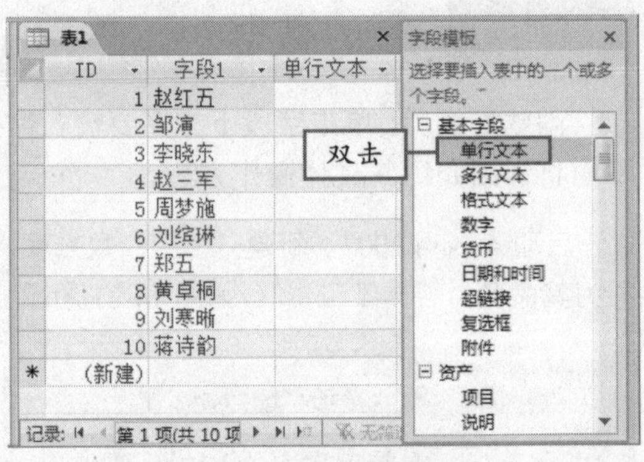

图 14-26　添加字段

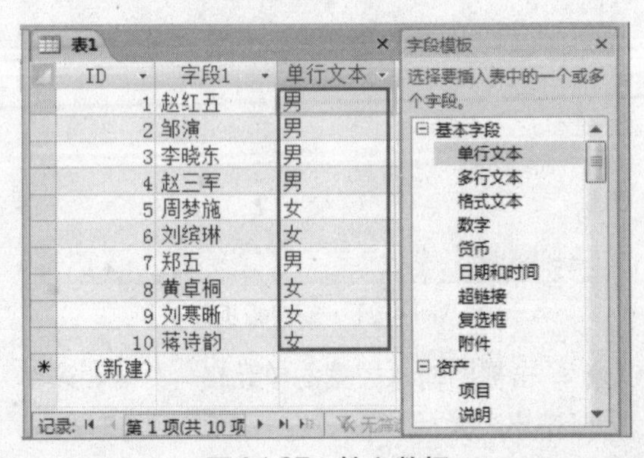

图 14-27　输入数据

技巧　在“字段模板”任务窗格中双击其他选项，可以添加定义好名称和属性的字段。

④ 用同样的方法，添加其他字段，效果如图 14-28 所示。

教你一招

使用“新建字段”命令适合在表中的两个字段中间添加字段，而要在最后添加字段，只须在“添加新字段”字段中输入数据即可。

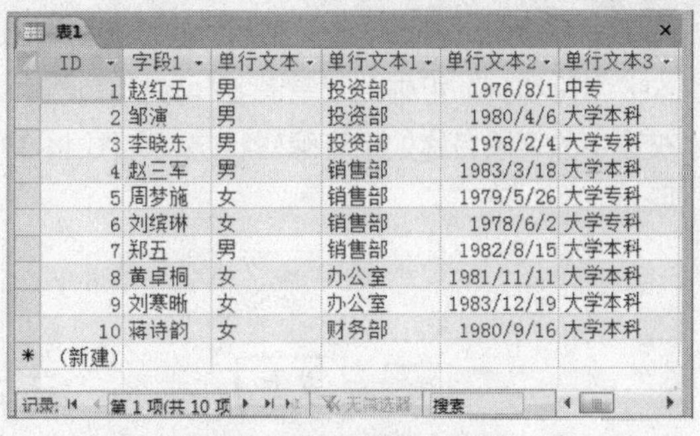

ID	字段1	单行文本	单行文本1	单行文本2	单行文本3
1	赵红五	男	投资部	1976/8/1	中专
2	邹演	男	投资部	1980/4/6	大学本科
3	李晓东	男	投资部	1978/2/4	大学专科
4	赵三军	男	销售部	1983/3/18	大学本科
5	周梦施	女	销售部	1979/5/26	大学专科
6	刘缤琳	女	销售部	1978/6/2	大学专科
7	郑五	男	销售部	1982/8/15	大学本科
8	黄卓桐	女	办公室	1981/11/11	大学本科
9	刘寒晰	女	办公室	1983/12/19	大学本科
10	蒋诗韵	女	财务部	1980/9/16	大学本科
* (新建)					

图 14-28　添加其他字段

2. 删除字段

删除字段的操作方法很简单，只需要单击功能区中的相应按钮皆可，操作方法如下：

① 在数据表中选中要删除的字段，单击“数据表”选项卡“字段和列”组中的“删除”按钮，如图 14-29 所示。

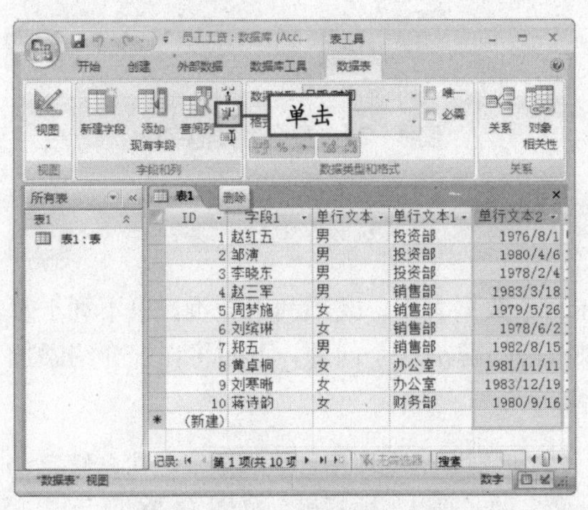

图 14-29　单击“删除”按钮

② 弹出如图 14-30 所示的提示对话框，单击“是”按钮，将字段删除。

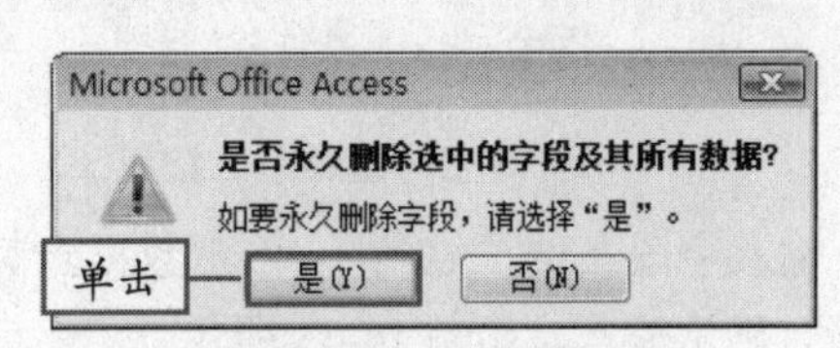

图 14-30　提示对话框

③ 此时，数据表中的选中的字段已经删除，如图 14-31 所示。

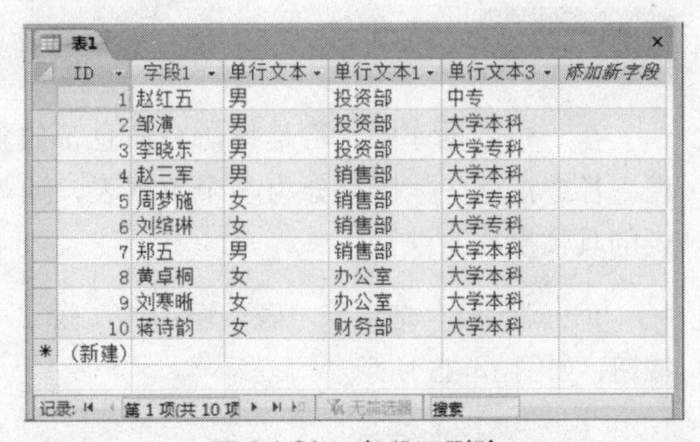

ID	字段1	单行文本	单行文本1	单行文本3	添加新字段
1	赵红五	男	投资部	中专	
2	邹演	男	投资部	大学本科	
3	李晓东	男	投资部	大学专科	
4	赵三军	男	销售部	大学本科	
5	周梦施	女	销售部	大学专科	
6	刘缤琳	女	销售部	大学专科	
7	郑五	男	销售部	大学本科	
8	黄卓桐	女	办公室	大学本科	
9	刘寒晰	女	办公室	大学本科	
10	蒋诗韵	女	财务部	大学本科	
* (新建)					

图 14-31　字段已删除

3. 重命名字段

插入到表中的字段，默认以“字段 1”、“字段 2”、“字段 3”……命名，为方便用户识别和查找，可将其重命名，其具体操作方法如下：

① 选中要重命名的字段，单击“数据表”选项卡“字段和列”组中的“重命名”按钮，此时，被选中的字段名称处于可编辑状态，如图 14-32 所示。

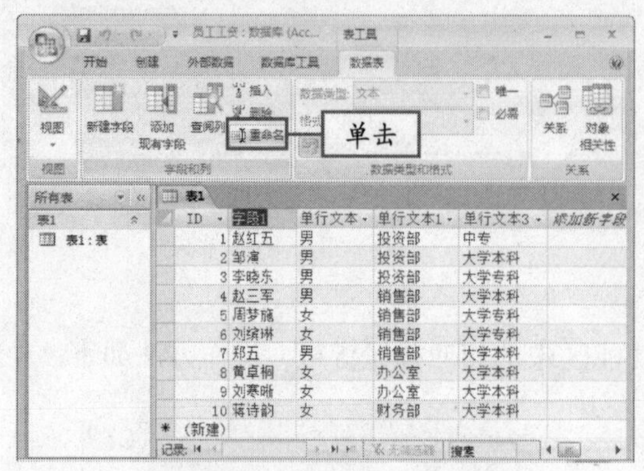

图 14-32 单击“重命名”按钮

② 输入字段名称“姓名”，单击数据表其他位置，确认输入，如图 14-33 所示。

③ 用同样的方法，为其他字段重命名，效果如图 14-34 所示。

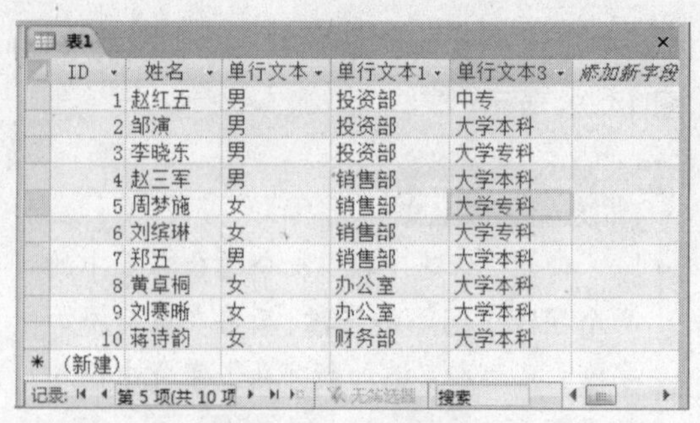

图 14-33 重命名字段

图 14-34 重命名其他字段

14.3.3 添加表

在一个数据库中，若是将所有信息都放置在一个数据表中，既不利于查询，也不利于管理。若是将这些数据划分为多个数据表，则可以很好的解决这个问题，下面将详细介绍添加表的具体操作方法。

① 单击“创建”选项卡“表”组中的“表”按钮，如图 14-35 所示。

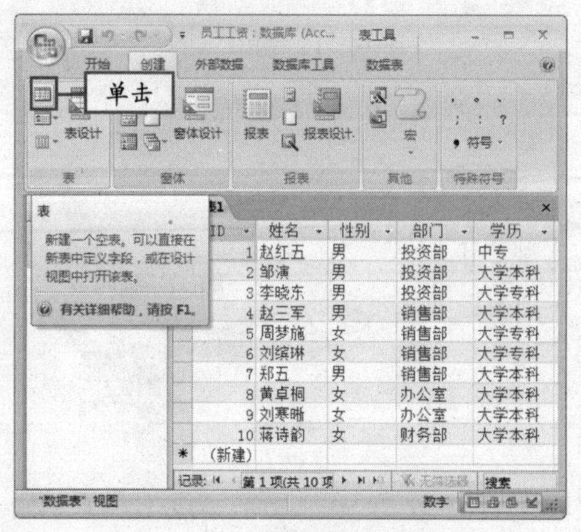

图 14-35 单击“表”按钮

② 此时，数据库中已经新建了一个系统自动命名的“表 2”数据表，如图 14-36 所示。

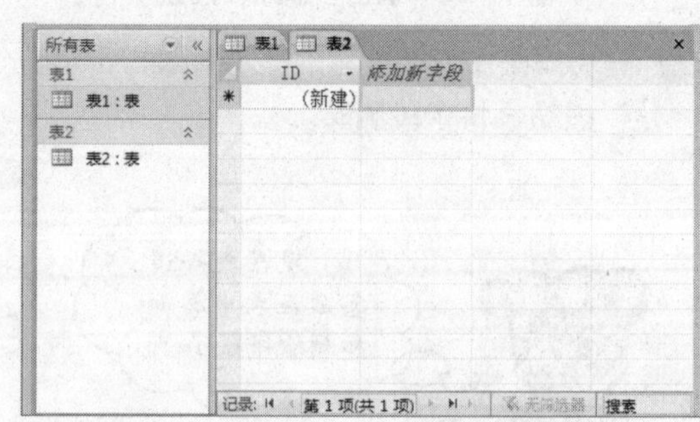

图 14-36 新建表

③ 在表中添加数据，如图 14-37 所示。

④ 单击选项卡文档编辑区右上角的关闭按钮×，在弹出的如图 14-38 所示的提示对话框中单击“是”按钮，关闭所有数据表。

技巧 将数据库中的信息分类放置在不同表中，可方便用户查询和管理。

ID	姓名	职位	基本工资	餐补	话补	实发工资
1	赵红五	主任	4000	120	50	4170
2	邹演	职员	3000	100	50	3150
3	李晓东	职员	2500	100	50	2650
4	赵三军	主任	4200	120	50	4370
5	周梦施	副主任	3800	120	50	3970
6	刘绾琳	职员	3200	100	50	3350
7	郑五	职员	2900	100	50	3050
8	黄卓桐	职员	3300	100	50	3450
9	刘寒晰	主任	3850	120	50	4020
10	蒋诗韵	主任	3800	120	50	3970
*	(新建)					

图 14-37　添加数据

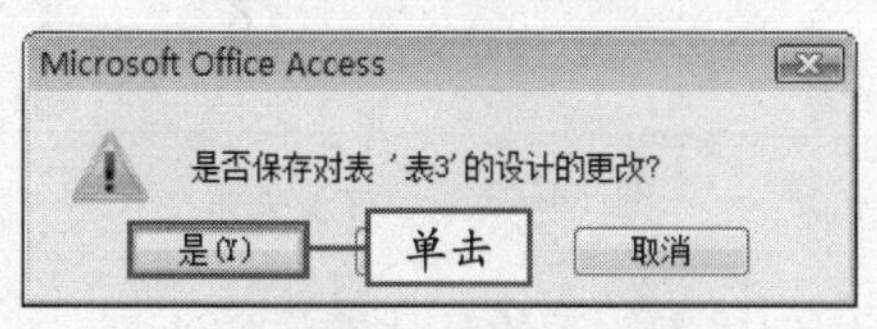

图 14-38　提示对话框

⑤ 在“所有表”导航窗格中的“表 1：表”选项上右击，在弹出的快捷菜单中选择“重命名”命令，如图 14-39 所示。

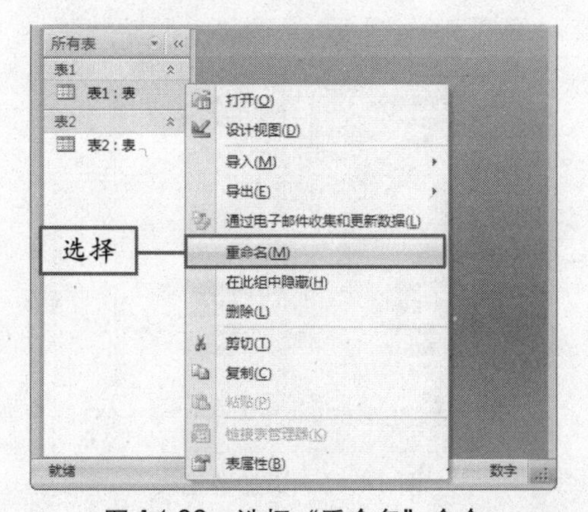

图 14-39　选择“重命名”命令

⑥ 此时，该表名处于可编辑状态，直接输入名称“员工信息”，并按【Enter】键进行确认，如图 14-40 所示。

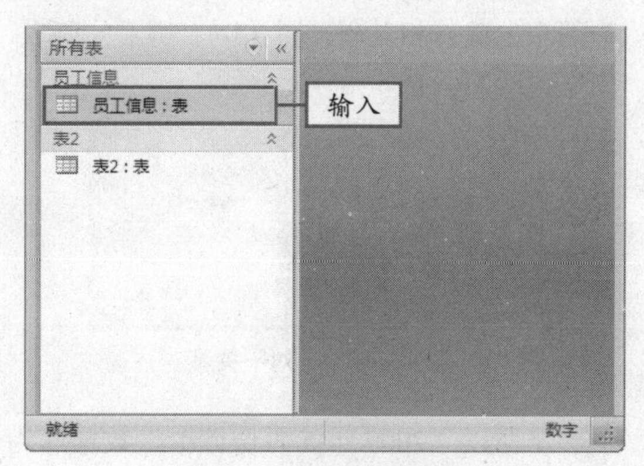

图 14-40　重命名表

⑦ 用同样的方法，设置“表 2”的名称为“工资信息”，如图 14-41 图所示。

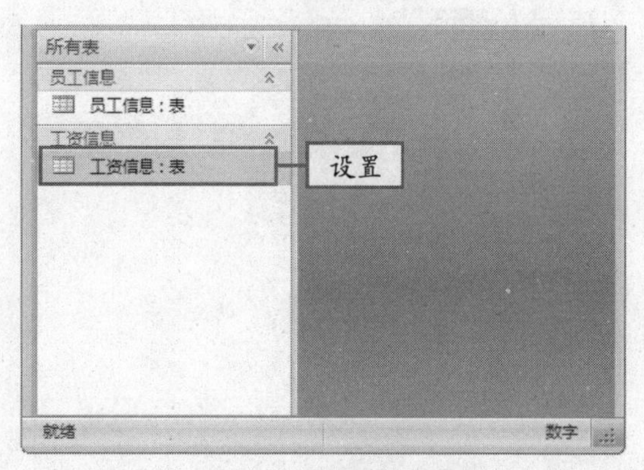

图 14-41　设置其他表名称

14.4　应用数据库管理系统

Access 主要用于管理数据，由表、查询、窗体和报表等对象组成。本节将向读者详细介绍如何使用数据库管理系统管理数据。

14.4.1　创建查询

查询是数据库的一个非常重要的功能，用于在数据库中查找和分析数据。

1．创建关系

一个数据库中包含多个表，若要在多个表中查找信息，就需要先在各表间创建关系。在 Access 数据库中最常见的关系有两种，即一对一和一对多，其意义分别如下：

Access 数据库中还存在多对多的关系，但很少用到。　说明

一对一

一对一关系是指表中具有唯一索引的字段与另一表中的具有唯一索引的字段（通常为两个主键）相关联。图 14-42 所示的两表中字段间的关系即为一对一。

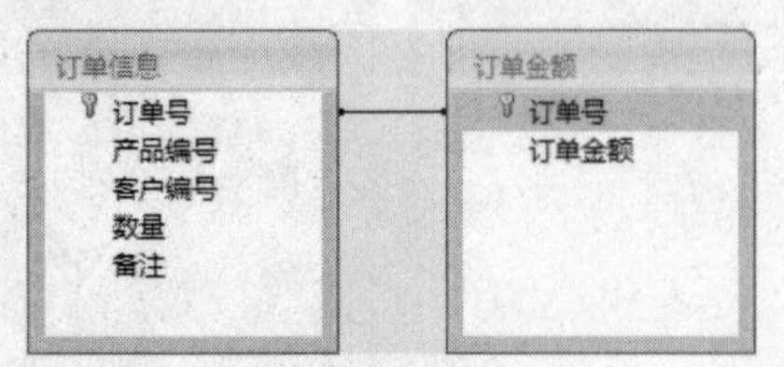

图 14-42　一对一关系

一对多

一对多关系是指表中具有唯一索引的字段（通常为主键）与另一表中的不具有唯一索引的字段相关联。图 14-43 所示的两表中字段间的关系即为一对多。

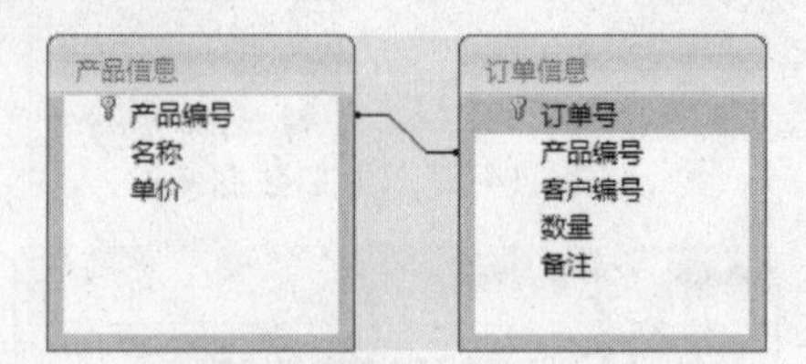

图 14-43　一对多关系

下面以“2009 年 5 月份订单”数据库为例，介绍创建表关系的具体操作方法。

① 启动 Access 2007，打开“2009 年 5 月份订单”数据库素材文件，如图 14-44 所示。

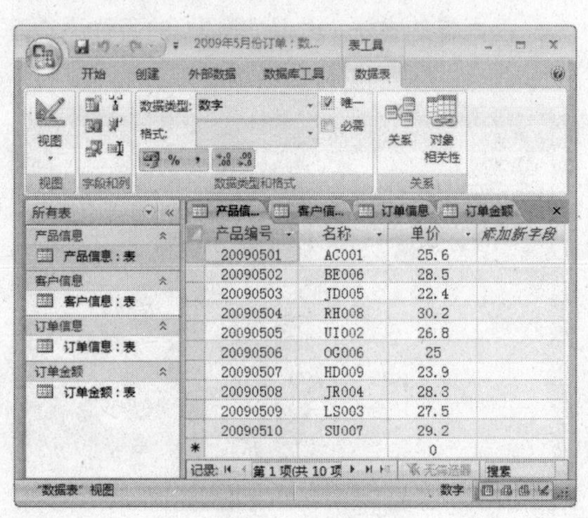

图 14-44　打开数据库

② 单击“数据表”选项卡“关系”组中的“关系”按钮，文档编辑区切换到“关系”选项卡，并弹出“显示表”对话框，如图 14-45 所示。

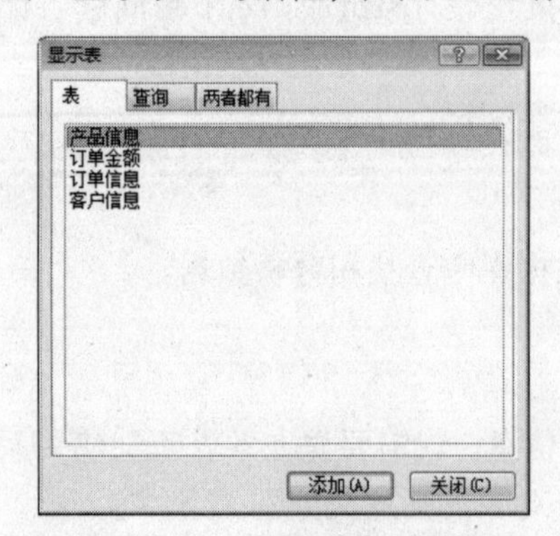

图 14-45　“显示表”对话框

③ 从中选择要创建关系的数据表，单击“添加”按钮，将其添加到文档编辑区中，然后单击“关闭”按钮，关闭对话框，如图 14-46 所示。

图 14-46　添加数据表

④ 在“产品信息”表中选择“产品编号”字段，将其拖动到“订单信息”表中的“订单编号”字段上，如图 14-47 所示。

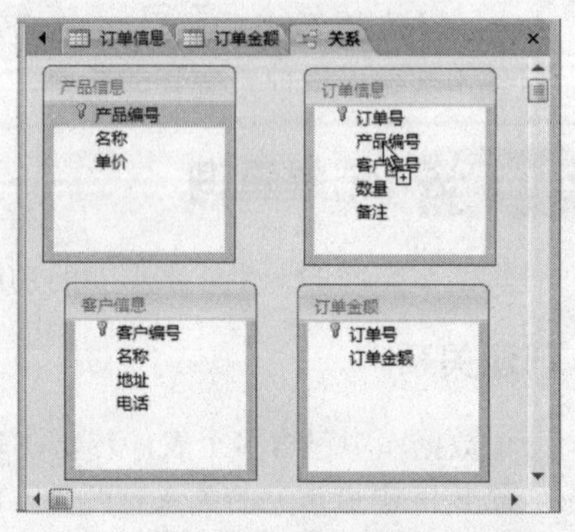

图 14-47　拖动字段

说明　要想在多个表中进行查询，就必须在各个表之间建立关系。

⑤ 释放鼠标，弹出“编辑关系”对话框，如图 14-48 所示。

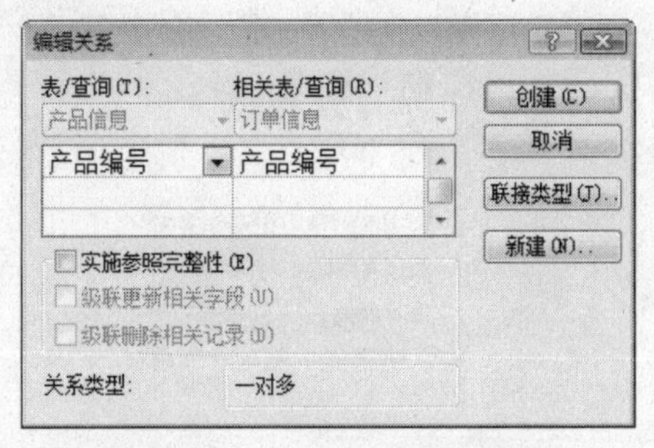

图 14-48　“编辑关系”对话框

⑥ 保持默认设置，单击“创建”按钮，在两个字段中创建一对多的关系，如图 14-49 所示。

⑦ 用相同的方法，创建各表中其他字段的关系，结果如图 14-50 所示。

若在单击“关系”按钮后，没有自动打开“显示表”对话框，可单击“显示表”按钮，将其打开。

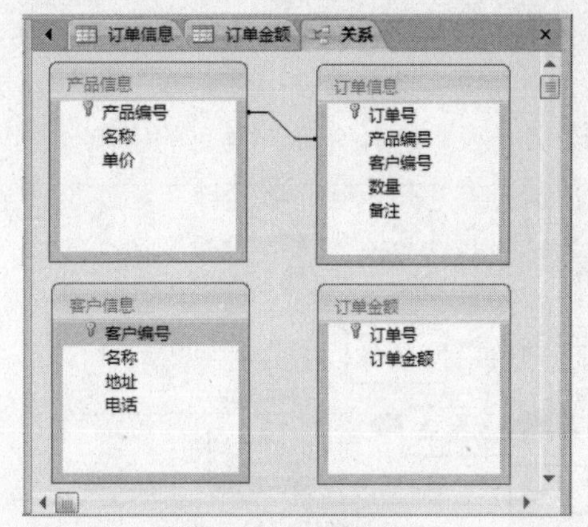

图 14-49　创建关系

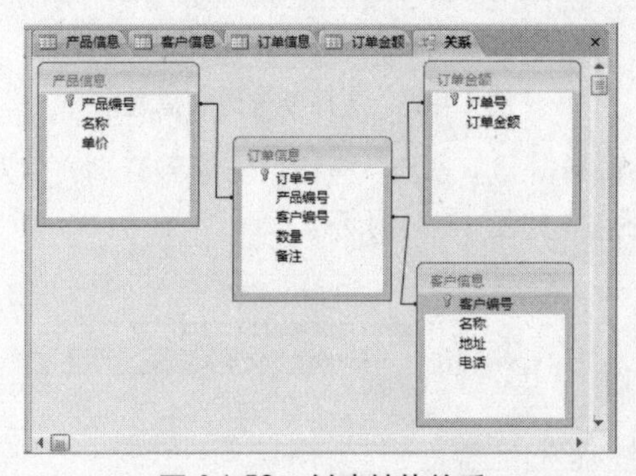

图 14-50　创建其他关系

2. 创建查询

通过向导创建查询的具体操作方法如下：

① 单击“创建”选项卡“其他”组中的“查询向导”按钮，如图 14-51 所示。

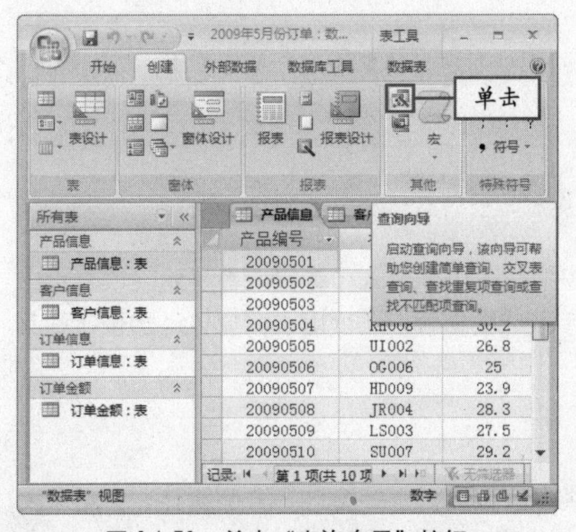

图 14-51　单击“查询向导”按钮

② 弹出“新建查询”对话框，默认选中“简单查询向导”选项，如图 14-52 所示。

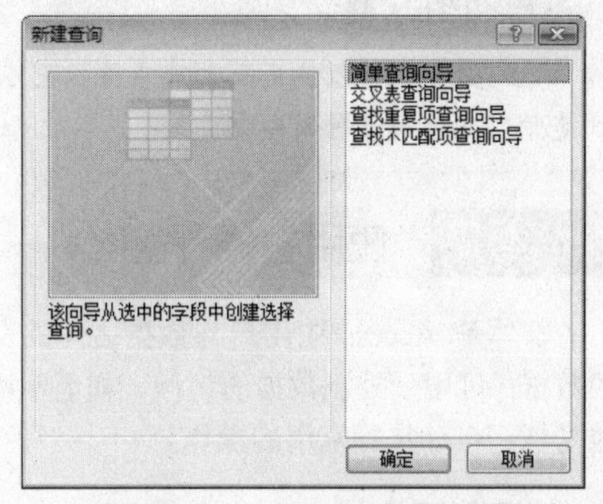

图 14-52　“新建查询”对话框

③ 单击“确定”按钮，切换到“简单查询向导”界面，在“表/查询”下拉列表框中选择查询信息所在的表，在“可用字段”列表中

在“新建查询”对话框中选择不同的选项，可创建不同类型的查询。 说明

选择要查询的字段，然后单击 > 按钮，将其添加到右侧“选定字段”列表中，如图 14-53 所示。

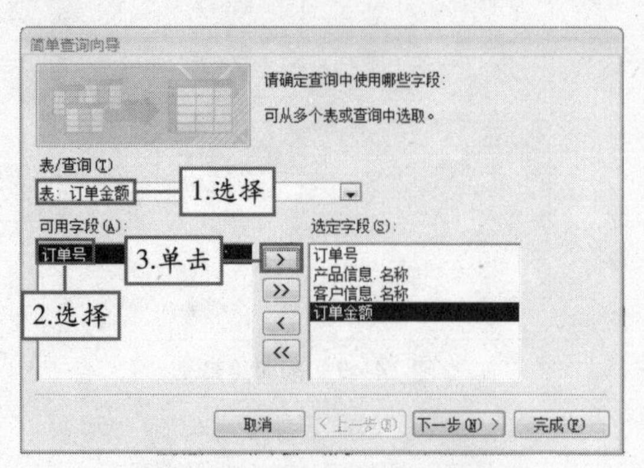

图 14-53　选择要查询的信息

④ 单击“下一步”按钮，切换到查询方式对话框，如图 14-54 所示。

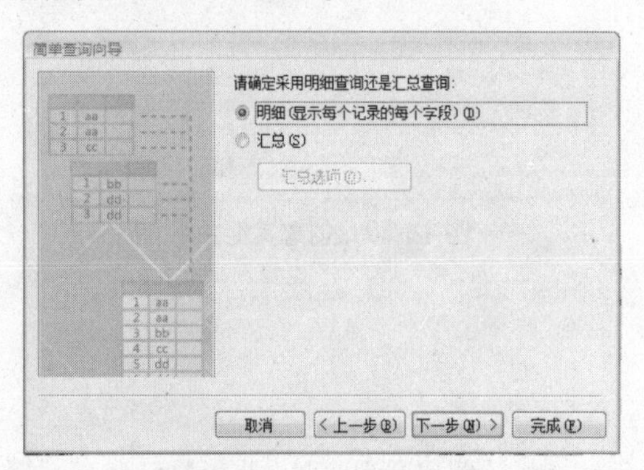

图 14-54　查询方式对话框

⑤ 保持默认设置，单击“下一步”按钮，切换到指定查询对话框，如图 14-55 所示。

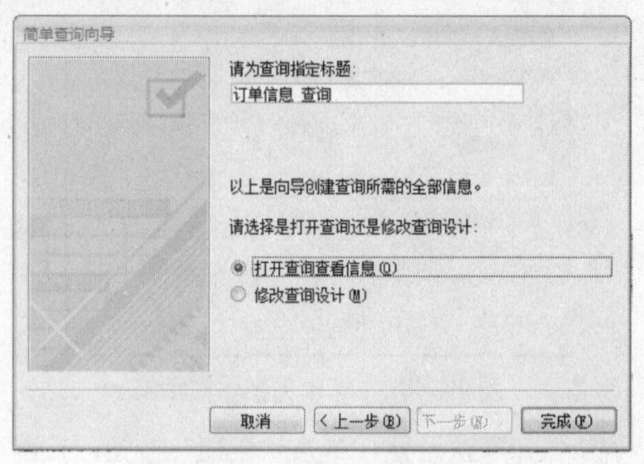

图 14-55　指定查询标题界面

⑥ 保持默认设置，单击“完成”按钮，完成查询的创建，效果如图 14-56 所示。

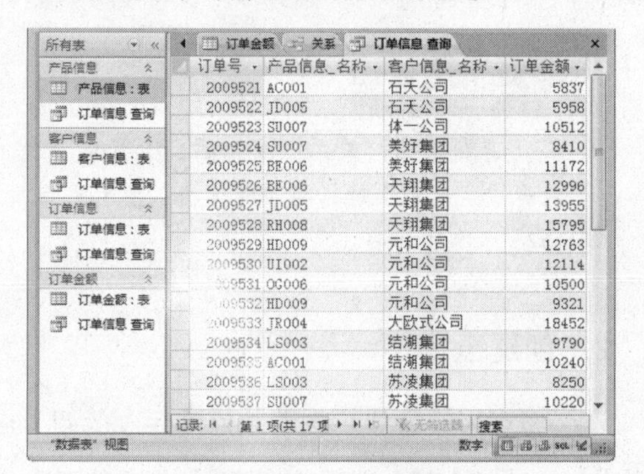

图 14-56　查询结果

知识点拨

用户不仅可以使用表创建查询，还可以使用已经创建好的查询进行新的查询，或是表和查询交叉使用进行新的查询。

14.4.2 使用数据库窗体

窗体是 Access 中用户与数据之间的交互窗口，可用于输入、编辑或者显示表或查询中的数据；可用于控制数据的访问，如显示哪些字段或数据行；还可用于向窗体添加按钮和其他功能，自动执行常用的操作。

1. 快速创建窗体

在 Access 2007 中用户可以快速创建不同类型的窗体，包括窗体、分割窗体、多记录窗体和空白窗体等。下面将详细介绍快速创建窗体的操作方法。

说明　用户可以对查询中的字段进行移动、修改、删除或排序等操作。

① 继续对“2009 年 5 月份订单”数据库进行设置。单击“创建”选项卡“窗体”组中的“窗体”按钮，如图 14-57 所示。

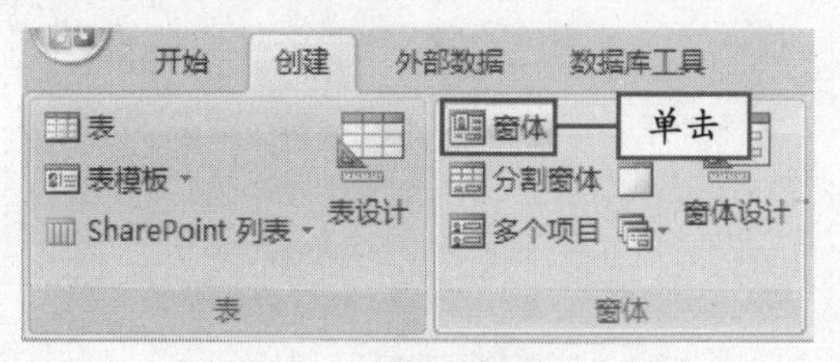

图 14-57　单击“窗体”按钮

② 此时，系统自动创建了一个如图 14-58 所示的窗体。

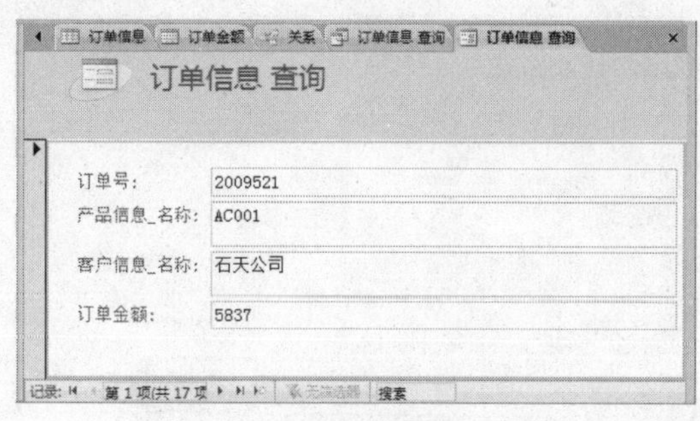

图 14-58　创建窗体

2．使用向导创建窗体

使用向导创建窗体与使用向导创建查询的方法类似，只须按照提示一步一步地进行操作便可。下面将详细介绍使用向导创建窗体的具体操作方法。

① 单击“创建”选项卡“窗体”组中的“其他窗体”下拉按钮，在弹出的下拉菜单中选择“窗体向导”命令，如图 14-59 所示。

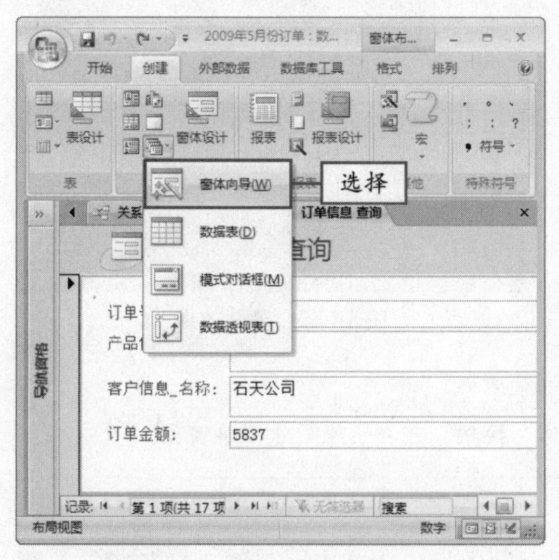

图 14-59　选择“窗体向导”命令

② 弹出“窗体向导”对话框，在“表/查询”下拉列表框中选择要查询信息所在的表，在“可用字段”列表中选择要查询的字段，然后单击 > 按钮，将其添加到右侧“选定字段”列表中，如图 14-60 所示。

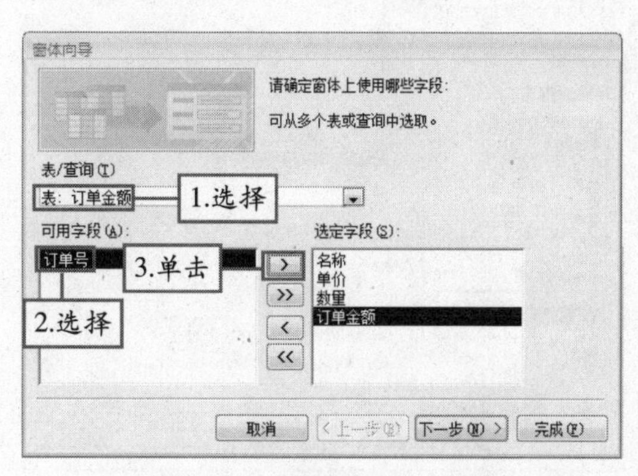

图 14-60　“窗体向导”对话框

③ 单击“下一步”按钮，进入数据查看方式选择界面，保持默认设置，单击“下一步”按钮，如图 14-61 所示。

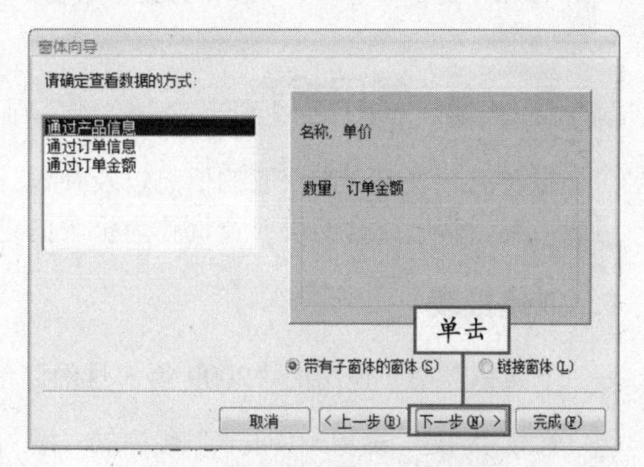

图 14-61　数据查看方式对话框

单击窗体底部的“上一条记录”和“下一条记录”按钮，可查看所有记录。 技巧

④ 进入子窗体布局对话框，保持默认设置，单击“下一步”按钮，如图 14-62 所示。

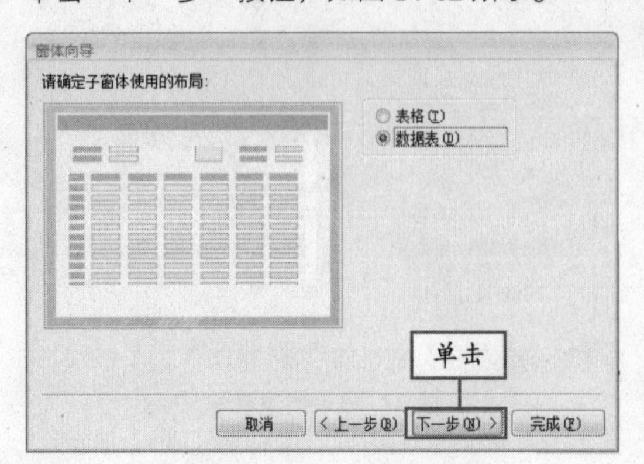

图 14-62　子窗体布局对话框

⑤ 进入窗体样式对话框，在“窗体自动套用格式”列表框中选择“跋涉”选项，如图 14-63 所示。

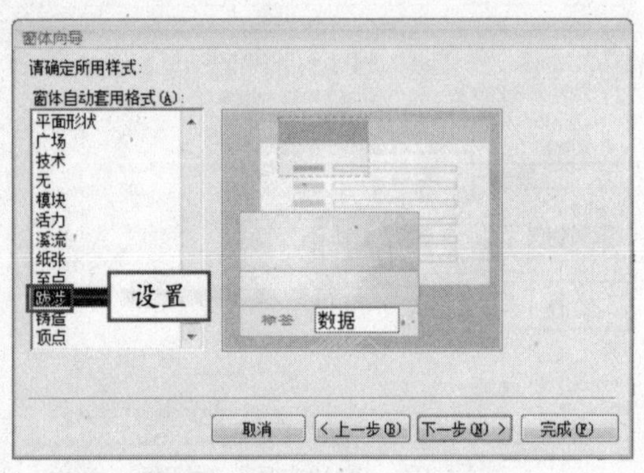

图 14-63　窗体样式对话框

⑥ 单击“下一步”按钮，进入窗体标题对话框，设置“窗体”和“子窗体”分别为“产品订单情况”和“订单情况”，如图 14-64 所示。

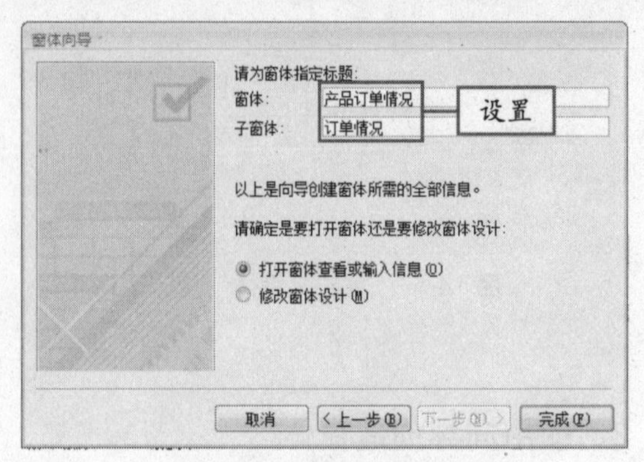

图 14-64　窗体标题对话框

⑦ 单击“完成”按钮，完成窗体的创建操作，效果如图 14-65 所示。

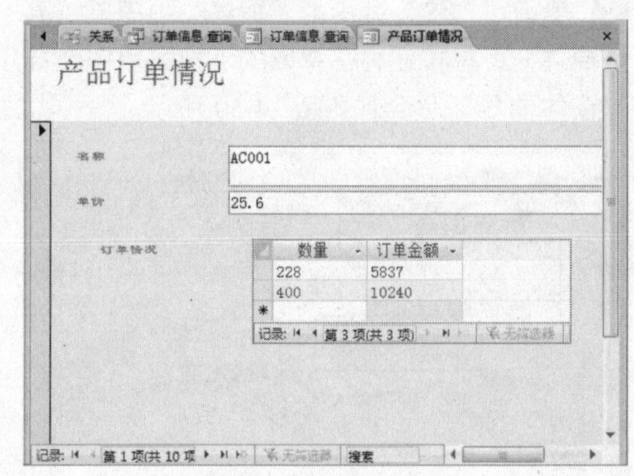

图 14-65　窗体效果

在“创建”选项卡“窗体”组中单击“窗体”按钮，可以快速创建简单窗体。

14.4.3　使用报表

报表由从表或查询获取的信息以及在设计报表时所存储的信息（如标签、标题和图形）组成，提供基础数据的表或查询称为报表的记录源。

1. 创建报表

下面将以前面使用的“2009 年 5 月份订单”数据库为例，介绍创建报表的操作方法。

① 单击“创建”选项卡“报表”组中的“报表”按钮，如图 14-66 所示。

② 此时，系统会根据当前的查询自动创建报表，效果如图 14-67 所示。

说明　在窗体向导中的布局和样式对话框中选择不同选项，可得到不同效果。

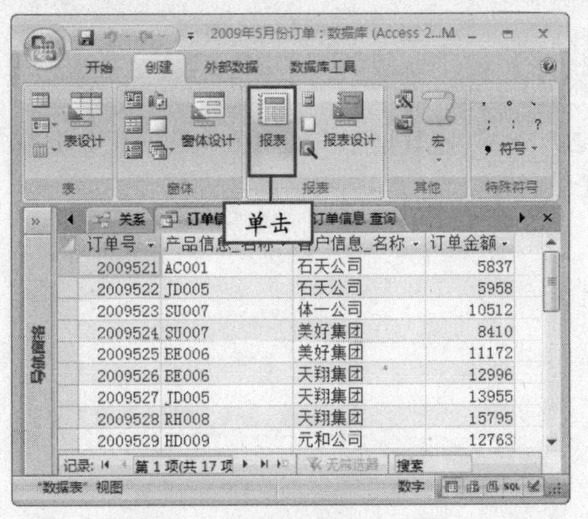

图 14-66　单击“报表”按钮

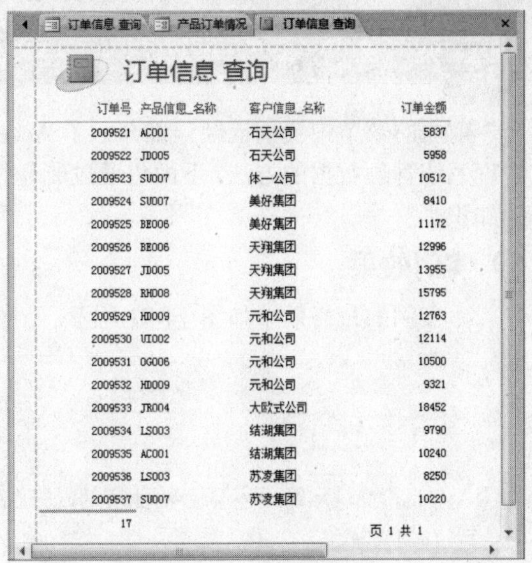

图 14-67　报表效果

2．打印报表

创建完报表后，便可将其打印出来了。下面将详细介绍报表的页面设置和打印的操作方法。

① 单击“页面设置”选项卡“页面布局”组中的“页面设置”按钮，弹出“页面设置”对话框，如图 14-68 所示。

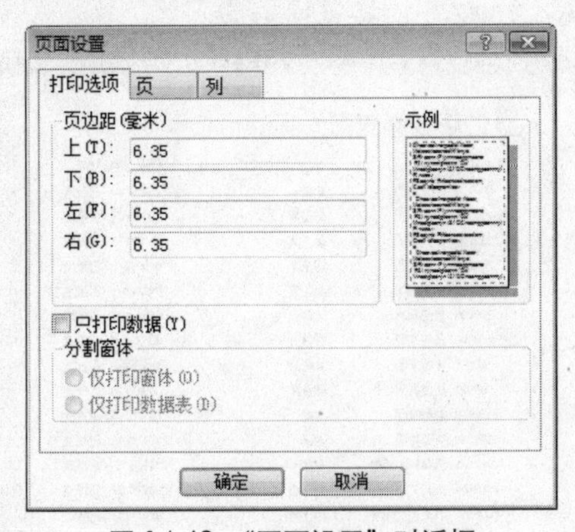

图 14-68　“页面设置”对话框

② 单击“页”选项卡，在“纸张”选项区中的“大小”下拉列表框中选择 B5 选项，如图 14-69 所示。

③ 单击“确定”按钮，完成设置，单击 Office 按钮，在弹出的下拉菜单中选择“打印”命令，弹出“打印”对话框，如图 14-70 所示。

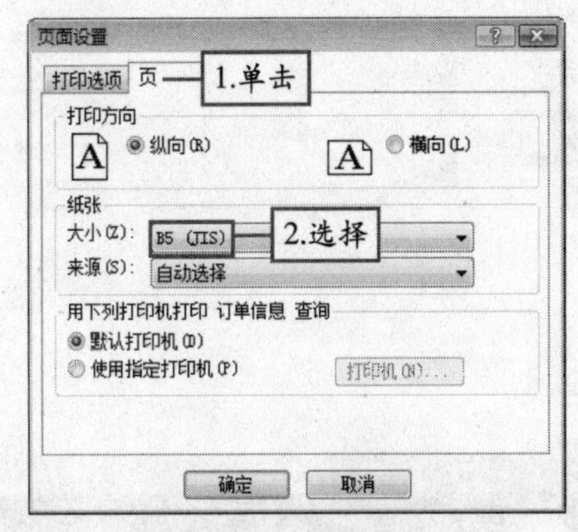

图 14-69　设置纸张大小

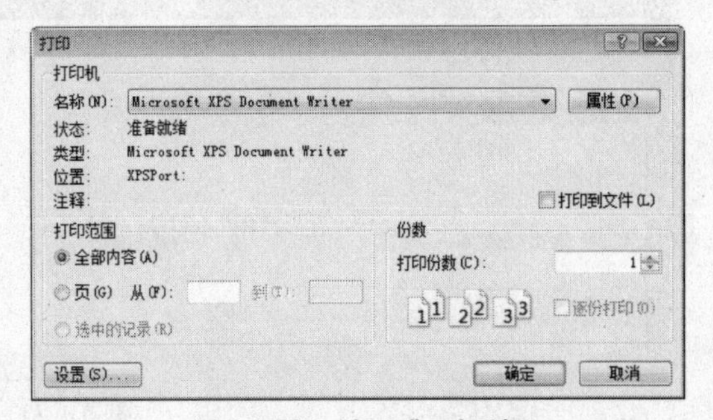

图 14-70　“打印”对话框

④ 在“名称”下拉列表框中选择要使用的打印机，然后单击“确定”按钮，即可开始打印报表。

在“打印”对话框中选中“页”单选按钮，可设置要打印的报表页码范围。　技巧

14.5 综合实战——制作物资采购数据库

前面的章节中我们已经详细介绍了 Access 2007 中创建数据库、编辑数据和应用数据库管理系统管理数据的方法，下面将通过制作物资采购数据库的实例来帮助读者巩固前面所学的知识。

实例效果：

本实例的最终效果如图 14-71 所示。

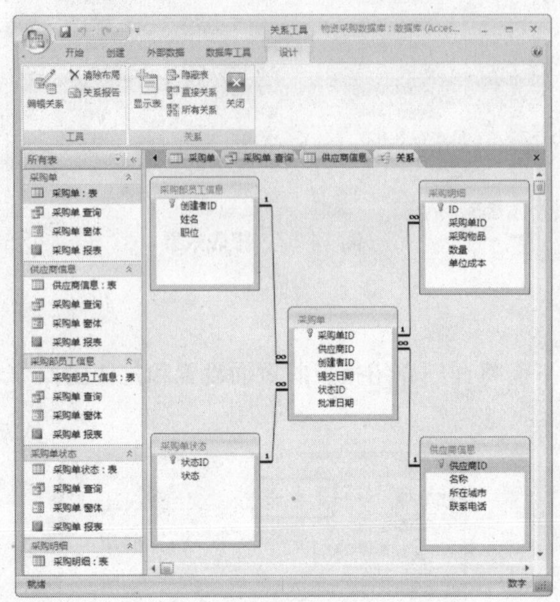

采购单ID	名称	姓名	提交日期	状态	批准日期
200990	承天集团	林静	2009/6/4	已批准	2009/6/8
200991	承天集团	郝正常	2009/6/4	已批准	2009/6/8
200992	承天集团	郝正常	2009/6/4	已批准	2009/6/8
200993	天成集团	郝正常	2009/6/8	已批准	2009/6/10
200994	天成集团	郝正常	2009/6/8	已批准	2009/6/10
200995	天成集团	林静	2009/6/8	已批准	2009/6/10
200996	天成集团	林静	2009/6/8	已批准	2009/6/11
200997	彰明集团	林静	2009/6/10	已批准	2009/6/13
200998	彰明集团	龙斌	2009/6/10	已提交	
200999	沃英有限公司	郝正常	2009/6/10	已批准	2009/6/13
2009100	沃英有限公司	龙斌	2009/6/11	已提交	
2009101	沃英有限公司	龙斌	2009/6/11	已提交	
2009102	沃英有限公司	林静	2009/6/11	未提交	
2009103	九天文化有限公司	季存明	2009/6/12	未提交	
2009104	九天文化有限公司	季存明	2009/6/12	已提交	
2009105	九天文化有限公司	季存明	2009/6/14	已提交	
2009106	九天文化有限公司	林静	2009/6/14	未提交	
2009107	九天文化有限公司	季存明	2009/6/15	未提交	

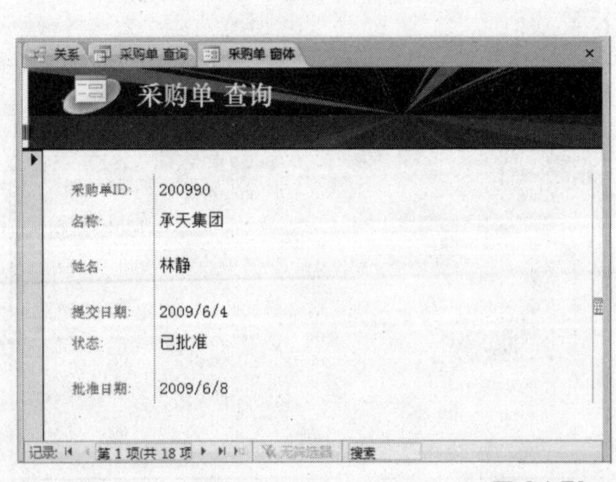

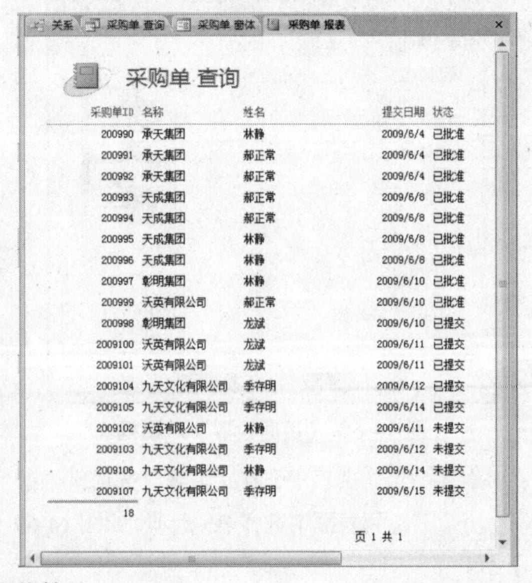

采购单 查询

采购单ID	名称	姓名	提交日期	状态
200990	承天集团	林静	2009/6/4	已批准
200991	承天集团	郝正常	2009/6/4	已批准
200992	承天集团	郝正常	2009/6/4	已批准
200993	天成集团	郝正常	2009/6/8	已批准
200994	天成集团	郝正常	2009/6/8	已批准
200995	天成集团	林静	2009/6/8	已批准
200996	天成集团	林静	2009/6/8	已批准
200997	彰明集团	林静	2009/6/10	已批准
200999	沃英有限公司	郝正常	2009/6/10	已批准
200998	彰明集团	龙斌	2009/6/10	已提交
2009100	沃英有限公司	龙斌	2009/6/11	已提交
2009101	沃英有限公司	龙斌	2009/6/11	已提交
2009104	九天文化有限公司	季存明	2009/6/12	已提交
2009105	九天文化有限公司	季存明	2009/6/14	已提交
2009102	沃英有限公司	林静	2009/6/11	未提交
2009103	九天文化有限公司	季存明	2009/6/12	未提交
2009106	九天文化有限公司	林静	2009/6/14	未提交
2009107	九天文化有限公司	季存明	2009/6/15	未提交

18

页 1 共 1

图 14-71 最终效果

素材文件	光盘:\素材\第 14 章\物资采购数据库.accdb
效果文件	光盘:\素材\第 14 章\物资采购数据库.accdb

说明 使用 Access 2007 可以轻松地管理数据、生成和输出报表，可以大大提高工作效率。

操作步骤：

① 启动 Access 2007，打开“物资采购数据库”素材文件，如图 14-72 所示。

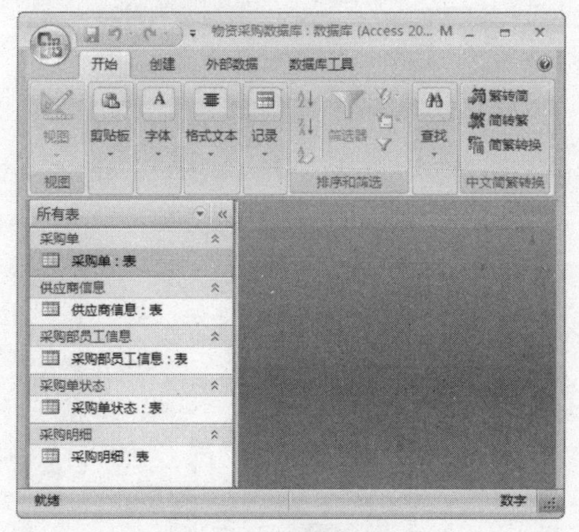

图 14-72　打开素材文件

② 双击导航窗格中各表的名称，打开所有数据表，单击“数据表”选项卡“关系”组中“关系”按钮，如图 14-73 所示。

图 14-73　单击“关系”按钮

③ 弹出“显示表”对话框，在列表中选择要创建关系的表，然后单击“添加”按钮，如图 14-74 所示。

④ 此时，所有表都已经添加到文档编辑区“关系”选项卡中，效果如图 14-75 所示。

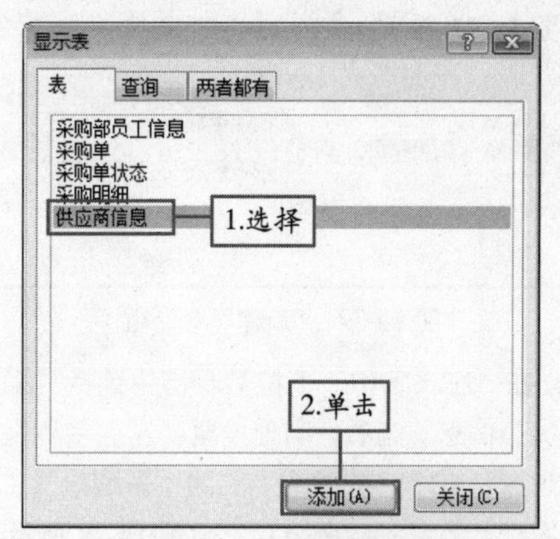

图 14-74　“显示表”对话框

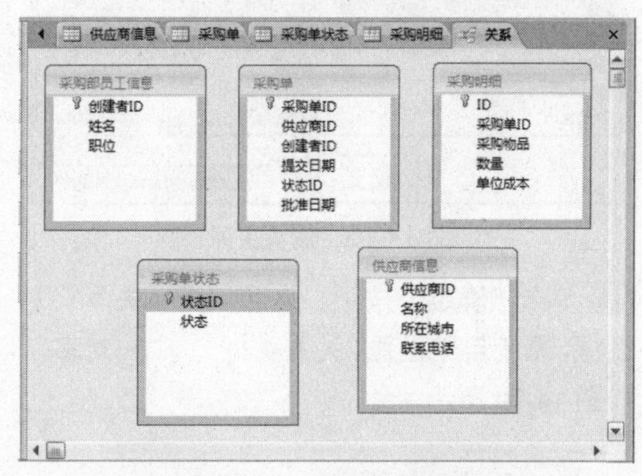

图 14-75　“关系”选项卡

⑤ 在文档编辑区中关闭所有表对象，单击“设计”选项卡“工具”组中的“编辑关系”按钮，弹出“编辑关系”对话框，如图 14-76 所示。

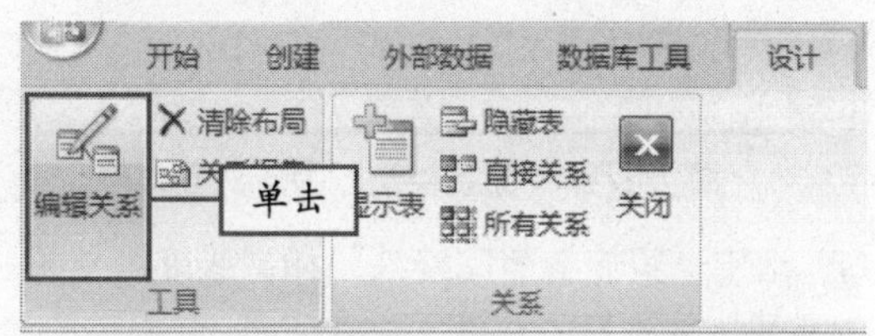

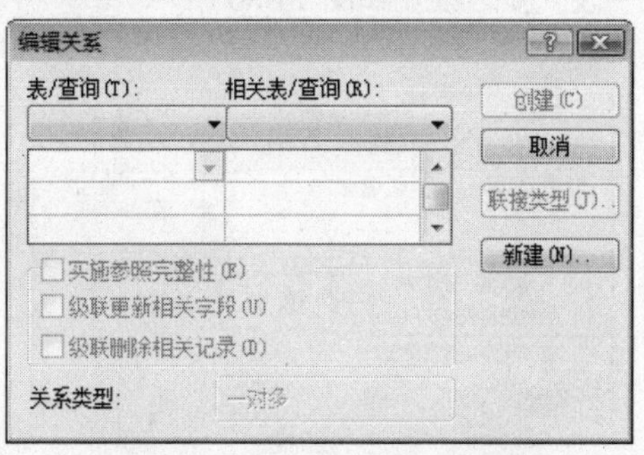

图 14-76　“编辑关系”对话框

用于创建关系的字段多数为数据表中的主键。说明

⑥ 单击“新建”按钮，弹出“新建”对话框，如图 14-77 所示。

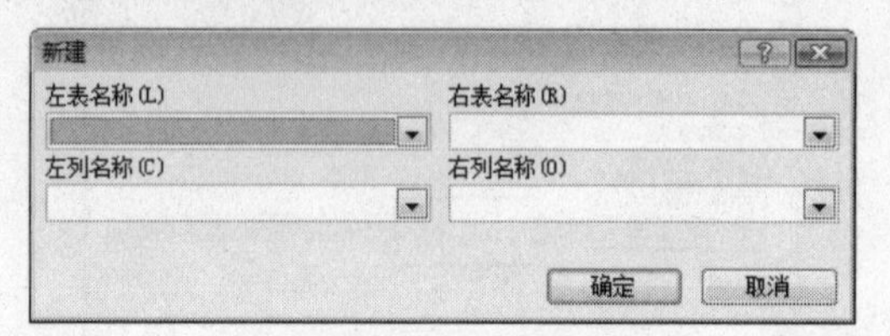

图 14-77 “新建”对话框

⑦ 在“左表名称”下拉列表框中选择“采购部员工信息”选项，同理设置“左列名称”为“创建者 ID”，“右表名称”为“采购单”，“右列名称”为“创建者 ID”，如图 14-78 所示。

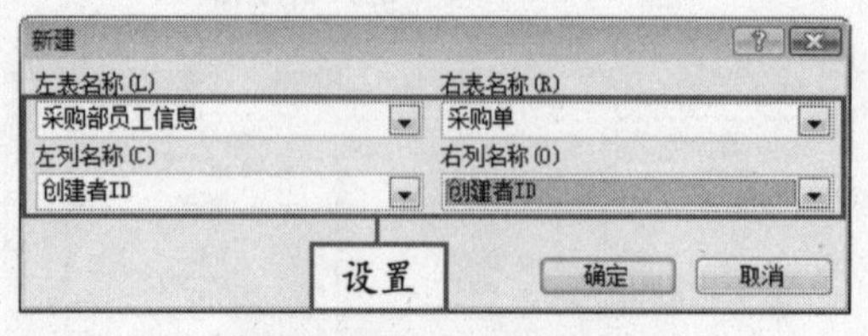

图 14-78 设置关系

⑧ 单击“确定”按钮，返回“编辑关系”对话框，系统自动设置“关系类型”为“一对多”，如图 14-79 所示。

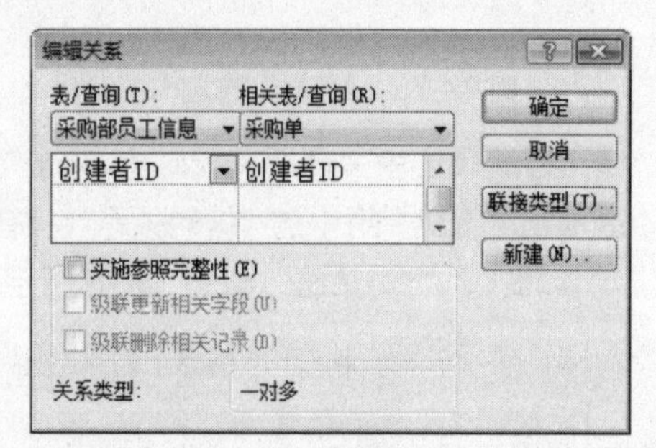

图 14-79 “关系类型”为一对多

⑨ 选中“实施参照完整性”和“级联更新相关字段”复选框，如图 14-80 所示。

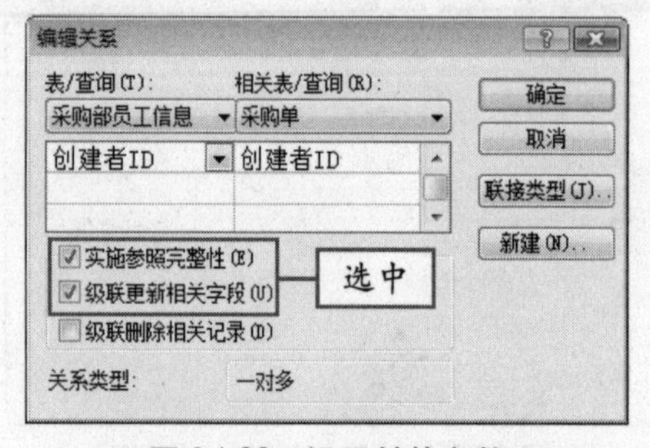

图 14-80 设置其他参数

⑩ 单击“确定”按钮，完成两字段关系的创建，如图 14-81 所示。

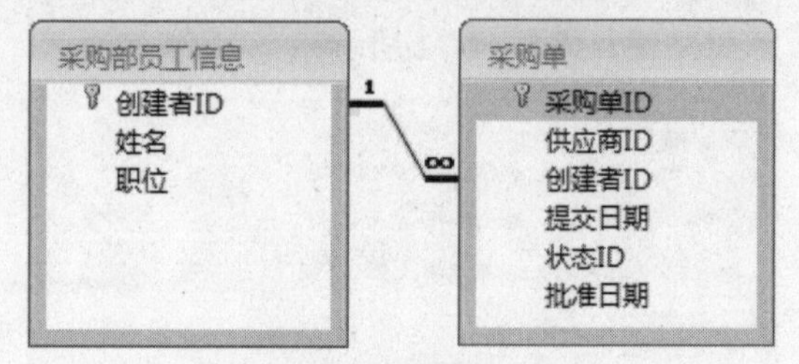

图 14-81 创建字段关系

⑪ 用同样的方法，创建其他关系，并调整各表的位置，效果如图 14-82 所示。

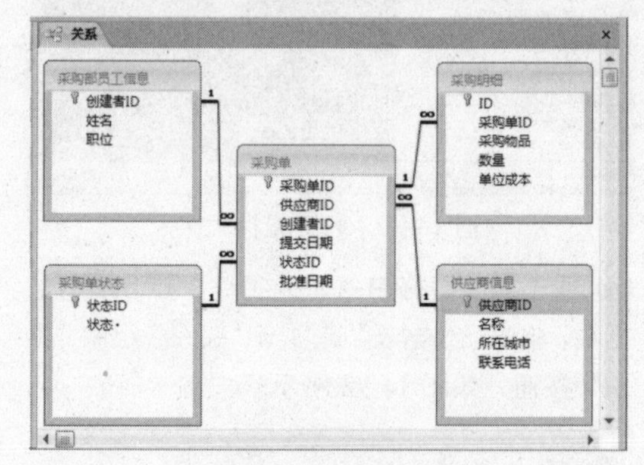

图 14-82 创建其他关系

⑫ 打开“采购单”表，单击“创建”选项卡“其他”组中的“查询向导”按钮，如图 14-83 所示。

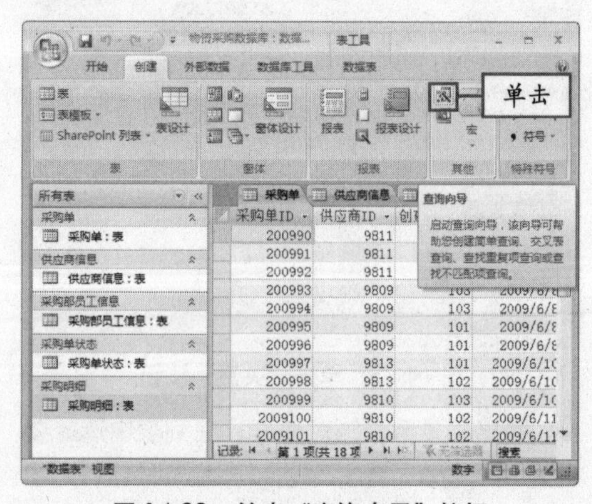

图 14-83 单击“查询向导”按钮

⑬ 弹出“新建查询”对话框，此时右侧列表中默认选中“简单查询向导”选项，如图 14-84 所示。

说明 选中“实施参照完整性”复选框，则在更改父表记录时，子表也会自动更改。

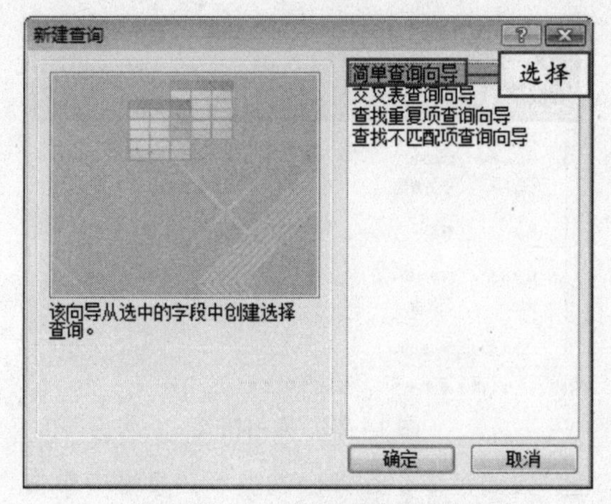

图 14-84　“新建查询”对话框

⑭ 单击“确定”按钮，进入到查询字段选择界面，在“表/查询”下拉列表框中选择“表：采购单”选项，在“可用字段”列表中选择“采购单 ID”选项，然后单击[>]按钮，将其添加到“选定字段”列表中，如图 14-85 所示。

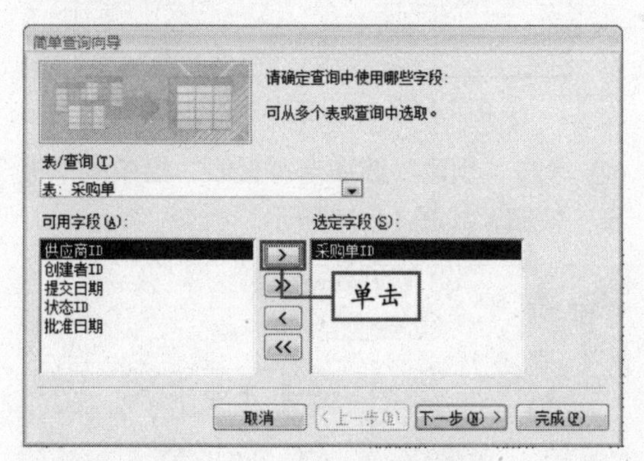

图 14-85　查询字段对话框

⑮ 用同样的方法，选择其他要查询的字段，如图 14-86 所示。

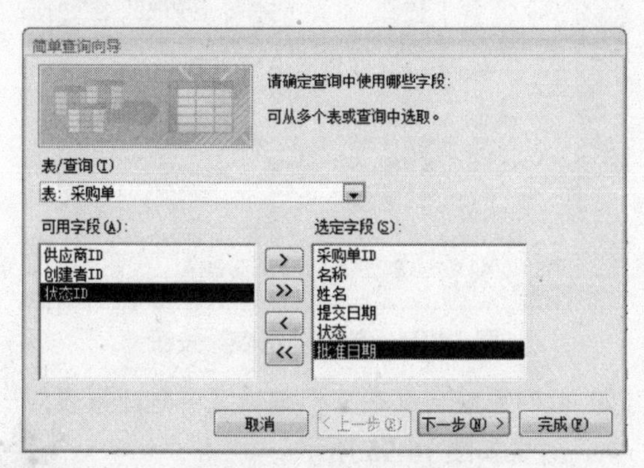

图 14-86　选择其他字段

⑯ 单击“下一步”按钮，进入查询标题设置对话框，如图 14-87 所示。

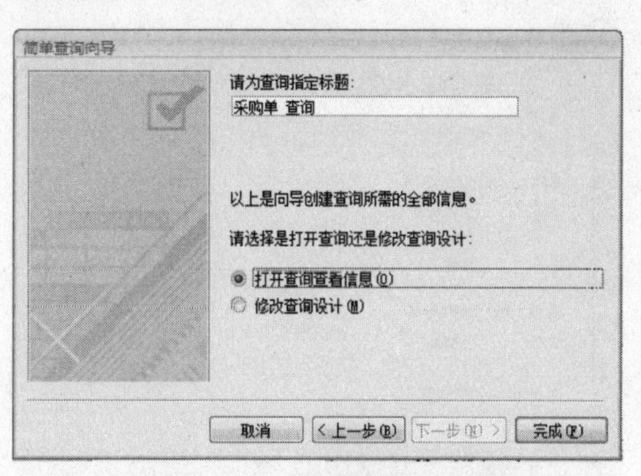

图 14-87　查询标题设置对话框

⑰ 保持默认设置，单击“完成”按钮，得到查询，如图 14-88 所示。

图 14-88　输入标题并设置格式

⑱ 单击“创建”选项卡“窗体”组中的“窗体”按钮，得到如图 14-89 所示的窗体。

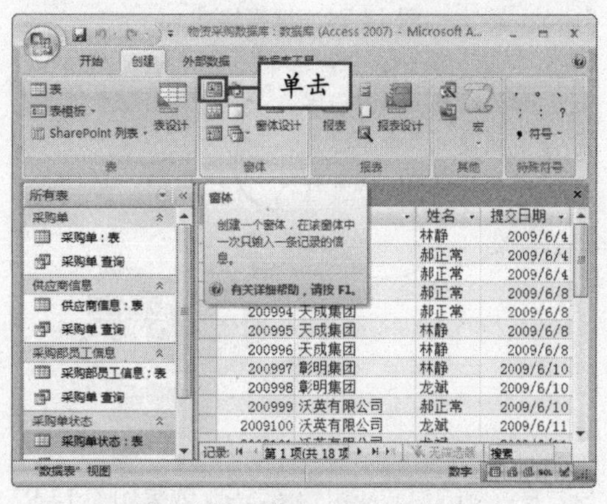

图 14-89　单击“窗体”按钮

⑲ 此时，系统自动在文档编辑区中创建出如图 14-90 所示的窗体。

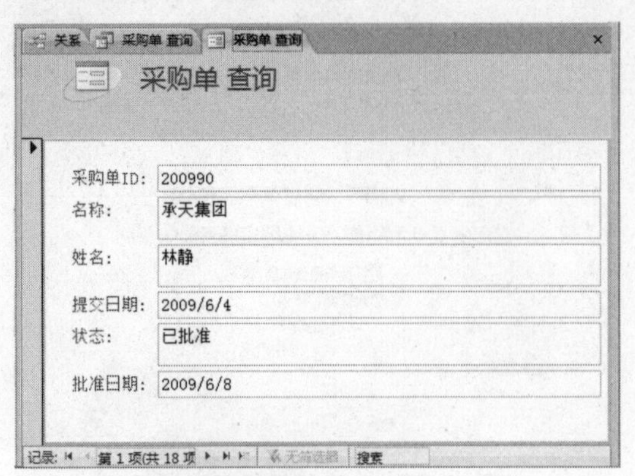

图 14-90　窗体效果

⑳ 单击“格式”选项卡“自动套用格式”组中的“自动套用格式”下拉按钮，在弹出的下拉面板中选择“地铁”选项，如图 14-91 所示。

图 14-91　选择格式

㉑ 将选中的格式应用到窗体中，效果如图 14-92 所示。

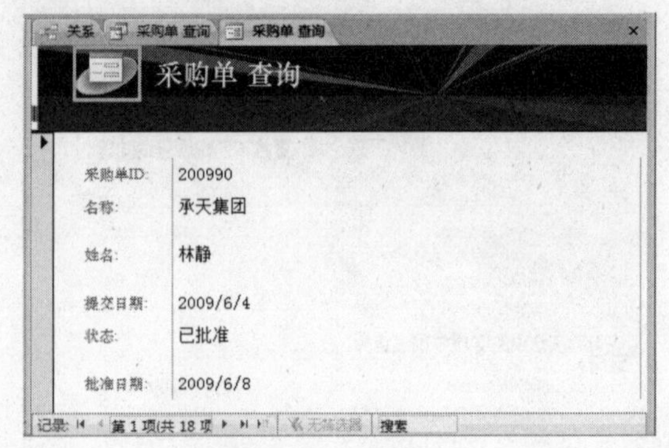

图 14-92　应用格式

㉒ 关闭窗体，在弹出的提示信息框中单击“是”按钮，弹出“另存为”对话框，在“窗体名称”文本框中输入名称“采购单 窗体”，如图 14-93 所示。

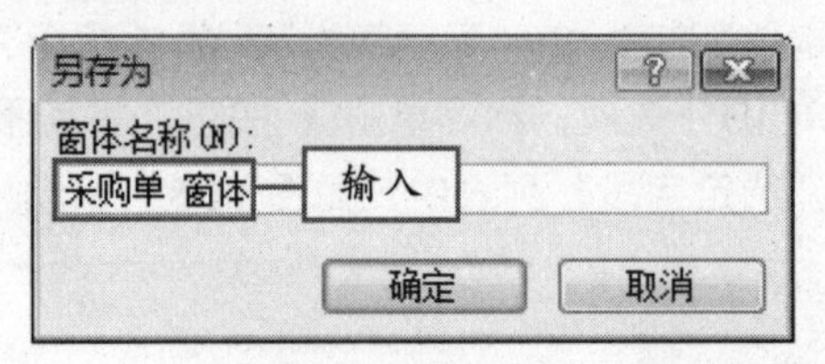

图 14-93　“另存为”对话框

㉓ 单击“创建”选项卡“报表”组中的“报表”按钮，如图 14-94 所示。

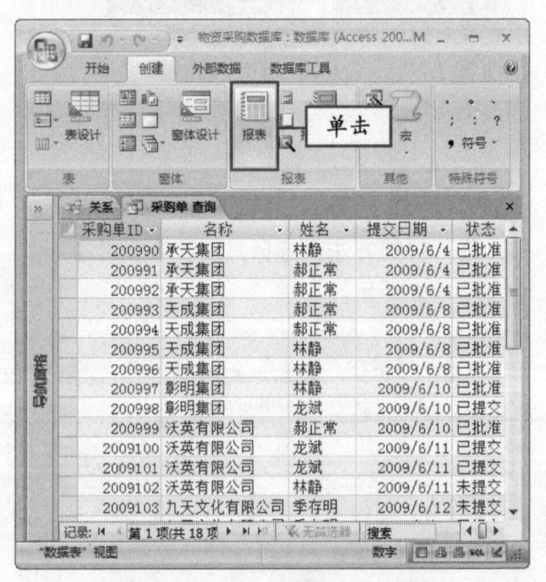

采购单ID	名称	姓名	提交日期	状态
200990	承天集团	林静	2009/6/4	已批准
200991	承天集团	郝正常	2009/6/4	已批准
200992	承天集团	郝正常	2009/6/4	已批准
200993	天成集团	郝正常	2009/6/8	已批准
200994	天成集团	郝正常	2009/6/8	已批准
200995	天成集团	林静	2009/6/8	已批准
200996	天成集团	林静	2009/6/8	已批准
200997	彰明集团	林静	2009/6/10	已批准
200998	彰明集团	龙斌	2009/6/10	已提交
200999	沃英有限公司	郝正常	2009/6/10	已批准
2009100	沃英有限公司	龙斌	2009/6/11	已提交
2009101	沃英有限公司	龙斌	2009/6/11	已提交
2009102	沃英有限公司	林静	2009/6/11	未提交
2009103	九天文化有限公司	李存明	2009/6/12	未提交

图 14-94　单击“报表”按钮

㉔ 此时系统自动在文档编辑区中创建报表对象，效果如图 14-95 所示。

技巧　单击字段右侧的下拉按钮，在弹出的下拉面板中选择合适的选项，可对数据进行筛选、排序。

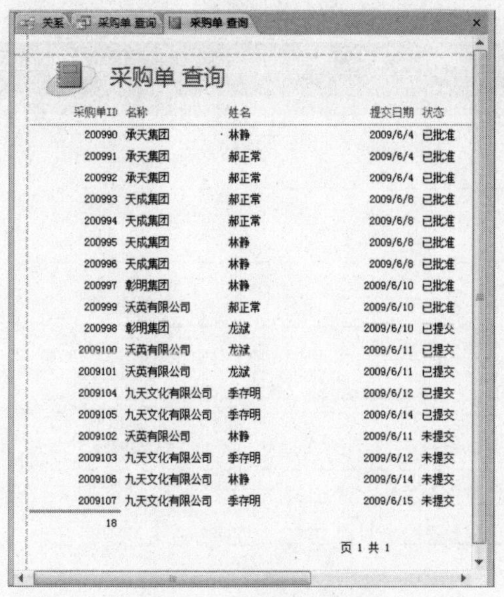

图 14-95　报表效果

㉕ 关闭报表，将其重命名为“采购单 报表”，完成数据库的创建和管理。

巩固与练习

一、填空题

1．Access 2007 中有数据表视图、__________________、__________________和设计视图 4 种视图方式，包括表、__________、__________和报表等对象。

2．用户可以通过_______________创建空白数据库，也可通过_______________创建具有基本字段名称的数据库。

3．在 Access 2007 中可以对表的字段进行__________、__________和__________等操作。

二、简答题

1．简述 Access 2007 中导航窗格和选项卡式的文档编辑区两大组成部分的特点和作用。

2．简述创建查询、窗体和报表的方法。

三、上机题

1．上机熟悉 Access 2007 的工作界面。

2．上机练习使用 Access 2007 创建数据库，在其中输入数据，并应用数据库管理系统，在数据库中创建查询、窗体和报表等对象。

读书笔记

 根据本章所学知识，练习使用 Access 2007 创建简单数据库。

第15章 Outlook 2007的日常应用

- Outlook 2007 的工作界面
- 创建账户
- 收发电子邮件
- 管理联系人
- 管理日常事务
- 订阅 RSS

Yoyo，outlook 2007 有什么功能呀？

它是一个收发电子邮件的工具。另外，Outlook 2007 还有其他的功能，让大龙哥详细介绍吧！

Outlook 2007 不仅能够收发电子邮件，管理联系人，管理用户日常工作和生活中的事务，还可以在其中添加 RSS 源，用户可以通过 RSS 源获得相应的新闻和资讯。

15.1 Outlook 2007 的工作界面

Outlook 2007 也是 Microsoft Office 2007 套装软件的重要组成部分，它是管理电子邮件的工具。另外，Outlook 2007 中新增了日历共享和信息管理等功能，从而更加方便了用户办公。Outlook 2007 的工作界面如图 15-1 所示。

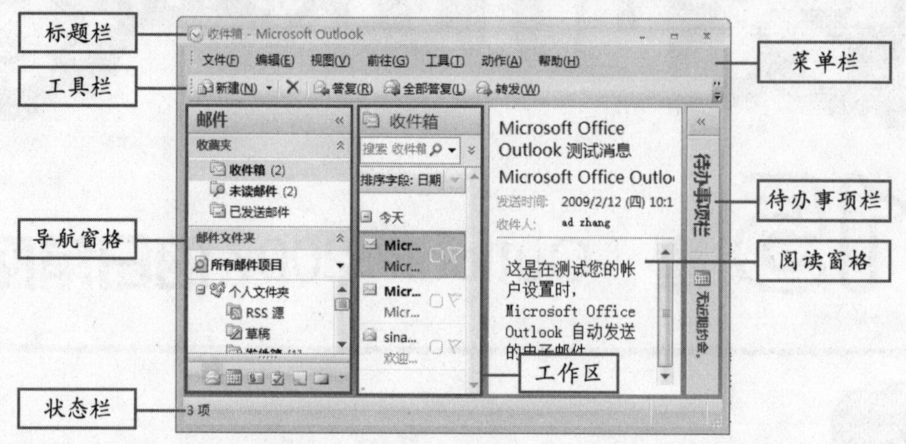

图 15-1 Outlook 2007 的工作界面

15.2 创建账户

在使用 Outlook 2007 收发电子邮件之前，必须创建电子邮件账户。Outlook 2007 允许在一个 Outlook 用户配置文件中添加多个电子邮件账户。在 Outlook 2007 中可以添加一个 Exchange 账户来处理商务电子邮件，然后再添加一个 Internet 电子邮件账户（如 ISP 提供的 POP3 账户）来处理个人电子邮件。配置文件可包含所有的电子邮件账户，但是每个配置文件只能有一个 Exchange 账户。

15.2.1 创建新账户

在用户首次启动 Outlook 2007 时，将弹出创建用户账户的向导，用户可以根据它创建账户。下面以创建电子邮件账户为例，来介绍创建方法。

① 单击 Microsoft Office Outlook 2007 的应用程序，将弹出如图 15-2 所示的对话框。

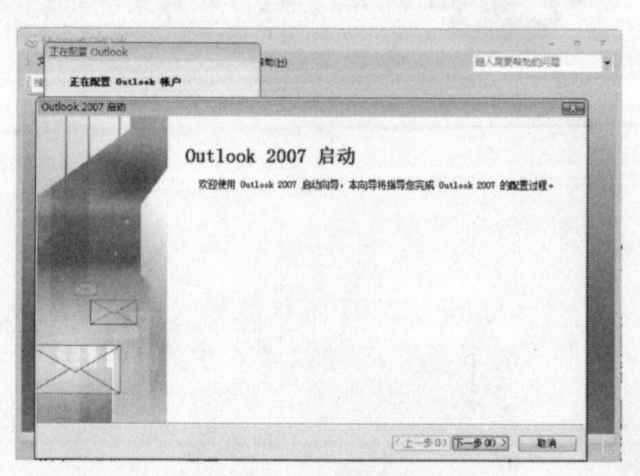

图 15-2 启动对话框

说明 若使用新浪的免费电子邮箱，首先须在邮箱账户管理中开通 POP 服务器功能。

② 单击“下一步”按钮，将弹出“账户配置”对话框，继续单击“下一步”按钮弹出“添加新电子邮件账户”对话框，保持其中的默认设置，如图 15-3 所示。

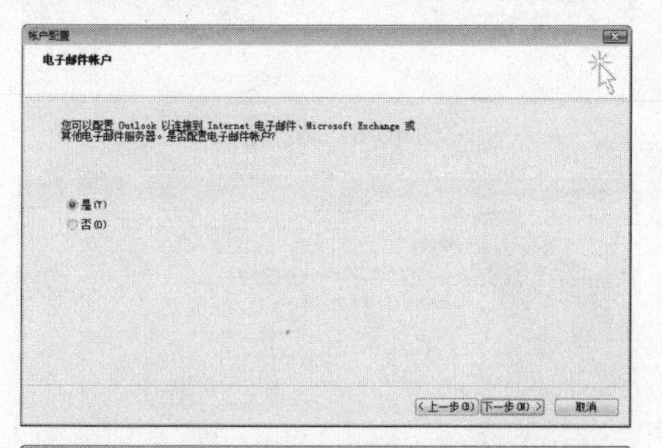

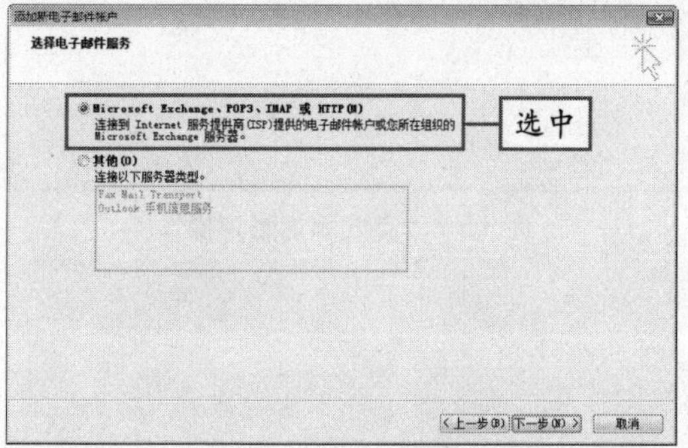

图 15-3 账户设置

③ 单击“下一步”按钮，继续进行账户设置，从中输入用户的姓名、创建账户所使用的电子邮箱地址、邮箱密码，如图 15-4 所示。

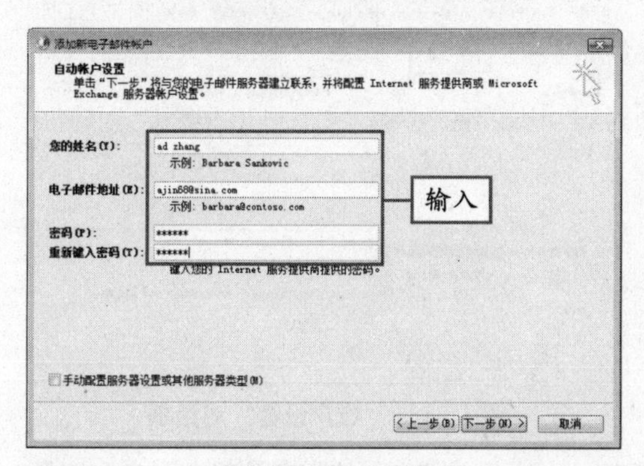

图 15-4　输入信息

④ 单击“下一步”按钮，系统将配置电子邮件服务器信息，如果配置失败，单击“下一步”按钮，将以非加密的形式配置服务器，如图 15-5 所示。

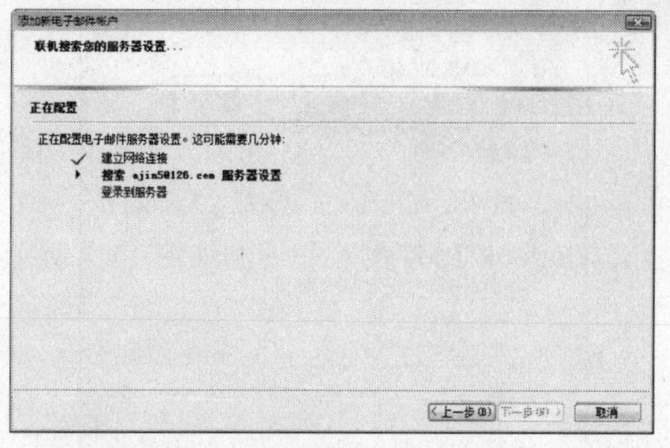

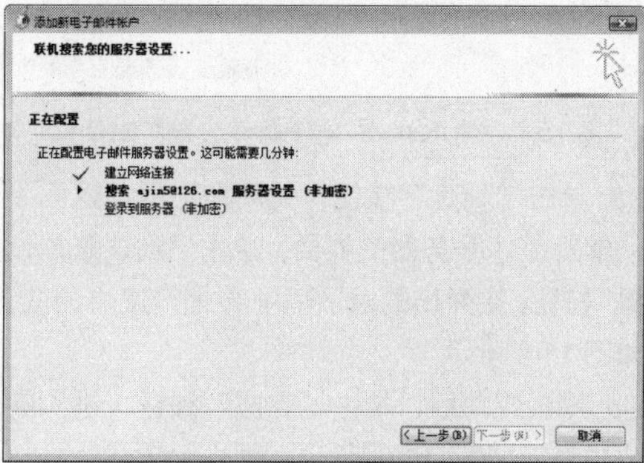

图 15-5 自动配置服务器

⑤ 如果再次失败，可进行手动配置，单击“下一步”按钮，在弹出的界面中输入相关信息，然后单击“其他设置”按钮，如图 15-6 所示。

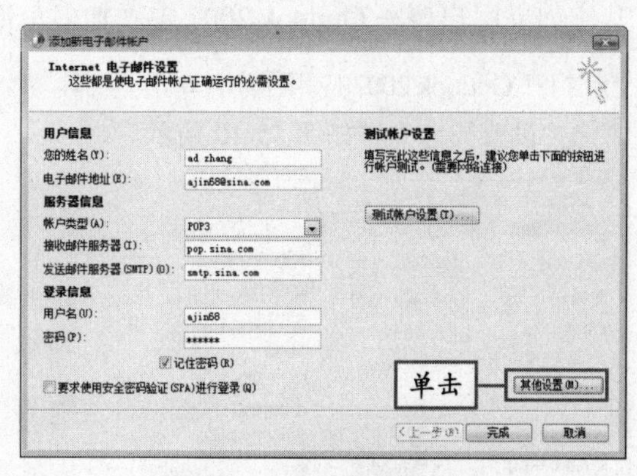

图 15-6　手动配置服务器

⑥ 此时弹出“Internet 电子邮件设置”对话框，单击“发送服务器”选项卡，从中选中“我的发送服务器（SMTP）要求验证”复选框，如图 15-7 所示。

在创建账户时，输入的密码就是用户的电子邮箱密码。　说明

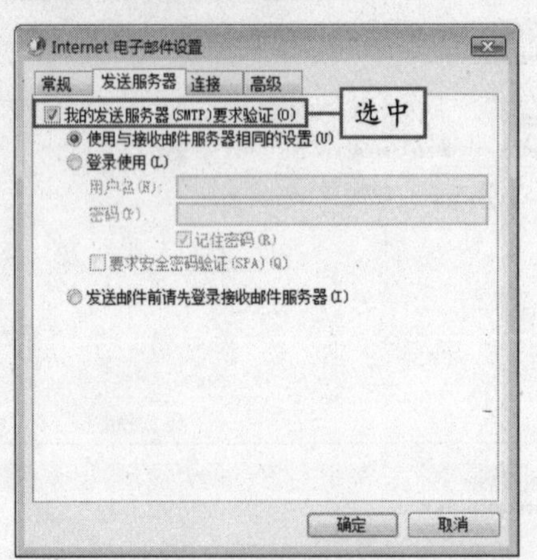

图 15-7 “Internet 电子邮件设置”对话框

⑦ 单击“确定”按钮，关闭对话框，返回手动配置邮件服务器的界面，单击“测试账户设置”按钮，在弹出的对话框中将进行账户测试，如图 15-8 所示。

⑧ 测试成功后，单击“完成”按钮，进入完成界面，如图 15-9 所示，单击“完成”按钮即可。

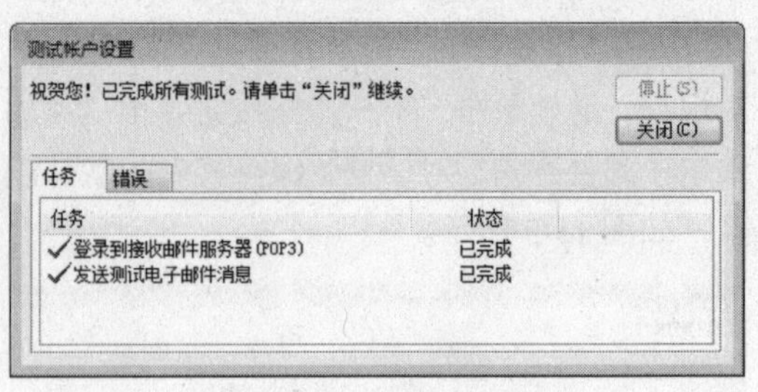

图 15-8 测试账户

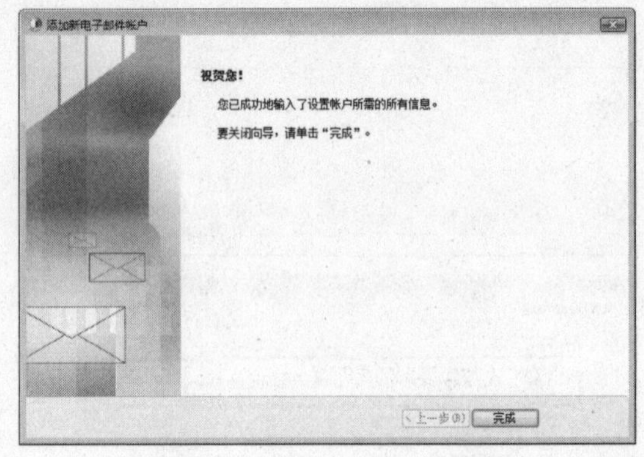

图 15-9 完成添加账户操作

15.2.2 创建多个账户

如果用户要在 Outlook 2007 中添加多个账户，可以按如下方法进行操作：

① 打开 Outlook 2007 应用程序，单击“工具”|“账户设置”命令，如图 15-10 所示。

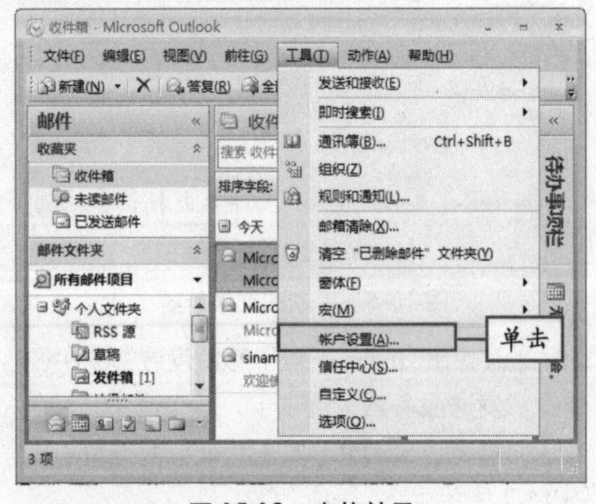

图 15-10 表格效果

② 弹出“账户设置”对话框，从中单击“新建”按钮，如图 15-11 所示。

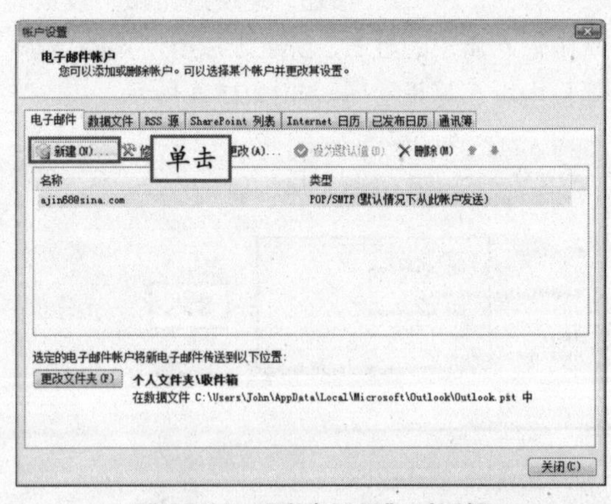

图 15-11 “账户设置”对话框

③ 此时将弹出“添加新电子邮件账户”对话框，如图 15-12 所示。参照上一节中创建新账户的步骤进行操作，即可添加多个用户账户。

技巧 创建多个账户后，可选择一个账户，单击“设为默认值”按钮，可将该账户设为默认账户。

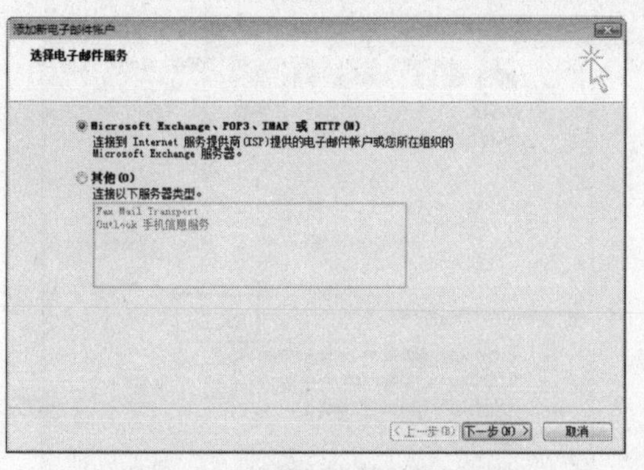

图 15-12 删除后的工作表标签

15.3 收发电子邮件

收发电子邮件是 Outlook 2007 最基本的功能，本节将向读者讲述使用 Outlook 2007 收发邮件的知识。

15.3.1 接收并阅读电子邮件

在 Outlook 2007 中，默认情况下将自动发送、接收邮箱中的电子邮件，当然用户也可以对是否自动发送和接收邮件，或者发送和接收邮件的时间等进行自定义设置。

1. 定义发送和接收选项

① 单击工具栏中的“发送/接收”按钮右侧的下拉按钮，如图 15-13 所示。

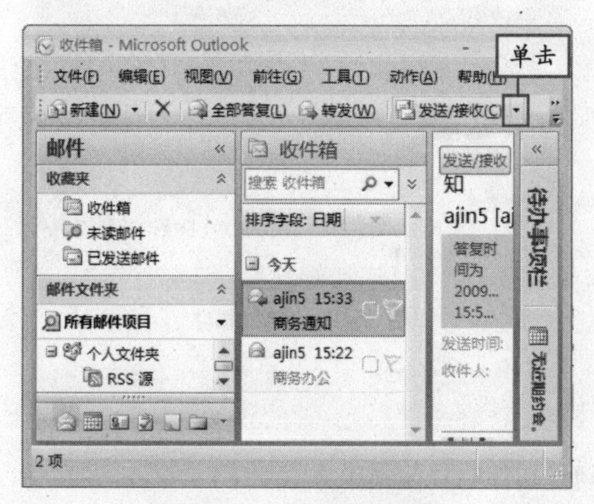

图 15-13 单击下拉按钮

② 此时将弹出其下拉菜单，从中选择“发送/接收设置”|“定义发送/接收组”命令，如图 15-14 所示。

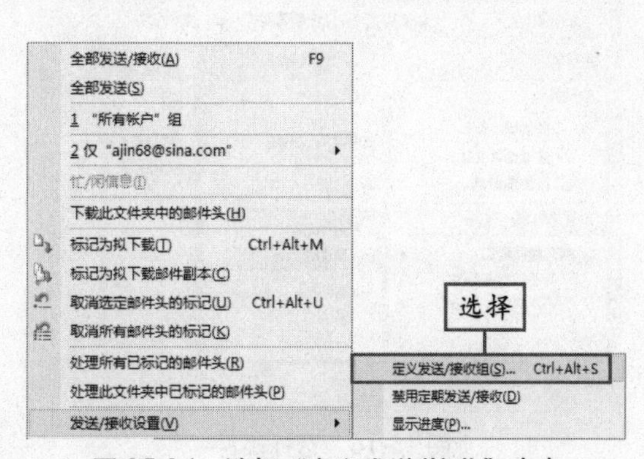

图 15-14 选择“定义发送/接收”命令

知识点拨

选择“禁用定期发送/接收”命令，Outlook 将不会自动发送/接收电子邮件。

③ 弹出“发送/接收组”对话框，从中设置安排自动发送/接收的时间间隔为 10 分钟，如图 15-15 所示。

④ 设置完成后，关闭对话框即可。则以后每隔 10 分钟将自动发送或接收一次电子邮件。

知识点拨

设置的时间应适当，不能太长也不能太短，否则会影响工作效率。

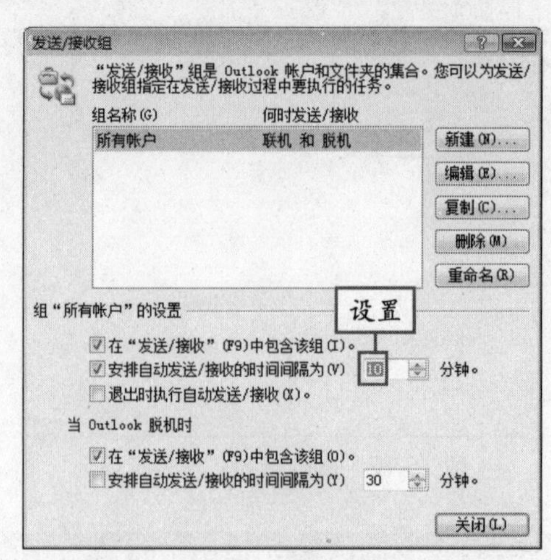

图 15-15 “发送/接收组”对话框

2. 阅读电子邮件

当接收到电子邮件后，就需要阅读电子邮件。其阅读方法如下：

① 选择“收藏夹”中的“收件箱”选项，然后在“收件箱”工作区中选择要阅读的邮件，如图 15-16 所示。

图 15-16 选择邮件

② 此时将弹出阅读邮件的窗口，从中可查看邮件的内容，如图 15-17 所示。

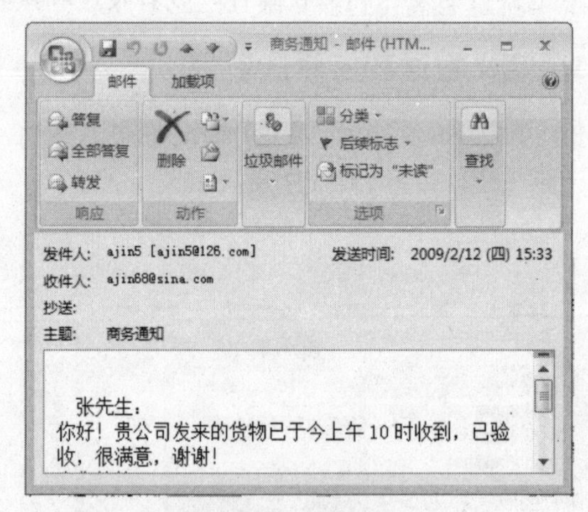

图 15-17 阅读邮件

15.3.2 回复邮件

阅读电子邮件后，通常要对其进行回复。回复邮件的具体操作方法如下：

① 查看完电子邮件后，单击“邮件”选项卡下“响应”组中的“答复”按钮，如图 15-18 所示。

② 弹出答复邮件的窗口，从中输入答复的内容，如图 15-19 所示，单击“发送”按钮即可发送答复邮件。

技巧 按【F9】键，也可接收和发送电子邮件。

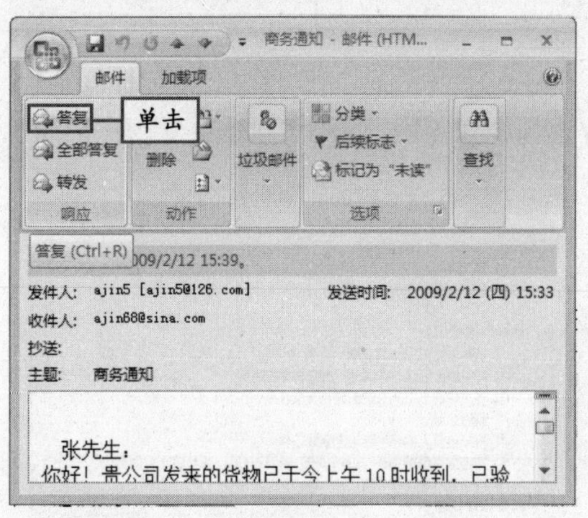

图 15-18　单击"答复"按钮

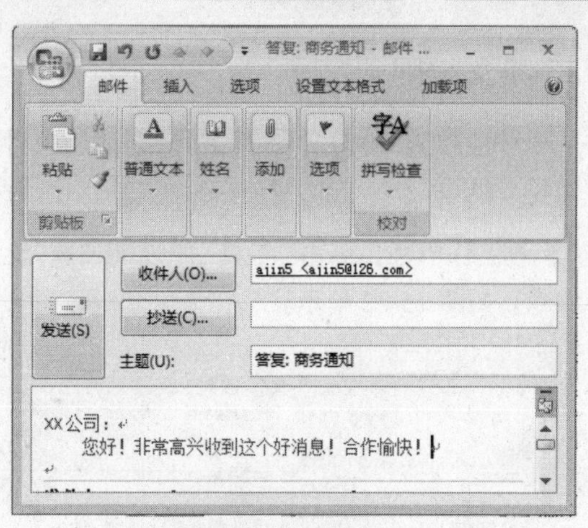

图 15-19　回复邮件

15.3.3　自动回复邮件

Outlook 2007 中有一个办公室助理，能够帮助用户建立回复邮件，但是它要求使用 Microsoft Exchange 2007 账户。如果用户使用的是 POP 或 IMAP 账户，可以通过创建规则来设置自动回复功能。

1. 创建自动回复模板

用户要设置自动回复，首先要创建一个自动回复的信息模板，具体操作方法如下：

① 在 Outlook 2007 工作界面中，单击工具栏上的"新建"按钮，将弹出创建邮件的窗口，单击"选项"选项卡下"域"组中的"纯文本"按钮，并输入邮件的内容，如图 15-20 所示。

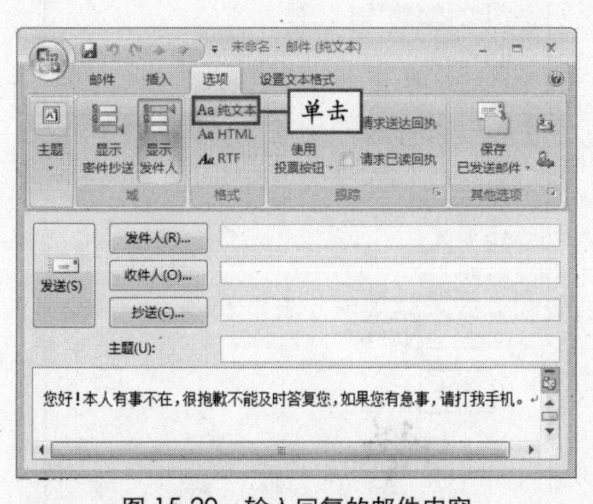

图 15-20　输入回复的邮件内容

② 单击 Office 按钮，在弹出的下拉菜单中选择"另存为"命令，弹出"另存为"对话框，选择邮件存储位置并命名，然后在"保存类型"下拉列表框中选项"Outlook 模板"选项，如图 15-21 所示，单击"保存"按钮即可保存自动回复邮件模板。

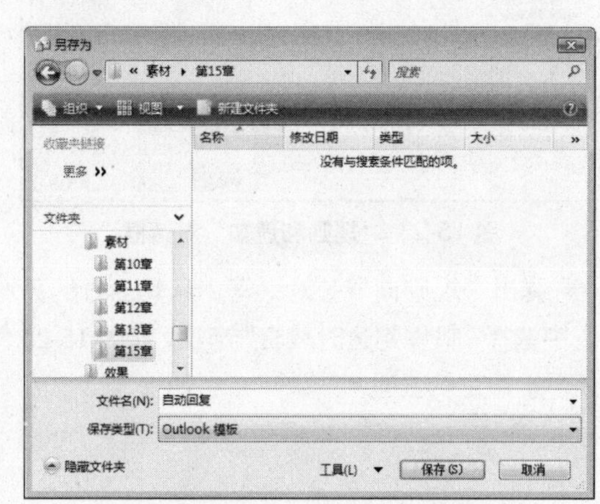

图 15-21　"另存为"对话框

在阅读邮件窗口中的"响应"组中单击"转发"按钮，还可以将接收的邮件转发给其他人。 技巧

2. 定义规则

下面以对 2009 年 3 月 10 日之前的邮件设置自动回复为例，向读者介绍定义该规则的具体操作方法。

① 在工作界面中单击“工具”|“规则和通知”命令，如图 15-22 所示。

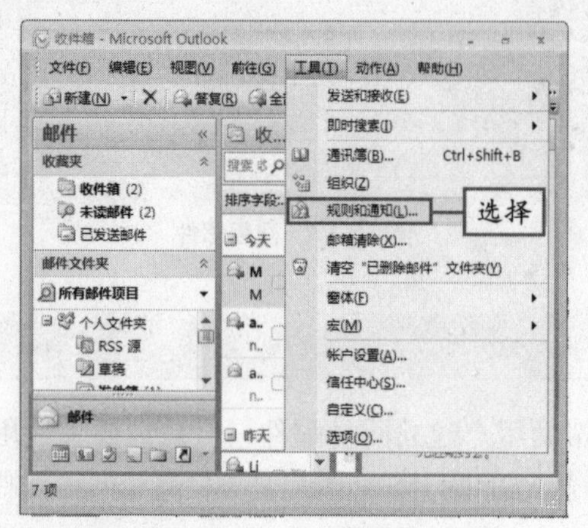

图 15-22 单击“规则和通知”命令

② 弹出“规则和通知”对话框，单击“新建规则”按钮，如图 15-23 所示。

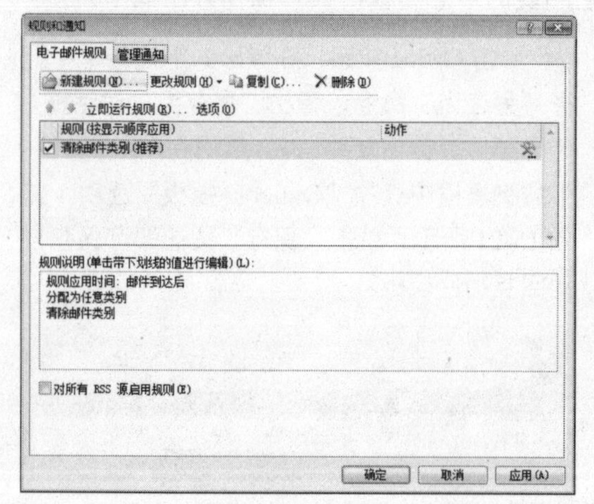

图 15-23 “规则和通知”对话框

③ 弹出“规则向导”对话框。从其上方的列表中选择“邮件到达时检查”选项，如图 15-24 所示。

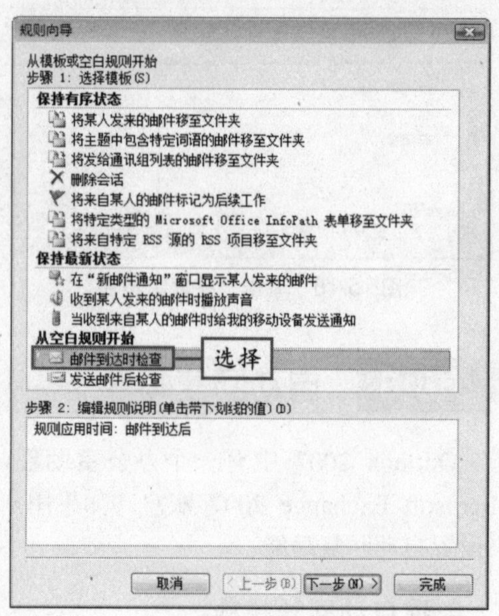

图 15-24 “从模板或空白规则开始”对话框

④ 单击“下一步”按钮，在弹出的对话框中选中“在特定时间范围内接收到”复选框，然后单击下方列表中的“特定时间范围内”超链接，如图 15-25 所示。

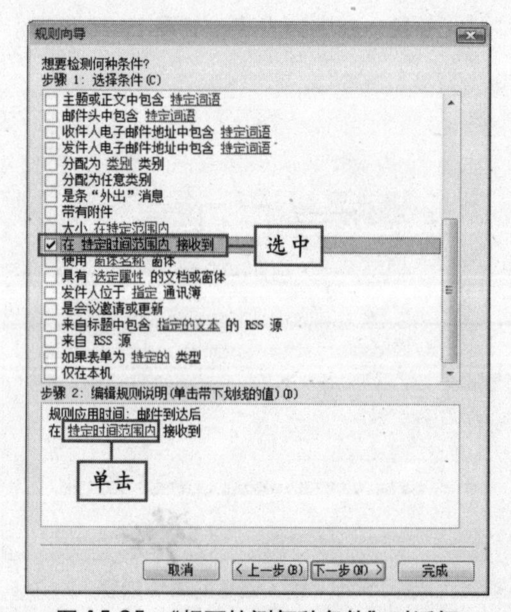

图 15-25 “想要检测何种条件”对话框

技巧 使用规则向导，可创建许多不同的规则，来帮助用户处理接收的电子邮件。

⑤ 弹出“接收时间”对话框，从中设置参数，如图 15-26 所示。

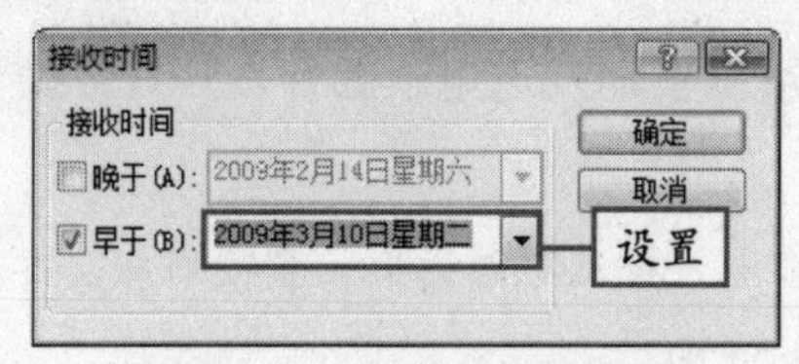

图 15-26　设置接收时间

⑥ 单击“确定”按钮后，返回设置条件的对话框，单击其中的“下一步”按钮，在弹出的对话框中选中“用特定模板答复”复选框，并在下方的列表中单击“特定模板”超链接，如图 15-27 所示。

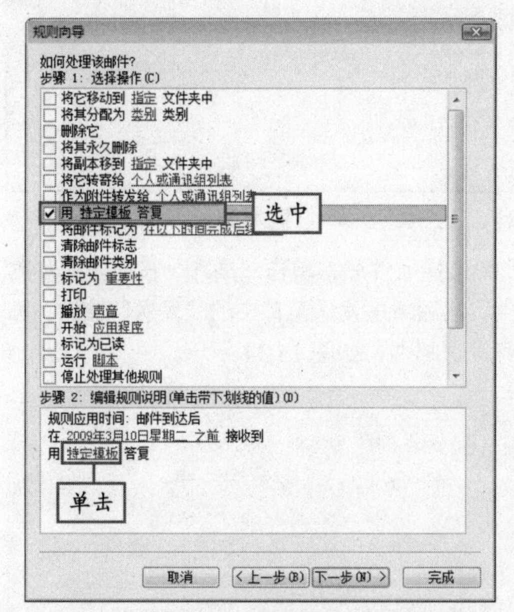

图 15-27　“如何处理该邮件”对话框

⑦ 弹出“选择答复模板”对话框，使用“浏览”按钮，选择上节中创建的模板，如图 15-28 所示。

⑧ 单击“打开”按钮，返回规则向导对话框，根据向导依次单击“下一步”按钮，弹出“完成规则设置”对话框，从中选中“立即对已在‘收件箱’中的邮件运行此规则”复选框，如图 15-29 所示。

⑨ 单击“完成”按钮，返回“规则和通知”对话框，将显示创建的规则，如图 15-30 所示。

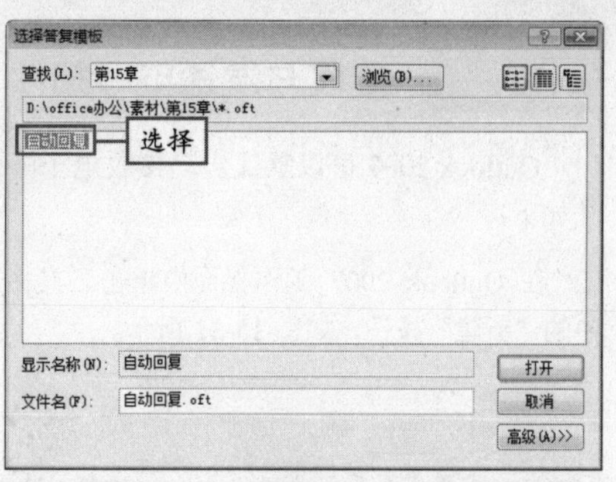

图 15-28　“选择答复模板”对话框

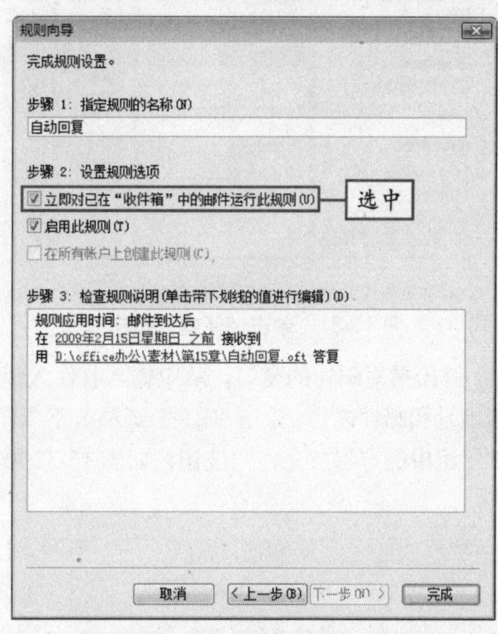

图 15-29　“完成规则设置”对话框

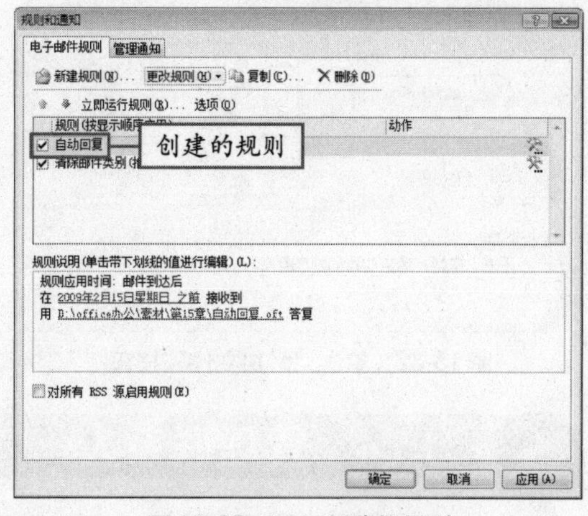

图 15-30　显示创建的规则

规则仅对未读邮件起作用，对已读邮件就会失效。　说明

15.3.4 接收与发送电子邮件

Outlook 2007 可以默认自动接收电子邮件，用户可以手动发送电子邮件，其具体操作方法如下：

① 在 Outlook 2007 工作界面中单击工具栏中的“新建”按钮，如图 15-31 所示。

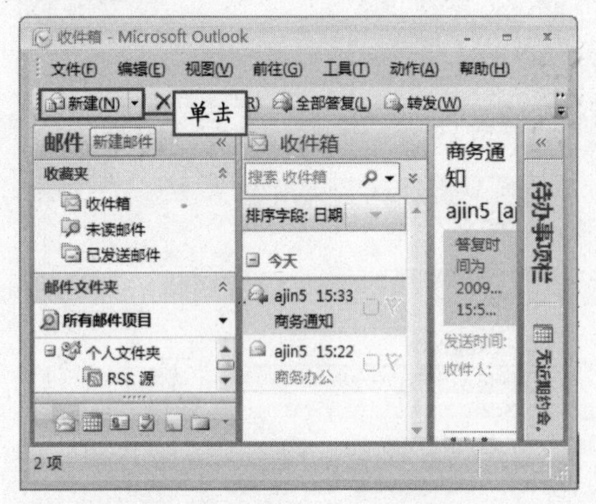

图 15-31 单击“新建”按钮

② 弹出撰写邮件的窗口，从中输入收件人邮箱地址和邮件内容，单击“邮件”选项卡下“添加”组中的“附加文件”按钮，如图 15-32 所示。

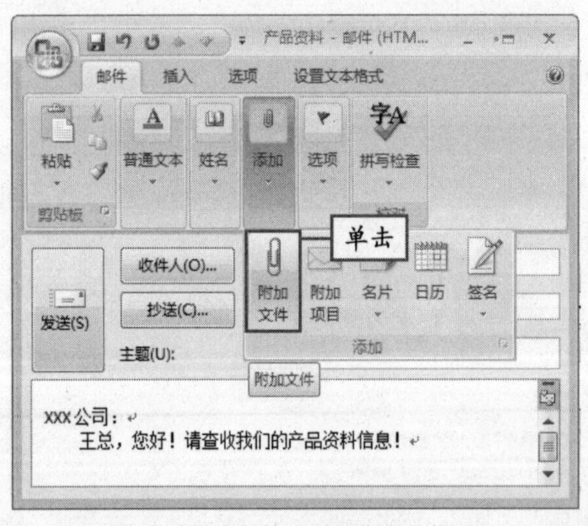

图 15-32 单击“附加文件”按钮

③ 弹出“插入”对话框，查找附加文件，如图 15-33 所示。

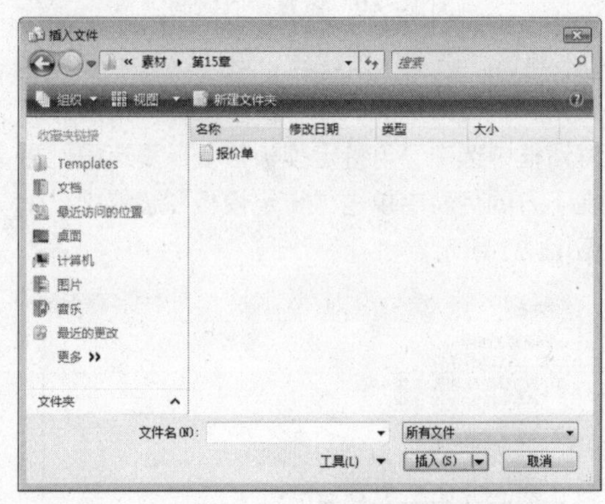

图 15-33 “插入文件”对话框

④ 选择附件后，单击“插入”按钮，添加附件，然后单击发送窗口中的“发送”按钮，即可发送邮件，如图 15-34 所示。

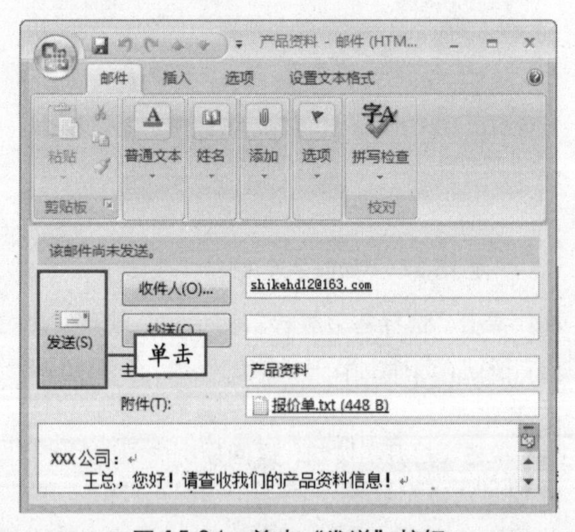

图 15-34 单击“发送”按钮

15.4 管理联系人

在日常的办公中，总会有许多的联系人信息，在 Outlook 2007 中也提供了管理联系人信息的功能，以方便用户对联系人的管理。

说明　可以将声音、视频和图像文件作为附件来发送。

15.4.1　添加联系人

创建一个联系人的信息，可将该联系人的工作单位、职位、通信地址、电话、甚至是照片等都添加进去。创建了联系人后，发送邮件时用户将不需要输入邮件地址，只需指定收件人即可。添加联系人的具体操作方法如下：

① 在 Outlook 2007 的导航窗格中选择“联系人”选项，如图 15-35 所示。

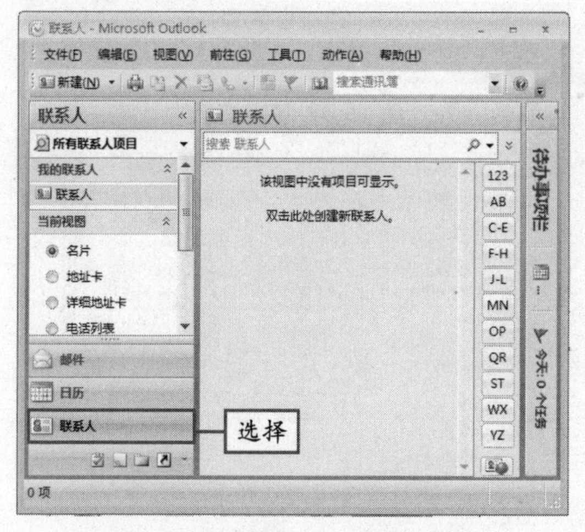

图 15-35　选择“联系人”选项

② 双击联系人工作区，将弹出创建联系人的窗口，在其中的文本框中输入相关信息，如图 15-36 所示。

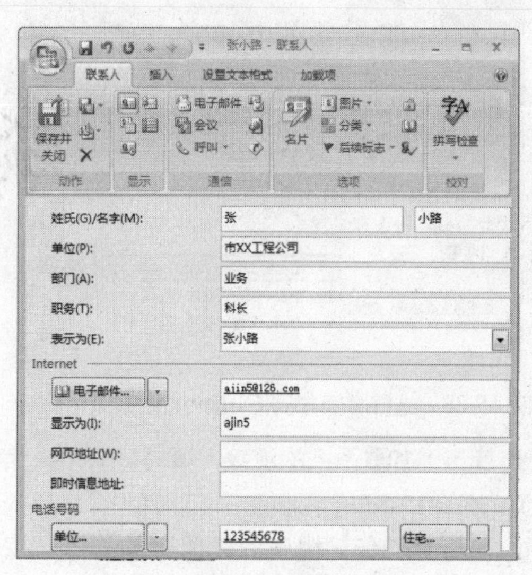

图 15-36　填写联系人信息

③ 创建完成后，单击“联系人”选项卡“动作”组中的“保存并新建”按钮，继续添加新的联系人，添加完成后，单击“保存并关闭”按钮即可，此时工作界面中显示添加的联系人信息，如图 15-37 所示。

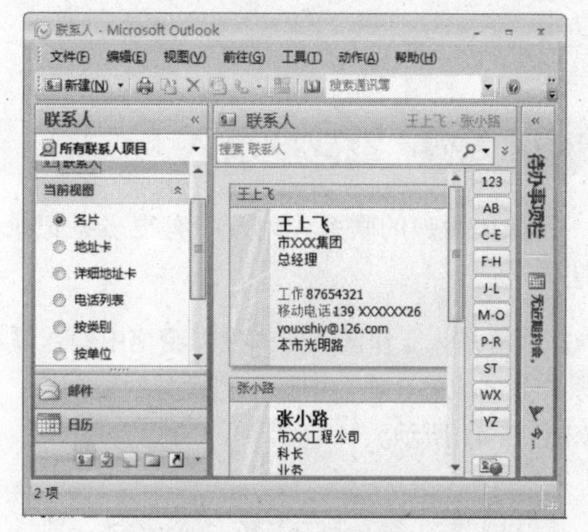

图 15-37　显示联系人信息

知识点拨

“显示为”文本框用于指定联系人姓名在邮件“收件人”行中的显示方式。

15.4.2　从收到的电子邮件中创建联系人

用户可以从收到的电子邮件中将发送者的电子邮箱等信息添加到联系人信息中。其具体操作方法如下：

默认情况下，联系人信息以名片的形式显示。　说明

① 打开电子邮件，在发件人上右击，在弹出的快捷菜单中选择“添加到 Outlook 联系人”命令，如图 15-38 所示。

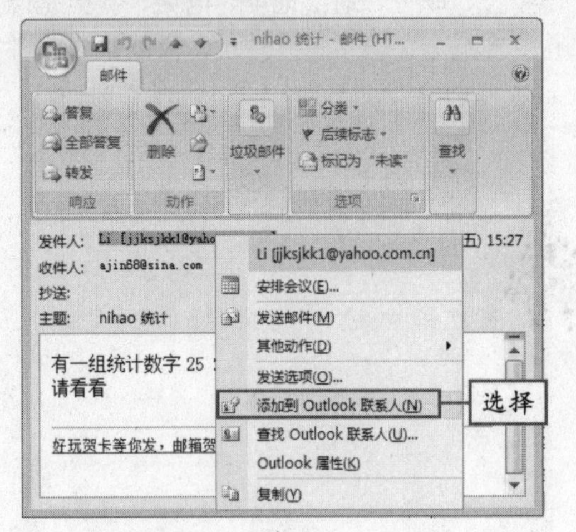

图 15-38　选择“添加到 Outlook 联系人”命令

② 弹出添加联系人的窗口，填写好联系人信息，如图 15-39 所示。

③ 单击“动作”组中的“保存并关闭”按钮，工作界面上显示的联系人信息如图 15-40 所示。

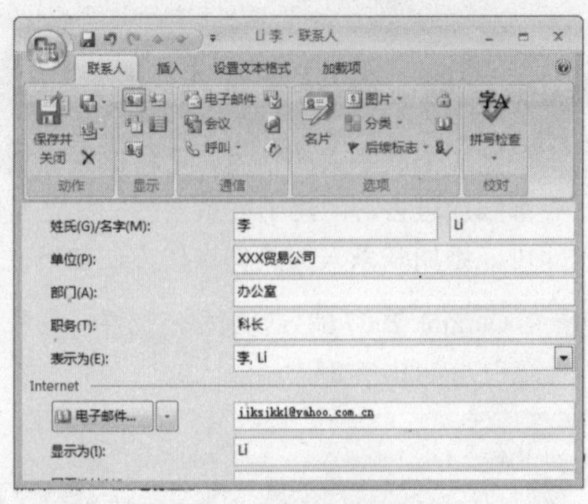

图 15-39　填写信息

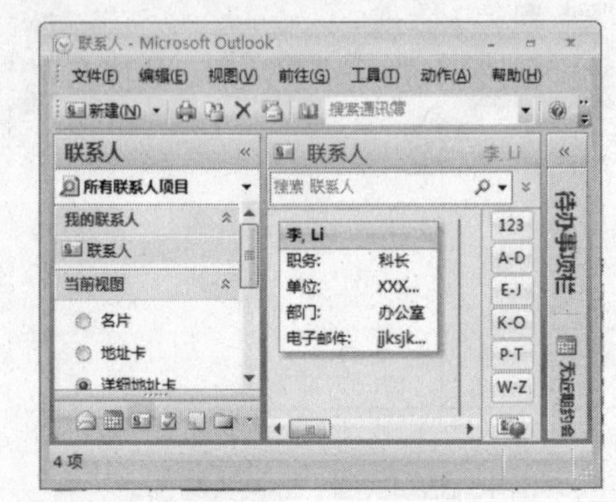

图 15-40　显示信息

15.4.3　查找联系人

如果用户的联系人列表中有很多条记录，可通过搜索来快速查找联系人，其具体操作方法如下：

① 在联系人工作区上方的搜索窗格中输入联系人姓名或姓，将立即查找到相关的联系人，如图 15-41 所示。

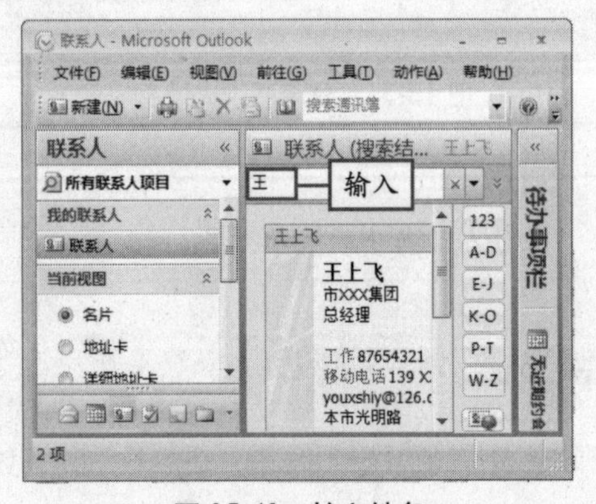

图 15-41　输入姓名

② 单击搜索窗格的按钮，在弹出的面板中输入商务电话号码，如图 15-42 所示。

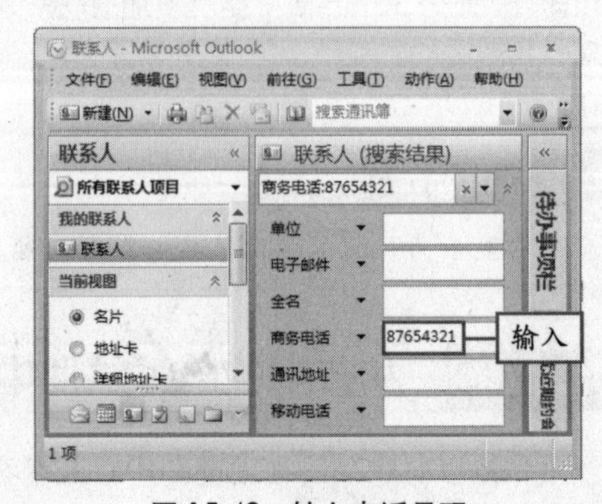

图 15-42　输入电话号码

技巧　输入要搜索的关键字后，不必按【Enter】键，即可搜索联系人信息。

③ 搜索窗格的文本框中将自动输入相应信息，并进行搜索，单击 按钮，显示搜索结果，如图 15-43 所示。

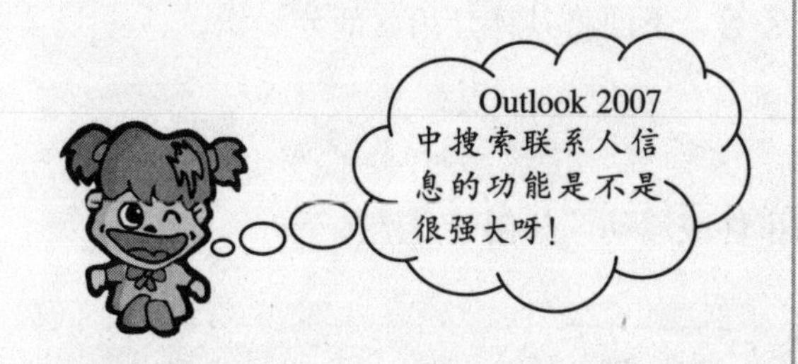

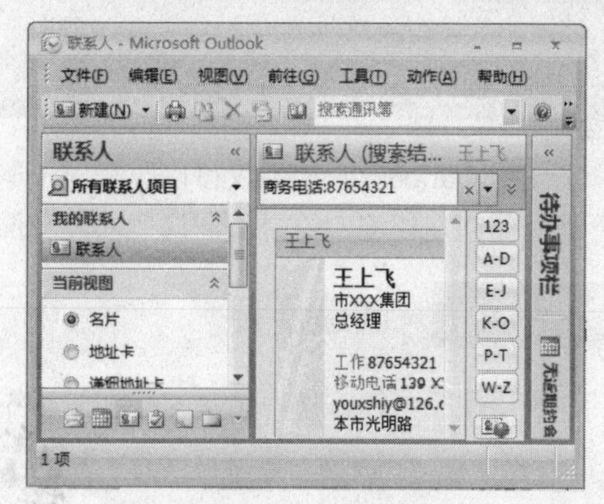

图 15-43　搜索出的联系人

15.4.4　通过使用联系人记录发送邮件

如果用户的联系人列表中有很多条记录，可通过搜索来快速查找联系人，其具体操作方法如下：

① 在发送邮件时，单击“收件人”按钮，如图 15-44 所示。

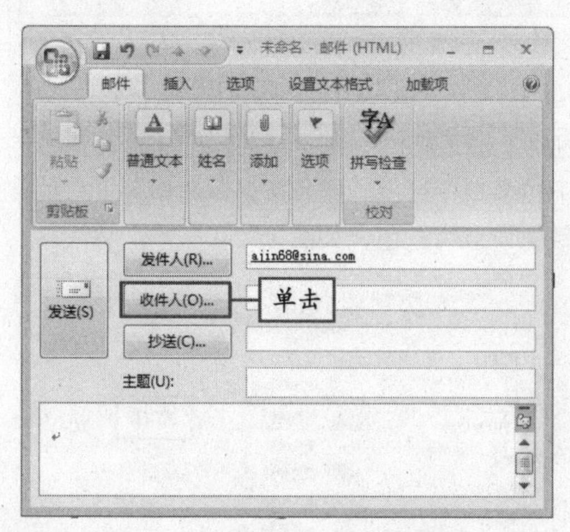

图 15-44　单击“收件人”按钮

② 此时弹出“选择姓名：联系人”对话框，从中选择收件人，然后单击列表框下方的“收件人”按钮，如图 15-45 所示。

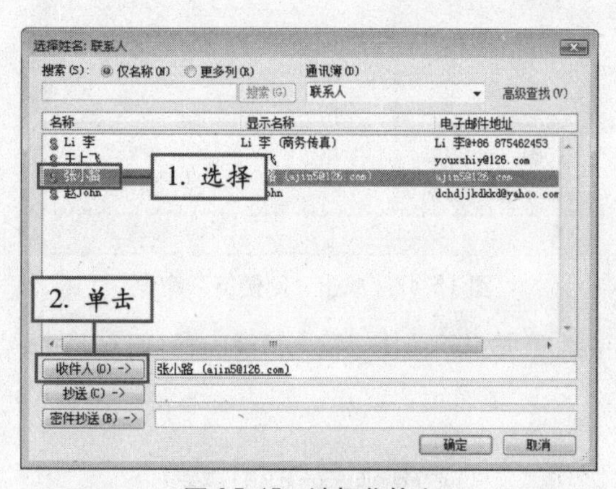

图 15-45　选择收件人

③ 单击“确定”按钮，在发件箱窗口中将自动添加选择的收件人邮箱地址，如图 15-46 所示，输入邮件内容等，单击“发送”按钮，即可发送邮件。

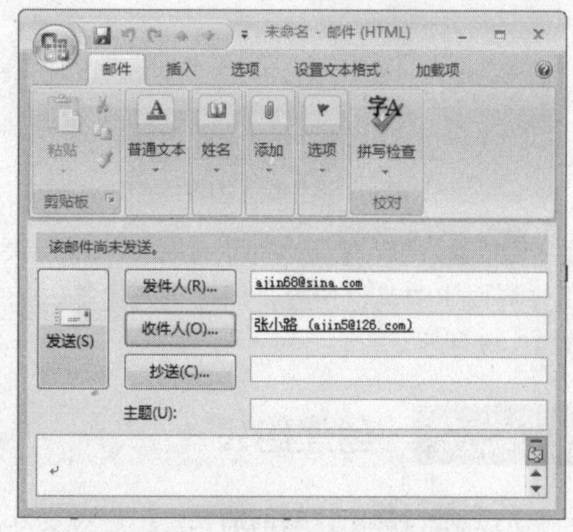

图 15-46　自动添加收件人邮箱地址

可借助【Ctrl】和【Shift】键，选择多个联系人。　技巧

15.5 管理日常事务

使用 Outlook 2007 不仅可以收发电子邮件，还能够对日常工作或生活中的某些事务进行管理，如创建便笺、约会和会议要求，分配任务等。下面将具体介绍这部分知识。

15.5.1 创建便笺

使用便笺可以方便地记录工作和生活中的事件或活动，其创建方法如下：

① 在导航窗格中选择“便笺”选项，然后单击“动作”|“新便笺”命令，如图 15-47 所示。

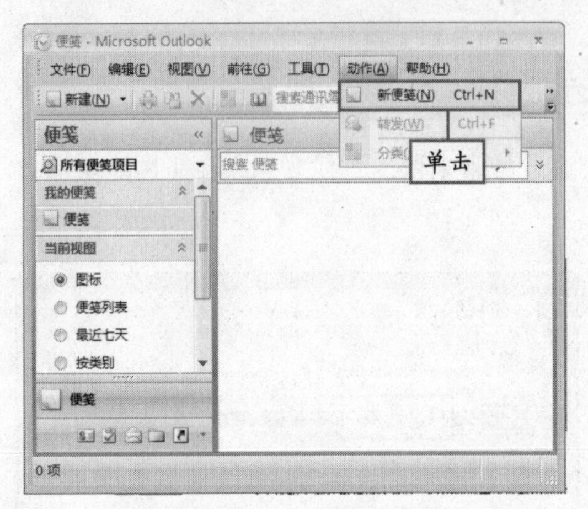

图 15-47 单击“新便笺”命令

② 在弹出的窗格中输入便笺内容，如图 15-48 所示。

图 15-48 输入内容

③ 完成输入后，单击“关闭”按钮或 Outlook 工作界面中的其他位置，即可创建便笺，如图 15-49 所示。

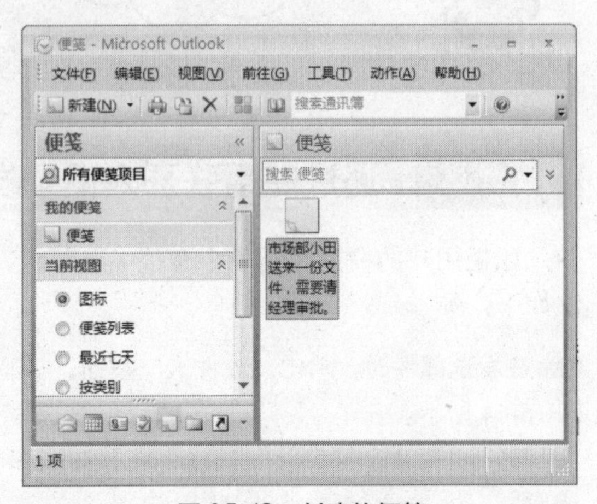

图 15-49 创建的便笺

④ 单击工具栏中的“分类”按钮，在弹出的下拉菜单中选择“红色类型”选项，可将便笺颜色设置为红色，如图 15-50 所示。

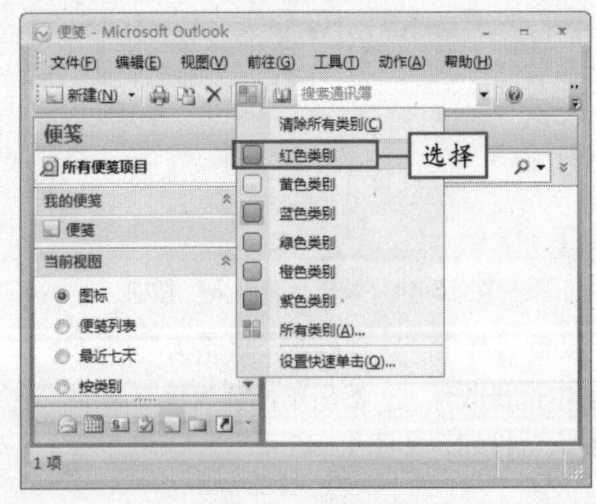

图 15-50 设置颜色

15.5.2 创建约会

约会是日历中计划的活动。用户可以安排定期的约会，按天、周或月查看约会和设置约会的提醒等。创建约会的具体操作方法如下：

 技巧 用户可以自定义便笺的颜色、类别、字体、大小等，还可以对多个便笺进行排序。

① 在导航窗格中选择"日历"选项，此时的工作中界面如图 15-51 所示。

图 15-51　选择"日历"选项

② 在工作界面右侧的日历中单击，输入约会内容，如图 15-52 所示。

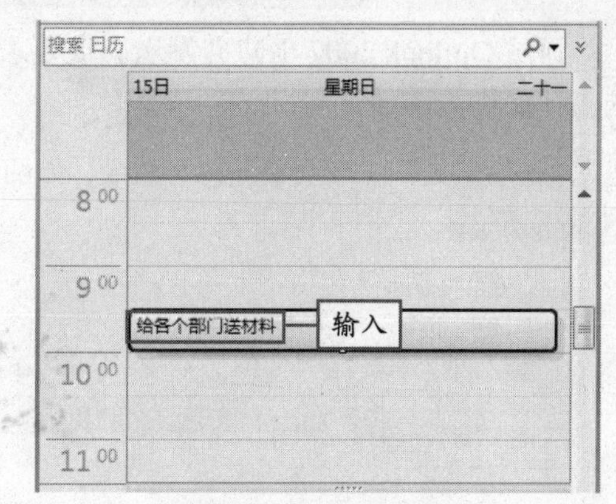

图 15-52　输入约会内容

15.5.3 更改约会

创建约会后，用户还可以对该约会的详细内容进行修改，其具体操作步骤如下：

① 在添加的约会内容上双击，如图 15-53 所示。

图 15-53　双击约会内容

② 此时将弹出创建约会的窗口，从中可以输入详细的约会内容，如时间、具体内容等，如图 15-54 所示。

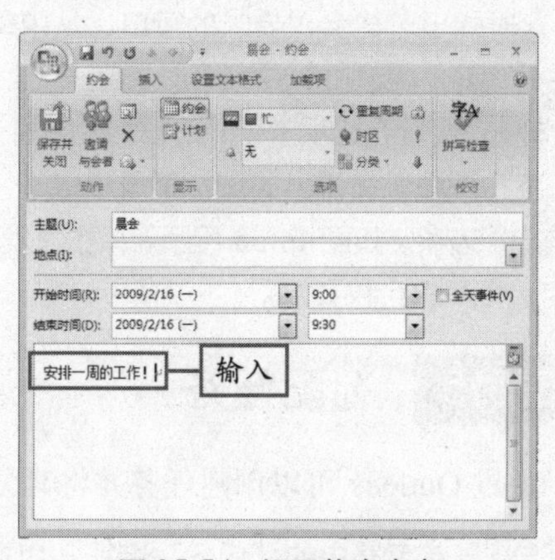

图 15-54　设置约会内容

③ 用户还可以把该约会设置为定期约会，单击"选项"组中"重复定期"按钮，弹出"约会周期"对话框，在其中选中"按周"单选按钮，并设置其他参数，如图 15-55 所示。

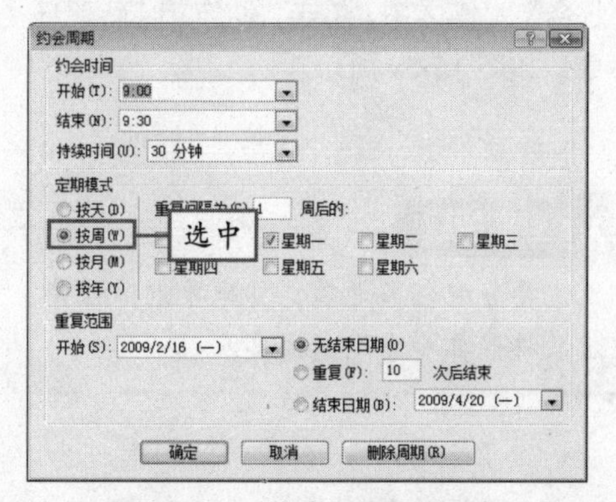

图 15-55　"约会周期"对话框

约会是在日历中计划的活动，不涉及邀请其他人或保留资源。　说明

15.5.4 创建并发送会议要求

通过 Outlook 2007 创建并发送会议要求，可以邀请他人参加会议。创建并发送会议要求的具体操作方法如下：

① 单击“工具”|“新会议要求”命令，如图 15-56 所示。

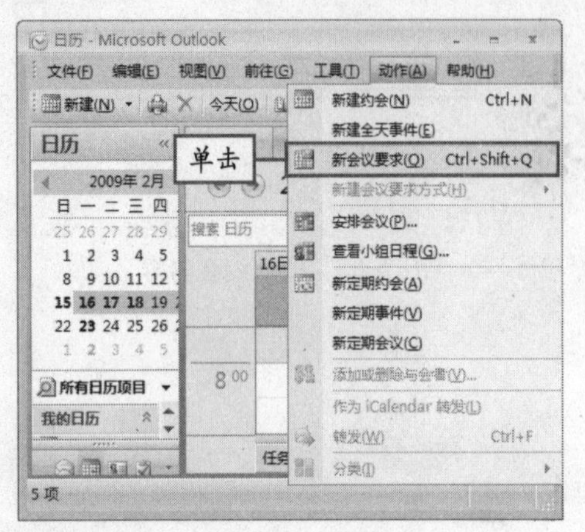

图 15-56 单击“新会议要求”命令

② 此时弹出创建会议要求的窗口，从中输入相关的内容，如图 15-57 所示。

③ 单击“会议”选项卡下“动作”组中的“回复”下拉按钮，在弹出的下拉菜单中选择“请求响应”选项，如图 15-58 所示，单击“发送”命令，将发送会议要求。

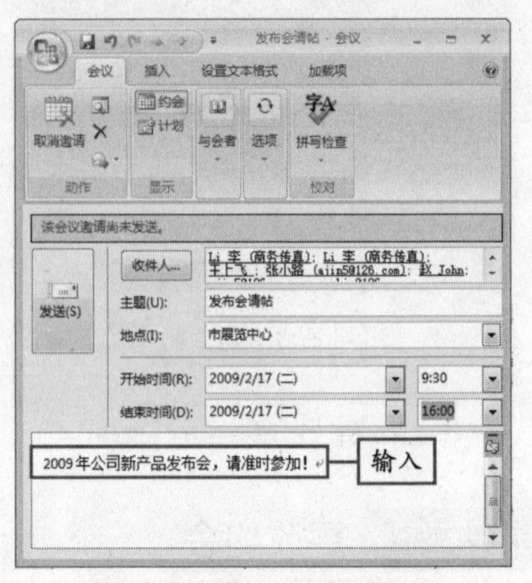

图 15-57 输入会议要求内容

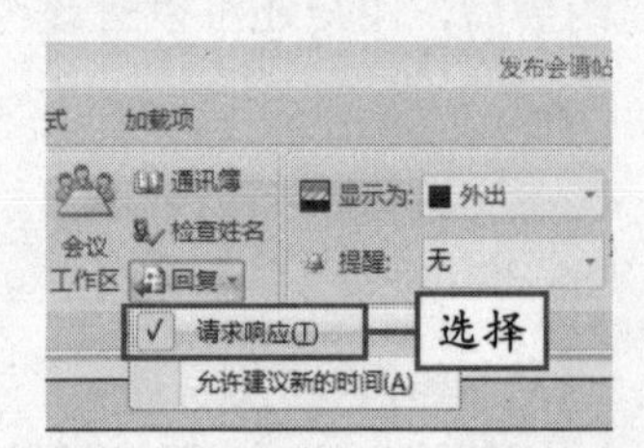

图 15-58 选择“请求响应”命令

15.5.5 分配任务

通过 Outlook 可以创建任务并将其分配给他人。其具体操作方法如下：

① 选择导航窗格中的“任务”选项，切换到“任务”工作区中，单击“动作”|“新建任务”命令，如图 15-59 所示。

专家解疑

要分配任务之前，首先要创建任务，然后将任务要求发送给某人。

图 15-59 单击“新建任务”命令

技巧 只有切换到“任务”工作区后，才能按【Ctrl+N】组合键创建新任务。

② 输入任务相关内容，然后单击“分配任务”按钮，如图 15-60 所示。

图 15-60 单击“分配任务”按钮

③ 在“收件人”文本框中输入收件人的电子邮件地址，单击“发送”按钮，分配任务，如图 15-61 所示。

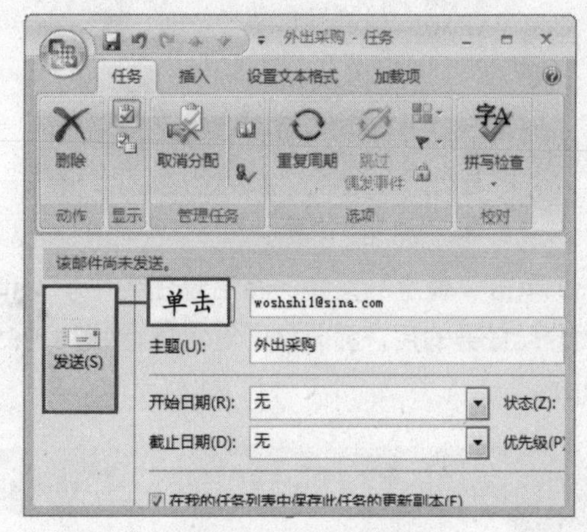

图 15-61 发送任务

15.5.6 接受任务

分配给他人任务后，当他人收到分配任务时，可以选择“接受”或者“拒绝”分配的任务。假如要接受任务，可按如下方法操作：

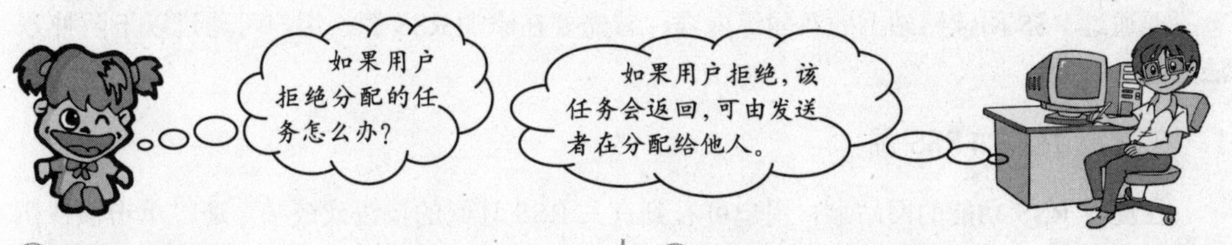

① 双击“收件箱”工作区中收到的任务要求，如图 15-62 所示。

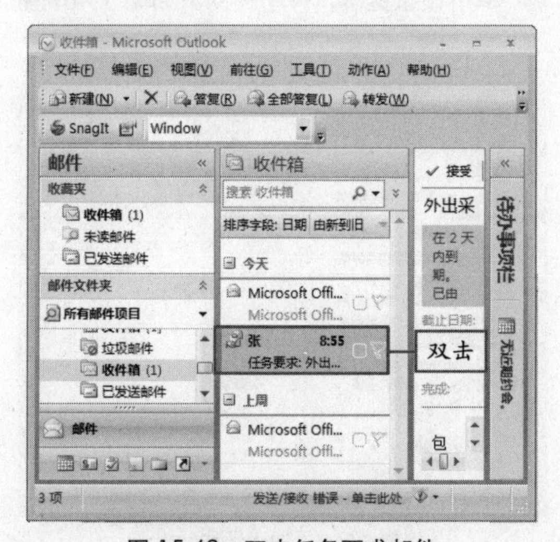

图 15-62 双击任务要求邮件

② 弹出任务要求窗口，单击“任务”选项卡下“响应”组中的“接收”按钮，如图 15-63 所示。

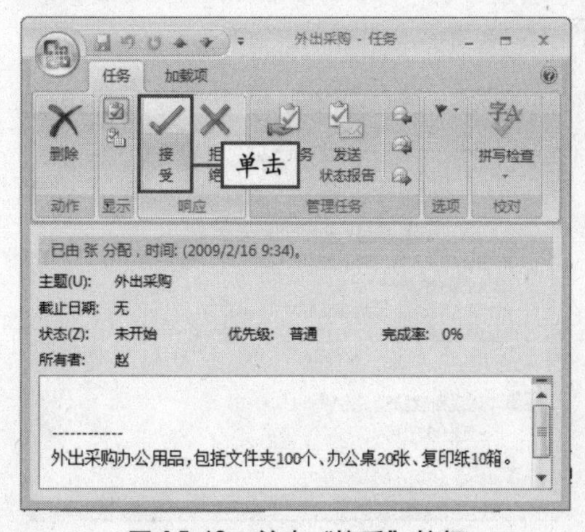

图 15-63 单击“接受”按钮

用户接收任务后，还可以将该任务转发给其他人。 说明

③ 弹出“接受任务”对话框，选中“立即发送响应”单选按钮，如图 15-64 所示。

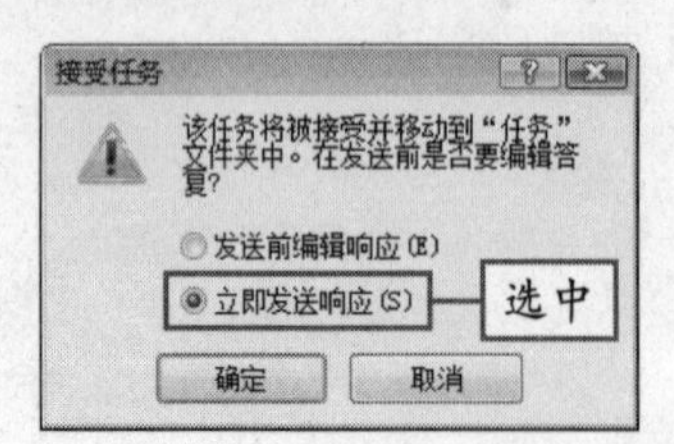

图 15-64 “接受任务”对话框

④ 单击“确定”按钮，将回复任务要求，稍后分配任务的用户会收到回复信息，如图 15-65 所示。

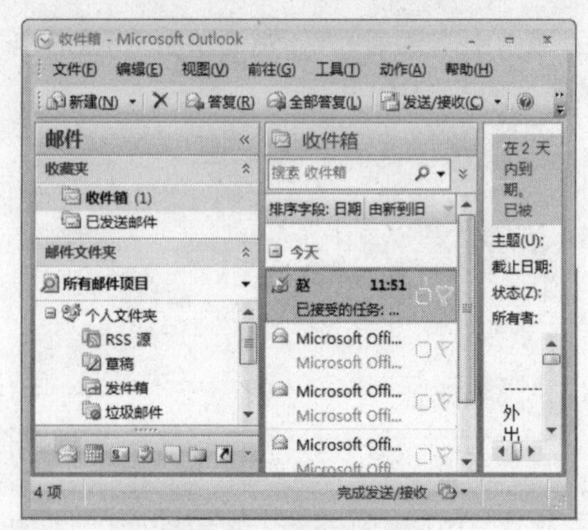

图 15-65 收到回复信息

15.6 订阅 RSS

Really Simple Syndication（即 RSS），中文含义是“真正简单的联合发布系统”，它为订阅者提供新闻、网络日志和其他服务，用户通过单击相应的链接来决定要阅读哪些特定的文章，使用户不必再为了解新闻、天气、Blog 和其他信息而访问不同的网站。

15.6.1 添加 RSS 源

要通过 RSS 阅读网站上的新闻等内容，首先要在添加 RSS 源。用户可通过以下两种方法添加 RSS 源。

1. 在网页中添加 RSS 源

在提供 RSS 功能的网站上，用户可看到有关 RSS 订阅的按钮或链接，通过单击该按钮或链接可添加 RSS 源。其具体操作方法如下：

① 打开百度理财新闻网页，在网页的最下方可看到“RSS 订阅理财焦点新闻”超链接，如图 15-66 所示。

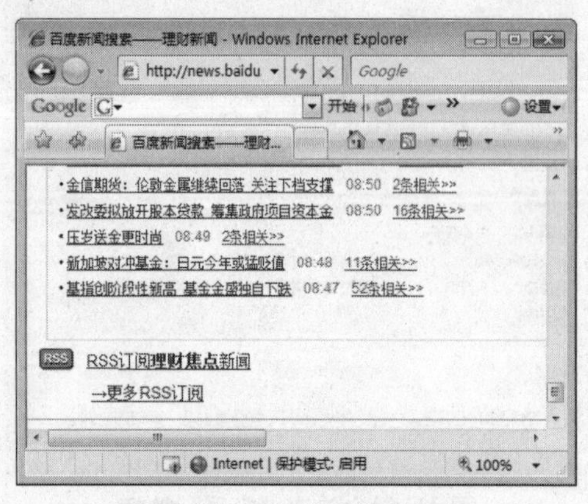

图 15-66 百度理财新闻页面

② 单击该超链接，弹出的网页如图 15-67 所示。

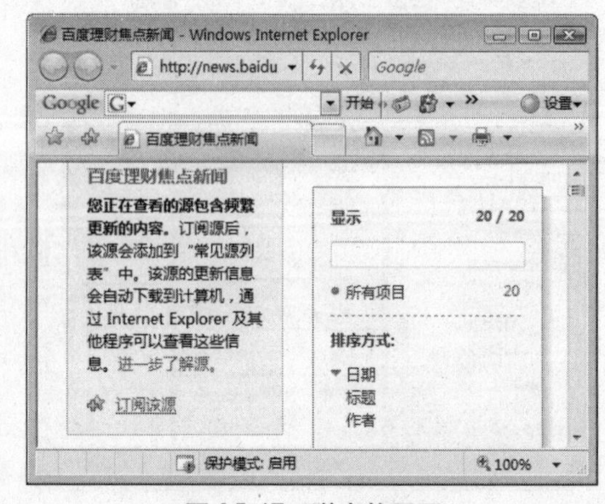

图 15-67 弹出的网页

 技巧 户可以通过向他人发送带有 RSS 源配置信息链接的电子邮件，来和他人共享该源。

③ 单击"订阅该源"超链接，弹出的对话框如图 15-68 所示。

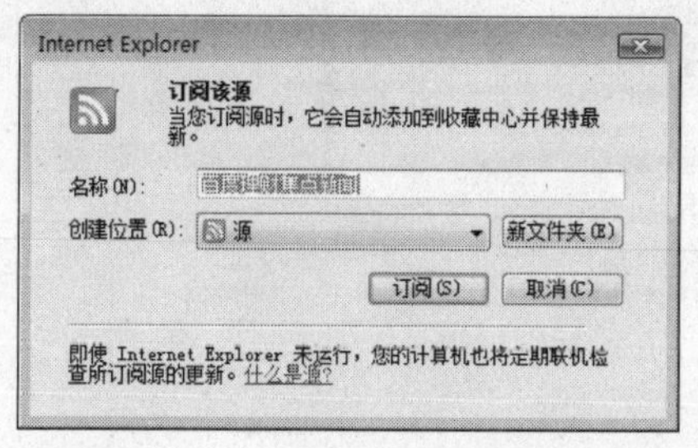

图 15-68　"订阅该源"对话框

④ 保持其中的默认设置，单击"订阅"按钮，弹出订阅成功页面，如图 15-69 所示。

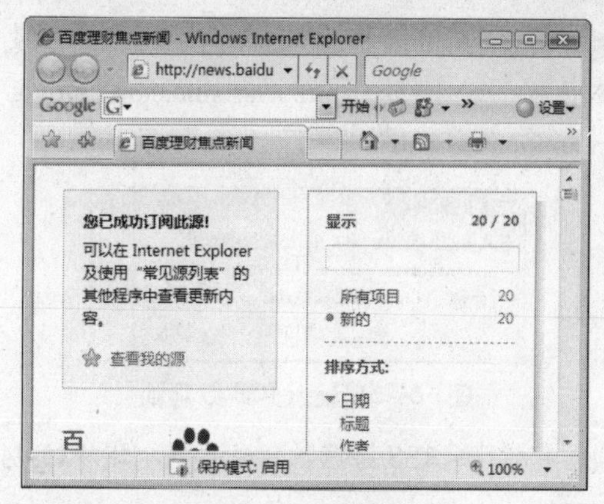

图 15-69　订阅成功

⑤ 在 Outlook 2007 中单击"工具" | "账户设置"命令，在弹出的对话框中单击"RSS 源"选项卡，从中可显示添加的 RSS 源，如图 15-70 所示。

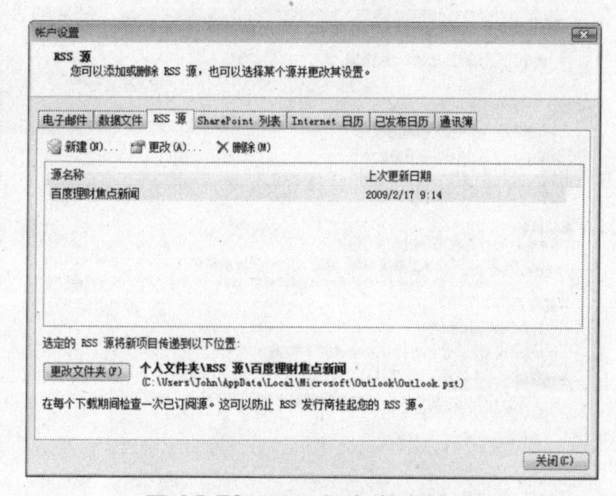

图 15-70　显示添加的 RSS 源

2．在 Outlook 2007 中添加 RSS 源

在 Outlook 2007 中提供了添加 RSS 源的功能，其具体操作方法如下：

① 在 Outlook 2007 中单击"工具" | "账户设置"命令，如图 15-71 所示。

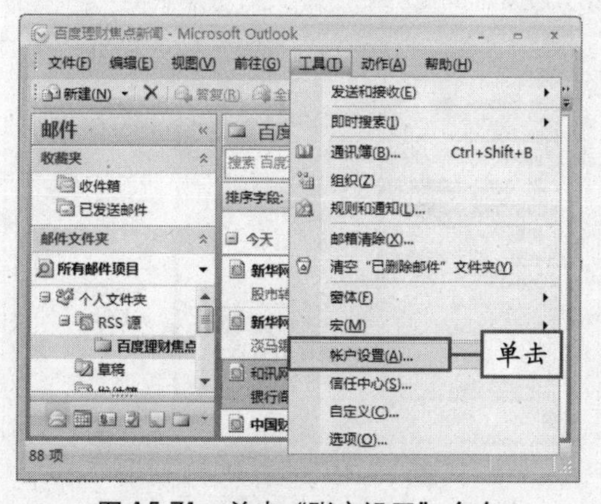

图 15-71　单击"账户设置"命令

② 弹出"账户设置"对话框，单击"RSS 源"选项卡，从中可显示添加的 RSS 源，如图 15-72 所示。

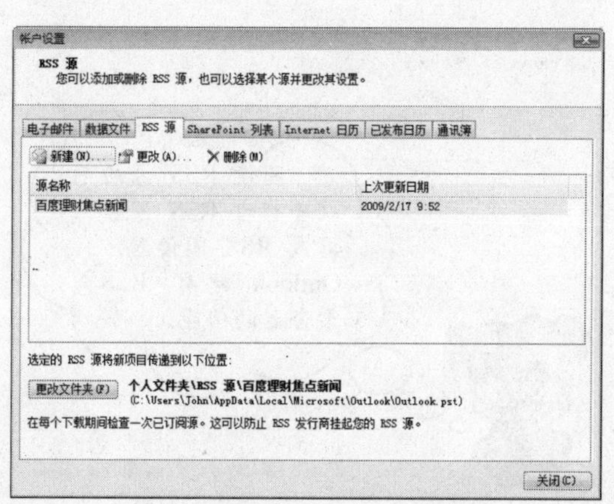

图 15-72　单击"接受"按钮

RSS 内容通常是文本格式的，可通过多种源来发布。　技巧

③ 弹出“新建 RSS 源”对话框，在其中的文本框中输入网址“http://rss.sina.com.cn/blog/index/finance.xml”，如图 15-73 所示。

图 15-73　输入 RSS 源网址

④ 将弹出“RSS 源选项”对话框，如图 15-74 所示。

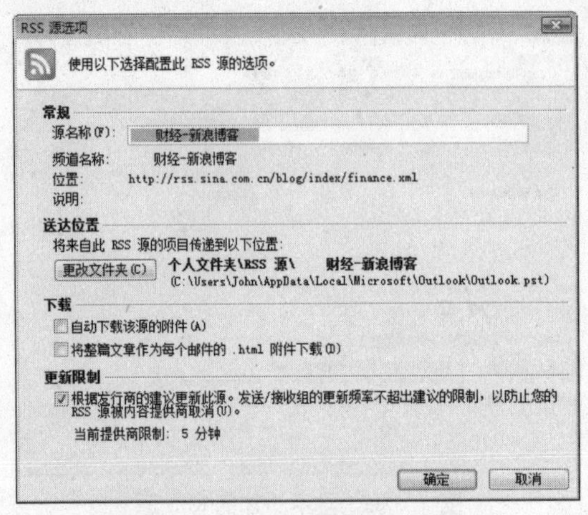

图 15-74　“RSS 源选项”对话框

⑤ 保持其中的默认设置，单击“确定”按钮，添加 RSS 源，如图 15-75 所示。

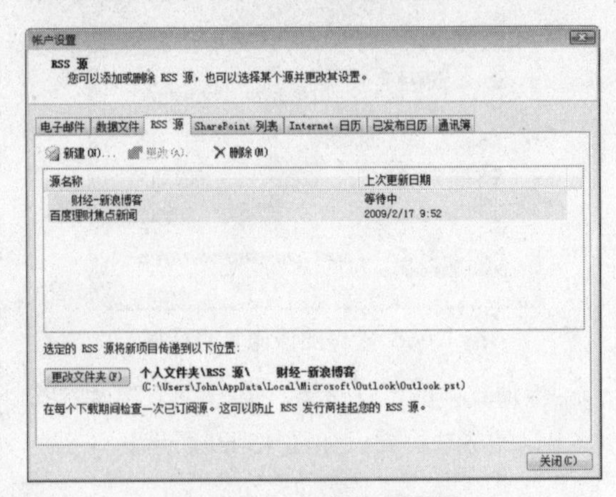

图 15-75　添加的 RSS 源

15.6.2 查看 RSS 源

添加 RSS 源后，用户可以在 Outlook 2007 中查看 RSS 内容。其具体查看的方法如下：

① 在导航窗格中选择“文件夹列表”选项，在个人文件夹中将显示 RSS 源，如图 15-76 所示。

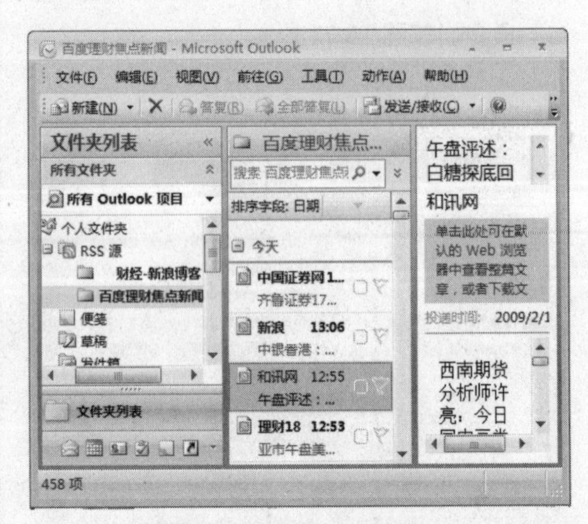

图 15-76　打开 RSS 源

说明　RSS 源文件夹中将显示从 RSS 源下载的最新项目，如新闻标题和新闻全文链接等。

② 在中间的工作区中双击一条新浪的新闻 RSS 源，弹出新闻窗口，从中单击提示信息的位置，在弹出的下拉菜单中选择“查看全文”命令，如图 15-77 所示。

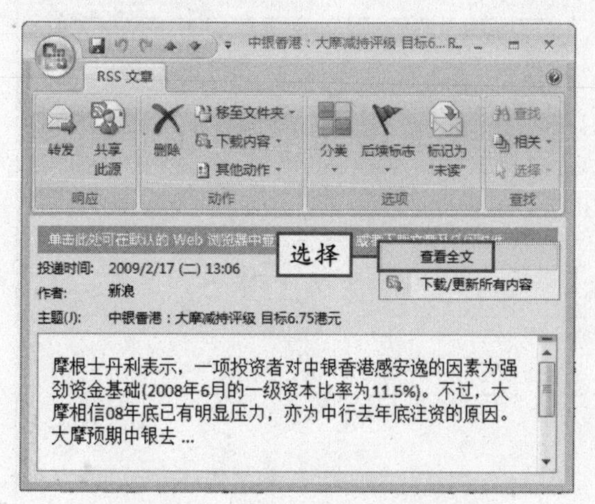

图 15-77 选择“查看全文”命令

③ 此时将打开该新闻所在的网页，从中即可查看新闻的全文，如图 15-78 所示。

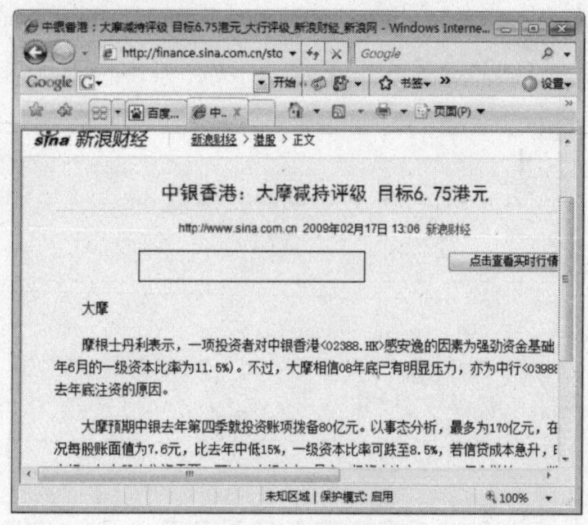

图 15-78 查看全文

巩固与练习

一、填空题

1. Outlook 2007 是管理__________的工具。Outlook 2007 中新增了__________和__________等功能，从而更加方便了用户办公。

2. 如果使用 Microsoft Exchange 2007 账户，则可通过__________帮助用户建立自动回复，但是如果用户使用的是 POP 或 IMAP 账户，必须通过__________来设置自动回复邮件功能。

二、简答题

1. 简述发送邮件的具体方法。
2. 怎样查找联系人？
3. 简述创建会议要求的方法。
4. 怎样使用 Outlook 2007 添加 RSS 源？

三、上机题

在 Outlook 2007 创建一个账户，练习通过 Outlook 收发电子邮件操作，并通过创建任务、会议要求等，帮助用户更好地管理工作中的事务，提高日常办公效率。

单击“动作”组中的“下载内容”下拉按钮，也可下载 RSS 源。 技巧

读书笔记

附录 习题答案

第1章

一、填空题

1. Windows Vista 2. Windows Vista Home Premium（家庭高级版） Windows Vista Business（商用版）

二、简答题（略，详见章节内容）

三、上机练习（略）

第2章

一、填空题

1．桌面背景 2．“开始”按钮 快速启动栏 应用程序控制栏 3．“开始”菜单 4．Windows边栏 5．Windows入门 Windows产品

二、简答题（略，详见章节内容）

三、上机练习（略）

第3章

一、填空题

1．计算机 2．Ctrl+A 3．Ctrl 4．Shift

二、简答题（略，详见章节内容）

三、上机练习（略）

第4章

一、填空题

1．控制面板 2．控制面板主页 3．Shift 4．注销 切换账户

二、简答题（略，详见章节内容）

三、上机练习（略）

第5章

一、填空题

1．标准用户 管理员账户 2．卸载

二、简答题（略，详见章节内容）

三、上机练习（略）

第6章

一、填空题

1．Windows Media Player 2．Windows 照片库 3．Windows 媒体中心

二、简答题（略，详见章节内容）

三、上机练习（略）

第7章

一、填空题

1.快速访问工具栏 功能区 2．Ctrl+F 3．两端对齐 分散对齐

二、简答题（略，详见章节内容）

三、上机练习（略）

第8章

一、填空题

1. 插入　文本　文本框　2. 嵌入型　四周型环绕　紧密型环绕　衬于文字下方　浮于文字上方　上下行环绕　穿越型环绕　3. 8　10

二、简答题（略，详见章节内容）

三、上机练习（略）

第9章

一、填空题

1. 域代码　域结果　2. 邮件合并时为主文档提供变量的文件　3. 分栏　4. 打印预览

二、简答题（略，详见章节内容）

三、上机练习（略）

第10章

一、填空题

1. 常规格式　自定义格式　数字　数字格式　2. 相邻　3. 复制　步长为1的等差

二、简答题（略，详见章节内容）

三、上机练习（略）

第11章

一、填空题

1. 等号 运算符 值 常量 单元格引用　2. 数据排序 数据筛选 分类汇总 创建数据透视表　3. 分页符

二、简答题（略，详见章节内容）

三、上机练习（略）

第12章

一、填空题

1. 幻灯片/大纲　幻灯片内容 备注　2. 文本框　3. 艺术字 图片 表格 图表 媒体剪辑

二、简答题（略，详见章节内容）

三、上机练习（略）

第13章

一、填空题

1. 母版 主题样式 背景　2. 自定义动画　3. 动作按钮 形状　4. 不放映

二、简答题（略，详见章节内容）

三、上机练习（略）

第14章

一、填空题

1. 数据透视表视图　数据透视图视图　查询　窗体　2. 开始界面中的“空白数据库”选项　开始界面中的“本地模板”选项　3. 重命名　添加　删除

二、简答题（略，详见章节内容）

三、上机练习（略）

第15章

一、填空题

1. 电子邮件　日历共享　信息管理　2. 办公室助理　创建规则

二、简答题（略，详见章节内容）

三、上机练习（略）

资深培训老师倾情打造

功能讲解与实例应用完美结合